Landwirtschaft und Kapitalismus

AKADEMIE DER WISSENSCHAFTEN DER DDR
ZENTRALINSTITUT FÜR GESCHICHTE

Veröffentlichungen
zur Volkskunde und Kulturgeschichte
BAND 66/2

Untersuchungen zur Lebensweise und Kultur
der werktätigen Dorfbevölkerung in der Magdeburger Börde
Teil I. 2

# Landwirtschaft und Kapitalismus

Zur Entwicklung der ökonomischen und sozialen Verhältnisse
in der Magdeburger Börde
vom Ausgang des 18. Jahrhunderts
bis zum Ende des ersten Weltkrieges

2. Halbband

Herausgegeben von Hans-Jürgen Rach und Bernhard Weissel

Mit 17 Abbildungen, 8 Tafeln und 97 Tabellen

AKADEMIE-VERLAG · BERLIN
1979

Redaktion: Gisela Griepentrog und Margit Schulze

Erschienen im Akademie-Verlag, DDR - 108 Berlin, Leipziger Straße 3—4

Lizenznummer: 202 · 100/123/79
Gesamtherstellung: VEB Druckhaus „Maxim Gorki", 74 Altenburg
Bestellnummer: 753 359 2 (2034/66/2) · LSV 0705
Printed in GDR
DDR 38,— M

# INHALT

## ANHANG

# Vorbemerkung

Die Tatsache, daß die für den Teil I der Untersuchungen zur Lebensweise und Kultur der werktätigen Dorfbevölkerung in der Magdeburger Börde geplanten Studien zur Entwicklung der sozialökonomischen Verhältnisse vom Ausgang des 18. Jh. bis 1917/18 weit umfangreicher wurden als ursprünglich vorgesehen und zudem einige Beiträge zusätzlich gewonnen werden konnten, führte dazu, daß wir uns entschließen mußten, den Teil I in zwei Halbbänden zu publizieren.

Der erste bereits erschienene und mit dem vorliegenden zweiten eine Einheit bildende Halbband enthält neben einer allgemeinen Einführung in das gesamte Forschungsvorhaben von Bernhard Weissel/Hans-Jürgen Rach und den Übersichten über die physisch-geographischen Verhältnisse (Lothar Gumpert) bzw. die Verwaltungsstruktur der Magdeburger Börde (Josef Hartmann) folgende Beiträge:
Hartmut Harnisch, Produktivkräfte und Produktionsverhältnisse in der Landwirtschaft der Magdeburger Börde von der Mitte des 18. Jh. bis zum Beginn des Zuckerrübenanbaus in der Mitte der dreißiger Jahre des 19. Jh.,
Hainer Plaul, Grundzüge der Entwicklung der sozialökonomischen Verhältnisse in der Magdeburger Börde unter den Bedingungen der Durchsetzung und vollen Entfaltung des Kapitalismus der freien Konkurrenz in der Landwirtschaft (1830 bis 1880) und
Sieglinde Bandoly, Veränderungen der sozialökonomischen Struktur in der Magdeburger Börde vor dem ersten Weltkrieg.

Die ursprünglich für den einheitlichen Band zusammengestellte gesamte Quellen- und Literaturliste ist in beide Halbbände vollständig übernommen worden, so daß dort stets mehr Titel enthalten sind, als für den jeweiligen Halbband tatsächlich ausgewertet wurden.

Im Rahmen der von Gisela Griepentrog und Margit Schulze, unter Mitwirkung von Günther Gross, durchgeführten Redaktionsarbeiten sind alle Tabellen in den Texten, die aus zeitgenössischer Literatur übernommen wurden, noch einmal rechnerisch überprüft und geringe Differenzen berichtigt worden. Die in den im Anhang abgedruckten Originalquellen festgestellten Rechenfehler wurden jedoch im Interesse der Originalität nicht korrigiert. Die in den Tabellen verschiedener Autoren zur gleichen bzw. ähnlichen Thematik enthaltenen und zum Teil voneinander abweichenden Zahlenangaben, die sich aus der Verwendung unterschiedlicher Quellen ergeben, blieben aus ähnlichen Motiven ebenfalls erhalten.

Zur Erleichterung der Lesbarkeit der folgenden Beiträge sei abschließend noch einmal auf die bereits im ersten Halbband erläuterten Besonderheiten der Manuskriptgestaltung hingewiesen:

1. Die in den Fußnoten enthaltenen Zitatnachweise beschränken sich auf eine Kurzform, die in der Regel lediglich den Autor, das Erscheinungsjahr und nach einem Doppel-

punkt die zitierte Seite (in arabischer Ziffer) ausweist, mit deren Hilfe man jedoch im Quellen- und Literaturverzeichnis des Anhangs die ausführlichen bibliographischen Angaben ermitteln kann. Beispiel: Bielefeldt, 1910: 28 = Bielefeldt, Karl, Das Eindringen des Kapitalismus in die Landwirtschaft unter besonderer Berücksichtigung der Provinz Sachsen und der angrenzenden Gebiete. Berlin, 1910.

2. Alle in den verwendeten Quellen enthaltenen und in den Text übernommenen historischen Maße, Gewichte und Münzen sind im Anhang (S. 321) zusammengestellt.
3. Einige, vor allem die zeitgenössischen und regional-spezifischen, aber auch verschiedene allgemeine Fachbegriffe werden im Anhang (S. 324) erläutert.
4. Die verwendeten Ortsnamen sind der heutigen Schreibweise angepaßt und im Ortsregister (S. 364) zusammengestellt.
5. Die laut Duden nicht üblichen, aber von uns benutzten Abkürzungen werden im Anhang (S. 363) erklärt.

Berlin, den 15. 11. 1978 — Die Herausgeber

Hans-Heinrich Müller

# Zur Geschichte und Bedeutung der Rübenzuckerindustrie in der Provinz Sachsen im 19. Jahrhundert unter besonderer Berücksichtigung der Magdeburger Börde

Wenn von der Magdeburger Börde im 19. Jh. die Rede ist, so sind davon nicht der Zuckerrübenanbau und erst recht nicht die Rübenzuckerindustrie zu trennen. Unermeßlich groß war ihre Bedeutung. War die Rübenzuckerindustrie neben der Textilindustrie während der Periode der industriellen Revolution in Deutschland einer der größten Investitionsträger, so beherrschte sie aber ganz besonders die industrielle Entwicklung der Provinz Sachsen bis in das ausgehende 19. Jh. Sie war zugleich ein eminent wichtiger Schrittmacher bei der Durchsetzung des Kapitalismus in der Landwirtschaft und von umwälzendem Einfluß auf die sozialökonomische Struktur der gesamten Landschaft, wie sie schließlich auch den Wechselbeziehungen zwischen Landwirtschaft und Industrie den sichtbarsten Ausdruck verlieh. Diesen Wechselbeziehungen, den Anfängen und der Entwicklung der Rübenzuckerindustrie, ihren Organisationsformen und ihrer Rohstoffbeschaffung, dem Anteil der verschiedenen Klassen und Schichten an der Zuckerindustrie und anderen ökonomischen, sozialen und auch technischen Fragen, ihrer erregenden und mitunter abenteuerlichen Geschichte wollen wir auf den folgenden Seiten nachgehen, ohne Vollständigkeit anstreben zu können. Wenn wir, wo es auch nur immer möglich ist, die Magdeburger Börde in den Mittelpunkt der Darstellung rücken, so sind wir jedoch aus Materialgründen gezwungen, die gesamte Provinz Sachsen einzubeziehen, um Entwicklung und Bedeutung der Rübenzuckerindustrie, die bekanntlich in der ganzen Provinz angesiedelt war, besser erfassen und vergleichend betrachten zu können.

## Anfänge und allgemeine Entwicklung der Rübenzuckerindustrie

Als der hervorragende Naturwissenschaftler Andreas Sigismund Marggraf (1709 bis 1782), der „größte deutsche Chymikus", wie ihn seine Zeitgenossen bezeichneten, und seit 1760 Direktor der Preußischen Akademie der Wissenschaften, bei seinen zahlreichen chemischen Versuchen im Akademielaboratorium im Jahre 1747 den Nachweis erbrachte, daß der „Rohrzucker" auch in einheimischen Pflanzen, in der sogenannten Zucker-Wurzel (Sisarum Dodenäi) und im roten und weißen Mangold (Beta rubra und Beta alba) vorkommt,[1] legte er damit die eigentliche Grundlage der Rübenzuckerindustrie. Marggraf war sich zweifellos der großen volkswirtschaftlichen Bedeutung seiner Entdeckung bewußt und überzeugt, daß der Rübenzucker dereinst den kolonialen Rohrzucker ersetzen werde. Doch seine Versuche, zu einer leistungsfähigen Zuckerherstellung zu gelangen, kamen zu seinen Lebzeiten kaum über das Laboratoriumsstadium hinaus. Erst Franz Karl Achard

[1] Vgl. Marggraf, 1747; Marggraf, 1767.

(1753 bis 1821) war es vergönnt, der Marggrafschen Entdeckung nach vielen wirtschaftlichen Schwierigkeiten die Produktionsreife zu verleihen und einen Produktionszweig von weltweiter Bedeutung zu begründen. Ein vielseitiger Gelehrter, der geborene Erfinder und seiner Zeit weit voraus, weitgespannt sein Forschungsfeld, das Elektrizität, Verdunstungskälte, Adhäsion, Färberei, Meteorologie, Erzeugung von Legierungen, Herstellung von synthetischen Diamanten, „Taucher-Maschinen“, Ölpressen, optische Telegraphen, Ballonversuche und vieles mehr umfaßte, hatte sich ACHARD 1784 der Zuckergewinnung zugewandt. Auf seinem Gut Kaulsdorf bei Berlin begann er, verschiedene zuckerhaltige Pflanzen, insbesondere Runkelrüben, anzubauen und zu züchten. Die unterschiedliche Ausbeute an Zucker in den ersten Anbaujahren führte dabei zu entscheidenden Untersuchungen über Rübenspezies und Einfluß des Düngers. Doch ACHARDS Arbeiten waren von vielen Widrigkeiten begleitet. Das Gut Kaulsdorf ging in Flammen auf, und auch das ersatzweise gekaufte Gut Französisch-Buchholz brannte ab. Die Anbauversuche mußten unterbrochen werden; um sie erfolgreich fortzusetzen, war er gezwungen, Anleihen bei kapitalistischen Unternehmern aufzunehmen, die ihn in arge Bedrängnis brachten. Die Schulden häuften sich, sein Gehalt wurde zeitweilig zwangsverpfändet, Feindschaften bedeutender Männer schädigten sein Ansehen. ALBRECHT THAER (1752 bis 1828), der Begründer der klassischen Landwirtschaftswissenschaften, nannte ACHARDS Rübenversuche glattweg eine Scharlatanerie. Aber allen Mißhelligkeiten und Fehden, aller Verkennung der Bedeutung seiner Versuche und allem Unverständnis vieler Akademiemitglieder zum Trotz, focht ACHARD unter Opferung seines Vermögens und seines Familienglücks verbissen um die Verwirklichung der Marggrafschen Erkenntnisse. Schließlich begünstigt durch ein Gutachten des anerkannten Chemikers MARTIN HEINRICH KLAPROTH (1743 bis 1817) bewilligte der preußische König 50000 Taler, die ACHARD zum Ankauf des ziemlich heruntergewirtschafteten Gutes Cunern in Schlesien im Jahre 1801 verwandte, auf dem er im gleichen Jahre die erste Rübenzuckerfabrik Deutschlands errichtete, ohne die Früchte des Erfolges vollends genießen zu können. Die Ausarbeitung des ersten brauchbaren Verfahrens zur fabrikmäßigen Gewinnung von Rübenzucker fand aber bereits im Labor der Preußischen Akademie, der „Königlichen Rohzuckerfabrik“, wie sie unter den Akademiemitgliedern hieß, statt.

Die Erfahrungen, die ACHARD bei der Zuckerherstellung und den Rübenbauversuchen auf seinen Gütern gewann, hat er in sechzehn Büchern (erschienen 1799 bis 1813) niedergeschrieben. Die wesentlichsten Grundzüge seiner Zuckergewinnung und der Verwertung der Rübenrückstände sind auch heute noch nicht überholt.[2]

Angeregt durch ACHARDS Versuche und Veröffentlichungen, befaßten sich um die Jahrhundertwende auch andere mit der Zuckerherstellung aus Rüben. Zu ihnen gehörten der Chemiker SIGISMUND FRIEDRICH HERMSTÄDT (1760 bis 1833), ein Widersacher ACHARDS, und MORITZ Freiherr von KOPPY (1749 bis 1814), der im Jahre 1806 auf seinem schlesischen Rittergut Krayn eine Zuckerfabrik erbaut hatte und Eigenrüben sowie auch schon Kaufrüben verarbeitete. Sein Sohn GEORG FRIEDRICH WILHELM KOPPY (1781 bis 1864) führte das väterliche Werk fort. Nach Einstellung der Zuckerfabrikation 1821/22 wandte er sich ausschließlich der Rübensamenzucht zu. Die von ihm gezogene weiße Rübe mit höherem Zuckergehalt war besonders in Frankreich und Belgien begehrt, und auch die deutsche Rübenzuckerindustrie griff nach ihrem Wiederaufleben in den dreißiger Jahren

[2] Vgl. ACHARD, 1799; ACHARD, 1809; über MARGGRAF und ACHARD vgl. BAXA, 1937: 65ff. und HEINISCH, 1960: 8ff.

des 19. Jh. auf die Züchtung KOPPYS zurück. Mit der Erzeugung von Rübenzucker begann auch der bekannte Freiberger Chemiker und Begründer der modernen Hüttenchemie WILHELM AUGUST LAMPADIUS (1772 bis 1842). 1799 gelang es ihm, aus einem Zentner Rüben (110 Pfund) vier Pfund Meliszucker zu erzielen. Angespornt von seinem Erfolg, errichtete er zunächst in Walthersdorf bei Freiberg eine kleine Probefabrik; wenig später nahm er in einer ehemaligen Kupferhütte des Grafen EINSIEDEL in Bottendorf bei Artern die fabrikative Produktion von Zucker auf. Es war die erste Zuckerfabrik der Provinz Sachsen. Das Bottendorfer Erzeugnis fand recht guten Absatz, und LAMPADIUS gedachte, seine Produktion wesentlich zu erweitern. Doch finanzielle Schwierigkeiten zwangen ihn schon 1802 zur Stillegung seines Unternehmens.[3]

Blieb LAMPADIUS auch der Erfolg versagt, so erhielt jedoch die Rübenzuckerindustrie im Magdeburgischen größeren Auftrieb. Zeit und Umstände waren ihr förderlich. Es begann mit dem Napoleonischen Dekret vom 21. November 1806 über die Kontinentalsperre, durch das die britischen Inseln in Sperrzustand erklärt, Handel und Briefwechsel mit England verboten und allen englischen Schiffen die Aufnahme in den Häfen des Kontinents verweigert wurde. NAPOLEON wollte England aushungern und den englischen Handel lahmlegen. Aber wo das französische Schwert nicht hinreichte, wurde auch der Handel mit England nicht unterbunden. Doch die Kontinentalsperre war wirksam genug, um die deutsche Wirtschaft nachhaltig zu beeinflussen. Der ostelbische Getreide- und Holzexport kam ins Stocken. Die schlesische Leinenindustrie verlor ihre Märkte. Die Ostseeschiffahrt wurde beträchtlich geschädigt. Dagegen gedieh die auf das Festland ausgerichtete Produktion unter der Sperre, die fast einem Schutzzoll glich. Die sächsische Textilindustrie konnte ihre Produktion verdoppeln, und auch die Produktionsziffern der westfälischen Gruben und Hütten kletterten aufwärts. Unangenehm war jedoch die außerordentliche Verknappung von Kolonialwaren. Die Preise für Baumwolle, Tabak, Kaffee und Zucker stiegen beträchtlich. Unter diesen Umständen versprach die Zuckerherstellung aus Rüben Gewinn.

Und es waren magdeburgische Unternehmer, die die Rübenzuckerproduktion aufnahmen, unterstützt und gefördert von der französischen Administration, unter der sich Magdeburg als Teil des Königreiches Westfalen befand. Zu den Pionieren der Magdeburger Rübenzuckerindustrie zählt der Zichorienfabrikant JOHANN WILHELM PLACKE. Bereits 1799 kultivierte er auf seinen Besitzungen Zuckerrüben. Im Kriege des Jahres 1806 wurde seine Fabrik auf Befehl des preußischen Militärgouverneurs aus strategischen Gründen niedergebrannt. ACHARDS 1809 erschienenes Werk über die „Europäische Zuckerfabrikation“ begeisterte ihn für die „gute Sache“, er baute seine Fabrik wieder auf und begann abermals mit der Rübenzuckerproduktion. JÉRÔME, der König von Westfalen, bewilligte 15000 Francs, und PLACKE verarbeitete in 26 Pfannen täglich etwa 100 Zentner Rüben. Sirup und Zucker gelangten 1811 selbst in die Hände NAPOLEONS, und damit dringt der Ruf des Magdeburger Rübenzuckers zum ersten Mal ins Ausland.[4]

Im Jahre 1812 bestanden im Stadtgebiet von Magdeburg allein acht Fabriken, die auch eigene Anbauflächen besaßen (vgl. Tabelle 1, Seite 12).

In der Umgebung von Magdeburg war man aber auch nicht untätig. Der Medizinalrat F. A. KLIPSCH aus Magdeburg gründete 1812/13 zusammen mit dem Oberamtmann F. P. L. KÜHNE und dem Kaufmann D. SCHWARZ eine Fabrik in Groß Wanzleben. Sie

[3] Vgl. ULRICH-NORDGERMERSLEBEN, 1929: 577ff.; ULRICH-NORDGERMERSLEBEN, 1925: 643.
[4] Vgl. GROTKASS (1927): 29ff. und 53ff.; GROTKASS, 1925: 878f.

*Tabelle 1*

*Rübenzuckerfabriken im Stadtgebiet von Magdeburg 1812*[5]

| Name der Fabriken | Anbauflächen in Morgen |
|---|---|
| 2 Fabriken von Placke | 700 |
| 2 Fabriken von Hammer & Co. | 270 |
| Helle | 230 |
| Bodenstein | 140 |
| Foelsche & Burchardt | 120 |
| Gebr. Listemann | 100 |

brachten 12000 Taler in ihre „Societät" ein. SCHWARZ übernahm die Einrichtung der Fabrik, KÜHNE stellte 350 Morgen „Acker im Brachfeld zum Bau der Rüben" zur Verfügung, wofür er jährlich einen Pachtzins von 5 Taler je Morgen erhielt, und KLIPSCH zeichnete für die Finanzierung verantwortlich. Nach dem Ableben des letzteren wurde die „Runkelrüben-Rohzuckerfabrik" von KÜHNE übernommen.[6] In Halberstadt legten Kammerrat AVENARIUS und Medizinalrat-Assessor GESSNER je eine Fabrik an, die allerdings nur kurzen Bestand hatten. Die Anbauflächen von AVENARIUS beliefen sich zwischen 1812 und 1814 auf 150 bis 210 Morgen.[7]

1813 war JOHANN GOTTLIEB NATHUSIUS (1760 bis 1835) in Althaldensleben mit der Anlage seiner Runkelrübenfabrik fertig geworden. NATHUSIUS, Sohn eines Steuereinnehmers, Ladengehilfe eines Berliner Krämers, dann Buchhalter in einem angesehenen Magdeburger Handelshaus, später dessen Direktor und Teilhaber, war eine der markantesten und risikofreudigsten Unternehmergestalten des frühen 19. Jh. Er gründete eine Tabakmanufaktur, erwarb 1810 das von der westfälischen Regierung säkularisierte Nonnenkloster Althaldensleben, kaufte das Gräflich Alvenslebensche Rittergut Hundisburg hinzu und errichtete auf seinen Besitzungen jene berühmt gewordenen „Gewerbsanstalten", die von der Umwelt mit staunenden Augen betrachtet wurden. Sie umfaßten Tabakverarbeitung, Zuckerherstellung, Erzeugung von Likören, Senf, Essig und Pottasche, Brauerei und Branntweinbrennerei, Landmaschinenfabrikation, Ölpressen, Gipsbrennerei, Ziegelei und Töpferei, Forst- und Landwirtschaft einschließlich Tabak- und Hopfenanbau. Es war beinahe ein „landwirtschaftlich-industrieller Konzern" entstanden, geleitet von einem kapitalistischen Unternehmer, der von IMMERMANN, dem bedeutendsten deutschen Romanschriftsteller der industriellen Revolution, in seinen „Epigonen" ein literarisches Denkmal als über den Adel siegender Großindustrieller und weltoffener „königlicher Kaufmann der Gegenwart" erhielt.[8]

Die Althaldensleber Zuckerfabrik war damals schon ein „moderner Großbetrieb". Der dort erzeugte und im gleichen Betrieb raffinierte Zucker war so gut, daß NATHUSIUS in den Verdacht geriet, indischen Zucker zu verkaufen und Steuerhinterziehung zu betreiben. In dieser Zeit eröffneten auch BÜTTNER und SCHULZ in Salzwedel (64 Morgen Anbaufläche) und A. F. SCHOLZ, ein Schwiegersohn ACHARDS, in Eisleben (Mansfeld) ihre Rübenzuckerfabriken. Doch ihre Lebensdauer war nicht lang. Am Zuckerhimmel zogen dunkle Wolken

[5] Vgl. GROTKASS, 1925: 878f.
[6] STAM, Rep. H Wanzleben, Nr. 568.
[7] GROTKASS, 1925: 884.
[8] Vgl. NATHUSIUS, 1915; BAXA, 1937: 87ff.

herauf. Der Kampf gegen NAPOLEON, die Befreiungskriege, erschütterten die junge deutsche Zuckerindustrie. Französische Truppen requirierten Rüben, quartierten sich in Zuckerfabriken ein, Arbeitskräftemangel drosselte die Produktion. Zwar gab es noch einige Neugründungen, wie etwa die des Grafen SCHULENBURG in Emden (1814) und des Oberamtmanns ENGELHARDT in Ampfurth (1815), doch die Mehrzahl der Betriebe erlag nach und nach den wirtschaftlichen und politischen Schwierigkeiten. Wie sie auf die Fabriken einwirkten, zeigen die überlieferten Produktionsziffern bei NATHUSIUS.

*Tabelle 2*

*Rübenverarbeitung und Zuckerproduktion in Althaldensleben*[9]

| Jahr | Verarbeitete Rüben | Rohzucker | | Sirup und Melasse | |
|---|---|---|---|---|---|
| | Ztr. | Ztr. | Pfd. | Ztr. | Pfd. |
| 1813 | 10898 | 325 | 36 | 251 | 17 |
| 1814 | 6637 | 190 | 97 | 159 | 55 |
| 1815 | 7114 | 165 | 79 | 222 | 28 |
| 1816 | 1617 | 51 | 60 | 74 | 86 |

1 Zentner = 110 Pfund

Und als NAPOLEON besiegt war und die Kontinentalsperre aufgehoben wurde, waren die Rübenzuckerfabriken dem Druck des den europäischen Kontinent überflutenden Rohrzuckers nicht mehr gewachsen. Konnten sich bis 1816 noch die Betriebe von PLACKE, BURCHARDT, NATHUSIUS, SCHULENBURG sowie die Anlagen in Groß Wanzleben und Salzwedel behaupten, so waren es 1818 nur noch NATHUSIUS, KÜHNE und SCHULENBURG, die den Produktionsbetrieb recht und schlecht aufrechterhielten, bis mit der Schließung der Fabrik in Althaldensleben im Jahre 1820 die erste Periode der Rübenzuckerindustrie in der Provinz Sachsen und Deutschland zu Ende ging. Die preußische Regierung, die einst ACHARD unter die Arme gegriffen hatte, war nicht mehr gewillt, der Rübenzuckerindustrie, die sie nunmehr als unangenehme Erbschaft des verhaßten Korsen betrachtete, irgendwelche Unterstützung zu gewähren. Mit dem Sturz NAPOLEONS und seiner Verbannung flog ihm in den Falten seiner Toga auch die Rübenzuckerindustrie nach.

Während die deutsche Rübenzuckerindustrie danieder lag, wurden in Frankreich die Bemühungen um den Rübenzucker auch nach der Herrschaft NAPOLEONS fortgesetzt. Der auch auf anderen Gebieten erfolgreiche Forscher R. de VILMORIN begann, hochwertige Rüben heranzuziehen und den Zuckergehalt zu steigern. Als ein protektionistisches Kind der französischen Regierung empfing die Rübenzuckerindustrie allerlei Staatshilfen und leistete Erstaunliches in Technik und Produktion. Mitte der dreißiger Jahre lieferten etwa 350 Zuckerfabriken 49000 Tonnen Rohzucker. Dieses glänzende Bild der französischen Rübenzuckerindustrie verfehlte nicht seine Wirkung auf den östlichen Nachbar. Angelockt durch die zollpolitische Lage,[10] entwickelten sich seit 1835 wieder die deutschen Rübenzuckerfabriken, die nunmehr französische Erfahrungen ausnutzten und in technischer,

[9] BAXA, 1937: 89.

[10] Die preußische Regierung hatte in Übereinstimmung mit dem Zollverein 1835 auf holländischen Zucker (Lompenzucker), welcher raffinierten Kolonialzucker darstellte, einen Einfuhrzoll gelegt, der fast um das Doppelte höher war als vor 1835.

finanzieller, ökonomischer, organisatorischer und volkswirtschaftlicher Hinsicht ziemlich schnell aus dem Rahmen eines „landwirtschaftlichen Nebengewerbes" hinauswuchsen, Fabriken im eigentlichen Sinne des Wortes, wenn sie auch vielerlei Besonderheiten aufweisen, denen gegenüber die Rübenzuckerbetriebe aus den ersten zwei Jahrzehnten des 19. Jh. nur als Versuchsanstalten erscheinen.

Im Regierungsbezirk Magdeburg hatte zwar schon 1827 ein gewisser HENNING die später der Firma Bennecke, Hecker & Co. gehörende Rübenzuckerfabrik in Staßfurt angelegt, die 1837 erweitert und umgebaut wurde; doch der eigentliche Neubeginn datiert seit 1831. Der Kaufmann HANEWALD hatte in Verbindung mit dem Apotheker ZIER aus Zerbst, nachdem beide in Frankreich die dortige Fabrikation kennengelernt hatten, und unter Mitwirkung von ERNST WILHELM ARNOLDI (1778—1841), des Begründers der Gothaer Lebens- und Feuerversicherung, in Quedlinburg eine Fabrik errichtet. Die Fabrik ging schnell wieder ein, aber die „marktschreierischen Methoden", denen HANEWALD und ZIER geziehen wurden, waren Anlaß genug zu zahlreichen Gründungen von Rübenzuckerfabriken.[11] Die erste Fabrik von Bestand war die von GUSTAV WEBER, die 1833 in Quedlinburg ins Leben gerufen wurde und bis 1893/94 in Betrieb war. Bis 1840 entstanden folgende Unternehmen, die mitunter auch schon eine recht beträchtliche Anzahl von Arbeitern beschäftigten:

*Tabelle 3*

*Anzahl der Rübenzuckerfabriken im Regierungsbezirk Magdeburg bis 1840*[12]

| Name der Fabriken | Anzahl der Arbeiter |
|---|---|
| *Magdeburg-Sudenburg* | |
| Zuckschwerdt & Beuchel (1835)* | 280 |
| Hecht, Schrader & Helle (2 Fabriken) | 260 |
| Karl Helle (1835) | 350 |
| Burchardt & Co. (1835) | 250 |
| Gebr. Burchardt (1835) | 80 |
| Maquet & Kaiser (1835) | 150 |
| Krüger (1835) | 80 |
| *Magdeburg-Neustadt* | |
| 5 Fabriken | |
| *Kreis Calbe* | |
| Staßfurt (1837) | |
| Amt Gottesgnaden (1839) | 60 |
| Amt Calbe (1839) | 60 |
| Amt Barby (Dietze, 1839) | |
| *Kreis Oschersleben* | |
| Schlanstedt (A. W. Rimpau, 1839) | |
| *Kreis Wolmirstedt* | |
| Dreileben (1837) | |
| Ochtmersleben (1839) | |

[11] KOPPE, 1841: 7; vgl. auch BAXA, 1937: 168ff.

[12] HERMES/WEIGELT, 1843: 114f., 73ff.; HERMES/WEIGELT, 1842: 34ff.

*Tabelle 3 (Fortsetzung)*

| Name der Fabriken | Anzahl der Arbeiter |
|---|---|
| *Kreis Aschersleben* | |
| Aschersleben (Zuckschwerdt & Beuchel, 1838) | 400 |
| Quedlinburg (G. Weber, 1833) | |
| *Kreis Neubaldensleben* | |
| Ummendorf (Struve, 1840) | |
| *Kreis Halberstadt* | |
| Halberstadt (Wrede jun. & Klamroth, 1835) | 180 |
| Halberstadt (Wulff, 1837) | 100 |
| *Kreis Wanzleben* | |
| Seehausen (1838) | |
| Etgersleben (1839) | |
| Groß Ottersleben (Walwer & Falckenberg, 1839) | |
| Groß Ottersleben (Kühne & Böckelmann, 1840) | |
| Klein Wanzleben (Wallstab & Co., 1838) | |
| Westerhüsen (Gebr. Schmidt & Coqui, 1838) | |

* Jahreszahlen in Klammern geben das Gründungsjahr an.

31 Rübenzuckerfabriken zählte der Regierungsbezirk Magdeburg, in der Provinz Sachsen waren es insgesamt 43 und in ganz Deutschland bereits 145 Fabriken. Seitdem nahm die Rübenzuckerindustrie einen erstaunlichen Aufschwung. 1900 verarbeiteten in Deutschland 401 Rübenzuckerfabriken mehr als 12,5 Millionen Tonnen Rüben zu Zucker (vgl. Tabelle 4, Seite 16).

Betrug der Anteil des deutschen Rübenzuckers an der Gesamtzuckerproduktion um die Jahrhundertmitte kaum fünf Prozent, so betrat der deutsche Rübenzucker 1861 den Weltmarkt, um 1884 im Verein mit den anderen Rübenzuckerländern den Rohrzucker von der ersten Stelle zu verdrängen. Die deutsche Rübenzuckerindustrie hatte sich zur Weltindustrie entwickelt, sie ging mit 1,8 Millionen Tonnen Rohzucker an der Jahrhundertwende nicht nur dem Rohrzucker, sondern auch allen anderen Rübenzucker produzierenden Ländern voran, und ihre Produkte nahmen in der deutschen Exportliste zeitweise den ersten Rang ein. Daran waren die Provinz Sachsen und Magdeburg als internationale Zuckerbörse in entscheidender Weise beteiligt.[13]

Doch so glänzend auch der Aufstieg der Rübenzuckerindustrie war, ein Aufstieg, der Zunahme und Verbesserung der Produktionstechnik und Technologie, Anwendung wissenschaftlicher Erkenntnisse, Intensivierung der Landwirtschaft, leistungsfähige Saatgutzüchtung, Kapitalkonzentration und vieles andere mehr einschloß, ihr Weg war keineswegs frei von wirtschaftlichen Schwierigkeiten. Zumindest in der Anfangsphase bis 1850 war die Rübenzuckerindustrie harten Belastungsproben ausgesetzt, denen viele Betriebe nicht gewachsen waren.

Erst die Erhöhung des Einfuhrzolls auf ausländischen Zucker Mitte der dreißiger Jahre, die wie ein Schutzzoll wirkte, bildete den Anlaß einer raschen und sprunghaften Aus-

[13] Vgl. Rübenzuckerfabrikation, die, 1858: 571; BAXA/BRUHNS, 1967: 148ff.; PAASCHE, 1891 22 und 356; PAASCHE, 1905: 7 und 280f.

*Tabelle 4*

*Die Entwicklung der deutschen Zuckerindustrie im 19. Jb.*[14]

| Jahr | Anzahl der Fabriken | Gesamtproduktion | | Durchschnittlich je Fabrik | | Ausbeute | | Rüben auf 1 dz Rohzucker | Steuerertrag | Magdeburger Preise für 1 dz | |
|---|---|---|---|---|---|---|---|---|---|---|---|
| | | Rüben verarbeitet | Rohzucker erzeugt | Rüben verarbeitet | Rohzucker erzeugt | Rohzucker | Melasse | | | Raffinade | Rohzucker |
| | | dz | dz | dz | dz | Prozent | | dz | Mark | Mark | Mark |
| 1836/37 | 122 | 253461 | 14081 | 2078 | 115 | 5,56 | — | 18,0 | — | 174,00 | — |
| 1840/41 | 145 | 2414662 | 142051 | 16652 | 980 | 5,88 | 3,70 | 17,0 | 120744 | — | 75,00 |
| 1845/46 | 96 | 2227546 | 151534 | 23204 | 1578 | 6,80 | 3,20 | 14,7 | 668265 | — | — |
| 1850/51 | 184 | 7362154 | 533489 | 40012 | 2899 | 7,25 | 2,70 | 13,8 | 4417293 | 108,00 | 72,00 |
| 1855/56 | 216 | 10919899 | 873594 | 50555 | 4044 | 8,00 | 2,35 | 12,5 | 13103830 | 126,00 | 87,00 |
| 1860/61 | 247 | 14677016 | 1265260 | 59421 | 5123 | 8,62 | 2,15 | 11,6 | 14677016 | 91,50 | 69,00 |
| 1865/66 | 295 | 21726386 | 1856956 | 73649 | 6295 | 8,55 | 2,70 | 11,7 | 32569579 | 92,00 | 72,00 |
| 1870/71 | 304 | 30506456 | 2629867 | 100350 | 8651 | 8,62 | 2,60 | 11,6 | 48810330 | 102,00 | 72,00 |
| 1875/76 | 332 | 41612841 | 3580482 | 125340 | 10785 | 8,60 | 3,22 | 11,4 | 63249000 | 86,00 | 56,00 |
| 1880/81 | 333 | 63222030 | 5559151 | 189856 | 16694 | 8,79 | 2,61 | 11,37 | 46149000 | 80,00 | 63,00 |
| 1885/86 | 399 | 70703168 | 8081049 | 177201 | 20253 | 11,43 | 2,55 | 8,7 | 24492000 | 58,80 | 44,00 |
| 1890/91 | 406 | 106233194 | 13319014 | 261658 | 32805 | 12,54 | 2,50 | 8,0 | 75760000 | 56,30 | 35,10 |
| 1895/96 | 397 | 116728164 | 16182764 | 294026 | 40763 | 13,86 | — | 7,2 | 103701000 | 47,30 | 24,80 |
| 1899/1900 | 402 | 125000000 | 17800000 | 310945 | 44279 | 14,24 | — | 7,0 | 110000000 | 47,00 | 20,10 |

[14] Nach LIPPMANN, 1900: VIf.

dehnung der Rübenzuckerindustrie, die sich bis 1840 ziemlich ungestört entfalten konnte, zumal sie auch von allen Steuerbelastungen befreit war. Doch neue handelspolitische Vereinbarungen im Jahre 1839, die den Kolonialzucker begünstigten, versetzten der jungen Rübenzuckerindustrie die ersten harten Stöße. Sie wurden um so härter empfunden, als die sich zumeist mit dem neuen Industriezweig befassenden spekulierenden Kaufleute durchweg noch wenig Verständnis für die technisch-wirtschaftliche Ausgestaltung ihrer Fabriken bewiesen, sondern vor allem bestrebt waren, mit recht wenig Anlagekosten größtmögliche Gewinne zu erzielen. Aber auch die sinkenden Zolleinnahmen aus der rückläufigen Kolonialzuckereinfuhr, die rote Zahlen im Staatshaushalt anzeigten, riefen den preußischen Fiskus, halbfeudale Bürokratie und bornierte Gelehrte auf die Bildfläche. Sie erkannten nur Nachteile, die die „Fabrikantenzüchtung" hervorrief. Für JOHANN GOTTLIEB HOFFMANN (1765 bis 1847), den Leiter des preußischen statistischen Büros, war die Rübenzuckerindustrie eine „Verirrung der Gewerbsamkeit"; und auch der Jenenser Vulgärökonom FRIEDRICH GOTTLOB SCHULZE (1795 bis 1860), ein Vertrauensmann des preußischen Finanzministeriums, haute in die gleiche Kerbe. In einem Aufsatz über „Die Deutsche Zuckerfrage" von 1850 argumentierte er, daß die Rübenzuckerproduktion in der Zeit von 1834 bis 1849 etwa 58 Millionen Taler Verluste und Opfer dem Staat verursacht habe. Er forderte die Beseitigung der auf „Staatskosten gezüchteten Treibhauspflanze" und des „ungesunden Kunstproduktes", wie die Freihändler die Rübenzuckerindustrie zu nennen pflegten, und hielt einen Betrag von 10 Millionen Talern für ausreichend, um die bestehenden 213 Fabriken (1850) aufzukaufen und die darin beschäftigten Arbeiter zu entschädigen. Diese Auffassungen waren nicht zuletzt durch die Lehren JUSTUS von LIEBIGS (1803 bis 1873) genährt worden, der in seinen „Chemischen Briefen" von 1844 die Ansicht vertrat, daß der Anbau der Rüben keine Zukunft habe, da ihre Kultur die Bodenkräfte und letztlich die Landwirtschaft ruiniere. Deshalb stelle die Rübenzuckerherstellung „eine kostspielige Treibhauspflanze" dar und biete auf die Dauer keine Vorteile, eine Auffassung, die er noch in seinen „Chemischen Briefen" von 1865 wiederholte, obwohl der Aufschwung der Rübenzuckerindustrie zu dieser Zeit das ganze Gegenteil bewies und LIEBIG mit seinen ernährungsphysiologischen Arbeiten selbst daran teilhatte.[15]

Die heftigen Angriffe auf die Rübenzuckerindustrie, in die auch Spannungen zwischen den privilegierten Kolonialzucker-Raffinerien und Rübenzuckerfabriken hineinspielten, führten zwar nicht dazu, „die Rübenzuckerfabriken abzulösen und ihren Weiterbetrieb zu verbieten",[16] wie es die preußischen Finanzbehörden forderten, sondern die preußische Regierung begann nunmehr die Rübenzuckerindustrie zu besteuern. Zunächst erhob sie 1840 eine Kontrollabgabe von 0,06 Mark für einen Doppelzentner Rüben, um die Steuer 1844 auf 0,30 Mark, 1850 auf 0,60 Mark, 1853 auf 1,20 Mark, 1858 auf 1,50 Mark, 1869 auf 1,60 Mark und 1885 auf 1,70 Mark je Doppelzentner zu erhöhen, die dann 1888 auf 0,80 Mark unter gleichzeitiger Erhebung einer Verbrauchssteuer von 12 Mark je 100 kg Zucker ermäßigt wurde, bis man schließlich 1892 die auf die Rüben gelegte Steuer gänzlich beseitigte und zur reinen Verbrauchssteuer (Fabrikatssteuer) überging.[17]

Handelspolitik, Steuergesetzgebung und wohl auch Rübenmißernten in den vierziger Jahren vernichteten eine größere Anzahl von Rübenzuckerfabriken, weil sie wegen ihrer Betriebsgröße und mangelhaften technischen Ausstattung nicht mehr rentabel waren. Diese

[15] Vgl. LIPPMANN, 1900: 2ff.; SCHIPPEL, 1903: 79ff.; SCHUCHART, 1908: 34f. und 201f.
[16] ZVRI, 1851: I, 30.
[17] Vgl. ZIMMERMANN, 1895: 15; KATZENSTEIN, 1897.

wurden aber sogleich wieder durch Neugründungen leistungsfähigerer Betriebe ersetzt. So waren von den bis 1840 in der Provinz Sachsen errichteten 43 Fabriken 1849 nur noch 29 in Tätigkeit, und von den Gründungen im Jahre 1835/36 arbeiteten 1849 nur noch 4 Fabriken. In der Zeit von 1840 bis 1849 haben wir dann folgendes Bild:

*Tabelle 5*

*Anzahl der Rübenzuckerfabriken und die verarbeiteten Rübenmengen in der Provinz Sachsen*[18]

| Jahr | Anzahl der Fabriken | Rübenmenge in Zentner |
|---|---|---|
| 1840/41 | 43 | 2301795 |
| 1841/42 | 41 | 2471635 |
| 1842/43 | 31 | 1396445 |
| 1843/44 | 37 | 2533093 |
| 1844/45 | 36 | 2220559 |
| 1845/46 | 39 | 2675988 |
| 1846/47 | 42 | 3547891 |
| 1847/48 | 56 | 4622805 |
| 1848/49 | 69 | 6345127 |

Der Rückgang der Rübenzuckerfabriken hatte auch unweigerlich die „Betriebsgrößenfrage“ aufgeworfen. Manchem Kaufmann und Rübenzuckerfabrikanten schwebte noch bis in die fünfziger Jahre das Ideal einer Fabrik in der Form eines landwirtschaftlichen Kleingewerbes vor. So wandte sich z. B. der bedeutende kapitalistische Landwirt JOHANN GOTTLIEB KOPPE (1782 bis 1863), der selbst Besitzer einer Rübenzuckerfabrik in Kienitz (Oderbruch) war, sich in seiner Schrift „Über die Erzeugung des Rübenzuckers“ (1841) vorbehaltlos zur Rübenzuckerherstellung bekannt hatte und den vorteilhaften Einfluß des Rübenanbaus auf die Landwirtschaft hervorhob, 1850 gegen „alle großen auf Aktien gegründeten Anlagen“, da sie „den Keim des Unterganges in sich haben und nur bestehen können, wenn die jetzigen Zuckerpreise höhergehen“, um fortzufahren: „Es ist weder für das allgemeine Staatsinteresse noch für das des Ackerbaus wünschenswert, daß die Zuckerfabrikation in der Art begünstigt werde, wie sie zum größten Teile in der Nähe von Magdeburg besteht, wo man jene nicht als ein landwirtschaftliches Nebengewerbe, sondern als ein für sich bestehendes Fabrikgeschäft betreibt.“[19]

Diese Auffassung, mit der KOPPE keineswegs allein stand und die sich beispielsweise auch in dem Titel der Broschüre „Zur Erörterung der Frage: Ob die Zuckerbereitung aus Runkelrüben in kleineren Fabriken durch einen verschiedenen Steuersatz gegen die großen Fabriken zu begünstigen sein dürfte?“ (Berlin 1851) widerspiegelte, mochte wohl manchen Kaufleuten, die kleine Rübenzuckerfabriken besaßen, aus dem Herzen gesprochen sein. Sie wurde jedoch von kapitalistischen Landwirten und Unternehmern der Provinz Sachsen, die von Anfang an in der Produktionssphäre heimisch waren, nicht geteilt. Ihr Standpunkt wurde kaum besser als von dem Landesökonomierat WEYHE, Pächter der Domäne Wegeleben bei Halberstadt, zum Ausdruck gebracht, der in echt kapitalistischer Weise den fortschrittlichen Standpunkt der aufstrebenden Bourgeoisie

[18] Einige Nachrichten, 1850: 53f.

[19] ZSTA, Rep. 164a, Nr. 135, Bd. I: 16 und 122.

vertrat, wenn er in einer Denkschrift von 1850 für die Errichtung von „großen" Betrieben plädiert, die allein den Fortschritt der Produktivkräfte garantieren. „Es zeigt sich aber bald", führt er aus, „daß nur bei einer gewissen Ausdehnung der Fabrikation mit Vorteil gearbeitet [wird] und daß ein kleiner Gutsbesitzer den Rübenbedarf nicht allein produzieren kann, ohne sich zu benachteiligen. Niemals werde ich einen Nachteil, sondern nur einen Vorteil darin sehen, daß das Kapital und die spekulierende Industrie dort ein günstiges Feld gefunden hat, denn die Landwirtschaft empfängt das, was ihr fehlt und zieht davon den größten Nutzen".[20] Er war befriedigt, daß die so bedeutend zugenommene „Rübenzucker-Gewinnung allein in der Betriebs-Erweiterung vorhandener und in der Anlage neuer großer Fabriken ihren Grund" hatte und bekräftigte an anderer Stelle: „Entwickelt sich diese Industrie in allen Teilen des Vaterlandes bis zur Ausdehnung, welcher sie fähig ist, so wird sie sich unzweifelhaft als das kräftigste Förderungsmittel des landwirtschaftlichen Betriebes erweisen und dem Staat jährlich eine Ausgabe von 12 bis 15 Millionen einsparen. Sie wird, wie sie es bereits getan, Fleisch- und Milchprodukte wohlfeiler machen und deshalb dazu beitragen, eine kräftige Bevölkerung zu erziehen."[21]

Um die Jahrhundertmitte galten als kleine Fabriken, die im Volksmund später „Rübenquetschen" hießen, jene Betriebe, die kaum mehr als 40000 Zentner Rüben im Jahre verarbeiteten, eine Menge, die etwa von 350 Morgen geerntet wurde. Sie waren in der Gründungsphase recht verbreitet. Doch seit 1840 veränderte sich die an der jährlichen Rübenverarbeitungsmenge gemessene Betriebsgrößenstruktur. Das Jahr 1849 wies in der Provinz Sachsen aus:

*Tabelle 6*

*Im Jahre 1849 verarbeitete Rübenmenge der Fabriken in der Provinz Sachsen*[22]

| Anzahl der Fabriken | Rübenmenge in Zentner je Fabrik |
|---|---|
| 3 | 30000– 40000 |
| 8 | 40000– 50000 |
| 10 | 50000– 60000 |
| 6 | 60000– 70000 |
| 9 | 70000– 80000 |
| 4 | 80000– 90000 |
| 6 | 90000–100000 |
| 21 | 100000–200000 |
| 1 | 200000–300000 |
| 1 | 300000–400000 |

Aus dieser Zusammenstellung geht hervor, daß zwar die Mehrzahl der Rübenzuckerfabriken eine Jahres-Verarbeitungsmenge an Rüben von unter 100000 Zentner besaß, aber die überwiegende Rübenmenge in Fabriken mit einer Kapazität von über 100000 Zentner verarbeitet wurde.

Dieser Erwerbszweig reichte also schon weit über die Dimensionen eines landwirtschaftlichen Nebengewerbes hinaus. Doch nur ein oder zwei Jahrzehnte später war auch diese Betriebsgrößenordnung bereits überholt.

[20] ZSTA, Rep. 164a, Nr. 135, Bd. I: 128 und 211.
[21] ZSTA, Rep. 164a, Nr. 135, Bd. I: 154ff.
[22] Einige Nachrichten, 1850: 54f.

Die Vergrößerung der Fabriken seit 1840, die mit einer allmählichen Verbesserung der Produktionstechnik einherging, hing letzten Endes mit der Besteuerung der Rübenzuckerindustrie zusammen. Glaubte sich die Rübenzuckerindustrie 1840 durch die Besteuerung noch ihrem Untergang nahe, so sollte die Steuer, die als Materialsteuer auf eine (zeitweilig) unveränderte Rübenmenge erhoben wurde, bald ihre großen Vorteile erweisen. Denn jeder aus der bestimmten Rübenmenge mehrgewonnene Zentner Zucker blieb vollkommen steuerfrei. Und als man einmal diesen Vorteil begriffen hatte, wurde die Wissenschaft zunehmend in den Produktionsprozeß eingegliedert, die Böden zum Anbau der Rüben verbessert und so die Qualität der Rüben immer mehr gehoben. Was der Rübenzuckerfabrikant aus dem gleichen Gewichtsquantum Rüben mehr an Zucker herauszupressen wußte als vorausgesetzt und für die Marktpreisbildung bestimmend war, bedeutete nicht nur einen Extragewinn, sondern auch eine Senkung der Effektivbesteuerung der Zuckerfabriken. Unter dem Ansporn derartiger Gewinnchancen mußte ein unaufhörliches Wettrennen nach der höchstmöglichen Rübenausbeute entstehen und die ganze Industrie fortwährend einer raschen Veränderung ihrer Produktions- und Arbeitsverhältnisse unterliegen.[23] Stieg von Jahrfünft zu Jahrfünft die Zuckerausbeute der Rüben, so war auch die Jagd nach dem Gewinn erfolgreich. Einige wenige Angaben aus dem Jahre 1856, also aus der frühen Phase des Wiederbeginns, sprechen für den Eifer der Rübenzuckerfabrikanten, wobei die Angaben wahrscheinlich noch hinter der Wirklichkeit zurückblieben und sich auf weniger günstig arbeitende Betriebe bezogen:

*Tabelle 7*

*Rübenverarbeitung und Nettogewinn einiger Fabriken im Jahre 1856*[24]

| Firma | Ort | Rübenverarbeitung Zentner | Nettogewinn Taler |
|---|---|---|---|
| Struve | Ummendorf | 75858 | 37786 |
| Bodenstein | Groß Oschersleben | 115955 | 41531 |
| Brandes | Offleben | 97587 | 32845 |
| Lüttisch | Wendelstein | 77831 | 39239 |
| Koch | Roßleben | 106600 | 37401 |

Doch ehe wir auf die weitere Entwicklung der Rübenzuckerindustrie eingehen, wollen wir uns zunächst einigen anderen wichtigen Faktoren zuwenden.

## Die Voraussetzungen der Rübenzuckerindustrie

Im Jahre 1851/52 befanden sich drei Viertel aller deutschen Rübenzuckerfabriken, die fast 77 Prozent aller den Fabriken zugeführten Rüben verarbeiteten, in Preußen. Allein 53 Prozent der verarbeiteten Rüben entfielen auf die Provinz Sachsen (vgl. Tabellen 8 und 9), davon die Hälfte auf die Magdeburger Börde. Allein 17 in der Nähe von Magdeburg gelegene Fabriken verarbeiteten ein Drittel der gesamten Zuckerrübenernte des

[23] Vgl. dazu Lensch, 1900: 41ff.

[24] ZSTA, Rep. 120, CV, Nr. 12, Bd. IV: 9.

Deutschen Zollvereins. Zusammen mit Anhalt, Braunschweig, später auch Hannover bildete die Provinz Sachsen das wichtigste Zuckerrübenanbaugebiet, das mehr als zwei Drittel der gesamten Rübenmenge Deutschlands aufbrachte und an seine Rübenzuckerfabriken lieferte. Außer diesem relativ geschlossenen Rübenanbau- und -verarbeitungsgebiet gab es nur noch in Schlesien eine ins Gewicht fallende Rüben- und Zuckerproduktion, während alle übrigen deutschen Gebiete eine untergeordnete Rolle spielten, wenngleich die Zuckerfabriken in den einzelnen Orten einen nachhaltigen Einfluß auf die landwirtschaftliche Produktion ausüben konnten.

*Tabelle 8*

*Anzahl der Rübenzuckerfabriken in einzelnen deutschen Ländern im 19. Jh.*[25]

| Länder | 1837/38 | 1841/42 | 1851/52 | 1861/62 | 1871/72 | 1881/82 | 1891/92 | 1901/02 |
|---|---|---|---|---|---|---|---|---|
| Brandenburg | 10 | 4 | 9 | 11 | 18 | 15 | 14 | 14 |
| Pommern | 11 | 6 | 6 | 8 | 7 | 4 | 8 | 12 |
| Posen | 6 | 5 | 8 | 1 | — | 8 | 16 | 20 |
| Provinz Sachsen | 40 | 48 | 102 | 120 | 143 | 136 | 130 | 112 |
| Anhalt | | | 21 | 29 | 35 | 31 | 30 | 24 |
| Schlesien | 16 | 21 | 47 | 39 | 42 | 50 | 59 | 56 |
| Rheinland | 8 | 8 | 1 | 2 | 6 | 10 | 11 | 11 |
| Bayern | 17 | 11 | 6 | 6 | 4 | 2 | 1 | 3 |
| Württemberg | 4 | 2 | 4 | 6 | 5 | 5 | 4 | 4 |
| Baden und Elsaß | 9 | 8 | 3 | 1 | 1 | 1 | 1 | 2 |
| Braunschweig | — | — | 8 | 14 | 26 | 30 | 32 | 32 |
| Hannover | — | — | — | 2 | 10 | 30 | 44 | 43 |

*Tabelle 9*

*Die im Betriebsjahr 1851/52 bestehenden Rübenzuckerfabriken*[26]

| Länder | Anzahl | Versteuerte Rüben Zentner | Anteil Prozent |
|---|---|---|---|
| Ostpreußen | 4 | 98093 | 0,54 |
| Posen | 8 | 150575 | 0,82 |
| Pommern | 6 | 357907 | 1,96 |
| Schlesien | 47 | 3184410 | 17,41 |
| Brandenburg | 9 | 630272 | 3,45 |
| Provinz Sachsen | 102 | 9612174 | 52,55 |
| Westfalen | 1 | 16313 | 0,09 |
| Rheinland | 1 | 16652 | 0,09 |
| Preußen | 178 | 14066396 | 76,91 |

[25] Nach Schuchart, 1908: 184.

[26] Nach Reden, 1854: 1873.

*Tabelle 9 (Fortsetzung)*

| Länder | Anzahl | Versteuerte Rüben Zentner | Anteil Prozent |
|---|---|---|---|
| Anhalt Bernburg | 8 | 775663 | 4,24 |
| Anhalt Köthen | 9 | 796210 | 4,35 |
| Anhalt Dessau | 4 | 376000 | 2,06 |
| Schwarzburg-Rudolstadt | 1 | 74039 | 0,40 |
| Lippe | 1 | 11314 | 0,06 |
| Bayern | 6 | 196920 | 1,08 |
| Sachsen | 3 | 106865 | 0,58 |
| Württemberg | 4 | 315922 | 1,73 |
| Baden | 3 | 706853 | 3,86 |
| Kurhessen | 4 | 58662 | 0,32 |
| Thüringen | 4 | 162394 | 0,89 |
| Braunschweig | 8 | 607813 | 3,32 |
| Frankfurt a. M. | 1 | 34850 | 0,20 |
| Zollverein | 234 | 18289901 | 100,00 |

Die Vorherrschaft, ja die monopolartige Stellung der Provinz Sachsen in der Rübenzuckerindustrie und im Rübenanbau dauerte bis Mitte der siebziger Jahre des 19. Jh., um sie dann an die östlichen Provinzen zu verlieren. Danach belief sich der Anteil der Provinz Sachsen an der Zuckererzeugung im Deutschen Reich:

*Tabelle 10*

*Anteil der Provinz Sachsen an der Zuckererzeugung in Deutschland von 1871 bis 1914*[27]

| Jahr | Anteil in Prozent | Jahr | Anteil in Prozent |
|---|---|---|---|
| 1871/72 | 44,7 | 1890/91 | 26,2 |
| 1875/76 | 49,0 | 1895/96 | 27,3 |
| 1880/81 | 35,6 | 1900/01 | 25,9 |
| 1885/86 | 32,6 | 1913/14 | 22,9 |

Die außerordentlich starke Konzentration der Rübenzuckerindustrie auf die Provinz Sachsen in den ersten zwei Dritteln des 19. Jh., besonders aber in ihrer Entstehungszeit, beruhte auf folgenden Voraussetzungen: guter, fruchtbarer Lößboden für den Anbau des Rohmaterials, der Zuckerrüben, natürliche Wasserstraßen (Elbe), die handelsstrategische Bedeutung besaßen, relativ gut entwickeltes Straßen- und Wegenetz für die Anfuhr der Rüben und den Transport von Zucker, früher Beginn des Eisenbahnwesens, das Magdeburg schon 1850 zum Schnittpunkt von 6 Eisenbahnlinien machte, günstige Brennstoffversorgung aus der eigenen Provinz, bereits schon früher vorhandene intensive Landwirtschaft, günstige sozialökonomische Verhältnisse der unmittelbaren Produzenten sowie eine relativ große Anzahl von kapitalkräftigen Unternehmern und Landwirten.

[27] Mook, 1920: 88.

Förderten Bodenverhältnisse, Verkehrslage, günstige Brennstoffversorgung und ein gewisser Kapitalreichtum zweifellos die Entstehung der Rübenzuckerindustrie, so leistete aber vor allem die schon im 18. Jh. bestehende Hackkultur, insbesondere der weitverbreitete Zichorien- und Runkelrübenanbau, der Zuckerrübenkultur raschen Vorschub, die bis weit in die vierziger Jahre hinein als intensive Spatenkultur betrieben worden ist. Reisende berichteten, daß damals in der Umgebung von Magdeburg lange Reihen von 100 bis 150 Menschen mit dem Umgraben der Felder beschäftigt waren.[28] Aber die Zuckerrübenkultur, obwohl der Name Zuckerrübe in jenen Jahren noch kaum bekannt war, erhielt nicht zuletzt auch durch die Agrarkrise der zwanziger Jahre, die einen rapiden Fall der Getreidepreise herbeiführte, großen Auftrieb. Sie hat wohl sogar den Hackfruchtanbau endgültig durchgesetzt, denn auch in späteren Jahren bewirkten Krisenerscheinungen im Getreidebau eine Ausdehnung der Rübenkultur. Die Entwicklung der durchschnittlichen Getreidepreise in der Provinz Sachsen vermitteln folgende Zahlen:

*Tabelle 11*

*Entwicklung der Getreidepreise in der Provinz Sachsen von 1816 bis 1830*[29]

| Jahre | Getreideart | Preis in Mark je Tonne |
|---|---|---|
| 1816—1820 | Weizen | 203,60 |
| | Roggen | 151,90 |
| 1820—1830 | Weizen | 119,90 |
| | Roggen | 86,70 |

Die seit langen Jahren vorherrschenden und durch die Agrarkrise geförderten intensiven Anbaumethoden erklären sich nicht zuletzt aus den günstigen sozialökonomischen Verhältnissen in der Landwirtschaft. Im Gegensatz zu den ostelbischen, gutsherrschaftlichen Provinzen bestanden in der Provinz Sachsen, wie auch in Braunschweig, Hannover und Anhalt, vor den Agrarreformen und der industriellen Revolution günstigere bäuerliche Rechtsverhältnisse: volles Eigentum der Bauern bei persönlicher Freiheit bzw. Erbpacht- oder Erbzinsverhältnisse, nur wenig Arbeitsrenten, vorherrschende geldliche Leistungen an die Grund- oder Gutsherrschaft, Unteilbarkeit des Bauerngutes im Erbgang, eine relativ große Landausstattung der Bauernwirtschaften und eine in langer Tradition gefestigte Landgemeinde.

Diese bäuerlichen Verhältnisse ermöglichten infolge günstigerer Absatz- und Marktverhältnisse eine beachtliche Verbesserung der Produktion und eine gewisse Kapitalakkumulation,[30] wie auch die Gutsherrschaften und Domänen durch die Anwendung produktiverer Lohnarbeit allgemein höhere Leistungen als in Brandenburg, Pommern oder Ostpreußen erzielten. Schließlich haben die Bauern auch die Agrarreformen recht gut überstanden. Der Landbesitz blieb fast ungeschmälert, und trotz hoher Kapitalentschädigungen für „feudale Rechte“, die fast 36 Millionen Mark (Provinz Sachsen) betrugen, entwickelte sich ein kräftiger Groß- und Mittelbauernstand. Andererseits schufen die

[28] Bericht des Bauerngutsbesitzers Bähr ..., 1849: 333; Darstellung der Runkel-Rüben-Zucker-Industrie, 1844: 148.

[29] Mook, 1920: 78.

[30] Vgl. auch den Beitrag Harnisch im ersten Halbband.

Reformen auch eine große Masse ländlicher Arbeiter. Und da die Rübenzuckerindustrie saisonbedingt ist und es auf intensive Pflege der Rübenkulturen und schnellste Verarbeitung der geernteten Rüben ankam und die laufend entstehenden Zuckerfabriken einen großen Bedarf an Arbeitskräften hatten, räumte man ziemlich schnell mit allen feudalen Relikten, wie Dreschanteil, Deputaten, Kontrakten, Instverhältnissen, auf und verwandelte die Landarbeiter in freie Arbeiter, die nur noch mit Geld entlohnt wurden. Nirgends haben sich die freien Lohnarbeiter in der Landwirtschaft so schnell herausgebildet wie in den „Zuckerrübenrevieren". Die Provinz Sachsen, insbesondere aber die Magdeburger Börde, was aber auch für das angrenzende Braunschweig und für Anhalt gilt, gehört zu den am schnellsten durchkapitalisierten Gebieten Deutschlands. Es herrschten und entwickelten sich schon frühzeitig jene ökonomischen und sozialen Bedingungen, unter denen sich die Rübenzuckerindustrie, die in ihrer ganzen Struktur kapitalistisch war, rasch entfalten konnte.

## Industrielle Wechselbeziehungen

Achard betrachtete die Rübenzuckerproduktion zu Beginn des 19. Jh. noch als eine patriotische Tat. „Aus heißer Liebe für das preußische Vaterland" war er bemüht, „einen neuen Zweig europäischer Industrie zu schaffen". Seine Werke widmete er der „Majestät, dem König", wie seine Bemühungen um die Rübenzuckererzeugung auch gegen die Kolonial-Sklaverei in den Zuckerrohrländern, die „Blutzucker" erzeugten, gerichtet waren. Der antikoloniale Hauch, das Mitleid gegenüber den Zuckerrohr-Sklaven, lag übrigens noch um die Mitte des 19. Jh. über der deutschen Rübenzuckerindustrie. Wie Achard empfanden auch Koppy und andere Propagandisten des Rübenzuckers, die „die patriotische Tat" in langatmigem, schwülstigem, feierlich-deklamatorischem Stil, eben im Stil ihrer Zeit würdigten.

Weit sachlicher, nüchterner, schon den kapitalistischen Geist der Zeit atmend, war die Schrift von J. A. Dennstedt, die er 1836 veröffentlichte und in der er Anweisungen über den Anbau von Zuckerrüben erteilt. Sie war aber schon nicht mehr königlichen Majestäten gewidmet, sondern an die Besitzer der Rübenzuckerfabrik in Oldisleben, an die Herren Wilhelm und Ernst Müller gerichtet. Und in seiner Einleitung lesen wir: „Auch Sie, hochgeehrte Herren, gehören in die Zahl der hochherzigen Menschenfreunde unserer Zeit, die deutschem Grund und Boden und seinem Gewächs abzugewinnen suchen, was wir so lange aus indischen Landen für teuren Preis uns holten. Auch sie gehören unter die Zahl der Patrioten, die durch Beförderung des industriellen Lebens im Inlande Deutschlands Wohlfahrt mit schützen und schirmen helfen."[31]

Erkannte Dennstedt ganz klar die große volkswirtschaftliche Bedeutung des Zuckerrübenanbaus, so ist es jedoch die „Beförderung des industriellen Lebens im Inlande", die nunmehr unsere Aufmerksamkeit erfordert.

Das industrielle Leben der Provinz Sachsen war engstens mit der Rübenzuckerindustrie verknüpft. In dem Maße, wie sich die Zuckerindustrie entwickelte, belebte sie auch andere industrielle Zweige oder veranlaßte sogar erst ihren Aufschwung. Wichtig war zum Beispiel die Versorgung der Rübenzuckerindustrie mit Brennstoffen. 1850 verbrauchten die 102 Fabriken der Provinz Sachsen, berechnet auf die Verarbeitung von 10 Millionen

[31] Dennstedt, 1836.

Zentner Rüben, schon eine halbe Million Tonnen Steinkohle und eine Million Tonnen Braunkohle, die zunächst über die Elbe aus England und Böhmen, zunehmend jedoch in und aus der eigenen Provinz gewonnen und bezogen wurden.[32] Die Steinkohlengruben bei Wettin und Löbejün, Camsdorf und Plötz belieferten die Zuckerfabriken in Ostrau, Brachstedt und Löbejün sowie die anhaltische Zuckerfabrik Glauzig. War ihre Förderung auch immer bescheiden, so steigerten sie jedoch unter dem Einfluß neu hinzukommender Zuckerfabriken die Produktion von 45157 Tonnen im Jahre 1857 auf 88976 Tonnen im Jahre 1871.[33] Dagegen war die Rübenzuckerindustrie Großabnehmer der Braunkohlengruben. Wie groß die Mengen waren, zeigt eine Aufgliederung des Absatzes des hallischen Braunkohlenreviers aus dem Jahre 1860.

*Tabelle 12*

*Anteil der einzelnen Industriezweige am Braunkohlenabsatz des hallischen Reviers im Jahre 1860*[34]

| Industriezweig | Braunkohlen in Tonnen | Braunkohlen in Prozent |
|---|---|---|
| Zuckerfabriken | 645950 | 30,4 |
| Spiritusbrennereien | 68803 | 3,2 |
| Ziegeleien und Kalkbrennereien | 240889 | 11,3 |
| Salinen und Hütten | 180441 | 8,5 |
| Photogenfabriken und Schwelereien | 11246 | 0,5 |
| Hausbedarf und sonstiges | 977550 | 46,0 |

Noch größer war die Bedeutung der Rübenzuckerindustrie für andere Braunkohlenreviere. 1862 beispielsweise entfielen auf die Zuckerfabriken von dem Gesamtabsatz des Aschersleber Reviers 58,5 Prozent, vom Revier Schönebeck 75 Prozent, vom Revier nördlich von Eisleben 40 Prozent und vom Revier westlich von Halle 38,8 Prozent.[35] Im Regierungsbezirk Magdeburg schufen 1864 schon 47 Gruben mit 2800 Beschäftigten, die 9126000 Tonnen Braunkohle förderten,[36] notwendige Voraussetzungen für die Rübenzuckerfabriken. In der Magdeburger Börde waren es vor allem die Gruben in Etgersleben, Westeregeln, Unseburg, Welsleben, Wolmirsleben, Altenweddingen, Calbe, Üllnitz, Hohendorf, Förderstedt, Atzendorf, Löderburg und Eggersdorf, die mit einer Gesamtproduktion von 3615000 Tonnen die Zuckerfabriken belieferten.[37] Nicht selten war die Inbetriebnahme einer Rübenzuckerfabrik mit der Aufschließung einer Braunkohlengrube gekoppelt, und letztere war ausschließlich vom Gedeihen der ersten abhängig. Vielfach war eine Grube der Zuckerfabrik angeschlossen, und mitunter gaben Zuckerfabriken ihre eigentliche Produktion auf, um sich nur noch mit der Braunkohlenproduktion zu befassen, wie die 1856 etablierte Zuckerfabrik Körbisdorf AG oder die 1872 mit einem Kapital von 1,112 Millionen Mark gegründete Zuckerfabrik Spora AG.[38]

32 Einige Nachrichten, 1850: 76f. (Bei den Tonnenangaben handelt es sich offensichtlich um Maße alten Gewichts.)

33 Vgl. Zwanziger, 1925: 44.

34 Kiesewetter, 1924: 42; 1 Tonne = 110 Zentner.

35 Vgl. Zander, 1934: 96.

36 Beiche, 1874.

37 Beiche, 1874; vgl. auch den Beitrag Bandoly im ersten Halbband. (Bei den Tonnenangaben handelt es sich offensichtlich um Maße alten Gewichts.)

38 Vgl. Steinsdorff, 1931: 75.

Nahm die Kohlenindustrie unter dem Einfluß der Rübenzuckerindustrie einen bedeutenden Aufschwung, so waren aber auch andere Industrie- und Handwerkszweige mit der Rübenzuckerindustrie verflochten. Um 1850 zehn Millionen Zentner Rüben zu Zucker zu verarbeiten, bedurfte es mehr als einer Million Taler Aufwendungen für chemische, maschinelle, textile, metallene und handwerkliche Erzeugnisse und Dienstleistungen. Die Tabelle 13 vermittelt einen recht anschaulichen Überblick über den Anteil der Industrie und des Handwerks an der Rübenzuckerproduktion, wie auch der Kostenanschlag der im Jahre 1847 errichteten Zuckerfabrik in Klein Oschersleben instruktive Aussagen über die Wichtigkeit der Rübenzuckerindustrie für viele Industrie- und Gewerbezweige gibt.[39]

*Tabelle 13*

*Anteil von Industrie, Gewerbe und Dienstleistungen bei der Verarbeitung von 10 Millionen Zentner Rüben im Jahre 1850*[40]

| Zweig, Fabrikate oder Reparaturen | Taler |
|---|---|
| Chemische Fabriken | 160000 |
| Preßbleche oder Preßhorden | 36000 |
| Preßtücher | 130000 |
| Filter- und Schaumbeutelzeuge | 27000 |
| Korbmacher (Körbe) | 16000 |
| Besen | 6000 |
| Schaufeln | 5000 |
| Bürsten | 3000 |
| Siebe | 4000 |
| Feilen | 3000 |
| Lederarbeiten | 12000 |
| Seiler | 15000 |
| Messerschmiede | 5000 |
| Seifensieder | 3000 |
| Blechschmiede und Töpfer | 40000 |
| Klempner | 12000 |
| Maschinenfabrikanten | 100000 |
| Mechaniker | 3000 |
| Kupferarbeiter | 66000 |
| Gelbgießer | 10000 |
| Schmiede | 40000 |
| Schlosser | 18000 |
| Schornsteinfeger | 3000 |
| Dachdecker | 6000 |
| Glaser | 5000 |
| Steinsetzer | 3000 |
| Zimmerleute und Tischler | 40000 |
| Maurer | 56000 |
| Ziegelbrenner und Steinbrecher | 100000 |
| Böttcher | 130000 |
| Nagelschmiede | 10000 |
| Papierfabriken | 6000 |
| Summa: | 1073000 |

[39] Vgl. Anlage Nr. 4. [40] Einige Nachrichten, 1850.

Die wirtschaftliche Verflechtung der Rübenzuckerindustrie mit anderen Industriezweigen blieb dabei nicht nur auf die Provinz Sachsen beschränkt, sondern die verschiedensten deutschen Landesteile beteiligten sich am Aufbau und an der Entwicklung der Rübenzuckerindustrie. Westfalen lieferte Preßtücher, Reibeblätter und Klempnerarbeiten, aus dem Rheinland kamen Eisenbleche und Chemikalien, Böhmen und Brandenburg stellten Bauhölzer und Bretter zur Verfügung, Pommern und Preußen beteiligten sich mit Öllieferungen, und Berlin und Thüringen produzierten die notwendige Knochenkohle.

Von günstigem Einfluß war die Rübenzuckerindustrie auf die Entwicklung der Maschinenbauindustrie. 1836 existierte erst eine von dem Engländer Aston begründete Maschinenbau-Anstalt in Magdeburg. 1849 hingegen, also nur 13 Jahre später, bestanden in oder nahe Magdeburg bereits 5 Maschinenbaufabriken, die 1200 Arbeiter beschäftigten. Aber auch im Harz entstanden 4 Fabriken (Zorge, Mägdesprung, Gernrode und Ilsenburg), die durch die Rübenzuckerindustrie lohnende Aufträge erhielten. Bedeutende Bestellungen nahmen auch Maschinenfabriken in Aachen und Berlin entgegen. Der bekannte Berliner Maschinenbauunternehmer Egells beispielsweise installierte in der von dem Freiherrn von Veltheim 1847 in Ostrau angelegten Zuckerfabrik Dampfmaschinen.[41]

Je mehr sich die Rübenzuckerindustrie in der Provinz Sachsen ausdehnte, je mehr sich ihre Produktionstechnik verbesserte, desto größer wurde die Nachfrage nach Maschinen und Metallwaren. Wie stark Magdeburgs Maschinenfabriken mit der Zuckerindustrie schon um die Jahrhundertmitte engstens verflochten waren, zeigt die Tatsache, daß bei einem Gesamtproduktionswert von etwa 1,8 Millionen Taler im Jahre 1850/51 der Anteil der Zuckerfabriken nicht weniger als 1,6 Millionen Taler betrug.[42] Ebenso waren auch die Maschinenfabriken in der gesamten Provinz Sachsen, deren Anzahl sich von 12 mit 1396 Arbeitern im Jahre 1846 auf 38 mit 2607 Arbeitern im Jahre 1858 erhöhte, stark auf die Zuckerfabriken angewiesen, wenn sich dann auch eine Arbeitsteilung innerhalb der Maschinenfabriken immer mehr durchsetzte. Die ständigen Anforderungen der Rübenzuckerfabriken an die Maschinenfabriken lassen sich schon an der Entwicklung der benutzten Dampfmaschinen ablesen. Gab es 1845/46 nur 30 Dampfmaschinen in 23 von insgesamt 37 Rübenzuckerfabriken, so haben wir 35 Jahre später folgendes Bild:

*Tabelle 14*

*Anzahl der Dampfmaschinen in den Rübenzuckerfabriken der Provinz Sachsen von 1880 bis 1910*[43]

| Jahr | Anzahl der Fabriken | Anzahl der Dampfmaschinen | Leistung in PS |
|---|---|---|---|
| 1880 | 134 | 1171 | 13048 |
| 1890 | 130 | 1465 | 18357 |
| 1900 | 112 | 1624 | 28836 |
| 1910 | 102 | 1614 | 44241 |

Die Maschinenbauindustrie, die in der Periode von 1854 bis 1870 ihre günstigste Entwicklung aufwies und danach ihre Stellung festigen konnte, war bekanntlich das Herzstück der industriellen Revolution und der allgemeinen Industrialisierung. Doch in der Provinz

[41] STAM, Rep. H Ostrau, Nr. 1492.
[42] Fuhlrott, 1923: 15.
[43] Mook, 1920: 102.

Sachsen lebte sie bis in das ausgehende 19. Jh. im Schatten der Rübenzuckerindustrie, der sie fast einzig ihren Aufschwung verdankte. Die bevorzugte Stellung der Rübenzuckerindustrie ergab sich schon aus der Zahl der Beschäftigten. Waren es 1846 nach REDEN 5580 Arbeiter (vgl. Tabelle 17), das sind mehr als die Hälfte aller in der Rübenzuckerindustrie des Deutschen Zollvereins beschäftigten Arbeiter, haben wir von 1849 bis 1858 folgende Entwicklung:

*Tabelle 15*

*Anzahl der Arbeiter in der Rübenzuckerindustrie der Provinz Sachsen von 1849 bis 1858*

| Jahr | Zahl der Arbeiter | davon im Regierungsbezirk Magdeburg | |
|---|---|---|---|
| | | | Prozent |
| 1849 | 11188 | 9765 | 87,3 |
| 1852 | 16040 | 11208 | 69,9 |
| 1855 | 16181 | 11635 | 71,9 |
| 1858 | 22090 | 14398 | 65,2 |

Seit 1861 können wir die Zahl der Beschäftigten in den Maschinenfabriken, die auch den Apparatebau einschließt, mit der der Zuckerindustrie vergleichen:

*Tabelle 16*

*Die Anzahl der Beschäftigten in der Rübenzuckerindustrie und in den Maschinenfabriken von 1861 bis 1895 in der Provinz Sachsen*[44]

| Jahr | Beschäftigte in Rübenzuckerfabriken | davon im Reg.-Bez. Magdeburg | Beschäftigte in Maschinenfabriken | davon im Reg.-Bez. Magdeburg |
|---|---|---|---|---|
| 1861 | 22000 | | 3073 | |
| 1875 | 25700 | 15908 | 11296 | 6607 |
| 1882 | 22493 | 14725 | 12528 | 6759 |
| 1895 | 22899 | 14038 | 21851 | 11693 |

Die Rübenzuckerindustrie war bis Ende des 19. Jh. die Industrie der Provinz Sachsen, doch mit dem Übergang in das neue Jahrhundert mußte sie ihre führende Stellung an die Maschinenindustrie abtreten (vgl. Tabelle 17).

In diesem Zusammenhang wollen wir auch ganz kurz die Lage der in der Rübenzuckerindustrie beschäftigten Arbeiter streifen, da ausführlichere Untersuchungen darüber so gut wie ganz fehlen.

Während die Zahl der Fabriken ständig zunahm, die Zuckerproduktion steigende Ziffern aufwies und die Gewinne zur Zufriedenheit der Unternehmer ausfielen, erreichte die Lage der Zuckerfabrikarbeiter einen Tiefpunkt, der durch das steigende Angebot an zuwandernden Menschen (z. T. Saisonarbeitern) noch verstärkt wurde. In kleineren Betrieben, die hart um ihre Existenz ringen mußten, war die rücksichtslose und unkontrol-

[44] ZANDER, 1934: 201 und 210.

*Tabelle 17*

*Die Verteilung der Zuckerraffinerien und Rübenzuckerfabriken im Deutschen Zollverein im Jahre 1846*[45]

| Staat | Zucker-raffinerien | | Rübenzucker-fabriken | | Arbeiter insgesamt |
|---|---|---|---|---|---|
| | Anzahl | Arbeiter | Anzahl | Arbeiter | |
| Preußen | 57 | 2907 | 85 | 8028 | 10935 |
| Davon im Reg.-Bezirk | | | | | |
| Magdeburg | 12 | 159 | 36 | 5016 | 5175 |
| Breslau | 1 | 67 | 20 | 1666 | 1733 |
| Köln | 13 | 707 | — | — | 707 |
| Stettin | 3 | 528 | 3 | 80 | 608 |
| Merseburg | 1 | 45 | 6 | 554 | 599 |
| Stadt Berlin | 6 | 427 | 1 | 53 | 480 |
| Königsberg | 3 | 305 | — | — | 305 |
| Posen | — | — | 8 | 296 | 296 |
| Potsdam | 2 | 213 | 2 | 25 | 238 |
| Düsseldorf | 9 | 203 | — | — | 203 |
| Stralsund | — | — | 1 | 165 | 165 |
| Gumbinnen | 1 | 49 | 2 | 80 | 129 |
| Liegnitz | 2 | 72 | 1 | 12 | 84 |
| Minden | 2 | 74 | — | — | 74 |
| Oppeln | — | — | 2 | 54 | 54 |
| Danzig | 1 | 34 | — | — | 34 |
| Aachen | 1 | 24 | — | — | 24 |
| Frankfurt | — | — | 2 | 17 | 17 |
| Erfurt | — | — | 1 | 10 | 10 |
| Bayern | 7 | 293 | 10 | 372 | 665 |
| Württemberg*) | | | | | |
| Baden | 2 | 116 | 3 | 297 | 413 |
| Kurf. Hessen | 2 | 114 | 3 | 84 | 198 |
| Sachsen | 2 | 33 | 2 | 59 | 92 |
| Thüringen | — | — | 2 | 81 | 81 |
| Braunschweig | — | — | 3 | 240 | 240 |
| Gesamt | 70 | 3463 | 108 | 9161 | 12624 |

*) keine Angaben vorhanden

lierte Ausbeutung am schlimmsten. Die Produktionsprozesse fanden vielfach in erbärmlichen Fabrikräumen statt, deren hygienische und sanitäre Verhältnisse jeder Beschreibung spotteten.

Vom Kreis Wanzleben zum Beispiel, in dem eine besonders starke Konzentration der Rübenzuckerfabriken erfolgte, und zwar bestanden 1850 schon 13 und 1859 bereits 22

[45] Nach Reden, 1854: 1872f.

Fabriken mit 4135 Arbeitern,[46] wurde in offiziellen Berichten ein düsteres Bild der Arbeitsverhältnisse gegeben. Darin heißt es 1850 über die täglichen Arbeitszeiten:

„1. in 1 Zuckerfabrik von 3 Uhr bis 7 Uhr abends,
2. in 2 Zuckerfabriken von 3 Uhr bis $6^1/_2$ Uhr abends,
3. in 4 Zuckerfabriken von 3 Uhr bis 6 Uhr abends,
4. in 2 Zuckerfabriken von 4 Uhr bis 7 Uhr abends,
5. in 3 Zuckerfabriken von 5 Uhr bis $6^1/_2$ Uhr abends.

Wir bemerken hierzu,

a) daß mit Ausnahme von 3, 4 und 5 den Arbeitern um 9 Uhr eine halbe Stunde Frühstück, um 12 eine Stunde Mittagsbrot, um 4 Uhr eine halbe Stunde Pause vergönnt ist, hingegen in 3 und 5 die Pause nicht gestattet wird;
b) daß diese Arbeitszeit in der Regel 9 Monate des Jahres (meist auch an Sonntagen) stattfindet, 3 Monate ungefähr, nur von 5 bis 7 Uhr;
c) daß die Arbeiter in einer Temperatur von 25 Grad zu arbeiten haben, so daß sie nur sehr leicht bekleidet sein mußten.“[47]

Die effektive Arbeitszeit schwankte also zwischen 14 und 12 Stunden. An Lohn erhielten die Arbeiter $12^1/_2$ bis 15 Silbergroschen täglich. Im besten Falle konnte ein Arbeiter auf 110 Taler im Jahre kommen. Doch das Existenzminimum wurde um 1850 für Preußen mit etwa 175 Talern berechnet.[48] Groß war die Ausbeutung, unerhört niedrig die Löhne, die nicht einmal das Existenzminimum erreichten. Aber auch die Arbeits- und Wohnbedingungen waren erschütternd, wie es ein Bericht aus dem Jahre 1856 widerspiegelt: „In der zur Zuckerfabrik des Herrn von Kotze zu Klein-Oschersleben gehörigen Arbeiterkaserne herrscht viel Schmutz, eine ungesunde und schlechte Luft, Unordnung und liegen Frauen und Männer untereinander. Die Anlage des Hauses ist im allgemeinen zweckmäßig — doch macht dasselbe von außen einen ungünstigen Eindruck. Die Umgebung desselben ist schmutzig gehalten.

Noch schlechter als in Klein-Oschersleben ist der Zustand in Klein-Wanzleben. Dort sind die Arbeiter in einzelnen Räumen eines Gehöftes untergebracht und es herrscht in demselben die allergrößte Unreinlichkeit, ein arger Gestank und eine große Unordnung. Die Angestellten liegen ungetrennt untereinander. Die mitgebrachten Kinder sind sich ganz überlassen und liefen auf steilen Treppen und wackligen Gängen ohne jedwede Aufsicht umher.“[49]

Auf Grund dieser wie auch in anderen Fabriken durchgeführten Ermittlungen sah sich die preußische Regierung gezwungen, ein Reglement zu verabschieden, daß eine Verbesserung der Unterbringung von Fabrikarbeitern anordnete, ohne jedoch damit grundsätzliche Veränderungen in den Lebensbedingungen der Arbeiter zu veranlassen.

Elend und grausam verlief das Leben der Arbeiter in der kapitalistischen Rübenzuckerindustrie in der Mitte des 19. Jh.

Die täglichen Arbeitszeiten, wie sie um 1850 herrschten, hatten sich auch zu Beginn des 20. Jh. nur wenig verändert. In der Zuckerfabrik Barby z. B. waren die Arbeiter,

[46] Denkschrift ... Verhältnisse, (1860).
[47] STAM, Rep. C 28 If, Nr. 231: 3.
[48] Kuczynski, 1961: 325ff.
[49] STAM, Rep. C 28 If, Nr. 270, Bd. I: 98f.

wie eine Arbeitsordnung von 1892 festlegte, verpflichtet, vom 1. April bis 1. Oktober von 5.30 Uhr bis 18.30 Uhr und im Winterhalbjahr von 6 Uhr bis 18 Uhr unter Einschluß einer zweistündigen Pause zu arbeiten. Der einzige Unterschied gegen früher war nur, daß die Arbeiter infolge der zusammengedrängten Rübenkampagnezeit nunmehr auch in die Nachtschichten eingespannt wurden.[50]

Doch kehren wir zu den industriellen Verhältnissen zurück und halten fest: Schon frühzeitig entwickelten sich also Wechselbeziehungen zwischen der Rübenzuckerindustrie und dem Bergbau, der chemischen, Textil- und Maschinenbauindustrie. Die Rübenzuckerindustrie empfing dabei nicht nur Anregungen aus der Wissenschaft und verwertete die Erfahrungen anderer Industrien, sondern sie war, weil im 19. Jh. selbst ein Pionier der industriellen Technik, auch anderen Industrien und der Wissenschaft eine gute Lehrmeisterin. Die chemische Industrie beispielsweise verdankte ihr die mehrstufige Verdampfungsanlage und das Polarimeter und die rübenbauende Landwirtschaft den kapitalistischen und produktivitätsfördernden Geist, der ihre Anbauverhältnisse und Bewirtschaftungsmethoden von Grund auf umwälzte, Methoden, auf die wir noch zurückkommen werden.[51]

Landwirtschaft, chemische Industrie, Maschinen- und Bergbau sowie andere industrielle Zweige standen mit der Rübenzuckerindustrie in enger Verflechtung und Wechselwirkung sowohl als Produzenten als auch als Konsumenten, wobei alle Zweige in dieser Symbiose Gebende und Nehmende waren.

Erwähnen wir auch, daß die Rübenzuckerindustrie die erste überregionale industrielle Organisation Deutschlands aus der Taufe hob, als sich 1841 preußische, bayerische, badische, sächsische und hessische Rübenzuckerfabrikanten zur „Ersten Generalversammlung deutscher Rübenzuckerfabriken" zusammenfanden. Darin bekleideten Unternehmer aus Magdeburg und der Börde einflußreiche Stellungen. Gegründet zunächst als Antwort auf die Rübenzuckerbesteuerung, vertrat sie zunehmend seit 1850 im umbenannten „Verein für die Rübenzuckerindustrie" alle „gemeinsamen Interessen" und beriet „alles die Fabrikation Fördernde". Das schloß Wissenschaft, Technik und Patentwesen ebenso ein wie Sozialpolitik, Versicherung und vieles andere mehr. Der Verein, der lange Jahre (1850 bis 1872) von dem bekannten Historiker und Archivrat A. F. Riedel als Erster Direktor geleitet wurde, wußte dabei seine Interessen im Eisenbahnwesen wahrzunehmen, indem seine Vertreter Sitz und Stimme im regionalen Eisenbahnverwaltungsrat besaßen, die Entwicklung des Straßen- und Wegebaus in den „Zuckerrübenrevieren" zu beeinflussen, Normen für den Zuckerrübensamenhandel durchzusetzen, ein Wort in der Handels-, Steuer- und Zollpolitik sowie in der Gesetzgebung mitzusprechen,[52] wie er schließlich alles Wissenswerte aus dem Aus- und Inland den Rübenzuckerfabriken und Rübenbauern zugänglich machte, um auf diese Weise den technischen und organisatorischen Fortschritt zu beschleunigen.

[50] STAM, Rep. H Barby, Nr. 233: 76.
[51] Vgl. dazu Baxa/Bruhns, 1967: 174ff.
[52] Denkschrift, 1925; Lippmann, 1900: 3; Götze, 1928: 105; vgl. auch Anlage Nr. 1.

## Unternehmer und Kapitalgesellschaften

Waren die ersten Rübenzuckerfabriken zu Beginn des 19. Jh. in der Magdeburger Gegend meist Gründungen von spekulierenden Kaufleuten, die sich vor allem mit dem Anbau, der Verarbeitung und dem Handel von Zichorie ein größeres Vermögen erworben hatten, so fand die rasche Ausdehnung der Rübenzuckerindustrie seit ihrem Wiederbeginn ihre Grundlage zweifellos in der Vielzahl von „Kapitalvereinigungen", eine in der „Sturm- und Drangzeit" der Produktion revolutionäre Form der Kapitalzentralisation.[53] Aber auch Einzelbesitzungen waren in der Provinz Sachsen, besonders in der ersten Gründungsphase bis in die fünfziger Jahre, nicht selten. Es waren unternehmungsfreudige Domänenpächter und bürgerliche Grundbesitzer, die ihr in der Landwirtschaft mittels frühzeitig angewandter kapitalistischer Produktionsmethoden erworbenes Kapital in einer Zuckerfabrik anlegten und deren Familien im Verlaufe weniger Generationen zu agrarischen Großkapitalistenfamilien aufstiegen. Das bekannteste Beispiel war wohl der Kommerzienrat BOLTZE aus Salzmünde bei Halle, der neben der Landwirtschaft, die über 26 Dörfer verbreitet war, Zuckerfabrik, Brennerei, Brauerei, Getreide-, Öl- und Graupenmühlen besaß, zur Beleuchtung seiner Fabriken, Ställe und Wohnungen 1862 eine eigene Gasanstalt errichtete, Schneidemühlen, Holz- und Eisenwerkstätten und eine Düngerfabrik anlegte, eine Braunkohlengrube seiner Wirtschaft eingliederte und sich schließlich noch eine kleine Flotte von 40 Kähnen zulegte, die den Transport seiner landwirtschaftlichen und industriellen Erzeugnisse besorgte.[54]

In der Magdeburger Börde und in ihren angrenzenden Randgebieten begegnen uns die Namen DIETZE, STRUVE, KÜHNE, HEINE, WIERSDORF, RIMPAU, um nur einige zu nennen, die als Domänenpächter oder Großgrundbesitzer in die Rübenzuckerproduktion einstiegen, wobei ihr ausgedehnter Grundbesitz einen sicheren Rückhalt bei der Beschaffung des Rohmaterials bot. Die Familie STRUVE in Hamersleben etwa baute allein 4500 Morgen mit Rüben an, die sie in ihrer 1856 errichteten Zuckerfabrik verarbeitete. Ebenso verfügten die Familien HEINE in Halberstadt, LOSS in Wolmirstedt, BRAUNE in Oschersleben über großen Grundbesitz und ausreichend Kapital, um die Zuckerproduktion aufzunehmen, bzw. waren ihre Namen und wirtschaftlichen Verhältnisse kreditwürdig genug, um fehlende Gelder über eine Anleihe bei bekannten Banken zu beziehen.

Der in den Händen von Domänenpächtern und bürgerlichen Grundbesitzern, die teilweise aus dem Bauernstand hervorgingen, vereinigte Kapitalreichtum war beträchtlich. Einen gewissen Eindruck davon vermittelt der Verkauf und Kauf der Zuckerfabrik Bahrendorf. Ein Magdeburger Kaufmann namens JORDAN hatte im Jahre 1855/56 auf dem Rittergut Bahrendorf eine Zuckerfabrik für 200000 Taler erbaut. 1859 erwarb sie die Pommersche Provinzial-Zuckersiederei (PPZ) und kaufte noch ein Grundstück hinzu, um Rittergut und Zuckerfabrik abzurunden und unmittelbar zu verbinden. Die PPZ besaß damit 1925 Morgen eigenes und 3300 Morgen gepachtetes Land. Der Viehbestand setzte sich aus 70 Pferden, 420 Rindern und 1646 Hammeln und Schafen zusammen. Weil die Anlagen mit Ausnahme der ersten drei Jahre nicht den ihrem Umfang entsprechenden Gewinn einbrachten, wurden sie 1872 verkauft. Die Käufer waren die Gebrüder RECKLEBEN in Langenweddingen, Gebrüder SCHÄPER in Sülldorf und AUGUST DIETRICH in Schwaneberg, die 1200 Taler je Hektar im ganzen für Land, Inventar und Viehbestände sowie 972000 Taler für die Zuckerfabrik zahlten.[55]

[53] MARX, 1964 (1894): XXV, 657. [54] Vgl. GROUVEN, 1866. [55] Altenburg (1917): 53ff.

Unter den Einzel- oder Familienbesitzern gab es auch einige wenige Adlige. In der Provinz Sachsen zählte man bis 1870 und später nur sieben Rübenzuckerfabriken, die sich im Besitz von Adligen befanden. Das heißt jedoch nicht, daß sich die adligen Gutsbesitzer nicht kräftig mit den gewinnbringenden Rübenlieferungen an die Fabriken befaßt hätten oder als Aktionäre und Teilhaber in die Kapitalgesellschaften eingetreten wären, da sich diese Kapitalanlage „gut verzinst", wie von WUTHENAU, Besitzer der Rittergüter Hohenthurm, Glesien und Nienberg, der um 1890 Aktien der Zuckerfabrik Landsberg in Höhe von 82800 Mark besaß, feststellte.[56] Sie waren gleich den bürgerlichen Gutsbesitzern industrielle Grundeigentümer, die „den Ackerbau ohne feudalistische Illusion und ohne ritterschaftliche Nonchalance als Geschäft, eine Industrie mit den bürgerlichen Hilfsmitteln, Sachkenntnis und Arbeit" betrieben.[57] Daher ähnelten sie in vielerlei Beziehungen weit mehr englischen Agrarkapitalisten als ostelbischen Junkern.

Wenn die adligen Gutsbesitzer Zuckerfabriken anlegten, besuchten sie vorher oder während der ersten Betriebsjahre eine Reihe von Bürgerlichen verwaltete Zuckerfabriken, um technische und wirtschaftliche Erfahrungen zu sammeln und in der eigenen Fabrik nutzbringend zu verwerten. Als sich beispielsweise WERNER von VELTHEIM 1845/46 entschloß, auf seinem Rittergut Ostrau eine Rübenzuckerfabrik zu bauen, weil aus der Verbindung von Landwirtschaft und Gewerbe „der größtmögliche Nutzen gezogen werden könne ... und die Beschäftigung von ausreichenden Arbeitskräften in Folge der gesteigerten Lohnsätze in hiesiger Gegend ohne den Betrieb eines technischen Gewerbes nicht möglich sei",[58] besuchte er Zuckerfabriken in Bernburg, Halberstadt, Klein Oschersleben, Groß Ottersleben, Braunschweig; um die technischen Vorgänge zu studieren, entsandte er seinen technischen Leiter C. SÄUBERLICH nach Mucrena und den Siedemeister nach Bernburg und Rathmannsdorf, wo sie jeder zwei Monate lang sich soviel als möglich technisches und organisatorisches Wissen aneigneten.[59] Da das eigene Vermögen und die Einkünfte aus der Gutsherrschaft nicht ausreichten, um die mit 66000 Taler veranschlagte Zuckerfabrik zu finanzieren, entfaltete VELTHEIM bei Verwandten und Bekannten eine rege Betriebsamkeit, um zu den erforderlichen Geldern zu gelangen. Und so liehen ihm RUDOLF von VELTHEIM auf Sicke und von MONTETON, Leutnant in Magdeburg, je 4000 Taler, seine Gemahlin und der Landrat G. A. F. von KROSIGK in Hohenerxleben je 2000 Taler, der Ökonomieinspektor und Amtmann W. KAISER in Kötzschlitz und der Bankier L. LEHMANN in Halle je 8600 Taler, ein Gutsbesitzer HABERLAND in Basdorf 1600 Taler, der Bürgermeister LÖBBECKE zu Ballenstedt 10000 Taler, und der Amtmann SÄUBERLICH, dem die technische Leitung der Ostrauer Fabrik, die 1853 hundert Arbeiter beschäftigte, anvertraut war, gab 2000 Taler her.[60] Mit diesen und eigenen Geldern begann er, die Fabrik einzurichten und auszurüsten; aus den jährlichen Gewinnen der erfolgreich verlaufenden Zuckerproduktion befriedigte er, je nach den vereinbarten Laufzeiten, ganz oder teilweise seine Gläubiger, um aufs neue Hypotheken aufzunehmen, die zur Erweiterung der Anlagen dienten und ihren Wert 1861 auf 118338 Taler steigerten. Die Hypothekenschulden betrugen zur gleichen Zeit 77000 Taler,[61] die VELTHEIM und seine

[56] STAM, Rep. H Hohenthurm, Nr. 1049.
[57] ENGELS, 1959 (1847): IV, 47.
[58] STAM, Rep. H Ostrau, Nr. 1496.
[59] STAM, Rep. H Ostrau, Nr. 1492.
[60] STAM, Rep. H Ostrau, Nr. 1495 und Rep. H Harbke, Nr. 4647.
[61] STAM, Rep. H Ostrau, Nr. 1495.

Nachfolger nicht sonderlich bedrückten, da die Zuckerfabrik und intensive Landwirtschaft ständig Gewinne abwarfen, während Hypothekenschulden ähnlicher Größenordnungen in Ostelbien schon den Ruin eines Junkers herbeiführen konnten, wenn sich Krisenzeichen bemerkbar machten. VELTHEIM hatte mit dem Bau der Zuckerfabrik auch noch recht verwickelte verwandtschaftsrechtliche Verhältnisse zu lösen gewußt, denn Ostrau befand sich mit dem Rittergut Harbke im Fideikommiß-Verband, und zu den Miteigentümern Ostraus gehörten noch CARL ACHATZ von VELTHEIM und seine Kinder aus Schönfließ nördlich Berlins, von denen WERNER von VELTHEIM das mitbesessene Gut für längere Zeit pachtete, um es sogleich an einen Bürgerlichen weiterzuverpachten, nicht ohne jedoch vorher die notwendige Rübenlieferung an seine Fabrik sichergestellt zu haben. Seine Nachfolger verpachteten das 2760 Morgen große Rittergut Ostrau samt Zuckerfabrik an die anhaltische Zuckerfabrik Glauzig AG, die 1880 eine nicht näher spezifizierte Summe von 377620 Mark an die VELTHEIMS zahlte und jährlich einen Pachtzins von 77000 Mark entrichtete, der sich 1905 auf 150000 Mark erhöhte, worin allerdings auch die Pachtsumme für das dazugekommene 1728 Morgen umfassende Veltheimsche Rittergut Groß Weißandt inbegriffen war.[62]

Kapitalistische Geschäftstüchtigkeit entwickelten auch OTTO von VELTHEIM, Besitzer der im Neuhaldensleber Kreis gelegenen Rittergüter Klein Santersleben und Nordgermersleben, und ADOLPH von KROSIGK, Besitzer des Rittergutes Eichenbarleben im Kreise Wolmirstedt. Beide errichteten 1865 eine Rübenzuckerfabrik in Eichenbarleben, deren Buchwert mit 390498 Mark ausgewiesen ist.[63] Im Interesse einer produktiven Rübenzuckerproduktion und rationellen Landwirtschaft, insbesondere einer kontinuierlichen Rübenlieferung, warfen beide Besitzer ihre Güter „behufs gemeinschaftlicher Bewirtschaftung in eine Ökonomie“ zusammen.[64] KROSIGK, dem die Leitung der „von Veltheim- und von Krosigkschen Ökonomie“ unterstand, verpachtete später die gesamte oder Teile der „Ökonomie“ zu „hohen Pachtsätzen im Interesse der Fabrik“.[65] Am Ende des 19. Jh. schließlich verwandelten KROSIGK und VELTHEIM ihre Fabrik in eine Gesellschaft mit beschränkter Haftung, indem sie 58 Groß- und Mittelbauern aus Bornstedt, Drackenstedt, Druxberger, Eichenbarleben, Ochtmersleben und Wellen an ihrer Fabrik beteiligten, die nicht nur über 66000 Mark in die Gesellschaft einbrachten, sondern mit dem damit verbundenen Rübenanbau den zunehmenden Bedarf an Rüben deckten.[66] Damit sind wir wieder bei den Kapitalgesellschaften angelangt.

War die Errichtung von Rübenzuckerfabriken durch einzelne Grundbesitzer anfangs noch recht leicht, da der erste Aufwand an Kapital nicht allzu groß zu sein brauchte, weil die Produktionstechnik recht einfach war und die Arbeitslöhne sich sehr niedrig stellten, so verlangten die ständige Verbesserung der Technik und der Konkurrenzkampf stets größere Kapitalien, die ein einzelner Grundbesitzer in der Regel nicht mehr allein aufbringen konnte. Es verbanden sich daher Unternehmer und Landwirte zu Kapitalgesellschaften.

In der Zuckerindustrie entstanden überhaupt die ersten Aktiengesellschaften. In Preußen wurden sie schon 1770 gegründet. Diese vom Staat konzessionierten Aktiengesellschaften

[62] STAM, Rep. H Ostrau, Nr. 1502—1507.
[63] STAM, Rep. H Alvensleben, Nr. 242.
[64] Vgl. Anlage Nr. 7.
[65] STAM, Rep. H Alvensleben, Nr. 239.
[66] STAM, Rep. H Alvensleben, Nr. 239, und vgl. Anlage Nr. 11.

waren jedoch meist von Kaufleuten etablierte Rohrzucker-Siedereien und keine rübenverarbeitenden Fabriken.[67] Im 19. Jh. wurden in Preußen nach Inkrafttreten des Aktiengesetzes von 1843 bis zur Aufhebung des Konzessionszwanges im Jahre 1870 in der Zuckerindustrie allerdings nur sechs Aktiengesellschaften zugelassen.[68] Daß es vor 1870 in Preußen im Gegensatz zu Braunschweig und Anhalt so wenig Aktiengesellschaften gab, war eine Folge der Finanzgesetzgebung. Regierung und Bürokratie konnten sich nur schwer mit dem Grundsatz des haftenden „Kapitals" statt des mit seinem gesamten Vermögen haftenden Schuldners anfreunden;[69] doch in noch stärkerem Maße war die mangelnde Bereitschaft zur Konzessionierung von Aktiengesellschaften ein „Klassenkampfmittel" des halbfeudalen und reaktionären Staatsapparates gegen die ökonomisch erstarkende und produktionsträchtige Bourgeoisie.[70] Welchen Schwierigkeiten und Bevormundungen die Bourgeoisie ausgesetzt war, läßt sich schon daran ermessen, daß z. B. die Hallesche Zuckersiederei-Compagnie erst nach mehr als zehnjährigem Bemühen durch die Kabinettsordre von 1848 die vollen Rechte einer juristischen Person erlangt hatte.[71] Auch die Bemühungen der Unternehmer und Landwirte in Groß Wanzleben, die 1840 eine Aktiengesellschaft gründen wollten und deren Statut im Quellenanhang abgedruckt ist,[72] waren erfolglos.

Doch wäre es grundfalsch, wollte man aus der geringen Zahl von Aktiengesellschaften in der Zuckerindustrie schlußfolgern, daß es keine weiteren „Kapitalgesellschaften" gegeben habe. Die Bourgeoisie löste das Problem des „Konzessionszwanges" auf ihre Weise. Wenn schon keine Aktiengesellschaften, dann „Aktienvereine", die keiner Genehmigung bedurften und rechtlich Offene Handelsgesellschaften (OHG) mit unbeschränkter Haftung der Gesellschafter waren, jedoch infolge der ständig wachsenden Zahl ihrer Gesellschafter und einer Aktienausgabe ähnlich wie Aktiengesellschaften funktionierten. Für die Öffentlichkeit waren die „Aktienvereine" der vierziger und fünfziger Jahre in der Rübenzuckerindustrie gleichbedeutend mit Aktiengesellschaften, und mitunter wurde der Verdacht geäußert, derartige Rübenzucker-Aktienvereine seien Schwindelunternehmen, ähnlich denen, die im Eisenbahnwesen existierten.[73]

In der Provinz Sachsen waren nach dem Stande von 1857 die Rübenzuckerfabriken in Alsleben, Belleben, Besedau, Boltendorf, Cönnern, Gröbers, Löbejün, Mucrena, Querfurt, Schwittersdorf, Trebitz, Walwitz und Zabitz offiziell als „Aktienvereine" bekannt.[74] Daneben deuten auch die Firmennamen „Zuckerfabrik vereinigter Landwirte" in Quedlinburg und „Vereins-Zuckerfabrik" in Roßleben bei Querfurt auf gesellschaftliche Organisationsformen hin.

Darüber hinaus läßt die Firmenbezeichnung „... & Co." — in der Engelsschen Auffassung eine „+ & + (mehr und mehr)" und eine „Vorstufe" der Aktiengesellschaft[75] — erkennen, daß bereits in vielen Fällen nicht Einzelbesitzer oder einige wenige Grundbesitzer, sondern Gesellschaften Inhaber der Rübenzuckerfabriken waren. Beispielsweise

[67] Vgl. Hagelberg/Müller, 1974: 113ff.
[68] Thieme, 1960: 285ff.
[69] Martin, 1971: 197.
[70] Kuczynski, 1962: 24.
[71] Vgl. Neuss, 1929: 96ff., 108 und 289ff.
[72] Vgl. Anlage Nr. 3.
[73] Götze, 1928: 94.
[74] ZVRI, 1857: VII, 433—452; vgl. auch Ochsenfarth, 1931: 57f.
[75] Engels, 1964 (1895/96): XXV, 918.

wurde die 1857 unter dem Namen „Wallstab & Co." ausgewiesene Rübenzuckerfabrik Klein Wanzleben 1838 von 19 Landwirten und Handwerkern als „Aktiengesellschaft", deren Geschichte ein eigener Beitrag[76] gewidmet sein wird, gegründet und auch genehmigt. Auch die Zuckerfabrik Hochheim & Co. in Schafstädt hatte eine über die OHG übliche weit hinausgehende Anzahl von Gesellschaftern.[77]

Angeregt wurden die OHG zumeist von unternehmenden, kapitalkräftigen und über größeren Landbesitz verfügenden Grundbesitzern, deren Namen für Solidität sprachen, um andere interessierte Unternehmer und Grundbesitzer zum Eintritt in die Gesellschaft zu bewegen, wie sie auch Gewähr boten, bei Banken die notwendigen Kredite zu erhalten.

Nach Aufhebung des Konzessionszwanges (1870) nahmen die Aktiengesellschaften zu, die entweder Neugründungen darstellten oder Umwandlungen Offener Handelsgesellschaften waren. Die neuen oder bisherigen Teilhaber hießen nun Aktionäre, waren Besitzer von Aktien, deren Werte die von ihnen gezeichneten Summen repräsentierten. Die Aktien zerfielen dabei in Stamm- und Stammprioritätsaktien. Letztere konnten bei gewinnbringendem Betrieb vor den übrigen Aktien auf stete Dividende rechnen und glichen fast mehr Obligationspapieren, die besonders in kritischen Zeiten ihre Vorteile bewiesen. Unter den neugegründeten Aktiengesellschaften waren in der Magdeburger Börde die Fabriken in Eilsleben, Langenweddingen, Niederndodeleben, Neuhaldensleben, Nordgermersleben und Schackensleben zu finden.

Mit dem Gesetz von 1892 schließlich wurde die Gesellschaft mit beschränkter Haftung (GmbH) geschaffen, eine Gesellschaftsform, die aus der Rübenzuckerindustrie gekommen ist.[78] Sie kam den rübenbauenden und rübenliefernden Teilhabern entgegen und wurde auch aus steuerpolitischen Gründen bevorzugt. Während bei der Aktiengesellschaft sowohl die Gesellschaft als auch die Gewinne der Aktionäre zur Steuer herangezogen wurden, gab es bei der GmbH nur eine Besteuerungsart. Alle Rübenzuckerfabriken, die nach 1892 eröffnet wurden, wählten fast ausschließlich die Form der GmbH und auch eine Reihe bisheriger Aktiengesellschaften und Offener Handelsgesellschaften wechselten zu der neuen Gesellschaftsform über. Am Ende des 19. Jh. bestanden in der Magdeburger Börde, wenn wir das Verzeichnis der Rübenzuckerfabriken der Provinz Sachsen von 1896/97 zu Grunde legen,[79] 6 Aktiengesellschaften, 7 Gesellschaften mit beschränkter Haftung, 14 Offene Handelsgesellschaften und 4 private Unternehmen.

Die weitgehend auf gesellschaftlicher Kapitalgrundlage beruhende Rübenzuckerindustrie belegt Tabelle 18, wonach in der Provinz Sachsen im Jahre 1882/83 auf 118 Rübenzuckerfabriken 2733 Aktionäre und Teilhaber kamen. Wenn dabei auf jede Fabrik durchschnittlich nur 24 Aktionäre bzw. Teilhaber entfallen, während ihre Anzahl in anderen Gebieten, insbesondere in Braunschweig und Hannover, wesentlich höher liegt, so macht sich hier der Einfluß des Privat- und Familiengrundbesitzes bemerkbar, dessen Zuckerfabriken sich bis in das 20. Jh., wenn auch keineswegs überall in besonders günstigen Verhältnissen, behaupten konnten.

Obwohl die finanzielle Beteiligung von Kaufleuten, aber auch von Banken und Maschinenlieferanten am Aufbau der deutschen Rübenzuckerindustrie nicht unterschätzt werden darf, bestand ihr überragender Zug fraglos in der breiten landwirtschaftlichen

[76] Vgl. den Beitrag DIESTEL/MÜLLER in diesem Halbband.
[77] Vgl. HENZE, 1920: 18f.
[78] Vgl. HENZE, 1920: 7.
[79] Anlage Nr. 2.

*Tabelle 18*

*Zahl der Aktionäre/Teilhaber deutscher Zuckerfabriken 1882/83*[80]

| Länder | bestehende Fabriken | berichtende Fabriken | Aktionäre Teilhaber | pro Fabrik |
|---|---|---|---|---|
| Ostpreußen | 2 | 2 | 119 | 59 |
| Westpreußen | 11 | 8 | 610 | 77 |
| Brandenburg | 16 | 10 | 56 | 6 |
| Pommern | 4 | 2 | 4 | 2 |
| Posen | 13 | 8 | 401 | 50 |
| Schlesien | 53 | 30 | 290 | 10 |
| Sachsen | 132 | 118 | 2733 | 24 |
| Schwarzburg | 2 | 2 | 42 | 21 |
| Holstein | 2 | 2 | 54 | 27 |
| Hannover | 31 | 29 | 4463 | 154 |
| Westfalen | 2 | 2 | 133 | 67 |
| Hessen-Nassau | 2 | 2 | 199 | 100 |
| Rheinland | 10 | 4 | 148 | 37 |
| Preußen | 280 | 219 | 9252 | 42 |
| Bayern | 2 | — | — | — |
| Württemberg | 5 | — | — | — |
| Baden | 1 | — | — | — |
| Mecklenburg | 3 | 2 | 72 | 36 |
| Thüringen | 4 | 3 | 213 | 71 |
| Braunschweig | 30 | 30 | 3628 | 121 |
| Anhalt | 31 | 26 | 404 | 16 |
| Deutschland | 356 | 280 | 13569 | 49 |

Grundlage der Kapitalisierung. Nicht nur Großgrundbesitzer, sondern auch viele Bauern beteiligten sich an der Gründung von Rübenzuckerfabriken, die oft mehr den wirtschaftlichen Charakter einer Genossenschaft zur Verwertung des landwirtschaftlichen Erzeugnisses als den eines unabhängigen, auf höchstmöglichen Eigengewinn gerichteten Unternehmens trugen. Aber im Gegensatz zu den Absatz- und Kreditgenossenschaften, wie sie von Raiffeisen und Schulze-Delitzsch konzipiert wurden, unterlagen die „genossenschaftlichen" Zuckerfabriken von Anfang an und um so stärker, je mehr sich die kapitalistische Produktionsweise ausbildete, den kapitalistischen Organisationspraktiken und den Verwertungsbedingungen des Kapitals der Industriebetriebe und industriellen Aktiengesellschaften. Sie unterlagen, da sie selbst zur kapitalistischen Großproduktion übergingen, den ökonomischen Gesetzmäßigkeiten des Kapitals, die sich unter anderem im Konkurrenzkampf, im Konzentrations- und Zentralisationsprozeß und

[80] Nach Bericht der Zucker-Enquete-Kommission, 1884: 84f. Die Tabelle wurde aus den Angaben, die infolge der durch die Kommission veranlaßten Umfrage eingingen, zusammengestellt. Da diese unvollständig ist, sind die Angaben bezüglich der Aktionäre und Teilhaber als Mindestwerte zu betrachten. Die berichtenden Fabriken stellen etwa drei Viertel der Gesamtzahl der Betriebe dar. Demnach könnten die Aktionäre und Teilhaber möglicherweise eine Gesamtzahl von 18000 erreicht haben.

im Profitstreben verkörperten, wie sie auch die Ausbeuterfunktion gegenüber den Land- und Fabrikarbeitern weit stärker und unverhüllter wahrnahmen als die eigentlichen Genossenschaften.[81]

Bereits 1838 schritten Bauern in der Magdeburger Börde, die in ihrer Mehrzahl wohl wirtschaftsstarke Groß- und Mittelbauern waren, zur Gründung von Rübenzuckerfabriken. Dazu gehörten die schon genannten Bauern und Handwerker in Klein Wanzleben. „Bemittelte Bürger“ in Seehausen legten eine Zuckerfabrik auf Aktien an, die aber schon nach kurzer Zeit den „eingetretenen ungünstigen Konjunkturen“ zum Opfer fiel. 1839 gründeten „die Ackerleute“ in Etgersleben eine Rübenzuckerfabrik, desgleichen auf Aktien „mehrere Ackerleute und Halbspänner“ in Ochtmersleben, wie auch Bauern in Groß Ottersleben die Rübenzuckerproduktion aufgenommen haben sollen.[82] Aber mit diesen wenigen Angaben erschöpfen sich auch schon die Aussagen über frühe bäuerliche Beteiligung. Dagegen sind von Fabriken außerhalb der Börde bessere Angaben überliefert. So fanden sich unter den Teilhabern der 1851 mit einem Gesamtkapital von 62500 Talern gegründeten Fabrik Brandes & Co. in Offleben:

*Tabelle 19*

***Zahl, sozialer Status und Anteile der Teilhaber der Rübenzuckerfabrik Brandes & Co. in Offleben im Jahre 1851***[83]

| Anzahl der Teilhaber | Sozialer Status | Anteile á 1000 Taler |
|---|---|---|
| 1 | Oberamtmann | 10,00 |
| 10 | Ackermänner | 30,00 |
| 11 | Halbspänner | 17,50 |
| 4 | Kossaten | 2,50 |
| 1 | Gastwirt | 0,25 |
| 1 | Handwerker | 0,25 |
| 1 | Kaufmann | 2,00 |

Die 1852 errichtete Zuckerfabrik in Zörbig wies 1865 mindestens 34 Bauern von insgesamt 40 Teilhabern aus, die 88000 Taler in die Offene Handelsgesellschaft eingebracht haben.[84] Die Teilhaber der 1865 etablierten Zuckerfabrik Erdeborn umfaßten: 1 Amtmann, 4 Rittergutsbesitzer, 29 Bauern, 1 Mühlenbesitzer, 1 Gastwirt, 1 Grubenbesitzer und 1 Industriellen.[85] An der 1872 ins Leben gerufenen Aktienzuckerfabrik Alleringersleben im Kreise Neuhaldensleben beteiligten sich 16 Landwirte aus 12 Gemeinden.[86]

In der Börde wiederum regte 1872 der Oberamtmann Friedrich Schroeder aus Alvensleben die Zuckerfabrik in Nordgermersleben an, und an der Aktiengesellschaft beteiligten sich noch 2 adlige Rittergutsbesitzer und 12 bäuerliche Besitzer. 1912 stieg die Anzahl der Beteiligten, die inzwischen den Wechsel von der Aktiengesellschaft zur

[81] Bielefeldt, 1910: 46f.
[82] Vgl. Hermes/Weigelt, 1843: 73, 79, 82, 85 und 100; Keber, 1843: 115f.
[83] Schwarze, (1926).
[84] Zuckerfabrik Zörbig, (1933).
[85] Fünfundsiebzig Jahre, (1940).
[86] Ulrich, 1926: 17ff.

GmbH vollzogen, auf 26, und 1925 waren 81 Landwirte Besitzer der Fabrik.[87] Und die als Aktiengesellschaft aufgezogene Zuckerfabrik Schackensleben vereinigte bäuerliche Besitzer aus den Gemeinden Schackensleben, Groß Rottmersleben, Groß Santersleben, Eichenbarleben, Hundisburg, Hermsdorf und Ummendorf, die insgesamt 371 Aktien á 1500 Mark zeichneten.[88]

Die starke Beteiligung der Bauern an den Rübenzuckerfabriken, Bauern, die zumeist der Groß- und Mittelbauernschicht angehörten und die etwa 60 bis 80 Prozent des Kapitals für die Finanzierung ihrer Fabriken bereitstellten, führte im Volksmund zu der Bezeichnung „Bauernfabriken", deren Gründungsperiode besonders nach 1860 einsetzte.[89] Aber so erstaunlich der hohe Anteil bäuerlichen Kapitals auch ist, die treibenden Kräfte zur Gründung der Rübenzuckerfabriken waren jedoch in der Regel kapitalistische Gutsbesitzer, Domänenpächter und Industrielle, die zumeist auch die leitenden Stellungen in den Unternehmen, Vorständen, Direktionen usw. einnahmen und einen beherrschenden Einfluß auf die Produktion und ihre Entwicklung ausübten. Dennoch gab es auch bemerkenswerte bäuerliche Aktivitäten. In den Kreisen Halberstadt und Oschersleben wurden 1876/77 vier Zuckerfabriken als Aktiengesellschaften gegründet, deren Finanzierung und Leitung ausschließlich in Händen von Bauern lagen.[90] So bildeten beispielsweise 1875 fünf „Ackergutsbesitzer" den Vorstand der bereits 1868 errichteten Aktien-Zuckerfabrik Ottleben (Kreis Oschersleben). In das Gesellschaftskapital der inzwischen die Form der GmbH angenommenen Ottleber Zuckerfabrik teilten sich 1893 insgesamt 32 Groß- und Mittelbauern, die sich nunmehr „Ökonomen" nannten, aus Ausleben, Beckendorf, Offleben, Warte und Warsleben.[91]

Der Zusammenschluß vieler Unternehmer und Landwirte erfolgte dabei stets auf größerer Stufenleiter der Produktion, wobei aber wohl mehr als der steigende Kapitalbedarf der steigenden Rohstoffbedarf die Bildung und Ausbreitung kapitalistischer Gesellschaften in der Rübenzuckerindustrie vorantrieb.

## Zuckerfabriken und Rübenanbau

So wichtig Kapital, Technik und Arbeitskräfte für die Errichtung einer Zuckerfabrik auch immer waren, die Lebensfähigkeit hing letzten Endes von einer ausreichenden und qualitätsgerechten Rohmaterialzufuhr ab. In den Anfangsjahren bauten die Zuckerfabriken besitzenden Kaufleute, Domänenpächter und Grundbesitzer ihre Rüben selbst oder kauften sie von den umliegenden Guts- und Bauernwirtschaften. Mit dem wachsenden Rübenhunger mußte jedoch die Beschaffung der erforderlichen Rüben in vielen Fällen auf Schwierigkeiten stoßen. Denn für die rübenverkaufenden Landwirte war die Menge und nicht die Qualität der Rüben der Maßstab aller Berechnungen. Die mangelhafte Qualität der Kaufrüben gefährdete, zumal die Einführung und Erhöhung der Materialsteuer zunächst zusätzliche ökonomische Belastungen schufen, die Rentabilität der Zuckerfabriken. Daher gingen die Zuckerfabriken dazu über, die gesamten Rüben selbst an-

[87] Ulrich, 1926: 17ff.
[88] Ulrich, 1926: 17ff.
[89] Henze, 1920: 25.
[90] Bielefeldt, 1910: 46.
[91] STAM, Rep. H Neindorf, Nr. 3260.

zubauen, wie wir es einer Schildetung SCHUBERTS aus dem Betriebsjahr 1845/46 entnehmen können: „Da die gekauften Rüben gemeinhin von schlechterer Beschaffenheit sind, als die selbstgezogenen, so verbinden die Fabrikanten mit ihren Fabriken den landwirtschaftlichen Betrieb, und pachteten nicht bloß einzelne Morgen auf ein oder mehrere Jahre, sondern nehmen ganze Bauernhöfe auf 6- bis 15jährige Pacht, auf denen sie vollständige Landwirtschaft treiben ...“[92]

Die Zuckerfabriken pachteten und kauften also ganze Bauernwirtschaften, sie pachteten auch größere Rittergutsländereien, um sie mit dem Fabrikbetrieb zu verbinden und auf ihnen die begehrten Rüben selbst anzubauen. Es entstanden größere Komplexe, die unter dem Namen „Fabrikwirtschaften“ bekannt wurden, kapitalistische industriell-agrarische Gebilde, die nirgends in dieser Gestalt so ausgeprägt waren wie in der Magdeburger Börde.

Die Entwicklung der Fabrikwirtschaften um die Jahrhundertmitte wirkte nachhaltig auf die bäuerliche Struktur ein. Das Pachtland der Fabrikwirtschaften wurde gewöhnlich von den Bauern zu hohen Preisen erstanden. 60 bis 90 Mark pro Hektar wurden gezahlt, enorme Preise, wenn man bedenkt, daß Preußens Domänen als bester Gradmesser mustergültiger Bewirtschaftung 1849 nur einen Pachtpreis von 13,90 und 1879 erst 35,63 Mark je Hektar abwarfen.[93] In den eigentlichen „Fabrikbezirken“, wie um Magdeburg, Staßfurt und Calbe, aber auch um Halle, führte diese Entwicklung zur teilweisen Ausschaltung der Bauern aus der landwirtschaftlichen Produktion. Besorgnisse häuften sich ob dieser Erscheinung. Dr. HEINE aus Zörbig, Herausgeber und Redakteur der Zeitschrift des Landwirtschaftlichen Zentralvereins der Provinz Sachsen, ein in der Rübenzuckerproduktion Kundiger, aber Gegner großer Fabriken, faßte es 1851 in einem Bericht an die preußische Regierung in die Worte: „Die Dörfer Westerhüsen, Fermersleben, Salbke, Dodendorf, Lemsdorf, Groß und Klein Ottersleben, Ebendorf, Alvenstedt, Eichenbarleben sowie viele andere mehr oder minder nahe bei Magdeburg gelegenen Dörfer haben ihren Bauernstand ganz oder fast ganz verloren, und so ist es überall, wo große Zuckerfabriken eine Reihe von Jahren hindurch bestehen ...

So z. B. bewirtschaftet jetzt die Zuckerfabrik Staßfurt 5 verschiedene Landgüter und in meiner Nähe haben sich seit etwa Jahresfrist zwei Zuckerfabriken jede 1, eine dritte 2 und eine vierte 3 Bauerngüter angekauft.“[94]

Die Rübenzuckerindustrie entwickelte sich nach dem kapitalistischen Gesetz, wonach sie angetreten. „Daher das unbegrenzte Streben aller Fabriken, sich möglichst in reine Gewerbsanlagen umzugestalten, daher die unbegrenzte Vergrößerungssucht fast aller Fabriken, ... daher in der Provinz Sachsen auch nicht eine einzige Fabrik, die wirklich nur ein landwirtschaftliches Nebengewerbe bildet, vielmehr ist in allen der Fabrikbetrieb viel wichtiger als der Landwirtschaftsbetrieb, und die kleinsten wie die größten streben mit gleicher Energie alljährlich nach immer größerer Ausdehnung, ungeachtet schon von vornherein die Anlagen neuer Fabriken so groß als irgend möglich ausgeführt wird.“[95]

Und wie sich die Rübenzuckerindustrie mit größter Energie ausdehnte, so unterwarf sie sich auch immer mehr ihre Umwelt, sie schuf eine Welt nach ihrem eigenen Bilde. Den verlockenden Pachtpreisen konnten die Bauern nicht widerstehen. „Der Bauer zieht

[92] SCHUBERT, 1848: 60f.
[93] MICHELSEN/NEDDERICH, 1911: 210.
[94] ZSTA, Rep. 164a, Nr. 135, Bd. II: 144.
[95] ZSTA, Rep. 164a, Nr. 135, Bd. II: 144.

es unter diesen Umständen vor", wie Graf HELLDORF es einmal in der preußischen Abgeordnetenkammer aussprach, „sein Gut zu einem enormen Preise zu verkaufen und von den Zinsen als Rentier zu leben ... Ich glaube beispielsweise, nicht viel zu behaupten, daß jetzt in meiner Vaterstadt Halle wohl hundert solcher Rentiers leben, und in Magdeburg soll es noch ärger sein."[96] Wer dennoch wider den Stachel löckte, den trieben die von den Zuckerfabriken geschaffenen wirtschaftlichen und sozialen Verhältnisse in ihre Arme. Dr. HEINE schildert einen solchen Fall: In einem Dorfe „wurden vier größere Zuckerfabriken angelegt. Diese suchten nun den Acker der Bauern im Orte für den Rübenbau zu erhalten, was ihr auch mit jedem Jahr mehr gelang. Nur einer der größten Bauern widerstrebte jahrelang, bis er endlich durch die hohen Tage- und Jahreslöhne an Arbeitern und Gesinde sowie durch die sehr schwierige Beschaffung guter Dienstboten alljährlich mehr zurückkam und sich endlich genötigt sah, seinen Acker der Fabrik freiwillig anzubieten."[97] Zwar erhielten die verpachtenden oder ihre Besitzungen verkaufenden Bauern beträchtliche Summen, verwandelten sie sich in rentengenießende Kapitalisten und ein Teil von ihnen mochte Zeit und Vermögen der Spekulation in den nahe liegenden Städten widmen, aber in der Öffentlichkeit und bei der Regierung wurden diese Erscheinungen mit recht gemischten Gefühlen betrachtet; weniger die vermögenden, aus der landwirtschaftlichen Produktion ausscheidenden Bauern, als vielmehr die sich in diesem Zusammenhange unvermittelt aufrichtende soziale Gegenüberstellung von großen grundbesitzenden kapitalistischen Fabrikwirtschaften und Kleinbauern und besitzlosen Landarbeitern, eine Polarisation, die die „Landarbeiterfrage" als gesellschaftliches Problem auf die Tagesordnung setzte.[98]

Dieser Entwicklung wurde nach der Jahrhundertmitte Einhalt geboten, indem sich die Bauern, insbesondere nach der Durchführung der Gemeinheitsteilung und Separation, selbst an den Zuckerfabriken beteiligten oder eigene Unternehmen gründeten. Sie gründeten sie um so mehr, als die schon bestehenden Gesellschaften oder Fabrikwirtschaften den Bauern ihren Grund und Boden und auch einen Teil der Arbeitskräfte in einer Verfassung zurückgaben, in der beide nur noch für den Rübenbau verwendbar erschienen und ohne diesen eine Beeinträchtigung der Rentabilität der Wirtschaften befürchtet werden mußte. Viele Bauern nahmen daher ihre Äcker wieder in eigene Bewirtschaftung und schlossen sich einer rübenverarbeitenden Kapitalgesellschaft an.

Mit ihrem Beitritt verpflichteten sie sich zugleich, eine bestimmte Morgenzahl mit Rüben anzubauen oder eine festgesetzte Mindestmenge an Rüben zu liefern, je nachdem, wie es in den Statuten der Gesellschaften geregelt war. Die Zuckerfabrik Schafstädt beispielsweise bestimmte: „Jeder Gesellschafter ist verpflichtet, auf seinem Eigen- oder Nießbrauchs- oder Pachtbesitz für jeden vollen Geschäftsanteil jährlich 6 ha Zuckerrüben zu bauen und den vollen Ertrag an die Gesellschaftsfabrik abzuliefern."[99] Andere Zuckerfabriken wiederum setzten nur eine gewisse Mindestmenge fest, die zu liefern war. So waren die Gesellschafter der Zuckerfabrik Offleben verpflichtet, pro Anteil jährlich 1800 Zentner Rüben abzuführen.[100] Die Stendaler Zuckerfabrik dagegen verband sowohl Anbaufläche und Mindestmenge: „Ein jeder Aktionär ist verpflichtet, alljährlich auf eine

[96] ZSTA, Rep. 164a, Nr. 135, Bd. II: 156; vgl. auch den Beitrag von PLAUL im ersten Halbband.
[97] ZSTA, Rep. 164a, Nr. 135, Bd. II: 144.
[98] BIELEFELDT, 1910: 43f.
[99] OCHSENFARTH, 1931: 31.
[100] SCHWARZE, (1926).

Aktie vier Morgen Rüben zu bauen und davon mindestens vierhundert Zentner netto Zuckerrüben als Aktienrüben an die Aktien-Zuckerfabrik Stendal abzuliefern."[101] Zugleich wurde in den Gesellschaften auch Vorsorge zur Ausschaltung der Konkurrenz getroffen, indem es den Aktionären oder Teilhabern verboten war, Zuckerrüben an andere Fabriken, soweit nicht seitens der Leitung gültige Vereinbarungen bestanden, zu verkaufen.[102] Mit dem kontraktlich festgelegten Rübenanbau wurde erreicht, daß die Zuckerfabriken auf kontinuierliche Rübenlieferungen rechnen und auch in Krisen- und Depressionszeiten über ein angemessenes Rübenquantum verfügen konnten.

Doch nicht nur Anbaufläche oder Mindestmenge, sondern auch Saatgut, Anbaumethoden, Düngung, Pflegearbeiten, Ernte und Anfuhr wurden von den Fabriken vorgeschrieben, Maßnahmen, denen sich auch alle anderen rübenliefernden Landwirte, die nicht Mitbesitzer einer Fabrik waren, unterwerfen mußten, ganz gleich, ob es sich dabei um Bauern, hochangesehene Großgrundbesitzer oder „adlige Herrschaften" handelte. Wenn etwa Graf MAXIMILIAN ASCHE von ASSEBURG, Besitzer des Rittergutes Neindorf, 1851 mit der Zuckerfabrik E. B. & Heine in Oschersleben vor dem Notar einen Vertrag über die Verpachtung von 200 Morgen zum Anbau von Rüben abschloß, dann übernahm er damit auch die rechtsgültige Verpflichtung, den „Acker in halber Düngung" zu übergeben, das Land „10 Zoll tief zu pflügen" und die Rüben „während der Kampagnezeit in den vorgeschriebenen Zeiten" an die Oschersleber Fabrik zu liefern.[103] Genauso unterwarf sich Rittergutsbesitzer A. NATHUSIUS in Meyendorf den Bedingungen der Zuckerfabrik Seehausen, die 1885 lauten: „Sie verpflichten sich, im laufenden Jahr mindestens 100 Morgen gesunden, trockenen und nicht gejauchten Acker mit Zuckerrüben zu bebauen und die ganze Ernte davon an uns abzuliefern. Der zur Verwendung kommende Samen wird von uns geliefert und erhalten Sie gratis 7 kg pro Morgen."[104]

Auf diese Weise sicherten sich die Fabriken nicht nur das begehrte Rohmaterial, sondern beeinflußten auch in erfolgreicher Manier die Qualität der Rüben. Damit stellten die Zuckerfabriken gleichzeitig eine organische Verbindung mit dem Feldbau her, und als industrielle Unternehmen, die technisch-organisatorisch auf einer höheren Entwicklungsstufe standen als die landwirtschaftlichen Betriebe, sowie im Interesse ihres Profits übten sie auf die Betriebe der Landwirtschaft ständig Druck aus, sich den Bedürfnissen des Fabrikationsverfahrens anzupassen. [105] Hier gelang es, um uns auf den bekannten Ingenieur und Begründer der Deutschen Landwirtschaftgesellschaft, Max EYTH (1836 bis 1906), zu berufen, „den Hebel anzusetzen, der aus der Rübenfabrik einen neuen Geist auch auf die Rübenfelder und von da auf die gesamte Bodenkultur verpflanzte".[106]

Die vertraglichen Regelungen der Rübenzuckerfabriken mit den Rübenbauern, bei denen sich seit den ausgehenden vierziger Jahren auch zunehmend das Erfahrungswissen und die wissenschaftlichen Erkenntnisse der Pflanzenzüchtung und -ernährung niederschlugen, und die ständigen Kontrollen des landwirtschaftlichen Produktions- und Arbeitsprozesses seitens der Fabrik zwangen die Landwirte zum intensiven Anbau, zu rationeller Bewirtschaftung, wirtschaftlicher Rechnungsführung, zu einer kapitalistischen

[101] OCHSENFARTH, 1931: 32.
[102] OCHSENFARTH, 1931: 32.
[103] STAM, Rep. H Neindorf, Nr. 2674.
[104] STAM, Rep. H Meyendorf, Nr. 409.
[105] Vgl. HAGELBERG, 1972: 215.
[106] EYTH, 1893: 26.

Landwirtschaft im tiefsten Sinne des Wortes. Die Fabriken stellten jene Verhältnisse her, wie sie Marx im „Kapital" beschrieb: „An die Stelle des gewohnheitsfaulsten und irrationellsten Betriebs tritt bewußte, technologische Anwendung der Wissenschaft. Die Zerreißung des ursprünglichen Familienbandes von Agrikultur und Manufaktur, welches die kindlich unentwickelte Gestalt beider umschlang, wird durch die kapitalistische Produktionsweise vollendet. Sie schafft aber zugleich die materiellen Voraussetzungen einer neuen, höheren Synthese, des Vereins von Agrikultur und Industrie, auf Grundlage ihrer gegensätzlichen ausgearbeiteten Gestalten."[107]

Die Fabrikwirtschaften leisteten „kapitalistische Erziehungsarbeit" in der Landwirtschaft und handhabten und überwachten streng die Rübenbauvorschriften. Die Frucht dieser erzieherischen Bemühungen waren Rüben von hoher Qualität. Und als sich Ende des Jahrhunderts allgemein Rüben mit hohem Zuckergehalt durchgesetzt hatten, verzichtete manche Zuckerfabrik auf die strengen Rübenbauvorschriften und nahm die Bezahlung der Rüben nur noch nach dem Zuckergehalt vor, wobei die Fabriken nunmehr auch jährlich „Rechenschaft" ablegten, indem sie, wie wir es an der Zuckerfabrik Hadmersleben sehen können, Anbaufläche, Durchschnittsernte und Polarisation der Rüben jedes einzelnen Gesellschafters veröffentlichten.[108]

Wie alle Rübenzuckerfabriken unterlagen auch die von Bauern finanzierten und geleiteten Unternehmen den Gesetzen der Fabrikwirtschaften. Sie pachteten oder kauften ebenfalls Ländereien, um über eine ausreichende Rübenmenge verfügen zu können. Die Ottleber Zuckerfabrik beispielsweise pachtete 1875 das Gräflich Asseburgsche Rittergut Neindorf auf 24 Jahre für jährlich 37500 Mark, verlängerte danach stets die Pacht,[109] wie andererseits Graf von Asseburg auch alle seine übrigen Besitzungen an Zuckerfabriken verpachtete, wie etwa Rittergut Eggenstedt an die Zuckerfabrik in Seehausen, und seine „Ökonomie" auf ein die Pachtgelder und andere Einnahmen verwaltendes „Rentamt" reduzierte,[110] eine Erscheinung, die kein Einzelfall war. Aber auch die bäuerlichen Gesellschafter waren vom Vergrößerungstrieb erfaßt. Die größeren unter ihnen pachteten oder kauften kurze Zeit nach der Gründung ihrer Fabrik häufig andere Bauernwirtschaften hinzu, um größere Rübenmengen für die Fabrik produzieren zu können und nach dem Erwerb einer entsprechenden Zahl Aktien möglichst viel Einfluß auf das Unternehmen und Ansehen bei ihresgleichen zu gewinnen. So ging die Entstehung bäuerlicher Rübenzuckerfabriken oder weitgehend von bäuerlichem Kapital beeinflußter Gesellschaften mit einer Vergrößerung oder Neubildung vieler großbäuerlicher Wirtschaften einher. Dieses Wachstum bäuerlichen Kapitalismus beobachten wir um 1864 im Mansfelder Seekreise und etwa zehn Jahre später auch in allen übrigen rübenverarbeitenden Bezirken der Provinz Sachsen.[111]

„Der Fabrikbetrieb ist viel wichtiger als der Landwirtschaftsbetrieb", so urteilten fachkundige Zeitgenossen über die Fabrikwirtschaften. Die Wichtigkeit äußerte sich im Rübenhunger. Und der steigende Rohstoffbedarf beeinflußte daher auch in entscheidender Weise die Bewirtschaftung ihrer gepachteten oder gekauften Ländereien. Der Rübenanbau beherrschte die fabrikwirtschaftliche Landwirtschaft, die sonstige agrare Produktion war

[107] Marx, 1962 (1867): XXIII, 528.
[108] Vgl. Anlage Nr. 12; Ochsenfarth, 1931: 38; Mook, 1920: 57.
[109] STAM, Rep. H Neindorf, Nr. 3260.
[110] STAM, Rep. H Neindorf, Nr. 3261 und 2675.
[111] Vgl. Meitzen, 1868: 317; ZLCV, 1876: XXXIII, 101.

beinahe von nebensächlicher Bedeutung. Man betrieb fast regelrechte Monokultur, die letzten Endes den Profitinteressen der Rübenzuckerfabrikanten entsprang. Viele, wenn nicht sogar die meisten der Fabrikwirtschaften, bebauten bis in die sechziger Jahre bis zu zwei Drittel ihrer Anbaufläche mit Rüben. Es waren vielfach Zwei- und Dreifelderwirtschaften üblich mit Fruchtfolgen wie: Rüben, Gerste; Rüben, Weizen oder Rüben, Rüben, Gerste und ähnliche. Es gab Fälle, in denen auf gepachteten Äckern innerhalb von zwölf Jahren zehnmal Rüben und zweimal Weizen angebaut wurden.[112] Dieser übertriebene Rübenanbau konnte auf die Dauer nicht ohne schwere Schäden für die Landwirtschaft bleiben. Bereits in den fünfziger Jahren mußten die Fabrikwirtschaften beträchtliche Einbußen an den Erträgen hinnehmen, die bis zu zwei Drittel zurückgegangen waren. 1868 erfolgte ein völliges Versagen des Bodens für den Rübenanbau in dem Gebiet um Staßfurt, und 1876 waren 24 Fabriken im Bezirk Magdeburg gezwungen, ihren Betrieb wegen Ertragsausfalls zeitweilig oder dauernd einzustellen.[113]

Die Rübenmüdigkeit des Bodens, deren Ursache u. a. in den 1859 von Hermann Schacht (1814 bis 1864) entdeckten Nematoden lag, zwang die Rübenwirtschaften zum Übergang zu einer geregelten Fruchtfolge. Doch die Fruchtwechselwirtschaft, die in der Provinz Sachsen und in der Magdeburger Börde seit etwa 1855 Eingang fand, genügte den Fabrikwirtschaften keineswegs. Sie wandten vielmehr die sogenannte „Industriewirtschaft" an, die den Bedürfnissen der Zuckerfabriken mehr entgegenkam, in der zwar nun eine gewisse Fruchtfolge und eine ausreichende, insbesondere mineralische Düngung (Kali) der Rübenmüdigkeit entgegenwirkten oder sie beseitigten, aber insgesamt trotzdem noch ein erheblicher Anteil der Anbaufläche mit Rüben kultiviert wurde. Doch das industrielle Kapital, das sich der Landwirtschaft bemächtigt hatte, folgte seinen unerbittlichen Gesetzen. Angewandt, um Mehrwert zu erzeugen, und getrieben von der Konkurrenz, betrieb es die Rationalisierung der Agrikultur und förderte, entgegen wissenschaftlichen Erkenntnissen, stets die Tendenzen der Monokultur, die sich hier und da, wenngleich auch nicht mit der gleichen Intensität wie früher, wieder durchsetzte. Rübenmüdigkeit und Ertragsminderung stellten sich erneut ein, etwa im Jahre 1911/12, wo der Ertrag von 329 dz je Hektar des Vorjahres auf 180 dz fiel.[114] Die Rübenzuckerindustrie verfing sich in den von ihr mitgeprägten kapitalistischen Gesetzen und Widersprüchen. Sie erzeugte die industriell betriebene große Agrikultur und schuf zugleich die Mittel zur Erschöpfung des Bodens.[115]

## Rübenzuckerfabriken und Landwirtschaft

Fabrikwirtschaften sind jedoch nicht identisch mit der Landwirtschaft, wenn letztere auch in der Provinz Sachsen durch tausend Fäden mit ihnen verknüpft war. Die Zuckerrüben brachten aber überall die denkbar größten Umwälzungen. Rüben und Zucker haben den revolutionären Sauerteig bilden helfen, der auf dem Lande und in der Landwirtschaft die Zersetzung der alten und die Gestaltung der bestehenden wirtschaftlichen und sozialen Verhältnisse mächtig gefördert und mitbestimmt hat.

[112] Vgl. Hildebrandt, 1928: 18f.; Humbert, 1877: 14f.
[113] Vgl. Bielefeldt, 1910: 83; Mook, 1920: 60.
[114] Mook, 1920: 51.
[115] Marx, 1964 (1894): XXV, 821.

Über die ständige Vergrößerung der Anbaufläche wirkte die Zuckerrübe nachhaltig auf den gesamten landwirtschaftlichen Betrieb ein. Unter den deutschen Nährpflanzen stand die Zuckerrübe an erster Stelle, denn erst 3,8 Hektar Roggen entsprechen in der Menge des erzeugten Nährwertes einem Hektar Zuckerrüben. Zu Beginn des 20. Jh. wurden auf einem Hektar bei einer mittleren Ernte durchschnittlich erzielt:

*Tabelle 20*

*Ertragswerte der Zuckerrüben je Hektar bei einer mittleren Ernte zu Beginn des 20. Jh.*

| Zuckerrübe in ihrer Nutzung | Ertrag in dz |
|---|---|
| Zuckerrüben | 300 |
| Blätter und Köpfe | 197 |
| Zucker | 44 |
| Melasse | 10 |
| Schnitzel | 20 |

Interessant ist auch ein Vergleich der verschiedenen landwirtschaftlichen Nutzpflanzen hinsichtlich ihres Nährwertes bzw. der Ergiebigkeit ihrer Erzeugnisse je Hektar für die Ernährung in einem Jahr.

*Tabelle 21*

*Nährwert der verschiedenen Nutzpflanzen je Hektar*[116]

| Nutzpflanzen | berechnet auf Anzahl Menschen |
|---|---|
| Zuckerrüben | 20 |
| Kartoffeln | 10 |
| Weizen | 6 |
| Roggen | 5 |
| Kunstwiese | 3 |
| Weide | 2 |

Der volkswirtschaftlich so bedeutsame und hochwertige Rübenanbau zwang zu einer sorgsamen und intensiven Bestellung und Bearbeitung des Bodens, zu reichlicher Benutzung zweckmäßiger Geräte und Maschinen. Überall trat die Tiefkultur und damit eine ganz andere Ausnutzung des Bodens ein. Der Boden wurde reiner, aufgeschlossener und tragfähiger; keine Frucht war besser geeignet als die Rübe, das Feld von Unkräutern zu befreien. Die Notwendigkeit starker Düngung und der Anwendung von künstlichen Düngemitteln kam den Nachfrüchten zugute, verhütete nicht bloß, wenn wir von der Monokultur absehen, die Erschöpfung des Bodens, sondern verbesserte ihn auch. Neben dem Gewinn der Rübenblätter und der abgeschnittenen Köpfe, die ein hochwertiges Futter darstellten, lieferten die Fabriken in den Laugen und dem Schlamm einen wertvollen Dünger. Der Rübenanbau selbst hinterließ den Boden in einem nährstoffmäßig günstigen Zustand, so daß die nachfolgenden Kulturen bessere Erträge zeitigten wie auch die intensive Kultur die Ertragsschwankungen verminderte.

116 Vgl. TANNENBERG, 1942: 273.

Wie die Erträge sich durch die Einführung der Rüben erhöhten, zeigen die zehnjährigen Erntedurchschnitte einer Wirtschaft in der Magdeburger Börde.

*Tabelle 22*

*Zehnjährige Erntedurchschnitte je Hektar einer Wirtschaft in der Magdeburger Börde von 1855 bis 1874 (in dz)*[117]

| Getreideart | vor Einführung des Rübenanbaus 1855 bis 1864 | nach Einführung des Rübenanbaus 1865 bis 1874 |
|---|---|---|
| Roggen | 17,20 | 18,48 |
| Weizen | 18,96 | 25,20 |
| Hafer | 15,80 | 23,00 |
| Gerste | 16,40 | 22,40 |

Auch die Gegenüberstellung zehnjähriger Erntedurchschnittswerte einer größeren Anzahl von Rüben- und Nichtrübenwirtschaften in der Provinz Sachsen, einschließlich Wirtschaften in der Börde, während der Zeit von 1865 bis 1874, zeugt von dem großen Vorteil der Rübenkultur:

*Tabelle 23*

*Zehnjährige Erntedurchschnitte je Hektar von Rüben- und Nichtrübenwirtschaften in der Provinz Sachsen von 1865 bis 1874 (in dz)*[118]

| Fruchtart | Rübenwirtschaften | Nichtrübenwirtschaften |
|---|---|---|
| Weizen | 24,20 | 20,89 |
| Roggen | 18,90 | 17,86 |
| Gerste | 24,60 | 19,08 |
| Hafer | 21,67 | 15,46 |
| Erbsen | 19,70 | 11,31 |
| Kartoffeln | 143,02 | 134,20 |
| Rüben | 324,14 | |
| Saatrüben | 20,90 | |

Bei allen Fruchtarten war dabei noch die niedrigste Durchschnittsernte in den Rübenwirtschaften höher als der höchste Durchschnittsertrag in den Nichtrübenwirtschaften. Die Aufwärtsentwicklung der Erträge unter dem Einfluß des Zuckerrübenanbaus hielt auch nach 1875 unvermindert an. (vgl. Tab. 24)

Wie der Ackerbau verbesserte sich auch die Viehzucht. Die Landwirte konnten einen erheblich größeren Viehbestand halten, den Weidegang des Viehes einschränken und die Stallfütterung durchführen, da die Abgänge der Rübenverarbeitung ein nahrhaftes Futter bilden. Die Viehzucht ist die intensivste geworden; die Mästung der Ochsen, Lämmer und Hammel ist in kürzester Zeit vollendet; in den Stallungen wechselt das zur Mast

117 Woge, 1892: 30.
118 Humbert, 1877: 47.

bestimmte Vieh fast von Monat zu Monat. Trotz aller Schnitzel und Preßlinge, welche die Zuckerfabriken lieferten, war der Gebrauch von Kraftfuttermitteln der denkbar reichlichste.

*Tabelle 24*

*Ertragsentwicklung je Hektar unter dem Einfluß des Zuckerrübenanbaus (in dz)*[119]

| Fruchtart | um 1880 | um 1900 |
|---|---|---|
| Winterweizen | 24 | 36 |
| Winterroggen | 20 | 30 |
| Hafer | 24 | 36 |
| Kartoffeln | 140 | 200 |
| Zuckerrüben | 300 | 360 |

Die hohen Ertragswerte in der Landwirtschaft der Provinz Sachsen konnten jedoch nicht mit den beschränkten Mitteln alten Stils erzielt werden. Der Rübenanbau erforderte zunächst einen hohen Arbeitsaufwand. Den Arbeitsbedarf für eine etwa 60 Hektar große Wirtschaft hat man wie folgt berechnet:

*Tabelle 25*

*Arbeitsaufwand der verschiedenen Bewirtschaftungssysteme pro Jahr in Arbeitstagen (etwa 60 ha)*[120]

| Bewirtschaftungssystem | Arbeitstage* | |
|---|---|---|
| | überhaupt | Sommerbedarf |
| Dreifelderwirtschaft | 712 | 262 |
| Norfolker Fruchtwechselwirtschaft | 1615 | 1199 |
| Fruchtwechselwirtschaft mit starkem Rübenanbau | 3159 | 2608 |

* 1 Arbeitstag = 1 Arbeitskraft

Groß war der Arbeitskräfteaufwand in der rübenanbauenden und rübenverarbeitenden Landwirtschaft der Provinz Sachsen. Je mehr sich die Rübenzuckerindustrie ausdehnte, desto mehr breitete sich auch der wirklich freie Arbeiter, der auch keinen halbfeudalen Beschränkungen mehr unterworfen ist, aus. Mit dem Saisoncharakter der Produktion hing auch der Übergang vom Zeit- oder Tagelohn zum produktivitätsfördernden Stück- oder Akkordlohn zusammen. Bereits in den vierziger Jahren ist der Akkordlohn in der Provinz Sachsen recht verbreitet. Je mehr aber auch die Landwirtschaft der Fabrikwirtschaften den Charakter eines Saisongewerbes annahm, um so weniger genügten die einheimischen freien Arbeitskräfte, die freilich durch das Anwachsen der modernen Großindustrie zu einem beträchtlichen Prozentsatz in die Städte zogen. Aber eben diese Industrie bot durch den Bau von Eisenbahnen der Landwirtschaft auch wieder die Mittel, billige Arbeitskräfte von weit her zu beziehen. Die Sachsengängerei entstand, jene periodischen Wanderungen ländlicher Arbeiter, die stets größere Dimensionen annahm. Zunächst gingen die brotlosen Arbeiter aus dem Eichsfeld auf Wanderschaft, die bis in die sechziger Jahre den Arbeitskräftebedarf der Fabrikwirtschaften bei Halle, Magdeburg und auch im Anhalt deckten. Dann kamen Arbeiter aus dem Oder- und Netzebruch, und um 1870

[119] SCHUCHART, 1908: 223; vgl. auch GOLTZ, 1903: 225ff. und 337ff.
[120] BENSING, 1897: 42.

wurden schon größere Massen von Landarbeitern aus Pommern und Skandinavien in der Provinz Sachsen beschäftigt, bis schließlich im letzten Drittel des 19. Jh. immer größere Teile der Landbevölkerung aus Polen, Rußland und Ungarn in die Wanderbewegung hineingezogen wurden.

Aber das ständige Arbeitskräfteproblem trieb auch bald zum Ersatz der Menschenarbeit durch die arbeitszeitsparenden Maschinen, einmal, um jene außerordentliche Periodizität im Arbeitsbedarf durch ausgiebige Verwendung von Maschinen zu mildern, sodann aber auch, um die einen hohen Kapitalaufwand benötigende Arbeitermenge bestmöglich auszunutzen und zu verringern.

Kein Zweig der deutschen Landwirtschaft bediente sich so frühzeitig und in solcher Ausdehnung der Mechanisierung wie die rübenbeherrschte landwirtschaftliche Produktion der Provinz Sachsen, die schon durch die vorangegangene tiefe Bodenbearbeitung und die zahlreichen Pflegearbeiten für günstige Voraussetzungen sorgte. Kurz nach der Jahrhundertmitte sind in den Bezirken Magdeburg und Halberstadt in den größeren Betrieben schon Hand- und Göpeldreschmaschinen, Klee- und Rapssämaschinen recht verbreitet. 1855 wurde in Magdeburg-Sudenburg die erste Dampflokomobile für den Dampfdrusch gebaut. 1858 kam die Rübenkernlegemaschine für Handbetrieb auf, ein Jahr später erfolgte der Einsatz der ersten Pferdedrillmaschinen, Düngerverteiler, Gras- und Getreidemähmaschinen in verschiedenen Großbetrieben. Dampfdreschmaschinen arbeiteten bei Halberstadt und Sämaschinen der verschiedensten Systeme in der gesamten Provinz. 1861 bildeten sich bäuerliche Dampfdreschmaschinengenossenschaften, und seit 1865 ist der Dampfdrusch in den Fabrikwirtschaften eine dauernde Einrichtung geworden. 1863 arbeitete der erste Dampfpflug bei Wanzleben, und 1871 entstanden Dampfpfluggenossenschaften. Am Ende des Jahrhunderts hat das landwirtschaftliche Maschinenwesen in der Provinz Sachsen den größten Umfang erreicht, und keine andere deutsche Provinz kann sich mit ihr messen. 1895 waren im Einsatz: 428 Dampfpflüge, 554 Breitsämaschinen, 31323 Drillmaschinen, 929 Düngerstreumaschinen, 5637 Hackmaschinen. Mähmaschinen wurden in 2942 Betrieben angewandt. Allein an den Drillmaschinen gemessen, waren in der Provinz Sachsen 38mal soviel im Einsatz als im weniger entwickelten Ostpreußen.[121]

Maschinen ersetzten aber nicht nur Arbeitskräfte und sparten Zeit, sondern sie halfen auch die Produktion steigern. An den Dampfpflügen, die tieferes Ackern ermöglichten, läßt es sich besonders gut nachweisen. Der bekannte Rübenbauer KIEHL, der im Magdeburgischen eine größere Wirtschaft besaß, hatte lange Jahre statistische Aufzeichnungen gesammelt und Dampfpflug- mit Gespannpflugarbeiten verglichen. Er erntete von einem Hektar im Durchschnitt der Jahre 1886 bis 1899:

*Tabelle 26*

*Rüben- und Zuckerproduktion je Hektar im Durchschnitt der Jahre 1886 bis 1899 bei Dampf- und Gespannpflügen auf der Wirtschaft des Rübenbauers* KIEHL[122]

| Pflugart | Rüben Zentner | Zucker Kilogramm |
|---|---|---|
| Dampfpflügen | 613,56 | 4344,25 |
| Gespannpflügen | 553,44 | 3937,27 |

[121] Vgl. BIELEFELDT, 1910: 63ff.
[122] KIEHL, 1918: 84.

Die rübenbauende Landwirtschaft in der Provinz Sachsen wie auch im angrenzenden Anhalt war eine hochentwickelte, wenn nicht die höchstentwickelte geworden, die wir in Deutschland kennen. Und sie besaß auch die weitverzweigtesten Wirtschaftsbeziehungen. Die künstlichen Düngemittel kamen bis zur Entdeckung der Kalisalzlager bei Staßfurt weit über das Weltmeer her, die Arbeitspferde waren „Belgier", die Arbeits- und Mastochsen wurden aus dem Vogtland und Bayern bezogen, die Milchkühe stammten aus Holland, die Lämmer und Hammel aus Pommern und Mecklenburg. Die Molkereiprodukte gingen nach Berlin, die Kartoffeln nach dem Königreich Sachsen, die Mastrinder, das Getreide, die Erbsen in die Industriegegenden des Westens, nach Westfalen und den Rheinlanden, die Hammel und Lämmer gingen vorwiegend nach England und Frankreich, die Rüben in ihrer umgewandelten Form fand man schließlich in allen Weltteilen und Gegenden. In vollem Strome flutete das moderne kapitalistische Wirtschaftsleben durch die Landwirtschaftsbetriebe, gebend und nehmend, aus tausend über die ganze Welt zerstreuten Quellen gespeist und in den Weltmarkt mit seinen vielfältigen Verzweigungen einmündend. Es hatte sich eine Arbeitsteilung herausgebildet, die man nur selten so ausgeprägt in der deutschen Landwirtschaft fand.[123]

Intensive Bodenkultur und hohe Erträge, starker Kapitalaufwand pro Flächeneinheit beeinflußten natürlich auch die Bodenpreise. Geradezu abenteuerlich muten die Pacht- und Kaufpreise in der Provinz Sachsen an, wenn wir sie mit denen in östlichen Provinzen vergleichen. Ihre Entwicklung, wobei für die Provinz Sachsen Daten aus dem Saalkreis und dem halleschen Gebiet hauptsächlich zugrunde liegen, vermittelt die folgende Zusammenstellung:

*Tabelle 27*

*Bodenpreisgestaltung pro Hektar in Mark von 1801 bis 1898*[124]

| Jahre | Provinz Sachsen | | Provinz Posen | |
|---|---|---|---|---|
| | Landgüter* | Rittergüter | Mittelbesitz* | Großbesitz |
| 1801–1820 | 488,07 | 736,50 | 232 | 268 |
| 1821–1840 | 602,09 | 839,79 | 171 | 149 |
| 1841–1860 | 1151,44 | 1216,55 | 303 | 307 |
| 1861–1880 | 2199,73 | 2134,71 | 592 | 538 |
| 1881–1898 | 3467,32 | 2944,78 | 687 | 539 |

* weitgehend mittel- und großbäuerlicher Grundbesitz

Die hohen Pacht- und Bodenpreise repräsentierten zweifellos eine hochentwickelte Landwirtschaft, wenngleich sie bei Käufern und Pächtern auch wirtschaftliche Schwierig-

[123] Vgl. dazu auch Crowell, 1899: 90. Er schrieb: „The culture of the sugar beet, it is perhaps not too much to say, has revolutionized agriculture, has completely changed the relations of husbandry to manufacturing industry, has enabled agrarian policy to read just itself to the worldmarket, and has opened to the public treasury a new and rich source of fiscal income. In all the bounty system has been regarded as merely a temporary expedient to open new markets, to carry off an excessively large output, or to tide agriculture over a series of depressions which really threatened to depopulate some of the most favored rural districts of central Europe."

[124] Schuchart, 1908: 225.

keiten (Verschuldungen, hohe unproduktive Aufwendungen bei Aufnahme landwirtschaftlicher Produktion usw.) verursachen konnten. Und der hohe Stand der Landwirtschaft in der Magdeburger Börde wie in der Provinz Sachsen fand seinen Ausdruck auch in der Wohlhabenheit und im Reichtum vieler Bauern und Gutsbesitzer. Großbauern begannen z. B. seit den sechziger Jahren aufwendige, mitunter protzige Wohnhäuser, sogenannte „Rübenpaläste“ zu bauen,[125] um auf diese Weise ihr Vermögen, Sozialprestige und ihre herausragende Stellung im Dorf sichtbar zu demonstrieren. Gutsbesitzer legten ihre aus der landwirtschaftlichen Produktion stammenden Gewinne und Teile ihres Vermögens in hoffnungsvollen und vermögensträchtigen industriellen Werten und Aktien an. So besaß Graf SCHULENBURG in Bodendorf Aktien der Bergbau-Gesellschaft in Neu-Essen (Ruhrgebiet).[126] Weit größer war der Aktienbesitz von A. E. NATHUSIUS in Meyendorf, der zwischen 1856 und 1880 nachweisbar an der Bergbau-Gesellschaft in Neu-Essen, Magdeburger Hagelversicherung, Magdeburger vereinigten Spritfabrik und am Magdeburger Bankverein, an der Hannoverschen Maschinenbau AG, Berliner Handelsgesellschaft, Preußischen Bank-Anstalt Henkel und Lange und der Neuen Preußischen Zeitung beteiligt war. Er besaß aber auch zahlreiche Aktien von Eisenbahngesellschaften: für 12900 Mark Aktien der Magdeburg-Halberstädtischen, 4500 Mark der Niederschlesisch-Märkischen, 9000 Mark der Rjaschk-Morschansker, 15600 Mark der Rumänischen Eisenbahn; wie er auch Aktien der Bergischen, Köln-Mindener, Warschau-Wiener, Mecklenburgischen, Magdeburg-Leipziger, Rjasan-Koslower, Losowo-Sewastopoler, Iwanower, Berlin-Stettiner und anderer Gesellschaften in seinem Tresor verwahrte. Allein 80000 bis 100000 Mark waren in Aktien angelegt.[127] NATHUSIUS war ein industrieller Grundeigentümer! Wie er verdankten auch andere Gutsbesitzer dem Rübenanbau, der -verarbeitung und der damit einhergehenden Intensivierung der Landwirtschaft einen stetigen Vermögenszuwachs, wie es sich bei der Schlanstedter Domäne, bewirtschaftet von AUGUST WILHELM RIMPAU, für die Jahre 1845 bis 1864 nachweisen läßt:

*Tabelle 28*

*Vermögens- und Gewinnentwicklung auf der Domäne Schlanstedt von 1845 bis 1864 (in Taler)*[128]

| Jahr | Vermögensstand | Gewinn | Jahr | Vermögensstand | Gewinn |
|---|---|---|---|---|---|
| 1845 | 19257 | – | 1855 | 131561 | 14300 |
| 1846 | 26395 | 5693 | 1856 | 138289 | 1465 |
| 1847 | 39670 | 12219 | 1857 | 155770 | 11949 |
| 1848 | 64916 | 23660 | 1858 | 176627 | 14626 |
| 1849 | 79260 | 11746 | 1859 | 171866 | – |
| 1850 | 80304 | – | 1860 | 189071 | 10330 |
| 1851 | 76052 | – | 1861 | 209698 | 13063 |
| 1852 | 80058 | 963 | 1862 | 207994 | – |
| 1853 | 101781 | 18520 | 1863 | 214755 | – |
| 1854 | 112750 | 6898 | 1864 | 228095 | 4749 |

[125] Vgl. RACH, 1974.
[126] STAM, Rep. H Bodendorf, Nr. 372.
[127] STAM, Rep. H Meyendorf, Nr. 440 und 441.
[128] STAM, Rep. H Langenstein, Nr. 592. – Der Vermögenszuwachs bezog sich wahrscheinlich auf Inventar und Boden der Domäne.

Die Wohlhabenheit der Bauern und Gutsbesitzer in der Magdeburger Börde und in der Provinz Sachsen war, um es noch einmal zu wiederholen, der Kombination von Landwirtschaft und Industrie zu verdanken; einer Landwirtschaft, die schon frühzeitig kapitalistische Bewirtschaftungsmethoden anwandte; einer Industrie, die ständig den wissenschaftlichen und technischen Fortschritt ihrem Produktionsprozeß einverleibte und auf die Landwirtschaft übertrug. Einigen der wissenschaftlichen und technischen Fortschritte wollen wir uns nun zuwenden.

## Technische und wissenschaftliche Entwicklung in der Rübenzuckerindustrie

Von der Rübe bis zum Rohzucker sind viele mechanische und technische Prozesse zu durchlaufen, um der Pflanze den begehrten Rohzucker zu entziehen. Wie auch immer die technische Ausrüstung einer Fabrik war und ist, die Herstellung des Zuckers vollzieht sich im wesentlichen in vier Vorgängen: Gewinnung des Saftes, Reinigung des Saftes, Eindampfen zur Kristallisation, Trennung der Kristalle vom Sirup.[129]

Da jedoch die Zuckergewinnung aus Rüben nicht auf überkommener laxer Routine, sondern auf den Ergebnissen der Wissenschaft beruht, waren die mechanischen, technischen und auch biologischen Prozesse einem ständigen Wechsel unterworfen. Das begann schon mit der Rübenzüchtung. Die Rübe war die erste Feldfrucht, die züchterisch bearbeitet und deren Zuckergehalt kontinuierlich gesteigert wurde. Sie hat die Entstehung der wissenschaftlichen Pflanzenzüchtung befruchtet, ja ihren Aufschwung überhaupt erst veranlaßt. Legte Achard die ersten Grundlagen der Rübenzüchtung, so griff die Rübenzuckerindustrie bei ihrem Wiederbeginn in den dreißiger Jahren auf die Züchtung von Koppy zurück, der die schlesische weiße Rübe mit höherem Zuckergehalt zog. Bald setzte sich aber die sogenannte Imperialrübe durch, die Knauer in Gröbers bei Halle, basierend auf der Selektion der Mutterrüben, gezüchtet hatte. Auch Rimpau in Schlanstedt betrieb eine erfolgreiche Züchtung. An die Versuche von Knauer und Rimpau knüpften M. Rabbethge jun. (1804 bis 1902) und J. Giesecke, nicht zuletzt angeregt von den bekannten Versuchen Vilmorins, an, deren Ergebnisse jahrzehntelang die Grundlage der Rübenzüchtung und des Rübenanbaues bildeten und dem Klein Wanzleber Unternehmen zur Weltgeltung verhalfen.

Im Zusammenhang mit der Rübenzüchtung wurde das von Jean-Baptiste Biot (1774 bis 1862) 1833 konstruierte und 1842 von Ventzke modifizierte Polarimeter eingeführt, das seit 1850 ziemlich verbreitet war und 1862 durch Carl Rabbethge eine wesentliche Verbesserung in der Untersuchungsmethodik erfuhr;[130] wie überhaupt die Zuckerfabriken verstärkt zur Einrichtung von chemischen Laboratorien übergingen und der Ausbildung von Zuckertechnikern und -chemikern größere Aufmerksamkeit zollten, um den Zuckergehalt der Rüben ständig zu kontrollieren und zu verbessern und die Zuckerausbeute der Rüben zu erhöhen.[131]

Bis etwa 1880 erzeugten jedoch viele Fabriken und Landwirte ihren Zuckerrübensamen selbst.[132] Danach versorgten die berühmten Saatzuchtbetriebe in Klein Wanzleben und Quedlinburg die Rübenwirtschaften mit hochwertigem Saatgut.

129 Winkler, o. J.: 40.
130 Heinisch, 1960: 46ff.
131 Vgl. Lippmann, 1900: 37ff.
132 Mook, 1920: 53.

Nachdem die Rüben auf dem Acker geköpft worden sind, vom Wagen in die Rübenschwemme und anschließend in die Waschmaschine gelangten, kommen sie in die Schnitzelmaschine, um in kleine dünne Schnitzel zerschnitten zu werden. Mit diesen Schnitzeln ist die Grundlage für die Gewinnung des Rübenzuckers geschaffen. Doch in den vierziger Jahren erfolgte die Zerkleinerung der Rüben noch auf recht primitive Art. In Ummendorf beispielsweise rieb man 1845 die Rüben noch auf Handreiben. Der gewonnene Brei wurde zwischen Tüchern hydraulisch ausgepreßt. Im Betriebsjahr 1845/46 arbeiteten in der Provinz Sachsen 37 Fabriken mit 60 Reiben und 178 hydraulischen Pressen. Über offenem Herdfeuer wurde der Saft eingedickt. Da aber das Verdampfen über offenem Herdfeuer wegen der großen Brennstoffverschwendung beim Löschen und der dauernden Gefahr des Anbrennens zu unpraktisch war, wurde die Heizung mittels Dampf eingeführt, der in kupfernen Schlangen durch die Sudpfannen geleitet wurde. Gleichmäßige Wärmeverteilung, gutes Regulieren, rechtzeitige Unterbrechung der Wärmezufuhr beseitigten die Gefahr des Anbrennens und beschleunigten die Zuckerherstellung. 1845 gab es aber erst 30 Dampfmaschinen in 23 Fabriken, während eine Fabrik mit Wasserkraft und die übrigen 13 mit Göpelwerken, die mit 59 Zugtieren bespannt waren, betrieben wurden.[133] Seitdem wurden zunächst die Reiben verbessert, zunehmend durch hydraulische Pressen ersetzt und immer mehr Dampfmaschinen installiert. 1865 wurde das Diffusionsverfahren erfunden, das eine fast restlose Entzuckerung der Rüben ermöglichte. In der Provinz Sachsen wurde es zuerst in der Zuckerfabrik Wulferstedt eingeführt. Der allgemeine Übergang zum Diffusionsverfahren fand zwischen 1871 und 1880 statt:

*Tabelle 29*

*Die Entwicklung des Einsatzes von Diffusionen in der Provinz Sachsen von 1871 bis 1880*[134]

| Jahr | Anzahl der Fabriken | Anzahl der Diffuseure | Anzahl der Pressen | Anzahl der Zentrifugen |
|---|---|---|---|---|
| 1871 | 121 | 13 | 95 | 5 |
| 1875 | 143 | 65 | 67 | 2 |
| 1880 | 137 | 130 | 7 | – |

Die ausgelaugten Schnitzel gingen anschließend in die Schnitzelpressen. Dort verloren sie etwa die Hälfte ihres Wassers und hatten dann einen Trockengehalt von 13 bis 14 Prozent. In dieser Form übernahmen sie die Landwirte, die sie mit Schichten von Rübenblättern einmieteten. Dort säuerten sie, verloren etwa ein Viertel des Gewichts, wurden aber leichter verdaulich und waren dann ein sehr wertvolles Futter für das Rindvieh. 1889 führte schließlich die Zuckerfabrik in Hadmersleben die Schnitzeltrocknung ein.[135] In der getrockneten Form sind die Schnitzel ein haltbares und vielbegehrtes Futter.

Je reiner der Saft und je weniger Nichtzuckerstoffe der Saft enthält, desto mehr Zucker kann daraus gewonnen werden. Die Nichtzuckerstoffe erschweren die Kristallisation des

[133] SCHUCHART, 1908: 42.
[134] MOOK, 1920: 102.
[135] MOOK, 1920: 103.

Zuckers. Ihrer Entfernung galten daher von Anfang an die Bemühungen der Zuckerindustriellen und -techniker. Die nichtlöslichen Stoffe wurden unter Kalkzusatz ausgeschieden. Der Kalk selbst mußte aber wieder ausgefällt werden. Bis 1860 verwandte man dazu in überwiegendem Maße Schwefelsäure. Dann trat Kohlensäure an ihre Stelle, später wurde zur Reinigung des Saftes schweflige Säure eingesetzt. Der zurückgebliebene Reinigungsschlamm, der „Scheideschlamm", wurde und wird noch heute als Düngemittel geschätzt, weil er außer dem Kalk die Phosphorsäure der Rüben enthält und diese so dem Boden wieder zugeführt werden kann.

Der gereinigte Saft, ein bräunlicher Dünnsaft, wird nun durch die Verdampfung in Dicksaft umgewandelt. Kochte man den Saft um 1840 noch über freiem Feuer in offenen Kesseln oder Pfannen ein, so benutzte man seit 1843 zunehmend mit der Einführung der Dampfkraft den von Eduard Howard entwickelten und von N. Rillieux verbesserten Vakuumapparat. Die Verdampfung oder Eindickung des Saftes im luftverdünnten Raum beugte der Zerstörung des Zuckers durch hohe Temperaturen vor und bedeutete zugleich eine beträchtliche Einsparung an Brennstoffen. Aus dem gewonnenen Saft, einem schon durchsichtigen, goldbraunen Sirup, der noch einer weiteren Verdampfung unterzogen wurde, erzielte man den ersten kristallisierten Zucker. Der so erzeugte Rohzucker wurde anschließend von Wasser und verschiedenen Bestandteilen organischer und anorganischer Natur befreit. Das geschah in der Raffinerie. Hier wurde der Zucker wieder aufgelöst, mit Kalk versetzt und mit Knochenkohle gereinigt. Die „entfärbende Knochenkohle" war die „Seele der Fabrikation". Dies war eine zählebige Ansicht der meisten Zuckerindustriellen.[136] Mit der Knochenkohle und dem Kalk und verschiedenen anderen Chemikalien wurde zweifellos der Rübenzuckerindustrie eine chemische Grundlage geliefert. Und der große Bedarf an Knochenkohle und Kalk förderte auch die Ausdehnung der chemischen Industrie. Allmählich verschwand aber im letzten Drittel des 19. Jh. die Knochenkohle; sie wurde durch mechanische Filter ersetzt. Die Knochenkohle hatte immerhin das Herstellungsverfahren des Zuckers um 2,50 bis 3,10 Mark je 100 kg verteuert.[137]

Die erzeugte Füllmasse gelangte schließlich in Rührmaschinen und Zentrifugen, wo der Zucker vom Sirup getrennt wurde. Eine verhältnismäßig große Anzahl der Rübenzuckerfabriken verarbeitete bis in die siebziger Jahre ihren Rohzucker selbst auf Raffinade. Danach überließ sie dieses Verfahren speziellen Unternehmen, die nicht selten, wie vor allem in Magdeburg, aus der Aufgabe des rübenverarbeitenden Betriebsteils hervorgegangen sind.

Eine anschauliche Übersicht des hier nur skizzenhaft und unvollkommen dargestellten Ablaufes der Rübenzuckerherstellung, die am Ende des 19. Jh. schon einen hochmechanisierten und teilautomatischen Charakter aufwies, zeigt das Schema auf Seite 55.

Die ständige Verbesserung der Technik und die Ausnutzung der neuesten wissenschaftlichen Erkenntnisse hoben nicht nur die Leistungsfähigkeit der Betriebe, sondern sie führten auch zu einer Verdichtung der Produktion, in die auch die landwirtschaftlichen Betriebe einbegriffen waren. Ausdruck dieser Verdichtung war die Zusammendrängung der Betriebszeiten der Rübenverarbeitung.

Während Achard und seine Zeitgenossen die Betriebszeit auf 150 bis 180 Tage be-

[136] Lippmann, 1900: 144.
[137] Mook, 1920: 99.

maßen und man um 1850 noch rund 150 Arbeitstage benötigte, bewegte sich die Dauer der Saison seit 1871 in folgenden Zahlen:

*Tabelle 30*

*Die Entwicklung der Betriebszeit bei der Rübenverarbeitung von 1871 bis 1906*[138]

| Jahr | Tage | Jahr | Tage | Jahr | Tage |
|---|---|---|---|---|---|
| 1871/72 | 106,8 | 1883/84 | 119,4 | 1895/96 | 75,0 |
| 1872/73 | 134,3 | 1884/85 | 119,3 | 1896/97 | 86,0 |
| 1873/74 | 136,5 | 1885/86 | 82,3 | 1897/98 | 73,0 |
| 1874/75 | 106,2 | 1886/87 | 90,5 | 1898/99 | 70,4 |
| 1875/76 | 136,0 | 1887/88 | 76,6 | 1899/1900 | 70,6 |
| 1876/77 | 108,0 | 1888/89 | 84,3 | 1900/01 | 74,0 |
| 1877/78 | 114,9 | 1889/90 | 95,3 | 1901/02 | 82,7 |
| 1878/79 | 116,8 | 1890/91 | 97,5 | 1902/03 | 61,8 |
| 1879/80 | 108,0 | 1891/92 | 81,2 | 1903/04 | 64,1 |
| 1880/81 | 123,9 | 1892/93 | 77,7 | 1904/05 | 53,1 |
| 1881/82 | 111,2 | 1893/94 | 78,0 | 1905/06 | 80,0 |
| 1882/83 | 132,4 | 1894/95 | 99,0 | | |

Die Verdichtung der Produktion und die Kürzung der Arbeitsdauer hingen mit der Umwandlung alter Fabrikeinrichtungen, Errichtung neuer Werke und einer gewaltig vermehrten Kapitalanlage zusammen. Mit der Ausdehnung der Technik, die in den siebziger Jahren die eigentliche Massenverarbeitung von Rüben einleitete, traten nunmehr auch ernsthafte Umweltprobleme auf.

Die Rübenfabriken haben einen nicht geringen Wasserverbrauch und erzeugen Abwässer. Die Abwässer setzten sich zusammen aus: Schmutzwässern der Rübenschwemme und Rübenwäsche, Ablaufwässern der Diffusion und der Schnitzelpresse, Kühlwässern der Kohlensäurerelevateure und Waschwässern der Tücherwäsche. Auf 100 kg Rüben kamen 500 bis 700 Liter Schmutzwässer, 110 bis 150 Liter Diffusions- und Preßwasser und 5 bis 10 Liter Wasch- und Spülwasser. Täglich liefen in einer Fabrik mit einer täglichen Rübenverarbeitung von 10000 dz Rüben ungefähr 6500 bis 9000 $m^3$ Wasser ab.[139]

Im allgemeinen wurden die Abwässer in Schlammteiche mit Rieselfeldern oder Gräben und Klärbassins geleitet, wo man sie ausgären ließ, oder sie wurden im Rücklauf verarbeitet. Vielfach wurden aber die Abwässer in Bäche und Flüsse geleitet und verursachten somit die Verschmutzung der bisher relativ sauberen fließenden Gewässer. Im letzten Drittel des 19. Jh. häuften sich die Klagen ob dieser Erscheinungen, insbesondere von Hausfrauen, die ihre Wäsche in den Bächen und Flüssen wuschen und spülten. Kreisbehörden und Landratsämter erhielten nun laufend Beschwerdeschriften und die eingesetzten Fabrikinspektionen sahen sich einer neuen Aufgabe gegenüber, deren Lösung im Kampf gegen die kapitalistischen Zuckerfabriken keineswegs leicht zu meistern war.[140]

[138] SCHUCHART, 1908: 101.
[139] MOOK, 1920: 101.
[140] STAM, Rep. C 28 If, Nr. 293—296, 1963; Rep. C 20 Ib, Nr. 424; Rep. C 48 If, Nr. 671.

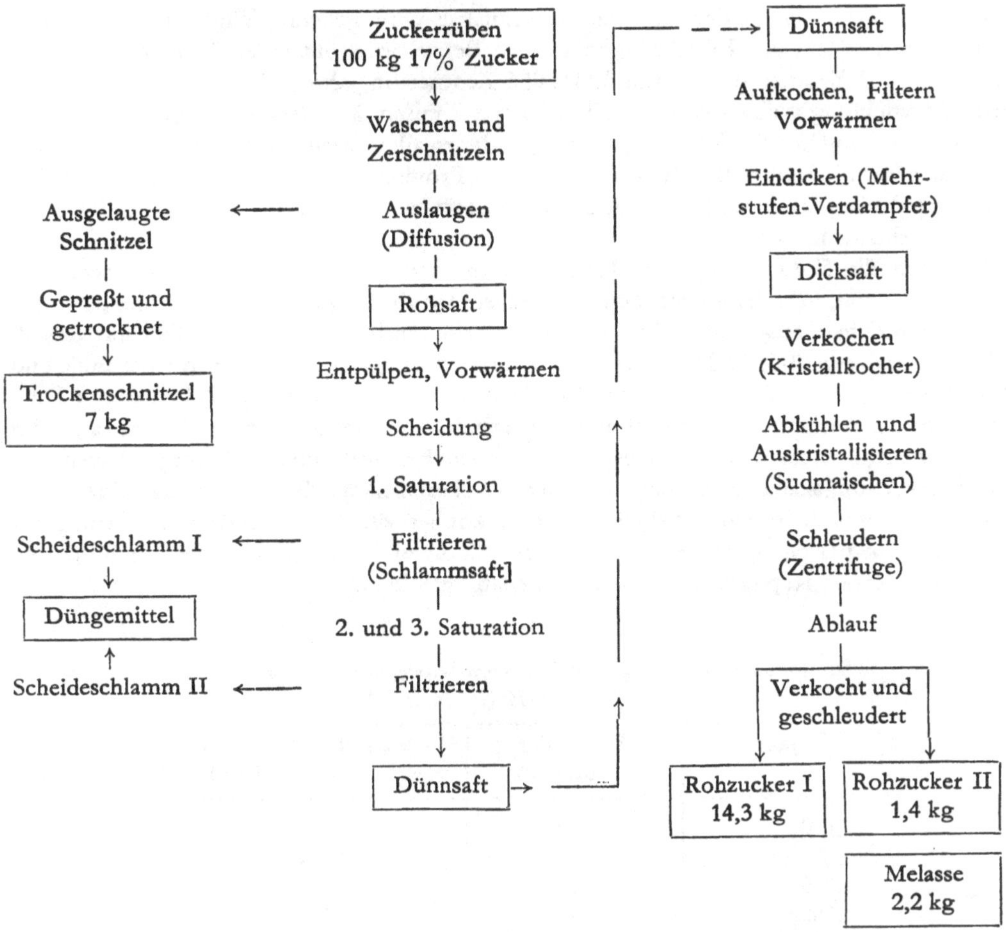


Von der Rübe zum Zucker

## Konzentration und Zentralisation

Unter den Fortschritten der Technik, dem Ausbau des Verkehrsnetzes und den steigenden Leistungen der Landwirtschaft entwickelte sich die Rübenzuckerindustrie trotz dauernd steigender Steuer unaufhaltsam vorwärts. Im Jahre 1846 entstanden vier, 1847 zehn, 1848 vierzehn, 1849 fünf, 1850 sechzehn Fabriken. Vorübergehend beeinträchtigte die Steuererhöhung im Jahre 1850 das Wachstumstempo. Doch schon 1851 kamen sieben, 1852 vier und 1853 eine Fabrik neu hinzu. In den Gründungsjahren von 1856/57 erfolgte erneut ein rasches Ansteigen. 1856 wurden zehn, 1857 sieben neue Betriebe eröffnet. Insgesamt bestanden 1857/58 116 Fabriken gegenüber 11 im Jahre 1836. Als es dann im Jahre 1863/64 einer Fabrik bei Magdeburg gelang, eine Ausbeute von 10,2 Prozent Zucker zu erzielen, während der Steuerberechnung nur 8,4 Prozent zu Grunde lagen, kam es wiederum zu zahlreichen Neugründungen. So entstanden 1864 sieben, 1865 zehn und 1866 drei neue Fabriken.[141]

[141] Vgl. Zander, 1934: 106.

Das Vorwärtsdrängen der Rübenzuckerindustrie wird gekennzeichnet durch die Tatsache, daß die Zahl der Fabriken von 120 im Betriebsjahr mit einer Rübenverarbeitung von 15510463 Zentner auf 141 mit 30441856 Zentner im Jahre 1871 stieg. Diese sprunghafte Entwicklung vollzog sich vor allem in den Kreisen Wanzleben, Wolmirstedt, Calbe, Oschersleben und im Stadtkreis Magdeburg, in denen allein siebzig Zuckerfabriken im Jahre 1869, also fast die Hälfte aller Zuckerfabriken der Provinz Sachsen, lagen. Diese hohe Anzahl der Fabriken in den fünf genannten Kreisen erwies sich bald als zu groß im Vergleich zu der vorhandenen Bodenfläche.

So rasch die Entwicklung der Rübenzuckerindustrie in den fünfziger und sechziger Jahren auch war, von den gegründeten Unternehmen dieser Jahre hat sich keines zu einem Großunternehmen ausgebildet. Die Fabriken verfügten im Durchschnitt über ein Gesellschaftskapital von 406500 Mark, wobei das Minimum bei 80000 Mark in Cochstedt und das Maximum bei 825000 Mark in Roßleben lag. Die verarbeitete Rübenmenge hatte zwar im Unterschied zur Entstehungszeit erheblich zugenommen, hielt sich aber im allgemeinen in einem recht bescheidenen Rahmen. Erst seit etwa 1870 vergrößerten sich die Verarbeitungskapazitäten der einzelnen Zuckerfabriken. Es begann die eigentliche Massenproduktion. In den Tabellen 31 und 32 können wir die dauernde Veränderung der Produktionskapazitäten, die Ausdruck einer ständigen Verbesserung der Technik und des zunehmenden Kapitaleinsatzes waren, genau verfolgen.

*Tabelle 31*

*Die Entwicklung der täglichen Rübenverarbeitung in der Provinz Sachsen von 1870 bis 1919 (in Zentner)*[142]

| Jahr | Anzahl der Fabriken | Durchschnittliche Rübenverarbeitung je Fabrik |
|---|---|---|
| 1870 | 110 | 1346 |
| 1880/81 | 129 | 3166 |
| 1890 | 124 | 5119 |
| 1900/01 | 107 | 8886 |
| 1910/11 | 100 | 11655 |
| 1918/19 | 84 | 13158 |

An den Neugründungen von Zuckerfabriken war die Magdeburger Börde nur bis etwa 1880 beteiligt. Seit dieser Zeit verminderte sich die Anzahl der Fabriken, während die Neugründungen fast ausschließlich auf dem Ostufer der Elbe, aber auch in der Altmark erfolgten, so z. B. in Goldbeck (1890), Stendal (1891), Salzwedel (1893) und Genthin (1902). Im Vergleich zu den Fabriken in der Börde und der westwärts der Elbe gelegenen Provinz Sachsen waren diese Fabriken Riesenunternehmen. In Genthin beispielsweise verarbeitete die Fabrik innerhalb von 24 Stunden 36000 Zentner Rüben. Sie verfügte über 10000 Morgen Rübenanbaufläche und über ein Gesellschaftskapital von 4,5 Millionen Mark. Die Gesellschafter der vier genannten Fabriken hatten sich verpflichtet, 45000 bis 50000 Morgen Rüben anzubauen und an ihre Fabriken zu liefern, eine Fläche, in die sich nach den Verhältnissen der Börde oder des hannoveranischen Landes mindestens 12 Fabriken hätten teilen müssen.[143]

[142] Mook, 1920: 82.
[143] Vgl. Henze, 1920: 27.

Die Neugründung von Zuckerfabriken ging aber gleichzeitig auch mit Schließungen von Zuckerfabriken einher. In den vierziger und fünfziger Jahren waren es hauptsächlich Steuerauflagen und mangelhafte technische Ausstattung, die manche Zuckerfabrik eingehen ließen. Rübenmüdigkeit der Böden war ein weiterer Faktor, der zu dauernder oder zeitweiliger Stillegung einer Zuckerfabrik führen konnte. Im letzten Drittel des 19. Jh. aber erfaßte die langwierige Agrarkrise die Zuckerindustrie.

*Tabelle 32*

*Veränderung der Betriebsgrößenstruktur (tägliche Rübenverarbeitung in Zentner) von 1870 bis 1918/19 in der Provinz Sachsen*

| 1870/71 | | 1880/81 | | 1890/91 | | 1900/01 | | 1910/11 | | 1918/19 | |
|---|---|---|---|---|---|---|---|---|---|---|---|
| AF | RM | AF | RM | AF | RM | AF | RM | AF | RM | AF | RM |
| 1 | 700 | 1 | 1400 | 1 | 1200 | 1 | 2400 | 1 | 3500 | 1 | 4000 |
| 3 | 800 | 6 | 1500 | 2 | 1900 | 1 | 3000 | 1 | 4000 | 1 | 5400 |
| 4 | 900 | 3 | 1600 | 1 | 2000 | 2 | 3100 | 1 | 4500 | 2 | 6000 |
| 22 | 1000 | 2 | 1700 | 1 | 2200 | 6 | 4000 | 1 | 5000 | 1 | 7000 |
| 13 | 1100 | 4 | 1800 | 6 | 2500 | 2 | 4200 | 2 | 5500 | 3 | 7500 |
| 15 | 1200 | 1 | 1900 | 2 | 2600 | 2 | 4500 | 5 | 6000 | 9 | 8000 |
| 11 | 1300 | 8 | 2000 | 1 | 2700 | 1 | 4600 | 2 | 6500 | 1 | 8400 |
| 3 | 1400 | 1 | 2100 | 1 | 2800 | 2 | 5000 | 5 | 7000 | 2 | 8500 |
| 11 | 1500 | 4 | 2200 | 5 | 3000 | 1 | 5500 | 4 | 7500 | 5 | 9000 |
| 9 | 1600 | 1 | 2300 | 1 | 3200 | 12 | 6000 | 10 | 8000 | 2 | 9500 |
| 1 | 1700 | 10 | 2400 | 5 | 3400 | 4 | 6500 | 4 | 8500 | 8 | 10000 |
| 1 | 1800 | 7 | 2500 | 2 | 3500 | 7 | 7000 | 4 | 9000 | 1 | 10500 |
| 1 | 1900 | 5 | 2700 | 6 | 3600 | 6 | 7500 | 4 | 9500 | 8 | 11000 |
| 3 | 2000 | 3 | 2800 | 1 | 3800 | 13 | 8000 | 12 | 10000 | 6 | 12000 |
| 1 | 2100 | 24 | 3000 | 18 | 4000 | 2 | 8500 | 1 | 10500 | 1 | 12500 |
| 3 | 2200 | 2 | 3100 | 5 | 4200 | 6 | 9000 | 4 | 11000 | 2 | 13000 |
| 1 | 2400 | 5 | 3200 | 2 | 4400 | 1 | 9500 | 1 | 11500 | 6 | 14000 |
| 3 | 2500 | 5 | 3500 | 2 | 4500 | 6 | 10000 | 7 | 12000 | 3 | 15000 |
| 2 | 2600 | 2 | 3600 | 1 | 4600 | 2 | 10500 | 2 | 12500 | 1 | 15500 |
| | | 10 | 4000 | 16 | 5000 | 2 | 11000 | 2 | 13000 | 2 | 16000 |
| | | 1 | 4400 | 1 | 5800 | 9 | 12000 | 4 | 14000 | 1 | 17500 |
| | | 5 | 4500 | 15 | 6000 | 1 | 13500 | 1 | 15000 | 3 | 18000 |
| | | 1 | 4600 | 7 | 7000 | 3 | 14000 | 3 | 16000 | 1 | 19000 |
| | | 11 | 5000 | 1 | 7200 | 4 | 15000 | 2 | 17500 | 7 | 20000 |
| | | 1 | 5400 | 1 | 7500 | 1 | 15200 | 3 | 18000 | 1 | 24000 |
| | | 1 | 5500 | 1 | 7700 | 2 | 16000 | 2 | 19000 | 1 | 25000 |
| | | 2 | 6000 | 8 | 8000 | 1 | 16500 | 5 | 20000 | 1 | 26000 |
| | | 3 | 6500 | 1 | 8500 | 1 | 17000 | 1 | 20500 | 2 | 28000 |
| | | | | 2 | 9000 | 2 | 18000 | 1 | 22000 | 1 | 30000 |
| | | | | 1 | 9600 | 2 | 19000 | 1 | 24000 | 1 | 36000 |
| | | | | 5 | 10000 | 2 | 20000 | 1 | 25000 | | |
| | | | | 1 | 14000 | | | 1 | 26000 | | |
| | | | | | | | | 1 | 27000 | | |
| | | | | | | | | 1 | 30000 | | |

AF = Anzahl der Fabriken RM = Rübenmenge

*Tabelle 33*

***Betriebsdauer der Rübenzuckerfabriken in der Provinz Sachsen (nach dem Stand von 1920)***

| Gründung | Ort | Stillegung |
|---|---|---|
| 1833 | Quedlinburg | 1893/94 |
| | Magdeburg-Sudenburg | 1874/75 (Raffinerie) |
| 1835 | Halle | 1884/85 |
| | Magdeburg-Sudenburg | 1874/75 (Raffinerie) |
| | Magdeburg-Sudenburg | 1864/65 (Raffinerie) |
| 1836 | Mucrena | 1911/12 |
| | Rothensee | 1874/75 |
| | Halberstadt | 1879/80 |
| | Halberstadt | 1876/77 |
| 1837 | Staßfurt | 1894/95 |
| | Magdeburg-Sudenburg | 1874/75 (Raffinerie) |
| 1838 | Gr. Ottersleben | 1884/95 |
| | Ebendorf | 1873/74 |
| | Magdeburg-Buckau | 1874/75 (Raffinerie) |
| | Magdeburg-Stadtfeld | 1871/72 (Raffinerie) |
| | Magdeburg-Sudenburg | 1872/73 (Raffinerie) |
| | Magdeburg-Neustadt | 1848 (Raffinerie) |
| | Gottesgnaden | 1879/80 |
| | Seehausen | 1902/03 |
| | Westerhüsen | 1909/10 |
| | Kl. Wanzleben | |
| 1839 | Schlanstedt | 1885/86 |
| | Etgersleben | 1893/94 |
| | Ochtmersleben | 1905/06 |
| 1840 | Ummendorf | 1894/95 |
| | Kl. Ottersleben | 1906/07 |
| | Barby | |
| 1845 | Neubeesen | 1894/95 |
| 1846 | Gatersleben | |
| | Neugattersleben | 1873/74 |
| | Gr. Germersleben | 1873/74 |
| | Kl. Oschersleben | 1885/86 |
| | Unseburg | 1885/86 |
| | Sülldorf | 1893/94 |
| | Wolmirsleben | 1902/03 |
| | Egeln | |
| | Marienstuhl | |
| | Aschersleben | |
| | Königsaue | 1918/19 |
| | Oschersleben | |
| | Salzmünde | |
| 1848 | Eilenstedt | 1873/74 |
| | Bleckendorf | 1884/85 |
| | Schermcke | 1884/85 |
| | Quetz | 1902/03 |
| | Althaldensleben | 1877/78 |
| | Aschersleben | 1879/80 |
| | Bisdorf | 1874/75 |
| | Gröningen | 1876/77 |
| | Domersleben | 1905/06 |
| | Cochstedt | |
| | Merbitz | |
| | Calbe | 1894/95 |
| 1849 | Magdeburg-Sudenburg | 1874/75 |
| | Löbejün | |
| | Trotha | |
| | Ermsleben | 1899/1900 |
| 1850 | Oppin | 1907/08 |
| | Thale | 1876/77 |
| | Egeln | 1873/74 |
| | Nienburg | 1874/75 |
| | Heringen | 1899/1900 |
| | Volkstedt | 1884/85 |
| | Alsleben | |
| | Dahlenwarsleben | |
| | Halberstadt | |
| | Hedersleben | |
| | Könnern | |
| | Langenbogen | |
| | Vitzenburg | |
| | Wolmirstedt | |
| 1851 | Roßleben | 1900/01 |
| | Meitzendorf | 1906/07 |
| | Gröbers | 1913/14 |
| | Gr. Ammensleben | |
| | Belleben | |
| | Offleben | |
| | Trebitz | |
| 1852 | Hadmersleben | 1884/85 |
| | Hakeborn | 1893/94 |
| | Roßla | |

*Fortsetzung Tabelle 33*

| Gründung | Ort | Stillegung |
|---|---|---|
| | Zörbig | |
| 1853 | Aumühle | 1897/98 |
| 1855 | Quedlinburg | 1874/75 |
| | Aken | 1884/85 |
| 1856 | Beesedau | 1910/11 |
| | Brachstedt | 1910/11 |
| | Quenstedt | 1877/78 |
| | Bahrendorf | 1918/19 |
| | Hamersleben | 1918/19 |
| | Hötensleben | |
| | Körbisdorf | |
| | Wanzleben | |
| | Magdeburg-Stadtfeld | 1890/91 |
| 1857 | Querfurt | |
| | Roßleben | |
| | Schafstaedt | |
| | Schwittersdorf | |
| | Wallwitz | |
| | Langenweddingen | 1894/95 |
| | Wackersleben | 1910/11 |
| 1858 | Benkendorf | |
| | Brehna | |
| | Stößen | |
| | Zeitz | |
| | Krusemark | 1884/85 |
| | Arneburg | 1898/99 |
| | Trebitz | 1875/76 |
| 1860 | Barleben | 1860 |
| 1862 | Schwaneberg | 1903/04 |
| 1863 | Landsberg | |
| | Atzendorf | 1913/14 |
| | Biere | 1915/16 |
| 1864 | Bleckendorf | |
| | Gröningen | |
| | Schwanebeck | 1914/15 |
| | Schwoitsch | |
| | Stöbnitz | |
| | Teutschenthal | |
| | Athensleben | 1894/95 |
| 1865 | Akendorf | |
| | Artern | |
| | Dedeleben | |
| | Eichenbarleben | 1917/18 |
| | Erdeborn | |
| | Gr. Rosenburg | 1914/15 |
| | Roitzsch | |
| | Weißenfels | |
| | Welsleben | |
| | Wulferstedt | |
| 1866 | Laucha | |
| | Wolkramshausen | 1913/14 |
| | Wallhausen | 1910/11 |
| 1868 | Ottleben | |
| 1869 | Hornburg | |
| 1870 | Wasserleben | |
| | Oberröblingen | |
| 1871 | Langenweddingen | 1917/18 |
| | Niederndodeleben | |
| | Spora | 1898/99 |
| | Gr. Osterhausen | |
| | Lützen | |
| | Minsleben | 1918/19 |
| 1872 | Nordgermersleben | |
| | Querfurt | |
| | Straussfurt | |
| 1873 | Badersleben | |
| | Brottewitz | |
| | Helmsdorf | |
| | Walschleben | |
| | Wegeleben | |
| 1877 | Weferlingen | |
| 1878 | Osterwieck | |
| 1879 | Calbe | 1916/17 |
| | Derenburg | |
| | Eilsleben | |
| | Hadmersleben | |
| 1880 | Aderstedt | |
| | Oschersleben | |
| | Schackensleben | |
| 1884 | Neuhaldensleben | |
| | Eilenstedt | 1913/14 |
| 1886 | Magdeburg-Neustadt | (Raffinerie) |
| 1889 | Allerringersleben | |
| 1890 | Delitzsch | |
| | Goldbeck | |
| | Gommern | |
| 1891 | Stendal | |
| 1893 | Salzwedel | |
| 1902 | Genthin | |
| 1910 | Aken | 1918/19 |

Die damit zusammenhängende Überproduktion an Zucker und sinkende Zuckerpreise (vgl. Tabelle 4) verschärften nunmehr den kapitalistischen Konkurrenzkampf, dem eine Reihe von Zuckerfabriken zum Opfer fielen. Seit 1884 bis 1914 gingen in ganz Deutschland 116 Zuckerfabriken ein. Auf die Provinz Sachsen entfielen allein 50 Fabriken. In der Regel stellten Betriebe geringerer Verarbeitung (4000 bis 5000 Zentner) ihre Produktion ein. Und unter den zusammengebrochenen Unternehmen befanden sich fast drei Viertel Privatbesitzungen oder Offene Handelsgesellschaften, während das übrige Viertel Aktiengesellschaften und Gesellschaften mit beschränkter Haftung umfaßte.[144] Die Lebensdauer einzelner Fabriken in der Provinz Sachsen vermittelt die Tabelle 33.

Die Zuckerfabriken reagierten auf Krise und Konkurrenzkampf recht verschiedenartig. Die Konkurrenz der Nachbarfabrik bewog zum Beispiel die Inhaber der Zuckerfabrik Eichenbarleben, von KROSIGK und von VELTHEIM, in den neunziger Jahren in ihre Fabrik Bauern aufzunehmen (vgl. S. 34) mit der Begründung: „Es ist daher wünschenswert, ein festes Rübenareal zu gewinnen ... und zwar scheint dieses möglich durch Heranziehung einer größeren Anzahl Besitzer zur Gründung einer Gesellschaft mit beschränkter Haftung."[145] Der Übergang zu Aktiengesellschaften und GmbH, die zugleich durch die „Aktienrüben" die Rohstoffbasis sichern, war unter anderem eine Maßnahme, um Krise und Konkurrenz überleben zu können. Weit wichtiger war jedoch die Vergrößerung der Verarbeitungskapazität und die Verbesserung der Technik und des Transportwesens, um billiger produzieren zu können. Seit 1878 verwenden verschiedene Zuckerfabriken in der Provinz Sachsen Feldeisenbahnen, die nicht nur der industriellen Wechselbeziehung zwischen Zuckerfabrik und Landwirtschaft einen sichtbaren Ausdruck verleihen, sondern die Transport- und daher Verarbeitungskosten erheblich vermindern.[146] Aber auch die Eisenbahnanschlüsse, über die 75 von 95 Zuckerfabriken im Jahre 1914 verfügten, verbilligten die Produktionskosten.[147] Je größer also das Produktionsvolumen und je moderner die Fabrik, desto billiger die Produktion und um so aussichtsreicher die Lebensdauer einer Fabrik. Berechnungen aus dem Jahre 1905 ergaben, daß sich folgende Verarbeitungskosten für einen Zentner Rüben, wobei Löhne und Brennstoffe die größten Summen ausmachten, entsprechend der jährlichen Verarbeitungsmenge ergaben.

*Tabelle 34*

*Verarbeitungskosten je Zentner Rüben im Jahre 1905 (in Pfennig)*[148]

| Fabriken mit einer jährlichen Verarbeitung von Zentnern | Höhe der Kosten |
|---|---|
| 500000 | 43,3 |
| 1000000 | 40,6 |
| 2000000 | 35,6 |
| 3000000 | 30,0 |

Um aber billig Rübenzucker herstellen zu können, bedurfte es auch einer billigen Rübenproduktion. Und wenn wir verschiedene Rüben- und Fabrikwirtschaften der

[144] HENZE, 1920: 41.
[145] STAM, Rep. H Alvensleben, Nr. 239.
[146] BIELEFELDT, 1910: 66.
[147] MOOK, 1920: 59.
[148] HENZE, 1920: 41.

Provinz Sachsen näher betrachten, so stellen wir erhebliche Unterschiede bei den Produktionskosten fest. In den Jahren 1893 bis 1895 betrugen diese für einen Zentner Rüben folgende Summen:

*Tabelle 35*

*Produktionskosten je Zentner Rübenerzeugung in der Provinz Sachsen 1893 bis 1895 (in Pfennig)*[149]

| Höhe der Kosten | in Anzahl Wirtschaften |
|---|---|
| 60— 69 | 3 |
| 75— 79 | 4 |
| 80— 89 | 15 |
| 90— 99 | 25 |
| 100—109 | 22 |
| 110—119 | 9 |
| 120—129 | 9 |
| 130—139 | 5 |
| 140—149 | 3 |

In den unterschiedlichen Produktions- und Verarbeitungskosten, die abhängig von Lage und Qualität der Böden, von der technischen Ausstattung der Fabrik, dem Einzugsbereich der Kaufrüben u. a. m. waren, finden wir die Ansätze der Konzentration und Zentralisation der Rübenzuckerproduktion. Natürlich verlief dieser Prozeß nicht reibungslos; jede Fabrik versuchte dabei, ihren Vorteil zu wahren. Als beispielsweise die Zuckerfabrik Ochtmersleben, die um 1900 täglich 4500 bis 5000 Zentner Rüben verarbeitete, sich mit der Zuckerfabrik in Hedersleben verschmelzen wollte, sperrte sich die Zuckerfabrik Hedersleben gegen dieses Ansinnen.[150] Aber auf die Dauer zwang der unerbittliche Konkurrenzkampf, wenn man ihn bestehen wollte, zu Fusionen und Verschmelzungen. Daher wurde nach Vergrößerung einer meist zentral gelegenen Fabrik der Betrieb der an der Peripherie liegenden Unternehmen eingestellt. So verband sich zum Beispiel die Zuckerfabrik Wackersleben mit der Zuckerfabrik Hötensleben oder die Zuckerfabrik Grimschleben mit der Zuckerfabrik Calbe. Auf diese Weise ging die Anzahl der Rübenzuckerfabriken von 124 im Jahre 1890 auf 84 im Jahre 1918 zurück, während Rübenverarbeitung und Zuckererzeugung, ausgenommen die Jahre des Weltkrieges, zunahmen. Die Zuckerfabriken verwirklichten die kapitalistische Forderung: Steigende Produktion und Verminderung der Kosten. In der Provinz Sachsen, also auch in der Magdeburger Börde, wurde sie über die Verschmelzung von Zuckerfabriken erreicht.

[149] Mook, 1920: 50.
[150] STAM, Rep. H Alvensleben, Nr. 238.

Detlef Diestel/Hans-Heinrich Müller

# Die Zuckerfabrik Klein Wanzleben (von ihrer Gründung bis 1917/18)

Gab es je eine berühmtere Rübenzuckerfabrik als jene 1838 von Bauern gegründete, zunächst unter dem Namen „Wallstab & Co." im Handelsregister eingetragene, seit dem Jahre 1856 sich „Rabbethge, Giesecke & Reinecke" firmierende und schließlich 1885 die Form der Aktiengesellschaft annehmende in dem Bördedorf Klein Wanzleben? War sie nicht schlechthin das Sinnbild der deutschen Zuckerindustrie, war sie nicht der eigentliche Mittelpunkt der fruchtbaren Magdeburger Börde, zog sie nicht die Blicke der Welt auf jene ebene, Zuckerrüben bauende Landschaft zwischen Elbe und Aller, zwischen Bode und Ohre? Von dieser Fabrik, von ihrem Samenzuchtbetrieb, von ihrer Entwicklung und ihrem Wandel, von ihrer Produktion, von ihren Gründern, Besitzern und Arbeitern wollen wir nun berichten.

## Die Anfänge der Zuckerfabrik

Landwirte, Gastwirte und Handwerker entschlossen sich 1838, in Klein Wanzleben eine Rübenzuckerfabrik zu gründen. Klein Wanzleben war ein Bauerndorf. Es besaß zum Anbau der Zuckerrüben die denkbar besten Voraussetzungen, die Böden zeichneten sich durch große Fruchtbarkeit aus, und die Bauern waren wohlhabend. Vier Ackerleute, zwölf Halbspänner, siebzehn Kossaten und 47 Häusler zählte man 1845 im Dorf. Die Ackerleute, auch Vollspänner genannt, bewirtschafteten jeder fünf bis sechs Hufen oder mehr Land. Ein Halbspänner verfügte über drei bis vier Hufen und bestellte das Land meist mit einem Pferd und einer Kuh. Jeder Kossat dagegen nannte nur zehn bis zwanzig Morgen Land sein Eigentum, zu wenig, um sich und seine Familie davon ernähren zu können. Sie übten daher noch einen Nebenberuf aus. Wir finden sie als Hausschlächter, Leineweber, Schuster, Sattler, oder sie verdingten sich als Tagelöhner.[1] Kaum Land besaßen die Häusler. Sie verrichteten ihre Arbeit auf den Gütern der Ackerleute und Halbspänner, wie auch die übrige Bevölkerung wohl auf die Bauerngüter angewiesen war. Die Häusler und Tagelöhner müssen schon sehr zahlreich gewesen sein; immerhin lebten 1850 in Klein Wanzleben 690 Einwohner.[2]

Als der Anbau von Zuckerrüben lohnend zu werden versprach, als Zucker großen Gewinn verhieß, als das Zuckerrübenfieber die Magdeburger Börde und ihre angrenzenden Gebiete ergriff, da regten sich auch die Bauern in Klein Wanzleben; sie regten sich ziemlich früh dank eines unternehmenden und risikofreudigen Ackermannes namens Peter Wallstab. Er verstand die Zeichen der Zeit, er setzte seinen Standesgenossen die Vorteile der

[1] Dorfchronik Klein Wanzleben, o. J.: 8.
[2] Dorfchronik Klein Wanzleben, o. J.: 33.

neu anzubauenden und zu verarbeitenden Kultur auseinander, er gewann schließlich siebzehn Mitstreiter aus seinem Heimatort und zwei Handwerker aus Seehausen, die bereit waren, von ihren ersparten Talern eine gewisse Summe in ein Unternehmen einzubringen, das Zucker produzieren sollte, in eine Gesellschaft, die erwarten ließ, daß die hergegebenen Taler mit Zins und Zinseszins zurückströmten.

Die Zuckerfabrik wurde als Aktienverein, eine Offene Handelsgesellschaft mit unbeschränkter Haftung der Gesellschafter auf Aktienbasis, aufgezogen. Die Gesellschafter zeichneten nicht ganz 200 Taler für eine Aktie und brachten insgesamt 15000 Taler als Gründungskapital in das neue Unternehmen ein.[3] Die Gründungsurkunde der Zuckerrübenfabrik „Wallstab & Co." unterzeichneten

| | |
|---|---|
| Ackermann | Peter Wallstab |
| Ackermann | Christoph Rohland |
| Halbspänner | Andreas Bode |
| Halbspänner | Friedrich Waldvogel |
| Halbspänner | Christoph Sasse |
| Ackermann | Andreas Wernecke |
| Ackermann | Heinrich Kunze |
| Halbspänner | Jacob Herbst |
| Halbspänner | Heinrich Hundertmark |
| Kossat | Joachim Graeger |
| Halbspänner | Friedrich Graeger |
| Gastwirt | Christoph Hundertmark |
| Gastwirt | Friedrich Grosch |
| Kossat | Adolf Kühle |
| Halbspänner | Georg Voigt |
| Schmiedemeister | Heinrich Tiedge |
| Kossat | Polycarpus Kühle |

sowie

| | |
|---|---|
| Maurermeister | Friedrich Schmidt und |
| Zimmermeister | Friedrich Jahn |

aus Seehausen als Bauunternehmer.[4]

Die Zuckerfabrik, die seit dem Tage ihrer Gründung sich kräftig fortentwickelte, Krisen ausgesetzt war und Krisen überwand, war nun zum Zentrum Klein Wanzlebens geworden; es war ein industrielles Unternehmen, das zunehmend das Gesicht des Dorfes prägte, den Geist kapitalistischen Erwerbsstrebens über die Dorfbewohner ausgoß, Not und Elend den Arbeitern brachte und tiefgreifende Veränderungen in der sozial-ökonomischen Struktur des Dorfes hervorrief.

Wir wissen nicht allzu viel vom Leben der Zuckerfabrik in ihrem ersten Dezennium. Doch sie muß gut gearbeitet haben, die Gewinne waren wohl zufriedenstellend, die 72 Aktien, die ursprünglich gezeichnet worden waren, müssen im Werte gestiegen sein; sie waren gewiß auch begehrt, denn sie wechselten ihre Besitzer, unter denen nun Namen von Rang und Gewicht auftauchen. Schon 1840 kaufte der bekannte Gutsbesitzer A. Nathusius in Meyendorf vier Aktien der Klein Wanzleber Zuckerfabrik von einem

[3] Mosel, 1925: 13.

[4] Kreisheimatmuseum Ummendorf, Gründungsakte der Zuckerfabrik Klein Wanzleben, o. J.

Herrn BODENDORF, vermutlich Mitinhaber der Zuckerfabrik in Groß Oschersleben. Der Kaufpreis der vier Aktien betrug 430 Taler.[5] Und nur wenig später, 1844, hat die Liste der Gesellschafter folgendes Aussehen:[6]

| | |
|---|---|
| Amtsrat ENGELHARDT | Ampfurth |
| Rittergutsbesitzer A. NATHUSIUS | Meyendorf |
| Land-, Stadt- und Gerichtsrat ARNDT | Meyendorf |
| Kreiseinnehmer KAHRT | Meyendorf |
| Ackergutsbesitzer WALLSTAB | Klein Wanzleben |
| Ackergutsbesitzer HERBST | Klein Wanzleben |
| Ackergutsbesitzer HUNDERTMARK | Klein Wanzleben |
| Inspektor J. SCHMIEDER | Besenhausen (bei Heiligenstadt) |
| Kaufmann F. G. GROSCH | Klein Wanzleben |
| Witwe GRAEGER | Klein Wanzleben |
| Kaufleute ZUCKSCHWERDT & BEUCHEL | Magdeburg |
| Hofrat KRON | Westerhüsen |

Nach drei Jahren, 1847, wechselten verschiedene Aktien erneut den Besitzer. Zehn Aktien gingen in die Hände von MATTHIAS RABBETHGE über. Und mit dem neuen Käufer ist die Weltgeltung der Klein Wanzleber Zuckerfabrik untrennbar verknüpft.

MATTHIAS CHRISTIAN RABBETHGE, geboren am 1. März 1804 in Klein Rodensleben, war der Sohn eines Kossaten, dem etwa 50 Morgen Land gehörten. Nach dem Tode des Vaters übernahm MATTHIAS CHRISTIAN, 21 Jahre alt, das väterliche Anwesen und bewirtschaftete es zusammen mit seiner Mutter. 1843 verkaufte er jedoch seine Wirtschaft und pachtete in Dreileben einen etwa 200 Morgen großen Ackerhof. Aber das Bleiben in Dreileben währte nicht lange. 1847 kaufte RABBETHGE das ungefähr 300 Morgen große Werneckesche Bauerngut in Klein Wanzleben und brachte gleichzeitig die erwähnten zehn Aktien der Zuckerfabrik in seinen Besitz. 3900 Taler, also 390 Taler je Aktie, händigte er dem Verkäufer aus.

MATTHIAS RABBETHGE war ein tatkräftiger Landwirt, ein geschäftstüchtiger und vorausschauender Unternehmer, ein begabter Kapitalist, ein zuweilen rücksichtsloser Ausbeuter seiner Arbeiter, der jedoch auf den gesellschaftlichen Fortschritt als Quelle steigender Profite bedacht war und dem Grundsatz huldigte: „Reich ist, wer mehr einnimmt als er ausgibt."[7] Er erkannte die Zukunftsbedeutung des Rübenzuckers, er erkannte vor allem die volkswirtschaftlich bedeutsame Synthese von Industrie und Landwirtschaft. RABBETHGE war Kapitalist und gleichzeitig Forscher, eine Kombination, die sich außerordentlich befruchtend auf die Entwicklung der Zuckerfabrik Klein Wanzlebens ausgewirkt hat; es war eine Kombination progressiven und humanistischen Inhalts, die sich noch mit dem Gesamtinteresse einer aufstrebenden bürgerlichen Gesellschaft vertrug. Doch wir sind bereits vorausgeeilt.

Gesellschafter der Zuckerfabrik geworden, versuchte RABBETHGE Industrie und Landwirtschaft zu verbinden, die Rohstoffbasis sicherzustellen, den technischen Fortschritt

[5] STAM, Rep. H Meyendorf, Nr. 409.
[6] STAM, Rep. H Meyendorf, Nr. 410.
[7] HAHN, 1929: 269.

anzuwenden und auszunutzen. Doch dadurch schien er mit anderen Aktionären in Konflikt geraten zu sein. „Ich sah bald ein“, berichtete er rückblickend, „daß es nur gut gehen konnte, wenn ich allein zu bestimmen hatte, denn viel Köpfe, viel Sinn.“[8] Es gelang ihm dann auch, die übrigen Anteile der Fabrik, die 1846 auf 62 herabgesetzt wurden, zu erwerben. Laut Sozietätsvertrag von 1853 wurden die Anteile auf 55 und später auf 16 verringert.[9] Lag in dieser Verringerung zugleich die Voraussetzung für Rabbethges erfolgreichen Aufkauf der Aktien? Oder bot er soviel, daß die anderen Gesellschafter nicht widerstehen konnten? Oder bediente er sich irgendwelcher unlauterer Mittel, um Druck auf die Aktionäre auszuüben? Die Quellen schweigen sich aus. Wie dem aber auch sei; Rabbethge hatte die Aktionäre nach und nach aus dem Unternehmen verdrängt. Er besaß:

*Tabelle 36*

*Der Aktienanteil* Rabbethges *an den Gesamtaktien*[10]

| Jahr | Anteile Rabbethges | Gesamtanteile |
|---|---|---|
| 1847 | 10 | 62 |
| 1853 | 10 | 55 |
| 1854 | 18 | 55 |
| 1855 | 27 | 55 |
| 1856 | 39 | 55 |
| 1857 | 43 | 55 |

Unterdessen war 1856 der nachmalige Ökonomierat Julius Giesecke (1838 bis 1881) von Westerhüsen nach Klein Wanzleben gezogen. Er heiratete zwei Jahre später die Tochter von Rabbethge, und durch die verwandtschaftlichen Beziehungen trat er ebenfalls in die Zuckerfabrik ein, indem er eine Anzahl Aktien erwarb. Ergänzen wir hier, daß Rabbethge noch zwei Söhne besaß, Matthias, Oberamtmann, und Karl, zum Kommerzienrat avanciert, hatten die Domäne Rothekirchen gepachtet und die Zuckerfabrik Einbeck erworben.

Rabbethge und Giesecke waren 1857 im Besitz aller Anteile der Zuckerfabrik bis auf die des Landwirtes Reinecke. Das Unternehmen nannte sich fortan Zuckerfabrik „Rabbethge, Giesecke & Reinecke“. 1864 schied letzterer aus, und am 1. Juli gleichen Jahres wurde die Zuckerfabrik in die Offene Handelsgesellschaft „Rabbethge & Giesecke“ umgewandelt. Sie war zu einem Familienbetrieb geworden.[11] Das Gesellschaftsvermögen betrug etwa 74000 Taler, es verteilte sich zu 56,2 Prozent auf Matthias Rabbethge und zu 43,8 Prozent auf Giesecke.[12]

Die Produktion der Zuckerfabrik bewegte sich anfangs in bescheidenem Rahmen. Mit dem Eintritt Rabbethges stieg jedoch die Leistungsfähigkeit der Fabrik erheblich an.

[8] Hahn, 1929: 270.
[9] Mosel, 1925: 14.
[10] Mosel, 1925: 14.
[11] BAKW, Bericht zur Feier des 25jährigen Bestehens der Zuckerfabrik ..., 1910: 3.
[12] Mosel, 1925: 14.

Die Produktionszunahme, wobei wir der Entwicklung bereits weit vorausgreifen, können wir an folgenden Zahlen ablesen:

*Tabelle 37*

*Rübenverarbeitung der Zuckerfabrik Klein Wanzleben in der Zeit von 1838 bis 1914 (in Zentner)*[13]

| Jahr | Rübenverarbeitung | | Jahr | Rübenverarbeitung | |
|---|---|---|---|---|---|
| | pro Jahr | in 24 Std. | | pro Jahr | in 24 Std. |
| 1838 | 90000 | 600 | 1899 | 605500 | 10092 |
| 1865 | 153000 | 1200 | 1900 | 835980 | 12116 |
| 1885 | 349429 | 4000 | 1901 | 1128028 | 12966 |
| 1886 | 413100 | 4000 | 1902 | 850360 | 12615 |
| 1887 | 397310 | 5680 | 1903 | 1391425 | 14055 |
| 1888 | 432350 | 4368 | 1904 | 1065846 | 16654 |
| 1889 | 534460 | 6290 | 1905 | 1438695 | 18564 |
| 1890 | 571170 | 5960 | 1906 | 1419942 | 20105 |
| 1891 | 413960 | 7262 | 1907 | 1439525 | 20492 |
| 1892 | 336120 | 7475 | 1908 | 1252661 | 19712 |
| 1893 | 308400 | 6562 | 1909 | 1291000 | 21506 |
| 1894 | 579600 | 7245 | 1910 | 1476430 | 22714 |
| 1895 | 367600 | 7658 | 1911 | 599444 | 20663 |
| 1896 | 634000 | 8453 | 1912 | 1683475 | 20006 |
| 1897 | 633000 | 9448 | 1913 | 1460766 | 23372 |
| 1898 | 470000 | 11200 | 1914 | 1329794 | 20442 |

Die Zuckerfabrik Klein Wanzleben unter Leitung von Matthias Rabbethge wie auch später die noch darzustellende Aktiengesellschaft ging in ihrer Unternehmensform den gleichen Weg wie alle Zuckerfabriken in der Magdeburger Börde. Um das begehrte Rohmaterial, die Zuckerrüben, in ausreichender und qualitätsgerechter Menge zur Verfügung zu haben, kaufte und pachtete sie zahlreiche Ländereien von nahen oder entfernteren Rittergütern und verband sie mit ihrem Betrieb; sie kaufte und pachtete ganze Bauerngüter; sie ging den folgerichtigen Weg der Fabrikwirtschaft, die in ihrer Größe und Intensität alle Konkurrenten in der Magdeburger Börde und in der Provinz Sachsen überragte.

Bildete zunächst der von Rabbethge gekaufte Werneckesche Hof den Grundstock der eigenen Landwirtschaft der Zuckerfabrik, so gingen mit dem Erwerb der Fabrikanteile auch die zu Klein Wanzleben gehörenden Fluren in den Besitz Rabbethges bzw. der Zuckerfabrik über. Zunächst verpachteten die Bauern ihre Wirtschaften, später schritten sie zum Verkauf; z. T. blieben die Pachtverhältnisse jahrzehntelang bestehen. Doch damit nicht genug. Im Laufe des 19. und 20. Jh. vergrößerte die Zuckerfabrik ihre Landwirtschaft durch Kauf und Pacht von Rittergütern und Domänen. So kaufte sie 1847 das Gut Klein Wanzleben, 1876 die Commende Bergen, 1903 das Rittergut Seehausen, 1918 die Rittergüter Schermke, Alt Brandsleben und Hornhausen, so pachtete sie 1865 bis 1885 und 1903 die Domäne Dreileben, 1892 das Rittergut Meyendorf, 1903 das Rittergut Eggenstedt, 1918 die Domäne Andersleben und das Rittergut Neu Brandsleben und

[13] Mosel, 1925: 16f.

1922 das Rittergut Marienborn. Daneben bewirtschaftete sie noch die pommerschen Güter Muhlendorf und Karolinenhof.

Die Größe der gekauften und gepachteten Ländereien zu Beginn der zwanziger Jahre des 20. Jh. weist die folgende Tabelle aus:

*Tabelle 38*

*Zusammenstellung des Grundbesitzes der Zuckerfabrik Klein Wanzleben um 1920 (in Hektar)*[14]

| Ökonomie | Eigentum | Gutspacht | Kleinpacht | Summe | Grundsteuerreinertrag pro ha in M |
|---|---|---|---|---|---|
| Klein Wanzleben | 350 | 97 | 593 | 1040 | 56,4 |
| Bergen | 449 | 73 | 12 | 534 | 46,8 |
| Meyendorf | — | 490 | 16 | 506 | 40,0 |
| Seehausen | 277 | 63 | 200 | 540 | 33,6 |
| Dreileben | — | 624 | — | 624 | 55,2 |
| Eggenstedt | — | 569 | — | 569 | 26,8 |
| Schermke | 426 | — | 99 | 525 | 30,8 |
| Alt Brandsleben | 259 | — | 6 | 265 | 21,6 |
| Andersleben | — | 248 | 12 | 260 | 55,0 |
| Neu Brandsleben | 37 | 395 | 18 | 450 | 34,4 |
| Hornhausen | 365 | — | 10 | 375 | 45,6 |
| | 2163 | 2559 | 966 | 5688 | |

Wie in allen Fabrikwirtschaften beherrschten auch in Klein Wanzleben die Rüben die Landwirtschaft. Bis 1875 überwog ihr Anbau, während danach die Rübenanbaufläche infolge zunehmender Kaufrüben, die sich nunmehr durch steigende Qualität auszeichneten, aber auch beeinflußt durch die verheerenden Auswirkungen der Rübenmüdigkeit, abnahm, wenngleich die Produktion an Eigenrüben in die Höhe kletterte:

*Tabelle 39*

*Die Anbauverhältnisse der Klein Wanzleber Wirtschaften von 1865 bis 1915 (zehnjähriger Durchschnitt in Prozent)*[15]

| Jahr | Getreide | Zwischenfrucht | Rüben |
|---|---|---|---|
| 1865 | 40,0 | 10,9 | 49,1 |
| 1875 | 43,1 | 5,4 | 51,5 |
| 1885 | 51,4 | 12,0 | 36,6 |
| 1895 | 51,6 | 21,2 | 27,2 |
| 1905 | 53,0 | 17,8 | 28,5 |
| 1915 | 57,2 | 21,1 | 21,7 |

[14] Mosel, 1925: 18f. und 24. Die Domäne Emmeringen gehörte noch bis 1918 zum Grundbesitz der Zuckerfabrik. Nach der Novemberrevolution mußte sie jedoch abgegeben werden. Sie wurde aufgeteilt und für Siedlungszwecke genutzt.

[15] Mosel, 1925: 28.

*Tabelle 40*

*Die Produktion an Eigenrüben der Zuckerfabrik Klein Wanzleben von 1865 bis 1915 (in Zentner)*[16]

| Jahr | Menge | Jahr | Menge |
|---|---|---|---|
| 1865 | 153000 | 1895 | 102080 |
| 1875 | 296155 | 1905 | 292181 |
| 1885 | 179580 | 1915 | 325148 |

## Zur Lage der Arbeiter in der Zuckerfabrik

Während Land verpachtende Bauern, Rittergutsbesitzer und der Staat (Domänen) erhebliche Pachteinnahmen verbuchen konnten, unterlagen die Arbeiter der kapitalistischen Ausbeutung.

Im Jahre 1850 waren in der Zuckerfabrik 110 Arbeiter beschäftigt. Ihre Arbeits-, Lebens- und Wohnverhältnisse waren katastrophal.[17] Groß war die Ausbeutung: lange Arbeitszeiten, erschütternde Wohnverhältnisse und niedrige Löhne. Die Arbeitszeit betrug 14 Stunden, an Lohn erhielten die Arbeiter täglich 12$^1/_2$ bis 15 Silbergroschen. Bei einigen besonderen Tätigkeiten konnte ein Arbeiter wöchentlich auf 5 Taler kommen. Im Höchstfall waren im Jahr 110 Taler zu verdienen.[18]

Dagegen waren für Lebensmittel zu vorausgaben: 7$^1/_2$ Pfund Brot: 5 Silbergroschen; ein Pfund Butter: 6 bis 10 Silbergroschen; ein Pfund Fleisch: 5 bis 8 Silbergroschen; ein Pfund Weizenmehl: 1 Silbergroschen.[19] Wenn man bedenkt, daß das offiziell berechnete Existenzminimum bei 175 Talern lag,[20] dann können wir an den Löhnen ermessen, unter welch schlechten Lebensbedingungen die Arbeiter zu leben gezwungen waren. Noch schlimmer war die Ausbeutung der Frauen und Kinder, die die Gesellschafter, getrieben von kapitalistischer Gewinnsucht, in ihrer Fabrik eingestellt hatten. Ihre Löhne lagen beträchtlich unter denen der Männer; sie empfingen täglich 6 bis 7$^1/_2$ Silbergroschen.[21]

Die Ausbeutung, die in Klein Wanzleben wie auch in den anderen umliegenden Zuckerfabriken herrschte, erschien sogar dem gewiß nicht kleinlichen Regierungspräsidenten von Witzleben zu hoch. Noch unter dem Eindruck der Revolution von 1848 stehend, befürchtete er erneut Unruhen unter den Arbeitern. Daher wurden die Gewerberäte aufgefordert, mit den Fabrikbesitzern in Verhandlung zu treten, um das Los der Arbeiter zu erleichtern. Die Erleichterung sollte in einer geringfügigen Verringerung der Arbeitszeit bestehen; es wurde angeregt, die Arbeitsdauer auf 13 Stunden zu beschränken, wobei vorgeschlagen wurde, den Arbeitstag um 5 Uhr zu beginnen und um 18 Uhr zu beenden. Doch der Regierungspräsident mußte feststellen, daß er bei seiner Vermittlung von „den Fabrikinhabern auch nicht das geringste Zugeständnis erlangen" konnte.[22] Die kapita-

[16] Mosel, 1925: 16.
[17] STAM, Rep. C 28 If, Nr. 299, Bd. II: 11; vgl. ferner S. 28 ff. in diesem Halbband.
[18] STAM, Rep. C 28 If, Nr. 231: 14.
[19] Krieg, 1936: 130.
[20] Kuczynski, 1961: 325 ff.
[21] STAM, Rep. C 28 If, Nr. 231: 14.
[22] STAM, Rep. C 20 Ib, Nr. 2540, Bd. I: 16.

listischen Zuckerfabrikinhaber hatten sich allen offiziellen Vorschlägen hartnäckig und erfolgreich widersetzt, und für den Regierungspräsidenten war damit die Vermittlermission zu Ende. Not und Elend der Arbeiter blieben bestehen. Und solange ihr Klassenbewußtsein noch unentwickelt war, bestand nur wenig Hoffnung auf eine ernsthafte Verbesserung ihrer sozialen Lage.

Seit 1850 nahm die Zahl der Arbeiter in Klein Wanzleben zu. 1861 waren in der Zuckerfabrik bereits 152 männliche und 24 weibliche Arbeitskräfte beschäftigt.[23] Damit hatte sich Klein Wanzleben zur größten Zuckerfabrik im Landkreis Wanzleben entwickelt. Stammten die Arbeitskräfte zunächst aus Klein Wanzleben selbst, so erhielt die Fabrik aber im Laufe der Zeit Zustrom aus den umliegenden Ortschaften. Durch den Wegfall der Gemeinheiten, durch die Separation und durch die Ablösungsgesetze vom 2. März 1858 wurden nämlich viele Klein- und Kleinstbauern ihrer wirtschaftlichen Existenzgrundlage beraubt und gezwungen, die „soziale Rangleiter" hinabzuklettern, das Heer der Landarmut vermehrend.

Mit der Vergrößerung der Fabrik, die zugleich die Anwendung verbesserter und produktivitätssteigernder Produktionsmethoden einschloß, hervorgerufen durch die Steuerpolitik und den kapitalistischen Konkurrenzkampf, trat seit den sechziger Jahren des 19. Jh. eine leichte Verbesserung der Lebens- und Arbeitsbedingungen bei den Fabrikarbeitern ein. Die Arbeitszeit wurde auf zwölf Stunden herabgesetzt, blieb dann jedoch in dieser Höhe bis zum ersten Weltkrieg unverändert. Daneben wurden auch die katastrophalen Wohnungsverhältnisse etwas verbessert, indem zwei Arbeiterkasernen für 60 Familien gebaut wurden. Allerdings reichten die Wohnungen bei weitem nicht für alle Beschäftigten der Zuckerfabrik aus, denn deren Zahl war inzwischen auf 319 angestiegen.[24] Und für viele Arbeiter, die mit einem Wochenlohn zwischen 12 und 18 Mark nach Hause gingen, war die Miete für eine „bessere" Wohnung einfach unerschwinglich.[25] Die Ausgaben für die Verbesserung der Arbeits- und Lebensbedingungen glichen Rabbethge und Giesecke in vieler Hinsicht wieder aus, zum Beispiel durch die verstärkte Einstellung von jugendlichen Arbeitern unter 16 Jahren. Sie galten nicht als vollwertige Arbeitskraft, erhielten daher weniger Lohn, obgleich sie genausoviel zu leisten hatten wie ihre älteren Kollegen. Die Anzahl der jugendlichen Arbeiter betrug:

*Tabelle 41*

*Jugendliche Fabrikarbeiter unter 16 Jahren in der Zuckerfabrik Klein Wanzleben*[26]

| Jahr | männlich | weiblich | gesamt |
|---|---|---|---|
| 1866 | 6 | 20 | 26 |
| 1867 | 6 | 12 | 18 |
| 1868 | 1 | 15 | 16 |
| 1869 | 1 | 9 | 10 |
| 1870 | 2 | 8 | 10 |
| 1872 | 10 | 11 | 21 |

[23] STAM, Rep. C 28 If, Nr. 2093, Bd. I.
[24] STAM, Rep. C 28 If, Nr. 289: 149.
[25] STAM, Rep. C 20 Ib, Nr. 2540, Bd. II: 480.
[26] STAM, Rep. C 28 If, Nr. 278, Bde. V, VI, VII, VIII.

Der Wochenlohn der jugendlichen Arbeiter betrug bei einer zwölfstündigen Arbeitszeit im Jahre 1870 zwischen 6,50 Mark und 7,20 Mark.[27] Im Gegensatz zu ihren älteren Kollegen waren sie auf Grund gesetzlicher Verbote von Nacht- und Sonntagsarbeit befreit.[28] Doch diese Verbote wurden von den Fabrikinhabern häufig überschritten. Ein Fabrikinspektor stellte 1874 fest: „Es findet noch häufig eine gesetzwidrige Beschäftigung der jugendlichen Arbeiter im Alter von 14 bis 16 Jahren, hauptsächlich in Zuckerfabriken, zur Nachtzeit statt.“[29]

Auch zahlreiche Mädchen und Frauen wurden in der Zuckerfabrik beschäftigt und schlecht bezahlt. Es gab 1874:

*Tabelle 42*

*Beschäftigte Mädchen und Frauen in der Zuckerfabrik 1874*[30]

| Alter | Anzahl |
|---|---|
| 16 bis 18 Jahre | 9 |
| 18 bis 25 Jahre | 42 |
| über 25 Jahre | 28 |

Die Arbeitszeit der Arbeiterinnen dauerte sommers wie winters von 6 Uhr bis 18 Uhr. Die Pausen betrugen zwei Stunden, doch deren Einhaltung wurde nicht immer streng beachtet. Für ihre Arbeit erhielten die Frauen und Mädchen einen Wochenlohn von 6,50 Mark und lagen damit weit unter dem Lohnsatz, den die männlichen Arbeiter erhielten. Es war übrigens einer der niedrigsten Lohnsätze im Landkreis Wanzleben.[31]

Diese Lohn- und Arbeitsverhältnisse blieben bis 1880 bestehen. Danach trat eine Verschlechterung ein. Krisenerscheinungen auf dem Rüben- und Zuckermarkt veranlaßten die Fabrikinhaber, die Krisenlasten auf die Schultern der Arbeiter abzuwälzen, indem sie z. B. eine erhebliche Senkung der Löhne vornahmen.

*Tabelle 43*

*Löhne in der Zuckerfabrik Klein Wanzleben 1881 bis 1884 (in Mark)*[32]

| Jahr | Stundenlohn | Wochenlohn |
|---|---|---|
| 1881 | 0,25–0,40 | 7,00–12,00 |
| 1882 | pro Tag 1,50 | |
| 1883 | | 10,50–16,50 |
| 1884 | pro Tag 1,00–1,60 | 10,50–16,50 |

Die Löhne in Tabelle 43 bezogen sich auf die männlichen Arbeitskräfte; die der Frauen lagen weit darunter. Die Arbeiterinnen verdienten 1882 täglich nur 1,00 Mark.[33]

[27] STAM, Rep. C 28 If, Bd. VII: 159.
[28] STAM, Rep. C 20 Ib, Nr. 424, Bd. I: 177.
[29] STAM, Rep. C 20 Ib, Nr. 424, Bd. I: 2.
[30] STAM, Rep. C 28 If, Nr. 289: 149.
[31] STAM, Rep. C 28 If, Nr. 289: 155.
[32] STAM, Rep. C 20 Ib, Nr. 2540, Bde. II und III.
[33] STAM, Rep. C 20 Ib, Nr. 2540, Bd. II: 147.

Vergleichen wir diese Löhne wieder mit einigen Lebenshaltungskosten. Ein Vierpfundbrot kostete 50 Pfennig. Eine fünfköpfige Familie benötigte wöchentlich für 3,50 Mark Brot. Sie benötigte ferner vier Pfund Fleisch, drei Pfund Butter oder Schmalz und im Jahr wenigstens zehn Zentner Kartoffeln.

Ein Pfund Rindfleisch kostete 60 und ein Pfund Schweinefleisch 70 Pfennig, ein Pfund Butter 1,10 bis 1,20 Mark und ein Pfund Schmalz 0,90 bis 1,00 Mark, und für einen Zentner Kartoffeln hatte man 7,50 bis 8,00 Mark zu bezahlen.[34] Nicht zu vergessen sind die Ausgaben für Kleidung und Miete. Für Schuhwerk wurden jährlich 70 Mark, für Kleidung des Mannes 30 Mark, der Frau 20 Mark und für drei Kinder 45 Mark veranschlagt.

Insgesamt gab eine fünfköpfige Familie im Jahr mindestens 800 Mark bei sparsamster Lebensweise aus.[35] Dem standen aber nur 600 Mark Einnahmen eines Arbeiters gegenüber. Ein Betrag in dieser Höhe konnte aber nur verdient werden, wenn der Arbeiter den höchsten Tagessatz, und zwar 1,75 Mark, erhielt. Doch wir konnten nachweisen, daß die Lohnhöhe im allgemeinen viel niedriger war.

Entbehrungsreich, hart und elend war das Leben der Arbeiter in der Zuckerfabrik Klein Wanzleben!

## Die Rübensamenzucht

Errichtet, um Zucker aus Rüben zu gewinnen, war die Rübenverarbeitung das produktionelle Kennzeichen einer jeden Zuckerfabrik in der Magdeburger Börde, in der Provinz Sachsen wie in ganz Deutschland.

Rüben verarbeitete auch Klein Wanzleben. Doch seit etwa 1860 entsproß der mit der Landwirtschaft verknüpften fabrikativen Zuckererzeugung ein neuer Zweig: die Rübensamenzucht, ein entwicklungs-, forschungs- und gewinnträchtiger Produktionszweig von außerordentlicher Bedeutung.

Die deutsche Rübenzuckerindustrie war bekanntlich in den vierziger und fünfziger Jahren des 19. Jh. schweren Belastungen ausgesetzt. Vor allem die Materialsteuer empfanden viele Unternehmer als Todesurteil der Zuckerrübenindustrie. Aber gerade die Steuer entpuppte sich als wissenschaftsförderndes Mittel, entfachte das Wettrennen nach höchstmöglicher Rübenausbeute, die alle Voraussetzungen schuf, um den Wettbewerb mit dem Zuckerrohr erfolgreich bestehen zu können.[36]

Es ist das Verdienst von Matthias Rabbethge, die Zukunftsbedeutung zuckerhaltigerer Rüben erkannt zu haben. Schon frühzeitig war ihm bewußt geworden, daß bereits auf dem Felde der Zucker in der Rübe erzeugt wird und die Zuckerfabriken nur die Aufgabe haben, den Zucker möglichst vollständig aus der Rübe zu entziehen. Rabbethge begann zunächst mit der auch von Knauer (Gröbers) und Rimpau (Schlanstedt) angewandten gärtnerischen Auswahl der von Koppy gezüchteten schlesischen weißen Rübe. Er benutzte die nach äußerlichen Merkmalen besten Rüben zur Zuckerrübensamengewinnung. Durch diese Methode wurde schon etwas mehr Zuckergehalt erzielt, aber es fehlte noch an direkten Methoden, den Zuckergehalt der Rüben festzustellen.

Ein entscheidender Fortschritt in der Rübenzüchtung gelang mit der Aufnahme der von Vilmorin entwickelten Auswahl der Rüben nach dem spezifischen Gewicht im Jahre 1859. Matthias Rabbethge jun. und Giesecke prüften durch Schwimmproben in Salzlösungen verschiedener Dichte zuerst die ganzen Rüben, später mit Rundmessern

[34] Vgl. Borchard, 1891: 18ff.
[35] Vgl. Borchard, 1891: 18ff.
[36] Vgl. S. 20 in diesem Halbband.

entnommene zylindrische Ausstiche auf ihr spezifisches Gewicht, und man nahm zur Weiterzucht nur solche Rüben, deren hohes spezifisches Gewicht auf einen guten Zuckergehalt schließen ließ.[37] Wenig später verbesserte KARL RABBETHGE die Untersuchungsmethodik. Er unterzog 1862 die spezifisch schweren Rüben der Saftpolarisation, indem er mit Hilfe des damals noch primitiven, aber für den Fortschritt der Züchtung höchst wichtigen Polarisationsinstrumentes den Zuckergehalt des der Rübe abgepreßten Saftes bestimmte. Bei dieser indirekten und auch zeitraubenden Methode ging man dabei von der hypothetischen Annahme einer bestimmten prozentigen Saftmenge der Rüben aus und berechnete den Zuckergehalt der Rüben.[38] Die Grundlage für die weitere Züchtung bildeten nunmehr die mittels des Polarimeters ermittelten Gruppen von höchst polarisierenden Mutterrüben unter Beachtung des Zuchtprinzips: „Je strenger die Auslese, desto größer der Erfolg."

Durch diese Arbeiten RABBETHGES sen., seiner Kinder und Enkel wurde die eigentliche wissenschaftliche Rübensamenzucht begründet. Viele andere deutsche Züchter übernahmen die in Klein Wanzleben entwickelten und sich ständig verbessernden Polarisationsmethoden (z. B. 1879 Übergang von der Saft- zur Breipolarisation), wie auch die sich im Laufe der Zeit durchsetzende Individual- und Stammbaumzucht, wonach nicht mehr der Befund der einzelnen Rübe maßgebend war, sondern die Fähigkeit der Rübe, bestimmte Werteigenschaften dauernd und ohne Rückschläge auf die Nachkommenschaft zu vererben. Die deutschen Züchter erlangten damit eine unangefochtene Sonderstellung in der Rübensamenzucht der Welt, doch die unbestrittene Führung hatte sich die Zuckerfabrik Klein Wanzleben erobert.[39]

Den großen volkswirtschaftlichen, aber auch betriebswirtschaftlichen Wert der Rübensamenzucht erkennend, gliederten RABBETHGE sen. und GIESECKE ihr Unternehmen seit 1860 in die zwar ständig korrespondierenden, jedoch eigenständig geleiteten Abteilungen Zuckerfabrik, Landwirtschaft und Rübensamenzucht auf. Die Rübensamenzucht dehnte sich nun ständig aus. Ihre Ausdehnung vermittelt der folgende Überblick, der auch die züchterischen Bemühungen zur Steigerung der Erträge widerspiegelt:

*Tabelle 44*

*Zunahme der Anbaufläche für Rübensamen der Zuckerfabrik Klein Wanzleben 1865 bis 1915 (fünfjähriger Durchschnitt in Hektar)*[40]

| Jahr | Anbaufläche | Ernte in dz je ha | Gesamternte in dz |
|---|---|---|---|
| 1865 | 13 | 20,1 | 261,3 |
| 1870 | 10 | 19,2 | 192,0 |
| 1875 | 11 | 24,7 | 271,7 |
| 1880 | 71,8 | 19,2 | 1378,56 |
| 1885 | 123,3 | 22,8 | 2811,24 |
| 1890 | 160,2 | 22,0 | 3524,4 |
| 1895 | 172,2 | 20,5 | 3530,1 |
| 1900 | 215,7 | 24,8 | 5349,4 |
| 1905 | 245,8 | 19,8 | 4866,8 |
| 1910 | 561,6 | 27,3 | 15331,7 |
| 1915 | 226,6 | 26,8 | 6072,9 |

[37] Vgl. HEINISCH, 1960: 46ff.; PLACHY, 1959: 1.
[38] HEINISCH, 1960: 48.
[39] HEINISCH, 1960: 49ff.; MOSEL, 1925: 33ff. und 39ff.
[40] MOSEL, 1925: 51f.

Die überragende Stellung Klein Wanzlebens in der Rübensamenzucht ergibt sich aus einigen Zahlen, die kurz vor dem Ersten Weltkrieg, 1912, zusammengestellt wurden. Danach produzierte Deutschland etwa 900000 Zentner Rübensamen. Für den Eigenbedarf wurden 340160 Zentner benötigt, während 571762 Zentner ausgeführt wurden. Der Weltbedarf (ohne Rußland, das seinen Bedarf aus der eigenen Produktion deckte) bezifferte sich auf rund 600000 Zentner, so daß Deutschland nicht weniger als 86,7 Prozent des Weltbedarfs deckte. Von der gesamten deutschen Erzeugung hat die Zuckerfabrik Klein Wanzleben etwa 60 bis 65 Prozent geliefert und den Weltbedarf annähernd mit 50 bis 55 Prozent gedeckt.[41]

Die Rübensamenverkäufe stiegen seit 1880 laufend an:

*Tabelle 45*

*Rübensamenverkäufe der Zuckerfabrik Klein Wanzleben von 1880 bis 1914/15 (in Zentner)*[42]

| Jahr | Menge | Jahr | Menge |
|---|---|---|---|
| 1880/81 | 1220 | 1899/1900 | 93143 |
| 1884/85 | 1826 | 1904/05 | 258451 |
| 1889/90 | 18826 | 1909/10 | 391178 |
| 1894/95 | 48500 | 1914/15 | 317712 |

Die marktbeherrschende, ja geradezu monopolistische Stellung Klein Wanzlebens in der Rübensamenzucht und im Samenverkauf ergab sich nicht allein aus der eigenen Rübensamenproduktion. Die Zuchtanstalt der Zuckerfabrik beschränkte sich hauptsächlich auf die Erzielung des Samens von Mutterrüben. Doch schon um diese Aufgabe erfüllen zu können, bedurfte es ausgedehnter Anbauflächen. Sie wurden auch im Zusammenhang mit der steigenden Rübenverarbeitung durch den Ankauf oder die Pacht von Bauernwirtschaften, Rittergütern und Domänen beschafft. Aber die Flächenvergrößerung war für die Samengewinnung nicht allein ausreichend. Daher beschritt das Klein Wanzleber Unternehmen den Weg des Vertragsanbaus mit Gärtnern, Landwirten oder anderen Saatzuchtbetrieben. Die Vermehrer, wie die im Auftrage der Zuckerfabrik arbeitenden Samenzüchter genannt wurden, erhielten von Klein Wanzleben den Stecklings-Elitesamen. Sie verpflichteten sich, die Stecklinge nach den Anleitungen und unter ständiger Aufsicht der Beamten der Klein Wanzleber Zuchtanstalt zu drillen und im darauf folgenden Jahr als Originalsaatrüben auszupflanzen. Die gesamte Ernte an Saat und Rüben war gegen festgesetzte Anbauprämien an die Klein Wanzleber Zuchtanstalt zu liefern, wo sie in den Eingangsspeichern, ausgestattet mit den modernsten Einrichtungen wie Samenreinigungsmaschinen, Trockenvorrichtungen und Elevatoren, zu Verkaufssaat weiterverarbeitet wurde.

Die Zuchtanstalt der Zuckerfabrik leistete genauso wie die anderen Fabrikwirtschaften „kapitalistische Erziehungsarbeit" im Interesse der eigenen Samenzucht und Zuckererzeugung, eine Erziehungsarbeit, die der Klein Wanzleber Zuckerfabrik auf Grund ihrer monopolbeherrschenden Samenzucht zusätzliche ökonomische Vorteile einbrachte.

Die „kapitalistische Erziehungsarbeit" äußerte sich in vertraglich geregelten Beziehungen zwischen den Vermehrern und der Zuckerfabrik. Den Vermehrern war vor-

[41] Mosel, 1925: 51.
[42] BAKW, Rübensamenverkäufe der Zuckerfabrik ..., o. J.

geschrieben, für den Anbau der Stecklinge warmen, möglichst nach Süden liegenden Acker zu verwenden, als Kunstdünger 22 Pfund wasserlösliche Phosphorsäure und höchstens 16 Pfund Stickstoff je Morgen zu benutzen, um ein rechtzeitiges Reifen der Stecklinge zu sichern. Im Interesse der Reinhaltung der Stecklingssaat waren Ackerländereien auszuschließen, die in den vorangegangenen fünf Jahren Zuckerrüben, Futterrübensamen oder Rote Beete trugen. Ebenso war Sorge zu tragen, daß im Umkreis von 300 m von den mit den Stecklingen der Zuckerfabrik bepflanzten Ackerstücken keine Flächen mit Zucker- oder Futterrübensamen, Roten Beeten oder deren Samen bebaut wurden. Das Einernten der Stecklinge hatte in der Zeit vom 10. bis 25. Oktober zu erfolgen. Vor dem Anpflanzen der Stecklinge waren alle vorkommenden roten oder rötlichen, gelben oder gelblichen sowie mit Nebenwurzeln behafteten Exemplare zu entfernen. Die Zuckerfabrik war berechtigt, die Stecklinge oder den Rübensamen jederzeit zu besichtigen, wie andererseits die Vermehrer die Zuchtanstalt umgehend von Naturereignissen, wie Hagelschlag, Wasserschäden, anhaltende Dürre, Fröste, Auftreten von schwarzem Befall u. a., zu benachrichtigen hatten, wenn zu befürchten war, daß die Ernte unter 400 kg je Morgen sank. Ein Umpflügen der Stecklinge oder des Rübensamens durfte nur mit Genehmigung der Zuckerfabrik erfolgen.[43]

Die Zuckerfabrik Klein Wanzleben hatte die von ihr entwickelte und geförderte Rübensamenzucht in Deutschland in 15 Vertreterbezirke aufgeteilt, um auf diese Weise den inländischen Markt gut unter Kontrolle halten zu können.[44]

Darüber hinaus pflegte die Zuckerfabrik Klein Wanzleben auch Lizenzen zu vergeben. Sie schloß beispielsweise am 6. Dezember 1894 einen Vertrag über den jährlichen Verkauf von zwanzig Zentnern „Elite-Mutter-Rübensamen" mit einer russischen Firma, in dem folgende Bestimmungen enthalten waren: „Die Herren J. G. Charitonenko und Sohn in Ssumy verpflichten sich dagegen: a) Diesen Elite-Mutter-Samen nur auf eigenen oder gepachteten Feldern anzubauen ... c) Von allem aus dem Klein Wanzlebener Elite-Mutter-Rübensamen gezogenen Rübensamen unter pflichtgetreuer Aufgabe des Quantums Vier und eine halbe Mark Deutscher Reichswährung pro 50 kg netto, mindestens aber 15000,— Mark Deutscher Reichswährung am 1. Juni eines jeden Jahres für die abgelaufene Kampagne an die Zuckerfabrik Klein Wanzleben, vorm. Rabbethge & Giesecke, Akt.-Ges. zu Klein Wanzleben, zu zahlen. Die erste Zahlung hat demnach am 1. Juni 1897 zu erfolgen."[45]

Schließlich richtete die Zuckerfabrik Klein Wanzleben seit etwa 1890 Niederlassungen in den verschiedensten Ländern ein, die den Vertrieb des Rübensamens übernahmen und die Interessen der gesamten Zuckerfabrik vertraten. So gab es Filialen in Japan, in der Mandschurei, in England, Kanada und in den USA.[46] Das Klein Wanzleber Unternehmen hatte sich zu einem Weltunternehmen entwickelt.

Im Jahre 1898 erwarb die Zuckerfabrik mit ihren ausgedehnten Handelsbeziehungen in Winniza südwestlich von Kiew 90 Morgen Land. Darauf wurden zwölf Speicher, ein Sackspeicher, sechs Wohnungen für Beamte, je ein Speisesaal für Arbeiter und Beamte, eine Arbeiterkaserne, drei Arbeiterwohnhäuser und ein Verwaltungsgebäude errichtet, vor allem aber Zuckerrübensamen gezogen. Russische Bauern wurden im Rübensamenbau

[43] BAKW, Lizenzverträge der Zuckerfabrik ..., o. J.
[44] BAKW, Lizenzverträge der Zuckerfabrik ..., o. J.
[45] BAKW, Vertrag vom 6. 12. 1894.
[46] BAKW, Rübensamenverkäufe der Zuckerfabrik ..., o. J.

unterrichtet, um sie für einen Vertragsanbau zu gewinnen, der auch die Bereitstellung und Lieferung von künstlichem Dünger und Maschinen einschloß. Während in Deutschland die Erträge pro Morgen 10 bis 12 Zentner betrugen, wurden in Rußland anfangs 2, später 4 bis 6 und schließlich 8 Zentner gewonnen. Das russische Zweigunternehmen ersparte dem Klein Wanzleber Stammhaus beträchtliche Frachtkosten und hohe Eingangszölle.

## Der Übergang zur Aktiengesellschaft

Das Klein Wanzleber Unternehmen hatte 1885 seine Gesellschaftsform geändert. Am 29. Mai 1885 wurde es in eine Aktiengesellschaft umgewandelt und unter dem Namen „Zuckerfabrik Klein Wanzleben, vorm. Rabbethge & Giesecke, Aktiengesellschaft" in das Handelsregister eingetragen. Finanzielle und ökonomische Schwierigkeiten drängten zu dieser Umwandlung.

Um im kapitalistischen Konkurrenzkampf bestehen zu können, war die Zuckerfabrik natürlich gezwungen, laufend die neueste Technik in der Rübenverarbeitung einzusetzen, das Laboratorium mit den neuesten Untersuchungseinrichtungen auszustatten, die Landwirtschaft mit arbeitssparenden und produktivitätssteigernden Maschinen auszurüsten und den Rübensamenzuchtbetrieb den neuesten Forschungsmethoden zu unterwerfen. Der Ankauf von chemischen Einrichtungen, Instrumenten, der Einsatz von Dampfpflügen, die Pacht oder der Kauf von Ländereien überstieg offensichtlich die Kapitalkraft der bisherigen persönlich haftenden Gesellschafter. Kredite mußten aufgenommen werden. Und als in den achtziger Jahren die Krise auf dem Rüben- und Zuckermarkt ausbrach, die Absatzstockungen und beträchtliche Preissenkungen für Zucker mit sich brachte, war die Zuckerfabrik Klein Wanzleben trotz Lohnabbau den wirtschaftlichen Schwierigkeiten nicht mehr gewachsen. Im ersten Geschäftsbericht der Aktiengesellschaft heißt es dazu: „Die frühere Firma ‚Rabbethge & Giesecke', aus welcher unsere Aktien-Gesellschaft hervorgegangen ist, befand sich schon seit 3 bis 4 Jahren in finanziell schwieriger Lage. Nach dem Tode des einen Gesellschafters, Ökonomierat Giesecke, scheint der verbleibende Firmeninhaber Oberamtmann Rabbethge einen rastlosen Eifer entwickelt zu haben, Neuerungen einzuführen, die, kostspieliger Natur und nicht immer genügend geprüft, dazu beigetragen haben, den Verfall zu beschleunigen, so daß schließlich der Credit der Firma stark geschädigt wurde und der immer vorhandene Geldbedarf nur zu Bedingungen befriedigt werden konnte, die schon allein genügend gewesen wären, ein blühendes Geschäft zu ruinieren."[47]

Der Ausweg war eine Aktiengesellschaft, die in der Lage war, nicht nur die finanziellen Schwierigkeiten zu beheben, sondern auch neues Betriebskapital bereitzustellen, um die ökonomischen Positionen der Klein Wanzleber Zuckerfabrik zu sichern und auszubauen. Drängende Kraft bei der Änderung der Gesellschaftsform war dabei offensichtlich die Bank von M. Davidson, aus der 1886 die Hildesheimer Bank hervorging, die die der Zuckerfabrik gewährten Kredite oder Hypotheken in teilweises oder ganzes Aktienkapital umwandelte und damit größten Einfluß auf die Klein Wanzleber Zuckerfabrik gewann.[48]

Die Umwandlung in die Aktiengesellschaft erfolgte zugleich vor dem Hintergrund eingegangener Nachbarfabriken, deren Produktion von Klein Wanzleben teilweise oder ganz aufgesogen wurde.

Die Buchwerte der einstigen Offenen Handelsgesellschaft in Höhe von 4400890,62 Mark wurden der neuen Aktiengesellschaft mit 4300000 Mark überlassen und in folgender

[47] BAKW, Geschäftsbericht 1885. [48] Vgl. Henze, 1920: 14 und 22ff.

Weise belegt: 2100000 Mark Hypotheken, 1700000 Mark Stammaktien, 500000 Mark Stammprioritätsaktien. Weitere 500000 Mark Stammprioritätsaktien wurden besonders gezeichnet und bildeten das Betriebskapital.[49]

Zu den Gründern der Aktiengesellschaft gehörten unter anderem Ingenieur Adolf Bartels, Oschersleben; Kaufmann Hermann Behrens, Oschersleben; Fabrikbesitzer E. Giesecke, Klein Wanzleben; Kaufmann K. Morgenstern, Oschersleben; Kommerzienrat Karl Rabbethge, Einbeck, und Kaufmann Gustav Schraube, Magdeburg. Alleiniger Vorsitzender des Vorstandes wurde Karl Rabbethge.[50]

Mitglieder des Aufsichtsrates waren Bernhard Lippert (Vorsitzender), Hermann Goedicke, Seehausen (stellvertretender Vorsitzender), Jacob Schäper, Groß Wanzleben, Erich Ledderboge, Dreileben, Wilhelm Suder, Helmstedt, August Buhtz, Schleiben, und Max Nathan aus Magdeburg.

Zu Direktoren des Unternehmens wurden Wilhelm Seifert aus Berlin und Dr. Ludwig Reinert aus Wanzleben berufen.[51]

Als die Aktiengesellschaft ins Leben gerufen wurde, besaß sie 4630 Morgen Land, wovon 110 Morgen mit Roggen, 1127 Morgen mit Weizen, 1192 Morgen mit Gerste, 2617 Morgen mit Hackfrüchten und 574 Morgen mit Erbsen, Hafer und diversen Früchten bestellt wurden. An Vieh waren im Jahre 1886 36 Pferde, 320 Ochsen und 1150 Schafe vorhanden. Verarbeitet wurden 413100 Zentner Rüben und 139186 Zentner Melasse, davon wurden 101167 Zentner Zucker und 32181 Zentner Melasse gewonnen.[52]

Nachdem die Zuckerfabrik saniert war und sich nunmehr auf eine erhebliche Kapitalkraft stützen konnte, entwickelte sie sich nun zum tatsächlichen Großbetrieb. Sie pachtete zunehmend Rittergüter oder kaufte Gutsländereien für die steigende Rübenproduktion und Samenzucht, für die namhafte Pacht- oder Verkaufssummen gezahlt wurden. Der Rittergutsbesitzer Nathusius beispielsweise konnte für sein Gut Meyendorf im Jahre 1902 die Pachtsumme von 14750 Mark auf seinem Konto verbuchen.[53] Die Fabrikeinrichtung wurde, soweit erforderlich, modernisiert. Bereits 1890 entsprach die Verarbeitung der Zuckerrüben in Klein Wanzleben dem technischen Höchststand. Die Landwirtschaft erhielt Dampfpflüge und andere Maschinen, der Ackerbau wurde intensiviert, was sich auf die Erträge auswirkte:

*Tabelle 46*

*Ernteerträge pro Hektar in Doppelzentner von 1865 bis 1915 (zehnjähriger Durchschnitt)*[54]

| Jahr | Roggen | Weizen | Gerste | Hafer | Zuckerrüben | Früh- | Spät- |
|---|---|---|---|---|---|---|---|
| | | | | | | kartoffeln | |
| 1865/74 | 14 | 27 | 30 | 29 | 359 | | 120 |
| 1875/84 | 20 | 30 | 28 | 31 | 390 | | 151 |
| 1885/94 | 23 | 31 | 29 | 26 | 341 | | 147 |
| 1895/04 | 24 | 30 | 29 | 30 | 329 | 148 | 184 |
| 1905/15 | 28 | 32 | 30 | 32 | 313 | 134 | 173 |

[49] BAKW, Bericht zur Feier des 25jährigen Bestehens der Zuckerfabrik ..., 1910: 4.
[50] BAKW, Bericht zur Feier des 25jährigen Bestehens der Zuckerfabrik ..., 1910: 4.
[51] STAM, Rep. H Meyendorf, Nr. 409.
[52] STAM, Rep. H Meyendorf, Nr. 409.
[53] STAM, Rep. H Meyendorf, Nr. 409.
[54] Mosel, 1925: 28f.

Die Intensivierung des Ackerbaus bewirkte eine Zunahme des Arbeitsviehs, deren Entwicklung wir an den nachstehenden Zahlen erkennen können:

*Tabelle 47*

*Die Entwicklung der Arbeitsviehbestände in Klein Wanzleben von 1885 bis 1914*[55]

| Jahr | Pferde | Fohlen | Muli | Zugochsen | Jungochsen | Mastvieh |
|---|---|---|---|---|---|---|
| 1885 | 43 | – | – | 451 | – | – |
| 1895 | 62 | – | – | 300 | – | – |
| 1905 | 171 | – | – | 580 | – | – |
| 1914 | 171 | 5 | 5 | 447 | 34 | 266 |

An übrigem Vieh zählte man 1914 noch 27 Kühe, 4 Färsen, 1 Kalb, 5989 Schafe und 199 Schweine.

Größte Anstrengungen unternahm die Aktiengesellschaft in der Rübensamenzucht, um die Monopolstellung zu erreichen und zu festigen. „Um 1890 verlagerte man in Klein Wanzleben das Schwergewicht von der Massenauslese zur Individualzucht mit anschließender Prüfung der Nachkommenschaften, einer Zuchtmethode, durch die die Leistung der Zuckerrübensorten in kürzester Zeit bedeutend anstieg. In diese Zeit fällt auch die ebenfalls von der Zuchtstätte Klein Wanzleben ausgehende Differenzierung der Zuckerrübensorten in die Zuchtrichtungen

e = ertragreich,
n = normal,
z = zuckerreich,

eine Einteilung, die im Verlauf der folgenden Jahrzehnte von den meisten Zuckerrübenzüchtern des In- und Auslandes übernommen wurde und die noch heute Gültigkeit besitzt.“[56]

Durch die jahrzehntelangen Erfahrungen in der Rübensamenzucht, ihre vollständige Eingliederung in den wissenschaftlichen Prozeß, die tägliche Untersuchung von 20000 Rüben und die ständige Verbesserung der einzelnen Zuchtrichtungen errang Klein Wanzleben seine Überlegenheit im Zuckergehalt der Rüben und bei den Durchschnittserträgen der Rüben gegenüber anderen Saatzuchtbetrieben. Vergleichen wir die Durchschnittserträge der Rüben des Klein Wanzleber Unternehmens mit einigen anderen bekannten deutschen Rübensamenzuchtbetrieben kurz vor dem ersten Weltkrieg, um die Überlegenheit deutlich zu erfassen:

*Tabelle 48*

*Durchschnittserträge der Rüben je Morgen verschiedener deutscher Saatzuchtbetriebe 1913 und 1914 (in Zentner)*[57]

| Jahr | Kl. Wanzl. | Knoche | Breustedt | Schobbert | Strandes | Meyer |
|---|---|---|---|---|---|---|
| 1913 | 181,04 | 179,73 | 179,17 | 173,78 | 172,79 | 169,54 |
| 1914 | 187,93 | 184,34 | 171,97 | 173,17 | 177,59 | 181,72 |

55 Mosel, 1925: 29.
56 Plachy, 1959: 1.
57 Mosel, 1925: 45f.

*Tabelle 48 (Fortsetzung)*

| Jahr | Delitzsch | Ziemann | Dieckmann | Dippe | Heine | Rimpau | Mette |
|---|---|---|---|---|---|---|---|
| 1913 | 174,39 | 170,64 | 168,28 | 170,29 | 171,44 | 165,28 | 159,59 |
| 1914 | 174,85 | 172,30 | 172,69 | 170,06 | 168,52 | 169,56 | 163,16 |

Die Neu- und Umbauten, die Verbesserung der Produktionsmethoden in der Rübenverarbeitung und in der Landwirtschaft, die Intensivierung der Züchtung, die mit der Bildung der Aktiengesellschaft eingeleitet oder verstärkt fortgesetzt wurden, erforderten natürlich hohe finanzielle Aufwendungen. Trotzdem konnte die Gesellschaft in den ersten Jahren ihres Bestehens schon ansprechende Gewinne erzielen und beachtliche Dividenden ausschütten:

*Tabelle 49*

*Gewinne und Dividenden der Zuckerfabrik Klein Wanzleben von 1885/86 bis 1888/89*[58]

| | | |
|---|---|---|
| 1885/86 | Gewinn: | 110508,01 Mark |
| | Dividende: | 5% auf Stammprioritätsaktien |
| | | 2% auf Stammaktien |
| 1886/87 | Gewinn: | 135956,17 Mark |
| | Dividende: | 5% auf Stammprioritätsaktien |
| | | 2% auf Stammaktien |
| 1887/88 | Gewinn: | 247985,01 Mark |
| | Dividende: | 5% auf Stammprioritätsaktien |
| | | 4% auf Stammaktien |
| 1888/89 | Gewinn: | 144602,55 Mark |
| | Dividende: | 5% auf Stammprioritätsaktien |
| | | 4% auf Stammaktien |

Die Gewinnentwicklung der Aktiengesellschaft wies seitdem eine steigende Tendenz auf. Der Umsatz des Gesamtunternehmens nahm sprunghaft zu.

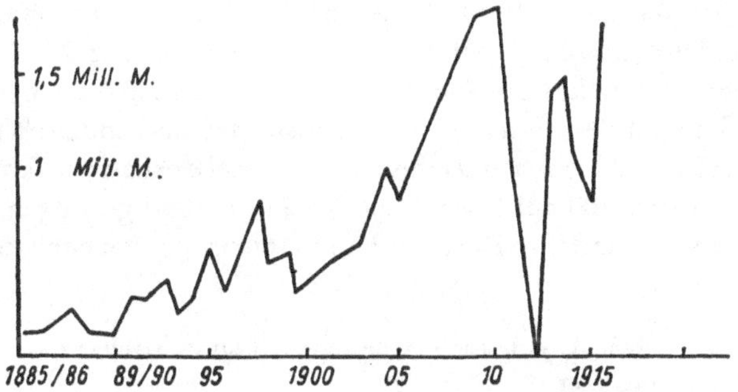


Abb. 1 Gewinne der Zuckerfabrik Klein Wanzleben

[58] BAKW, Geschäftsberichte, 1885ff.

*Tabelle 50*

*Die Entwicklung des Umsatzes der Aktiengesellschaft Klein Wanzleben von 1885 bis 1910 (in Mark)*[59]

| Jahr | Umsatz |
|---|---|
| 1885 | 2845648,54 |
| 1895 | 4553603,77 |
| 1905 | 13758468,61 |
| 1910 | 19927677,91 |

## Die Verschärfung der Klassengegensätze am Ende des 19. Jh.

Während die Produktion kräftig anstieg, die Gesellschafter über die bisherige Gewinnentwicklung Zufriedenheit bekundeten und vertrauensvoll künftigem Gewinnsegen entgegensahen, beschnitten sie in den ersten Jahren nach der Gründung der Aktiengesellschaft die ohnehin nicht ausreichenden Löhne der Arbeiter. Um 20 bis 25 Pfennig je Tag ging der Lohn zurück. Seit 1887 stiegen die Einnahmen der Arbeiter jedoch wieder ein wenig an. Der Tagessatz schwankte zwischen 1 und 1,80 Mark. Damit hatte sich aber die Lage keineswegs grundlegend verbessert.

Die Zahl der Arbeiter war mit der Vergrößerung der Produktion im Jahre 1910 bereits auf 1000 angestiegen. Darin sind auch die Saisonarbeiter aus Rußland und Galizien, deren Zahl 300 ausmachte, einbegriffen. Sie wurden seit 1890 auf den Feldern der Zuckerfabrik beschäftigt und niedriger entlohnt als die einheimischen Arbeiter, deren Stundenlohn vor dem ersten Weltkrieg 0,25 Mark betrug.[60] Die „Sachsengänger", wie sie im Volksmund hießen, erhielten im Jahr ungefähr 400 bis 550 Mark. Davon konnten sie, wenn sie äußerst sparsam lebten, 120 bis 180 Mark sparen.[61] Die „Sachsengänger" verdienten weniger als die Hälfte eines Arbeiters in der Industrie, im Handel oder Verkehr, dessen Jahresverdienst (nominal) durchschnittlich mit 979 Mark für das Jahr 1910 berechnet wurde.[62]

Stellen wir diesen Löhnen wiederum einige Preise für wichtige Lebensmittel, wie sie zwischen 1900 und 1914 herrschten, gegenüber: Man hatte zu bezahlen für ein Huhn 2 Mark, einen Zentner Weizen 8 bis 9 Mark, ein Pfund Rindfleisch 0,80 bis 0,90 Mark, ein Pfund Schweinefleisch 0,80 bis 0,90 Mark, ein Pfund Schmalz 0,80 Mark, ein Pfund Butter 1,30 Mark, ein Ei 0,10 Mark, ein Pfund Margarine 0,80 Mark, einen Liter Milch 0,15 Mark, einen Zentner Kartoffeln 1,50 bis 3 Mark, ein Pfund Erbsen 0,25 Mark, eine Flasche Bier 0,10 Mark. Ein Paar Stiefel kostete 4 bis 5 Mark und ein Zentner Briketts 0,75 Mark.[63]

Gegenüber den 80er Jahren hatten viele Lebensmittel und andere Waren des täglichen Bedarfs einen Preisauftrieb zu verzeichnen. Der Lebenshaltungskostenindex war in Deutschland seit 1880 von 100 auf etwa 119,6 im Jahre 1910 gestiegen.[64] Das heißt, auch die einheimischen Arbeiter und ihre Familien hatten, wenn sie sich auch in etwas günstigeren

[59] Mosel, 1925: 71.
[60] BAKW, Sitzungen ..., 1923: 3; vgl. auch Arbeiten ... Landwirtschafts-Gesellschaft, 1910: 317.
[61] Vgl. Magdeburger Zeitung vom 18. Mai 1894.
[62] Vgl. Hohorst/Kocka/Ritter, 1974: 107.
[63] Vgl. Kratzenstein.
[64] Vgl. Hohorst/Kocka/Ritter, 1974: 107.

Verhältnissen befanden als die ausländischen Saisonarbeiter, weiterhin mit jedem Pfennig zu rechnen.

Die Sachsengänger wurden in Häusern untergebracht, die die Bewohner Klein Wanzlebens treffend als „Arbeiterkasernen" bezeichneten. Es wurden soviel als möglich in diese Kasernen eingepfercht, denn je mehr man unterbringen konnte, um so billigere Arbeitskräfte konnte man auf die Rübenfelder treiben.

Aber auch die Wohnverhältnisse der einheimischen Arbeiter waren alles andere als befriedigend. Sie wohnten in engen, einstöckigen Häusern, die der Fabrik gehörten. Jede Familie verfügte ohne Rücksicht auf ihre Größe über eine Stube, eine Kammer und eine Küche. Ein Teil der Arbeiterfamilien war in zwei „Familienkasernen" untergebracht. Hier herrschte größte Unsauberkeit, wie bei einer Ortsbesichtigung durch den Kreisarzt im Jahre 1901 festgestellt wurde.[65] Diese Unsauberkeit war aber keine besondere Eigenschaft der in den Kasernen wohnenden Familien, insbesondere der Arbeiterfrauen, sondern es lag einfach an den elenden, düsteren Wohnbedingungen. Eng, klein, bedrückend waren die Wohnungen, es fehlte sehr oft an den dringendsten sanitären Anlagen. Die Abfälle warf man mangels entsprechender Vorrichtungen zum größten Teil auf die Straße. Die Unsauberkeit und der damit verbundene Gestank in der Nähe der Arbeiterwohnungen wurde noch durch die Fabrikabwässer, die zwar durch einen künstlichen, aber an vielen Stellen schadhaften Kanal liefen, verstärkt. So war es auch nicht verwunderlich, daß das Ungeziefer hier einen idealen Nährboden fand und sich zur argen Plage entwickelte.

Während der Rübenkampagne nahmen die Unsauberkeit und der Gestank zu. Nun wurden die Abwässer einfach in den mitten durch den Ort fließenden Bach, den Geschgraben, geleitet. Die Umweltverschmutzung stand schon damals auf der Tagesordnung. Da das Klein Wanzleber Unternehmen nach den Gesetzen der kapitalistischen Produktion betrieben wurde, der Profit der Maßstab aller Dinge war, so kümmerten sich die Gesellschafter und die Fabrikherren auch kaum um die Gesundheit ihrer Arbeiter. Sie legten bedenkenlos Schlammbassins in der Nähe der Arbeiterwohnungen an, ohne Rücksicht darauf, daß sich in nur zwölf Meter Entfernung der Trinkwasserbrunnen befand.

Für die Trinkwasserversorgung gab es zwar eine zentrale Wasserleitung, aber das Wasser wurde aus einem in der Nähe fließenden Bach entnommen — ungereinigt. Kein Wunder, daß die Arbeiter und ihre Angehörigen oft an Durchfallkrankheiten litten.

Die Mieten waren gestaffelt. Je nach „Güte" der Unterkunft waren jährlich 36 bis 52 Mark an die Fabrik zu entrichten. Das entsprach im Durchschnitt einem Verdienst von 150 Arbeitsstunden.[66]

Die Wohnverhältnisse verschlechterten sich bis 1914 von Jahr zu Jahr. Die Anzahl der Arbeiter nahm zu, doch der Wohnungsbau hinkte erheblich hinterher. Not, Elend, ein menschenunwürdiges Dasein war das Los der Zuckerrübenarbeiter!

Gegen die katastrophalen Wohnverhältnisse und die kapitalistischen Arbeitsbedingungen regte sich der Widerstandswille der Arbeiter, wenn auch noch nicht in offenen Aktionen, aber die Unzufriedenheit schwoll doch an.

Waren die Arbeiter in den Zuckerrübenrevieren um die Mitte des 19. Jh. vornehmlich eine leidende Klasse und sich ihrer revolutionären Rolle noch nicht bewußt, so änderte sich jedoch mit der Ausdehnung der Produktion, der Entwicklung moderner Technik,

[65] Vgl. BAKW, Ortsbesichtigung ..., 1901.
[66] BAKW, Werkswohnungsbenutzung ..., o. J.: 1.

dem Konzentrationsprozeß des Kapitals allmählich ihre Haltung. Der Übergang von der extensiven zur intensiven Ausbeutung, der natürlich in der landwirtschaftlichen Industrie langsamer verlief als in der eigentlichen Industrie, verschärfte nunmehr die sozialökonomischen Gegensätze zwischen Bourgeoisie und Arbeiterklasse, zwischen den Zuckerindustriellen und den Zuckerfabrik- und Rübenarbeitern. Das Klassenbewußtsein begann zu erwachen, wenngleich es in der Reaktionsperiode nach der Revolution von 1848/49 zunächst größte Rückschläge erlitt, zumal die Landarmut und die proletarisierten Bauern eine ständig wechselnde Masse bildeten und in ihrer unbeständigen ideologischen Haltung zum standhaften und energischen Widerstand gegen die kapitalistische Ausbeutung kaum fähig waren.

In einem Gebiet, das zwar eine starke Ballung von Zuckerrübenfabriken aufwies, aber doch weitgehend agrarisch strukturiert und bestimmt war, waren die Zuckerfabrik- und Rübenarbeiter im Grunde bis zum ersten Weltkrieg trotz aller Zunahme der Klassengegensätze noch weitgehend beeinflußt und abhängig von den Unternehmern der kapitalistischen Rübenzuckerindustrie.

Und immer war es das Ziel der Unternehmer, die Arbeiter von ihrer Partei, von der in Eisenach gegründeten Sozialdemokratischen Arbeiterpartei zu trennen!

Diese Unternehmerstrategie und Unternehmerpolitik hatte in Klein Wanzleben jahrelang, jahrzehntelang Früchte getragen. Schon die erste Reichstagswahl im Jahre 1871 lieferte den besten Beweis dafür. Die Sozialdemokratische Arbeiterpartei hatte im Landkreis Wanzleben als Kandidaten für den Deutschen Reichstag ZIELOWSKY nominiert. Er erhielt immerhin von 4362 abgegebenen Stimmen 723. Doch keine einzige Stimme aus Klein Wanzleben![67]

Auch bei den folgenden Reichstagswahlen verhallte der Ruf der Sozialdemokratie in Klein Wanzleben ungehört, nicht zuletzt deshalb, weil die SPD auf dem flachen Lande kaum Aktivitäten entwickelte, um die Land- und Zuckerfabrikarbeiter als ihre natürlichen Bundesgenossen zu gewinnen.

Bei der Reichstagswahl im Jahre 1874 trat sogar ein Rückgang an sozialdemokratischen Wählerstimmen ein, denn die SPD erhielt von 4797 abgegebenen Stimmen nur noch 144.[68]

War der Einfluß der Arbeiterbewegung auf dem Lande noch schwach, um so größer war der der herrschenden Klasse. Im Besitze aller wirtschaftlichen Machtstellen, war sie auch in der Lage, ihren Propagandaapparat gegen die Arbeiterbewegung rücksichtslos einzusetzen. Eingesetzt wurde er bei den Wahlen. Die Wahlkommissionen waren überwiegend von Vertretern der herrschenden Klasse oder von ihr Abhängigen besetzt. Betrachten wir nur die Wahlkommission des Kreises Wanzleben für die Wahl im Jahre 1874, um zu erkennen, daß Fabrik- und Gutsbesitzer wohl alle Mittel besaßen, um die Wahlmaschine in ihrem Interesse laufen zu lassen. In der Kreiswahlkommission saßen:[69]

1. Rittergutsbesitzer COQUI zu Groß Germesleben
2. Fabrikbesitzer ALBERT RECKLEBEN zu Bahrendorf
3. Oberamtmann WAHNSCHAFFE zu Egeln
4. Fabrikbesitzer RABBETHGE jun., Klein Wanzleben

[67] Vgl. FIEDLER, 1963: 45.
[68] FIEDLER, 1963: 46.
[69] FIEDLER, 1963: 14.

5. Fabrikbesitzer DIETRICH, Schwaneberg
6. Fabrikbesitzer SCHAEFER jun., Wolmirsleben
7. Fabrikbesitzer BENNECKE, Unseburg
8. Gutsbesitzer LOEBER, Diesdorf
9. Gutsbesitzer KOCH jun., Groß Ottersleben
10. Ortsvorsteher RUSCHE, Etgersleben
11. Ortsvorsteher WALLSTABE, Altenweddingen
12. Domänenpächter STRAUSS, Schermcke.

Erst nach der Vereinigung der Sozialdemokratischen Arbeiterpartei Deutschlands mit dem Allgemeinen Deutschen Arbeiterverein im Jahre 1875 in Gotha war wieder eine Zunahme sozialdemokratischer Wählerstimmen im Landkreis Wanzleben zu verzeichnen. Der sozialdemokratische Kandidat ZWIEBLER konnte für die 1877 stattgefundene Reichstagswahl 726 von 5003 abgegebenen Stimmen auf sich vereinigen.[70] In Klein Wanzleben gibt es jedoch wiederum keine Stimme für die Arbeiterpartei.

RABBETHGE und GIESECKE stimmten national-liberal, weil der Nationalliberale von BENDA, Vertreter des Landkreises Wanzleben im Reichstag, ihre ökonomischen Interessen mit Nachdruck vertrat. Ein Teil der Arbeiter, Angestellten und von der Fabrik abhängigen Bauern folgte der Linie der Fabrikinhaber. Aber man stimmte auch für Herrn von KOTZE, ebenfalls Rübenzuckerindustrieller und Besitzer ausgedehnter Ländereien, der der Deutschen Reichspartei angehörte, die die Interessen der Junker und Großbourgeoisie wahrnahm und BISMARCK in allen innen- und außenpolitischen Fragen rückhaltlos unterstützte. Werfen wir einen Blick auf die Wahlergebnisse:

*Tabelle 51*

*Ergebnisse der Reichstagswahlen von 1878 und 1881*[71]

| Parteien | Kreis Wanzleben | Klein Wanzleben |
|---|---|---|
| 1878 | | |
| gültige Stimmen: | 10245 | |
| davon | | |
| Sozialdemokratie (Zwiebler) | 1489 | – |
| Nationalliberale (v. Benda) | 6297 | 89 |
| Deutsche Reichspartei (v. Kotze) | 2171 | 201 |
| Übrige Parteien | 288 | – |
| 1881 | | |
| gültige Stimmen: | 6231 | |
| davon | | |
| Sozialdemokratie (Viereck) | 466 | – |
| Nationalliberale (v. Benda) | 3812 | 57 |
| Deutsche Reichspartei (v. Kotze) | 1942 | 14 |

[70] FIEDLER, 1963: 47.
[71] FIEDLER, 1963: 48f.

Den Durchbruch in Klein Wanzleben erreichte die Sozialdemokratie erstmals im Jahre 1884, in einer Zeit, die vom „Sozialistengesetz“ geprägt war, in der die Arbeiterklasse gegen den offenen und versteckten Terror BISMARCKS, der Junker und der reaktionären Großbourgeoisie zu kämpfen hatte, in der viele aufrechte, klassenbewußte Arbeiter politisch entrechtet, eingekerkert, ausgewiesen wurden, in der die Partei der Arbeiterklasse einen illegalen Kampf gegen die Ausnahmegesetze führte und den Klassenkampf gegen die herrschende Klasse und Reaktion unter äußerst komplizierten Bedingungen organisierte. In dieser Zeit des heroischen Kampfes der Arbeiterklasse gewann die Sozialdemokratie in Klein Wanzleben neunzehn Stimmen.

*Tabelle 52*

*Ergebnisse der Reichstagswahl von 1884*[72]

| Parteien | Kreis Wanzleben | Klein Wanzleben |
|---|---|---|
| Gültige Stimmen | 7694 | |
| davon | | |
| Sozialdemokratie (Habermann) | 1393 | 19 |
| Nationalliberale (v. Benda) | 4766 | 128 |
| Freisinnige (Dr. Hermes) | 1523 | 45 |

Diesmal fielen die Ideen der Sozialdemokratie auf fruchtbaren Boden. Die Krisenerscheinungen in der deutschen Zuckerindustrie ausnutzend, die die finanzielle Notlage der Klein Wanzleber Zuckerfabrik vergrößerten, sinkende Löhne der Arbeiter zur Folge hatten und die ohnehin armselige Lebenslage noch weiter verschlechterten, gelang es den sozialdemokratischen Funktionären und Agitatoren in Klein Wanzleben, einem, wenn auch nur kleinen Teil der Arbeiter, die Augen über das wahre Wesen der kapitalistischen Ausbeutung zu öffnen und ihn davon zu überzeugen, daß ein menschenwürdigeres Leben nur durch eine wohlorganisierte und revolutionäre Arbeiterpartei erkämpft werden kann.

Über diesen sozialdemokratischen Einbruch in Klein Wanzleben hellhörig geworden, unternahm die inzwischen die Form einer Aktiengesellschaft angenommene Zuckerfabrik alle Anstrengungen, um den Einfluß der Arbeiterbewegung zurückzudrängen. Es gelang ihr auch vorübergehend und zwar gefördert durch das Abklingen der Krise und geringfügige Lohnerhöhungen. Der sozialdemokratische Kandidat HABERMANN errang 1887 nur noch sechs Stimmen in Klein Wanzleben.[73]

Doch mit dem Fall des „Sozialistengesetzes“, als die Sozialdemokratie nach opferreichem Kampf wieder legal arbeiten, ihre Ziele offen verkünden konnte und die deutsche, mit dem Marxismus verbundene Arbeiterklasse, wie FRANZ MEHRING schrieb, in den Schwerpunkt der historischen Entwicklung gerückt war,[74] wuchs die Arbeiterbewegung auch im Kreis Wanzleben an. Verdoppelte die Sozialdemokratie im Deutschen Reich bei der Reichstagswahl von 1890 gegenüber 1887 nahezu ihre Stimmen, so war auch ein recht beachtlicher Aufschwung in dem Landkreis Wanzleben zu verzeichnen.

[72] FIEDLER, 1963: 50.
[73] FIEDLER, 1963: 51.
[74] MEHRING, 1964: 216.

Der große Zuwachs an sozialdemokratischen Wählerstimmen in Klein Wanzleben und im Kreis Wanzleben war vor allem JULIUS BREMER, der hier im Auftrage der Partei kandidierte, zu verdanken.

BREMER war ein hervorragender Arbeiterfunktionär, er zählte zu den engsten Mitarbeitern von KARL MARX und FRIEDRICH ENGELS, leitete in den sechziger Jahren die Magdeburger Sektion der I. Internationale und gehörte zu den Gründern der Sozialdemokratischen Arbeiterpartei Deutschlands, deren ersten Kongreß am 7. August 1869 in Eisenach er tatkräftig mit vorbereiten half.[75]

Das eindrucksvolle, überzeugende Auftreten BREMERS brachte der SPD in der Magdeburger Börde einen hervorragenden Erfolg:

*Tabelle 53*

*Ergebnisse der Reichstagswahl von 1890*[76]

| Parteien | Kreis Wanzleben | Klein Wanzleben |
|---|---|---|
| Gültige Stimmen: | 12467 | |
| davon | | |
| Sozialdemokratie (Bremer) | 4673 | 28 |
| Nationalliberale (v. Benda) | 6371 | 208 |
| Freisinnige (Traeger) | 1360 | 81 |

Die Herren der Zuckerfabrik waren voller Ärger über die bedrohlich anschwellende Arbeiterbewegung. Und sie waren bereit, alles in ihrer Macht stehende zu tun, damit sich ein solcher Erfolg der SPD bei der nächsten Wahl nicht wiederhole. Dazu gehörte auch die Behinderung der Wahlvorbereitung und Wahlpropaganda, die in Klein Wanzleben getrieben wurde. Ein Amtsdiener namens G. PITSCHMANN hatte den Herren der Fabrik angezeigt: „Sonntag, den 21. ds. Mts (1893) während des Vormittagsgottesdienstes ca. $^3/_4$10 Uhr traf ich vor dem Gehöft von Landwirt Jahn einen Mann, welcher eben das Gehöft verlassen hatte und Wahlflugblätter unter dem Arm trug. Durch die Nachfrage bei Altsitzer And. Jahn erfuhr ich, daß der Mann: Arbeiter Wilhelm Bodendorf, geb. 20. Juni 1870 zu Groß Ottersleben, aus Groß Ottersleben Flugblätter während des Gottesdienstes angeboten habe. Dasselbe hatte Arbeiter Ernst Krüger aus Groß Ottersleben bei Landwirt Sasse zu gleicher Zeit getan.“[77]

Die Flugblätter wurden beschlagnahmt. Eine Beschwerde der SPD erfolgte postwendend: „Am 22. Mai wurden im Wahlkreis Groß Wanzleben von seiten der sozialdemokratischen Partei Flugblätter zur Wahl-Agitation verbreitet. Der Amtsvorsteher zu Klein Wanzleben erlaubte sich nun einem dieser Verbreiter, den Arbeiter Ernst Krüger aus Groß Ottersleben zu visitieren und ca. 300 Flugblätter zu beschlagnahmen.“ Gegen diese Amtshandlung wurde protestiert.[78]

Die Behinderung der Wahlagitation wurde auch vom Landrat, dem offiziellen Regierungsvertreter und Interessenvertreter der Agrarkapitalisten, gutgeheißen, wobei er sich

[75] Vgl. Geschichte der deutschen Arbeiterbewegung, 1966: I, 275 und 277.
[76] Vgl. FIEDLER, 1963: 52.
[77] STAM, Rep. C 30 Wanzleben A, Nr. 114.
[78] STAM, Rep. C 30 Wanzleben A, Nr. 114.

auf „sonntagsheiligende“ Paragraphen berief: „Die Ermittlungen haben jedoch ergeben, daß die fraglichen Flugblätter in Klein Wanzleben während der Zeit des Gottesdienstes vormittags gegen 10 Uhr verteilt worden sind und war der Amtsvorsteher auf Grund der Polizei-Verordnung über die Sonntagsheiligung vom 18. März 1887 befugt, die Verbreitung der Blätter zu verhindern.“[79]

Die von der Regierung, Ortsgewaltigen und Zuckerfabrik betriebene „heilige Hetzjagd“ zeitigte natürlich ihre Auswirkungen. Die SPD verlor bei den Wahlen von 1893 an Stimmen. Sie konnte im Landkreis nur 5439 und in Klein Wanzleben 9 Stimmen auf sich vereinigen.[80]

Zu dieser „heiligen Hetzjagd“ gegen die Arbeiterbewegung gesellte sich in der folgenden Zeit auch ein Feind, der aus den eigenen Reihen der Arbeiterbewegung kam, und zwar der Opportunismus. Es war vor allem GEORG von VOLLMAR, der ein Bauernprogramm entwarf, in dem in Verkennung der Tatsachen die Überlegenheit des bäuerlichen Kleinbetriebes über den Großbetrieb begründet wurde und folglich der Kleinbetrieb die Grundlage künftiger sozialistischer Landwirtschaft bilde. VOLLMAR forderte daher, daß der bestehende reaktionäre Staat den Kleinbetrieb schütze und ein Zusammenhang von SPD und reaktionärem Staat sich als notwendig erweise.[81] Damit griff VOLLMAR die Grundprinzipien des wissenschaftlichen Sozialismus, die Vergesellschaftung der Produktionsmittel, die Lehre vom Staat, von der Revolution und den Klassenkampf an. Er desorientierte und verwirrte viele Arbeiter und Funktionäre auf dem Lande in ihrem Bemühen um die Gewinnung der kleinen und mittleren Bauern und der Landarmut, er arbeitete den reaktionären Kräften in die Hände.

Die klassenbewußten Arbeiter und Funktionäre der Partei verurteilten entschieden den Opportunismus, und FRIEDRICH ENGELS begründete daraufhin in seiner berühmten Schrift „Die Bauernfrage in Frankreich und Deutschland“ die wesentlichen Grundgedanken über die Aufgaben der Partei auf dem Lande im Kapitalismus und Sozialismus.

Während in Klein Wanzleben die Gebieter der Zuckerfabrik allen Druck auf die Arbeiter und abhängigen Bauern ausübten, Spitzel in die Arbeiterbewegung einschleusten,[82] die wirtschaftliche Abhängigkeit der Ausgebeuteten ausspielten, um den Einfluß der SPD zurückzudrängen, was ihnen auch nachhaltig gelang, erkämpfte sich die SPD dagegen im Kreis Wanzleben bis zur Jahrhundertwende einen großen Stimmenzuwachs. Es gelang ihr, die absolute Stimmenmehrheit der bürgerlichen Parteien zu druchbrechen, so daß beispielsweise 1898 — wie übrigens im ganzen Reich — eine Stichwahl erforderlich wurde. Insbesondere in den an Magdeburg, das zu einem industriellen Zentrum geworden war, angrenzenden Kreisen kam es zu hohen Stimmanteilen für die SPD.

Besorgnis der Großgrundbesitzer, Zuckerindustriellen und der Aktionäre des Klein Wanzleber Unternehmens stellte sich allerdings ein, als bei der Reichstagswahl von 1903 die Arbeiterbewegung ihren Vormarsch eindrucksvoll demonstrierte.

Nach dieser Wahl gingen RABBETHGE, GIESECKE und viele Gesellschafter der Zuckerfabrik zur offenen Beeinflussung der kommenden Wahl im Jahr 1907 über. Die Fabrikdirektoren drohten den SPD-Wählern mit Entlassungen. Sie selbst unterstützten die Kandi-

[79] STAM, Rep. C 30 Wanzleben A, Nr. 114.
[80] Vgl. FIEDLER, 1963: 53.
[81] Vgl. Geschichte der deutschen Arbeiterbewegung, 1966: I, 460ff.
[82] STAM, Rep. C 30, Wanzleben A, Nr. 112: 104.

*Tabelle 54*

*Ergebnisse der Reichstagswahl von 1903*[83]

| Parteien | Kreis Wanzleben | Klein Wanzleben |
|---|---|---|
| Gültige Stimmen: | 17038 | |
| davon | | |
| Sozialdemokratie (Silberschmidt) | 7900 | 42 |
| Nationalliberale (Schmidt) | 5275 | 68 |
| Konservative (v. Arnstedt) | 2922 | 231 |

datur von RIESEBERG, einem Schützling der Konservativen.[84] Alle Arbeiter, von denen man annahm, daß sie sich nicht für RIESEBERG, sondern für den SPD-Kandidaten SILBERSCHMIDT entscheiden würden, erhielten einen Tag vor der Wahl eine Benachrichtigung von den Direktoren der Zuckerfabrik, in der sie aufgefordert wurden, am Wahltag Posten zu stehen. Zu welchem Zweck sie Posten stehen sollten, war dem Schreiben nicht zu entnehmen. Am Wahltag beorderte man dann alle „verdächtigten" Arbeiter gemeinsam in das Wahllokal, wo sie ihre Stimmen abzugeben hatten. Auf diese Art war es fast unmöglich, für SILBERSCHMIDT zu stimmen, wenn man nicht seinen Arbeitsplatz riskieren wollte. Die Stimmzettel wurden erst kurz vor dem Wahlakt ausgeteilt und so konnte man bei dieser kontrollierten Stimmabgabe erkennen, welcher Arbeiter diesen oder jenen Kandidaten wählte. Die Direktion zahlte an jeden dieser Arbeiter anschließend drei Mark als Schweigegeld.[85]

Doch all dieser Maßnahmen ungeachtet war es der SPD gelungen, 34 Stimmen in Klein Wanzleben zu erhalten:

*Tabelle 55*

*Ergebnisse der Reichstagswahl von 1907*[86]

| Parteien | Kreis Wanzleben | Klein Wanzleben |
|---|---|---|
| Gültige Stimmen: | 18454 | |
| davon | | |
| Sozialdemokratie (Silberschmidt) | 8814 | 34 |
| Nationalliberale (Schmidt) | 3691 | 12 |
| Konservative (Rieseberg) | 5399 | 338 |
| Zentrum (Erzberger) | 520 | – |

Sofort nach der Bekanntgabe des Wahlergebnisses wurden Nachforschungen darüber angestellt, wer sich den Wünschen der Zuckerrübengewaltigen widersetzt und SPD gewählt haben könnte. Wer verdächtig erschien, wurde aus der Fabrik entlassen, natürlich nicht mit der Begründung, daß er SILBERSCHMIDT gewählt habe. Auch das Mittel der Denunziation wurde angewandt. Die Direktion gab bekannt, daß für jeden Wahlzettel, der auf SILBERSCHMIDT lautete und abgegeben wurde, 50 Pfennig Prämie bezahlt würden.

[83] Vgl. FIEDLER, 1963: 58.
[84] Vgl. Volksstimme vom 31. Januar 1907.
[85] Vgl. Volksstimme vom 31. Januar 1907.
[86] Vgl. FIEDLER, 1963: 60.

Die Großaktion der SPD zur Verteilung von Stimmzetteln für die erforderliche Stichwahl unterband man, indem man vor jedes Haus in Klein Wanzleben einen Posten stellte, der die Wahlagitatoren hinderte, das Haus zu betreten. Dabei wurde den Sozialdemokraten Prügel angedroht. Das Ziel wurde erreicht: es konnten keine Stimmzettel für den SPD-Kandidaten SILBERSCHMIDT verteilt werden.

Am Tage der Stichwahl bot Klein Wanzleben ein ungewöhnliches Bild. Alle Kaufläden, Gastwirtschaften und Handwerksbetriebe hatten geschlossen. In der Zuckerfabrik, in den Rübensamenspeichern ruhte die Arbeit. Die Direktion hatte es angeordnet. Allerdings war man auch „großzügig". Die Kaufleute beispielsweise erhielten für ausfallende Einnahmen 40 Mark Entschädigung. Auch gewährte man Lohnzulagen.

Das Wahllokal befand sich in einem Raum der Schule. Der Buchhalter HENKEL, Angestellter der Zuckerfabrik, führte die Wahlregie und beobachtete jeden Wähler genau. Vor der Schule standen etwa fünfzig Leute, die Stimmzettel für RIESEBERG verteilten, und der Weg von der Eingangstür bis zum Wahlraum war ebenfalls von gedungenen Helfern der Zuckerfabrik besetzt.[87]

Durch diesen Terror, durch diese Schikanen, durch Korruption und Drohungen wurden viele SPD-Anhänger eingeschüchtert. Das Ergebnis der Stichwahl zeigte den „Erfolg":

*Tabelle 56*

*Ergebnisse der Reichstagsstichwahl von 1907*[88]

| Parteien | Kreis Wanzleben | Klein Wanzleben |
|---|---|---|
| Gültige Stimmen: | 18699 | |
| davon | | |
| Sozialdemokratie (Silberschmidt) | 9004 | 17 |
| Konservative (Rieseberg) | 9695 | 370 |

Dennoch: 17 Wähler blieben ungebrochen, sie widersetzten sich der Gewalt, dem Betrug, der Bestechung, sie bekundeten ihre standhafte Treue zur Arbeiterpartei.

Im übrigen legte die Führung der SPD gegen diese manipulierte Stichwahl von 1907 Protest ein. Es dauerte jedoch zwei Jahre, ehe man sich entschloß, die Beschwerde zu behandeln. Aber es fand keine Wiederholung der Wahl statt, alles blieb beim alten: der Konservative RIESEBERG behielt sein Mandat als Abgeordneter des Deutschen Reichstages.

Wie die Herren der Zuckerfabrik stärksten Einfluß auf die Wahlen ausübten, so übten sie auch Einfluß auf das übrige öffentliche Leben aus. Von besonderer Wichtigkeit war ihnen dabei die Gemeindeverwaltung. Sie waren stets an Gemeindevorstehern interessiert, die die Belange der Zuckerfabrik vertraten und förderten. Aber gerade hier entstanden auch Reibungsflächen mit den Bauern, die natürlich ihren Vertreter im Gemeinderat sehen wollten. Und es überrascht auch nicht, daß sich die wohlhabenden und wirtschaftsstarken Großbauern in dieser Frage der Unterstützung des Landrates zu versichern suchten. So zum Beispiel im Jahre 1889, als der Landwirt HERMANN ACHATZ, ein Jahr zuvor von Schneidlingen nach Klein Wanzleben gezogen, auf Vorschlag der Direktion der Zuckerfabrik zum Gemeindevorsteher gewählt werden sollte.[89]

[87] Vgl. Volksstimme vom 8. Februar 1907.
[88] Vgl. FIEDLER, 1963: 61.
[89] STAM, Rep. C 30 Wanzleben A, Nr. 387.

Die Wahl verlief ganz im Sinne der Zuckerfabrik, denn ACHATZ erhielt von 74 Wählern 51 Stimmen. Nun schaltete sich der Landrat nach Intervention der Großbauern ein: Er bestätigte die Wahl nicht und versuchte, negative Dinge aus dem Leben von ACHATZ in Erfahrung zu bringen, indem er ein Schreiben an den zuständigen Landrat für Schneidlingen richtete mit der Bitte, ihn bei seinem Vorhaben zu unterstützen. Doch die Bemühungen blieben erfolglos, der landrätliche Kollege konnte über ACHATZ nichts Nachteiliges berichten.

Die Zuckerfabrik hatte also einen Sieg davongetragen, und seitdem zierte die Gemeindeverwaltung immer ein Vorsteher, der im Auftrag der Zuckerfabrik die Geschäfte der Gemeinde führte. Auch die Mehrzahl der Gemeinderatsmitglieder diente den Interessen der Zuckerfabrik. Von den zwölf Mitgliedern waren fast immer sieben mit der Zuckerfabrik auf irgendeine Art verknüpft.[90] Ähnliche Abhängigkeitsverhältnisse herrschten auch in jenen Gemeindeverwaltungen, in deren Orten die Zuckerfabrik über umfangreiche Ländereien verfügte, z. B. in Dreileben und in Emmeringen.

Weitreichenden Einfluß übte die Zuckerfabrik auch auf verschiedene gesellschaftliche Organisationen aus, etwa auf den 300 Mitglieder umfassenden Landwehrverein. Als Ehrenvorsitzender fungierte ERNST GIESECKE, der bekanntlich zu den Gründern der Klein Wanzleber Aktiengesellschaft gehörte und später in ihrem Vorstand saß.[91]

Im Jahre 1912 fand die letzte Reichstagswahl vor dem ersten Weltkrieg statt. Sie stand im Zeichen schärfster Klassengegensätze. Die Aufgabe der Sozialdemokratie bestand in dem Kampf gegen das nach Weltherrschaft strebende deutsche Monopolkapital, in dem Kampf gegen Ausbeutung und Militarismus, für größere demokratische Rechte und soziale Sicherheit. In den Reihen der Sozialdemokratie kämpften Zehntausende von revolutionär gesinnten Mitgliedern, beeinflußt von den vorwärtsweisenden Auffassungen KARL LIEBKNECHTS, ROSA LUXEMBURGS, FRANZ MEHRINGS, CLARA ZETKINS und anderer, die sich entschieden gegen Opportunismus und Revisionismus wandten, für die Verbesserung der Lage der Massen. Die Sozialdemokratie errang mit 4,25 Millionen von insgesamt 12,2 Millionen Stimmen ihren größten Wahlsieg vor dem ersten Weltkrieg und zog mit 110 Abgeordneten in den Reichstag ein.[92]

Unter diesen Abgeordneten befand sich auch SILBERSCHMIDT, der über die Hälfte aller Stimmen des Landkreises Wanzleben gewann:

*Tabelle 57*

*Ergebnisse der Reichstagswahl von 1912*[93]

| Parteien | Kreis Wanzleben | Klein Wanzleben |
|---|---|---|
| Gültige Stimmen: | 20907 | |
| davon | | |
| Sozialdemokratie (Silberschmidt) | 11090 | 29 |
| Nationalliberale (Gruson) | 3174 | 2 |
| Konservative (Rieseberg) | 5049 | 366 |

[90] STAM, Rep. C 30 Wanzleben B, Nr. 1140.
[91] STAM, Rep. C 30 Wanzleben A, Nr. 248.
[92] Vgl. Geschichte der deutschen Arbeiterbewegung, 1966: II, 176.
[93] Vgl. Volksstimme vom 5. Februar 1912.

In Klein Wanzleben wurden jedoch für SILBERSCHMIDT nur 29 Stimmen gezählt. Hier triumphierte der Konservative und die Interessen der Zuckerfabrik vertretende RIESEBERG. Noch immer war das Land ein Bollwerk der herrschenden reaktionären Kräfte. Noch immer beherrschte die Zuckerfabrik die Lebensbereiche ihrer Arbeiter und die in ihrem Einzugsbereich liegenden Dörfer. Wer SPD wählte, konnte entlassen werden, und wurde auch vielfach entlassen. Und wer hier auf die Straße flog, fand nur schwer einen neuen Arbeitsplatz, viel, viel schwerer als beispielsweise die entlassenen Arbeiter aus Groß Ottersleben, die in der Großstadt „leichter“ einem neuen Broterwerb nachgehen konnten. In Klein Wanzleben gab es keine eigene Ortsgruppe der SPD, sondern ihre Mitglieder, ungefähr zehn Arbeiter, unter ihnen der bekannte OTTO STRICKRODT sen., wirkten in den Ortsorganisationen von Seehausen und Wanzleben. Um so größer unsere Hochachtung vor dem kleinen Häuflein revolutionär gesinnter Arbeiter in Klein Wanzleben!

Rudolf Berthold

# Bevölkerungsentwicklung und Sozialstruktur im Regierungsbezirk Magdeburg und in den vier Börde-Kreisen von 1816 bis 1910

Bevölkerungsentwicklung und Sozialstruktur stehen als historische Erscheinungen in einem engen Zusammenhang zueinander. Während die Bevölkerungsentwicklung durch das zahlenmäßige Wachstum der Menschen, die Gliederung nach dem Geschlecht und Alter und durch Geburt und Tod bestimmt wird, drückt die Sozialstruktur die berufliche und gesellschaftliche Schichtung der Bevölkerung aus.

Der Komplex Bevölkerung und Sozialstruktur hängt in seiner Entwicklung von der Wirtschaft ab. Bevölkerung und Wirtschaft bedingen sich wechselseitig. Während die Wirtschaft die Existenzmittel für eine steigende Bevölkerung produziert, kommen aus der zunehmenden Bevölkerung die zusätzlichen Arbeitskräfte für die erweiterte Reproduktion. Gleichzeitig bestimmt die Wirtschaft die soziale und berufliche Gliederung der Bevölkerung. Indem aber der Wirtschaft in letzterem Falle eine determinierende Funktion zukommt, gibt die Sozialstruktur Auskunft über wesentliche Seiten des wirtschaftlichen Wachstumsprozesses und über Zahl und berufliche Gliederung der Arbeitskräfte. Das gleiche trifft auf die Bevölkerungsentwicklung zu. Wesentliche Veränderungen in der Bevölkerungsentwicklung stellen die Frage nach den Veränderungen in den Existenzbedingungen der Menschen, unter denen die Wirtschaft die erste Stelle einnimmt.

Die Untersuchung des Komplexes Bevölkerung und Sozialstruktur kann nur auf der Grundlage der überlieferten statistischen Kennziffern erfolgen und verlangt die Anwendung mathematisch-statistischer Methoden, wobei bereits einfache Methoden dieser Art eine hohe Anschaulichkeit gewährleisten, obwohl letzte Erkenntnisse damit nicht zu gewinnen sind. Es kommt im Zusammenhang mit der vorliegenden Untersuchung mehr auf einen hohen Anschaulichkeitsgrad als auf letzte Erkenntnisse und Feinheiten an, die vor allem den Spezialisten interessieren. Für den „Spezialisten“ soll zu gegebener Zeit eine entsprechende Analyse des gesammelten und im Anhang abgedruckten Zahlenmaterials erfolgen.

Für den Regierungsbezirk Magdeburg und die vier Börde-Kreise ist ein reichhaltiges Zahlenmaterial für den Komplex Bevölkerung und Sozialstruktur vorhanden. Teilweise wurde dieses Material in den statistischen Handbüchern für die Provinz Sachsen und in den offiziellen Publikationen der preußischen Statistik veröffentlicht, teilweise befindet es sich in den Aktenbeständen des Staatsarchivs in Magdeburg.

Nachdem 1815/16 die neue Verwaltungsgliederung Preußens in Kraft trat, wurde ab 1816 nach den Bedürfnissen der preußischen Administration im Auftrage der Ministerien in Berlin von den örtlichen Verwaltungsdienststellen Zahlenmaterial zu den verschiedensten Informationszwecken abgefordert. Uns interessiert in diesem Zusammenhang nur das Zahlenmaterial aus drei Bereichen. Erstens sind es die Erhebungen zur Bevölkerungsentwicklung, die ab 1816 im dreijährigen Turnus einsetzten und deren zeitliche Abfolge sich nach 1867 änderte. Zweitens sind es die Erhebungen über die berufliche Tätigkeit

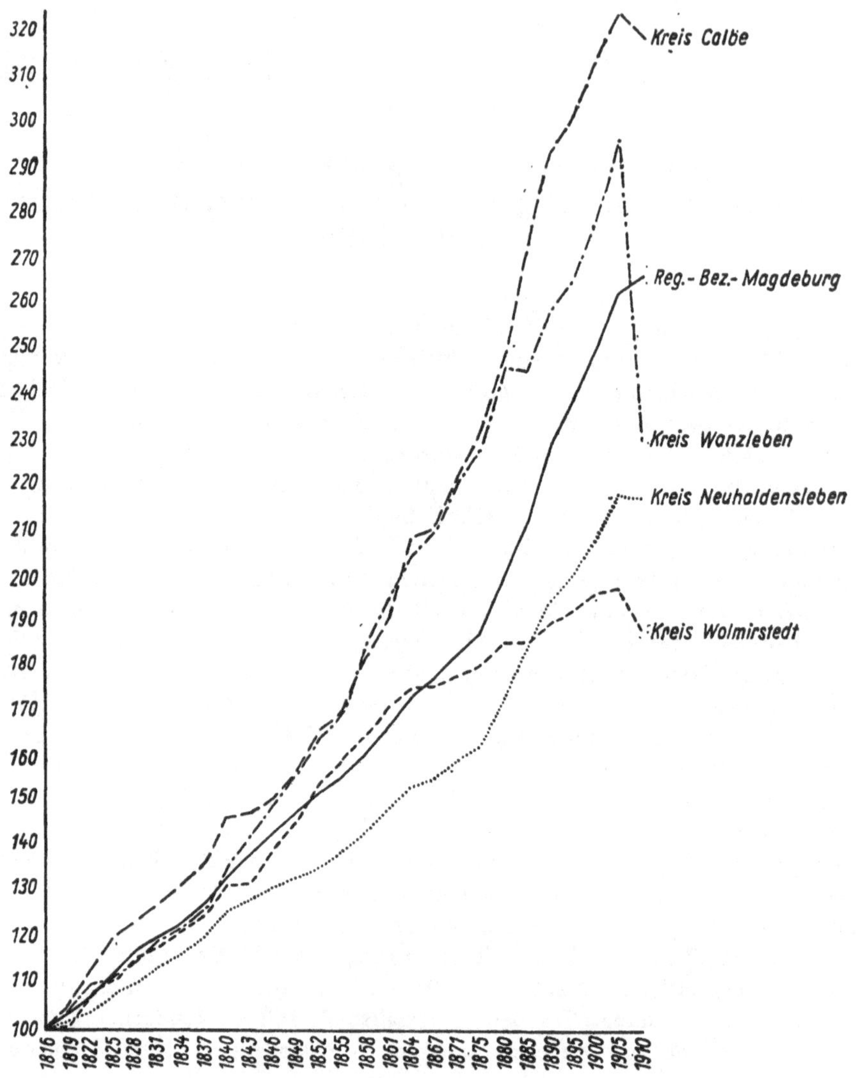


Abb. 2 Die Entwicklung der Bevölkerung im Regierungsbezirk Magdeburg und in den vier Börde-Kreisen von 1816 bis 1910

——— Reg.-Bez. Magdeburg
— — Kreis Calbe
······ Kreis Neuhaldensleben
—·— Kreis Wanzleben
– – – Kreis Wolmirstedt

der Bevölkerung, die für unsere Zwecke erst ab 1849 brauchbar sind. Diese Erhebungen erfolgten in größeren Abständen als die Volkszählungen. Drittens sind es die ab 1816 beginnenden landwirtschaftlichen Betriebszählungen. Das kaiserliche statistische Reichsamt kombinierte die Berufs- mit der Betriebszählung und führte 1882, 1895 und 1907 Zählungen dieser Art durch.

Das Zahlenmaterial aus den Bereichen Bevölkerung, berufliche Tätigkeit und landwirtschaftliche Betriebe ließ es zu, lange Reihen für die Untersuchung des Komplexes Bevölkerung und Sozialstruktur aufzustellen, die die Grundlage der folgenden Darstellung bilden. Bei dem häufigen Wechsel in den Erhebungsmethoden — die Statistiker lernten im 19. Jh. erst, wie man Statistik „macht" — war es außerordentlich schwierig, glaubhafte und sachlich begründete lange Reihen zu entwickeln. Das konnte auch nur im Vergleich mit anderen langen Reihen und im Hinblick auf den Gesamtprozeß geschehen.

Die langen Reihen erlauben es, die Dimensionen, Proportionen und Tendenzen in der Entwicklung des Komplexes Bevölkerung und Sozialstruktur nicht nur mit der notwendigen Exaktheit zu erfassen, sondern dabei sogar die überhaupt mögliche Genauigkeit zu erreichen. Sicherlich ist es nicht überall angängig, bis an die Grenze der möglichen Genauigkeit zu gehen. Aber wo ein so vorzügliches Ausgangsmaterial wie für die Magdeburger Börde vorliegt, wäre es unverantwortlich, dasselbe nicht voll in seiner Aussagekraft auszuschöpfen. Wenn das trotz der vielen Arbeiten zur Wirtschafts- und Sozialgeschichte der Provinz Sachsen bis heute noch nicht geschehen ist, so lag das an der völligen Unterschätzung der quantitativen Methoden in der Vergangenheit.

Das in den gedruckten und ungedruckten Quellen vorgefundene Zahlenmaterial wurde zu Tabellen zusammengestellt und im Anhang untergebracht. Auf der Grundlage dieser Tabellen wurden Indizes berechnet, Kurvendiagramme und weitere kleinere Tabellen angefertigt, die in der vorliegenden Darstellung verarbeitet worden sind. Dieser etwas umständlich erscheinende Weg wurde gewählt, weil die Ausgangstabellen des Anhangs nach dem Prinzip der Vollständigkeit angefertigt wurden. Das erst ermöglicht die bei statistischen Arbeiten unbedingt notwendige Nachprüfbarkeit aller Angaben. Für die Darstellung mußte das Zahlenmaterial übersichtlich und anschaulich gemacht werden, was vor allem Grafiken auf der Grundlage von Indizes und kleinere Tabellen verlangte. Da diese Grafiken (Abb. 2—17) und Tabellen auf den Tabellen des Anhangs basieren, kann auf eine nochmalige Annotation verzichtet werden. Nur zusätzliche Literatur wurde bei den Tabellen des Textteiles genannt.

## Die Bevölkerungsentwicklung von 1816 bis 1910

Für die Untersuchung der zahlenmäßigen Entwicklung der Bevölkerung in der Magdeburger Börde ist für das 19. Jh. ein sehr dichtes Material vorhanden. Die 1816 einsetzenden Volkszählungen wurden zunächst alle drei Jahre wiederholt. 1871 und 1875 wurde im vierjährigen Turnus gezählt und ab 1880 in fünfjährigen Abständen. Mit Lücken sind die Einwohnerzahlen aller Dörfer und Städte der Börde von 1816 bis 1910 vorhanden. Jedoch ist die Ermittlung und Berechnung der Einwohnerzahlen der einzelnen Dörfer ausgesprochen arbeitsaufwendig. Es sind hier 5859 Positionen zu ermitteln, zu ergänzen und vergleichbar zu machen. Da das in der vorgegebenen Zeit nicht möglich war, können nur die Gesamtzahlen der Einwohner des platten Landes dargestellt werden. Für jede einzelne Stadt der Börde, deren Zahl wesentlich geringer als die der Dörfer war, wurden die Bevölkerungsangaben aufgearbeitet, so daß die Entwicklung von Stadt- und Landbevölkerung verglichen werden kann.

Die Abb. 2 bringt einen Vergleich der Entwicklung der Gesamtbevölkerung der vier Börde-Kreise mit dem Regierungsbezirk Magdeburg. Im Regierungsbezirk Magdeburg

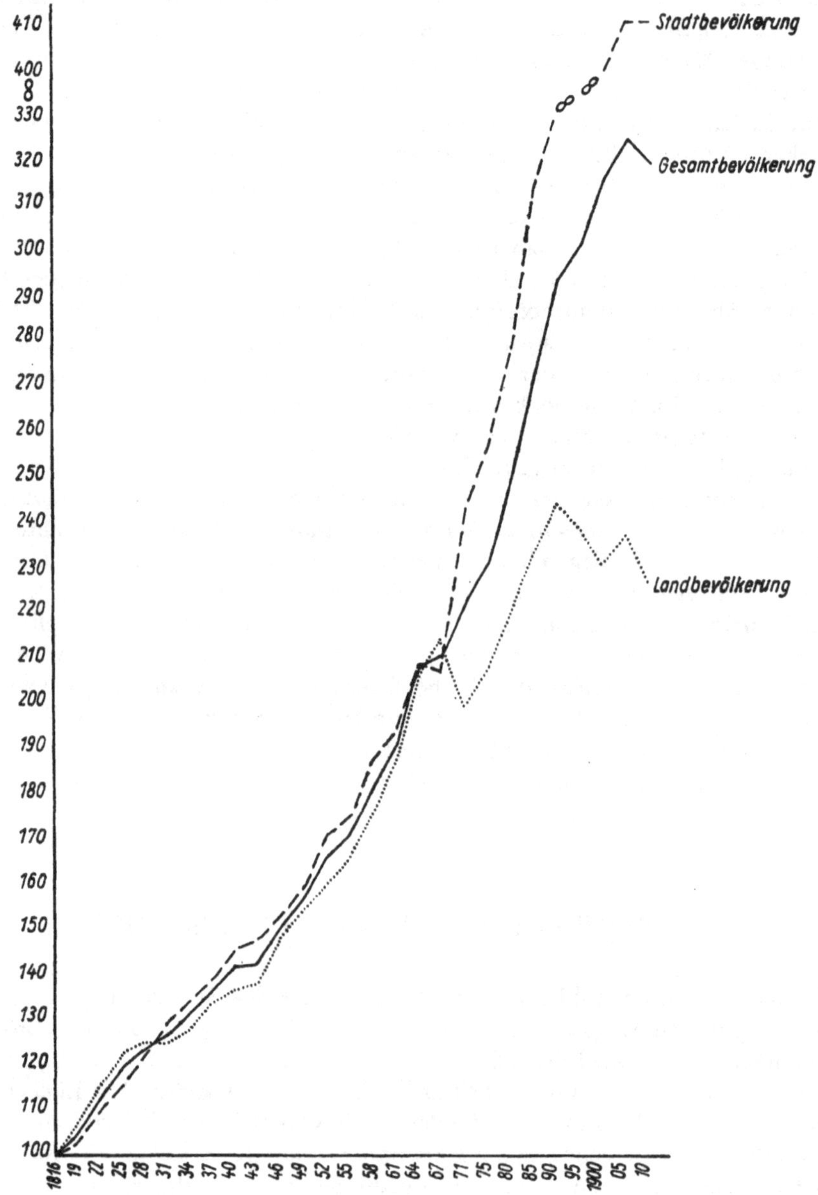


Abb. 3 Die Entwicklung der Bevölkerung im Kreise Calbe von 1816 bis 1910

—— Gesamtbevölkerung
– – Stadtbevölkerung
······ Landbevölkerung

stieg die Bevölkerung von 467219 auf 1248990, d. h. um 167 Prozent. An der größeren Verwaltungseinheit des Regierungsbezirkes sollen die Kreise gemessen werden. Der Kreis Calbe überflügelte den Regierungsbezirk. Seine Einwohnerzahl stieg von 34086 auf 108798, d. h. um 220 Prozent. Die Ursachen der starken Steigerung sind in der gewerblichen und industriellen Entwicklung des Kreises zu suchen, der im Regierungsbezirk mit an vorderster Stelle rangierte. Auch der Kreis Wanzleben hatte bis 1905 eine stärkere Bevölkerungszunahme als der Regierungsbezirk aufzuweisen. Von 1816 bis 1905 stieg die Einwohnerzahl von 30106 auf 89426 an, d. h. um 197 Prozent. Bis 1910 erfolgten einige Eingemeindungen von Stadtrand-Dörfern, so daß die Einwohnerzahl des Kreises auf 69463 absank. In diesen Dörfern war die Einwohnerzahl durch das Wachstum der Industrie in der Stadt Magdeburg schnell angestiegen. Begünstigt wurde dieser Prozeß durch die niedrigeren Mieten und die einfacheren Ansiedlungsbedingungen auf dem Lande. Im Kreis Wanzleben wurde der schnellere Bevölkerungsanstieg nicht nur durch die Auspendler verursacht. Auch die erheblichen Fortschritte in der Landwirtschaft, vor allem der Anbau und die Verarbeitung der Zuckerrübe, schufen günstige Bedingungen für das Bevölkerungswachstum.

Die beiden anderen Börde-Kreise, deren Wirtschaft in ganz beträchtlichem Maße durch die Landwirtschaft geprägt wurde, blieben in ihrer Bevölkerungsentwicklung erheblich hinter den Kreisen Calbe und Wanzleben zurück. Die Landwirtschaft und die mit ihr verbundenen Gewerbe-, Industrie-, Handels- und Transportbetriebe benötigten nicht soviel Arbeitskräfte wie die Industrie, deren Expansionsvermögen erheblich größer war. Deshalb stieg die Bevölkerung im Kreise Neuhaldensleben auch nur von 31293 auf 68087 an, d. h. um 118 Prozent. Im Kreis Wolmirstedt stieg sie von 27177 auf 51397 an, d. h. um 89 Prozent.

Der unterschiedliche absolute Zuwachs in den vier Kreisen bedingte auch einen unterschiedlichen prozentualen jährlichen Zuwachs. Die Steigerungsrate betrug im Regierungsbezirk 1,8 Prozent, in den Kreisen Calbe 2,3 Prozent, Neuhaldensleben 1,3 Prozent, Wanzleben 1,4 Prozent und Wolmirstedt 0,9 Prozent. Bis auf den Kreis Calbe blieben alle anderen Kreise hinter dem Regierungsbezirk zurück, dessen Bevölkerungswachstum in erheblichem Maße durch das Industriezentrum Magdeburg bestimmt wurde.

Die absoluten Ausgangswerte aller vier Börde-Kreise waren für 1816 erstaunlich einheitlich (Calbe 34086, Neuhaldensleben 31293, Wanzleben 30106, Wolmirstedt 27177). Wenn im Verlaufe des 19. Jh. die Bevölkerungsentwicklung in den Börde-Kreisen auseinanderging, so läßt das auf Entwicklungsbedingungen schließen, die neu eintraten. Nach der Abb. 2 verliefen die Kurven der vier Kreise und des Regierungsbezirkes bis in die vierziger Jahre hinein relativ einheitlich. Die jährlichen prozentualen Zuwachsquoten wiesen keine bemerkenswerten Unterschiede auf. In den vierziger Jahren wurden die neuen Entwicklungsbedingungen für die Bevölkerungsentwicklung wirksam und verursachten die beginnende Auffächerung der einzelnen Kurven. Die neuen Entwicklungsbedingungen waren durch die kapitalistische Bauernbefreiung und die industrielle Revolution gekennzeichnet, die untrennbar mit der Durchsetzung der ökonomischen Basis der kapitalistischen Gesellschaftsordnung verbunden waren. Nach 1870 verstärkte sich in der Volkswirtschaft die extensiv und die intensiv erweiterte Reproduktion und die Bevölkerungskurven stiegen schneller an und fächerten sich weiter auf.

Die ökonomischen Prozesse des Kapitalismus führten im Verlaufe des 19. Jh. in der Magdeburger Börde zu einem stark differenzierten Bild der Bevölkerungsentwicklung. Während die Bevölkerungskurve des erheblich industriell orientierten Kreises Calbe schnell anstieg, blieb die Kurve des am stärksten landwirtschaftlich geprägten Kreises Wolmirstedt zurück. Das Zurückbleiben wurde aber erst 1861/64 offensichtlich. Ab diesem Zeitpunkt war das Expansionsvermögen der Landwirtschaft und der mit ihr verbundenen Wirtschaftszweige offensichtlich geringer geworden, während es in der Industrie immer stärker werden sollte, wie der schon erwähnte Verlauf der Kurven nach 1870 bestätigt.

Das 20. Jh. brachte für die Bevölkerungsentwicklung wiederum neue Bedingungen. Das Jahr 1905 stellte den eigentlichen Höhepunkt dar. Im Regierungsbezirk Magdeburg verlangsamte sich seither die Zunahme. Während sie von 1900 bis 1905 noch 49505 betragen hatte, betrug sie von 1905 bis 1910 nur noch 23113. In allen vier Börde-Kreisen ging die Bevölkerung absolut zurück. Sieht man vom Kreis Wanzleben wegen der Eingemeindungen ab, so war dies am stärksten im Kreis Wolmirstedt der Fall. Hier deutet sich das neue und noch völlig ungenügend erforschte Stadium des Umschichtungsprozesses zwischen Industrie und Landwirtschaft im Hinblick auf die Arbeitskräfte an. Doch eine gründliche Erörterung des Phänomens der Stagnation und des Rückganges in der Bevölkerung kann erst zu einem späteren Zeitpunkt erfolgen.

Die Abb. 3 zeigt die Entwicklung der Gesamt-, der Stadt- und der Landbevölkerung im Kreise Calbe von 1816 bis 1910. Die Vergleichsebene ist hier nicht mehr wie bei Abb. 2 der Kreis zum Regierungsbezirk, sondern die Stadt- und Landbevölkerung im Verhältnis zur Gesamtbevölkerung des Kreises. Die Bevölkerung der 6 Städte betrug 1816 16956 und stieg bis 1910 auf 69900 an, d. h. um 311 Prozent. Damit lagen die Städte erheblich über der Zunahme der Gesamtbevölkerung, die 220 Prozent betrug. Die Landbevölkerung wuchs im gleichen Zeitraum von 17130 auf 38898 an, d. h. um 127 Prozent. Ihr Wachstum blieb erheblich hinter der städtischen Bevölkerung zurück. Das zeigte sich auch in den prozentualen jährlichen Zuwachsraten, die für den ganzen Kreis 2,3 Prozent, für die Stadtbevölkerung 3,3 Prozent und die Landbevölkerung 1,4 Prozent betrugen.

Der Ausgangspunkt für das Wachstum war 1816 fast gleich. In den 6 Städten wohnten 16956 Menschen und in den 51 Landgemeinden 17130. Bis 1864 verliefen auch beide Wachstumskurven sehr ähnlich. 1864 wohnten 35547 Menschen in den Städten und 35484 in den Landgemeinden. 1867 überflügelte die Landbevölkerung in unerheblichem Maße das Wachstum der Stadtbevölkerung. Doch ab 1871 gingen die beiden Kurven immer stärker auseinander. Die jährliche Zuwachsrate der Landbevölkerung wurde geringer, die der städtischen Bevölkerung nahm stark zu. Nach 1890 nahm die Zahl der Landbevölkerung auch absolut ab. Der Geburtenüberschuß wanderte in die Städte.

Bis in die sechziger Jahre veränderten sich die Entwicklungsbedingungen für das Bevölkerungswachstum im Kreise Calbe für Stadt und Land nicht. Aber gegen Ende der sechziger Jahre traten in der Industrie neue Entwicklungsbedingungen ein, die das schnellere Wachstum der Stadtbevölkerung veranlaßten. Es war das rasche Aufblühen des neuen Zweiges des Bergbaues, der Kaliindustrie, und der damit verbundenen Industriebetriebe sowie Handels-, Transport- und Versorgungseinrichtungen, die zunehmend Arbeitskräfte benötigten.

Der Rückgang der Landbevölkerung ab 1890 läßt sich nicht so einfach erklären. Die Zahl der Berufstätigen in der Landwirtschaft nahm auch nach 1890 weiter zu. Aber ohne eine genaue Kenntnis der Struktur der Zunahme kann man nicht sagen, ob nicht doch die Landwirtschaft auf den Abgang eingewirkt hat. Möglicherweise zogen auch Auspendler in die Städte, um lange Arbeitswege zu ersparen. Hier könnte nur eine Detailforschung, die sehr arbeitsaufwendig ist, eventuell Aufklärung bringen.

Nach 1900 fand der bekannte Abschwung in der Bevölkerungsentwicklung statt. Während in den 6 Städten ab 1905 die Bevölkerung stagnierte, ging sie auf dem Lande weiter zurück. Der Bevölkerungsrückgang des Kreises Calbe, dessen Ursachen gegenwärtig noch nicht zu ergründen sind, wurde eindeutig durch das platte Land verursacht.

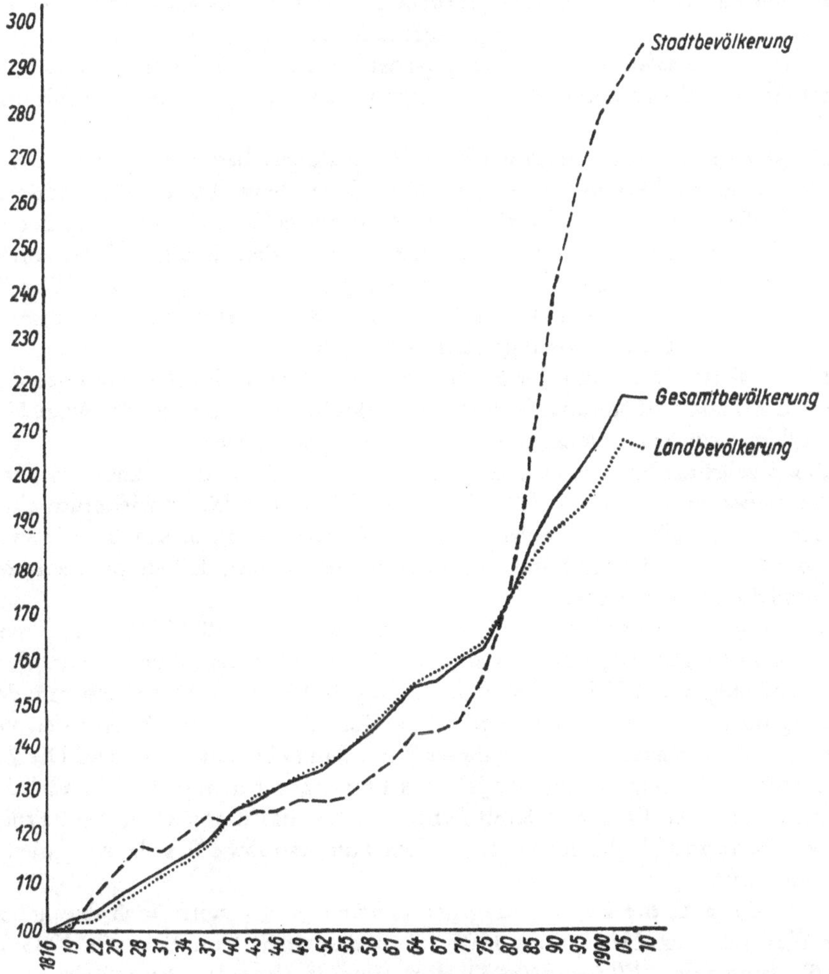


Abb. 4 Die Entwicklung der Bevölkerung im Kreise Neuhaldensleben von 1816 bis 1910
— Gesamtbevölkerung
– – Stadtbevölkerung
.... Landbevölkerung

Die Abb. 4 zeigt die Entwicklung der Gesamt-, der Stadt- und der Landbevölkerung im Kreise Neuhaldensleben von 1816 bis 1910. Während im Kreis Calbe die Stadt- die Landbevölkerung in zunehmendem Maße überwog, war das im Kreis Neuhaldensleben nicht der Fall. Bis 1910 war Calbe ein weitgehend urbanisierter Kreis, in dem 64 Prozent der Bevölkerung in Städten und 36 Prozent in Landgemeinden wohnten. Im Kreis Neuhaldensleben gab es nur eine Stadt, nach der auch der Kreis seinen Namen hat. Die Entwicklung der Bevölkerung des Kreises wurde deshalb fast ausschließlich durch die Landgemeinden bestimmt.

In der Stadt Neuhaldensleben wohnten 1816 3634 Menschen und 1910 10774. Die Zunahme betrug 196 Prozent. Die Einwohnerzahl der 67 Landgemeinden wuchs von 27659 auf 57313 an, d. h. um 107 Prozent. Das Wachstum der Landbevölkerung blieb erheblich hinter dem der Kreisstadt zurück. Die jährliche prozentuale Zuwachsrate betrug im ganzen Kreise 1,3 Prozent, in Neuhaldensleben 2,1 Prozent und in den Landgemeinden 1,1 Prozent. Faktisch war die Kreisstadt ein Anziehungspunkt für die Bevölkerung der Landgemeinden und nahm einen Teil von deren Bevölkerungszuwachs auf. Doch das geschah erst relativ spät im 19. Jh.

Bis 1837 war der Bevölkerungszuwachs in Neuhaldensleben höher als auf dem platten Lande. Von 1840 bis 1880 blieb der Zuwachs in der Stadt hinter den Landgemeinden zurück. Ab 1880 wurden durch die Gründung von Fabriken neue Entwicklungsbedingungen geschaffen, die den schnellen Zuwachs verursachten. In den dreißig Jahren von 1880 bis 1910 stieg die Einwohnerzahl von Neuhaldensleben von 6288 auf 10774. Der Zuwachs betrug 4486 oder 72 Prozent der Bevölkerung von 1880. Die jährliche Zuwachsrate betrug 2,4 Prozent. Das war für die damalige Zeit beachtlich.

Im 20. Jh. war der Rückgang der Bevölkerung des Kreises Neuhaldensleben durch den Rückgang der Landbevölkerung bedingt. Die Bevölkerung der Stadt Neuhaldensleben stieg weiter an, wenn auch die Zuwachsrate etwas geringer wurde.

Die Abb. 5 zeigt die Entwicklung der Gesamt-, der Stadt- und der Landbevölkerung im Kreise Wanzleben von 1816 bis 1910. Der Kreis Wanzleben bietet wiederum ein anderes Bild als die Kreise Calbe und Neuhaldensleben. Obwohl es in diesem Kreise vier Städte gab, war die Entwicklung der Landgemeinden so gravierend, daß sie die gesamte Bevölkerungsentwicklung bestimmte.

In den vier Städten wohnten 1816 7343 Menschen und 1910 12958. Der gesamte Zuwachs betrug 77 Prozent des Standes von 1816. Die Einwohnerzahl der 45 Landgemeinden (ohne Buckau) stieg von 22763 auf 56505, d. h. um 149 Prozent. Das Wachstum der Stadtbevölkerung blieb erheblich hinter dem der Landbevölkerung zurück. Aus den prozentualen jährlichen Zuwachsraten läßt sich dieser Tatbestand ebenfalls erkennen. Die Zuwachsrate der Kreisbevölkerung betrug pro Jahr 1,4 Prozent, auf dem platten Land 1,6 Prozent und in den Städten 0,8 Prozent. Damit haben wir fast das umgekehrte Verhältnis wie in den Kreisen Calbe und Neuhaldensleben, in denen die städtische Bevölkerung die höchsten Zuwachsraten hatte.

Der starke Zuwachs der Bevölkerung der Landgemeinden wird noch deutlicher, wenn das Jahr 1816 mit dem Höhepunkt 1905 verglichen wird. Von 1816 bis 1905 stieg die Landbevölkerung von 22763 auf 75939, d. h. um 235 Prozent. Diese Steigerung wurde nur von den Städten des Kreises Calbe überboten.

Die Ursachen für den starken Zuwachs der Landbevölkerung im Kreis Wanzleben liegen zum Teil in der Landwirtschaft und der Weiterverarbeitung landwirtschaftlicher Erzeugnisse. Durch seinen starken Zuckerrübenanbau und die Saatgutvermehrung nahm Wanzleben unter den Börde-Kreisen die führende Stellung ein. Aber noch bedeutsamer war der Bevölkerungszuwachs in den Landgemeinden des Kreises, die vor den Toren der Stadt Magdeburg lagen. In Fermersleben stieg die Einwohnerzahl von 298 im Jahre 1816 auf 3469 im Jahre 1895 und in Westerhüsen von 606 auf 9120, in Diesdorf von 768 im Jahre 1816 auf 3003 im Jahre 1910 und in Groß Ottersleben von 1287 auf 7228. Damit erreichten diese ländlichen Randgemeinden von Magdeburg Einwohnerzahlen, die über denen der Städte des Kreises lagen. Nur die Stadt Egeln paßte 1910 mit ihren 5309 Einwohnern in diese Größenordnung. Das starke Anwachsen der Einwohnerzahlen in den bei Magde-

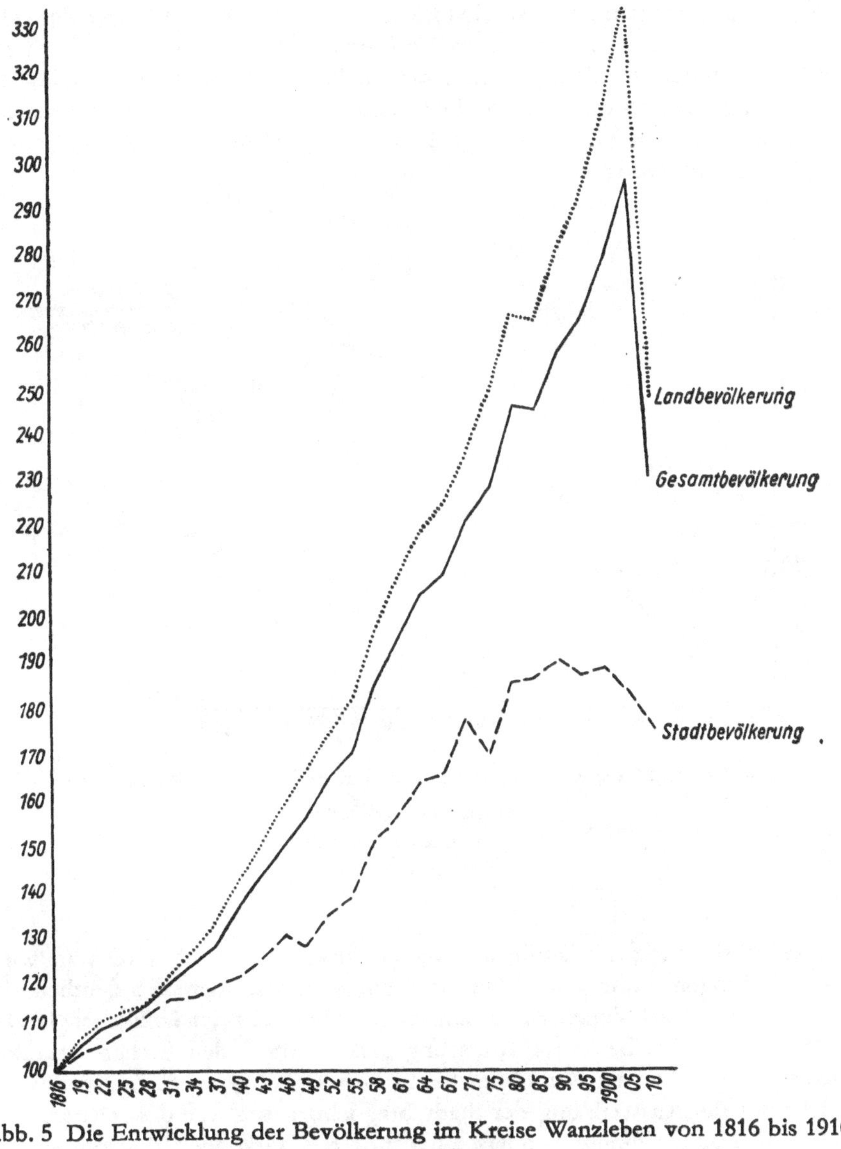


Abb. 5 Die Entwicklung der Bevölkerung im Kreise Wanzleben von 1816 bis 1910

— Gesamtbevölkerung
– – Stadtbevölkerung
.... Landbevölkerung

burg liegenden Wanzlebener Landgemeinden hing mit der Ausstrahlung des Wirtschaftslebens der Stadt und den damaligen Lebensbedingungen zusammen. In den Landgemeinden siedelten solche Berufstätigen, vor allem Arbeiter, die nicht die Zuzugsbedingungen der Stadt Magdeburg erfüllen konnten.

Im Kreis Wanzleben verliefen die Bevölkerungskurven nur wenige Jahrzehnte einheitlich. Bereits in den dreißiger Jahren traten Entwicklungsbedingungen ein, die zum Auseinandergehen der Kurven führten. Die Kurve der Landbevölkerung stieg durch die Zunahme der jährlichen Wachstumsrate schneller an. Die Kurve der städtischen Bevölkerung veränderte sich nicht. Erst in den fünfziger Jahren nahm hier die Zuwachsrate zu. Doch bereits in den siebziger Jahren nahm die Zuwachsrate ab und seit 1890 ging die Stadtbevölkerung auch absolut zurück. Die kleinen Landstädte mit ihrer stark landwirtschaftlichen Bevölkerung spürten schon früher die allgemein erst im 20. Jh. einsetzenden ökonomischen Veränderungen.

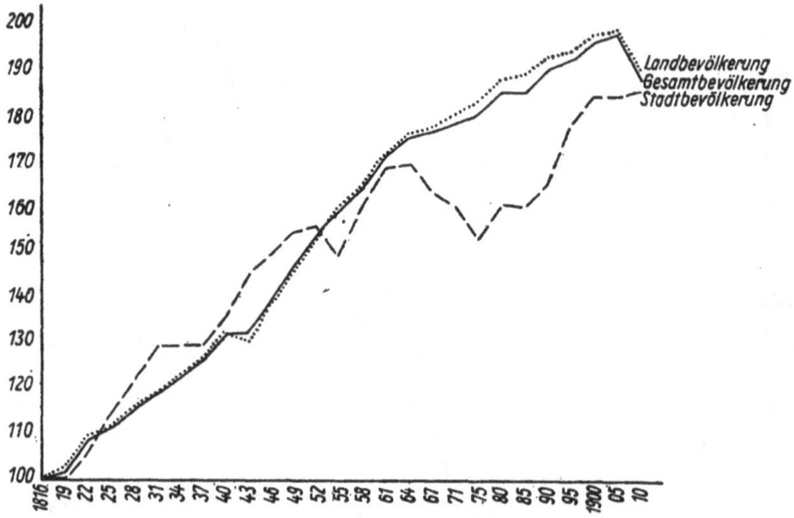


Abb. 6 Die Entwicklung der Bevölkerung im Kreise Wolmirstedt von 1816 bis 1910

—— Gesamtbevölkerung
– – Stadtbevölkerung
···· Landbevölkerung

Der starke Abschwung der ländlichen Bevölkerungskurve nach 1905 war, wie bereits gesagt, auf die Eingemeindungen zurückzuführen. Er macht aber auch deutlich, daß diese Gemeinden einen beträchtlichen Anteil am starken Zuwachs der ländlichen Bevölkerung hatten. Die Kurve wäre bei Ausklammerung dieser Gemeinden flacher verlaufen, hätte aber trotzdem noch über der Kurve der Stadtbevölkerung gelegen. Das verweist darauf, daß es nicht nur die Ausstrahlung der Stadt Magdeburg war, die das stärkere Wachstum der Landbevölkerung bedingte, sondern auch im Kreis wirkende Faktoren, wie beispielsweise die Landwirtschaft und die mit ihr verbundenen Gewerbe.

Die Abb. 6 zeigt die Entwicklung der Gesamt-, der Stadt- und Landbevölkerung im Kreis Wolmirstedt von 1816 bis 1910. Im Kreis Wolmirstedt gab es wie in Neuhaldensleben nur eine Stadt, die Kreisstadt Wolmirstedt. Trotzdem gab es in der Bevölkerungsentwicklung keine Übereinstimmung mit Neuhaldensleben. Der Kreis Wolmirstedt bietet wiederum ein völlig anderes Bild, obwohl er ebenso wie Wanzleben und Neuhaldensleben ein ausgesprochen landwirtschaftlicher Kreis war.

Die Bevölkerung der 53 Landgemeinden stieg von 24849 im Jahre 1816 auf 47063 im Jahre 1910, d. h. um 90 Prozent. In der Stadt Wolmirstedt wohnten 1816 2328 Bürger und 1910 4333. Die städtische Bevölkerung war um 86 Prozent angestiegen. Damit war das

Bevölkerungswachstum zwischen Kreisstadt und Landgemeinden fast gleich. Das drückte sich auch in der Übereinstimmung der jährlichen prozentualen Wachstumsquoten aus. Sie betrugen im ganzen Kreise 1 Prozent, in den Landgemeinden ebenfalls 1 Prozent und in der Stadt 0,9 Prozent. Damit lagen die Zuwachsraten im Kreis Wolmirstedt unter denen der anderen Börde-Kreise. Nur die Städte des Kreises Wanzleben hatten mit 0,8 Prozent eine noch niedrigere Zuwachsrate.

Bis in die sechziger Jahre verliefen ähnlich wie im Kreis Calbe die Kurven von städtischer und ländlicher Bevölkerung einheitlich. Zeitweise blieb das Wachstum der ländlichen hinter der städtischen Bevölkerung leicht zurück. Zeitweise war es umgekehrt. Die Entwicklungsbedingungen für Stadt- und Landbevölkerung waren gleich geblieben. Doch in den sechziger Jahren wirkten sich neue Entwicklungsbedingungen aus. Die Zuwachsrate der ländlichen Bevölkerung wurde unerheblich kleiner und die Kurve ein wenig flacher. Jedoch die Bevölkerung der Kreisstadt nahm von 1864 bis 1875 von 3966 auf 3598 ab, um dann bis 1900 wieder zuzunehmen. Eine Erklärung für die nicht der Regel entsprechende Bevölkerungsentwicklung von Wolmirstedt könnte nur eine Untersuchung der städtischen Entwicklung geben.

Im 20. Jh. stagnierte die Bevölkerungsentwicklung in der Kreisstadt. In den Landgemeinden nahm sie bis 1905 nur geringfügig zu und ging von 1905 bis 1910 zurück. Das brachte auch für den Kreis Wolmirstedt den bereits in anderen Kreisen beobachteten Bevölkerungsrückgang.

Vergleicht man die Bevölkerungsentwicklung aller vier Börde-Kreise miteinander, dann fällt die Vielfalt der Erscheinungen ins Auge. Keine der Abb. 3 bis 6 gleicht einander. Jede zeigt ein anderes Erscheinungsbild. Obwohl im groben gesehen für die Kreise Neuhaldensleben, Wanzleben und Wolmirstedt die Landwirtschaft und die mit ihr verbundenen Gewerbe die Entwicklung bestimmten, war die Bevölkerungsentwicklung unterschiedlich. Die Abweichungen ergeben sich aus der unterschiedlichen Entwicklung der Wirtschaft in den Kreisen selbst. Landwirtschaft ist nicht überall gleich Landwirtschaft. Betriebsgrößenstruktur, Bodenqualität, Viehbesatz, Arbeitskräftestruktur und Ertragslage waren in den Börde-Kreisen durchaus verschieden und wirkten sich zudem unterschiedlich auf die Bevölkerungsentwicklung aus. Außerdem wirkten auf die Bevölkerungsentwicklung noch weitere Faktoren ein, die wir nicht in unsere Untersuchung aufgenommen haben. Trotzdem kam den wirtschaftlichen Faktoren die größte Bedeutung zu, aber nicht die alleinige.

Zum Abschluß unserer Betrachtungen über die Bevölkerungsentwicklung in den Börde-Kreisen soll die Entwicklung der städtischen Bevölkerung in den beiden unterschiedlichen Kreisen Calbe und Wanzleben untersucht werden.

Die Abb. 7 zeigt die Entwicklung in den sechs Städten des Kreises Calbe von 1816 bis 1910. Die kleinste Stadt war 1816 Groß Salze mit 1613 Einwohnern, gefolgt von Staßfurt mit 1644. Über 2000 Einwohner hatten Barby mit 2541 und das außerhalb der Magdeburger Börde gelegene Aken mit 2996. Die beiden größten Städte waren die Kreisstadt Calbe mit 3712 Einwohnern und die alte Salzstadt Schönebeck mit 4450. Das zahlenmäßige Wachstum der sechs Städte war unterschiedlich. Schönebeck war 1910 mit 18310 Einwohnern weiterhin die größte Stadt. Das kleine Staßfurt war durch den aufkommenden Kalibergbau mit 16794 Einwohnern zur zweitgrößten Stadt geworden. Calbe war mit 12088 Einwohnern die drittgrößte Stadt, gefolgt von Groß Salze mit 8968, Aken mit 8448 und Barby mit 5292.

Der prozentuale Zuwachs betrug in Schönebeck 311 Prozent, in Staßfurt 922 Prozent,

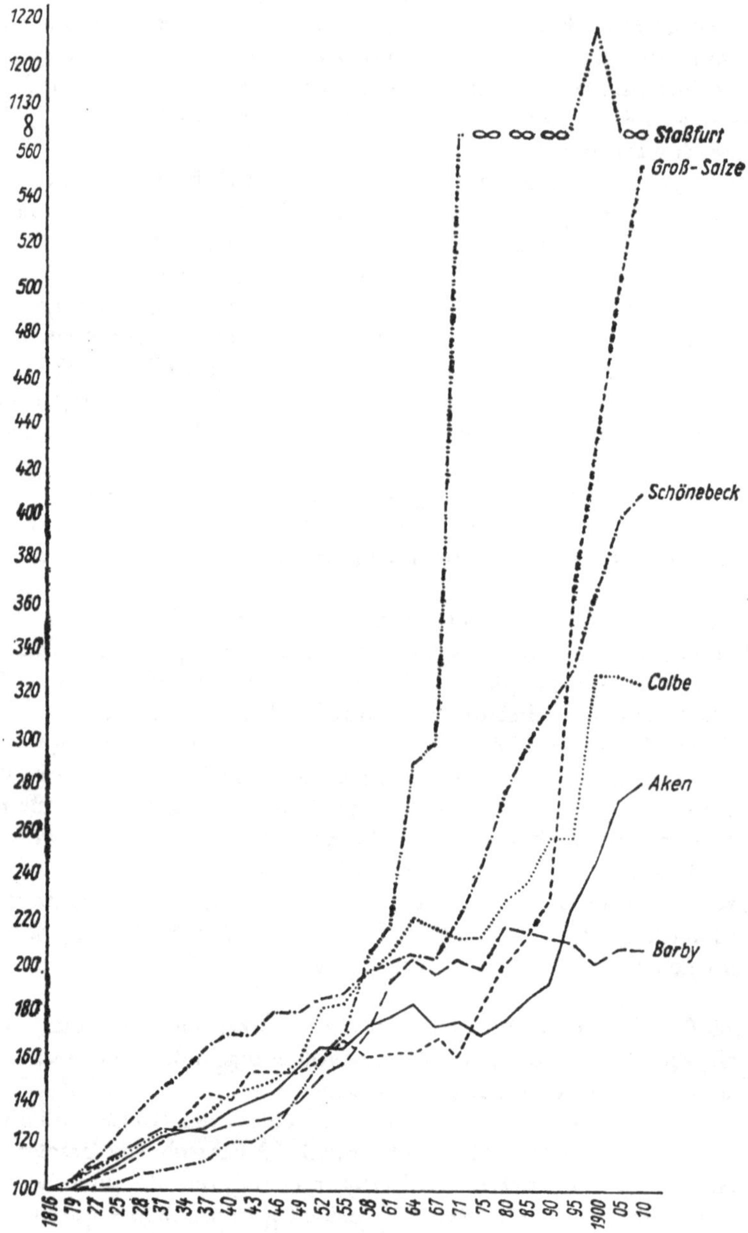


Abb. 7 Die Entwicklung der Bevölkerung in den Städten des Kreises Calbe von 1816 bis 1910

——— Aken
— — Barby
........ Calbe
- - - - Groß Salze
-·-·- Schönebeck
-··-·· Staßfurt

in Calbe 226 Prozent, in Groß Salze 456 Prozent, in Aken 182 Prozent und in Barby 108 Prozent. Der Unterschied im prozentualen Zuwachs zwischen Staßfurt und Barby war beachtlich. In Staßfurt war er fast neunmal größer als in Barby und fast fünfmal größer als in Aken.

Die erheblichen Unterschiede in der Zunahme der Bevölkerung drückten sich auch in der absoluten und relativen jährlichen Zuwachsrate aus. In Staßfurt nahm die Bevölkerung um 161 Bürger oder 9,8 Prozent zu, in Groß Salze um 78 oder 4,8 Prozent, in Schönebeck um 147 oder 3,3 Prozent, in Calbe um 89 oder 2,4 Prozent, in Aken um 58 oder 1,9 Prozent und in Barby um 29 oder 1,1 Prozent. Die niedrigen Zuwachsraten in Aken und Barby entsprachen denen anderer Städte in der Magdeburger Börde, deren Wirtschaft auf die herkömmlichen Belange orientiert war. Die hohen Zuwachsraten in den anderen Städten waren durch den raschen Aufschwung der Kaliindustrie, des Salzbergbaus und der chemischen Industrie bedingt. In Calbe waren es die Textilindustrie und die Weiterverarbeitung landwirtschaftlicher Erzeugnisse, die einen stärkeren Arbeitskräftebedarf hatten.

Die Bevölkerungskurven der einzelnen Städte verliefen bis in die sechziger Jahre des 19. Jh. hinein relativ einheitlich. Die jährlichen prozentualen Zuwachsraten stimmten noch weitgehend überein. Doch in den sechziger Jahren wurden neue Entwicklungsbedingungen wirksam, die zu einer Auffächerung der Kurven führten. Die Kurven von Staßfurt, Groß Salze und Schönebeck nahmen einen raschen Aufschwung. In Calbe und Aken setzte der Aufschwung erst nach einer Stagnationsperiode zwischen 1864 und 1875 ein. Barby machte die gleiche Stagnationsphase durch, konnte sich aber von ihr bis 1910 nicht mehr erholen.

Im 20. Jh. setzte die schon bekannte Stagnation bzw. der Rückschritt in der Bevölkerungszahl ein. Aber in Groß Salze, Schönebeck und Aken nahmen die Einwohnerzahlen weiter zu. Von 1905 bis 1910 wurde jedoch auch in Schönebeck und Aken die Zuwachsrate ein wenig geringer.

Die Abb. 8, die die Entwicklung der Bevölkerung in den vier Städten des Kreises Wanzleben zeigt, gibt ein in vielerlei Hinsicht anderes Bild als die Abb. 7. In den Städten des Kreises Wanzleben entstand außer der Weiterverarbeitung landwirtschaftlicher Erzeugnisse keine Industrie, die über die Regierungsbezirk- oder gar die Provinzgrenzen hinaus von Bedeutung gewesen wäre. Lediglich in Egeln errang die Lohgerberei größere Ausmaße. Es waren deshalb vor allem die Anforderungen der Wirtschaft des Kreises, des Bezirkes und teilweise der Provinz, die das Bevölkerungswachstum in den genannten Kreisstädten bestimmten.

1816 hatte die Kreisstadt Wanzleben mit 2454 Bürgern die höchste Einwohnerzahl der Städte des Kreises, gefolgt von Egeln mit 2253, Seehausen mit 1674 und Hadmersleben mit 962. Bis 1910 war die Bevölkerung der genannten Städte unterschiedlich angewachsen. Egeln war mit 5309 Einwohnern zur größten Stadt im Kreis geworden, Wanzleben war nur auf 3753 Bürger angestiegen, Seehausen auf 2840 und Hadmersleben auf 1056.

Im Vergleich zum Kreis Calbe war der prozentuale Zuwachs der einzelnen Städte erheblich niedriger. Er betrug in Egeln 136 Prozent, Wanzleben 53 Prozent, in Seehausen 71 Prozent und in Hadmersleben 10 Prozent. Dem entsprachen auch die absoluten und relativen jährlichen Zuwachsraten. Sie betrugen in Egeln 33 Bürger oder 1,4 Prozent, in Wanzleben 14 oder 0,6 Prozent, in Seehausen 12 oder 0,8 Prozent und in Hadmersleben 1 oder 0,1 Prozent. Hadmersleben hatte den geringsten Zuwachs. Viele Landgemeinden hatten wesentlich mehr Einwohner als Hadmersleben, das eher einer Landgemeinde als einer Stadt glich.

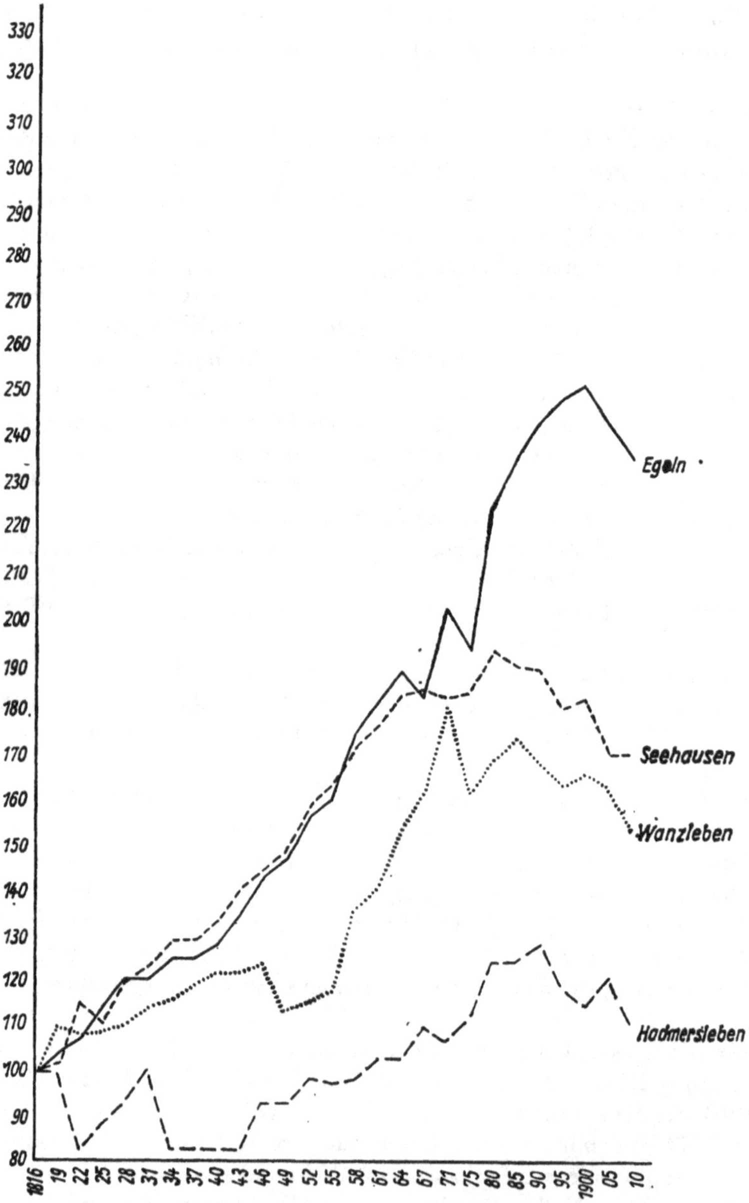


Abb. 8 Die Entwicklung der Bevölkerung in den Städten des Kreises Wanzleben von 1816 bis 1910

——— Egeln
— — Hadmersleben
- - - - Seehausen
········ Wanzleben

Die Bevölkerungskurve von Hadmersleben wich durch ihren geringen jährlichen Bevölkerungszuwachs erheblich von der der anderen Städte ab. Die Bevölkerungskurven von Egeln, Seehausen und Wanzleben weisen wesentlich mehr Übereinstimmung auf. Bis in die vierziger Jahre verlaufen die Kurven der drei Städte sehr einheitlich. Durch Bevölkerungsrückgang und verlangsamten Aufschwung lag die Kurve von Wanzleben einige Jahrzehnte unter denen der beiden anderen Städte. In den sechziger Jahren näherten sich die Kurven noch einmal stark an, um sich dann aufzufächern. Während in Egeln die Bevölkerung schneller wuchs, ähnlich wie in den meisten Städten des Kreises Calbe, ging sie in Seehausen und Wanzleben zurück. In Hadmersleben setzte der Rückgang erst zwanzig Jahre später ein. Eine ähnliche rückläufige Entwicklung hatten wir bereits in Barby und in Wolmirstedt kennengelernt.

Im 20. Jh. setzte sich die rückläufige Bevölkerungsentwicklung weiter fort und erfaßte auch die Stadt Egeln.

Die sechziger Jahre des 19. Jh. hatten für die Entwicklung der Bevölkerung der Städte in den vier Börde-Kreisen eine besondere Bedeutung. Sie waren eine Art Knotenpunkt in der Auswirkung ökonomischer Faktoren auf das Bevölkerungswachstum. In Neuhaldensleben, Staßfurt, Groß Salze, Schönebeck und Egeln nahm das Tempo des Bevölkerungswachstums erheblich zu. In Barby, Seehausen, Wanzleben und Wolmirstedt setzte eine Etappe der Stagnation und des Rückganges ein. Da gleichzeitig in den Landgemeinden die Bevölkerung weiter zunahm, wirkte sich die negative Entwicklung einiger Städte noch nicht auf die Gesamtbevölkerung des Kreises aus.

Deutliche Veränderungen in den Kreisen lassen sich erst wieder im 20. Jh. erkennen. Stagnation und Rückgang unterbrachen auf breiter Front den Bevölkerungsaufschwung der letzten Jahrzehnte des 19. Jh.

Die sechziger Jahre des 19. Jh. und das beginnende 20. Jh. sind deshalb die beiden großen Einschnitte in der Bevölkerungsentwicklung der Magdeburger Börde. Zwischen 1870 und 1900 lagen die Jahrzehnte des größten Aufschwungs. Sie fielen mit dem allgemeinen ökonomischen Wachstum Deutschlands in dieser Zeit zusammen, zu dessen ökonomisch führenden Gebieten der Regierungsbezirk Magdeburg gehörte.

## Die Entwicklung der Struktur der Berufstätigen von 1849 bis 1907

Eine Sozialstatistik in des Wortes eigentlicher Bedeutung, die exakten Aufschluß über die Sozialstruktur der Bevölkerung hätte bieten können, existierte in Preußen nicht. Aber die Berufs- und Betriebszählungen geben wertvolle Aufschlüsse über die soziale Schichtung der Bevölkerung, über die Gliederung der Berufstätigen und der Wirtschaftszweige. In ihrer historischen Entwicklung betrachtet, geben diese Bereiche auch Auskunft über das Wachstum der Beschäftigten in den einzelnen Wirtschaftszweigen und damit über einen wichtigen Aspekt des Wirtschaftswachstums überhaupt sowie über die Veränderungen in den Proportionen.

Die Berufs- und Betriebszählungen wurden nach den Bedürfnissen der damals in Preußen wirtschaftsleitenden Ministerien vorgenommen, und die damit betrauten Beamten der unteren Verwaltungsbehörden und das statistische Bureau in Berlin mußten erst ausreichend Erfahrungen sammeln, um zum einen die Erhebungen richtig durchführen und zum anderen die Hochrechnungen nach vernünftigen Gesichtspunkten ordentlich erledigen zu können.

Die ersten diesbezüglichen Erhebungen wurden in Preußen schon 1816 durchgeführt, aber sie enthalten noch soviel Lücken, daß ein Vergleich mit späteren Erhebungen als unmöglich erscheint. Die erste für uns brauchbare Erhebung wurde 1849 auf der Grundlage des Formulars des Deutschen Zollvereins von 1846 durchgeführt. Diese Erhebung erlaubte die Anfertigung einer Gewerbetabelle und einer Fabrikentabelle. Gleichzeitig wurden die statistische Tabelle, die Kirchen- und Schultabelle sowie die Sanitätstabelle erarbeitet. Diese Tabellen geben Auskunft über die berufliche Tätigkeit der Bürger und über die vorhandenen Betriebe sowie über die Bevölkerungsentwicklung. Derartige Tabellen wurden noch 1852, 1855 und 1858 angelegt.

Mit der Erhebung von 1861 wurde dieses Schema verlassen und im Zusammenhang mit der Volkszählung eine weit weniger detaillierte Volksbeschreibung verbunden, die Auskunft über die berufliche und gewerbliche Gliederung in den preußischen Verwaltungsbezirken gab. Derartige Volkszählungen und Volksbeschreibungen wurden 1864, 1867 und 1871 wiederholt, wobei die Gruppenbildung der Berufstätigen sehr global war. 1871 gab es auch noch große Schwierigkeiten bei der Hochrechnung einiger Gruppen von Lohnarbeitern, weshalb sich gerade diese Erhebung durch viele Ungenauigkeiten auszeichnet.

1875 wurde die Verkopplung der Volkszählung und der Volksbeschreibung aufgegeben und eine separate Gewerbezählung durchgeführt. Diese Erhebung beschränkte sich nur auf die Gewerbebetriebe und erfaßte nicht die Landwirtschaft und die Staatsbetriebe, von denen Eisenbahn und Post Berufstätige der verschiedensten Ausbildungszweige beschäftigten. Deshalb war die Zahl der Berufstätigen nicht vollständig und um die Zahl der in der Landwirtschaft, in den Staatsbetrieben, staatlichen Ausbildungsanstalten und der in sogenannten freien Berufen Beschäftigten zu niedrig angegeben. Diese Berufstätigen betrieben kein „Gewerbe“ und wurden deshalb nicht erfaßt.

Nach der Bildung des Deutschen Reiches wurden 1882, 1895 und 1907 Berufs- und Betriebszählungen nach einheitlichen Gesichtspunkten durchgeführt und als Berufszählung, landwirtschaftliche Betriebszählung und gewerbliche Betriebszählung ausgewertet. Für die Berufszählung erfaßte man die Bevölkerung nach Berufsarten. Die benachbarten Berufsarten bildeten eine Berufsklasse, mehrere Berufsklassen eine Berufsgruppe und schließlich mehrere Berufsgruppen die großen Berufsabteilungen. So gehörte beispielsweise ein Salinenarbeiter zur Berufsklasse „Salzgewinnung“, dieselbe wiederum zur Berufsgruppe „Bergbau, Hüttenbetrieb, Salz- und Torfgewinnung“ und dieselbe zur Berufsabteilung „Industrie und Gewerbe“.

Uns interessieren in erster Linie die Berufsabteilungen und ihre nächste Untergliederung, die Berufsgruppen. Die Berufsabteilungen wurden mit Buchstaben bezeichnet. Es gab die Berufsabteilungen:

A. Landwirtschaft, Gärtnerei, Tierzucht, Fischerei und Forstwirtschaft
B. Bergbau, Hüttenwesen, Industrie und Bauwesen
C. Handel und Verkehr
D. Lohnarbeit wechselnder Art, häusliche Dienstleistungen
E. Armee, Staat, Gemeinde, Kirche und freie Berufe
F. Rentner, Pensionäre, Personen ohne Beruf und Berufsangabe

Die Berufsabteilungen A bis C wurden in der Regel in Berufsgruppen unterteilt, wobei die stärkste Untergliederung die Abteilung B aufwies.

Diese Gruppierung hatte natürlich viele Mängel, deren Erörterung nicht Gegenstand dieser Untersuchung sein kann. Aber sie war historisch gewachsen und ist für uns die einzig greifbare Form des damals erfaßten statistischen Materials, dessen Urfassung vernichtet ist. Nur einzelne Unterlagen sind noch heute im Staatsarchiv in Magdeburg zufällig vorhanden.

Das Zahlenmaterial aus den drei neueren Erhebungen von 1882, 1895 und 1907 ist das geschlossenste Material zur Aufhellung der Sozialstruktur. Die ganze Bearbeitungsmethode hinterläßt den Eindruck größerer Exaktheit, d. h. größer als bei allen früheren diesbezüglichen Erhebungen. So sind zur Kontrolle immer die Aufrechnungen von Berufstätigen und Angehörigen zur Gesamtbevölkerung erfolgt. Aus diesen Gründen wurde auch nur sehr wenig an dem Zahlenmaterial ab 1882 geändert und dasselbe als Maßstab für die Beurteilung des Zahlenmaterials der früheren Zählungen benutzt. Ein solcher Maßstab war notwendig, da die früheren Zählungen Lücken und Mängel aufwiesen. Aus diesem Grunde wurde auch die Zählung von 1907 mit einbezogen.

Das Material der früheren Zählungen mußte nach den Gruppierungsgesichtspunkten der drei neueren Zählungen umgerechnet werden. Es war notwendig, es zu überprüfen, zu berichtigen und zu ergänzen. Die größten Schwierigkeiten bestanden damals bei der Erfassung der sogenannten Erwerbs- und Arbeitslosen, der Gelegenheitsarbeiter, der sich im Ausbildungsprozeß Befindlichen, der Berufstätigen, die in einem Arbeitsverhältnis häusliche Dienste verrichteten und im Gewerbe mithalfen (betraf vor allem das Nahrungsmittelgewerbe und die Gaststätten), und einzelner Gruppen von Lohnarbeitern. Aus dem Vergleich aller Einzelziffern eines Kreises ließ sich ein Berichtigungsmodus für stark abweichende Angaben und ein Modus zur Ergänzung fehlender oder unvollständiger Angaben finden. Im Tabellenanhang wurde bei den einzelnen Tabellen angegeben, was berichtigt wurde. Das „Wie“ ist eindeutig eine Ermessensfrage. Aber erst durch die Angabe der Berichtigungen kann das „Wie“ einer Kritik unterzogen bzw. können eventuell bessere Berichtigungen vorgenommen werden. Diese Methode ist sicherlich zweckmäßiger als die vieler Autoren, die nur die berichtigten Zahlen mitteilen.

Durch die zeitraubende Berichtigungsarbeit war es erst möglich, für die relativ kleinen Untersuchungsgebiete, wie sie einzelne Kreise darstellen, in denen Fehler in der Statistik unangenehmere Auswirkungen als in größeren Verwaltungseinheiten haben, lange Reihen für die Entwicklung der Sozialstruktur bilden zu können. Sicherlich haben diese Reihen nicht den hohen Grad der Exaktheit wie die der Bevölkerungsentwicklung, aber sie geben die Tendenzen, Proportionen und Dimensionen der Sozialstruktur annähernd richtig und weitaus besser als jede nur beschreibende Darstellung wieder. Da alles verfügbare statistische Material durchgesehen wurde, konnte auch der erreichbar mögliche Genauigkeitsgrad erlangt werden.

Die Berufszählungen lassen sich für die Analyse der Sozialstruktur in mehrfacher Hinsicht auswerten. Sie geben Auskunft über das Verhältnis der Berufstätigen zur Gesamtbevölkerung und zu der nichtberufstätigen Bevölkerung, den sogenannten Angehörigen. Sie geben weiterhin Auskunft über die Proportionen zwischen den Berufsabteilungen und Berufsgruppen, die Verschiebungen zwischen denselben und das historische Wachstum bzw. den Rückgang einzelner Berufsgruppen. Aber auch das Verhältnis zwischen Männern und Frauen und zwischen Unternehmern, kleinen Geschäftsinhabern und Handwerksmeistern sowie den Arbeitskräften läßt sich erfassen. Diese verschiedenen Betrachtungsebenen geben bereits einen ausreichenden Aufschluß über die Sozialstruktur.

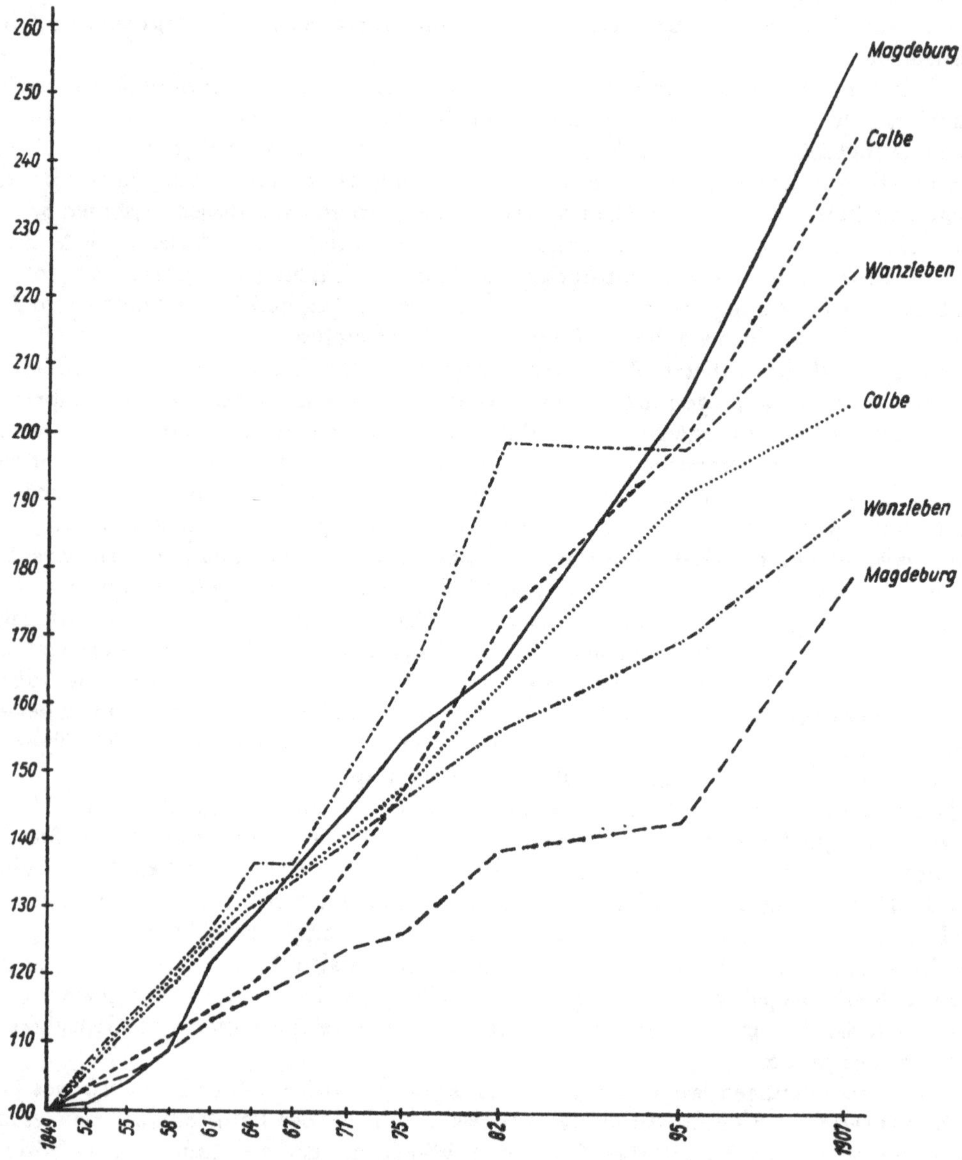


Abb. 9 Die Entwicklung der Gesamtzahl der Berufstätigen und der Bevölkerung im Regierungsbezirk Magdeburg und in den Kreisen Calbe und Wanzleben von 1849 bis 1907

——— Reg.-Bez. Magdeburg Berufstätige
— — Reg.-Bez. Magdeburg Bevölkerung
– – – – Kreis Calbe Berufstätige
........ Kreis Calbe Bevölkerung
–·–·– Kreis Wanzleben Berufstätige
–··–·· Kreis Wanzleben Bevölkerung

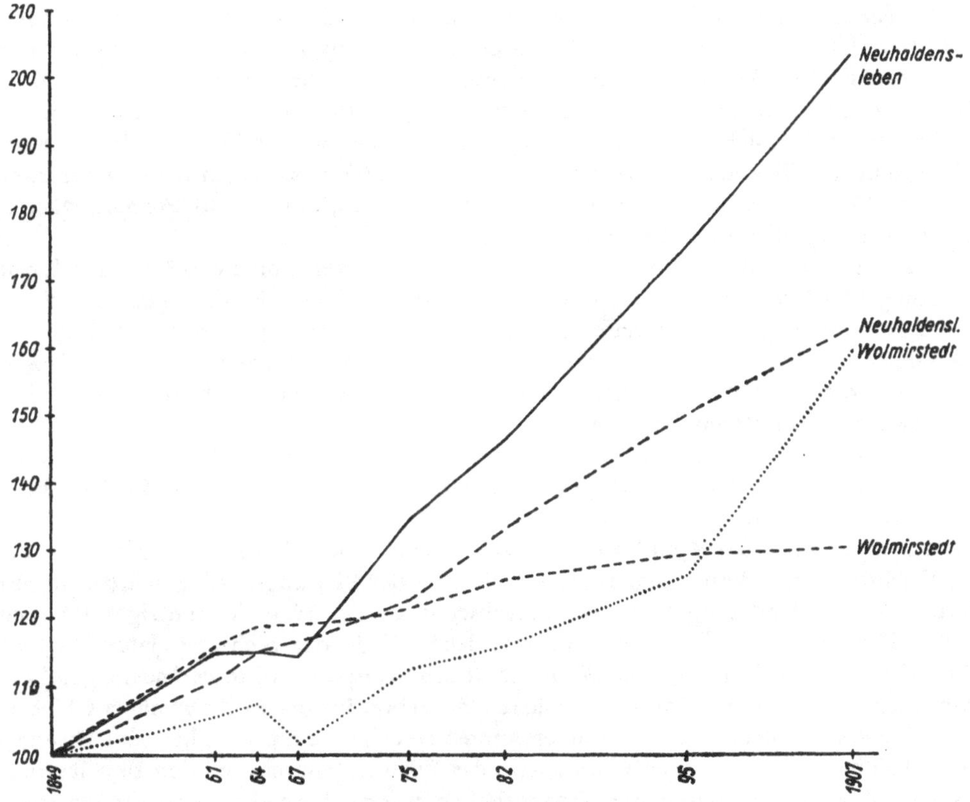


Abb. 10 Die Entwicklung der Gesamtzahl der Berufstätigen und der Bevölkerung in den Kreisen Neuhaldensleben und Wolmirstedt von 1849 bis 1907

——— Kreis Neuhaldensleben Berufstätige
— — Kreis Neuhaldensleben Bevölkerung
- - - - Kreis Wolmirstedt Berufstätige
········ Kreis Wolmirstedt Bevölkerung

### *Die Struktur der Berufstätigen im Regierungsbezirk Magdeburg*

Die Abb. 9 und 10 zeigen die Entwicklung der Berufstätigen und der Bevölkerung im Regierungsbezirk Magdeburg und in den vier Börde-Kreisen. Im Vergleich zu den Abbildungen des Abschnittes über die Bevölkerungsentwicklung verlaufen die Kurven der Abb. 9 und 10 steiler. Das findet seine Ursache darin, daß die sozialökonomischen Prozesse in der zweiten Hälfte des 19. Jh. schneller verliefen und die Zuwachsraten größer waren, obwohl das Ausgangsniveau 1849 höher als 1816 war.

Im Regierungsbezirk Magdeburg stieg die Zahl der Berufstätigen von 236198 im Jahre 1849 auf 616771 im Jahre 1907, d. h. um 161 Prozent. Die Bevölkerung vermehrte sich aber nur um 79 Prozent. Der Kreis Calbe verzeichnete im gleichen Zeitraum einen Anstieg der Berufstätigen von 20501 auf 50724, d. h. um 147 Prozent. Die Bevölkerung stieg um

105 Prozent an. Im Kreis Wanzleben erhöhte sich die Zahl der Berufstätigen von 18431 auf 41105, d. h. um 124 Prozent, während die Bevölkerung nur um 89 Prozent zunahm. Hinter den beiden ökonomisch entwickelteren Kreisen Calbe und Wanzleben stand das Wachstum der Berufstätigen in den Kreisen Neuhaldensleben und Wolmirstedt zurück. Im Kreis Neuhaldensleben stieg die Zahl der Berufstätigen von 16098 auf 33165, d. h. um 105 Prozent. Die Bevölkerung vermehrte sich nur um 63 Prozent. Im Kreis Wolmirstedt wuchs die Zahl der Berufstätigen von 17309 auf 27942 an, d. h. um 61 Prozent, während die Bevölkerung sich um 31 Prozent vermehrte.

Trotz aller Unterschiede im Wachstum von Berufstätigen und Bevölkerung nahm im Regierungsbezirk wie in den vier Börde-Kreisen die Zahl der Berufstätigen schneller zu als die Bevölkerung. Ohne Zweifel geht ein Teil des Wachstums der Berufstätigen auf eine immer bessere statistische Erfassung und eine Ausweitung des Begriffs „berufstätig" auf bislang nicht erfaßte Bevölkerungskreise zurück. Aber der entscheidende Grund für das Anwachsen der Berufstätigen war der ökonomische Aufschwung in dieser Zeit. Das Wirtschaftswachstum — statistisch erfaßt über das Wachstum der Berufstätigen — war größer als der Bevölkerungsanstieg, jedoch trat dieser Umschwung erst in der zweiten Hälfte des 19. Jh. ein.

Die Kurven der Abb. 9 und 10 lassen sehr deutlich den Zeitraum erkennen, in dem das Wachstum der Berufstätigen größer als der Bevölkerungsanstieg wurde. Im Regierungsbezirk Magdeburg setzte der Umschwung bereits Ende der fünfziger Jahre ein, in den Kreisen Neuhaldensleben und Wanzleben Ende der sechziger Jahre, in Calbe Mitte der siebziger Jahre und in Wolmirstedt sehr verspätet Mitte der neunziger Jahre. Vom Kreis Wolmirstedt abgesehen, spielten die schon im ersten Abschnitt als Knotenpunkt für das Bevölkerungswachstum erkannten sechziger Jahre auch hier eine besondere Rolle. In den sechziger Jahren überflügelte das Wirtschaftswachstum den Bevölkerungsanstieg. Dieser Knotenpunkt der ökonomischen Entwicklung darf auch für die soziale Entwicklung als bedeutungsvoll angesehen werden. Da die Wirtschaft schneller als die Bevölkerung wuchs, stand ein größer werdendes Sozialprodukt zur Verfügung, dessen Verteilung natürlich von den Klassenverhältnissen abhing.

Am stärksten waren die Unterschiede zwischen dem Wachstum der Berufstätigen und der Bevölkerung im Regierungsbezirk Magdeburg. Der Unterschied betrug 1907 82 Prozent. Gegenüber dem Regierungsbezirk lagen alle vier Börde-Kreise zurück. Im Kreis Calbe betrug der Unterschied nur 42 Prozent, in Wanzleben 35 Prozent, in Neuhaldensleben 42 Prozent und in Wolmirstedt 30 Prozent.

Aus dem Zurückbleiben des Wachstums der Berufstätigen und der geringeren Unterschiede zwischen deren Wachstum und dem der Bevölkerung läßt sich erkennen, daß das Wirtschaftswachstum in der Magdeburger Börde möglicherweise nicht den Durchschnitt des Regierungsbezirkes erreichte. Doch diese Einschätzung muß mit Vorsicht aufgenommen werden. Ein endgültiges Urteil in dieser Sache verlangt die Analyse weiterer ökonomischer Kennziffern.

Bemerkenswert sind die Kurven der beiden Kreise Calbe und Wolmirstedt. Der Kreis Calbe verzeichnete einen fast gleichmäßig starken Anstieg der Berufstätigen und erreichte fast den Bezirksdurchschnitt. Auf die industrielle Entwicklung des Kreises wurde bereits im vorhergehenden Abschnitt verwiesen, darin ist auch die Ursache für den schnellen Anstieg der Berufstätigen zu suchen. Aber in fast ähnlichen Proportionen entwickelte sich bis 1895 auch die Bevölkerung. Erst zwischen 1895 und 1907 geht das Wachstum der Berufstätigen und der Bevölkerung erheblich auseinander. Das gleiche traf für den

Kreis Wolmirstedt zu, der völlig andere Verhältnisse aufwies. Bis 1895 nahm hier die Bevölkerung stärker zu als die Zahl der Berufstätigen. Das war kein positives Zeichen für die ökonomische Entwicklung des Kreises, die auch die Hauptursache für das Zurückbleiben des Bevölkerungswachstums des Kreises Wolmirstedt gegenüber den anderen Börde-Kreisen abgab.

In abgeschwächter Form gingen auch die Kurven der anderen Kreise und des Regierungsbezirkes zwischen 1895 und 1907 weiter auseinander. Hier läßt sich ebenso wie bei der Analyse der Bevölkerungsentwicklung im ersten Abschnitt erkennen, daß um 1900 neue Entwicklungsbedingungen wirksam wurden, die jedoch nicht so gravierend wie die Vorgänge um die sechziger Jahre waren.

Der Verlauf der Kurven der Abb. 9 und 10 verweist weiterhin auf einen zunehmenden Anteil der Berufstätigen an der Bevölkerung. Die folgende Tabelle 58 gibt Auskunft über die Entwicklung des prozentualen Anteils der Berufstätigen an der Bevölkerung des Regierungsbezirkes und der vier Börde-Kreise.

*Tabelle 58*

*Der prozentuale Anteil der Berufstätigen an der Gesamtzahl der Bevölkerung im Regierungsbezirk Magdeburg und in den vier Börde-Kreisen von 1849 bis 1907*

| | 1849 | 1852 | 1855 | 1858 | 1861 | 1864 | 1867 | 1871 | 1875 | 1882 | 1895 | 1907 |
|---|---|---|---|---|---|---|---|---|---|---|---|---|
| Reg.-Bez. Magdeburg | 34,2 | 33,6 | 33,9 | 34,6 | 37,0 | — | 38,7 | 40,2 | 41,7 | 42,8 | 44,5 | 49,9 |
| Kreis Calbe | 38,4 | — | — | — | — | 34,3 | 35,7 | — | 38,6 | 41,7 | 41,0 | 46,1 |
| Kreis Neuhaldensleben | 38,4 | — | — | — | 39,9 | 38,6 | 37,6 | — | 42,5 | 44,2 | 46,8 | 48,4 |
| Kreis Wanzleben | 39,0 | — | — | — | 39,8 | 40,8 | 39,9 | — | 43,7 | 49,0 | 45,4 | 46,0 |
| Kreis Wolmirstedt | 42,8 | — | — | — | 39,2 | 39,0 | 36,8 | — | 39,6 | 42,2 | 44,2 | 52,8 |

Die stärkste Steigerung des Anteils der Berufstätigen verzeichnete der Regierungsbezirk mit 15,7 Prozent. Die Steigerung in den Börde-Kreisen lag zwischen 7 und 10 Prozent. Da sie alle höhere Ausgangsanteile 1849 hatten, entsprach ihr Niveau 1907 ungefähr dem Bezirksniveau. Damit war 1907 im Regierungsbezirk und in den vier Börde-Kreisen fast die Hälfte der Bevölkerung berufstätig bzw. unter den Berufstätigen eingruppiert.

Die absolute Zahl der Angehörigen der Berufstätigen nahm im Zeitraum von 1849 bis 1907 ebenfalls zu. Im Regierungsbezirk Magdeburg stieg die Zahl von 455176 auf 618352, d. h. um 35 Prozent; im Kreis Calbe von 32915 auf 59105, d. h. um 79 Prozent; im Kreis Neuhaldensleben von 25873 auf 35413, d. h. um 37 Prozent; im Kreis Wanzleben von 28814 auf 48321, d. h. um 68 Prozent und im Kreis Wolmirstedt von 23053 auf 25064, d. h. um 11 Prozent. Im Vergleich dazu nahm die Zahl der Berufstätigen wesentlich schneller zu (161 Prozent, 147 Prozent, 105 Prozent, 124 Prozent, 61 Prozent). Das führte zu einem Rückgang des Anteils der Angehörigen an der Gesamtbevölkerung bis 1907 auf etwas über die Hälfte.

Da nicht alle von der Statistik als berufstätig erfaßten Bürger über ein Einkommen verfügten und bis 1907 die Berufstätigen ohne selbständiges Einkommen zunahmen, kann nicht einfach geschlußfolgert werden, die eine Hälfte der Bevölkerung habe die andere

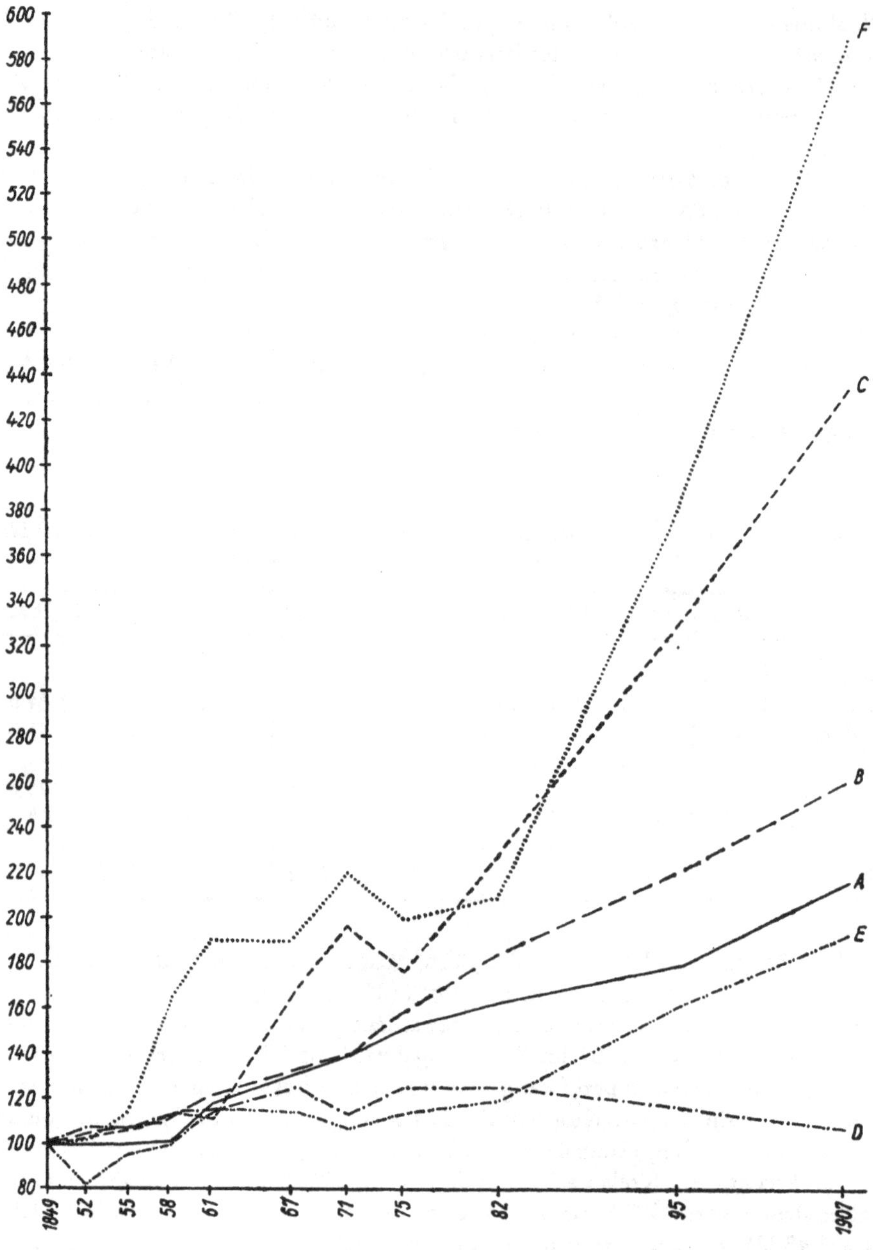


Abb. 11 Die Entwicklung der Berufsabteilungen A bis F im Regierungsbezirk Magdeburg von 1849 bis 1907

——— A. Bodennutzung und Tierzucht
— — B. Industrie und Gewerbe
- - - - C. Handel und Verkehr
–·–·– D. Hausdienst, wechselnde Lohnarbeit
–··–·· E. Heer, Verwaltung, freie Berufe
········ F. Ohne Beruf

materiell versorgt. Aber sicher ist, daß die Berufstätigen mit selbständigem Einkommen in der zweiten Hälfte des 19. Jahrhunderts durchschnittlich weniger Angehörige zu ernähren hatten. Annäherungswerte könnten errechnet werden, was jedoch mit einem sehr hohen Arbeitsaufwand verbunden ist.

Die Abb. 11 zeigt die Entwicklung der Berufstätigen in den Berufsabteilungen A bis F im Regierungsbezirk Magdeburg von 1849 bis 1907.

In der Berufsabteilung A (Landwirtschaft, Fischerei, Fortwirtschaft) stieg die Zahl der Berufstätigen von 97580 im Jahre 1849 auf 211207 im Jahre 1907. Die Steigerung betrug 117 Prozent. Das ist eine sehr beachtliche Zunahme, weil der Regierungsbezirk Magdeburg bereits um die Mitte des 19. Jh. eine sehr gut entwickelte Landwirtschaft hatte und sich in der zweiten Hälfte des Jh. die landwirtschaftliche Nutzfläche kaum veränderte. Faktisch haben die vorhandenen landwirtschaftlichen Betriebe ihre Arbeitskräfte mehr als verdoppelt. In der Berufsabteilung B (Industrie und Gewerbe) war der Anstieg noch größer. Die Zahl der Berufstätigen stieg im gleichen Zeitraum von 83874 auf 220366, d. h. um 163 Prozent.

Die Berufsabteilungen A und B waren für die sozialökonomische Struktur des Regierungsbezirkes von besonderer Bedeutung. Landwirtschaft und Industrie einschließlich des Gewerbes waren die beiden entscheidenden Volkswirtschaftszweige. Hier war die übergroße Zahl der Berufstätigen beschäftigt. Deshalb bestimmten sie auch wesentlich die Entwicklung der Gesamtzahl der Berufstätigen, die bereits behandelt wurde.

Der Vergleich zur prozentualen Steigerung der Bevölkerung, die von 1849 bis 1907 79 Prozent betrug, zeigt, wie stark mit 117 Prozent die Landwirtschaft und mit 163 Prozent die Industrie anstieg. Es war ganz natürlich, daß das Wachstum der Industrie gegenüber der Landwirtschaft größer war, aber ein so großes Anwachsen der unmittelbar in der Volkswirtschaft Berufstätigen überrascht. Die wirtschaftliche Expansion des Regierungsbezirkes Magdeburg war in der zweiten Hälfte des 19. Jh. beachtlich.

Von den beiden entscheidenden Berufsabteilungen A und B wich die Entwicklung der anderen Berufsabteilungen erheblich ab. Die Berufsabteilung D (Hausdienst und wechselnde Lohnarbeit) hatte 1849 8084 Berufstätige und 1907 8746. Die Steigerung war geringfügig und betrug 8 Prozent. In den sechziger und siebziger Jahren war die Zahl der Berufstätigen höher gewesen, ging aber danach ständig zurück. Die Zahl der mehrmals im Jahre den Arbeitsplatz wechselnden Berufstätigen war gering. Auch die Zahl der im Haushalt Arbeitenden, die außerhalb des Haushaltes ihrer Dienstherren wohnten, war niedrig. Der weitaus größere Teil des Hauspersonals wohnte im Haushalt der Dienstherren, wurde aber nicht unter der Berufsabteilung D erfaßt, sondern als „Dienstboten zur Bedienung“ bei den einzelnen Berufsabteilungen. Es war jedoch sehr schwierig, bei den einzelnen Gewerben eine genaue Grenze zwischen persönlicher Bedienung und gewerblicher Tätigkeit zu ziehen (Nahrungsmittelgewerbe, Gaststätten, Beherbergung).

Die Berufsabteilung E wuchs stärker als D an, blieb aber noch hinter A und B zurück. 1849 gab es hier 18387 Berufstätige und 1907 35592, d. h. die Steigerung betrug 93 Prozent. Zu dieser Berufsabteilung gehörten neben den Militärangehörigen die im öffentlichen Verwaltungsdienst Stehenden, die kirchlichen Angestellten, die Lehrer und das Schulverwaltungspersonal, das medizinische Personal, die Künstler, Schriftsteller und Schausteller. Mit 93 Prozent Wachstum nahm die Berufsabteilung E stärker zu als die Gesamtbevölkerung mit 79 Prozent. Da diese Berufsabteilung von dem Mehrprodukt lebte, das in Industrie und Landwirtschaft erzeugt wurde, bedeutete ihr stärkeres Wachstum eine zunehmende Belastung der Werktätigen.

Die Berufsabteilungen C und F wuchsen stärker als die Zahl der Berufstätigen in Industrie und Landwirtschaft. In der Berufsabteilung C (Handel und Verkehr) betrug die Zahl der Berufstätigen 1849 16803 und 1907 72898. Die Steigerung betrug 334 Prozent. Die stärkste Zunahme wies in der Berufsabteilung C die Berufsgruppe Verkehrswesen mit 477 Prozent auf, gefolgt von Handel und Kredit mit 278 Prozent, Beherbergungen und Gaststätten mit 269 Prozent und Versicherungswesen mit 219 Prozent. Die starke Steigerung im Verkehrswesen deutet darauf hin, daß die wirtschaftliche Expansion mit einer erheblichen Ausdehnung der Kommunikation verbunden war. Auch der Handel nahm unmittelbar an diesem Aufschwung teil, und aus der verstärkten Transporttätigkeit ergab sich eine zunehmende Frequentierung der Gaststätten und Herbergen. Sicherlich lag in dem weitaus schnelleren Anwachsen der Berufstätigen in der Berufsabteilung C eine ökonomische Notwendigkeit.

Die stärkste Zunahme hatte die Berufsabteilung F zu verzeichnen. Sie stieg von 11470 im Jahre 1849 auf 67962 im Jahre 1907, d. h. um 491 Prozent. Zu dieser Berufsabteilung gehörten solche Personen, die von Pensionen und Armenunterstützung und von ihrem Vermögen lebten, die Insassen von Anstalten aller Art und die außer Haus wohnenden Schüler und Studenten. In der zweiten Hälfte des 19. Jh. wuchsen alle Untergruppen der Berufsabteilung F an, aber der erhebliche Anstieg nach 1882 hing mit der Erfassung der außer dem Elternhaus lebenden Schüler und Studenten zusammen.

Die Kurven der Abb. 11 zeigen wiederum zwei charakteristische Erscheinungen, die bereits bei den Kurven anderer Abbildungen beobachtet werden konnten. Abgesehen von der Berufsabteilung F verliefen die Kurven der anderen Berufsabteilungen bis in die sechziger Jahre hinein recht einheitlich. In den sechziger Jahren traten solche Entwicklungsbedingungen ein, die zur Auffächerung der Kurven führten. Um die Jahrhundertwende wurde nach einem relativ gleichmäßigen Verlauf der Kurven die Auffächerung größer, d. h. die prozentuale Zuwachsrate wurde stärker bzw. schwächer. Die Ursachen für die Knotenpunkte in den sechziger Jahren und um 1900 waren eindeutig ökonomischer Natur, da alle anderen in diese Zeit fallenden Ereignisse keinen so gravierenden Charakter hatten, um die Zahlen der Berufstätigen in der Volkswirtschaft und den anderen Bereichen so nachhaltig beeinflussen zu können.

Die Abb. 12 zeigt die Entwicklung der Berufstätigen in den strukturbestimmenden Zweigen von Industrie und Gewerbe im Regierungsbezirk Magdeburg von 1849 bis 1907. Der strukturbestimmende Charakter von Industrie- und Gewerbezweigen konnte nur nach einem Kriterium ermittelt werden, nämlich nach dem prozentualen Anteil der Berufstätigen innerhalb der Berufsabteilung. Für den Regierungsbezirk Magdeburg wurden damals sechs Berufsgruppen nachgewiesen. Den stärksten Aufschwung hatte die Berufsgruppe 1 (Bergbau, Verhüttung, Salz, Torf) zu verzeichnen, die von 1818 im Jahre 1849 auf 14834 im Jahre 1907 anstieg, d. h. um 716 Prozent. Durch die Aufnahme des Kalibergbaus stieg in den sechziger Jahren die Beschäftigtenzahl enorm an. Das war auch die Ursache des schnellen Anwachsens der Einwohnerzahlen einiger Städte im Kreis Calbe, in dem der Kalibergbau konzentriert war. Die Berufsgruppe 2 (Metallverarbeitung und Apparatebau) stieg ebenfalls erheblich an. Die Zahl der Berufstätigen wuchs von 7771 auf 45373, d. h. um 484 Prozent. Dieser erhebliche Anstieg hing vor allem mit dem schnellen Ausbau Magdeburger Werkstätten zu Großbetrieben zusammen. Aber auch in den kleineren Städten wuchs die Metallverarbeitung und der Apparatebau. Die Berufsgruppe 3 (Steine und Erden), zu der die Kunst- und Natursteinverarbeitung, die Kies- und sonstige Erdgewinnung, die Ziegel-, Töpferwaren- und Porzellanherstellung sowie

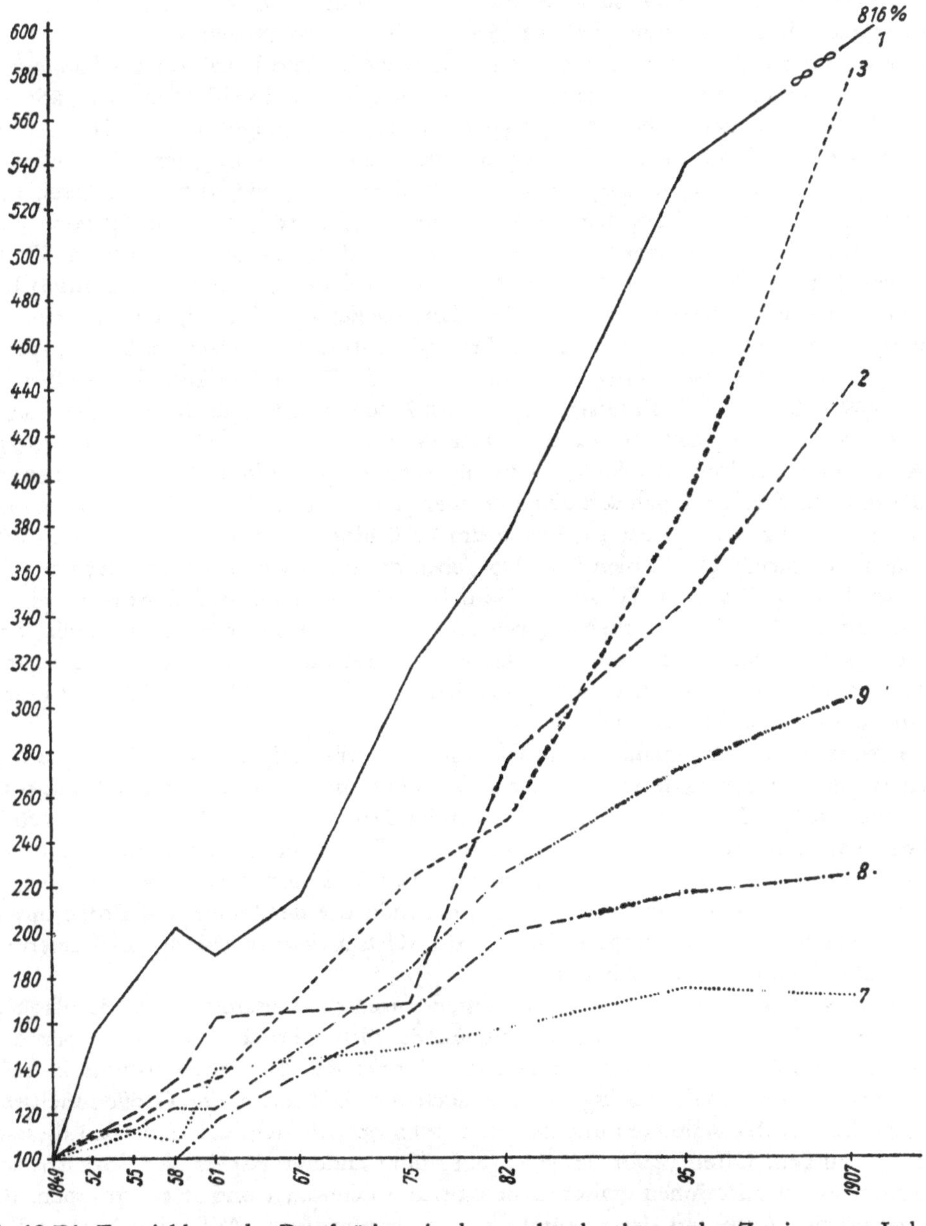


Abb. 12 Die Entwicklung der Berufstätigen in den strukturbestimmenden Zweigen von Industrie und Gewerbe im Regierungsbezirk Magdeburg von 1849 bis 1907

——— 1. Bergbau, Verhüttung, Salz, Torf
— — 2. Steine und Erden
- - - - 3. Metallverarbeitung, Apparatebau
········ 7. Nahrungs- und Genußmittel
— · — 8. Bekleidung und Reinigung
— ·· — 9. Bau und Holz

die Glasfabrikation gehörten, stand in ihrem Wachstum an dritter Stelle. Die Zahl der Berufstätigen erhöhte sich von 3398 auf 15055, d. h. um 343 Prozent.

Einen geringeren Anstieg hatte die Berufsgruppe 9 (Bau und Holz), die das Baugewerbe und die Holzverarbeitung umfaßte. 1849 waren hier bereits 16818 Menschen tätig und 1907 51106. Durch den hohen Ausgangswert betrug die Steigerung nur 204 Prozent. Das gleiche traf auch auf die Berufsgruppen 7 und 8 zu. Zur Berufsgruppe 8 (Bekleidung und Reinigung) gehörten vorwiegend kleine Handwerksbetriebe, wie Schneiderei, Putzmacherei, Kürschnerei, Schuhmacherei, Wäscherei und Plätterei sowie die Friseure, Badeanstalten und die Kammerjäger. 1849 gab es 15420 Berufstätige und 1907 34790. Die Steigerung betrug 126 Prozent. Die Berufsgruppe 7 (Nahrungs- und Genußmittel) hatte ebenfalls viele kleine Betriebe, wie die Fleischer, Bäcker und Müller, aber die mittleren Betriebe, wie die Brauereien, Brennereien, Essigfabrikation und Tabakfabrikation, spielten schon eine größere Rolle. Außerdem kamen noch die Zuckerfabriken als Großbetriebe hinzu. 1849 gab es 21999 Berufstätige und 1907 36626. Die Zunahme betrug nur 72 Prozent. 1849 war der Industriezweig Nahrungs- und Genußmittel von allen Zweigen mit Abstand der Stärkste. Er wuchs bis in die sechziger Jahre in ähnlichen Proportionen wie die anderen Zweige. Doch seit den sechziger Jahren nahm die Zahl der Berufstätigen nur noch sehr langsam zu. Der Rückgang um 1900 hing mit dem Wechsel in den Zählmethoden zusammen. Die Zahlen bis 1895 geben die durchschnittlich pro Jahr Beschäftigten an. Für 1907 war es die am 12. Juni beschäftigte Zahl von Arbeitskräften und Betriebsinhabern. Da die Verarbeitung vegetabilischer Nahrungsmittel saisonbedingt war (Zuckerrüben, Zichorien), lag die Zahl der Berufstätigen an einem Zähltag niedriger als der Jahresdurchschnitt. Der Abschwung der Kurve zwischen 1895 und 1907 gibt deshalb nicht die tatsächliche Situation wieder.

Von den strukturbestimmenden Industrie- und Gewerbezweigen blieben im Regierungsbezirk Magdeburg nur die Berufsgruppen Bekleidung und Reinigung und Nahrungs- und Genußmittel hinter der Entwicklung der gesamten Berufsabteilung B zurück. Die größere Zahl der strukturbestimmenden Zweige wuchs schneller als die Gesamt-Berufsabteilung B. Vor allem das starke Wachstum der Berufsgruppen 1, 2 und 3 verweist auf die große Bedeutung, die der Kohle- und Salzbergbau, die Industrie der Steine und Erden und die Metallverarbeitung und der Apparatebau für die Wirtschaftsentwicklung des Regierungsbezirkes und die Sozialstruktur hatten.

Die Abb. 9 bis 12 haben die Entwicklungstendenzen der Gesamtzahl der Berufstätigen der Berufsabteilungen und der Berufsgruppen deutlich gemacht. Dadurch konnte ein Aspekt der Sozialstruktur erfaßt werden, der Aspekt des Größenwachstums in seiner historischen Tendenz. Gleichzeitig wurden auch die Relationen des Größenwachstums zwischen den Berufsabteilungen und Berufsgruppen optisch sichtbar, ohne daß dieselben berechnet wurden. Offen bleibt hingegen ein völlig anderer Aspekt der Sozialstruktur, der Aspekt der Proportionen zwischen den Berufsabteilungen und Berufsgruppen, d. h. ihr prozentualer Anteil an der Gesamtzahl der Berufstätigen. Auf diese Fragestellung gibt die Tabelle 59 Antwort, die eine Zusammenstellung der prozentualen Verhältnisse der Berufsgruppen und Berufsabteilungen im Regierungsbezirk Magdeburg von 1849 bis 1907 bringt.

Obwohl es im Größenwachstum der Berufsabteilungen und Berufsgruppen sehr große Unterschiede gab, überraschen die geringen Veränderungen, die in den Relationen zwischen den Berufsabteilungen eintraten. Die Berufsabteilungen A, B und C (Wirtschaft, Industrie und Handel und Verkehrswesen) erfaßten die Berufstätigen der eigentlichen Volks-

*Tabelle 59*

*Das prozentuale Verhältnis der Berufsabteilungen und Berufsgruppen im Regierungsbezirk Magdeburg von 1849 bis 1907*

| Berufsgruppen | 1849 | 1852 | 1855 | 1858 | 1861 | 1867 | 1871 | 1875 | 1882 | 1895 | 1907 |
|---|---|---|---|---|---|---|---|---|---|---|---|
| A. Bodennutzung und Tierzucht | 41,3 | 40,6 | 40,1 | 39,2 | 40,0 | 39,8 | 40,0 | 40,5 | 39,1 | 35,0 | 34,3 |
| B. Industrie und Gewerbe | | | | | | | | | | | |
| 1. Bergbau, Verhüttung, Salz, Torf | 0,7 | 1,2 | 1,4 | 1,4 | 1,2 | 1,2 | — | 1,6 | 1,7 | 2,0 | 2,4 |
| 2. Steine und Erden | 1,4 | 1,5 | 1,6 | 1,8 | 1,9 | — | — | 1,6 | 2,2 | 2,3 | 2,4 |
| 3. Metallbearbeitung, Apparatebau | 3,3 | 3,6 | 3,7 | 3,8 | 3,7 | — | — | 4,8 | 4,8 | 6,0 | 7,3 |
| 4. Chemie, Leuchtstoffe, Harze | 0,6 | 0,6 | 0,7 | 0,5 | 0,7 | — | — | 0,8 | 0,7 | 0,9 | 1,0 |
| 5. Textil | 5,2 | 4,6 | 3,9 | 3,4 | 2,3 | — | — | 2,1 | 1,4 | 0,7 | 0,6 |
| 6. Papier und Leder | 1,1 | 1,1 | 1,1 | 1,1 | 1,0 | — | — | 0,9 | 1,0 | 1,1 | 1,2 |
| 7. Nahrungs- u. Genußmittel | 9,4 | 10,0 | 10,0 | 9,3 | 10,7 | — | — | 9,1 | 8,1 | 7,5 | 5,9 |
| 8. Bekleidung u. Reinigung | 6,5 | 6,6 | 6,4 | 6,0 | 6,3 | — | — | 6,9 | 7,6 | 6,9 | 5,7 |
| 9. Bau u. Holz | 7,1 | 7,8 | 7,7 | 7,9 | 7,2 | — | — | 8,4 | 9,2 | 9,3 | 8,4 |
| 10. Kunstgewerbe Polygraphie | 0,2 | 0,1 | 0,1 | 0,2 | 0,3 | — | — | 0,3 | 0,3 | 0,5 | 0,7 |
| 11. Sonstige Gewerbe | — | — | — | 0,1 | — | — | 0,6 | — | 0,8 | 0,0 | 0,1 |
| Summe | 35,5 | 37,1 | 36,6 | 35,5 | 35,3 | 35,0 | 34,5 | 36,5 | 37,8 | 37,2 | 35,7 |
| C. Handel und Verkehr | | | | | | | | | | | |
| 1. Handel und Kredit | 4,1 | 4,7 | 4,8 | 4,6 | 4,0 | 4,5 | — | 4,3 | 4,8 | 5,7 | 6,0 |
| 2. Versicherung | — | — | — | — | — | — | — | — | 0,1 | 0,1 | 0,3 |
| 3. Verkehr | 1,6 | 1,3 | 1,1 | 1,5 | 1,3 | 2,9 | — | 2,8 | 3,0 | 3,0 | 3,6 |
| 4. Beherbergung u. Gaststätten | 1,4 | 1,3 | 1,3 | 1,3 | 1,2 | 1,3 | — | 1,0 | 1,3 | 2,2 | 1,9 |
| Summe | 7,1 | 7,3 | 7,2 | 7,4 | 6,5 | 8,7 | 9,6 | 8,1 | 9,2 | 11,0 | 11,8 |
| D. Hausdienst, wechselnde Lohnarbeit | 3,4 | 3,7 | 3,5 | 3,5 | 3,2 | 3,1 | 2,7 | 2,8 | 2,4 | 1,9 | 1,4 |
| E. Heer, Verwaltung, freie Berufe | 7,8 | 6,4 | 7,2 | 7,1 | 7,4 | 6,6 | 5,8 | 5,7 | 5,4 | 6,0 | 5,7 |
| F. Ohne Beruf | 4,9 | 4,9 | 5,4 | 7,3 | 7,6 | 6,8 | 7,4 | 6,3 | 5,2 | 8,8 | 11,0 |

wirtschaft. Ihr Anteil betrug 1849 83,9 Prozent der Gesamtzahl der Berufstätigen und 1907 82,2 Prozent. Der geringe Rückgang war ein Zeichen dieser erstaunlichen Stabilität der Relationen. Das gleiche traf auf den Anteil der Berufsabteilung B, Industrie und Gewerbe, zu, der in der zweiten Hälfte des 19. Jh. um 35 Prozent der Berufstätigen schwankte und sich im Grunde genommen nicht veränderte. Die Berufsabteilung A, Land- und Forstwirtschaft, hatte einen Rückgang von 7 Prozent zu verzeichnen. Dieser Rückgang kam aber nicht der Industrie zugute. Dadurch näherten sich schon 1882 die Anteile an der Gesamtzahl der Berufstätigen an, und 1907 waren sie fast gleich. Von ihren Anteilen an der Gesamtzahl der Berufstätigen waren Industrie und Gewerbe sowie Land- und Forstwirtschaft die beiden gleich starken Volkswirtschaftszweige im Regierungsbezirk Magdeburg. Sie bildeten die beiden Säulen des damaligen Wirtschaftslebens und gaben auch der Sozialstruktur ihr spezifisches Gepräge.

1849 waren 76,8 Prozent der Berufstätigen in Industrie und Landwirtschaft (Berufsabteilungen A und B) beschäftigt. 1907 waren es nur noch 70 Prozent. Der Rückgang von 6,8 Prozent, der, wie bereits bemerkt, von der Landwirtschaft kam, wurde von den Berufsabteilungen aufgefangen, die nicht unmittelbar zum Sektor der materiellen Produktion gehörten.

Es gab aber auch innerhalb der zuletzt genannten Berufsabteilungen noch Rückgänge. So ging die Berufsabteilung D, Hausdienst und wechselnde Lohnarbeit, von 3,4 auf 1,4 Prozent zurück. Das gleiche traf auf die Berufsabteilung E, Heer, Verwaltung, freie Berufe, zu, die sich von 7,8 auf 5,7 Prozent verminderte. Ein solcher Rückgang ruft Zweifel hervor. Aber die angegebenen Zahlen stimmen. Die eigentlichen Nutznießer dieser Veränderungen waren die Berufsabteilung C, Handel und Verkehr, die von 7,1 auf 11,8 Prozent anstieg, und die Berufsabteilung F, Ohne Beruf, die von 4,9 auf 11,0 Prozent anwuchs. Bei beiden Berufsabteilungen wirkte sich das außerordentlich starke zahlenmäßige Anwachsen, das in der Abb. 11 durch den Kurvenverlauf schon deutlich wurde, auch auf den Anteil an der Gesamtzahl der Berufstätigen aus.

Die kapitalistische Entwicklung der Wirtschaft im Regierungsbezirk Magdeburg brachte zwei wichtige Erscheinungen hervor. So wuchs der prozentuale Anteil der Berufstätigen in Handel und Verkehr schneller an als in den übrigen Volkswirtschaftszweigen. Weiterhin stieg der prozentuale Anteil der von Revenue lebenden Personen und der sich in einer schulischen Ausbildung befindlichen Bürger schneller an als alle anderen Berufsabteilungen.

Beachtliche Veränderungen gab es auch innerhalb der in ihrem Anteil an der Gesamtzahl der Berufstätigen relativ konstanten Berufsabteilung B, Industrie und Gewerbe. Mit 5,2 Prozent war 1849 die Berufsgruppe 5, Textil, noch strukturbestimmend. Ein Siebentel aller Berufstätigen aus Industrie und Gewerbe war hier beschäftigt. Doch 1907 umfaßte diese Berufsgruppe nur noch 0,6 Prozent. Bis auf wenige Betriebe war die Textilherstellung aus dem Regierungsbezirk verschwunden und hatte ihre Heimstatt in den großen Textilzentren Deutschlands gefunden. Auch der Anteil der Berufsgruppe 7, Nahrungs- und Genußmittel, war von 9,4 auf 5,9 Prozent und der der Berufsgruppe 8, Bekleidung und Reinigung, von 6,5 auf 5,7 Prozent zurückgegangen. Doch beide Berufsgruppen blieben weiterhin strukturbestimmend. Dafür war der Anteil der Berufsgruppe 1, Bergbau, Verhüttung, Salz und Torf, von 0,7 auf 2,4 Prozent, der Berufsgruppe 2, Steine und Erden, von 1,4 auf 2,4 Prozent und der Berufsgruppe 3, Metallbearbeitung und Apparatebau, von 3,3 auf 7,3 Prozent gestiegen. Während die Berufsgruppe 3 schon 1849 strukturbestimmend war, wurden es die Berufsgruppen 1 und 2 erst in der zweiten Hälfte des

19. Jh. Schließlich stieg die schon 1849 mit einem Anteil von 7,1 Prozent sehr starke Berufsgruppe 9, Bau und Holz, bis 1907 auf 8,4 Prozent an. „Bau und Holz" war 1907 die stärkste Berufsgruppe im Volkswirtschaftszweig „Industrie und Gewerbe", wobei das Baugewerbe die dominierende Stellung einnahm. Das ist ein Beweis dafür, welche große Rolle gerade dieser Industriezweig bei einer sich rasch entwickelnden Volkswirtschaft spielt.

Nach den bisher dargelegten beiden Aspekten der Sozialstruktur, dem Größenwachstum der Berufsabteilungen und Berufsgruppen und ihrem Anteil an der Gesamtzahl der Berufstätigen, läßt sich noch ein weiterer Aspekt untersuchen, das Verhältnis zwischen Selbständigen und Arbeitskräften. Ab 1861 unterschied die preußische Statistik zwischen diesen beiden Gruppen der Berufstätigen. Zu den Selbständigen gehörten die Berufstätigen, die als Eigentümer von Produktionsmitteln ein Gewerbe ausübten, einen Industrie- oder Landwirtschaftsbetrieb besaßen oder ein Handels- oder Verkehrsunternehmen betrieben. Die Größe des Unternehmens spielte hierbei keine Rolle. Sein Inhaber mußte es nur im Hauptberuf betreiben. Die Arbeitskräfte waren jene Berufstätigen, die bei den Selbständigen als Angestellte oder Lohnarbeiter tätig waren. Diese Einteilung war zwar sehr grob, aber gibt doch interessante Aufschlüsse über die Sozialstruktur.

Die Abb. 13 zeigt die Entwicklung der Selbständigen und der Arbeitskräfte in Industrie und Landwirtschaft im Regierungsbezirk Magdeburg von 1861 bis 1907. Um die Abbildung noch übersichtlich zu lassen, konnten von den strukturbestimmenden Zweigen der Industrie nur die Berufsgruppen B 1 und B 3 ausgewählt werden.

Die generellen Tendenzen des Größenwachstums der Berufstätigen, wie sie in den Abb. 11 und 12 dargestellt worden sind, lassen sich auch in der Abb. 13 erkennen. Wichtiger sind jedoch die Unterschiede zwischen den Kurven der Selbständigen und der Arbeitskräfte. Hier gibt es bedeutsame Unterschiede zwischen Industrie und Landwirtschaft, um die Berufsgruppen B und A kurz zu bezeichnen. Bis 1882 lassen sich noch keine Differenzen erkennen. In beiden Berufsabteilungen wächst einmal die Zahl der Selbständigen schneller an, dann schnellt wieder die Zahl der Arbeitskräfte hoch. Es gab also noch keine eindeutige Tendenz zwischen den beiden Gruppen der Berufstätigen in den Hauptzweigen der Volkswirtschaft. Nach 1882 liegen die Kurven der Arbeitskräfte in Industrie und Landwirtschaft über den Kurven der Selbständigen. Damit sind die Tendenzen in der Entwicklung eindeutig geworden. Die Kurve der Arbeitskräfte in der Industrie steigt erwartungsgemäß schneller an als in der Landwirtschaft. Interessant ist aber die Entwicklung der Zahl der Selbständigen in Industrie und Gewerbe. In der Industrie ist ab 1875 die Zahl der Selbständigen fallend, und die Kurve zeigt bereits ab hier einen merklichen Abschwung. Das traf für die Landwirtschaft nicht zu. Nach einer Stagnation der Selbständigen von 1857 bis 1882 nahm deren Zahl ab 1882 leicht zu. Da die Zunahme vor allem bei den Kleinstbetrieben erfolgte, war das kein ausgesprochener Fortschritt, aber für die Existenz des Kapitailsmus in der Landwirtschaft notwendig. Der Rückgang der Selbständigen in Industrie und Gewerbe hing mit dem Konzentrationsprozeß der Produktion zusammen.

Die Kurven der beiden strukturbestimmenden Industriezweige B 1 und B 3 verlaufen auffallend eindeutiger. In der Berufsgruppe B 3, Metallverarbeitung und Apparatebau, stieg die Zahl der Arbeitskräfte stark an. Die Zahl der Selbständigen stieg bis 1882 nur leicht an, um dann zurückzugehen. In absoluten Zahlen ausgedrückt, nahm die Zahl der Arbeitskräfte von 6773 bis auf 41238 zu, d. h. um 506 Prozent. Die Zahl der Selbständigen stieg von 3894 auf 4135, d. h. um 6 Prozent. In der Berufsgruppe B 1, Bergbau, Verhüttung, Salz und Torf, stieg die Zahl der Arbeitskräfte ebenfalls stark an, und zwar von

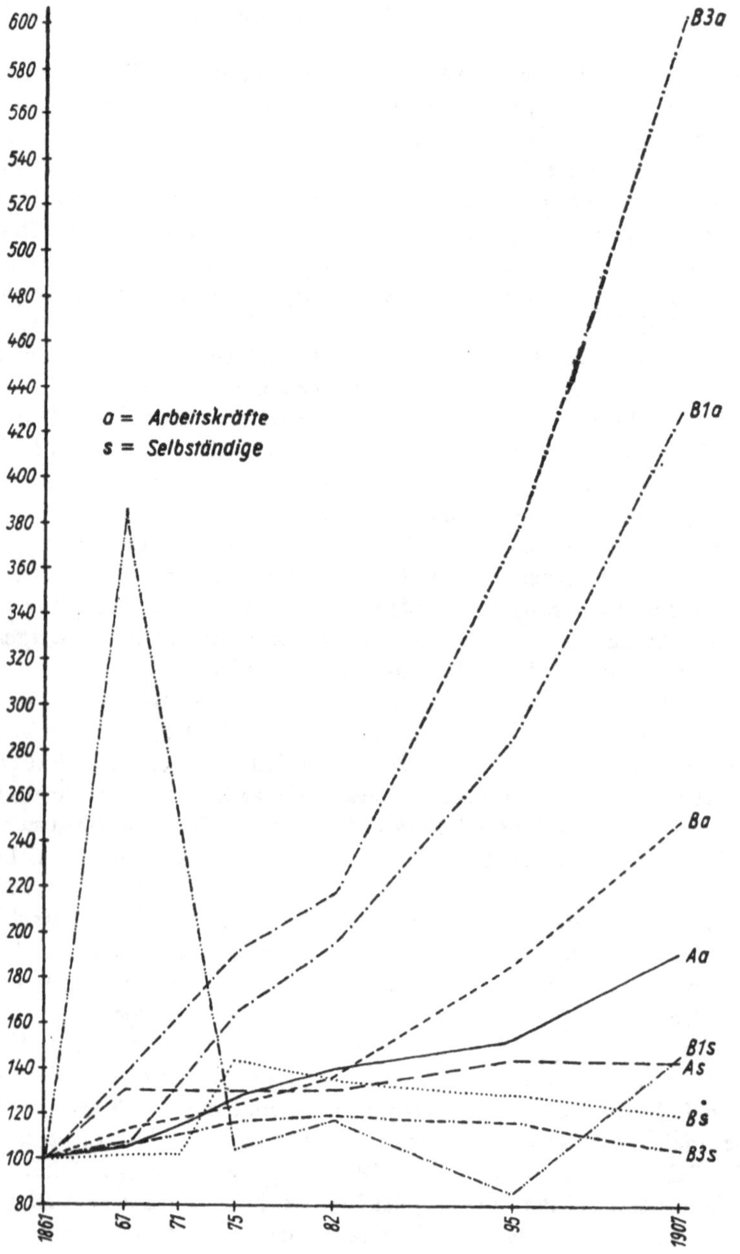


Abb. 13 Die Entwicklung der Selbständigen und der Arbeitskräfte in Industrie und Landwirtschaft im Regierungsbezirk Magdeburg von 1861 bis 1907

——— Berufsabteilung A, Land- und Forstwirtschaft, Arbeitskräfte
— — Berufsabteilung A, Land- und Forstwirtschaft, Selbständige
- - - - Berufsabteilung B, Industrie und Gewerbe, Arbeitskräfte
........ Berufsabteilung B, Industrie und Gewerbe, Selbständige
— · — Berufsgruppe B 1, Bergbau, Verhüttung, Salz, Arbeitskräfte
— ·· — Berufsgruppe B 1, Bergbau, Verhüttung, Salz, Selbständige
·---·- Berufsgruppe B 3, Metallverarbeitung und Apparatebau, Arbeitskräfte
··---·· Berufsgruppe B 3, Metallverarbeitung und Apparatebau, Selbständige

3425 auf 14750, d. h. um 331 Prozent. Die Zahl der Selbständigen blieb hinter diesem schnellen Wachstum zurück. Sie betrug 1861 57 und 1907 84; das entsprach einem Wachstum von 47 Prozent. Die Kurve der Selbständigen verlief jedoch sehr wechselhaft. Das neue Geschäft des Kalibergbaus lockte Unternehmer an, die jedoch nur zum kleinsten Teil im kapitalistischen Konkurrenzkampf bestehen konnten. Läßt man die einmalige Zunahme der Selbständigen von 1861 bis 1867 außerhalb der Betrachtung, dann bleibt der Kurvenverlauf der Selbständigen erheblich hinter dem der Arbeitskräfte zurück.

Das Auseinandergehen der Kurven zwischen Selbständigen und Arbeitskräften nahm von Erhebung zu Erhebung zu. Die Differenz war 1907 am größten. Darin drückt sich eine Gesetzmäßigkeit des Kapitalismus aus, nämlich die der Konzentration der Produktion. Natürlich läßt sich dieselbe besser aus der Zahl der Betriebe und der Berufstätigen erkennen, aber für die Zwecke der Analyse der Sozialstruktur sind die Relationen zwischen Selbständigen und Arbeitskräften aufschlußreicher.

Die Tabelle 60 zeigt, wieviel Arbeitskräfte von 1861 bis 1907 im Regierungsbezirk Magdeburg auf einen Selbständigen kamen.

*Tabelle 60*

*Das Verhältnis von Arbeitskräften zu Selbständigen im Regierungsbezirk Magdeburg von 1861 bis 1907 (Arbeitskräfte pro Selbständigen)*

| Berufsgruppen | 1861 | 1867 | 1875 | 1882 | 1895 | 1907 |
|---|---|---|---|---|---|---|
| A. Bodennutzung und Tierzucht | 3,9 | 3,2 | 3,9 | 4,3 | 4,2 | 5,2 |
| B. Industrie und Gewerbe | | | | | | |
| 1. Bergbau, Verhüttung, Salz, Torf | 60,0 | 16,9 | 94,9 | 99,4 | 199,4 | 175,5 |
| 2. Steine und Erden | 4,6 | — | 4,5 | 10,6 | 16,4 | 20,6 |
| 3. Metallverarbeitung, Apparatebau | 1,7 | — | 2,8 | 3,2 | 5,5 | 9,9 |
| 4. Chemie, Leuchtstoffe, Harze | 5,0 | — | 6,6 | 7,6 | 14,8 | 18,1 |
| 5. Textil | 1,1 | — | 1,3 | 1,1 | 2,7 | 6,7 |
| 6. Papier und Leder | 1,6 | — | 1,8 | 2,1 | 4,2 | 3,9 |
| 7. Nahrungs- und Genußmittel | 4,5 | — | 4,5 | 2,4 | 3,2 | 3,5 |
| 8. Bekleidung und Reinigung | 0,6 | — | 0,3 | 0,5 | 0,7 | 1,1 |
| 9. Bau und Holz | 3,1 | — | 2,2 | 4,2 | 4,8 | 5,9 |
| 10. Kunstgewerbe und Polygraphie | 3,3 | — | 4,4 | 4,9 | 7,1 | 8,0 |
| Durchschnitt | 2,2 | 2,5 | 2,6 | 3,0 | 3,2 | 4,6 |

Die generelle Tendenz im Verhältnis zwischen Arbeitskräften und Selbständigen bestand darin, daß immer mehr Arbeitskräfte auf einen Selbständigen kamen. Diese Feststellung wird auch keineswegs durch die Entwicklung in der Berufsgruppe 7, Nahrungs- und Genußmittel, in Frage gestellt. Der Sprung zwischen 1875 und 1882 beruht auf einem Wechsel in den Erhebungsmethoden. In den vorhergehenden Abbildungen und Tabellen konnte derselbe durch anderes Material berichtigt werden, was hier nicht möglich ist. Deshalb sind nur die Zahlen von 1861 bis 1875 und von 1882 bis 1907 miteinander vergleichbar. Während zwischen 1861 und 1875 keine Zunahme erfolgte, war sie für den Zeitraum von 1882 bis 1907 deutlich zu erkennen.

Viel erstaunlicher als die generelle Tendenz, die zu erwarten war, ist der Unterschied zwischen Industrie und Landwirtschaft. In beiden Berufsabteilungen waren sämtliche Betriebsgrößen erfaßt, wobei die Zahl der Kleinstbetriebe in Landwirtschaft und Gewerbe sehr groß war, trotzdem kamen in der Landwirtschaft auf einen Selbständigen mehr Arbeitskräfte als in der Industrie. Die Ausgangslage war 1861 in der Landwirtschaft mit 3,9 Arbeitskräften auf einen Selbständigen schon sehr hoch, wurde aber bis 1907 mit 5,2 noch übertroffen. Die Industrie hatte mit 2,2 einen wesentlich niedrigeren Ausgangswert, steigerte sich jedoch schneller und kam auf 4,6. Die Konzentration der Arbeitskräfte war demnach in der Landwirtschaft des Regierungsbezirkes Magdeburg höher als in der Industrie. Das verweist auf eine sehr starke kapitalistische Durchdringung der dortigen Landwirtschaft, die mit der Industrie die Säulen der Wirtschaft des Regierungsbezirkes bildete.

Von den Industriezweigen hatte der Bergbau den höchsten Konzentrationsgrad an Arbeitskräften. Schon 1861 kamen auf einen Selbständigen 60 Arbeitskräfte, was bis 1907 auf 175,5 gesteigert werden konnte. Eine wesentlich größere Zunahme erfolgte aber in der Metallverarbeitung und im Apparatebau. 1861 kamen auf einen Selbständigen nur 1,7 Arbeitskräfte. Das verweist auf das Vorherrschen der kleinen Meister, die meist ohne oder mit einem Gesellen arbeiteten. Bis 1907 änderte sich das durch die Großbetriebsbildung im Metallgewerbe erheblich, so daß der Durchschnitt auf 9,9 anstieg. Bedeutsam war auch das schnelle Wachstum in den Industriezweigen Steine und Erden und Chemie, Leuchtstoffe und Harze. Hier herrschten ab 1895 eindeutig größere Betriebe vor. Die kleinen Meister waren stark zurückgedrängt worden.

Erstaunlich waren die Veränderungen in der Textilindustrie. Die Zahl der Berufstätigen hatte stark abgenommen, aber gerade hier erfolgte die größte Steigerung im Verhältnis von Arbeitskräften zu Selbständigen. An die Stelle der vielen kleinen Hausweber waren einige größere Betriebe getreten.

In der Berufsgruppe 8, Bekleidung und Reinigung, herrschten die kleinen Handwerksbetriebe vor. Trotz aller Steigerung kamen 1907 erst 1,1 Arbeitskräfte auf einen Selbständigen. 1861 waren noch 62,5 Prozent der Berufstätigen dieser Berufsgruppe Selbständige und 37,5 Prozent Arbeitskräfte und 1907 46,8 Prozent Selbständige und 53,2 Prozent Arbeitskräfte. In der Berufsgruppe 6, Papier und Leder, blieb die Konzentration ebenfalls unter dem Durchschnitt der Berufsabteilung. Das gleiche traf auf die Berufsgruppe 7, Nahrungs- und Genußmittel, zu.

Hinter der sehr interessanten Entwicklung der Selbständigen und der Arbeitskräfte in Industrie und Landwirtschaft stand das grundlegende Problem des Klassengegensatzes. Um die Mitte des 19. Jh. war die Masse der Selbständigen kleine Meister. Der Gegensatz zu den bei ihnen beschäftigten Arbeitskräften kann nicht mit dem Klassengegensatz zwischen Kapitalisten und Arbeitern gleichgesetzt werden. Aber durch den Konzentrationsprozeß ging die Zahl der Selbständigen zurück. An die Stelle des kleinen Meisters trat der kapitalistische Unternehmer. Gleichzeitig nahm die Zahl der Arbeiter erheblich zu. Der Klassengegensatz weitete sich damit aus und vertiefte sich. Deshalb weisen die Abb. 13 und die Tabelle 60 auch das Wachstum und die Vertiefung des Klassengegensatzes zwischen Kapital und Arbeit aus. In den entscheidenden Industriezweigen des Regierungsbezirkes Magdeburg war gerade dieses Wachstum beachtlich. Außerdem verweisen die Abb. 13 und die Tabelle 60 darauf, daß das Wachstum der Berufstätigen in der zweiten Hälfte des 19. Jh. vor allem ein Wachstum der Arbeitskräfte war. Das Wachstum der Lohnarbeiter bestimmte in erster Linie das Anwachsen der Berufstätigen in Industrie und Landwirtschaft.

Abgerundet wird die relativ breite Palette der Aspekte der Sozialstruktur durch eine Analyse des Verhältnisses zwischen männlichen und weiblichen Berufstätigen. Leider steht uns dafür erst Zahlenmaterial aus den neueren Berufs- und Betriebszählungen von 1882, 1895 und 1907 zur Verfügung. Obwohl dasselbe nur den sehr kleinen Zeitraum von 25 Jahren widerspiegelt, läßt es sehr interessante Tendenzen erkennen und rückt das bisher Festgestellte in ein neues Licht.

Der Fauenanteil war in den einzelnen Volkswirtschafts- und Industriezweigen sehr unterschiedlich und einigen Veränderungen unterworfen, zeigte jedoch generell eine steigende Tendenz. In der Zunahme der Frauenarbeit lag eine ökonomische Gesetzmäßigkeit des Kapitalismus. Für die verheiratete Frau bedeutete die Berufsarbeit eine doppelte Belastung und war eine Folge sozialer Not. Erst durch die Mitarbeit der Frau war in den Arbeiterhaushalten ein angemessener Lebensstandard zu erreichen.

Den höchsten Frauenanteil an den Berufstätigen hatte traditionsgemäß der Volkswirtschaftszweig Landwirtschaft. 1882 waren 46387 Frauen in der Landwirtschaft berufstätig. 1907 waren es bereits 102551. Die Steigerung betrug 121 Prozent. Bei den Männern verlief die Entwicklung umgekehrt. Es trat ein Rückgang von 5 Prozent ein. Da die Gesamtzahl der Berufstätigen in der Landwirtschaft in dieser Zeit anwuchs, von 160119 auf 211207, fand gleichzeitig eine erhebliche Verschiebung in der Struktur der Berufstätigen statt. Der Zuwachs erfolgte eindeutig auf Kosten der Zunahme der Frauenarbeit. Für die Männer war die Landarbeit nicht mehr attraktiv genug. Die Industrie zahlte bessere Löhne und bot günstigere Arbeitsbedingungen. Der Zuwachs an männlichen Arbeitskräften wanderte deshalb vollständig in die Industrie ab. Dieser abwandernde Zuwachs männlicher Arbeitskräfte aus der Landwirtschaft war die Grundlage für das rasche Wachstum der männlichen Arbeitskräfte in der Industrie, die von 123570 auf 184658 anstiegen, d. h. um 49 Prozent.

Wie rasch die Strukturveränderung der Berufstätigen in der Landwirtschaft erfolgte, zeigen folgende Zahlen. 1882 waren 29 Prozent der Berufstätigen in der Berufsabteilung A Frauen, 1895 34,7 Prozent und 1907 bereits 48,6 Prozent, d. h. fast die Hälfte. Auch stieg der Anteil der Frauenarbeit an der Gesamtzahl der berufstätigen Frauen in Industrie und Landwirtschaft. 1882 waren 73,1 Prozent aller berufstätigen Frauen in der Landwirtschaft beschäftigt, 1895 74,7 Prozent und 1907 77,8 Prozent. Durch das starke Ansteigen der Frauenarbeit in der Landwirtschaft war der Frauenanteil der Industrie an der Gesamtzahl rückläufig. Er fiel von 26,9 auf 22,2 Prozent.

Trotzdem nahm auch in der Industrie die Frauenarbeit zu, aber sehr viel langsamer als in der Landwirtschaft. 1882 arbeiteten 17117 Frauen in der Berufsabteilung B und 1907 29343. Die Steigerung betrug nur 71 Prozent. Sie war jedoch größer als die der Männer, die 49 Prozent betrug.

In der Mehrzahl aller Industriezweige war der Frauenanteil sehr gering. Trotz der Steigerung bis 1907 war zu dieser Zeit der Frauenanteil im Bergbau 2,2 Prozent, bei Steine und Erden 5,3 Prozent, in der Metallverarbeitung und im Apparatebau 1,5 Prozent und bei Bau und Holz 1,1 Prozent der Berufstätigen des Industriezweiges. In diesen strukturbestimmenden Industriezweigen des Regierungsbezirkes Magdeburg war die Frauenarbeit noch völlig unbedeutend.

Einen höheren Frauenanteil hatte die Chemie mit 12,9 Prozent, Papier und Leder mit 20 Prozent, Nahrungs- und Genußmittel mit 19 Prozent und Kunstgewerbe und Polygraphie mit 15,4 Prozent zu verzeichnen. In diesen Industriezweigen, von denen nur die Nahrungs- und Genußmittelindustrie strukturbestimmende Bedeutung besaß, war der Frauenanteil so hoch, daß angenommen werden kann, ein erheblicher Teil dieser Frauen sei unmittelbar in der Produktion beschäftigt gewesen.

Traditionsgemäß existierte im Industriezweig „Bekleidung und Reinigung“ immer ein hoher Frauenanteil. Er betrug schon 1882 38 Prozent der Berufstätigen des Industriezweiges und stieg bis 1907 auf 46 Prozent an. Dieser Anteil wurde in der Textilindustrie überboten. 1882 machten die Frauen erst 25 Prozent der Berufstätigen aus, und 1907 waren es 54,2 Prozent. Damit überwog der Frauenanteil den der Männer. Die Textilindustrie war der erste Produktionszweig, in dem dieser Umschwung erfolgte. Wie bereits berichtet, vollzogen sich in der Textilindustrie mit die größten Veränderungen. Die Zahl der Berufstätigen war stark zurückgegangen und gleichzeitig hatte sich die Produktion in wenigen größeren Betrieben konzentriert. Faktisch waren die Männer aus der heimgewerblichen Textilindustrie abgewandert und die Frauen in den Fabriken an deren Stelle getreten. Obwohl die Textilindustrie keine strukturbestimmende Funktion im Regierungsbezirk Magdeburg besaß, war sie am stärksten von der kapitalistischen Entwicklung modifiziert worden.

Die analysierten Aspekte der Sozialstruktur im Regierungsbezirk Magdeburg, das Größenwachstum der Berufsabteilungen und Berufsgruppen, ihre prozentualen Anteile an der Zahl der Berufstätigen, das Verhältnis zwischen männlichen und weiblichen Berufstätigen haben detaillierte Einsichten in die erheblichen Veränderungen derselben zugelassen. Es konnten aber auch allgemeinere Erkenntnisse bestätigt werden, wie die schnellere Zunahme der Berufstätigen in der Industrie gegenüber der Landwirtschaft und der Arbeitskräfte gegenüber den Selbständigen. Letzterer Vorgang führte zu einer stärkeren Konzentration der Arbeitskräfte, die in der Landwirtschaft durchschnittlich größer als in der Industrie war. Weiterhin nahm der Frauenanteil allgemein zu und führte in der Landwirtschaft zu einer Freisetzung des Zuwachses von männlichen Arbeitskräften, der erst den Zuwachs in der Industrie ermöglichte.

Abgerundet sollen die Darlegungen über die Sozialstruktur des Regierungsbezirkes Magdeburg in der zweiten Hälfte des 19. Jh. werden durch einige Ausführungen über die landwirtschaftliche Nebenindustrie, die zum Industriezweig Nahrungs- und Genußmittel gehörte. In der ersten Verarbeitungsstufe landwirtschaftlicher Erzeugnisse, zu der die Getreidemüllerei, die Rübenzuckerindustrie, die Kaffeesurrogat- und Zichorienfabrikation, die Brauerei und Mälzerei, die Brennerei und die Tabakfabrikation zählten, gab es eine sehr enge Verbindung zwischen Industrie und Landwirtschaft. Für das Wirtschafts- und Sozialleben des Regierungsbezirkes Magdeburg war das alles sehr bedeutungsvoll.

Auf eine lange Entwicklung blickte die Getreidemüllerei zurück. 1846 existierten 1648 Betriebe, die 3245 Berufstätige zählten. Auf einen Betrieb kamen 1,9 Berufstätige. Viele Betriebe in der Getreidemüllerei besaßen keine weiteren Arbeitskräfte als den Betriebsinhaber, der damals Müller genannt wurde. Bis 1907 veränderten sich diese Verhältnisse nur geringfügig. Die Zahl der Betriebe ging auf 1433 zurück und die der Berufstätigen auf 3034. Da die Zahl der Betriebe auf 87 Prozent gesunken war und die der Berufstätigen nur auf 93 Prozent, nahm die Konzentration der Berufstätigen geringfügig zu. Sie stieg auf 2,1 pro Betrieb. Die kleine Getreidemüllerei, der alte handwerkliche Betrieb, bestimmte weiterhin das Bild in der ersten Stufe der Getreideverarbeitung.

Zu den traditionellen Zweigen der Weiterverarbeitung landwirtschaftlicher Erzeugnisse gehörte auch die Brauerei und Mälzerei. Doch im Gegensatz zur Getreidemüllerei wurde sie von der Entwicklung des Kapitalismus viel stärker beeinflußt. 1846 gab es 394 Betriebe mit 596 Berufstätigen. Auf einen Betrieb kamen 1,5 Beschäftigte. Die Masse dieser Brauereien stellten noch kleine Handwerksbetriebe mit einem Mann als Arbeitskraft. Doch bis 1907 sollten sich die Verhältnisse weitgehend verändern. Die Zahl der Betriebe ging auf 182 zurück, d. h. um mehr als die Hälfte. Doch die Zahl der Berufstätigen stieg auf 2696 an, d. h. um 352 Prozent. Das führte zu einer erheblichen Konzentration der Arbeitskräfte. 1907 waren pro Betrieb 14,8 Berufstätige erfaßt. Das Brauereiwesen hatte einen raschen Aufschwung genommen. Wahrscheinlich war auch der Bierkonsum erheblich angestiegen.

Jünger als die Getreidemüllerei und die Brauerei waren die anderen Bereiche der ersten Verarbeitungsstufe landwirtschaftlicher Erzeugnisse. Sie waren echte Kinder der Entwicklung des Kapitalismus in der Landwirtschaft und des damit verbundenen Fortschritts der Produktivkräfte.

Den Prototyp für diese neuere Entwicklungsrichtung repräsentierte die Rübenzuckerindustrie. 1846 bestanden bereits 34 Betriebe, in denen 4656 Berufstätige beschäftigt waren. Auf einen Betrieb entfielen 137 Berufstätige. Das war für diese Zeit ein sehr hoher Konzentrationsgrad an Berufstätigen. Es gab zu dieser Zeit keinen anderen Wirtschaftszweig im Regierungsbezirk, der auch nur annähernd pro Betrieb so viele Arbeitskräfte konzentriert hatte. Die Rübenzuckerindustrie nahm damit schon sehr früh eine dominierende Stellung in der Entwicklung des Kapitalismus ein. Das sollte sich auch bis 1895 nicht ändern. 1895 gab es 77 Betriebe mit 14638 Berufstätigen. Da die Zahl der Berufstätigen schneller als die der Betriebe angestiegen war (Betriebe um 126 Prozent, Berufstätige um 202 Prozent), wuchs die Zahl der Berufstätigen pro Betrieb auf 182 an. Lediglich der Kali- und Salzbergbau, der in der gleichen Zeit einen noch schnelleren Aufschwung genommen hatte, rangierte im Konzentrationsgrad der Arbeitskräfte noch vor der Rübenzuckerindustrie.

Zu den neueren landwirtschaftlichen Nebenindustrien, wie die erste Verarbeitungsstufe landwirtschaftlicher Erzeugnisse auch oft genannt wird, weil sie vielfach mit landwirtschaftlichen Großbetrieben verbunden war, gehörte die Zichorien- und Kaffeesurrogatfabrikation. 1846 existierten 32 Betriebe mit 1771 Berufstätigen. Pro Betrieb waren 55,3 Berufstätige beschäftigt. Zwar hatte die Konzentration nicht einen so hohen Grad wie in der Zuckerindustrie erreicht, aber im Vergleich zu anderen Zweigen war sie beachtlich. Bis 1907 nahm jedoch die Zersplitterung der Produktion erheblich zu. Die auf 89 angestiegenen Betriebe beschäftigten 1459 Berufstätige. Da sich die Zahl der Betriebe um 178 Prozent erhöht hatte, die Arbeitskräfte aber auf 82 Prozent gefallen waren, wurden nur noch pro Betrieb 16,4 Berufstätige beschäftigt. Der Konzentrationsgrad war also erheblich zurückgegangen.

Die gleiche Tendenz war in der Tabakfabrikation zu erkennen, die umfangmäßig nicht an die Bedeutung der anderen Bereiche der ersten Verarbeitungsstufe heranreichte. 1846 gab es 42 Betriebe mit 974 Berufstätigen. Auf einen Betrieb kamen 23,2 Berufstätige. Das war ebenfalls frühzeitig eine hohe Konzentration an Arbeitskräften. Doch bis 1907 verzehnfachte sich die Zahl der Betriebe, während die Zahl der Berufstätigen auf 1969 anstieg, d. h. um 102 Prozent. Damit ging die Zahl der Berufstätigen auf 4,7 pro Betrieb zurück. Der Kleinbetrieb dominierte.

In der Branntweinbrennerei und Spiritusherstellung nahm hingegen der Konzentrationsgrad zu. 1846 waren 258 Betriebe mit 790 Beschäftigten vorhanden. Auf den Betrieb kamen 3,1 Berufstätige. Bis 1907 fiel die Zahl der Betriebe auf 156 und die Zahl der Berufstätigen auf 737 zurück. Da die Zahl der Betriebe schneller abgenommen hatte, beschäftigten die Betriebe jetzt durchschnittlich 4,7 Berufstätige. Damit hatte die Konzentration der Arbeitskräfte zugenommen, aber die Brennerei wurde weiterhin vorwiegend in Kleinbetrieben durchgeführt.

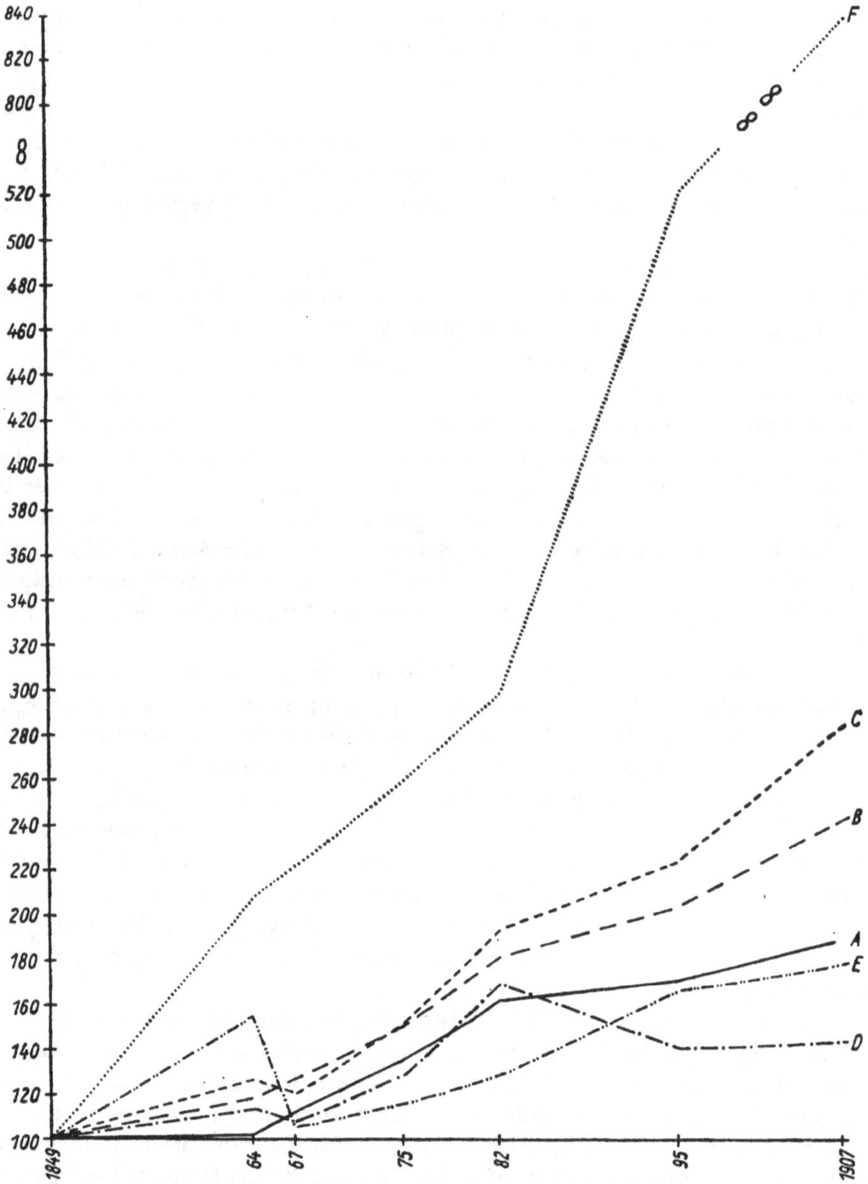


Abb. 14 Die Entwicklung der Berufsabteilungen A bis F im Kreise Calbe von 1849 bis 1907

——— A. Bodennutzung und Tierzucht
— — B. Industrie und Gewerbe
- - - - C. Handel und Verkehr
— · — D. Hausdienst, wechselnde Lohnarbeit
— ·· — E. Heer, Verwaltung, freie Berufe
········ F. Ohne Beruf

Die Analyse der ersten Verarbeitungsstufe landwirtschaftlicher Erzeugnisse hatte gezeigt, wie sehr sich der Kapitalismus gerade in den neueren Produktionsbereichen durchgesetzt und zu einer beträchtlichen Konzentration an Berufstätigen in den Betrieben geführt hatte. Es wäre zwar zweckmäßig, derartige Analysen auch für andere strukturbestimmende Industriezweige durchzuführen, doch das würde den Rahmen der vorliegenden Untersuchung weit überschreiten.

### *Die Struktur der Berufstätigen im Kreis Calbe*

Für die vier Börde-Kreise liegt nicht ein so detailliertes Material aus den Berufs- und Betriebszählungen vor, um mit der gleichen Ausführlichkeit mehrere Aspekte der Sozialstruktur analysieren zu können. Es lassen sich nur der Aspekt des Größenwachstums der Berufsabteilungen und Berufsgruppen und der Aspekt des prozentualen Anteils an der Gesamtzahl der Berufstätigen untersuchen. Doch diese beiden Aspekte lassen bereits wesentliche Einsichten in die Sozialstruktur der einzelnen Börde-Kreise zu.

Die Abb. 14 zeigt die Entwicklung der Berufsabteilungen A bis F im Kreis Calbe von 1849 bis 1907. Der städtereiche Kreis Calbe weist dieselbe Rangfolge im Zuwachs der Berufsabteilungen wie der Regierungsbezirk Magdeburg auf. Den stärksten Zuwachs hatte wiederum die Berufsabteilung F, ohne Beruf, und den schwächsten die Berufsabteilung D, Hausdienst und wechselnde Lohnarbeit. Auffällig ist aber gegenüber der Abb. 11, die die Kurven für den Regierungsbezirk darbietet, die wesentlich geringere Auffächerung derselben. Im Kreis Calbe verlaufen die Kurven der Berufsabteilung A bis D viel einheitlicher, was auf einheitlichere Entwicklungsbedingungen auf der Kreisebene schließen läßt, obwohl gerade dieser Kreis durch den Kalibergbau eine stürmische wirtschaftliche Entwicklung nahm.

In der Berufsabteilung A, Land- und Forstwirtschaft, stieg die Zahl der Berufstätigen von 6995 auf 13313 an. Die Steigerung betrug 90 Prozent. Stärker war der Zuwachs in der Berufsgruppe B, Industrie und Gewerbe. 1849 gab es 9211 Berufstätige, die sich bis 1907 auf 22398 erhöhten, d. h. um 143 Prozent. Der Anstieg der Berufstätigen in Landwirtschaft und Industrie war im Kreis Calbe von großer Bedeutung, weil sie die Säulen des Wirtschaftslebens im Kreis darstellten. In diesen beiden Volkswirtschaftszweigen war die übergroße Mehrheit der Berufstätigen beschäftigt.

Die Bevölkerung des Kreises wuchs im Zeitraum von 1849 bis 1907 um 105 Prozent an. Hinter diesem Wachstum blieb die Landwirtschaft mit 90 Prozent nur wenig zurück. Der Zuwachs der Industrie von 143 Prozent war wiederum viel stärker als das Bevölkerungswachstum. Wahrscheinlich hing das Wachstum der Berufstätigen in der Landwirtschaft mehr vom Bevölkerungswachstum ab als das in der Industrie.

Von den beiden entscheidenden Berufsabteilungen A und B unterschied sich die Entwicklung der anderen Berufsabteilungen nicht sehr erheblich. Die Berufsabteilung D hatte 1849 520 Berufstätige und 1907 742. Die Steigerung war mittelmäßig und betrug 43 Prozent. Bis 1882 hatten die Berufstätigen in wechselnder Lohnarbeit und das Hauspersonal mit eigener Wohnung im ähnlichen Umfange wie die Berufsabteilungen A und B zugenommen, doch danach erfolgte ein erheblicher Rückgang. Etwas stärker war der Zuwachs in der Berufsabteilung E, Heer, Verwaltung und freie Berufe. 1849 wurden hier 966 Berufstätige gezählt und 1907 1725. Die Steigerung betrug 78 Prozent. Sie lag damit noch beträchtlich hinter dem Bevölkerungszuwachs, was immerhin erstaunlich ist, und wich vom Durchschnitt des Regierungsbezirkes ab.

Die Berufsabteilungen C und F wuchsen stärker als die Zahl der Berufstätigen in Industrie und Landwirtschaft an. In der Berufsgruppe C, Handel und Verkehr, stieg die Zahl der Berufstätigen von 1963 auf 5556 an, d. h. um 183 Prozent. Auch für den Kreis Calbe gilt damit die Erkenntnis, daß das kapitalistische Wirtschaftswachstum eine schnellere Zunahme von Handel und Verkehr bedingt. Doch die Zunahme blieb hinter dem Durchschnitt des Regierungsbezirkes zurück.

Die stärkste Zunahme hatte die Berufsabteilung F. Sie stieg von 846 auf 6990, d. h. um 726 Prozent. Bereits bis 1882 wuchs diese Berufsabteilung, zu der die Pensionäre, Anstaltsinsassen und außerhalb des Elternhauses lebenden Schüler und Studenten gehörten, erheblich an. Doch der starke Anstieg nach 1882 ging auf die erstmalige Erfassung der letztgenannten Gruppe der Berufsabteilung F zurück.

Die strukturbestimmenden Industriezweige des Regierungsbezirkes waren auch im Kreis Calbe von großer Bedeutung. In der Berufsgruppe B 1, Bergbau, Verhüttung, Salz und Torf, stieg die Zahl der Berufstätigen von 620 auf 3062, d. h. um 393 Prozent. Noch stärker war die Zunahme in der Berufsgruppe B 2, Steine und Erden, von 224 auf 1854, d. h. um 727 Prozent. Nur ein wenig größer war sie in der Berufsgruppe 3, Metallverarbeitung und Apparatebau. Hier erfolgte ein Zuwachs von 485 auf 4035, d. h. um 732 Prozent.

Einen geringeren Anstieg hatte die Berufsgruppe 9, Bau und Holz, die von 1385 auf 4090 anwuchs, d. h. um 195 Prozent. Diese geringere Zunahme hing auch mit der hohen Ausgangszahl von 1849 zusammen, die die schneller anwachsenden Berufsgruppen nicht annähernd aufzuweisen hatten. Das traf ebenfalls auf die Berufsgruppe 7, Nahrungs- und Genußmittel, zu, die 1849 schon 2989 Berufstätige beschäftigte, bis 1875 auf 3752 anwuchs und bis 1907 ganz wenig unter die Ausgangslage mit 2979 zurückging. Die Berufsgruppe 8, Bekleidung und Reinigung, hatte ebenfalls 1849 mit 1549 Berufstätigen einen hohen Stand erreicht und stieg bis 1907 nur noch auf 1956 an, d. h. um 26 Prozent.

Für die Wirtschaft des Kreises Calbe wurde in der zweiten Hälfte des 19. Jh. ein Industriezweig strukturbestimmend, der im Regierungsbezirk eine untergeordnete Rolle spielte, nämlich die Chemie. 1849 gab es hier schon 242 Berufstätige, die bis 1907 auf 2702 angestiegen, d. h. um 1016 Prozent. Das war die größte Zuwachsrate, die ein Industriezweig im Kreise hatte, und lag noch weit über der des Bergbaus und der Metallindustrie.

Die größere Zahl der strukturbestimmenden Industriezweige wuchs im Kreis Calbe schneller als der Durchschnitt der Berufsabteilung B. Lediglich Bekleidung und Reinigung und Nahrungs- und Genußmittel blieben zurück.

Das unterschiedliche Wachstum der Berufsabteilungen und Berufsgruppen blieb naturgemäß nicht ohne Einfluß auf deren prozentualen Anteil an der Gesamtzahl der Berufstätigen. Über diesen Aspekt der Sozialstruktur gibt die Tabelle 61 Auskunft.

Obwohl in Wirklichkeit die Relationen zwischen den Berufsabteilungen sehr konstant waren, wirkte sich im Kreise Calbe, wie auch in den anderen Kreisen, das mehr statistisch als real bedingte Größenwachstum der Berufsabteilung F auf den prozentualen Anteil an der Gesamtzahl der Berufstätigen aus. Der prozentuale Anteil der Berufsabteilung F stieg von 4,1 auf 13,9 Prozent an. Das mußte zwangsläufig alle Relationen verschieben. Deshalb ging auch der Anteil der Berufsabteilungen A, B und C, die den Wirtschaftssektor bildeten, an der Gesamtzahl der Berufstätigen von 88,6 Prozent auf 81,2 Prozent zurück.

Der Rückgang des prozentualen Anteils der Volkswirtschaft an der Gesamtzahl der Berufstätigen betraf vor allem die Landwirtschaft, deren Anteil von 34,1 auf 26,2 Prozent sank. Da aber die Industrie um 0,8 Prozent zurückging, und die Berufsabteilungen D

*Tabelle 61*

*Das prozentuale Verhältnis der Berufsabteilungen und Berufsgruppen im Kreis Calbe von 1849 bis 1907*

| Berufsgruppen | 1849 | 1864 | 1867 | 1875 | 1882 | 1895 | 1907 |
|---|---|---|---|---|---|---|---|
| A. Bodennutzung und Tierzucht | 34,1 | 29,0 | 31,1 | 31,3 | 31,1 | 28,7 | 26,2 |
| B. Industrie und Gewerbe | | | | | | | |
| 1. Bergbau, Verhüttung, Salz, Torf | 3,0 | — | 4,8 | 7,2 | 8,9 | 7,8 | 6,0 |
| 2. Steine und Erden | 1,1 | — | — | 1,4 | 2,4 | 2,6 | 3,7 |
| 3. Metallverarbeitung, Apparatebau | 2,4 | — | — | 3,2 | 3,6 | 4,6 | 8,0 |
| 4. Chemie, Leuchtstoffe, Harze | 1,2 | — | — | 3,9 | 4,0 | 5,1 | 5,3 |
| 5. Textil | 7,2 | — | — | 2,3 | 1,7 | 1,9 | 1,7 |
| 6. Papier und Leder | 1,0 | — | — | 0,6 | 0,9 | 1,1 | 1,1 |
| 7. Nahrungs- und Genußmittel | 14,6 | — | — | 12,3 | 8,3 | 7,5 | 5,8 |
| 8. Bekleidung und Reinigung | 7,6 | — | — | 6,2 | 6,2 | 5,2 | 3,9 |
| 9. Bau und Holz | 6,7 | — | — | 8,6 | 8,7 | 8,6 | 8,1 |
| 10. Kunstgewerbe, Polygraphie | 0,1 | — | — | 0,2 | 0,2 | 0,3 | 0,4 |
| 11. Sonstige Gewerbe | — | — | — | — | 1,0 | 0,0 | 0,1 |
| Summe | 44,9 | 45,1 | 46,2 | 45,9 | 45,9 | 44,7 | 44,1 |
| C. Handel und Verkehr | | | | | | | |
| 1. Handel und Kredit | 4,5 | 4,4 | 3,1 | 3,8 | 4,2 | 5,5 | 5,2 |
| 2. Versicherung | — | — | — | — | 0,0 | 0,0 | 0,1 |
| 3. Verkehr | 4,0 | 5,7 | 5,1 | 5,0 | 4,7 | 3,1 | 3,8 |
| 4. Beherbergung und Gaststätten | 1,1 | — | 1,0 | 1,0 | 1,3 | 1,8 | 1,8 |
| Summe | 9,6 | 10,1 | 9,2 | 9,8 | 10,2 | 10,4 | 10,9 |
| D. Hausdienst, wechselnde Lohnarbeit | 2,6 | 2,4 | 2,2 | 2,2 | 2,5 | 1,7 | 1,5 |
| E. Heer, Verwaltung, freie Berufe | 4,7 | 6,2 | 4,0 | 3,6 | 3,4 | 3,8 | 3,4 |
| F. Ohne Beruf | 4,1 | 7,2 | 7,3 | 7,2 | 6,8 | 10,7 | 13,9 |

und E ebenfalls Rückgänge zu verzeichnen hatten, nahmen lediglich die Berufsabteilung F erheblich und die Berufsabteilung C geringfügig zu.

Im Kreis Calbe lag schon 1849 der Anteil der Berufstätigen in der Industrie mit 44,9 Prozent erheblich höher als der der Landwirtschaft mit 34,1 Prozent. Durch den Rückgang des prozentualen Anteils der Landwirtschaft bis 1907 auf 26,2 Prozent verstärkte sich der Abstand zur Industrie mit einem prozentualen Anteil von 44,1 Prozent noch beträchtlich. Im Kreis Calbe befand sich deshalb in der zweiten Hälfte des 19. Jh. der Beschäftigtenzahl nach die Industrie eindeutig vor der Landwirtschaft, während im Regierungsbezirk bis 1907 erst Gleichheit zwischen den beiden Volkswirtschaftszweigen erreicht wurde. Von der Verteilung der Berufstätigen her kann deshalb der Kreis Calbe um 1900 als ein industriemäßig orientierter Kreis mit einem starken landwirtschaftlichen Sektor angesehen werden, der sich im Verlaufe eines halben Jahrhunderts aus einem Kreis entwickelt hatte, in dem Industrie und Landwirtschaft gleiche Anteile hatten. In dieser Hinsicht ragte der Kreis Calbe über den Entwicklungsstand des Regierungsbezirkes Magdeburg hinaus und repräsentierte ein Niveau, das der Regierungsbezirk erst im Verlaufe des 20. Jahrhunderts erreichen sollte.

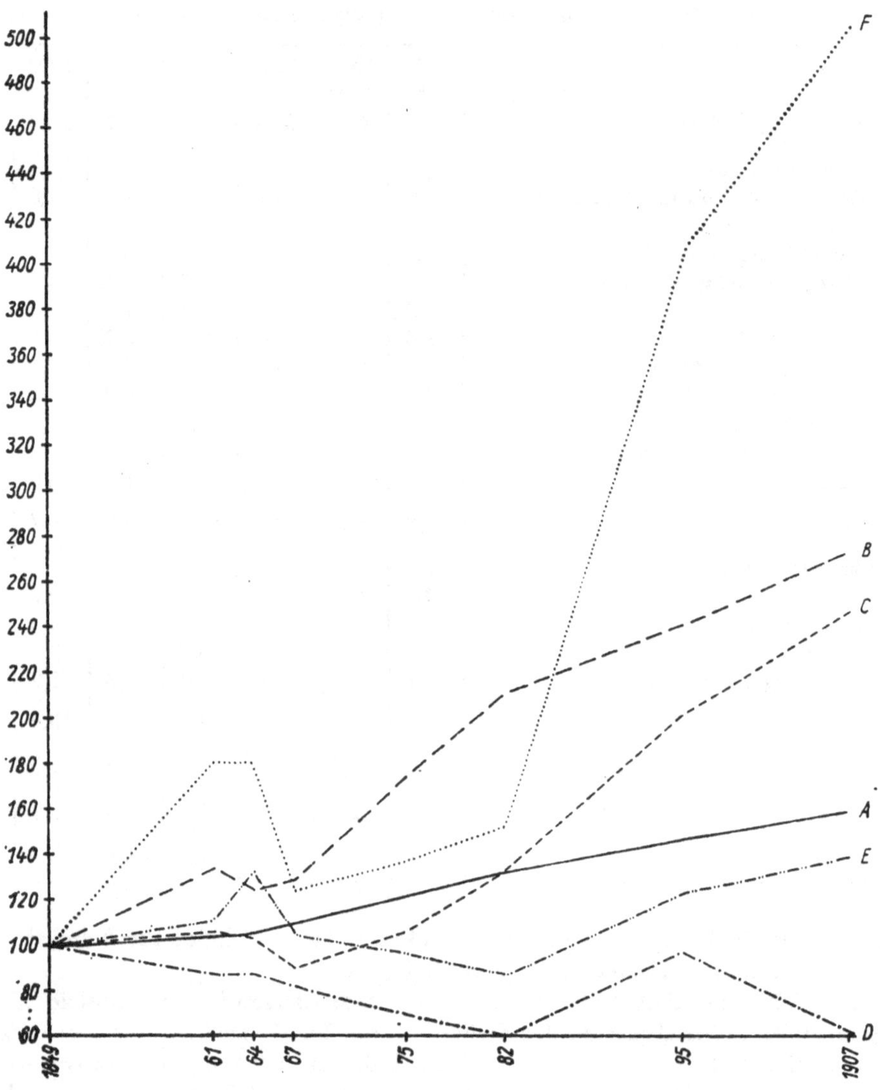


Abb. 15 Die Entwicklung der Berufsabteilungen A bis F im Kreise Neuhaldensleben von 1849 bis 1907

——— A. Bodennutzung und Tierzucht
— — B. Industrie und Gewerbe
- - - - C. Handel und Verkehr
—·— D. Hausdienst, wechselnde Lohnarbeit
– ·· – E. Heer, Verwaltung, freie Berufe
······ F. Ohne Beruf

Widersprüchlich war die Entwicklung des prozentualen Anteils der Berufsgruppen in der Berufsabteilung C, Handel und Verkehr. Die Berufsgruppe C 1, Handel und Kredit, ging von 1849 bis 1867 von 4,5 auf 3,1 Prozent zurück und stieg dann wieder bis auf 5,2 Prozent. Die andere entscheidende Berufsgruppe dieser Berufsabteilung, der Verkehr, wuchs von 1849 bis 1864 von 4 auf 5,7 Prozent an und ging dann auf 3,1 Prozent im Jahre 1895 zurück, um bis 1907 erneut auf 3,8 Prozent anzusteigen. Die Entwicklung der Berufsgruppe C 4, Beherbergung und Gaststätten, verlief geradlinig. Es ist sehr schwierig, diese Widersprüche in ihren Ursachen darzulegen. Dazu fehlt vor allem das statistische Urmaterial. Aber sie bedingten den sehr langsam wachsenden prozentualen Anteil der Berufsgruppe C.

In der Berufsabteilung B war das Wachstum des prozentualen Anteils der strukturbestimmenden Industriezweige beachtlich. Bergbau, Steine und Erden und Metallverarbeitung verdoppelten bzw. verdreifachten ihren Anteil. Bau und Holz erhöhte seinen Anteil nur geringfügig, war aber mit 8,1 Prozent der stärkste Industriezweig, dicht gefolgt von der Metallverarbeitung und dem Apparatebau mit 8 Prozent. Erstaunlich war gerade im Kreise Calbe das Anwachsen der chemischen Industrie, deren Anteil sich von 1,2 Prozent im Jahre 1849 auf 5,3 Prozent im Jahre 1907 erhöhte.

Rückläufig war der prozentuale Anteil der strukturbestimmenden Zweige Nahrungs- und Genußmittel von 14,6 auf 5,8 Prozent und von Bekleidung und Reinigung von 7,6 auf 3,9 Prozent. Bei dem Industriezweig Nahrungs- und Genußmittel spielte der Wechsel in den Erhebungsmethoden von 1907 eine Rolle, aber er änderte nichts an der generellen Tendenz, daß diese beiden Industriezweige in ihrer strukturbestimmenden Funktion zurücktraten. Noch deutlicher wird dieser Rückgang in der Textilindustrie, die in der ersten Hälfte des 19. Jh. noch strukturbestimmend war, deren Anteil aber von 1849 bis 1907 von 7,2 auf 1,7 Prozent absank.

Unter den rückläufigen strukturbestimmenden Industriezweigen nahm im Kreis Calbe Nahrungs- und Genußmittel eine besondere Stellung ein, 1849 war er mit 14,6 Prozent der stärkste Zweig und fast doppelt so stark wie der größenmäßig folgende Zweig, Bekleidung und Reinigung. Eine derart starke Position behielt dieser mit der Landwirtschaft sehr eng verbundene Zweig die nächsten 25 Jahre bis 1875 bei. Zwar wurde der Abstand geringer, aber er blieb noch erheblich. Erst ab 1882 ordnete sich der prozentuale Anteil von Nahrungs- und Genußmittel in die Größenordnung der anderen Industriezweige ein. Das ab 1907 zu erkennende Zurückstehen der Nahrungs- und Genußmittelindustrie dürfte mehr statistischer als tatsächlicher Natur gewesen sein.

### *Die Struktur der Berufstätigen im Kreis Neuhaldensleben*

Gegenüber dem Bild, das die Sozialstruktur des Kreises Calbe bot, wich der Kreis Neuhaldensleben erheblich ab. Das läßt sich bereits aus der Abb. 15 erkennen, die die Entwicklung der Berufsabteilungen A bis F von 1849 bis 1907 zeigt. Die Kurven verlaufen längst nicht so einheitlich wie im Kreis Calbe, d. h. die Entwicklungsbedingungen der einzelnen Berufsabteilungen waren differenzierter. Weiterhin gab es in den sechziger Jahren eine Reihe von Veränderungen im Auf- und Abschwung der Kurven, was erneut auf die besondere Bedeutung dieses Jahrzehnts als Knotenpunkt der ökonomischen und sozialen Entwicklung hinweist.

In der Berufsabteilung A, Land- und Forstwirtschaft, war der Anstieg der Berufstätigen nur mäßig. 1849 gab es 9078 und 1907 14449 Berufstätige, ihre Zahl war nur um

60 Prozent angestiegen. Für einen Kreis, in dem nur eine Stadt existierte und fast alle Menschen auf dem Lande wohnten, ist das erstaunlich wenig. Im städtereichen Kreis Calbe hatte der Anstieg 90 Prozent betragen und im Regierungsbezirk 117 Prozent. Das Zurückbleiben im Wachstum der Berufstätigen läßt auf einen langsameren Verlauf des Intensivierungsprozesses in der Landwirtschaft schließen, da der Einsatz der menschlichen Arbeitskraft damals noch die entscheidende Bedeutung besaß.

Auffallend war der starke Anstieg der Berufstätigen in Industrie und Gewerbe, Berufsabteilung B. Während es 1849 erst 4488 Berufstätige gab, existierten 1907 bereits 12314. Der Zuwachs betrug 174 Prozent. Er fast war dreimal so groß wie in der Landwirtschaft und lag höher als im industrieorientierten Kreis Calbe.

Entgegen der Entwicklung im Regierungsbezirk und im Kreis Calbe blieb in Neuhaldensleben das Wachstum der Berufsabteilung C, Handel und Verkehr, hinter dem Wachstum der Industrie zurück. Bis 1867 vollzog sich in diesem Volkswirtschaftszweig die Entwicklung ausgesprochen schleppend, um dann mit dem Aufschwung der Industrie ebenfalls rascher zu werden. 1849 gab es in der Berufsabteilung C 918 Berufstätige und 1907 2286. Der Zuwachs betrug 149 Prozent.

In den drei Volkswirtschaftszweigen Land- und Forstwirtschaft, Industrie und Gewerbe und Handel und Verkehr waren 1849 90 Prozent der Berufstätigen und 1907 87,3 Prozent beschäftigt. Das war ein sehr großer Anteil an der Gesamtzahl der Berufstätigen, er lag höher als im Regierungsbezirk. Sicherlich hing das mit dem geringen Grad der Urbanisierung des Kreises zusammen. Auf den Dörfern pflegte der außerhalb der Volkswirtschaft tätige Bevölkerungsteil im 19. Jh. noch sehr klein zu sein.

Das Bevölkerungswachstum betrug in der zweiten Hälfte des 19. Jh. 63 Prozent. Ihm entsprach die mäßige Zunahme der Berufstätigen in der Landwirtschaft mit 60 Prozent. Möglicherweise bestanden zwischen beiden Wachstumsgrößen enge Beziehungen. Im Kreis Calbe wuchs die Bevölkerung um 105 Prozent und die Landwirtschaft um 90 Prozent. Das Wachstum der Industrie lag im Kreis Neuhaldensleben mit 179 Prozent und das des Handels und Verkehrs mit 149 Prozent weit über dem Bevölkerungswachstum von 60 Prozent.

Von den entscheidenden Berufsabteilungen A und B wich das Wachstum der anderen Berufsabteilungen erheblich ab. Die Berufsabteilungen E und D verzeichneten bis 1882 eine rückläufige Entwicklung. Nach 1882 nahm die Zahl der Berufstätigen in Heer, Verwaltung und freien Berufen kontinuierlich zu, während sie in der Berufsabteilung D nur vorübergehend war. In der Berufsabteilung E gab es 1849 651 Berufstätige und 1907 910. Der Zuwachs betrug 40 Prozent. In der Berufsabteilung D waren es 1849 376 und 1907 232 Berufstätige. Ihre Zahl war auf 62 Prozent des Ausgangswertes, d. h. um 28 Prozent abgesunken. Die Berufsabteilung F hingegen nahm wie allerorts ganz erheblich zu, wenn auch weniger als im Kreis Calbe und im Regierungsbezirk. Auf dem Lande gab es nicht soviel Menschen, die zu dieser Berufsabteilung gerechnet werden konnten. Sie zählte 1849 587 und 1907 2374 Menschen. Das Wachstum betrug 407 Prozent. Der steile Anstieg der Kurve nach 1882 hing wieder mit der erstmaligen Erfassung der außer Haus lebenden Schüler und Studenten zusammen.

Die strukturbestimmenden Industriezweige des Regierungsbezirkes waren mit Ausnahme der Metallverarbeitung und des Apparatebaues ebenfalls für die Wirtschaft des Kreises Neuhaldensleben von großer Bedeutung. In der Berufsgruppe B 1, Bergbau, Verhüttung, Salz, Torf, stieg die Zahl der Berufstätigen von 186 auf 2019, d. h. um 985 Prozent und in der Berufsgruppe B 2, Steine und Erden, von 453 auf 2593, d. h. um 472 Prozent. Hinter dem Wachstum dieser beiden Industriezweige, die von großer Wichtigkeit für den Kreis Neuhaldensleben waren, standen die anderen strukturbestimmenden Zweige zurück. Dieselben hatten schon 1849 ein sehr hohes Ausgangsniveau. Die Berufsgruppe 7, Nahrungs- und Genußmittel, wuchs von 984 Berufstätigen bis 1895 auf 2546 an, d. h. um 158 Prozent. Bis 1907 fiel sie durch den Wechsel in den Erhebungsmethoden auf 2045 ab. Die Berufsgruppe 8, Bekleidung und Reinigung, hatte 1849 735 Berufstätige und 1907 1647. Der Zuwachs betrug 124 Prozent. Der schon 1849 mit Abstand stärkste Industriezweig Bau und Holz mit 1124 Berufstätigen stieg auf 2629 an, d. h. um 134 Prozent.

Die überall zurückgehende Textilherstellung sank in Neuhaldensleben zur Bedeutungslosigkeit herab. 1838 gab es 476 Berufstätige, 1849 war der Höhepunkt mit 485 und 1907 waren es noch 40. In den anderen Industriezweigen waren nur wenige Menschen beschäftigt, und es gab keine ökonomisch bedeutsamen Veränderungen.

Das unterschiedliche Wachstum der Berufsabteilungen und Berufsgruppen wirkte sich auf den prozentualen Anteil an der Gesamtzahl der Berufstätigen aus. Über diesen Aspekt der Sozialstruktur des Kreises Neuhaldensleben gibt die Tabelle 62 Auskunft.

Der größte Teil aller Berufstätigen war in der zweiten Hälfte des 19. Jh. im Kreis Neuhaldensleben in der Land- und Forstwirtschaft beschäftigt. Wenn auch der prozentuale Anteil von 56,4 auf 43,6 Prozent zurückging, so bestimmte die Landwirtschaft das Wirtschaftsleben. 1849 war der in Industrie und Gewerbe beschäftigte Teil der Berufstätigen mit 27,9 Prozent noch relativ niedrig. Er nahm aber im Verlaufe der zweiten Hälfte des 19. Jahrhunderts kontinuierlich zu, so daß 1907 bereits 37 Prozent erreicht werden konnten. Diese Verschiebungen im prozentualen Anteil an der Gesamtzahl der Berufstätigen verweisen auf wirtschaftliche und soziale Strukturveränderungen. Der landwirtschaftlich orientierte Kreis Neuhaldensleben entwickelte sich langsam, aber in den beiden letzten Jahrzehnten des 19. Jh. immer schneller in Richtung eines industrie- und landwirtschaftlich orientierten Kreises. 1907 war dieses Ziel noch nicht erreicht, aber die Industrie hatte sich bereits zu einem starken Faktor des Wirtschafts- und Soziallebens entwickelt.

Der relative Rückgang der Berufstätigen in der Landwirtschaft wurde aber nicht vollkommen von Industrie und Gewerbe abgefangen. Deshalb ging auch der prozentuale Anteil beider Volkswirtschaftszweige an der Gesamtzahl der Berufstätigen zurück. Er betrug 1849 84,3 Prozent und sank bis 1907 auf 80,6 Prozent. Da auch der prozentuale Anteil der Berufsabteilungen D und E zurückging, wuchsen der Volkswirtschaftszweig Handel und Verkehr und vor allem die Berufsabteilung F, Ohne Beruf, prozentual an. Für den starken prozentualen Anstieg der Berufsabteilung F nach 1882 spielten die schon erwähnten Veränderungen im Kreis der erfaßten Personen eine Rolle. Faktisch hatte auch im Kreis Neuhaldensleben die starke Zunahme der Berufsabteilung F die Verschiebung der prozentualen Anteile der anderen Berufsabteilungen verursacht.

Ebenso wie im Kreis Calbe gab es innerhalb der Berufsgruppen des Volkswirtschaftszweiges Handel und Verkehr eine widersprüchliche Entwicklung. In der Berufsgruppe C 1, Handel und Kredit, sank bis 1867 der prozentuale Anteil von 4 Prozent auf 2,3 Prozent, um von 1867 bis 1907 auf 3,4 Prozent anzusteigen. Das Ausgangsniveau wurde faktisch nicht wieder erreicht. Die gleiche Entwicklung hatte das Beherbergungs- und Gaststättenwesen zu verzeichnen, wobei der Tiefpunkt im Jahre 1875 lag und 1907 das Ausgangsniveau überschritten werden konnte.

Von den strukturbestimmenden Industriezweigen war ein schnelles Wachstum des prozentualen Anteils bei der Berufsgruppe B 1, Bergbau, Verhüttung, Salz und Torf, von 1,1 Prozent auf 6,2 Prozent und bei B 2, Steine und Erden, von 2,8 Prozent auf 7,7 Prozent

*Tabelle 62*

*Das prozentuale Verhältnis der Berufsabteilungen und Berufsgruppen im Kreis Neuhaldensleben von 1849 bis 1907*

| Berufsgruppen | 1849 | 1861 | 1864 | 1867 | 1875 | 1882 | 1895 | 1907 |
|---|---|---|---|---|---|---|---|---|
| A. Bodennutzung und Tierzucht | 56,4 | 50,7 | 52,2 | 54,1 | 51,0 | 49,2 | 45,1 | 43,6 |
| B. Industrie und Gewerbe | | | | | | | | |
| 1. Bergbau, Verhüttung, Salz, Torf | 1,1 | 1,3 | — | 2,0 | 3,1 | 2,5 | 3,2 | 6,2 |
| 2. Steine und Erden | 2,8 | 3,3 | — | — | 4,2 | 5,7 | 6,9 | 7,7 |
| 3. Metallverarbeitung, Apparatebau | 2,4 | 2,9 | — | — | 2,9 | 2,8 | 3,0 | 3,0 |
| 4. Chemie, Leuchtstoffe, Harze | 0,0 | 0,0 | — | — | 0,0 | 0,0 | 0,2 | 0,3 |
| 5. Textil | 3,0 | 2,2 | — | — | 2,1 | 1,4 | 0,4 | 0,1 |
| 6. Papier und Leder | 0,6 | 0,5 | — | — | 0,4 | 0,6 | 0,6 | 0,5 |
| 7. Nahrungs- und Genußmittel | 6,2 | 9,2 | — | — | 9,4 | 8,8 | 8,5 | 6,1 |
| 8. Bekleidung und Reinigung | 4,6 | 5,6 | — | — | 6,5 | 7,0 | 6,0 | 4,9 |
| 9. Bau und Holz | 7,0 | 7,5 | — | — | 7,9 | 9,4 | 7,8 | 8,0 |
| 10. Kunstgewerbe und Polygraphie | 0,2 | 0,1 | — | — | 0,2 | 0,2 | 0,1 | 0,1 |
| 11. Sonstige Gewerbe | — | — | — | — | — | 0,6 | 0,0 | 0,1 |
| Summe | 27,9 | 32,6 | 30,4 | 32,0 | 36,7 | 39,0 | 36,7 | 37,0 |
| C. Handel und Verkehr | | | | | | | | |
| 1. Handel und Kredit | 4,0 | 3,3 | 3,0 | 2,3 | 2,7 | 2,8 | 3,1 | 3,4 |
| 2. Versicherung | — | — | — | — | — | 0,0 | 0,0 | 0,0 |
| 3. Verkehr | 0,6 | 0,8 | 1,1 | 1,1 | 1,2 | 1,4 | 1,8 | 1,9 |
| 4. Beherbergung und Gaststätten | 1,1 | 1,0 | 1,1 | 1,1 | 0,6 | 0,9 | 1,4 | 1,4 |
| Summe | 5,7 | 5,2 | 5,2 | 4,5 | 4,5 | 4,9 | 6,3 | 6,8 |
| D. Hausdienst, wechselnde Lohnarbeit | 2,3 | 1,8 | 1,8 | 1,7 | 1,2 | 0,9 | 1,2 | 0,7 |
| E. Heer, Verwaltung, freie Berufe | 4,0 | 3,9 | 4,7 | 3,8 | 2,9 | 2,4 | 2,7 | 2,8 |
| F. Ohne Beruf | 3,7 | 5,8 | 5,8 | 3,9 | 3,7 | 3,6 | 8,0 | 9,1 |

zu verzeichnen. Der prozentuale Anteil der anderen strukturbestimmenden Industriezweige veränderte sich nur wenig. „Nahrungs- und Genußmittel" ging von 6,2 auf 6,1 Prozent zurück, „Bekleidung und Reinigung" stieg von 4,6 auf 4,9 Prozent und „Bau und Holz" von 7 auf 8 Prozent an. Bau und Holz war mit einer Beteiligung von 7 bzw. 8 Prozent der Industriezweig mit dem größten Anteil an der Gesamtzahl der Berufstätigen.

Unter den eben genannten strukturbestimmenden Industriezweigen bedarf die Nahrungs- und Genußmittelherstellung noch einer besonderen Erwähnung. Im Gegensatz zum weitaus stärker industriemäßig orientierten Kreis Calbe, der 1849 einen Anteil der Berufsgruppe 7 von 14,6 Prozent aufwies, die von den 16,7 Prozent des Kreises Wanzleben noch überboten wurden, erscheinen die 6,2 Prozent des Kreises Neuhaldensleben, der damals ein ausgesprochener Agrarkreis war, sehr gering. Zwar erhöhte sich dieser Anteil bis 1875

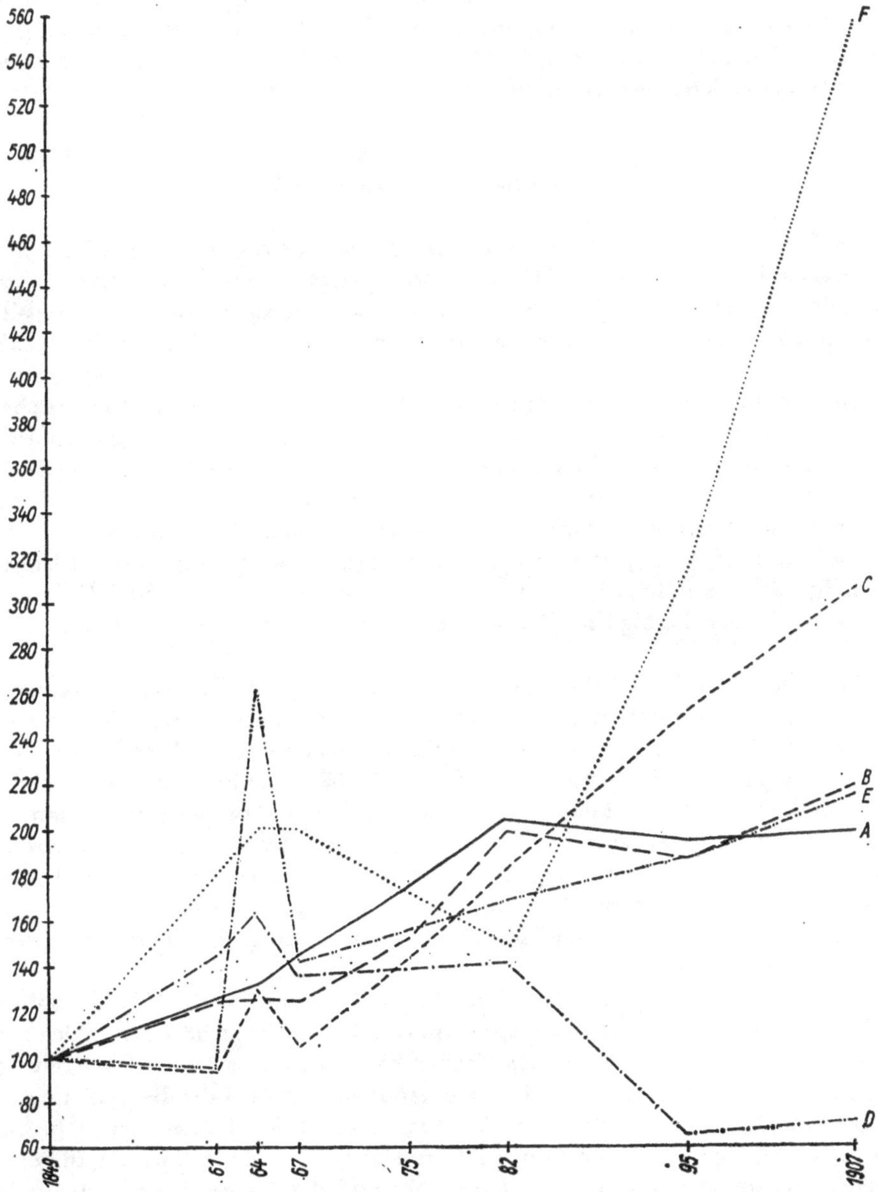


Abb. 16 Die Entwicklung der Berufsabteilungen A bis F im Kreise Wanzleben von 1849 bis 1907

—— A. Bodennutzung und Tierzucht
— — B. Industrie und Gewerbe
---- C. Handel und Verkehr
—·— D. Hausdienst, wechselnde Lohnarbeit
- ·· - E. Heer, Verwaltung, freie Berufe
······ F. Ohne Beruf

noch auf 9,4 Prozent und die Nahrungs- und Genußmittelherstellung war während dieser 25 Jahre der stärkste Industriezweig, aber er besaß nie die dominierende Stellung wie in den Kreisen Calbe und Wanzleben. Ab 1882 ordnete sich die Berufsgruppe 7 in die Größendimensionen der anderen Berufsgruppen ein.

### *Die Struktur der Berufstätigen im Kreis Wanzleben*

Der Kreis Wanzleben wich in seiner Sozial- und Wirtschaftsstruktur von den Kreisen Calbe und Neuhaldensleben erheblich ab. Wie die Abb. 16 zeigt, waren die Kurven der einzelnen Berufsabteilungen stärkeren Veränderungen unterworfen als in den anderen Kreisen. Das Gesamtbild ist vielgestaltiger, was auf einen rascheren Wechsel in den Entwicklungsbedingungen hinweist.

Während im Regierungsbezirk und in den Kreisen Calbe und Neuhaldensleben die Kurven von Industrie und Landwirtschaft immer stärker auseinandergingen und das Wachstum der Industrie erheblich größer als das der Landwirtschaft war, verliefen im Kreis Wanzleben beide Kurven sehr einheitlich und gingen nur kurzfristig auseinander. Außerdem erreichte das Wachstum der Landwirtschaft bis 1895 einen höheren Grad als das der Industrie. Diese Eigentümlichkeit im Verlauf der Kurven der beiden Volkswirtschaftszweige ist stark durch die Struktur von Industrie und Gewerbe beeinflußt worden, deren entscheidender Zweig im Kreise die Nahrungs- und Genußmittelverarbeitung war.

Auffallend im Verlauf der beiden genannten Kurven ist der Entwicklungsknick 1882. Bis 1882 hatte die Landwirtschaft ihr größtes Wachstum erreicht. Der Zuwachs betrug 105 Prozent. Auch die Industrie war mit 100 Prozent schon weit an ihren Höhepunkt von 120 Prozent im Jahre 1907 herangekommen. Nach 1882 setzte in der Landwirtschaft hinsichtlich der Zahl der Berufstätigen ein leichter Rückgang bzw. eine Stagnation ein. In der Industrie war der Rückgang noch größer, jedoch von 1895 bis 1907 der Aufschwung erheblicher. Welche Faktoren die Stagnation bzw. die geringeren Zuwachsraten bedingten, kann noch nicht angegeben werden. Auf jeden Fall zeigte sich ein außergewöhnlicher Kurvenverlauf, der von den Kreisen Calbe und Neuhaldensleben und auch vom Regierungsbezirk beträchtlich abwich.

In der Berufsabteilung A gab es 1849 8526 Berufstätige und 1907 17109. Die Steigerung betrug 101 Prozent. Damit lag die Steigerung im Kreise Wanzleben höher als in den anderen Börde-Kreisen. Die Landwirtschaft des Kreises hatte also das stärkste Ausdehnungsvermögen, bzw. die Intensivierung war hier am größten. Die Zahl der Berufstätigen in der Berufsabteilung B, Industrie und Gewerbe, stieg von 7447 auf 16397 an, d. h. um 120 Prozent. Bis 1895 war das Wachstum der Berufstätigen in der Industrie geringer als in der Landwirtschaft. 1895 erfolgte der Umschlag, und die Zuwachsrate in der Industrie wurde größer als in der Landwirtschaft. Trotz dieser Veränderungen in den Zuwachsraten lag im Endergebnis der Zuwachs in der Industrie nur um ein Fünftel höher als in der Landwirtschaft.

1849 besaß der Kreis Wanzleben noch ein ausgesprochen landwirtschaftliches Gepräge. Es gab zwar ein stark entwickeltes Industrie- und Gewerbewesen, das aber sehr eng mit der Landwirtschaft verknüpft war. Trotz der im Kreise vorhandenen vier Städte befanden sich die meisten Unternehmen der Nahrungsmittelverarbeitung auf dem Lande und waren oft mit landwirtschaftlichen Betrieben verbunden. Bis 1907 entwickelte sich der Kreis zunehmend zu einem industrie- und landwirtschaftlich gleichmäßig orientierten Kreis, wobei der entscheidende Schritt zwischen den Berufs- und Betriebszählungen von 1895 und 1907 getan wurde.

Die Berufsabteilung C, der dritte Volkswirtschaftszweig des Kreises, entwickelte sich bis 1882 in den gleichen Proportionen wie Industrie und Landwirtschaft. Nach 1882 trat der Entwicklungsknick in den Berufsabteilungen A und B ein, während die Berufsabteilung C ihr ursprüngliches Wachstum beibehielt und dadurch A und B überragte. 1849 gab es im Handel und Verkehr 927 Berufstätige und 1907 2739. Die Steigerung betrug 206 Prozent.

In den drei Volkswirtschaftszweigen waren 1849 91,8 Prozent aller Berufstätigen beschäftigt und 1907 noch 88,2 Prozent. Damit lag dieser Anteil im Kreis Wanzleben höher als im Kreis Neuhaldensleben. Selbst die größere Anzahl Städte mit ihren Verwaltungen, Schulen und medizinischen Einrichtungen hatte dieses Verhältnis nicht nachteilig verändern können.

Die Berufsabteilung E, Heer, Verwaltung, freie Berufe, entwickelte sich im Kreis Wanzleben ebenfalls nicht normgerecht. Bis 1861 nahm die Zahl der Berufstätigen ab, stieg 1864 kurzfristig enorm an, um bis 1867 wieder abzufallen und ab 1867 im gleichen Umfange wie Industrie und Landwirtschaft wieder zuzunehmen. 1849 gab es 489 Berufstätige und 1907 1054. Der Zuwachs war mit 115 Prozent fast ebenso hoch wie in der Industrie.

Die Berufsabteilung D ging wie in den anderen Kreisen zurück. Sie umfaßte ursprünglich 414 Berufstätige und sank auf 301 ab, d. h. auf 73 Prozent des Standes von 1849 oder um 27 Prozent. Die Berufsabteilung F hingegen nahm wiederum ganz erheblich zu, wobei das stärkste Wachstum ab 1882 durch die schon erwähnte Erfassung der außer Haus lebenden Schüler und Studenten bedingt war. 1849 gab es 628 Erfaßte „ohne Beruf" und 1907 3505. Der Zuwachs betrug 458 Prozent.

Von den im Regierungsbezirk strukturbestimmenden Industriezweigen spielte im Kreis Wanzleben die Berufsgruppe B 2, Steine und Erden, nur eine untergeordnete Rolle. Der Industriezweig Bergbau wuchs vor allem nach 1867 stark an. 1849 gab es hier 165 Berufstätige und 1907 1545. Der Zuwachs betrug 836 Prozent. In der Metallindustrie war die Zunahme mit 513 Prozent ebenfalls hoch, wobei die Zahl der Berufstätigen von 839 auf 5143 anstieg. Damit war im Kreise Wanzleben die Zahl der in der Metallindustrie Beschäftigten um über 1000 höher als im industriereichen Kreis Calbe, aber damit war im Gegensatz zu Calbe noch keine leistungsfähige Metallindustrie entstanden, weil die meisten Metallarbeiter in Magdeburg arbeiteten.

Hinter der Metallindustrie und dem Bergbau standen die Zuwachsraten der anderen strukturbestimmenden Industriezweige zurück. Für den Kreis Wanzleben war die Berufsgruppe 7, Nahrungs- und Genußmittel, von besonderer Bedeutung. Sie hatte schon 1849 3077 Berufstätige. Bis 1875 erreichte sie mit 5675 ihren Höhepunkt. Zu diesem Zeitpunkt gab es im Bergbau erst 818 und in der Metallverarbeitung und im Apparatebau 647 Berufstätige. Selbst die sonst überall stärkste Berufsgruppe Bau und Holz hatte nur 2002 Berufstätige. Daran ist zu erkennen, welche überragende Bedeutung gerade die erste Verarbeitungsstufe landwirtschaftlicher Erzeugnisse für den Kreis Wanzleben hatte. Nach 1875 ging die Zahl der Berufstätigen hier kontinuierlich und erheblich zurück. Sicherlich haben Rationalisierungsmaßnahmen eine Rolle gespielt. Vor allem wirkte sich der Übergang von ständig Beschäftigten zu Saisonarbeitern auf die Statistik aus. Als 1907 nicht mehr die durchschnittlich im Jahr Berufstätigen erfaßt wurden, sondern nur noch die am 12. Juni, fehlten die Saisonarbeitskräfte der Zuckerfabriken. Damit erreichte die Berufsgruppe 7 einen erneuten Rückgang, der 1454 Berufstätige oder 37,5 Prozent des Standes von 1895 ausmachte. 1907 hatte die Berufsgruppe 7 noch 2419 Berufstätige. Das waren 79 Prozent des Standes von 1849. Der Rückgang belief sich auf 21 Prozent.

Die Berufsgruppe 8, Bekleidung und Reinigung, wuchs von 883 auf 1416 an, d. h. um 60 Prozent. Stärker war das Wachstum der Berufsgruppe 9, Bau und Holz, von 1263 auf 4025, d. h. um 219 Prozent. Obwohl die Zuwachsraten der Bauindustrie im Kreis Wanzleben größer als im Regierungsbezirk und in den Kreisen Calbe und Neuhaldensleben waren, beschäftigte „Bau und Holz“ ausnahmsweise nicht die meisten Berufstätigen. Die Metallverarbeitung und der Apparatebau standen eindeutig an der Spitze.

Ein starkes Wachstum hatte auch das Verkehrswesen zu verzeichnen. Die Zahl der Berufstätigen stieg von 124 auf 912, d. h. um 635 Prozent. Eine ähnliche Zunahme wies noch der Kreis Neuhaldensleben mit 634 Prozent auf. Der Kreis Calbe blieb demgegenüber mit 140 Prozent erheblich zurück.

Ein Vergleich des Wachstums der Berufsabteilungen mit dem Bevölkerungswachstum verweist wiederum auf die gleiche interessante Erscheinung wie in den anderen Kreisen. Wanzleben hatte mit 89 Prozent ein hohes Bevölkerungswachstum und auch ein hohes Wachstum der Berufstätigen in der Landwirtschaft. Wenn in Wanzleben die Zahl der Berufstätigen in der Landwirtschaft noch schneller als die Bevölkerung anstieg, so hing das mit dem hohen Intensitätsgrad der dortigen Landwirtschaft zusammen (Zentrum des Zuckerrübenanbaus). Erwartungsgemäß lag das Wachstum der anderen Volkswirtschaftszweige, vor allem der Industrie, über dem der Bevölkerung.

Das unterschiedliche Wachstum der Berufsabteilungen und Berufsgruppen wirkte sich auch im Kreis Wanzleben auf deren prozentualen Anteil an der Gesamtzahl der Berufstätigen aus, worüber die Tabelle 63 Auskunft gibt.

Den zahlenmäßig stärksten Volkswirtschaftszweig stellte in der zweiten Hälfte des 19. Jh. die Landwirtschaft dar. Ihr Anteil wuchs sogar bis 1875 mit 49,6 Prozent gegenüber 1849 mit 46,3 Prozent noch an, ging aber dann langsam zurück und fiel von 1895 bis 1907 auf 41,6 Prozent ab. Der Rückgang des prozentualen Anteils der Berufstätigen in der Landwirtschaft kam aber keineswegs der Industrie zugute. Deren Anteil an der Gesamtzahl der Berufstätigen blieb relativ konstant. Der stärkste Rückgang war bis 1867 mit 36,8 Prozent erreicht und stieg bis 1882 wieder auf 40,6 Prozent an, so daß der Ausgangswert leicht überschritten wurde.

Trotz des hohen Anteils von Industrie und Gewerbe im Jahre 1849 war der Kreis Wanzleben noch ein landwirtschaftlich orientierter Kreis. Selbst 1895 stand die Landwirtschaft noch im Vordergrund, obwohl die Entwicklung zu einem ausgewogenen Verhältnis zwischen Industrie und Landwirtschaft drängte. Der Umschwung wurde erst um 1900 erzielt, als sich die Berufstätigen in der Metallverarbeitung und im Apparatebau innerhalb von 12 Jahren verdoppelten und auch der Bergbau sich stärker ausbreitete. Doch dieser Umschwung betraf mehr die Sozialstruktur als das Wirtschaftsleben. Die Metallarbeiter wohnten im Kreis Wanzleben, doch die Metallindustrie, d. h. die Arbeitsstätten, befanden sich größtenteils in Magdeburg.

Neben der Landwirtschaft ging auch der prozentuale Anteil der Berufsabteilung D von 2,3 auf 0,7 Prozent zurück. Da die Berufsabteilung E sich nur geringfügig veränderte und 1907 den Ausgangswert wieder erreichte, kam der Rückgang des prozentualen Anteils der Landwirtschaft, dem Handel und Verkehrswesen und vor allem der Berufsabteilung F zugute. Gerade die letztere Berufsabteilung war es auch, die durch ihr enormes Wachstum, das, wie bereits bemerkt, durch die Einbeziehung vorher nicht erfaßter Gruppen bedingt

*Tabelle 63*

*Das prozentuale Verhältnis der Berufsabteilungen und Berufsgruppen im Kreis Wanzleben von 1849 bis 1907*

| Berufsgruppen | 1849 | 1861 | 1864 | 1867 | 1875 | 1882 | 1895 | 1907 |
|---|---|---|---|---|---|---|---|---|
| A. Bodennutzung und Tierzucht | 46,3 | 46,3 | 45,1 | 49,4 | 49,6 | 48,0 | 46,0 | 41,6 |
| B. Industrie und Gewerbe | | | | | | | | |
| 1. Bergbau, Verhüttung, Salz und Torf | 0,9 | 1,2 | — | 1,3 | 2,7 | 2,5 | 3,1 | 3,7 |
| 2. Steine und Erden | 1,3 | 1,6 | — | — | 1,2 | 1,8 | 1,3 | 1,6 |
| 3. Metallverarbeitung, Apparatebau | 4,6 | 2,3 | — | — | 2,1 | 4,1 | 6,7 | 12,5 |
| 4. Chemie, Leuchtstoffe, Harze | 1,1 | 0,3 | — | — | 0,1 | 0,4 | 1,2 | 1,7 |
| 5. Textil | 3,0 | 0,9 | — | — | 0,7 | 0,5 | 0,2 | 0,1 |
| 6. Papier und Leder | 1,2 | 0,5 | — | — | 0,6 | 0,6 | 0,5 | 0,7 |
| 7. Nahrungs- und Genußmittel | 16,7 | 22,3 | — | — | 18,8 | 14,4 | 10,7 | 5,9 |
| 8. Bekleidung und Reinigung | 4,8 | 4,3 | — | — | 4,9 | 4,7 | 4,2 | 3,6 |
| 9. Bau und Holz | 6,9 | 7,2 | — | — | 6,6 | 9,3 | 10,1 | 9,8 |
| 10. Kunstgewerbe und Polygraphie | 0,0 | 0,0 | — | — | 0,0 | 0,0 | 0,2 | 0,3 |
| 11. Sonstige Gewerbe | — | — | — | — | — | 2,3 | 0,5 | — |
| Summe | 40,5 | 40,6 | 37,3 | 36,8 | 37,7 | 40,6 | 38,7 | 39,9 |
| C. Handel und Verkehr | | | | | | | | |
| 1. Handel und Kredit | 3,4 | 2,0 | 2,6 | 1,8 | 2,5 | 2,7 | 3,4 | 3,6 |
| 2. Versicherung | — | — | — | — | — | 0,0 | 0,0 | 0,1 |
| 3. Verkehr | 0,7 | 0,9 | 1,4 | 1,2 | 1,2 | 1,2 | 1,6 | 2,2 |
| 4. Beherbergung und Gaststätten | 0,9 | 0,8 | 0,8 | 0,8 | 0,8 | 0,9 | 1,5 | 0,8 |
| Summe | 5,0 | 3,7 | 4,8 | 3,8 | 4,5 | 4,8 | 6,5 | 6,7 |
| D. Hausdienst, wechselnde Lohnarbeit | 2,3 | 2,6 | 2,7 | 2,3 | 2,0 | 1,7 | 0,7 | 0,7 |
| E. Heer, Verwaltung, freie Berufe | 2,6 | 2,0 | 5,1 | 2,7 | 2,6 | 2,2 | 2,7 | 2,6 |
| F. Ohne Beruf | 3,3 | 4,8 | 5,0 | 5,0 | 3,7 | 2,4 | 5,4 | 8,5 |

war, die Relationen ab 1882 in noch vertretbaren Grenzen verschob. Aber immerhin verhielt sich das Verhältnis der Berufsabteilung F zur Gesamtzahl der in der Volkswirtschaft Berufstätigen wie 1:10 im Jahre 1907. 1882 existierte noch ein Verhältnis von 1:35. 1882 stellten die Angehörigen „ohne Beruf" eine unbedeutende Gruppe der Berufstätigen dar, aber 1907 fielen sie durchaus ins Gewicht. Die Berichtigung der Berufsabteilung F um die außer Haus wohnenden Schüler und Studenten hätte die prozentualen Anteile der Berufsabteilungen an der Gesamtzahl der Berufstätigen zwar erhöht, aber ihre Relationen zueinander nur unwesentlich verschoben. Deshalb wurde auf eine solche Berichtigung zugunsten des höheren Informationswertes der unberichtigten Berufsabteilung F verzichtet.

Bei den Berufsgruppen des Volkswirtschaftszweiges Handel und Verkehr gab es die schon im Kreis Neuhaldensleben beobachteten Verschiebungen in den prozentualen Anteilen. So ging auch hier die Berufsgruppe Handel und Kredit bis 1867 zurück, stieg aber bis 1907 über ihr Ausgangsniveau an. Beherbergung und Gaststätten ging kaum zurück, aber der Aufschwung erfolgte in Wanzleben wie in Neuhaldensleben ab 1875. Der prozentuale Anteil des Verkehrswesens wechselte ebenfalls und stieg ab 1895 schneller an.

Die größeren Veränderungen wiesen die Berufsgruppen von Industrie und Gewerbe auf. Die strukturbestimmende Berufsgruppe Bergbau stieg in den üblichen Proportionen von 0,9 auf 3,7 Prozent an. Sensationell hingegen wirkte das Anwachsen der Berufsgruppe Metallverarbeitung und Apparatebau von 4,6 auf 12,5 Prozent. 1907 waren damit fast ein Drittel der in Industrie und Gewerbe Berufstätigen in diesem Zweig beschäftigt, wobei ein erheblicher Teil der Produktionskapazität außerhalb des Kreises lag. Da Bau und Holz 9,8 Prozent der Berufstätigen umfaßte, standen alle anderen Industriezweige hinter dieser Konzentration erheblich zurück. Aber das Zurückstehen der anderen Industriezweige hinter Bau und Holz und Metallverarbeitung und Apparatebau war für Nahrungs- und Genußmittel mehr eine Folge der Mängel in der Statistik. Bei der Bauindustrie hatte man die Saisonarbeiter erfaßt, da die Zählung im Sommer war, bei der Zuckerrübenindustrie hingegen nicht, die ihre Saisonarbeiter im Herbst und Winter beschäftigte. Deshalb kann die Beschäftigtenzahl der Berufsgruppe 7 durchaus an die der 9 herangereicht haben.

1849 hatte die Berufsgruppe 7 den höchsten Anteil an den Berufstätigen aufzuweisen. Mit 16,7 Prozent war er schon mehr als doppelt so groß als jener der traditionell großen Berufsgruppe Bau und Holz. Bis 1861 steigerte sich dieser Anteil noch auf 22,3 Prozent, das war mehr als die Hälfte aller Berufstätigen in Industrie und Gewerbe (40,6 Prozent). Einen so hohen Anteil hatte weder im Regierungsbezirk noch in den anderen Börde-Kreisen im gleichen Zeitabschnitt ein anderer Industriezweig erreicht. Selbst im Jahre 1875, dem Jahr der höchsten absoluten Zahl, betrug der Anteil noch 18,8 Prozent. Von hier aus ging er aus den bereits erörterten Gründen auf 5,9 Prozent bis 1907 zurück. Eine ähnliche Entwicklung hatte im Kreis Calbe die Berufsgruppe 7, Nahrungs- und Genußmittel, genommen. Obwohl ihr Anteil 1849 mit 14,6 Prozent nicht ganz so hoch war, überragte sie doch alle anderen Berufsgruppen ganz beträchtlich. Es wäre sicherlich vorteilhaft, diesen erheblichen Rückgang der Berufsgruppe 7 in den beiden Kreisen weiter zu untersuchen, doch dazu bedarf es sehr detaillierter Forschungen.

## *Die Struktur der Berufstätigen im Kreis Wolmirstedt*

Das geringste Wachstum der Berufstätigen in Landwirtschaft und Industrie von allen Börde-Kreisen hatte der Kreis Wolmirstedt, wie die Abb. 17 zeigt, aufzuweisen. Die diesbezüglichen Kurven verlaufen ausgesprochen flach. Bis 1867 gab es in der Berufstätigenzahl von Industrie und Landwirtschaft kaum Veränderungen. Nach 1867 nahm die Zahl der Berufstätigen in der Landwirtschaft sehr langsam zu. Lediglich zwischen 1895 und 1907 war die Wachstumsrate größer. Die Zahl der Berufstätigen in der Industrie wuchs dafür ein wenig schneller. Aber im Kreis Wolmirstedt spielten Industrie und Gewerbe nicht die Rolle wie in den anderen Börde-Kreisen. Die Landwirtschaft dominierte und bestimmte das Wirtschafts- und Sozialleben.

1849 gab es 10506 Berufstätige in der Berufsabteilung A, die bis 1907 auf 14021 anstiegen. Mit 34 Prozent der Berufstätigen von 1849 war der Zuwachs in 58 Jahren sehr niedrig. Er lag noch weit unter dem schon geringen Zuwachs des Kreises Neuhaldensleben von 60 Prozent und betrug etwas weniger als ein Drittel des Zuwachses im Regierungsbezirk. In der Berufsabteilung B stieg die Zahl der Berufstätigen von 5083 auf 8443, d. h. um 66

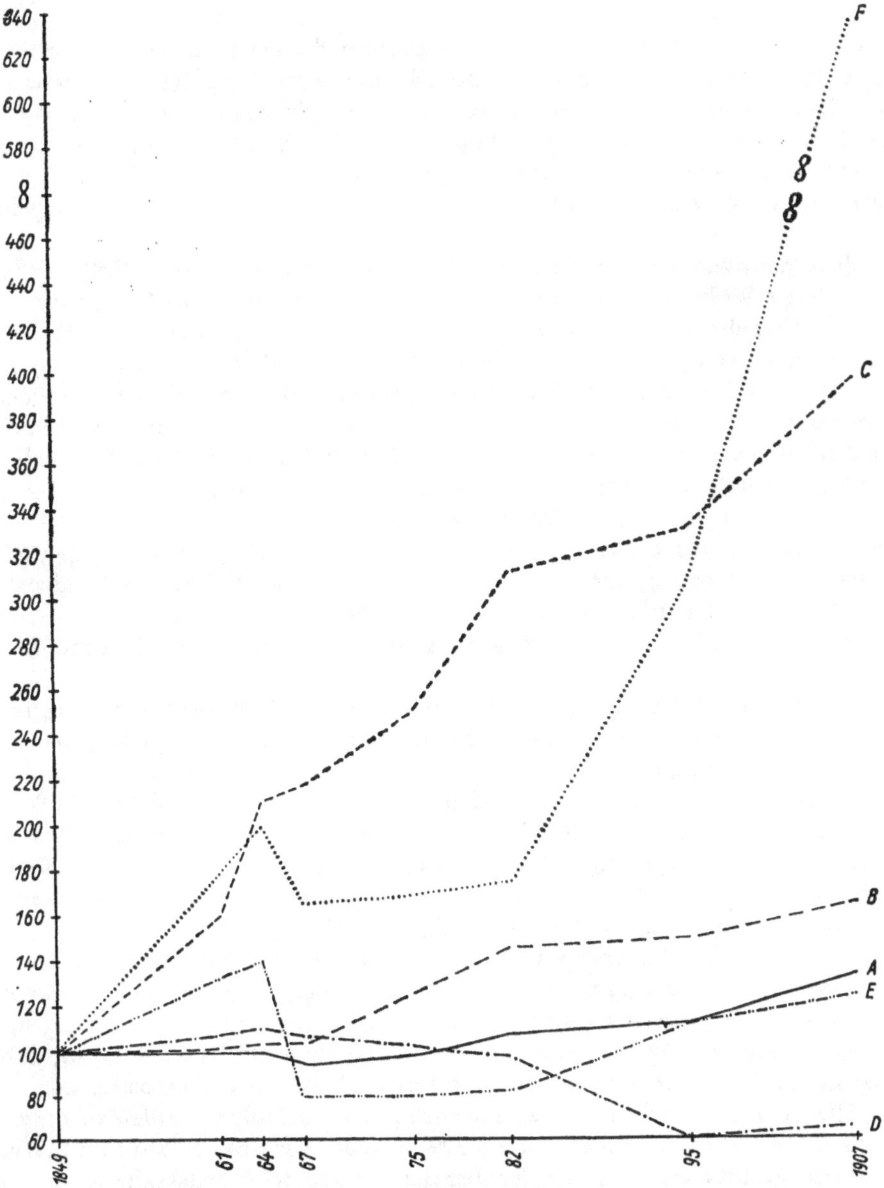


Abb. 17 Die Entwicklung der Berufsabteilungen A bis F im Kreise Wolmirstedt von 1849 bis 1907

——— A. Bodennutzung und Tierzucht
— — B. Industrie und Gewerbe
– – – – C. Handel und Verkehr
—·— D. Hausdienst, wechselnde Lohnarbeit
– ·· – E. Heer, Verwaltung, freie Berufe
······ F. Ohne Beruf

Prozent. Auch dieser Zuwachs lag weit hinter dem der anderen Kreise und dem des Regierungsbezirkes zurück.

Wir haben aber im Kreis Wolmirstedt wiederum die erstaunliche Übereinstimmung zwischen der Landwirtschaft und dem Bevölkerungswachstum, die wir bereits in den anderen Kreisen beobachten konnten. Das Bevölkerungswachstum betrug in der untersuchten Periode 31 Prozent und der Anstieg der Berufstätigen in der Landwirtschaft 34 Prozent. Das Wachstum der Berufstätigen in Industrie und Gewerbe erfolgte unabhängiger vom Bevölkerungswachstum und betrug mit 66 Prozent fast das Doppelte desselben.

Von dem geringen Größenwachstum der beiden entscheidenden Volkswirtschaftszweige im Kreis Wolmirstedt wich die Entwicklung des dritten Volkswirtschaftszweiges, Handel und Verkehr, der außerordentlich hohe Zuwachsraten hatte, ganz erheblich ab. Selbst als Landwirtschaft und Industrie in der Zahl der Berufstätigen bis 1867 stagnierten, stiegen Handel und Verkehr beträchtlich an, wobei der stärkste Zuwachs im Verkehrswesen zu verzeichnen war (725 Prozent). Hier lag Wolmirstedt auf einem ähnlichen Niveau wie Neuhaldensleben (634 Prozent) und Wanzleben (635 Prozent). Nur Calbe blieb mit seinen 140 Prozent ganz erheblich zurück. Möglicherweise war Calbe vor 1849 schon stärker verkehrsmäßig erschlossen als die anderen Kreise.

In der Berufsabteilung C gab es im Kreis Wolmirstedt 1849 546 Berufstätige und 1907 1889. Der Zuwachs betrug 297 Prozent. Gegenüber den 34 Prozent der Landwirtschaft und den 66 Prozent der Industrie war das enorm. Die anderen Börde-Kreise hatten einen geringeren Zuwachs. Lediglich der Regierungsbezirk überragte denselben mit 334 Prozent.

In den drei Volkswirtschaftszweigen arbeiteten 1849 93,3 Prozent aller Berufstätigen und 1907 87,1 Prozent. Der Rückgang war in erster Linie durch die rasche Zunahme der Berufsabteilung F bedingt, die 1907 die Proportionen schon erkennbar verschob. 1882 waren es immer noch 93,3 Prozent, was auf die große Stabilität der Relationen in der Wirtschafts- und Sozialstruktur verweist. Der hohe Anteil der Berufstätigen in der Volkswirtschaft hing auch mit der geringen Urbanisierung zusammen. Es gab nur die Kreisstadt Wolmirstedt, deren Einwohnerzahl gering war. Die Masse aller Bewohner wohnte in Dörfern und ging dort einer produktiven Tätigkeit nach.

Von den strukturbestimmenden Industriezweigen des Regierungsbezirkes waren im Kreis Wolmirstedt der Bergbau schwach und der Zweig Steine und Erden nur mäßig vertreten, so daß sie keine strukturbestimmende Bedeutung hatten. Die Berufsgruppe 3, Metallverarbeitung und Apparatebau, wuchs von 306 auf 1195 Berufstätige an, d. h. um 290 Prozent. Im Vergleich zum durchschnittlichen Wachstum der Industrie war das beachtlich. Eine ähnliche Wachstumsrate hatte auch „Bau und Holz", wo die Zahl der Berufstätigen von 787 auf 2984 anwuchs, d. h. um 279 Prozent. Mit Abstand war damit „Bau und Holz" 1907 der größte Industriezweig, der über fast genau soviel Arbeitskräfte wie die Zweige Metallverarbeitung und Nahrungs- und Genußmittel verfügte, die an dritter und zweiter Stelle in der Beschäftigtenzahl standen. Bei „Bekleidung und Reinigung" war die Wachstumsrate bis 1882 durchaus positiv. Sie betrug 71 Prozent. Aber dennoch ging die Zahl der Berufstätigen erstaunlicherweise zurück. Deshalb betrug 1907 die Steigerung auch nur noch 30 Prozent. Die Zahl der Berufstätigen war von 704 (1849) auf 1203 (1882) angestiegen und auf 914 (1907) abgefallen.

Eine besonders große Bedeutung besaß im Kreis Wolmirstedt, wie in den Kreisen Calbe und Wanzleben, die Nahrungs- und Genußmittelfabrikation. 1849 gab es hier schon 2480

Berufstätige. Soviel hatten die anderen strukturbestimmenden Zweige noch nicht einmal zusammengenommen. Bis 1875 stieg die Zahl noch auf 2612 an, doch dann sank die Zahl bis 1907 auf 1835 ab (auf die Änderungen der Erfassungsmethoden wurde hingewiesen). Nahrungs- und Genußmittel waren zum zweitstärksten Industriezweig geworden, aber doch auf 73 Prozent des Ausgangswertes abgesunken, d. h. um 27 Prozent zurückgegangen.

Das unterschiedliche Wachstum der einzelnen Berufsabteilungen und Berufsgruppen wirkte sich auch im Kreis Wolmirstedt auf den prozentualen Anteil an der Gesamtzahl der Berufstätigen aus, wie die Tabelle 64 zeigt.

Die stärkste Berufsabteilung war die Landwirtschaft. Mit 60,7 Prozent war ihr Anteil 1849 doppelt so hoch wie der der Industrie, die faktisch nur die Hälfte der Arbeitskräfte der Landwirtschaft besaß. Auch im Kreis Neuhaldensleben waren 1849 doppelt soviel Berufstätige in der Landwirtschaft wie in der Industrie beschäftigt. Während sich aber in Neuhaldensleben beide Volkswirtschaftszweige in ihren Anteilen merklich annäherten (43,6 Prozent, 37 Prozent), war das in Wolmirstedt viel weniger der Fall. Der Anteil der Landwirtschaft sank bis 1907 auf 50,2 Prozent und war damit der höchste von allen Börde-Kreisen. Der Anteil der Industrie nahm zwar von 29,4 auf 35,9 Prozent bis 1882 zu, sank aber durch das starke Anwachsen der Berufsabteilung F auf 30,2 Prozent im Jahre 1907 ab. Die Landwirtschaft beschäftigte 1907 noch immer 20 Prozent mehr Arbeitskräfte als Industrie und Gewerbe. Sie war mit Abstand der stärkste Volkswirtschaftszweig des Kreises und gab demselben ein ausgesprochen landwirtschaftliches Gepräge.

Der starke Zuwachs der Berufstätigen in Handel und Verkehr wirkte sich auch auf den prozentualen Anteil aus, der von 3,2 auf 7 Prozent im Jahre 1882 anstieg und bis 1907 auf 6,7 Prozent zurückging. Dieser Rückgang, der auch bei der Industrie zu erkennen war, beruhte auf dem immens starken Anwachsen der Berufsabteilung F, das seit 1882 zunehmend die Proportionen zugunsten dieser Berufsabteilung verschob. Der ursprüngliche Anteil betrug 2,6 Prozent und stieg auf 10,1 Prozent. Keine andere Berufsabteilung hatte ihren prozentualen Anteil fast vervierfachen können.

In der Berufsabteilung C gab es einige Verschiebungen zwischen den Berufsgruppen. Die Berufsgruppe Handel und Kredit nahm kontinuierlich zu und konnte ihren Anteil von 2,1 auf 3,8 Prozent steigern. Die Berufsgruppe Verkehr, die zwar die größte Wachstumsrate aufwies, ging nach 1882 zurück, so daß auch der prozentuale Anteil sank. Trotzdem war der Anstieg desselben von 0,4 auf 1,8 Prozent sehr beachtlich. Dieser erhebliche Zuwachs des Verkehrswesens war bis auf den Kreis Calbe in allen Börde-Kreisen zu verzeichnen. Der Kreis Calbe hatte jedoch schon 1849 einen Anteil von 4 Prozent der Berufstätigen, so daß hier keine nennenswerte Steigerung mehr notwendig war.

Große Veränderungen gab es in den prozentualen Anteilen der Berufsgruppen an der Gesamtzahl der Berufstätigen in der Berufsabteilung B. Von den im Kreise strukturbestimmenden Zweigen nahm der Anteil der Metallverarbeitung und des Apparatebaues von 1,8 auf 4,4 Prozent zu. „Bekleidung und Reinigung“ ging unverständlicherweise von 4,1 auf 3,3 Prozent zurück. Beachtlich war der Anstieg von „Bau und Holz“ von 4,6 auf 10,8 Prozent. Bereits 1882 stellte „Bau und Holz“ die stärkste Berufsgruppe dar und umfaßte 1907 ein Drittel aller Berufstätigen von Industrie und Gewerbe.

Eine noch stärkere Position hatte die Berufsgruppe 7, Nahrungs- und Genußmittel, eingenommen. 1849 gehörte fast die Hälfte aller Berufstätigen aus Industrie und Gewerbe (14,4 Prozent) zu dieser Berufsgruppe. Eine ähnlich starke Position hatte sie mit 16,7 Prozent im Kreis Wanzleben und mit 14,6 Prozent im Kreis Calbe aufzuweisen. Nach 25 Jahren war die Position mit 13,4 Prozent immer noch sehr stark. Danach setzte die Abnahme ein,

*Tabelle 64*

*Das prozentuale Verhältnis der Berufsabteilungen und Berufsgruppen im Kreis Wolmirstedt von 1849 bis 1907*

| Berufsgruppen | 1849 | 1861 | 1864 | 1867 | 1875 | 1882 | 1895 | 1907 |
|---|---|---|---|---|---|---|---|---|
| A. Bodennutzung und Tierzucht | 60,7 | 57,8 | 56,4 | 56,4 | 53,6 | 51,4 | 51,1 | 50,2 |
| B. Industrie und Gewerbe | | | | | | | | |
| 1. Bergbau, Verhüttung, Salz und Torf | 0,0 | 0,4 | — | 0,5 | 0,0 | 0,1 | 0,1 | 0,4 |
| 2. Steine und Erden | 0,6 | 1,2 | — | — | 0,8 | 2,0 | 2,3 | 2,5 |
| 3. Metallverarbeitung, Apparatebau | 1,8 | 1,7 | — | — | 2,0 | 2,8 | 3,3 | 4,4 |
| 4. Chemie, Leuchtstoffe, Harze | 0,0 | 0,0 | — | — | 0,2 | 0,0 | 0,1 | 0,2 |
| 5. Textil | 3,5 | 3,4 | — | — | 3,0 | 2,1 | 1,2 | 0,9 |
| 6. Papier und Leder | 0,4 | 0,4 | — | — | 0,5 | 0,8 | 1,2 | 1,2 |
| 7. Nahrungs- und Genußmittel | 14,4 | 12,5 | — | — | 13,4 | 10,7 | 10,3 | 6,5 |
| 8. Bekleidung und Reinigung | 4,1 | 3,6 | — | — | 4,9 | 5,6 | 4,8 | 3,3 |
| 9. Bau und Holz | 4,6 | 5,7 | — | — | 8,4 | 10,9 | 10,0 | 10,8 |
| 10. Kunstgewerbe und Polygraphie | 0,0 | 0,0 | — | — | 0,0 | 0,0 | 0,0 | 0,0 |
| 11. Sonstige Gewerbe | — | — | — | — | — | 0,9 | 0,0 | 0,0 |
| Summe | 29,4 | 28,9 | 28,3 | 29,8 | 33,2 | 35,9 | 33,3 | 30,2 |
| C. Handel und Verkehr | | | | | | | | |
| 1. Handel und Kredit | 2,1 | 2,7 | 2,8 | 2,9 | 3,1 | 3,4 | 3,5 | 3,8 |
| 2. Versicherung | — | — | — | — | — | 0,0 | 0,0 | 0,0 |
| 3. Verkehr | 0,4 | 0,6 | 1,7 | 2,0 | 2,4 | 2,8 | 1,8 | 1,8 |
| 4. Beherbergung und Gaststätten | 0,7 | 0,8 | 0,9 | 1,0 | 0,6 | 0,8 | 1,5 | 1,1 |
| Summe | 3,2 | 4,1 | 5,4 | 5,9 | 6,1 | 7,0 | 6,8 | 6,7 |
| D. Hausdienst, wechselnde Lohnarbeit | 1,3 | 1,4 | 1,4 | 1,5 | 1,2 | 1,1 | 0,5 | 0,6 |
| E. Heer, Verwaltung, freie Berufe | 2,8 | 3,5 | 3,7 | 2,2 | 2,0 | 1,9 | 2,3 | 2,2 |
| F. Ohne Beruf | 2,6 | 4,5 | 4,8 | 4,2 | 3,9 | 3,7 | 6,0 | 10,1 |

wobei der größte Sprung zwischen 1895 und 1907 lag. 1907 betrug der prozentuale Anteil noch 6,5 Prozent. Damit war „Nahrungs- und Genußmittel" hinter „Bau und Holz" zur zweitstärksten Gruppe geworden. Im Prinzip vollzog sich damit der gleiche Entwicklungsgang wie in den schon genannten beiden anderen Kreisen, dessen Ursachen zur Zeit noch nicht überschaubar sind.

Aber eines dürfte erwiesen sein. Der Aufschwung der Landwirtschaft in den Börde-Kreisen führte zu einer starken Entwicklung der Nahrungs- und Genußmittelfabrikation, vor allem der ersten Verarbeitungsstufe landwirtschaftlicher Erzeugnisse. Diese Entwicklung bestimmte für einige Jahrzehnte die gesamte Struktur von Industrie und Gewerbe, deren entscheidender Zweig die Berufsgruppe 7 war. Da die Berufsgruppe 7 selbst keine Produktionsmittel herstellte, wirkte ihr immenser Aufschwung auf die anderen Industrie-

und Gewerbezweige zurück. Sie lieferten die notwendigen Maschinen, Geräte und Hilfsmaterialien sowie die Gebäude und konnten dadurch die Zahl ihrer Berufstätigen ausweiten. Ausgangspunkt dieser Entwicklung war der außerordentlich schnelle Fortschritt der von feudalen Fesseln befreiten Landwirtschaft. Die kapitalistische Intensivierung der landwirtschaftlichen Produktion schuf die Grundlage für die Entstehung und rasche Ausweitung der landwirtschaftlichen Nebenindustrie.

Im Verlaufe der zweiten Hälfte des 19. Jh. nahmen die anderen Industrie- und Gewerbezweige in den vier Börde-Kreisen an Bedeutung zu und stiegen zu den bestimmenden Faktoren der industriellen Entwicklung auf. Das wirkte sich positiv auf die Entwicklung der Landwirtschaft aus. Nicht nur der Absatzmarkt für landwirtschaftliche Erzeugnisse wurde größer. Auch die industriellen Vorleistungen und Reparaturen für die Landwirtschaft konnten erweitert werden. In diesem interessanten Wechselspiel zwischen Landwirtschaft und Industrie wuchsen beide Volkswirtschaftszweige weit über das in Deutschland vorherrschende Maß hinaus. Der Regierungsbezirk Magdeburg gehörte mit seiner Industrie wie mit seiner Landwirtschaft zu den fortgeschrittensten Gebieten und bestimmte maßgeblich das Spitzenniveau mit, wobei sich die für Deutschland geltende Erkenntnis bestätigte, daß eine fortgeschrittene landwirtschaftliche Produktion nur in Gebieten mit einer hochstehenden Industrie und einem entwickelten Verkehrswesen möglich war.

## Die Entwicklung der landwirtschaftlichen Betriebsgrößen und die Sozialstruktur in der Landwirtschaft von 1816 bis 1907

Die Analyse der Struktur der Berufstätigen im Regierungsbezirk Magdeburg und in den vier Börde-Kreisen in der zweiten Hälfte des 19. Jh. hat deutlich gemacht, daß die Landwirtschaft im Wirtschaftsleben eine entscheidende Rolle spielte. Diese Rolle war in der ersten Hälfte des 19. Jh. noch größer. Ohne Übertreibung kann deshalb der Landwirtschaft für das 19. Jh. noch eine erstrangige Funktion zuerkannt werden.

Aber die Angaben der Berufszählungen ließen nur die Größenverhältnisse zwischen den Berufsabteilungen und Berufsgruppen erkennen und waren für die Sozialstruktur der Berufstätigen in der Landwirtschaft wenig aussagekräftig. Um über die Klassenschichtung des Dorfes Aussagen machen zu können, muß auf anderes statistisches Material zurückgegriffen werden. Das sind Nachweisungen über die Grundbesitzverteilung, die Betriebsgrößenstruktur und die Bodenbewegung. Diese Nachweisungen sind nicht ohne weiteres vergleichbar. Es stehen faktisch Erhebungen nach unterschiedlichen Gesichtspunkten nebeneinander. Es wurden nach den Gesichtspunkten des 18. Jh. Erhebungen über die Zahl der Rittergüter, der spannfähigen Nahrungen (Bauernstellen) und der gespannlosen Kleinstellen durchgeführt, wobei die letzteren beiden Gruppen den spanndienstleistenden Bauernwirtschaften und den handdienstleistenden Kleinstellen des Feudalismus entsprachen. Bei dem Einteilungskriterium „Gespann" muß bedacht werden, daß die gespannlosen Kleinstellen nicht generell ohne tierische Anspannung waren. Nach landesüblicher Ansicht verstand man unter „Gespann" ein Pferdegespann. Die Kuhanspannung der Kleinstellen zählte nicht als Gespann, weil damit keine Gespanndienste geleistet wurden.

Möglicherweise waren sich Wirtschaftspolitiker und Statistiker der Unzulänglichkeit einer derartigen Gruppierung bewußt. Es wurden deshalb außerdem Erhebungen der landwirtschaftlichen Betriebe nach Betriebsgrößenklassen in Morgen durchgeführt. Die Gruppenbildung war für unsere Vorstellungen noch zu grob, aber aussagefähiger über die Struktur der Betriebe als die Einteilung nach rechtlich-sozialökonomischen Gesichtspunkten. Außerdem wurden die land- und forstwirtschaftlichen Betriebe zeitweilig, d. h. bei den Erhebungen zwischen 1849 und 1858 gemeinsam erfaßt. Auf die Zahl der Betriebe hatte das kaum einen Einfluß, wohl aber auf die Fläche. Dadurch sind die Flächenangaben mit anderen Erhebungen nur mit Einschränkungen vergleichbar.

### *Landwirtschaftliche Betriebsgrößen und Sozialstruktur im Regierungsbezirk Magdeburg*

Eine erst grobe Orientierung über die Bodenverteilung, die die Grundlage der Sozialstruktur auf dem Lande bildete, vermittelt die Verwaltungseinteilung. Es gab als unterste Verwaltungsebene die Städte, die ländlichen Gemeinden und die selbständigen Gutsbezirke. In den einzelnen Verwaltungseinheiten herrschten hinsichtlich des Bodeneigentums bestimmte Eigentümergruppen vor. In den Städten die Bürger, in den Landgemeinden die verschiedenen Gruppen der Bauern und in den selbständigen Gutsbezirken die zur herrschenden Klasse gehörenden Eigentümer, wie Landesherr, Adel und Kirche. Natürlich gab es viele Abweichungen, die jedoch nichts am Prinzip änderten.

Die erste Nachweisung dieser Art stammt von 1867. Sie wurde auf der Grundlage des Grundsteuerkatasters angefertigt. Nach dem Grundsteuergesetz wurde zwischen steuerlich ertragslosem Land (Wege, Eisenbahnen, Flüsse, Gewässer usw.), den Haus- und Gebäudesteuer unterworfenen Flächen und ertragsfähig eingeschätzten Liegenschaften (landwirtschaftliche Nutzfläche, Wald, Gewässer, Öd- und Unland) unterschieden. Die folgende Tabelle 65 gibt für den Regierungsbezirk Magdeburg die Relationen zwischen der Gesamtfläche und den ertragsfähigen Liegenschaften wieder und vermittelt einen ersten Überblick über die Verwaltungseinheiten.

*Tabelle 65*

*Die Zahl der Stadtfluren, Dorfgemarkungen und selbständigen Gutsbezirke und deren Fläche im Regierungsbezirk Magdeburg im Jahre 1867*[1]

| Verwaltungseinheit | Zahl | Gesamtfläche | | Ertragsfähig eingeschätzte Liegenschaften | | Durchschnittliche Größe der ertragsfähig eingeschätzten Liegenschaften |
|---|---|---|---|---|---|---|
| | | ha | Prozent | ha | Prozent | ha |
| Stadtfluren | 51 | 122347 | 10,6 | 112859 | 9,8 | 5,3 |
| Landgemeinden | 999 | 730012 | 63,5 | 690047 | 60,0 | 13,5 |
| Gutsbezirke | 408 | 297111 | 25,9 | 288408 | 25,1 | 374,5 |
| Summe | 1458 | 1149470 | 100,0 | 1091314 | 94,9 | |

Die 999 Landgemeinden hatten mit 64 Prozent den größten Anteil an der Gesamtfläche des Regierungsbezirks. Die Gutsbezirke enthielten auch die Fläche der selbständigen Forstbezirke, wodurch sie den beträchtlichen Anteil von 26 Prozent der Gesamtfläche aufwiesen. Die Stadtfluren standen demgegenüber mit 11 Prozent erheblich zurück. Die ertragsfähig eingeschätzten Liegenschaften wiesen fast genau die gleichen Relationen wie die Gesamtfläche auf. In den Stadtfluren war die Zahl der Eigentümer wesentlich größer, weshalb auch die durchschnittliche Größe mit 5,3 Hektar relativ niedrig lag. Da in den Landgemein-

[1] Jahrbuch für die amtliche Statistik ..., 1868:17—27.

den sich die Durchschnittsgröße aus Kleinbauern, Bauern und Gutsbetrieben ergab, lag sie mit 13,5 Hektar bereits höher, aber durch den hohen Anteil an Kleinbesitzern noch relativ niedrig. Erst in den Gutsbezirken war die Durchschnittsgröße mit 374,5 Hektar beträchtlich, jedoch erheblich durch die großen Forstbetriebe bestimmt.

Aus den Angaben der Tabelle 65 läßt sich auch die durchschnittliche Größe der angegebenen Verwaltungseinheiten errechnen. Die durchschnittliche Größe der Stadtfluren betrug 2399 Hektar, der Landgemeinden 731 Hektar und der Gutsbezirke 728 Hektar. Da bei den Gutsbezirken die großen Forstbezirke enthalten sind, lag ihre tatsächliche Größe niedriger. Sie dürfte 580 Hektar nicht überschritten haben.

Hinsichtlich der Verteilung der Gesamtfläche zwischen den Verwaltungseinheiten liefert die Nachweisung von 1878/79 bessere Auskünfte, die im Zusammenhang mit der Erntestatistik von 1879 veröffentlicht wurde. Wie die folgende Tabelle 66 zeigt, läßt die gesonderte Ausweisung der Forstbezirke die tatsächliche Größe der selbständigen Gutsbezirke besser erkennen.

*Tabelle 66*

*Die Fläche der Stadtfluren, Dorfgemarkungen, selbständigen Guts- und Forstbezirke im Regierungsbezirk Magdeburg im Jahre 1878/79*[2]

| Verwaltungseinheit | Gesamtfläche | |
|---|---|---|
| | in ha | in Prozent |
| Stadtfluren | 124394 | 10,8 |
| Landgemeinden | 737168 | 64,1 |
| Gutsbezirke | 227803 | 19,8 |
| Forstbezirke | 61098 | 5,3 |
| Summe | 1150463 | 100 |

Die prozentualen Anteile der Stadtfluren und Landgemeinden hatten sich gegenüber 1867 nicht geändert. Es konnte jedoch der Anteil der Forstbezirke mit 5 Prozent und der der Gutsbezirke mit 20 Prozent ermittelt werden. Für den Regierungsbezirk Magdeburg, der nicht zu den Gebieten der ostdeutschen Gutsherrschaft des Spätfeudalismus gehörte, lag der Anteil der Gutsbezirke mit 20 Prozent der Gesamtfläche sehr hoch.

In den Gutsbezirken und vor allem in den Landgemeinden des Regierungsbezirkes Magdeburg gab es seit 1816 einige bedeutsame Veränderungen im Bodeneigentum, die die gesamte Landwirtschaft beeinflußten. Diese Veränderungen hingen mit der Durchsetzung der kapitalistischen Produktionsweise in der Landwirtschaft auf dem bekannten preußischen Wege zusammen und waren durch die zunehmende Wirkungsweise der ökonomischen Gesetze des Kapitalismus bedingt. Auf der Grundlage der westfälischen und preußischen Agrarreformgesetze von 1807 bis 1821 wurden die Reformen durchgeführt, die zur Herausbildung des kapitalistischen Eigentums an Grund und Boden, der kapitalistischen Grundbesitzverteilung und Betriebsgrößenstruktur führten.

Durch einige Erscheinungen des freien Bodenverkehrs bei den Bauern beunruhigt, ließ die herrschende Klasse in Preußen auch im Regierungsbezirk Magdeburg mehrere Erhebungen über die Zahl und Fläche der Bauernwirtschaften durchführen. Diese Erhebungen

[2] Preußische Statistik, 1880: 131, 135, 139, 143, 147.

sind trotz ihrer Mängel ein ausgezeichnetes Material, um wichtige Details in der Herausbildung der schon genannten kapitalistischen Grundbesitzverteilung und des sozialökonomischen Differenzierungsprozesses analysieren zu können.

Die erste dieser Erhebungen erfolgte 1837. Sie unterschied nach den Gesichtspunkten des 18. Jh. zwischen Vollbauern, Halbbauern, Halbspännern und Kossaten. Den ehemals Pferdedienste leistenden Bauern wurden die kleinen Eigentümer ohne Pferdeanspannung gegenübergestellt. Auch die Rittergüter wurden mit erfaßt. Die nächste Erhebung wurde 1851 durchgeführt. Der Erhebungsmodus blieb der gleiche.

Interessant sind die Angaben über die Größe von Rittergütern und Bauernwirtschaften in dieser Zeit. Die durchschnittliche Größe der Rittergüter im Regierungsbezirk Magdeburg betrug 1837 453 Hektar, 1851 482 Hektar und 1858 505 Hektar. Die durchschnittliche Größe der Rittergüter nahm zu. Die Steigerung belief sich auf 11 Prozent in 21 Jahren. Gleichzeitig nahm die Zahl der Rittergüter ab. Die Größenunterschiede zwischen den Rittergütern waren beträchtlich. 1851 umfaßte das kleinste Rittergut gerade 1 Hektar und das größte 2296 Hektar.[3] In der Regel waren die Rittergüter als die entscheidende ökonomische Basis des Adels landwirtschaftliche Großbetriebe, aber durch Parzellierung konnte ihre Größe stark absinken.

Aber auch bei den spannfähigen Bauernwirtschaften gab es 1851 erhebliche Größenunterschiede. Die kleinste Wirtschaft wies 1,25 Hektar und die größte 817 Hektar auf. Beide Extreme galten auch 1851 schon nicht mehr als Bauernwirtschaften. 1,25 Hektar bedeutete eine Kleinstelle und 817 Hektar einen landwirtschaftlichen Großbetrieb. Die durchschnittliche Größe der spannfähigen Bauernwirtschaft war mit 29 Hektar beachtlich.[4] Sie verweist darauf, daß die kapitalistisch wirtschaftenden Großbauern mit den wirtschaftsstarken Mittelbauern in einer Gruppe vereinigt waren und die Klassenlinien des Kapitalismus dadurch nicht zum Ausdruck kamen.

Eine besondere Bedeutung kam der Erhebung von 1860 zu, die den Stand von 1859 wiedergab. Sie wurde nach dem gleichen Modus wie 1837 und 1851 durchgeführt. Jedoch mußten die Ortsbehörden den Zustand von 1816 rekonstruieren, damit die Entwicklung der entscheidenden vier Jahrzehnte von 1820 bis 1860 analysiert werden konnte. Die für jede Ortschaft von den Ortsbehörden angefertigte Matrikel von 1860 wurde einige Jahre lang im Landwirtschaftsministerium ausgewertet, und 1865 erschien die entsprechende Denkschrift.

In der Denkschrift von 1865 berücksichtigte man auch die Größe der spannfähigen Bauernstellen im Regierungsbezirk Magdeburg. Die durchschnittliche untere Grenze lag bei 7,5—10 Hektar. Es wurden ausnahmsweise Bauernstellen von über 5 Hektar als spannfähig angesehen, wenn sie das landesübliche Gespann von zwei Pferden oder drei Ochsen halten konnten. Derartige Wirtschaften kamen vielerorts vor. Interessant ist jedoch, daß die untere Grenze für eine selbständige Bauernwirtschaft noch mit 7,5 Hektar angenommen wurde und nur dort, wo die Produktivität der Wirtschaft hoch lag, wurde sie auf 5 Hektar heruntergesetzt. Doch das galt für die Landwirtschaftsexperten der damaligen Zeit noch als Ausnahme, die aber im Regierungsbezirk Magdeburg, der ja zu den landwirtschaftlichen Spitzengebieten Deutschlands gehörte, bereits überall vorkam.

In der Gegend von Magdeburg und Halberstadt soll zwar die durchschnittliche Größe der Bauernwirtschaften niedriger als in der Altmark gewesen sein, aber Anspänner, oder

[3] Jahrbuch für die amtliche Statistik ..., 1863: 159.
[4] Jahrbuch für die amtliche Statistik ..., 1863: 160.

auch Ackerhöfe genannt, in der Größenordnung von 25 bis 50 Hektar kamen noch in beträchtlicher Zahl vor. Von den großen Ackerhöfen über 75 Hektar gab es 845 im Regierungsbezirk, davon jedoch 705 in der Altmark und in den beiden Jerichow'schen Kreisen.[5] Ihr Anteil in den vier Börde-Kreisen kann demnach nicht mehr sehr groß gewesen sein.

Die preußische Regierung führte anschließend weitere Erhebungen der landwirtschaftlichen Betriebe nach den schon genannten Gesichtspunkten durch, die zur Denkschrift von 1871 führten. Nach einer Verfügung des Landwirtschaftsministeriums vom 1. Spetember 1865 sollten für 1865 bis 1867 alle Bodenbewegungen nach einem besonderen Formular erfaßt werden. Während aber 1860 die Ortsbehörden die Erhebung vorgenommen hatten, die einen Überblick über den Besitz von Spannvieh bei den Bauern besaßen, wurde das Material für 1865 bis 1867 durch die Katasterbeamten beschafft. Der Kataster enthielt jedoch keine Angaben über den Viehbesatz der ländlichen Besitzungen, sondern nur über den Boden. Es läßt sich vermuten, daß die Katasterbeamten die Einteilung nach dem Grundsteuerreinertrag vornahmen, dem eine bestimmte Landfläche zugrunde lag, für die auch eine bestimmte Zahl von Spannvieh benötigt wurde, aber die Zusammensetzung des Zugviehs blieb unberücksichtigt. Doch gerade von der Zahl und Zusammensetzung des Zugviehs (2 Pferde oder 3 Ochsen) war man 1860 ausgegangen.

Die Einteilung nach dem Grundsteuerreinertrag und der damit zusammenhängenden Betriebsfläche stellte durchaus eine Verbesserung dar. Sie ließ eine genauere Abgrenzung zwischen den einzelnen Schichten und Gruppen der als Bauern bezeichneten ländlichen Bevölkerung zu. Doch die Verknüpfung moderner Einteilungsmerkmale mit dem bereits museal gewordenen „spannfähig“ oder „nichtspannfähig“ konnte zu Widersprüchen in der Statistik, d. h. zu mehr oder minder großen Sprüngen zwischen den Zahlenangaben der einzelnen Erhebungen führen. In dem statistischen Material für den Regierungsbezirk Magdeburg sind diese Sprünge erkennbar, aber sie beeinflußten die Vergleichbarkeit des Zahlenmaterials nur unwesentlich, wie die folgende Tabelle 67 über die Entwicklung der spannfähigen Bauernwirtschaften, der Kleinstellen und Rittergüter zwischen 1816 und 1867 zeigt. Doch das Erhebungsgebiet beschränkte sich nur auf die Landgemeinden und selbständigen Gutsbezirke.

*Tabelle 67*

*Die Zahl der spannfähigen Bauernwirtschaften, der nichtspannfähigen Kleinstellen und der Rittergüter in den ländlichen Gemeinden und selbständigen Gutsbezirken des Regierungsbezirkes Magdeburg von 1816 bis 1867*[6]

| Jahr | Bauernwirtsch. | | Kleinstellen | | Rittergüter | | Summe | |
|---|---|---|---|---|---|---|---|---|
| | Zahl | Prozent | Zahl | Prozent | Zahl | Prozent | Zahl | Prozent |
| 1816 | 15272 | 100 | — | — | — | — | — | — |
| 1837 | 15107 | 99 | 20530 | 100 | 421 | 100 | 36058 | 100 |
| 1851 | 14244 | 93 | 25411 | 124 | 417 | 99 | 40072 | 111 |
| 1859 | 14030 | 92 | 31198 | 152 | 351 | 83 | 45579 | 126 |
| 1865 | 14560 | 95 | 38147 | 186 | 356 | 85 | 53063 | 147 |
| 1867 | 14458 | 95 | 39241 | 191 | 356 | 85 | 54055 | 150 |

[5] Zeitschrift des Kgl. ... Bureaus, 1861: 3.
[6] Schneer, 1845: 50—51; Jahrbuch für die amtliche Statistik ..., 1863: 159—161.

Die eigentliche Schwierigkeit für den Regierungsbezirk Magdeburg liegt in der Einordnung des Zahlenmaterials der Erhebungen von 1837 und 1851, speziell für die spannfähigen Bauernwirtschaften und zum Teil auch für die Rittergüter. Obwohl bei den Rittergütern der Sprung zwischen 1851 und 1859 Zweifel hervorrufen kann, muß doch angenommen werden, daß die genannten Zahlen stimmen, weil deren Erfassung damals mit keinerlei Schwierigkeiten verbunden war. Problematischer sind die Zahlen für die spannfähigen Bauernwirtschaften von 19107 für 1837 und 19244 für 1851. Beide Zahlen sind offensichtlich nach anderen Gesichtspunkten zusammengestellt worden und stimmen nicht mit vergleichbaren anderen Zahlen überein. Sie wurden deshalb korrigiert. An anderer Stelle wird über die Ursachen für die anscheinend überhöhten Zahlen berichtet werden.

Trotz der aufgezeigten Mängel im Zahlenmaterial läßt sich die Tendenz der historischen Entwicklung der erfaßten Betriebsgrößen eindeutig erkennen, und gerade das ist das Hauptanliegen unserer Analyse. Die Zahl der Bauernwirtschaften ging leicht zurück, nämlich von 100 auf 95 Prozent. Die Rittergüter verzeichneten mit 15 Prozent einen noch stärkeren Rückgang. Damit ist keineswegs gesagt, daß die Zahl der landwirtschaftlichen Großbetriebe rückläufig war, sondern nur die spezielle Ausprägung in der Form des Rittergutes. Wahrscheinlich kam in dem beachtlichen Rückgang von 15 Prozent innerhalb von dreißig Jahren auch das Überholtsein dieser Betriebsform zum Ausdruck. Sehr stark nahmen die nichtspannfähigen Bauernstellen mit 91 Prozent zu. Darin zeigte sich eine typische Erscheinung der Entwicklung des Kapitalismus in der Landwirtschaft. Die Landwirtschaft benötigte in der ersten Etappe der kapitalistischen Intensivierung mehr Arbeitskräfte, wobei gerade solche Arbeitskräfte eine Rolle spielten, die als Kleinstellenbesitzer noch nebenbei während der Arbeitsspitzen in den kapitalistischen Betrieben arbeiten konnten. Das stand wiederum in engem Zusammenhang zum Bevölkerungswachstum. Ausscheidende Erben wurden mit Land für eine Heimstatt und dem Anbau lebensnotwendiger Erzeugnisse ausgestattet.

Die Anzahlveränderungen der drei genannten Schichten der ländlichen Bevölkerung von 1816 bis 1867 wirkte sich zwangsläufig auf deren prozentualen Anteil an der Gesamtsumme der erfaßten Betriebe aus, wobei sich erst die Zahlen ab 1837 vergleichen lassen, wie die folgende Tabelle 68 zeigt.

*Tabelle 68*

*Der prozentuale Anteil der spannfähigen Bauernwirtschaften, der nichtspannfähigen Kleinstellen und der Rittergüter in den ländlichen Gemeinden und selbständigen Gutsbezirken des Regierungsbezirkes Magdeburg von 1837 bis 1867*

| Jahr | Bauernwirtschaften | Kleinstellen | Rittergüter |
|---|---|---|---|
| 1837 | 41,9 | 56,9 | 1,2 |
| 1851 | 35,5 | 63,4 | 1,0 |
| 1859 | 30,8 | 68,4 | 0,8 |
| 1865 | 27,4 | 71,9 | 0,7 |
| 1867 | 26,7 | 72,6 | 0,7 |

Die Tabelle 68 spiegelt mit ihrer Ausgangslage für 1837 noch keine kapitalistische Betriebsgrößenstruktur wider. Der Anteil der Bauernwirtschaften lag mit 42 Prozent noch sehr hoch. Die Kleinstellen hatten mit 57 Prozent zwar schon die Mehrheit, aber keine dominierende Stellung. Eine solche Struktur läßt sich auch für den Feudalismus nachweisen und zeigte für den Regierungsbezirk Magdeburg deutlich den Übergangscharakter. In dem relativ kurzen Zeitraum der dreißig Jahre von 1837 bis 1867 veränderten sich die Proportionen erheblich. Der Anteil der Bauernwirtschaften ging um 15 Prozent zurück und der Anteil der Kleinstellen stieg um 16 Prozent. Selbst der Anteil der Rittergüter fiel von 1,2 auf 0,7 Prozent zurück. Jetzt dominierten zahlenmäßig die Kleinstellen, die fast dreimal so groß wie die Bauernstellen waren. Damit hatten sich die Relationen der kapitalistischen Betriebsgrößenstruktur durchgesetzt. Der entscheidende Übergang scheinen die fünfziger Jahre gewesen zu sein, wobei für eine genauere Bestimmung dieses Zeitpunktes noch weiteres Material zu analysieren sein wird.

Der Rückgang der spannfähigen Bauernwirtschaften von 1816 bis 1867 war aber nicht mit einem entsprechenden Landverlust verbunden, wie die Tabelle 69 ausweist, die jedoch nicht auf einem so umfangreichen Material wie die Tabelle 67 über die Betriebsgrößenstruktur basiert. Vor allem gibt es keine Zahlen für 1865 und 1867. Außerdem weist das Material einige Widersprüche auf. So beruhen die Angaben für 1816 noch nicht auf durchgängigen Vermessungen. Das traf schon nicht mehr in gleichem Umfange auf 1837 und 1851 zu. Doch für die spannfähigen Bauernwirtschaften liegen die Angaben zu hoch, was bereits bei der Zahl der Betriebe in der Tabelle 69 bemerkt wurde und damit zusammenhing.

*Tabelle 69*

*Die Fläche der spannfähigen Bauernstellen, der nichtspannfähigen Kleinstellen und Rittergüter im Regierungsbezirk Magdeburg von 1816 bis 1859*

| Jahr | Bauernwirtsch. | | Kleinstellen | | Rittergüter | | Summe | |
|---|---|---|---|---|---|---|---|---|
| | Fläche | Prozent | Fläche | Prozent | Fläche | Prozent | Fläche | Prozent |
| 1816 | 497337 | 100 | — | — | — | — | — | — |
| 1837 | 543176 | 109 | 23580 | 100 | 190776 | 100 | 757532 | 100 |
| 1851 | 562900 | 113 | 31655 | 134 | 210075 | 110 | 795630 | 105 |
| 1859 | 502382 | 101 | 61943 | 263 | 177226 | 93 | 741551 | 98 |

Die spannfähigen Bauern konnten von 1816 bis 1859 ihre Fläche geringfügig erhöhen. Obwohl im Endergebnis der Bodenfonds der spannfähigen Bauern während der Agrarreformen keine Einbuße erlitt, gab es dennoch beachtliche Bodenverluste, die in dieser Zeit 30601 Hektar oder 6,2 Prozent des Bodenfonds von 1816 betrugen. In dieser Summe sind auch die geringfügigen Landabtretungen im Zuge der Agrarreformen enthalten (bis 1849 1760 ha). Die Bodenverluste entstanden im freien Bodenverkehr und kamen vorwiegend den Kleinstellen zugute, d. h. sie gingen im Prinzip der Bauernschaft nicht verloren. Gleichzeitig erwarben die Bauern Boden. Die Regierung zu Magdeburg schätzte die Bodenbewegung auf 20 Prozent der Fläche von 1816.[7] Zu der Fläche der Bauernwirtschaften wurden außerdem die aufgeteilten gemeinsamen Nutzungen an Wald und Weide (Allmende) gezählt. Das war zwar eine anfechtbare Methode, aber im Endergebnis stellte sich statt eines Bodenverlustes eine leichte Erhöhung heraus. Auf jeden Fall fand in der Periode der Durchsetzung der kapitalistischen Produktionsweise in der Landwirtschaft eine erhebliche Bodenbewegung statt, die nicht in der offiziellen Statistik zu erkennen ist.

[7] ZSTA, Rep. 87 B, Nr. 10822.

Die Landfläche der Kleinstellen nahm von 1837 bis 1861 erheblich zu. Hier war die größte Zunahme überhaupt zu verzeichnen. Bei den Rittergütern gab es eine beträchtliche Bodenbewegung, die sich viel stärker als bei den spannfähigen Bauernwirtschaften in der Statistik widerspiegelte. Nach einer Zunahme um 10 Prozent folgte eine Abnahme um 17 Prozent. Die Abnahme hing mit dem Rückgang der Zahl der Rittergüter zusammen. Vielfach kauften Bauern Rittergüter und parzellierten sie innerhalb der Käufergruppen, wodurch sie aus der Rittergutsmatrikel verschwanden.

Da erst die Zahlen für 1859 untereinander vergleichbar sind, können hierfür die prozentualen Anteile der einzelnen Gruppen an der ermittelten Fläche berechnet werden. Die spannfähigen Bauern verfügten über 67,7 Prozent der Fläche, die Kleinstellen über 8,4 Prozent und die Rittergüter über 23,9 Prozent. Vergleicht man diese Prozentwerte mit den prozentualen Anteilen an der Gesamtzahl der Betriebe, dann besaßen die Rittergüter, die 0,8 Prozent der Betriebe ausmachten, 23,9 Prozent des Bodens. Die Bauernwirtschaften umfaßten 30,7 Prozent der Betriebe und hatten 67,7 Prozent der Fläche inne und die anteiligen 68,4 Prozent der Kleinstellen nur 8,4 Prozent der Fläche. Obwohl diese Angaben noch sehr grob sind, widerspiegeln sie doch bereits eine eindeutig kapitalistische Betriebsgrößenstruktur, die sich durch die polaren Gruppen der Kleinstellen und Güter auszeichnet und die eine starke Mittelgruppe an Bauernwirtschaften besitzt.

Neben den veröffentlichten Erhebungen über die Zahl und die Fläche der spannfähigen Bauernwirtschaften, nichtspannfähigen Kleinstellen und Rittergüter in den Landgemeinden und selbständigen Gutsbezirken für 1816, 1837, 1851, 1859, 1865 und 1867 wurde 1854 eine weitere Erhebung nach den gleichen Gesichtspunkten durchgeführt, jedoch der territoriale Bereich um die Stadtfluren ergänzt und in sachlicher Hinsicht die Domänen, städtischen Kämmereigüter und die kleineren Besitzungen in der Stadtflur in die Erfassung mit einbezogen. Damit war die Erhebung von 1854 in methodischer Hinsicht genauso veraltet wie die anderen Erhebungen zwischen 1837 und 1867, aber sie strebte das Prinzip der Vollständigkeit an, wodurch sie für ihr Erhebungsjahr eine detailliertere Aussage als die anderen Erhebungen zuläßt. Die Ergebnisse dieser Erhebung wurden jedoch nur zu Verwaltungszwecken benutzt und nicht veröffentlicht. Die Tabelle 70 bringt eine Zusammenstellung der Erhebung von 1854 für Magdeburg.

*Tabelle 70*

*Die Zahl und die Fläche der Rittergüter, Domänen, Land- und Bauerngüter, städtischen Kämmereigüter, kleinen Besitzungen in der Stadtflur und kleinen ländlichen Besitzungen im Regierungsbezirk Magdeburg im Jahre 1854*

| Betriebsart | Zahl | | Fläche in ha | | |
|---|---|---|---|---|---|
| | absolut | Prozent | Betriebsfläche | davon Wald | Prozent |
| Rittergüter | 371 | 0,5 | 174798 | 60402 | 17,5 |
| Domänen | 65 | 0,1 | 99634 | 64509 | 9,9 |
| Land- und Bauerngüter | 14819 | 21,0 | 559678 | 51595 | 56,0 |
| Städtische Kämmereigüter | 1 | 0,0 | 12902 | 5455 | 1,3 |
| Kleine Besitzungen Stadtflur | 24724 | 35,1 | 86078 | 3206 | 8,6 |
| Kleine ländliche Besitzungen | 30562 | 43,3 | 66867 | 4077 | 6,7 |
| Summe | 70542 | 100 | 999957 | 189244 | 100 |

Die Erhebung von 1854 läßt durch ihre Vollständigkeit den kapitalistischen Charakter der Betriebsgrößenstruktur im Regierungsbezirk Magdeburg viel deutlicher werden als das erörterte Material von 1859. 1854 betrug der Anteil der kleinen Besitzungen an der Gesamtzahl der Betriebe 78,4 Prozent, während sie nur über 15,3 Prozent der Betriebsfläche verfügten. Die Rittergüter, Domänen und das städtische Kämmereigut machten 0,6 Prozent aller Betriebe aus und besaßen 28,7 Prozent der Betriebsfläche. Die Land- und Bauerngüter stellten 21 Prozent der Betriebe und ihnen gehörten 56 Prozent der Betriebsfläche.

Schon bei dieser groben und damals überholten Art der Gliederung der Betriebe läßt sich der tiefe Gegensatz zwischen den polaren Gruppen Kleinstellen und Güter erkennen. Er tritt noch deutlicher hervor, wenn die Durchschnittsgrößen der einzelnen Gruppen miteinander verglichen werden. Bei den Rittergütern betrug die Durchschnittsgröße nach der Betriebsfläche 471 Hektar und ohne Wald 308 Hektar. Für die Domänen läßt sich die Durchschnittsgröße schlecht berechnen, weil die Staatsforsten mit einbezogen waren. Die Bauerngüter hatten eine durchschnittliche Betriebsfläche von 38 Hektar und ohne Wald von 34 Hektar. Die hohe Durchschnittsgröße ergibt sich aus der Beschränkung auf die Spannfähigkeit, die nur die großen und mittleren Bauern besaßen. Die kleineren Besitzungen in der Stadtflur hatten eine durchschnittliche Betriebsfläche von 3,5 Hektar und in den Dörfern von 2,2 Hektar. Das war bereits eine sehr hohe Durchschnittsgröße, wie sie eher bei Kleinbauern vorkam, aber sie läßt doch deutlich den Gegensatz zwischen diesen Zwergwirtschaften, den Bauern und den Gütern erkennen.

Eine Reihe von Problemen wirft ein Vergleich der Erhebung von 1854 mit den in den Tabellen 67 und 69 ausgewerteten Erhebungen von 1851 und 1859 auf. Die Zahl der Land- und Bauerngüter betrug 1854 14819 und nach der von uns berichtigten Ziffer von 1851 14244. Die geringere Zahl 1851 ergibt sich aus dem kleineren Untersuchungsgebiet. 1854 waren die Stadtfluren mit berücksichtigt worden, in denen es ebenfalls, wenn auch wenig, Land- und Bauerngüter gab. Größere Probleme wirft der Vergleich der Fläche auf. 1854 war eine Fläche von 559678 Hektar angegeben worden und 1859 von 502382 Hektar. Der Unterschied zwischen beiden Zahlen ist beachtlich, obwohl es nur eine geringfügige Differenz in der Zahl der Bauernstellen gibt. Eine plausible Erklärung für den Widerspruch zwischen den Flächenangaben wird bereits in der Erhebung von 1854 angeboten. Sie nennt nicht nur die Fläche, sondern auch den Waldanteil derselben mit 51595 Hektar. Subtrahiert man denselben von der Fläche, dann erhält man eine Restfläche von 508083 Hektar, die durchaus mit den Zahlenangaben von 1816 und 1859 übereinstimmt, die für ein kleineres Gebiet gewonnen worden waren. Diese Restfläche entspricht im wesentlichen der landwirtschaftlichen Nutzfläche, in der in der Statistik Flächenangaben für landwirtschaftliche Betriebe gemacht werden, und die größere Fläche stellte die Betriebsfläche dar. Nur verfuhren die Statistiker der damaligen Zeit nicht sehr exakt in der Anwendung ihrer Begriffe. Da sie keine Landwirte waren, hatten sie auch kein rechtes Gefühl für den Unterschied zwischen der landwirtschaftlichen Nutzfläche und der Betriebsfläche, der erst mit den neueren Berufs- und Betriebszählungen ab 1882 Eingang in die landwirtschaftliche Betriebszählung fand.

Bei einem Vergleich der Flächenangaben für die Rittergüter von 1851, 1854 und 1859 zeigt sich, daß hier bei unterschiedlichen Erhebungen allein die Betriebsfläche erfaßt wurde. Es gab also in der damaligen Zeit bei den örtlichen Verwaltungen, den höheren Verwaltungsstellen und der Statistik noch sehr unklare Vorstellungen über die Erhebung der Flächen der landwirtschaftlichen Betriebe. Das erklärt auch die Widersprüche in den Angaben und verlangt viel Überlegungen und Vorsicht bei ihrer Auswertung.

Die Erhebungen der landwirtschaftlichen Betriebe zwischen 1816 und 1867 haben bereits deutlich gemacht, daß es im Regierungsbezirk Magdeburg auf dem Dorfe einen sozialökonomischen Differenzierungsprozeß im Zusammenhang mit der Durchsetzung des Kapitalismus in der Landwirtschaft gab. Derselbe führte zu einem Rückgang in der Zahl der spannfähigen Bauernwirtschaften und der Rittergüter sowie zu einer erheblichen Zunahme der nichtspannfähigen Kleinstellen. Außerdem existierten beträchtliche Veränderungen im Bodeneigentum. Zwar verdeutlichten die nach rechtlich-sozialen Gesichtspunkten gegliederten Nachweisungen diese prinzipielle Einschätzung, aber ihre grobe Gruppierung nach Bauern, Kleinstellen und Rittergütern ließ nur eine grobe soziale Schichtung des Dorfes erkennen und gestattete keine detaillierte Analyse der Betriebsgrößenstruktur, die noch bessere Aufschlüsse über die Sozialstruktur des Dorfes liefern würde. Deshalb sind jene Nachweisungen von besonderem Interesse, die die Besitzungen nach Betriebsgrößengruppen erfassen. Doch mußten die Statistiker im 19. Jh. erst lernen, hier eine zweckmäßige Gliederung und vernünftige Erhebungsmethoden zu entwickeln. Deshalb gibt es in der Vergleichbarkeit des Zahlenmaterials viele Probleme.

Die erste Nachweisung nach Betriebsgrößengruppen wurde für das Jahr 1816 angefertigt. Während im Zuge der bereits genannten Erhebung von 1860 die Verhältnisse von 1816 rekonstruiert worden sind, haben wir es hier mit der originalen Erfassung zu tun. Das erhöht den Aussagewert ungemein. Die Größengruppen waren: bis 15 Morgen (3,75 ha), 15 bis 300 Morgen (3,75—75 ha) und über 300 Morgen (über 75 ha). Innerhalb dieser Größengruppen wurden auch nur die Bauernwirtschaften erfaßt. Die Bildung von drei Gruppen entsprach völlig den landläufigen Vorstellungen von den Kleinstellen, den Bauernwirtschaften und den Landgütern (große Güter ohne Rittergutsqualität). Der eigentliche Fehler bestand in der Größengrenze zwischen Kleinstellen und Bauernwirtschaften. Da sich eine Bauernwirtschaft durch die Haltung eines Pferde- oder Ochsengespannes auszeichnete, war für 1816 die Grenze mit 3,75 Hektar eindeutig zu niedrig angesetzt. Noch in der Denkschrift von 1865 vertrat das preußische Landwirtschaftsministerium die Meinung, daß für den Regierungsbezirk Magdeburg die übliche Grenze der Spannfähigkeit bei 7,5 Hektar liege und nur in besonders günstig gelagerten Fällen bei 5 Hektar.

In der Gruppe bis 3,75 Hektar gab es 1816 19257 (51,6 Prozent) Wirtschaften, 3,75 bis 75 Hektar 17494 (46,9 Prozent) und über 75 Hektar 584 (1,5 Prozent). Trotz der Mängel in der Bildung der Größengruppen überwogen 1816 die Kleinstellen die Bauernstellen noch nicht erheblich. Wir haben hier noch die intakte Betriebsgrößenstruktur des Spätfeudalismus vor uns, die sich bis in die fünfziger Jahre zur kapitalistischen entwickeln sollte.

Die Erhebung von 1816 gibt auch Auskunft über das Besitzrecht bei den Kleinstellen und Bauern. Die überwiegende Zahl derselben bestand aus Eigentümern, Erbpächtern und Erbzinsleuten, d. h. sie verfügten über ein gutes Besitzrecht. Schlechtes Besitzrecht, wie Laßbesitz und Zeitpacht, kam im Regierungsbezirk Magdeburg selten vor. Bei den Kleinstellen gab es 955 (5 Prozent) Fälle schlechten Besitzrechtes, bei den Bauern 883 (5 Prozent) und lediglich bei den Landgütern stieg die Zahl mit 273 (47 Prozent) stark an. Hier war die Zeitpacht bereits stark verbreitet.[8] Das Vorherrschen des guten Besitzrechtes erklärt auch, warum die Landverluste der Bauern im Regierungsbezirk Magdeburg während der Agrarreformen so gering waren.

[8] ZSTA, Innenministerium, Rep. 77, Tit. 514, Bd. XIX: 179; Jahrbuch für die amtliche Statistik..., 1863: 280.

Vergleicht man die beiden für 1816 vorliegenden Angaben über die Bauernstellen, dann fallen sofort die beträchtlichen Unterschiede ins Auge. Die Denkschrift von 1865 hatte 15272 spannfähige Bauernstellen angegeben, wobei die untere Grenze in der Regel bei 7,5 Hektar lag. Die Erhebung von 1816 nannte 18078 Land- und Bauerngüter. Jedoch wurde als untere Grenze 3,75 Hektar festgelegt. Die größere Zahl ergab sich durch die veränderte Grenzziehung.

Die originale Zahl von 1816 paßt übrigens ausgezeichnet zu den 19107 spannfähigen Bauernstellen der Erhebung von 1837. Offensichtlich hat man 1837 und 1851 die Bauernstellen im Regierungsbezirk Magdeburg nach denselben Grundsätzen wie 1816 erfaßt. 1860 wurden dann die Grundsätze des Landwirtschaftsministeriums angewandt, die Zahlen für 1859 direkt über die Ortsbehörden erfaßt und die für 1816 rekonstruiert. 1860 waren die Zahlen von 1816 in den Akten des Innenministeriums vorhanden, aber sie konnten nicht verwandt werden, weil die Grenze der spannfähigen Bauernwirtschaften aus irgendeinem Grunde zu niedrig angesetzt worden war.

Über drei Jahrzehnte hindurch wurden keine Erhebungen mehr nach Betriebsgrößengruppen durchgeführt. Erst für 1849 gelang es dem Direktor des statistischen Bureaus, das Landwirtschaftsministerium zu überzeugen, in die dreijährig aufzunehmenden Gewerbetabellen auch die land- und forstwirtschaftlichen Besitzungen ohne Einschränkungen aufnehmen zu lassen. Diese Erhebungen wurden 1852, 1855 und 1858 wiederholt.

Die Größengruppen wurden jetzt stärker differenziert: bis 5 Morgen (1,25 ha), 5—30 (1,25—7,5), 30—300 (7,5—75), 300—600 (75—150) und über 600 (über 150). Schon Meitzen äußerte die Ansicht, daß diese Gruppenbildung den herkömmlichen Vorstellungen der Kleinstellen und Bauernwirtschaften entspräche.[9] Bis 30 Morgen machte die Gruppe der Kleinstellen aus, von 30 bis 600 Morgen die der spannfähigen Bauernwirtschaften und über 600 Morgen waren große Besitzungen. Meitzen hatte insofern recht, weil die Denkschrift von 1865 die Grenze von 30 Morgen für die Spannfähigkeit vielfach anwandte. Aber hinter der Gruppierung verbirgt sich noch mehr. Die Kleinstellen enthielten zwei Gruppen: die bis zu 5 Morgen und die von 5—30. Die erste Gruppe, bis zu 5 Morgen, setzte sich aus den Gärtnern und Häuslern mit kleinem Landbesitz zusammen, die meist einen anderen Beruf ausübten, weil ihre kleine Wirtschaft sie nicht ernähren konnte. Die zweite Gruppe, von 5 bis 30 Morgen, bildeten die Kossaten, die schon eine eigene Wirtschaft führten, die aber an der untersten Grenze eines landwirtschaftlichen Betriebes standen. Die spannfähigen Wirtschaften enthielten ebenfalls zwei Gruppen: die von 30 bis 300 und von 300 bis 600 Morgen. Die Gruppe von 30 bis 300 Morgen stellten unter den damaligen Bedingungen werktätige Bauern dar, die zwar Lohnarbeit anwandten, aber vorwiegend noch mit der eigenen Familie arbeiteten. Die Wirtschaften von 300 bis 600 Morgen waren bereits Großbauern, die überwiegend Lohnarbeit einsetzten. Die Gruppe über 600 Morgen waren landwirtschaftliche Großbetriebe bzw. Forstbetriebe.

Die Größeneinteilung von 1849, die für jede Gruppe relativ große Betriebe vorsah, entsprach dem Stand der landwirtschaftlichen Produktivkräfte und ging bei der Eingruppierung von der Betriebsfläche aus. 1854 betrug die Betriebsfläche 999957 Hektar. Zieht man davon die 189244 Hektar des in der Betriebsfläche enthaltenen Waldes ab, so bleibt eine Restfläche von 810713 Hektar (81 Prozent), die noch größer als die tatsächliche landwirtschaftliche Nutzfläche war. Bei einer Gruppierung nach der landwirtschaftlichen

[9] Meitzen, 1868: 514f.

Nutzfläche können und müssen die Größen der Gruppen kleiner gehalten werden. Da 1849 von der Betriebsfläche und dem Stand der Produktivität ausgegangen wurde, erwies sich die Größenbildung als zweckentsprechend.

Die Tabelle 71 bringt eine Zusammenstellung der land- und forstwirtschaftlichen Besitzungen nach der Betriebsfläche, gegliedert in Größenklassen.

Die ersten Aufnahmen nach den neuen Prinzipien der Betriebsgrößengruppen wiesen noch zu wenig Betriebe aus. Erst 1855 und 1858 hatte man genügend Erfahrungen gesammelt, so daß diese Zahlen als die exaktesten angesehen werden dürfen. 1858 wurde erstmalig die Fläche der Besitztümer ohne Torfstiche, Gewässer, Hofräume usw. festgestellt. Normaler weise gehörten die Hofräume und Wege zur Betriebsfläche, so daß hier eine zu kleine Betriebsfläche angegeben worden ist. Jedoch war deren Umfang gegenüber dem Acker- und Gartenland, dem Gründland, dem Öd- und Unland sowie der Waldfläche unbedeutend. Weiterhin wurde das in verschiedenen Gemeinden liegende Eigentum eines Besitzers, das derselbe als einen geschlossenen Betrieb bewirtschaftete, nicht als ein Betrieb erfaßt, sondern für jede betreffende Gemeinde als Besitztum. Dadurch sind mehr Besitztümer in der Tabelle 71 enthalten, als es Betriebe gab.

Geht man davon aus, daß ein erheblicher Teil der Zunahme der Besitzungen bis 1855 auf eine immer bessere Erfassung zurückzuführen war, dann bleibt trotzdem das Wachstum der Kleinstellen beachtlich. Das Verhältnis der Kleinstellen von 76 Prozent zu den mittleren Besitzungen von 23 Prozent und den großen Besitzungen von 1 Prozent aller Betriebe in den Jahren 1855 und 1858 bestätigt noch einmal die schon geäußerte Feststellung, daß sich in den fünfziger Jahren des 19. Jh. bereits die dem Kapitalismus eigentümliche Betriebsgrößenstruktur im Regierungsbezirk Magdeburg durchgesetzt hatte. Von der Zahl der Betriebe zeichnete sich diese Struktur unter den Bedingungen eines Agrar-Industrie-Gebietes Mitteldeutschlands durch einen sehr hohen Anteil an Kleinbetrieben, einer starken Gruppe mittlerer Betriebe und einer kleinen Gruppe von ausgesprochenen Großbetrieben aus.

Diese Struktur der Betriebe war mit einer bestimmten Struktur der Flächenverteilung verbunden. Durch die Einbeziehung der Forstbetriebe verschoben sich die Relationen. So gab es 1860 im Regierungsbezirk 20 Oberförstereien mit 64902 Hektar Waldfläche, was übrigens fast genau der Waldfläche der Domänen von 1854 entsprach (Tabelle 70). Diese Forstbetriebe sind als selbständige Besitzungen zu der Größenklasse über 150 Hektar gezählt worden und führten zu deren hohen Anteil von 30,2 Prozent der Betriebsfläche. Trotz dieser Verschiebung wird deutlich, daß die überwiegende Zahl der Besitzungen, die Kleinstellen (76 Prozent), 1858 nur 9,6 Prozent der Betriebsfläche auf sich vereinigten, während die kleine Zahl der großen Besitzungen (1 Prozent) über 32,6 Prozent des Bodens verfügte. Das war ein weiteres wichtiges Zeichen der kapitalistischen Betriebsgrößenstruktur in den fünfziger Jahren des 19. Jh.

Das Verhältnis zwischen Zahl und Fläche der einzelnen Betriebsgrößengruppen, das das wichtigste Beweismittel für den kapitalistischen Charakter der Betriebsgrößenstruktur 1858 ist, läßt sich auch als Durchschnittsgröße der Betriebe jeder Betriebsgrößengruppe ausdrücken. Da die Zahl und die Fläche der Staatsforsten bekannt sind, läßt sich die Größengruppe über 150 Hektar etwas genauer berechnen. Die Größenunterschiede zwischen den Durchschnittsgrößen sind beachtlich und zeigen, daß 1858 eine Parzellenwirtschaft 0,5 Hektar, eine Kleinbauernstelle 3,4, eine Mittelbauernstelle 32,2, eine Großbauernstelle 96,9 und ein Großbetrieb 561,3 Hektar groß war.

Interessant ist ein Vergleich zwischen den beiden vollständigsten Erhebungen der

*Tabelle 71*

*Die Zahl der land- und forstwirtschaftlichen Besitzungen 1849, 1852, 1855 und 1858 im Regierungsbezirk Magdeburg nach Betriebsgrößengruppen in Hektar und ihre Betriebsfläche 1858*[10]

| Größen-gruppe | 1849 | | 1852 | | 1855 | | 1858 | | Betriebsfl. 1858 | |
|---|---|---|---|---|---|---|---|---|---|---|
| | Zahl | Prozent | Zahl | Prozent | Zahl | Prozent | Zahl | Prozent | in ha | Prozent |
| bis 1,25 | 25532 | 44,8 | 30705 | 46,7 | 31985 | 47,0 | 35052 | 48,5 | 24124 | 2,4 |
| 1,25–7,5 | 16016 | 28,2 | 18299 | 27,9 | 19167 | 28,1 | 19857 | 27,5 | 72526 | 7,2 |
| 7,5– 75 | 14460 | 25,4 | 15522 | 23,6 | 15727 | 23,1 | 61047 | 22,2 | 499820 | 49,7 |
| 75 –100 | 539 | 0,9 | 659 | 1,0 | 700 | 1,0 | 800 | 1,1 | 81710 | 8,1 |
| über 150 | 399 | 0,7 | 524 | 0,8 | 542 | 0,8 | 548 | 0,7 | 328545 | 32,6 |
| Summe | 56946 | 100 | 65709 | 100 | 68121 | 100 | 72304 | 100 | 1006725 | 100 |

[10] Tabellen und amtliche Nachrichten ..., 1854: 1034, 1035, 1037; Tabellen und amtliche Nachrichten ..., 1858: 197, 198, 200.

fünfziger Jahre, die beide von unterschiedlichen Gruppierungsmerkmalen ausgingen. Die Erhebung von 1854 hatte nach rechtlich-ökonomischen Gesichtspunkten die Betriebe erfaßt und die von 1858 nach Betriebsgrößengruppen. Für beide Erhebungen liegen auch die Flächenangaben vor. 1854 gab es 24724 kleine Besitzungen in der Stadtflur und 1858 23445. 1854 wurden 30562 kleine ländliche Besitzungen verzeichnet und 1858 31464. Alle Angaben stimmen überein. Erhebliche Differenzen gibt es jedoch in der Betriebsfläche, die für 1854 mit 152945 Hektar angegeben war und für 1858 mit 96650. Die Angabe für 1854 erscheint als zu hoch, doch ist sie nicht mehr überprüfbar. Land- und Bauerngüter gab es 1854 14819 und 1858 16847. Die Zahlen kommen sich nicht sehr nahe, da die unterschiedlichen Einteilungskriterien und die Doppelzählungen sich auf die Differenzen auswirkten. Andererseits wich die Fläche dieser Betriebe nicht sehr voneinander ab. Sie betrug 1854 559678 Hektar und 1858 581530. Rittergüter und Domänen waren 1854 436 genannt, während die Erhebung von 1858 548 große Besitzungen verzeichnet. Dieser Unterschied erwuchs daraus, daß es große Besitzungen ohne Rittergutsqualität gab.

In der Endaufrechnung weist die Erhebung von 1854 70542 Betriebe mit einer Fläche von 999957 Hektar auf und die von 1858 72304 Betriebe mit 1006725 Hektar. Die Differenz zwischen den beiden Hochrechnungen ist so gering, daß beide Erhebungen als richtig angesehen werden können. Die kleineren Differenzen resultierten aus den unterschiedlichen Gruppierungsmerkmalen und den Doppelzählungen 1858 für die Besitztümerzahlen.

Nachdem in den fünfziger Jahren eine Fülle von Betriebszählungen stattgefunden hatte, trat in den folgenden Jahrzehnten eine ausgesprochene Flaute ein. Es wurde zwar eine Reihe von Überlegungen angestellt, aber alles blieb auf die amtliche Diskussion beschränkt. Erst viele Jahre nach der Gründung des kaiserlichen Statistischen Amtes kam 1882 eine Berufs- und Betriebszählung zur Durchführung. Während bei den früheren statistischen Erhebungen sämtliche Ermittlungen von den Ortsbehörden vorgenommen wurden, hatte ab 1882 jeder Haushaltsvorstand die entsprechenden Zählformulare auszufüllen. An die Stelle der behördlichen Ermittlung trat die Selbsteinschätzung. Die Hochrechnungen erfolgten auch nicht mehr auf den einzelnen Verwaltungsebenen, sondern in den statistischen Landesämtern der Bundesstaaten.

Die neueren Berufs- und Betriebszählungen benutzten eine andere Gruppenbildung bei den Landwirtschaftsbetrieben, die den produktionstechnischen und sozialen Veränderungen seit der Mitte des 19. Jh. Rechnung trug und auf den bekannten Hallenser Agrarwissenschaftler Julius Kühn zurückging. Als kleinste Gruppe wurden die Parzellenbetriebe bis 2 Hektar erfaßt. Die nächste Gruppe waren die Kleinbauern von 2 bis 5 Hektar, der sich die Mittelbauern von 5 bis 20 Hektar anschlossen. Diese beiden Gruppen repräsentierten die werktätigen Bauern. Die nächste Gruppe bildeten die Großbauern von 20 bis 100 Hektar, gefolgt von den landwirtschaftlichen Großbetrieben über 100 Hektar. Diese beiden Gruppen stellten den kapitalistischen Sektor in der Landwirtschaft dar. Damit hatte die Statistik, wenn auch relativ spät, die sozialökonomischen Veränderungen auf dem Dorfe im Zuge der preußischen Agrarreformen anerkannt.

Die Tabelle 72 gibt eine Zusammenstellung der Zahl der Betriebe aus den drei neueren Betriebszählungen.

Durch die bessere Gruppenbildung kommt bei den neueren Betriebszählungen der kapitalistische Charakter der sozialökonomischen Struktur viel deutlicher zum Ausdruck. Die Masse der Betriebe sind die kleinen proletarischen Wirtschaften, deren Zahl in dem Vierteljahrhundert der drei neueren Zählungen erheblich zunahm und deren prozentualer Anteil an der Gesamtzahl der Betriebe von 70,3 auf 72,3 Prozent stieg. Damit wurde er-

*Tabelle 72*

*Die Zahl der landwirtschaftlichen Betriebe nach Größenklassen in Hektar 1882, 1895 und 1907 im Regierungsbezirk Magdeburg*

| Größenklasse | 1882 | | 1895 | | 1907 | |
|---|---|---|---|---|---|---|
| | Zahl | Prozent | Zahl | Prozent | Zahl | Prozent |
| bis 2 | 83200 | 70,3 | 89350 | 71,1 | 95354 | 72,3 |
| 2–5 | 13012 | 11,0 | 12877 | 10,3 | 11868 | 9,0 |
| 5–20 | 13583 | 11,5 | 14879 | 11,8 | 16700 | 12,7 |
| 20–100 | 7804 | 6,6 | 7831 | 6,2 | 7232 | 5,5 |
| über 100 | 661 | 0,6 | 684 | 0,6 | 692 | 0,5 |
| Summe | 118260 | 100 | 125621 | 100 | 131846 | 100 |

neut bestätigt, daß die Gruppe der proletarischen Wirtschaften für die Existenz des Kapitalismus in der Landwirtschaft notwendig ist.

Die werktätigen Bauern bildeten die starke Mittelgruppe. Die Zahl der Kleinbauern ging leicht zurück. Der Rückgang betrug insgesamt 1144 Betriebe oder 8,8 Prozent. Die Mittelbauern nahmen im gleichen Zeitraum um 3117 oder 23 Prozent zu. Das stellte eine sehr beachtliche Zunahme dar, die zu einem Teil dem Aufstieg von Kleinbauern zu Mittelbauern zu verdanken war. Andererseits sanken Großbauern auf das Niveau der Mittelbauern ab. Insgesamt gesehen nahm die Gruppe der werktätigen Bauern um 1973 oder 7,4 Prozent zu.

Die kapitalistischen Betriebe stellten die Minderheit aller Betriebe, und durch das Ansteigen der Klein- und Mittelbetriebe war ihr prozentualer Anteil von 7,2 auf 6 Prozent an der Gesamtzahl der Betriebe rückläufig. Die Zahl der Großbauern ging um 572 oder 7,3 Prozent zurück. Die Zahl der Großbetriebe nahm um 31 oder 0,5 Prozent zu. Da der Abgang an Großbauernwirtschaften größer war als der Zugang an Großbetrieben, hatte der kapitalistische Sektor einen Rückgang von 541 oder 6,4 Prozent zu verzeichnen. Der Rückgang an kapitalistschen Betrieben war durchaus normal. Es war keineswegs ein Anzeichen des Rückganges des Kapitalismus, sondern eher eine Folge des Fortschritts, d. h. der kapitalistischen Rationalisierung, die zu einer Aufgabe schlecht bewirtschaftbarer Flächen und zu Betriebsverkleinerungen führte. Der verkleinerte, aber besser organisierte Betrieb brachte dann höhere Profite.

Der Betriebsgrößenstruktur entsprach eine bestimmte Flächenverteilung, wie die Tabelle 73 zeigt.

Obwohl die Parzellenbetriebe mit 70 Prozent die Masse aller Betriebe stellten, hatten sie den geringsten Anteil an der landwirtschaftlichen Nutzfläche (5,8 Prozent). Bei einer zunehmenden Zahl an proletarischen Wirtschaften ging die von denselben bewirtschaftete Fläche noch zurück. Der Kapitalismus führte zu einer zunehmenden Proletarisierung auf dem Dorfe im Regierungsbezirk Magdeburg.

Bei den werktätigen Bauern nahm mit dem Rückgang der Kleinbauern auch die von letzteren bewirtschaftete Fläche in fast den gleichen Proportionen ab. Die von den Mittelbauern bewirtschaftete Fläche vergrößerte sich ebenfalls in den gleichen Proportionen wie ihre Zahl. Durch die Zunahme der Nutzfläche der Mittelbauern stieg die Nutzfläche der werktätigen Bauern an, so daß deren Anteil an der gesamten Nutzfläche von 24,1 auf 27,7 Prozent stieg.

*Tabelle 73*

*Die landwirtschaftliche Nutzfläche der landwirtschaftlichen Betriebe in Hektar in den Jahren 1882, 1895 und 1907 im Regierungsbezirk Magdeburg*

| Größenklasse | 1882 | | 1895 | | 1907 | |
|---|---|---|---|---|---|---|
| | Fläche | Prozent | Fläche | Prozent | Fläche | Prozent |
| bis 2 | 44385 | 5,8 | 45146 | 5,8 | 43374 | 5,6 |
| 2 –5 | 42932 | 5,7 | 41832 | 5,4 | 39760 | 5,2 |
| 5 –20 | 140788 | 18,5 | 149386 | 19,2 | 173330 | 22,5 |
| 20–100 | 292236 | 38,4 | 299867 | 38,6 | 289727 | 37,6 |
| über 100 | 240249 | 31,6 | 239850 | 31,0 | 223773 | 29,1 |
| Summe | 760590 | 100 | 776081 | 100 | 769964 | 100 |

Den größten Anteil an der landwirtschaftlichen Nutzfläche besaßen die kapitalistischen Betriebe. 1882 machten sie 7,2 Prozent aller Betriebe aus und bewirtschafteten 70 Prozent der Nutzfläche. Das war fast das umgekehrte Verhältnis wie bei den proletarischen Wirtschaften, die 70 Prozent aller Betriebe repräsentierten, aber nur 5,8 Prozent der Fläche besaßen. Auf Grund der schon genannten Rationalisierungsmaßnahmen ging bei beiden Gruppen der kapitalistischen Betriebe die Nutzfläche zurück, bei den Großbauern um 0,8 Prozent und bei den Großbetrieben um 6,8 Prozent. Obwohl die Zahl der Großbetriebe zugenommen hatte, war die von denselben bewirtschaftete Fläche im Zuge der Rationalisierung rückläufig.

Das Verhältnis zwischen Zahl und landwirtschaftlicher Nutzfläche der einzelnen Betriebsgrößengruppen läßt sich auch als Durchschnittsgröße der Betriebe jeder Betriebsgrößengruppe ausdrücken. 1907 als dem Endjahr unserer Untersuchung betrug die Durchschnittsgröße der proletarischen Wirtschaften 0,5 Hektar, der Kleinbauern 3,4 Hektar, der Mittelbauern 10,4 Hektar, der Großbauern 40 Hektar und der Großbetriebe 323 Hektar. Durch die Beschränkung auf die landwirtschaftliche Nutzfläche lagen die durchschnittlichen Betriebsgrößen relativ niedrig. Für 1895 lassen sich die Durchschnittsgrößen nach der Betriebsfläche ausrechnen. Sie betrugen für die genannten Betriebe 0,6, 3,9, 12,5, 49,8 und 450 Hektar. Der hohe Waldanteil der kapitalistischen Wirtschaften wirkte sich vor allem bei den Großbetrieben erheblich auf die Durchschnittsgröße aus.

Die großen Sprünge bei den Durchschnittsgrößen zeigen mit aller Deutlichkeit die erheblichen sozialen Gegensätze zwischen den Betriebsgrößengruppen und damit zwischen den Klassen und Schichten auf den Dörfern des Regierungsbezirkes Magdeburg in den letzten Jahrzehnten des 19. Jh., wobei die Betriebszählung von 1907 den für uns wichtigen Endstand in der Entwicklung der ländlichen Sozialstruktur wiedergibt.

Es ist aber sehr schwierig, diesen Endstand mit der Ausgangslage Anfang des 19. Jh. zu vergleichen, weil, wie wir gesehen haben, die Erhebungsmethoden erheblich geändert wurden und deshalb kein durchgängiger Vergleich in der Form langer Reihen möglich ist. Doch die generelle Entwicklungstendenz läßt sich aus einem Vergleich der einzelnen Gruppen von Betriebszählungen erkennen, und das ist bereits wichtig genug.

In diesem Zusammenhang ist wichtig zu wissen, daß die Gesamtfläche der landwirtschaftlichen Betriebe (Betriebsfläche) in der zweiten Hälfte des 19. Jh. keinen großen Veränderungen unterworfen war. Die erste genauere Angabe stammt von 1854 und gibt eine Fläche von 999957 Hektar an. In dieser Fläche sind die Oberförstereien mit 64509 Hektar enthalten, die abzuziehen sind. Es verbleibt eine Betriebsfläche der Landwirtschaftsbetriebe von 935448 Hektar. Für 1858 wurde eine Fläche der land- und forstwirtschaftlichen Besitzungen von 1006725 Hektar angegeben. Werden die Oberförstereien mit 64902 Hektar abgezogen, dann verbleibt eine Betriebsfläche von 941823 Hektar. Die Veränderungen von 1854 bis 1858 von fast 6000 Hektar Zunahme können echter Zuwachs durch Urbarmachung gewesen oder infolge besserer Vermessungsunterlagen entstanden sein. Im Grunde genommen waren die 6000 Hektar oder 0,6 Prozent der Fläche von 1854 als Veränderung völlig bedeutungslos.

1895 belief sich die Betriebsfläche der landwirtschaftlichen Betriebe auf 991414 Hektar. Die Zunahme gegenüber 1854 betrug 55966 Hektar oder 6 Prozent, die jährliche Zuwachsrate 0,15 Prozent. Der Zuwachs von 55966 Hektar stellt eine beachtliche Fläche dar, aber auf 41 Jahre verteilt, war der jährliche Zuwachs von 0,15 Prozent nur gering. Die Veränderungen in der gesamten Betriebsfläche waren deshalb nicht sehr bedeutend. Es existierten auch keine großen Flächen im Regierungsbezirk Magdeburg, die hätten urbar gemacht werden können. Es beschränkte sich alles auf kleinere Flächen, die nach und nach in eine kontinuierliche Bewirtschaftung einbezogen worden sind.

Während es in der Betriebsfläche im 19. Jh. keine nachweislichen größeren Veränderungen gab, waren die Veränderungen in der Betriebsgrößen- und Sozialstruktur beachtlich und tiefgreifend. 1816 bestand noch die Betriebsgrößenstruktur des Feudalismus. Die Kleinstellen umfaßten 52 Prozent und die Bauernstellen 48 Prozent der erfaßten Stellen. Am Ende des Untersuchungszeitraumes betrug der Anteil der Kleinstellen (bis 5 ha) 81,4 Prozent, der Bauernstellen (5 bis 100 ha) 18,1 Prozent und der Güter 0,5 Prozent. Wenn auch 1816 durch die zu niedrig angesetzte Grenze zwischen den Kleinstellen und Bauernwirtschaften der Anteil der Bauern etwas überhöht war, so ändert das nur wenig an der generellen Tendenz: Die Betriebsgrößenstruktur der landwirtschaftlichen Betriebe hatte sich von den Proportionen her zugunsten der Kleinstellen verschoben. Das war in doppelter Hinsicht nachteilig. Die Kleinstellen repräsentierten die Stellen der Armen im Dorfe, der Kleinbauern und der Arbeiter. Deren Zunahme war verbunden mit einem Anwachsen der Armut auf dem Lande. Da wir über das entsprechende Zahlenmaterial verfügen, soll anschließend die Zunahme der Landarmen gemessen werden. Infolge ihrer Kleinheit waren diese Stellen nicht in der Lage, eine rationelle Wirtschaft zu betreiben. Ihr Produktionsniveau war niedrig. Durch den Anstieg der Kleinstellen verstärkte sich die Rückständigkeit in der Landwirtschaft. Die Nachteile des Anwachsens der Kleinstellen lagen also auf sozialem und produktionstechnischem Gebiet.

Die Zunahme der Kleinstellen, speziell der proletarischen Wirtschaften, stand im engen Zusammenhang mit dem Anwachsen derjenigen Berufstätigen, die Lohnarbeiter waren. Im vorhergehenden Kapitel wurde dieser Vorgang statistisch analysiert. Wir haben es hier mit einem grundlegenden Vorgang der kapitalistischen Ökonomie zu tun. Das Anwachsen der Besitzlosen und Besitzarmen ist ein immanenter Bestandteil des Kapitalismus und als solcher ein gesetzmäßiger Vorgang.

Zahlenmäßig wuchsen die Kleinstellen bis 5 Hektar (7,5 ha) im Regierungsbezirk Magdeburg folgendermaßen. Für 1816 waren 19257 Wirtschaften bis 3,75 Hektar angegeben. Diese Zahl ist sicherlich zu niedrig, da der Teil der Wirtschaften von 3,75 Hektar bis 5 Hektar (7,5 ha) zur nächsten Gruppe gezählt wurde. Mit 22000 ist der Ausgangswert real, wobei die Differenz zwischen den spannfähigen Bauernwirtschaften 1816 und den Wirtschaften über 3,75 Hektar zu den Wirtschaften bis 3,75 Hektar gezählt wurde.

Bis 1854 war die Gesamtzahl auf 55286 oder 251 Prozent angestiegen. 1882 betrug sie schon 96212 oder 437 Prozent des Ausgangswertes. Doch der Anstieg hielt weiter an. 1895 waren es 102227 oder 465 Prozent und 1907 107222 oder 487 Prozent. In den 91 Jahren von 1816 bis 1907 waren 85222 neue Kleinstellen entstanden oder pro Jahr 936. Die jährliche prozentuale Zuwachsrate lag bei 4,2 Prozent. Das war eine beachtlich hohe Zuwachsrate.

Der große Sprung im Zuwachs lag zwischen 1854 und 1882. Die jährliche Zuwachsrate betrug 1461. Möglicherweise wirkten sich hier die neuen Erhebungsgrundsätze von 1882 aus, nach denen auch die Gärten miterfaßt worden sind. Die Grenze zwischen den Gärten und den proletarischen Wirtschaften ist aber schwer zu ziehen. Auf jeden Fall sind Parzellen bis 500 Quadratmeter Gärten. Von 500 bis 2000 Quadratmetern gibt es ebenfalls noch Gärten, aber 1500 bis 2000 Quadratmeter sind bereits keine Gärten mehr. Da die Statistik die Gruppen bis 0,05 Hektar und 0,05 bis 0,2 Hektar bildete, können nur die Gärten bis 0,05 Hektar ausgesondert werden, nämlich für 1882 3220 Stück. Jedoch in der Gruppe 0,05 bis 0,2 waren es 19327 Parzellenwirtschaften. Die Gesamtsumme der Parzellenbetriebe ohne die Gärten bis 500 Quadratmeter betrug 1882 92992 (mit 96212). Diese geringfügige Verringerung änderte nichts an der generellen Tendenz.

Bei den Bauernwirtschaften 5 bis 100 Hektar (7,5—150 ha) gab es ebenfalls Veränderungen, die sich jedoch in einer anderen Größenordnung als bei den Kleinstellen bewegten. 1816 existierten 15272 Bauernwirtschaften, deren Zahl bis 1859 auf 14030 (92 Prozent) zurückging. Der Rückgang lag eindeutig in der Periode des Übergangs von der feudalen zur kapitalistischen Produktionsweise in der Landwirtschaft. Unter den Bedingungen des vollentwickelten Kapitalismus nahm die Zahl der Bauern wieder zu. 1867 gab es 14458 Bauernstellen (94 Prozent). In den folgenden Jahren erhöhte sich die Wachstumsrate. 1882 waren es bereits 21387 oder 140 Prozent. Der Sprung war beachtlich. Sicherlich spielte die Rückverlagerung der Grenze von 7,5 auf 5 Hektar bei der Gruppenbildung eine Rolle und wirkte sich auf die schnelle Zunahme aus. Trotzdem war die Tendenz der Zunahme bestimmend. 1895 gab es 22710 (149 Prozent) und 1907 23932 (197 Prozent) Bauernwirtschaften.

Die Zunahme der Bauernwirtschaften nach Abschluß der Agrarreformen betrug 9902 oder 70,7 Prozent in 48 Jahren. Die jährliche Zuwachsrate lag mit 206 oder 1,5 Prozent nicht so hoch wie bei den Kleinstellen, war aber trotzdem beachtlich.

Die Ausgangszahl der Güter läßt sich aus der gedruckten Statistik etwas schwieriger bestimmen. 1837 existierten 421 Rittergüter. Für 1858 wurden 56 Domänen genannt. Da es im Domänenbestand die geringsten Veränderungen gab, können für 1837 477 Güter angenommen werden. Jedoch sind in dieser Ziffer nicht die Landgüter enthalten. Die Erhebung von 1858 verzeichnete 548 Besitzungen über 150 Hektar, von denen 20 Oberförstereien waren. 1882 hatte man die Grenze der Großbetriebe auf 100 Hektar zurückgesetzt. Die Zahl derselben betrug jetzt 661, 1895 684 und 1907 692. Der Ausgangswert von 1837 ist nicht sehr sicher. Aber mangels besserer Informationen soll er der Berechnung des Zuwachses zugrunde gelegt werden. Der Zuwachs betrug bis 1858 14 Prozent, bis 1882 38 Prozent, bis 1895 43 Prozent und bis 1907 45 Prozent.

Sicherlich war der gesamte Zuwachs geringer als 45 Prozent. Aber das ändert nichts an der Tendenz, daß auch die Zahl der Güter im 19. Jh. zunahm. Doch die Wachstumsrate lag niedriger als bei den Bauernwirtschaften.

Im 19. Jh. wuchsen damit im Regierungsbezirk Magdeburg alle drei großen Gruppen der landwirtschaftlichen Betriebe an, wobei durch die Mängel des Zahlenmaterials für diesen langen Zeitraum nur eine grobe Gruppenbildung möglich war. Während aber der kapitalistische Großbetrieb nur sehr langsam zunahm und die geringste Wachstumsrate aufwies, war die Zunahme der Kleinbetriebe, vor allem der proletarischen Wirtschaften, außerordentlich stark. In der Betriebsgrößenstruktur dominierte das proletarische Element. Das Anwachsen der Parzellenwirtschaften war Ausdruck des erheblichen Proletarisierungsprozesses auf dem Dorfe, der zwangsläufig die Klassengegensätze verstärkte und vertiefte.

In diesem Zusammenhang taucht das Problem auf, wie sich mit dem unterschiedlichen Anwachsen der drei großen Gruppen deren gesamte Betriebsfläche veränderte.

Für die Kleinstellen stammt die früheste Angabe über die gesamte Betriebsfläche aus dem Jahre 1837. Sie betrug danach 23580 Hektar. Diese Fläche stieg bis 1859 auf 61943 Hektar (263 Prozent) an. Jedoch waren hier nur die Kleinstellen in den Dörfern und selbständigen Gutsbezirken erfaßt. Es fehlte die beträchtliche Gruppe der Kleinstellen in den Stadtfluren. Die Erhebung von 1858 erfaßte diese mit und gab eine Fläche der Kleinstellen bis 7,5 Hektar von 96650 Hektar an. Geht man davon aus, daß die Steigerungsrate der Kleinstellen in den Städten die gleiche wie auf dem Lande war, dann betrug die gesamte Fläche aller Kleinstellen 1837 36777 Hektar und 1859 96650 Hektar (auf 263 Prozent). Die nächste Angabe über die Betriebsfläche stammt von 1895. Die Kleinbetriebe bis 5 Hektar hatten eine Fläche von 107152 Hektar oder 291 Prozent der Fläche von 1837. Die Steigerung bis 1859 war damit größer als die zwischen 1859 und 1895.

Für die Bauerngüter liegt die erste vergleichbare Angabe über die Betriebsfläche ebenfalls aus dem Jahre 1837 vor. Sie betrug 543176 Hektar. 1854 war die Betriebsfläche auf 559678 Hektar oder 103 Prozent angestiegen. Die Erhebung von 1858 verzeichnete 581530 Hektar oder 107 Prozent. Die Zahl kann aber leicht überhöht sein, weil möglicherweise Forstwirtschaftsbetriebe bis 150 Hektar dabeisein konnten. Für 1895 wird eine Fläche der Bauernwirtschaften von 5 bis 100 Hektar von 585316 Hektar oder 108 Prozent genannt. Die Steigerung von 8 Prozent der Betriebsfläche der Bauernwirtschaften von 1837 bis 1895 ist völlig unbedeutend. Die Bauernwirtschaften haben im wesentlichen im 19. Jh. auf der gleichen Betriebsfläche gewirtschaftet. Die Zunahme des Landes der Kleinbetriebe kann deshalb auch nicht auf Kosten der Bauernbetriebe erfolgt sein.

Für die Güter, Rittergüter und Domänen, läßt sich ebenfalls für 1837 ein Ausgangswert berechnen. 1837 hatten die Rittergüter eine Betriebsfläche von 190776 Hektar, zu denen noch die Fläche der Domänen nach dem Stande von 1854 mit 35125 Hektar hinzukam. Die Fläche der Adelsgüter betrug demnach 225901 Hektar. 1858 waren alle großen Güter über 150 Hektar erfaßt. Dieselben hatten eine Fläche von 307946 Hektar, wovon die 20 Oberförstereien abzuziehen sind, so daß eine Fläche von 243044 Hektar verbleibt oder 107 Prozent des Standes von 1837. Für 1895 war eine Betriebsfläche der Großbetriebe von 307946 Hektar angegeben. Das wären 136 Prozent des Standes von 1837. Eine solche Steigerung hatte es tatsächlich nicht gegeben. Zwischen 1882 und 1895 war die Fläche der Großbetriebe fast unverändert geblieben. Die enorme Zunahme von rund 65000 Hektar hätte in den 24 Jahren von 1858 bis 1882 erfolgen müssen. Dafür gibt es aber keinen Anhalt. Deshalb lagen die Ursachen in der Zunahme nach 1858 in erster Linie im Herabsetzen der Gruppengrenze von 150 auf 100 Hektar, worauf schon bei der Behandlung der Zahl der Großbetriebe hingewiesen wurde, die im gleichen Zeitraum ebenfalls unverhältnismäßig schnell anwuchs.

Bis 1858 wuchs die Fläche der Güter in denselben geringen Proportionen wie die der Bauernwirtschaften an. Das Anwachsen von 1858 bis 1895 kann nicht genau bestimmt werden. Sicherlich war es nicht höher als vorher. Damit kann die enorme Zunahme der Kleinbetriebe auch nicht auf Kosten des Landes der Großbetriebe erfolgt sein.

Nach den vorliegenden Berechnungen nahm die Fläche der Kleinbetriebe um 70000 Hektar, die der Bauernwirtschaften um 40000 Hektar und der Großbetriebe um 30000 Hektar zu. Die Zunahme der Betriebsfläche in der zweiten Hälfte des 19. Jh. kann mit 60000 Hektar angesetzt werden. Wenn für die erste Hälfte des Jh. eine gleiche Zunahme vorausgesetzt wird, dann erfolgte der Zuwachs an Betriebsfläche in erster Linie über eine Ausweitung derselben auf Land, das vorher statistisch nicht zur Betriebsfläche gerechnet wurde.

Diese Feststellung berührt nicht den starken Bodenverkehr zwischen den einzelnen Schichten und Klassen des Dorfes, der gerade im Zuge der Durchsetzung der kapitalistischen Produktionsweise in der Landwirtschaft außerordentlich zunahm. Hier soll lediglich festgehalten werden, daß es keinen statistischen Beweis dafür gibt, daß im Regierungsbezirk Magdeburg im 19. Jh. eine der drei großen Gruppen von landwirtschaftlichen Betrieben, Kleinstellen, Bauernstellen und Güter, auf Kosten einer anderen nennenswert angewachsen wäre. Das schließt aber Veränderungen innerhalb der Gruppen nicht aus. Auf dieselben wurde bei der Analyse der neueren Betriebszählungen eingegangen (Tabellen 72 und 73).

## *Landwirtschaftliche Betriebsgrößen und Sozialstruktur im Kreis Calbe*

Für die vier Börde-Kreise war kein so reichhaltiges Zahlenmaterial über die landwirtschaftlichen Betriebe vorhanden, wie für den Regierungsbezirk Magdeburg. Zwar wurden im Zuge der Hochrechnungen der Ortsangaben Kreistabellen angefertigt, aber dieselben wurden nicht immer abgedruckt. Die gedruckte Statistik besaß oft nur als niedrigste Verwaltungsebene den Regierungsbezirk. In den Akten der Kreise wurden die entsprechenden Tabellen selten aufbewahrt, so daß es gegenüber dem Regierungsbezirk viele Lücken gibt.

In den beiden Denkschriften des Landwirtschaftsministeriums von 1865 und 1871, die nach den rechtlich-ökonomischen Gesichtspunkten die Bauernwirtschaften, Kleinstellen und Rittergüter in den Landgemeinden und selbständigen Gutsbezirken zwischen 1816 und 1871 erfaßten, waren auch die Angaben über die Kreise enthalten. Die Tabelle 74 bringt die diesbezüglichen Angaben für den Kreis Calbe.

Bei den spannfähigen Bauernwirtschaften gab es in der Periode der Durchsetzung der kapitalistischen Produktionsweise in der Landwirtschaft einen Rückgang von 9 Prozent. Die Zahlen von 1865 und 1867, die der Denkschrift von 1871 entstammen, weisen einen erheblichen Sprung aus. Dieser Sprung, der sich im Regierungsbezirk Magdeburg durch die Hochrechnung aller Kreise ausglich, war eine Folge des Wechsels in den Erhebungsmethoden. Während 1816 und 1859 die Spannfähigkeit als Kriterium herangezogen wurde, waren es 1865 und 1867 die Fläche und der Grundsteuerreinertrag.

Noch deutlicher tritt dieser Sprung bei den Kleinstellen zutage. 1859 wurden als Kleinstellen die Kossaten und ein Teil der Häusler gezählt. 1865 wurden nicht nur die Kossaten und alle Häusler erfaßt, sondern auch Einlieger (zur Miete Wohnende) mit größeren Gärten.

Der Sprung bei den Rittergütern dürfte durchaus real gewesen sein, weil es hier keinen Wechsel in den Methoden der Erfassung gab.

*Tabelle 74*

*Die Zahl und die Fläche der spannfähigen Bauernwirtschaften, der nichtspannfähigen Kleinstellen und der Rittergüter in den ländlichen Gemeinden und selbständigen Gutsbezirken des Kreises Calbe von 1816 bis 1867*

| Jahr | Bauernwirtschaften | | Kleinstellen | | Rittergüter | | Summe | |
|---|---|---|---|---|---|---|---|---|
| | Zahl | Prozent | Zahl | Prozent | Zahl | Prozent | Zahl | Prozent |
| 1816 | 497 | 100 | — | — | — | — | — | — |
| 1859 | 454 | 91 | 1760 | 100 | 7 | 100 | 2221 | 100 |
| 1865 | 782 | 157 | 3745 | 213 | 13 | 186 | 4540 | 204 |
| 1867 | 774 | 156 | 3871 | 220 | 13 | 186 | 4658 | 210 |
| | Fläche | Prozent | Fläche | Prozent | Fläche | Prozent | Fläche | Prozent |
| 1816 | 16369 | — | — | — | — | — | — | — |
| 1859 | 14899 | 67,7 | 4574 | 20,8 | 2550 | 11,6 | 22023 | 100 |

Unter den genannten drei Gruppen hatte die Gruppe der Kleinstellenbesitzer 1859 mit 79,3 Prozent den größten Anteil an der Zahl der Stellen. Die Bauern besaßen 20,4 und die Rittergüter 0,3 Prozent. Damit war bereits 1859 die für den Kapitalismus typische Betriebsgrößenstruktur im Kreis Calbe vorhanden.

Obwohl das Zahlenmaterial von 1865 gegenüber 1859 beträchtliche Sprünge aufweist, veränderten sich die Proportionen zwischen den Gruppen nicht erheblich. Die Kleinstellen hatten einen prozentualen Anteil von 82,4, die Bauernstellen von 17,3 und die Rittergüter von 0,3.

Dem kapitalistischen Charakter der Landwirtschaft entsprechend war die Flächenverteilung, die nur für 1859 überliefert ist. Die Kleinbetriebe, die 79,3 Prozent aller Betriebe ausmachten, besaßen 20,8 Prozent der erfaßten Betriebsfläche, die 20,4 Prozent Bauern hatten 67,7 Prozent der Fläche inne und die 0,3 Prozent Rittergüter 11,6 Prozent. Von der Fläche her besaßen die spannfähigen Bauern eine starke Position in der Landwirtschaft. Im industriereichen Kreis Calbe spielten die 7 Rittergüter mit 2550 Hektar eine untergeordnete Rolle. Zu bemerken wäre noch, daß die spannfähigen Bauern in der Periode der Agrarreform einen absoluten Landverlust von 2350 Hektar oder 14,3 Prozent ihrer Fläche von 1816 zu verzeichnen hatten. Das war ein beachtlicher Landverlust, der fast nur im freien Bodenverkehr entstanden war. Sicherlich hing der starke Bodenverkauf bei den Bauern mit dem Ansteigen der Bevölkerung (Einrichtung von Kleinstellen) und der raschen Entwicklung der Industrie zusammen.

Das Verhältnis zwischen der Zahl der Stellen und der Fläche bestimmte die durchschnittliche Größe der Betriebe der drei Gruppen. Die durchschnittliche Größe der Kleinstellen lag 1859 bei 2,6 Hektar. Diese hohe Durchschnittsgröße verweist darauf, daß hierbei kaum Gärten enthalten sind. Bei den Bauernstellen betrug die durchschnittliche Größe 32,8 Hektar. Das war ebenfalls eine hohe Durchschnittsgröße, die aber dem Durchschnitt des Regierungsbezirkes entsprach. Die Rittergüter hatten eine Durchschnittsgröße von 364 Hektar. Die Abstufungen zwischen den Durchschnittsgrößen entsprachen den kapitalistischen Verhältnissen in der Landwirtschaft.

Neben dem mehr globalen Zahlenmaterial der beiden Denkschriften von 1865 und 1871 gibt es noch die detaillierteren und umfassenden Nachweisungen in dem von Hermes und WEIGELT verfaßten Handbuch für den Regierungsbezirk Magdeburg für 1840 und in der schon genannten Erhebung von 1854.

HERMES und WEIGELT erfaßten für sämtliche Dörfer des Kreises Calbe die ländliche Bevölkerung nach den alten Einteilungsprinzipien. Sie unterschieden zwischen Rittergütern (8), Domänen (8), Vorwerken (13), Freigütern oder Landgütern (4), Ackerhöfen (127), Halbspännern (224), Kossaten (764), Häuslern (1825) und Einliegern (1749). Während sie aber für die Rittergüter, Domänen und Vorwerke alle Orte des Kreises einbezogen, geschah das nicht für die bäuerliche Bevölkerung und die Häusler und Einlieger. Letztere Angaben beziehen sich nur auf die Landgemeinden und selbständigen Gutsbezirke. Werden von den genannten Zahlen die Angaben für die Städte abgezogen und Gruppen gebildet, dann gab es 1840 in den Landgemeinden und selbständigen Gutsbezirken 19 Rittergüter, Domänen und Vorwerke, 355 Freigüter, Ackerhöfe und Halbspänner, 764 Kossaten und 3574 Häusler und Einlieger. Deren prozentuale Anteile lagen bei 0,4; 7,6; 16,2 und 75,8. Die Häusler und Einlieger waren damit schon 1840 im Kreis Calbe mit 76 Prozent die stärkste Bevölkerungsgruppe der Dörfer. Damit hatte dieser Kreis schon frühzeitig einen hohen Proletarisierungsgrad erreicht.

Die ungedruckte Erhebung von 1854 bringt gegenüber HERMES und WEIGELT die Besitzungen in der Stadtflur und die entsprechenden Angaben zur Betriebsfläche, aber die Gruppierung ist wieder gröber, wie die folgende Tabelle 75 zeigt.

*Tabelle 75*

*Die Zahl und die Fläche der Rittergüter, Domänen, Land- und Bauerngüter, städtischen Kämmereigüter, kleinen Besitzungen in der Stadtflur und kleinen ländlichen Besitzungen im Kreis Calbe im Jahre 1854*

| Betriebsart | Zahl | | Fläche in ha | | |
|---|---|---|---|---|---|
| | absolut | Prozent | Betriebsfläche | davon Wald | Prozent |
| Rittergüter | 6 | 0,1 | 2063 | 10 | 4,5 |
| Domänen | 7 | 0,1 | 10296 | 3787 | 22,4 |
| Land- und Bauerngüter | 475 | 7,0 | 17681 | 58 | 38,4 |
| Städtische Kämmereigüter | — | — | 1149 | 23 | 2,5 |
| Kleine Besitzungen Stadtflur | 3277 | 48,5 | 9216 | 196 | 20,0 |
| Kleine ländliche Besitzungen | 2995 | 44,3 | 5587 | 29 | 12,2 |
| Summe | 6760 | 100 | 45992 | 4103 | 100 |

Durch die Einbeziehung der Stadtfluren wurde der ungeheuer hohe Anteil an kleinen Besitzungen mit 92,8 Prozent noch deutlicher als 1840. Doch die Masse der Kleinstellenbesitzer besaß nur 32,2 Prozent des Bodens. Dieser im Vergleich zu anderen Kreisen hohe Bodenanteil war durch den extrem hohen Anteil der Kleinstellenbesitzer bedingt. Die Land- und Bauerngüter umfaßten 7 Prozent der Stellen und 38,4 Prozent des Bodens. Die 0,2 Prozent der Rittergüter und Domänen besaßen 27 Prozent des Bodens. Darin war die ganze Widersprüchlichkeit der kapitalistischen Bodenverteilung zu erkennen.

Für die einzelnen genannten Gruppen läßt sich die durchschnittliche Betriebsfläche errechnen. Sie betrug 1854 bei den Rittergütern 344 Hektar, bei den Domänen ca. 1000 Hektar, bei den Land- und Bauerngütern 37,2 Hektar, bei den kleineren Besitzungen in der Stadtflur 2,8 Hektar und bei den kleineren ländlichen Besitzungen 1,9 Hektar. Die kleinen ländlichen und städtischen Besitzungen haben noch eine relativ hohe Durchschnittsgröße. Bei dieser Erhebung sind kaum Gärten mit erfaßt worden.

Die mitgeteilten Erhebungen für 1816, 1840, 1854, 1859, 1865 und 1867 nach rechtlich-ökonomischen Gesichtspunkten gehen in ihren Ergebnissen auseinander. Das war bei dem damaligen Stand der Statistik und bei den Kenntnissen der Verwaltungsbeamten der unteren Ebene, die das Zahlenmaterial zu liefern hatten, auch nicht anders zu erwarten. Die Angaben für die Land- und Bauerngüter für 1854 mit 475 stimmten mit den spannfähigen Bauernwirtschaften von 1859 mit 454 überein. Jedoch die 355 Freigüter, Ackerhöfe und Halbspänner von 1840 fielen völlig aus dem Rahmen. Wahrscheinlich besaß ein Teil der Kossaten soviel Spannvieh, daß man sie 1854 und 1859 zu den spannfähigen Bauern gezählt hatte, obwohl ihre Wirtschaften von altersher Kossatenhöfe waren.

Auch die Angaben über die Kleinstellen differierten erheblich. Die kleineren ländlichen Besitzungen von 1854 stimmten, wenn das hier übliche Größenwachstum einberechnet wird, durchaus mit den Angaben von 1865 und 1867 überein. Doch die Zahl für 1859 war eindeutig zu niedrig. Aus den Angaben für 1840 wird ersichtlich, daß die kleinen ländlichen Stellen vor allem die Masse der Kossaten und Häusler umfaßten. Aber 1865 und 1867 wurden sicherlich schon Einlieger mit einbezogen.

Differenzen gibt es zwischen den Flächenangaben 1854 und 1859. Bei den Bauernwirtschaften und Kleinstellen sind die Flächenangaben 1854 höher als 1858. Hierfür läßt sich keine Erklärung finden. Die Flächenangaben der Rittergüter scheinen zu stimmen.

Aus der anderen Gruppe der Betriebsstatistiken, die nach Größenklassen gebildet waren, liegen auch für den Kreis Calbe Zahlenmaterialien vor. Für 1816 wurde die erste Erhebung dieser Art durchgeführt; jedoch handelte es sich dabei mehr um eine größenmäßige Erfassung der Kleinstellen (bis 3,75 ha), der mittleren Bauernstellen (3,75—75 ha) und der großen Bauernstellen und Landgüter (über 75 ha). Im Kreis Calbe gab es 1816 1572 Kleinstellen, 945 mittlere und 26 größere Bauernstellen. Es standen faktisch 61,8 Prozent kleinere Stellen 38,2 Prozent Bauernstellen gegenüber. Durch die viel zu niedrige Grenze der Bauernstellen von 3,75 Hektar war der Anteil der Kleinstellen zu gering angegeben. Aber trotzdem bleibt der hohe Anteil an Kleinstellen zu Ausgang des Feudalismus im Kreis Calbe erstaunlich. Hier war also bereits im Feudalismus die Bodenzersplitterung erheblich weiter fortgeschritten als im Regierungsbezirk Magdeburg.

Die nächsten Erhebungen nach Größenklassen führte man erst wieder Mitte des 19. Jh. durch. Jedoch sind nur für die Jahre 1849 und 1858 die Angaben der Kreisebene veröffentlicht worden und auch ohne Fächenangaben. Die Tabelle 76 gibt die Zahlen der land- und forstwirtschaftlichen Besitzungen im Kreis Calbe für 1849 und 1858 wieder.

Bereits 1849 stellten die Kleinstellen 86 Prozent aller Betriebe. Dieser Anteil veränderte sich bis 1858 nicht. Das Anwachsen der mittleren und größeren Bauernwirtschaften von 7,5 bis 150 Hektar lag möglicherweise zu einem Teil an der besseren Erfassung im Jahre 1858, zum anderen kann es ein echtes Anwachsen der Zahl dieser Wirtschaften gewesen sein.

Der hohe Anteil an Kleinstellen 1849 bestätigt die Angaben von 1840 und verweist darauf, daß auf jeden Fall im Kreis Calbe schon Anfang der vierziger Jahre des 19. Jh. die kapitalistische Betriebsgrößenstruktur ausgebildet war.

Von den Ziffern der fünfziger Jahre, die nach rechtlich-ökonomischen Gesichtspunkten erfaßt worden sind, weichen die Angaben für 1849 und die durchaus genaueren Angaben von 1858 ab. Für 1854 waren 475 Land- und Bauerngüter genannt und für 1859 454 spann-

*Tabelle 76*

*Die Zahl der land- und forstwirtschaftlichen Besitzungen 1849 und 1858 im Kreis Calbe nach Betriebsgrößengruppen in Hektar*

| Größengruppe | 1849 | | 1858 | |
|---|---|---|---|---|
| | Zahl | Prozent | Zahl | Prozent |
| bis 1,25 | 2498 | 58,0 | 3016 | 58,2 |
| 1,25–7,5 | 1204 | 28,0 | 1442 | 27,8 |
| 7,5–75 | 570 | 13,2 | 675 | 13,1 |
| 75–150 | 21 | 0,4 | 28 | 0,5 |
| über 150 | 18 | 0,4 | 26 | 0,4 |
| Summe | 4311 | 100 | 5187 | 100 |

fähige Wirtschaften. 1858 gab es aber in der dieser Gruppe entsprechenden Größenklasse 703 Wirtschaften. Diese Angabe tendiert sehr zu den 782 spannfähigen Wirtschaften von 1865 und bestätigt unsere Ansicht, daß 1865 die spannfähigen Wirtschaften nach ihrer Fläche ermittelt worden sind und nicht nach der Anspannung (Zugtiere). Das gleiche traf auch auf die Kleinstellen zu, wobei jedoch die Differenzen zwischen 1854 und 1858 sehr groß sind. 1854 wurden 3277 Kleinstellen in der Stadtflur und 1858 2550, 1854 2995 kleine ländliche Besitzungen und 1858 1908 angegeben. Eine Erklärung für diese Unterschiede läßt sich nicht finden.

Nach 1858 wurden für einen längeren Zeitraum keine Betriebszählungen mehr durchgeführt. Erst 1882 und dann wieder 1895 und 1907 fanden Betriebszählungen statt, deren Ergebnisse auch für den Kreis Calbe veröffentlicht worden sind. Die Gruppierung entsprach bei den neueren Zählungen besser der kapitalistischen Betriebsgrößenstruktur. Die Tabelle 77 gibt für die genannten Betriebszählungen die Zahl der Betriebe und ihre prozentualen Anteile an der Gesamtzahl wieder.

*Tabelle 77*

*Die Zahl der landwirtschaftlichen Betriebe 1882, 1895 und 1907 im Kreis Calbe nach Größenklassen in Hektar*

| Größenklasse | 1882 | | 1895 | | 1907 | |
|---|---|---|---|---|---|---|
| | Zahl | Prozent | Zahl | Prozent | Zahl | Prozent |
| bis 2 | 8045 | 81,3 | 8789 | 82,5 | 8579 | 83,6 |
| 2 –5 | 793 | 8,0 | 724 | 6,8 | 523 | 5,1 |
| 5 –20 | 784 | 7,9 | 847 | 8,0 | 879 | 8,6 |
| 20–100 | 239 | 2,4 | 260 | 2,4 | 239 | 2,3 |
| über 100 | 32 | 0,3 | 28 | 0,3 | 36 | 0,4 |
| Summe | 9893 | 100 | 10648 | 100 | 10256 | 100 |

Durch die bessere Gruppenbildung kommt bei den neueren Betriebszählungen der kapitalistische Charakter der sozialökonomischen Struktur deutlicher zum Ausdruck. Die kleinen proletarischen Wirtschaften bis 2 Hektar stellten mit rund 82 Prozent die

Masse der Betriebe. Aber es gab von 1882 bis 1907 keine nachhaltigen Veränderungen mehr. Die Zunahme von 534 Wirtschaften oder 6,6 Prozent in 25 Jahren war sehr gering. Anscheinend war durch das frühzeitige Anwachsen dieser Wirtschaften bis 1882 eine gewisse Sättigung eingetreten. Vielleicht war es in dem dichtbevölkerten Kreis Calbe auch schwer geworden, Land für eine Kleinstelle zu erhalten.

Viel bedeutsamer traten die Veränderungen bei den Klein- und Mittelbauern hervor. Die Zahl der Kleinbauern ging zwischen 1882 und 1907 um 270 oder 34 Prozent zurück. Dagegen war die Zahl der Mittelbauern von 784 auf 879 um 95 oder 12 Prozent gestiegen. Da nur der kleinere Teil der Kleinbauern zu Mittelbauern geworden ist, hatte der größere Teil seine Wirtschaften verkleinert oder aufgelöst. Hier hatte eine echte Differenzierung nach unten stattgefunden.

Im kapitalistischen Sektor fand bei der Zahl der Betriebe keine wesentliche Veränderung statt. Lediglich die Zahl der Großbetriebe nahm geringfügig zu.

Die Veränderungen in der Zahl der Betriebe wirkten sich unterschiedlich auf die Verteilung der landwirtschaftlichen Nutzfläche zwischen den Betrieben aus, wie die Tabelle 78 zeigt.

*Tabelle 78*

*Die landwirtschaftliche Nutzfläche der landwirtschaftlichen Betriebe in Hektar in den Jahren 1882, 1895 und 1907 im Kreis Calbe*

| Größenklasse | 1882 | | 1895 | | 1907 | |
|---|---|---|---|---|---|---|
| | Fläche | Prozent | Fläche | Prozent | Fläche | Prozent |
| bis 2 | 3807 | 9,0 | 3990 | 9,4 | 3668 | 8,8 |
| 2 –5 | 2487 | 5,8 | 2274 | 5,4 | 1676 | 4,0 |
| 5 –20 | 7957 | 18,7 | 7962 | 18,8 | 8762 | 21,1 |
| 20–100 | 8567 | 20,1 | 9897 | 23,4 | 9405 | 22,6 |
| über 100 | 19737 | 46,4 | 18226 | 43,0 | 18037 | 43,5 |
| Summe | 42555 | 100 | 42349 | 100 | 41548 | 100 |

Die kleinen proletarischen Wirtschaften stellten zwar 82 Prozent aller Wirtschaften, aber sie besaßen nur 9 Prozent der Flächen. Obwohl dieselben zahlenmäßig zunahmen, ging die von ihnen bewirtschaftete Fläche zurück. Faktisch wurde die von diesen Wirtschaften besessene Nutzfläche im Durchschnitt kleiner, was ein weiteres Zeichen des Proletarisierungsprozesses war.

Der Rückgang der Fläche der Kleinbauern (32 Prozent) bewegte sich in der gleichen Größenordnung wie der Rückgang der Zahl der Betriebe. Bei den Mittelbauern entsprach der Zuwachs an Fläche dem Zuwachs an Betrieben. Lediglich bei den Großbauern fand ein echter Zuwachs an Fläche statt, während die Großbetriebe zwar an Zahl geringfügig zugenommen, aber Flächen abgegeben hatten. Möglicherweise wurden solche Flächen zur Schaffung proletarischer Wirtschaften verwandt.

Die kapitalistischen Betriebe stellten mit 2,7 Prozent die kleinste Gruppe dar, aber sie verfügten über 66 Prozent der landwirtschaftlichen Nutzfläche. Das war ein hoher Konzentrationsgrad, der noch deutlicher bei den Großbetrieben zutage trat. Dieselben machten 1882 0,3 Prozent der Betriebe aus und bewirtschafteten 46,4 Prozent der landwirtschaftlichen Nutzfläche. Das war ein wesentlich höherer Anteil als im Regierungsbezirk.

Die Landwirtschaft des wirtschaftlich am weitesten entwickelten Börde-Kreises Calbe zeigte eine ausgesprochen kapitalistische Betriebsgrößen- und Sozialstruktur. Eine sehr kleine Gruppe von 36 kapitalistischen Großbetrieben besaß 1907 43,5 Prozent der landwirtschaftlichen Nutzfläche, während 8579 proletarische Wirtschaften nur über 8,8 Prozent der Nutzfläche verfügten. Der kapitalistische Differenzierungsprozeß hatte im Kreis Calbe zu einer Konzentration von Armut und Reichtum geführt und dadurch die Klassengegensätze auf dem Lande erheblich verschärft.

Diese Verhältnisse drückten sich auch 1907 in den durchschnittlichen Werten der einzelnen Betriebsgrößengruppen aus. Die proletarischen Wirtschaften besaßen eine durchschnittliche Größe von 0,4 Hektar, die Kleinbauernwirtschaften von 3,2 Hektar, die Mittelbauern von 10 Hektar, die Großbauern von 39,3 Hektar und die Großbetriebe von 501 Hektar. Während alle anderen Betriebsgrößenklassen dem Durchschnitt des Regierungsbezirkes entsprachen, lagen die Großbetriebe erheblich über dem Durchschnitt des Regierungsbezirkes von 323 Hektar. Da sich schon 1854 (Tabelle 75) der Waldanteil der Betriebe unter 10 Prozent der Betriebsfläche bewegte, derselbe bis 1907 noch mehr zurückging, lag die durchschnittliche Betriebsfläche nur wenig über der Nutzfläche.

Die großen Sprünge bei den Durchschnittsgrößen zeigen die tiefen sozialen Gegensätze in den Dörfern des Kreises Calbe. Das wird vor allem bei dem Unterschied zwischen den 0,4 Hektar der proletarischen Wirtschaften und den 501 Hektar der Großbetriebe deutlich. Dieser tiefe soziale Gegensatz ist aber der Endstand der Entwicklung des 19. Jh. Sehr schwierig ist es, diesen Endstand mit dem Anfang und der gesamten Entwicklung zu vergleichen. Das machte schon bei dem besseren Material des Regierungsbezirkes große Schwierigkeiten und ist für einen einzelnen Kreis noch komplizierter.

1816 bestand noch die Betriebsgrößenstruktur des Feudalismus. Doch im Kreis Calbe gab es schon zu dieser Zeit 62 Prozent Kleinstellen und 38 Prozent Bauernstellen. Der Differenzierungsprozeß war schon im Spätfeudalismus weiter als anderwärts fortgeschritten. Am Ende des Untersuchungszeitraumes betrug der Anteil der Kleinstellen (bis 5 ha) 88,7 Prozent, der Bauernstellen (5 bis 100 ha) nur noch 13,7 Prozent und der Güter 0,4 Prozent. Wenn auch 1816 durch die zu niedrig angesetzte Grenze zwischen den Kleinstellen und Bauernwirtschaften der Anteil der Bauern etwas überhöht war, so änderte das nur wenig an der generellen Tendenz: Die Betriebsgrößenstruktur der landwirtschaftlichen Betriebe hatte sich auch im Kreis Calbe in ihren Proportionen eindeutig zugunsten der Kleinstellen verschoben. Dahinter stand ein umfangreicher Proletarisierungsprozeß, der in seinen Ausmaßen von dem Anwachsen des Anteils der Lohnarbeiter in der gesamten Wirtschaft abhing und eine Gesetzmäßigkeit des Kapitalismus darstellte.

Zahlenmäßig wuchsen die Kleinstellen bis 5 Hektar (7,5 ha) im Kreis Calbe folgendermaßen: 1816 waren es 1572 Kleinstellen. Diese Zahl ist sicherlich zu niedrig, da der Teil der Wirtschaften von 3,75 bis 5 Hektar (7,5 ha) zur nächsten Gruppe gezählt wurde. Mit 2050 ist der Ausgangswert real, wobei die Differenz zwischen den spannfähigen Bauernwirtschaften von 1816 und den Wirtschaften über 3,75 Hektar zu den Wirtschaften bis 3,75 Hektar gezählt wurde. Bis 1854 war die Gesamtzahl auf 6272 oder 306 Prozent angestiegen. 1882 betrug sie schon 8838 oder 431 Prozent des Ausgangswertes. Doch der Anstieg hielt weiter an. 1895 waren es 9513 oder 464 Prozent und 1907 9102 oder 444 Prozent. In den 91 Jahren von 1816 bis 1907 waren 7052 neue Kleinstellen entstanden oder pro Jahr 77. Die jährliche prozentuale Zuwachsrate betrug 3,8 Prozent. Bei dem hohen Ausgangsstand war das noch eine beachtliche Zuwachsrate.

Bei den Bauernhöfen von 5 bis 100 Hektar (7,5 bis 150 ha) gab es ebenfalls Veränderungen, die sich jedoch in einer anderen Größenordnung als bei den Kleinststellen bewegten. 1816 existierten 497 Bauernwirtschaften, deren Zahl bis 1859 auf 454 (91 Prozent) zurückging. Der Rückgang lag eindeutig in der Periode des Überganges von der feudalen zur kapitalistischen Produktionsweise in der Landwirtschaft. Unter den Bedingungen des vollentwickelten Kapitalismus nahm deren Zahl wieder zu. 1867 gab es 774 Bauernstellen (156 Prozent). Dieser Sprung war beachtlich und durch den Wechsel in den Erhebungsmethoden beeinflußt. 1882 waren es aber bereits 1023 oder 205 Prozent. Auch hier spielte der Wechsel in den Erhebungsmethoden, die Rückverlegung der Grenze von 7,5 auf 5 Hektar, eine Rolle. Trotzdem war die Tendenz der Zunahme bestimmend. 1895 gab es 1107 Bauernstellen (222 Prozent) und 1907 1118 (225 Prozent).

Die gesamte Zunahme der Bauernwirtschaften seit 1859 betrug 664 oder 146 Prozent in 48 Jahren. Die jährliche Zuwachsrate war mit 13,8 oder 3 Prozent schon beachtlich, wobei eine Überhöhung durch den Wechsel in den Erhebungsmethoden nicht ausgeschlossen werden kann.

Die Ausgangszahl der Güter läßt sich aus dem gedruckten Material etwas schwieriger bestimmen. 1854 gab es 12 Domänen und Rittergüter. Für 1849 wurden 18 große Besitzungen über 150 Hektar und für 1858 26 angegeben. 1882 wurde die Grenze der Güter von 150 auf 100 Hektar zurückverlegt. Die Zahl stieg auf 32 an, 1895 belief sie sich auf 28 und 1907 auf 36. Eine Steigerung der Zahl der Güter kann aus diesem Material bis 1882 nicht unbedingt erschlossen werden, obwohl sie nicht als unmöglich auszuschließen ist. Lediglich von 1882 bis 1907 ist eine Zunahme von 4 Gütern oder 12 Prozent zu verzeichnen. Die Veränderungen in der Zahl der Güter können deshalb als unbedeutend angesehen werden.

Im 19. Jh. wuchsen damit im Kreis Calbe alle drei großen Gruppen der landwirtschaftlichen Betriebe an, wobei durch die Mängel im Zahlenmaterial für den langen Untersuchungszeitraum nur eine grobe Gruppenbildung möglich war. Während aber der kapitalistische Großbetrieb kaum zunahm und nur in den letzten 25 Jahren neue Betriebe nachgewiesen werden konnten, war die Zunahme der Kleinbetriebe, vor allem der proletarischen Wirtschaften, außerordentlich stark. In der Betriebsgrößenstruktur dominierte das proletarische Element. Das war die Folge eines erheblichen Proletarisierungsprozesses, der die Klassengegensätze vertiefte und verstärkte.

### *Landwirtschaftliche Betriebsgrößen und Sozialstruktur im Kreis Neuhaldensleben*

Nach den beiden Denkschriften des Landwirtschaftsministeriums von 1865 und 1871 gab es im Kreis Neuhaldensleben im Bestand der Bauernwirtschaften, Kleinstellen und Rittergüter von 1816 bis 1867 eine Reihe von Veränderungen, die in der folgenden Tabelle 79 zusammengestellt worden sind.

Bei den spannfähigen Bauernwirtschaften gab es während der Periode der Agrarreformen einen Rückgang von 11 Prozent. Derselbe lag etwas höher als im Kreis Calbe, wo er 9 Prozent betrug. Obwohl die Zahlen von 1865 und 1867 nach anderen Methoden erfaßt worden sind, trat kein Sprung in der weiteren Entwicklung auf. Die Zahl der Bauernstellen blieb fast gleich.

Auch bei den Kleinstellen gab es keinen ausgesprochenen Sprung zwischen 1859 und 1865, obwohl deren Zahl stärker zunahm. Faktisch führten im Kreis Neuhaldensleben

*Tabelle 79*

*Die Zahl und die Fläche der spannfähigen Bauernwirtschaften, der nichtspannfähigen Kleinstellen und der Rittergüter in den ländlichen Gemeinden und selbständigen Gutsbezirken des Kreises Neuhaldensleben von 1816 bis 1867*

| Jahr | Bauernwirtschaften | | Kleinstellen | | Rittergüter | | Summe | |
|---|---|---|---|---|---|---|---|---|
| | Zahl | Prozent | Zahl | Prozent | Zahl | Prozent | Zahl | Prozent |
| 1816 | 1160 | 100 | — | — | — | — | — | — |
| 1859 | 1037 | 89 | 2164 | 100 | 24 | 100 | 3225 | 100 |
| 1865 | 1065 | 92 | 2497 | 115 | 29 | 121 | 3591 | 111 |
| 1867 | 1056 | 91 | 2544 | 118 | 29 | 121 | 3629 | 113 |
| | Fläche | Prozent | Fläche | Prozent | Fläche | Prozent | Fläche | Prozent |
| 1816 | 22850 | — | — | — | — | — | — | — |
| 1859 | 25569 | 61,4 | 1362 | 3,3 | 14688 | 35,3 | 41619 | 100 |

unterschiedliche Erhebungsmethoden zu ähnlichen Ergebnissen, während sie im Kreis Calbe große Abweichungen brachten.

Unter den genannten drei Gruppen hatten 1859 die Kleinstellen mit 67 Prozent den größten Anteil. Die Bauern machten 32 Prozent und die Rittergüter 1 Prozent aus. Damit war bereits 1859 die für den Kapitalismus typische Betriebsgrößenstruktur im Kreis Neuhaldensleben vorhanden. Doch der Anteil der Kleinstellen lag niedriger als im Kreis Calbe, d. h. der Anteil der Bauern war erheblich höher. Diese Verschiebung war durch die größere Bedeutung der Landwirtschaft für den Kreis Neuhaldensleben bedingt, der auch nur eine Stadt hatte.

Diese Umstände drückten sich ebenfalls in der Flächenverteilung aus, die für 1859 überliefert ist. Die Kleinbetriebe, die 67 Prozent aller Betriebe ausmachten, besaßen 3,3 Prozent der Betriebsfläche. Das war für die damalige Zeit ausnehmend niedrig. Die Bauernwirtschaften hatten bei einem Anteil von 32 Prozent der Betriebe 61,4 Prozent der Fläche und das 1 Prozent der Rittergüter verfügte über 35,3 Prozent der Fläche. Die Flächenkonzentration bei den Rittergütern war damit bereits beachtlich. Ihr Anteil an der Fläche lag dreimal so hoch wie im Kreis Calbe.

Zu bemerken wäre noch, daß die Bauernstellen während der Periode der Agrarreform einen Flächenverlust von 697 Hektar oder 3,1 Prozent ihres Bestandes von 1816 zu verzeichnen hatten. Dieser Landverlust war unbedeutend. Er war vorwiegend im freien Bodenverkehr entstanden.

Das Verhältnis zwischen der Zahl der Stellen und der Fläche bestimmte die durchschnittliche Größe der Betriebe der drei Gruppen. Die durchschnittliche Größe der Kleinstellen betrug 1859 0,6 Hektar. Das war eine sehr niedrige durchschnittliche Betriebsgröße. Im Kreis Calbe lag sie bei 2,6 Hektar. Bei den Bauernwirtschaften belief sich die durchschnittliche Größe auf 24,7 Hektar. Das war ebenfalls eine niedrige Durchschnittsgröße. Dafür besaßen aber die Rittergüter eine Durchschnittsgröße von 612 Hektar. Dieselbe war durch den hohen Waldanteil von rund 50 Prozent bedingt. Ohne Wald lag auch die durchschnittliche Größe der Rittergüter unter dem Maß von Calbe.

Trotz des niedrigen Niveaus der Durchschnittsgrößen der drei genannten Gruppen entsprachen die Abstufungen den kapitalistischen Verhältnissen in der Landwirtschaft.

Neben dem mehr globalen Zahlenmaterial der beiden Denkschriften von 1865 und 1875 gibt es noch die detaillierten und umfassenderen Nachweisungen des Landratsamtes, die zum Teil nur zu Verwaltungszwecken angefertigt worden sind. Eine dieser Nachweisungen hatten auch HERMES und WEIGELT für ihr Handbuch vom Regierungsbezirk Magdeburg für 1840 ausgewertet.

Die erste der noch erhaltenen Nachweisungen stammt aus dem Jahre 1822. Sie gibt für sämtliche Dörfer des Kreises die Ackerhöfe (157), Halbspänner (370), Kossaten (959), Häusler (1980) und Einlieger (1836) an. Ackerhöfe und Halbspänner hatten 9,9 Prozent der genannten Stellen inne, Kossaten 18,1 Prozent und Häusler und Einlieger 72 Prozent. Der Anteil der Dorfarmen war damit 1822 in einem ausgesprochen landwirtschaftlichen Kreis sehr hoch.

Eine weitere Erhebung für 1828 nannte wiederum 157 ganze und 370 halbe Bauerngüter. Obwohl zwischen 1822 und 1828 die erste kapitalistische Agrarkrise Deutschland heimgesucht hatte, blieb die Zahl der Bauernstellen konstant. Das traf auch auf die Zahl der Kossaten zu (958). Die Häusler waren bereits auf 2080 (105 Prozent) und die Einlieger auf 1891 (103 Prozent) angestiegen.[11]

HERMES und WEIGELT erweiterten in ihrem Handbuch für 1840 die ländliche Bevölkerung um die Gruppen der großen Besitzer. Es gab 22 Rittergüter, 4 Domänen, 10 Vorwerke und 7 Frei- oder Landgüter. Die Zahl der Ackerhöfe war jetzt auf 182 angestiegen und die der Halbspänner auf 352 zurückgegangen. Die Zahl der Kossaten hatte sich ebenfalls vermindert, und zwar auf 909. Zugenommen hatten die Häusler, 2147 oder 108 Prozent von 1822, und vor allem die Einlieger, 3547 oder 193 Prozent von 1822. Das bedeutete eine ganz erhebliche Zunahme. Faktisch hatte das Bevölkerungswachstum dieser Zeit in erster Linie zu einer Zunahme der Ärmsten des Dorfes geführt. Da sämtlicher Boden bereits seit langem aufgeteilt war, fanden sie keine Existenz als Bauern mehr, sondern wohnten als Einlieger bei anderen zur Miete und ernährten sich von Lohnarbeit.

Durch die starke Zunahme der Dorfarmen hatten sich die prozentualen Anteile der einzelnen Gruppen erheblich verschoben. Die Rittergüter, Domänen und Vorwerke repräsentierten 0,5 Prozent der Stellen, die Landgüter, Ackerhöfe und Halbspänner 7,5, die Kossaten 12,7 und die Häusler und Einlieger 79,3 Prozent. Mit rund 80 Prozent Dorfarmen lag der Kreis Neuhaldensleben noch vor dem Kreis Calbe, der 76 Prozent aufzuweisen hatte.

Die genannten Nachweisungen erfaßten bis 1840 nicht die Stellen in der Stadtflur der Kreisstadt Neuhaldensleben mit. Das geschah erst in der ungedruckten Erhebung von 1854, die jedoch nicht eine so differenzierte Gruppenbildung hatte, dafür aber andere Angaben enthielt, wie die folgende Tabelle 80 zeigt.

Durch die Einbeziehung der kleinen ländlichen Besitzungen in der Stadtflur von Neuhaldensleben erhöhte sich die Zahl der Kleinstellen erheblich. Doch ihr prozentualer Anteil blieb mit 65 Prozent nur wenig unter dem für 1859 ermittelten Anteil, der jedoch nur die kleinen ländlichen Besitzungen verzeichnete. Die Verschiebung 1854 ergab sich aus der Angabe von 1348 Land- und Bauerngütern. 1840 hatte es noch 541 Land- und Bauerngüter gegeben. Die Zunahme bis 1854 war nicht real, sondern mehr statistischer Art. Es wurde der größte Teil der Kossaten erfaßt und zu den Bauern gezählt.

Die Zahl der Rittergüter war gegenüber 1840 um eines angestiegen und die Domänen um eine geringer geworden. Das waren unbedeutende Veränderungen. Dagegen sind die

[11] STAM, Rep. C 30, Neuhaldensleben, Nr. 227.

*Tabelle 80*

*Die Zahl und die Fläche der Rittergüter, Domänen, Land- und Bauerngüter, städtischen Kämmereigüter, kleinen Besitzungen in der Stadtflur und kleinen ländlichen Besitzungen im Kreis Neuhaldensleben im Jahre 1854*

| Betriebsart | Zahl | | Fläche in ha | | |
|---|---|---|---|---|---|
| | absolut | Prozent | Betriebsfläche | davon Wald | Prozent |
| Rittergüter | 23 | 0,6 | 15170 | 7618 | 30,3 |
| Domänen | 3 | 0,1 | 7107 | 4608 | 14,2 |
| Land- und Bauerngüter | 1348 | 34,4 | 24058 | 1084 | 48,1 |
| Städtische Kämmereigüter | — | — | 20 | 7 | 0,0 |
| Kleine Besitzungen Stadtflur | 669 | 17,1 | 2071 | 303 | 4,1 |
| Kleine ländliche Besitzungen | 1875 | 47,8 | 1630 | — | 3,3 |
| Summe | 3918 | 100 | 50056 | 13620 | 100 |

Waldangaben für die Großbetriebe aufschlußreich. Bei den Rittergütern betrug der Waldanteil die Hälfte der Betriebsfläche. Das war sehr hoch. Unter den Domänen wurden wieder die Oberförstereien erfaßt, was die Größenbestimmung der Domänen erschwert.

Für die einzelnen Gruppen läßt sich die Durchschnittsgröße errechnen. Sie betrug 1854 bei den Rittergütern 659 Hektar, bei den Domänen ca. 800 Hektar, bei den Land- und Bauerngütern 17,8 Hektar, bei den kleinen Besitzungen in der Stadtflur 3,1 Hektar und bei den kleinen ländlichen Besitzungen 0,8 Hektar. Die Größenunterschiede zwischen den kleinen Besitzungen in der Stadt Neuhaldensleben und in den Dörfern waren beachtlich; in der Stadtflur lagen sie durchschnittlich fast um das Vierfache höher. Auch die durchschnittliche Größe der Land- und Bauerngüter war mit 17,8 Hektar sehr niedrig. Bei den spannfähigen Bauernwirtschaften betrug sie 1859 24,7 Hektar, und zwar ohne Einschluß der Waldungen. Die niedrige Durchschnittsgröße 1854 bestätigt bereits die geäußerte Ansicht, daß fälschlicherweise die Masse der Kossaten zu den Bauernstellen gezählt wurde, d. h. die Grenze der Gruppe Bauernstellen von 7,5 Hektar nach unten verlegt worden war.

Die mitgeteilten Erhebungen für 1816, 1822, 1828, 1840, 1854, 1859, 1865 und 1867 nach rechtlich-ökonomischen Gesichtspunkten gehen in ihren Ergebnissen auseinander, was bei dem damaligen Stand der Statistik und bei den Kenntnissen der Verwaltungsbeamten der unteren Ebene, die das Zahlenmaterial zu liefern hatten, nicht anders zu erwarten war.

Die größten Differenzen traten bei den spannfähigen Bauernstellen auf, denen die Landgüter, Ackerhöfe und Halbspänner entsprachen. Für 1816 wurden 1160 spannfähige Bauernwirtschaften gezählt, 1822 527 Ackerhöfe und Halbspänner und 1854 1348 Land- und Bauerngüter. Es kann Veränderungen in der Zahl der Bauernstellen gegeben haben, aber nicht so große Sprünge. Es mußten also unterschiedliche Kriterien für die Erfassung der ländlichen Stellen angewandt worden sein. Es wurde schon einmal darauf verwiesen, daß man im Regierungsbezirk Magdeburg bei den 1816, 1837 und 1851 durchgeführten Zählungen 3,75 Hektar als Grenze zwischen Klein- und Bauernstellen zugrunde gelegt hatte und 1860 7,5 Hektar und ausnahmsweise 5 Hektar, wobei der Zustand von 1816 mit der 7,5-Hektar-Grenze rekonstruiert werden sollte. In Neuhaldensleben hat man anscheinend die Rekonstruktion von 1816 fälschlicherweise mit der 3,75-Hektar-Grenze durchgeführt bzw. die damals erfaßten Zahlen nur berichtigt. 1822 wurden die Zahlen nach den Gesichtspunkten des 18. Jh. erfaßt, wobei es möglich ist, daß hier die 7,5-Hektar-Grenze eine Rolle spielte. 1854 wurde wieder die 3,75-Hektar-Grenze zur Grundlage genommen.

Neben den Betriebsstatistiken nach rechtlich-ökonomischen Gesichtspunkten gab es auch für den Kreis Neuhaldensleben solche nach Größenklassen in Morgen und dann in Hektar. Das waren natürlich viel exaktere Einteilungsprinzipien. Aber es gab hier ebenfalls genügend Probleme.

1816 wurde die erste Erhebung dieser Art durchgeführt; jedoch handelte es sich mehr um eine größenmäßige Erfassung der Kleinstellen (bis 3,75 ha), der mittleren Bauernstellen (3,75—75 ha) und der großen Bauernstellen und Landgüter (über 75 ha). Die Rittergüter und Domänen wurden dabei nicht erfaßt. Im Kreis Neuhaldensleben gab es 1816 830 Kleinstellen, 1098 mittlere und 30 große Bauernstellen und Landgüter. Es standen faktisch 42 Prozent Kleinstellen 58 Prozent Bauernstellen gegenüber. Der Anteil der Kleinstellen lag im Kreis Neuhaldensleben noch nicht sehr hoch. Er wies noch die für den Feudalismus typische Schichtung der bäuerlichen Bevölkerung auf.

Die Angaben für 1816 lassen aber interessante Vergleiche zu anderen Erhebungen zu. Die 1128 Bauernstellen über 3,75 Hektar entsprachen den 1860 für 1816 rekonstruierten 1160 spannfähigen Bauernstellen der Denkschrift von 1865. Damit war im Gegensatz zu der im Regierungsbezirk üblichen Praxis die untere Grenze der Spannfähigkeit bei 3,75 Hektar angesetzt worden, worauf bereits hingewiesen wurde. Hierin ist auch die Ursache für die niedrige Durchschnittsgröße der spannfähigen Wirtschaften zu suchen. Da es aber 1822 nur 157 Ackerhöfe und 370 Halbspänner gab, mußten 1816 von den 959 Kossaten 601 zu den spannfähigen Bauern gerechnet werden und aus dem Rest von 358 Kossaten und 472 Häuslern von den insgesamt 1980 Häuslern wurde die Gruppe der 830 Kleinstellen bis 3,75 Hektar gebildet. Diese vielleicht kompliziert erscheinende Rekonstruktion des Weges, wie damals das Landratsamt Neuhaldensleben die landwirtschaftlichen Betriebe erfaßte, verschafft uns erst den notwendigen Einblick in die damalige statistische Praxis und ermöglicht es, Licht in die vielen Widersprüche des überlieferten Zahlenmaterials zu bringen.

Die nächsten Erhebungen nach Größenklassen wurden erst wieder Mitte des 19. Jh. durchgeführt. Jedoch sind nur für die Jahre 1849 und 1858 die Angaben aus den Kreisen veröffentlicht worden. Die Tabelle 81 gibt die Zahl der land- und forstwirtschaftlichen Besitzungen im Kreis Neuhaldensleben für 1849 und 1858 wieder.

*Tabelle 81*

*Die Zahl der land- und forstwirtschaftlichen Besitzungen 1849 und 1858 im Kreis Neuhaldensleben nach Betriebsgrößengruppen in Hektar*

| Größengruppe | 1849 | | 1858 | |
|---|---|---|---|---|
| | Zahl | Prozent | Zahl | Prozent |
| bis 1,25 | 1405 | 44,2 | 1823 | 46,4 |
| 1,25—7,5 | 965 | 30,3 | 1077 | 27,4 |
| 7,5—75 | 768 | 24,2 | 969 | 24,7 |
| 75—150 | 15 | 0,5 | 24 | 0,6 |
| über 150 | 24 | 0,8 | 35 | 0,9 |
| Summe | 3177 | 100 | 3928 | 100 |

In dieser Aufstellung ist eine Zahl von besonderem Interesse, nämlich die der spannfähigen Bauernwirtschaften. Das sind die Wirtschaften von 7,5 bis 150 Hektar. 1858 zählte man 993 Besitzungen, die in diese Größengruppe gehörten. Für 1859 waren 1037 spannfähige Wirtschaften nachgewiesen worden. Wenn auch bei den 993 Besitzungen Doppelzählungen vorgekommen sein können (eine spannfähige Wirtschaft mit Eigentum in zwei Gemeinden zählte als zwei Besitzungen), so war doch der Unterschied zwischen 1858 und 1859 nicht groß. Damit lagen 1859 fast alle spannfähigen Wirtschaften über der Grenze von 7,5 Hektar. Das war aber 1816 noch keineswegs der Fall. Nach der von uns vorgenommenen Rekonstruktion lag damals die untere Grenze bei 3,75 Hektar, und es wurde mehr als die Hälfte der Kossaten zu den spannfähigen Bauernwirtschaften gezählt. Von 1816 bis 1859 muß deshalb die Fläche der Bauernwirtschaften größer geworden sein. Das weist auch die Tabelle 79 aus, die ein Anwachsen derselben von 22850 auf 25569, d. h. um 12 Prozent ergibt, wobei die Flächenangaben für 1816 Mängel aufweisen.

Die Veränderungen in der Grenze zwischen Kleinstellen und Bauernwirtschaften von 1816 bis 1859, d. h., daß dieselbe von 3,75 auf 7,5 Hektar verschoben wurde, lassen im Grunde keinen Vergleich zwischen den Zahlen der Denkschrift von 1865 für 1816 und 1859 zu. Die Angaben von 1816 sind eindeutig zu hoch. Andererseits erscheinen die 1348 Land- und Bauerngüter für 1854 nicht mehr als fraglich. Sie sind nach den gleichen Grundsätzen wie 1816 ermittelt worden und bringen nur die zeitbedingte Zunahme der Wirtschaften von 3,75 Hektar bis 7,5 Hektar zum Ausdruck.

Obwohl für 1822 sehr exakte Zahlen über die einzelnen Gruppen der ländlichen Bevölkerung vorhanden sind, läßt sich die überhöhte Zahl der spannfähigen Bauernwirtschaften für 1816 nicht berichtigen, weil wir nicht wissen, wieviel Kossaten mehr als 7,5 bzw. 5 Hektar Land besaßen und spannfähig waren.

Die Tabelle 81 weist für 1858 bereits den hohen Anteil von 75 Prozent Kleinstellen auf. Doch war auch der Anteil der Bauernstellen mit 25 Prozent noch beachtlich. Die Bauern spielten deshalb im Kreis Neuhaldensleben unter der ländlichen Bevölkerung noch eine viel größere Rolle als im Kreis Calbe.

Nach 1858 wurden für einen längeren Zeitraum keine Betriebszählungen mehr durchgeführt. Erst 1882 und dann wieder 1895 und 1907 fanden landwirtschaftliche Betriebszählungen statt, deren Ergebnisse auch für den Kreis Neuhaldensleben veröffentlich worden sind. Die Tabelle 82 gibt für die genannten Betriebszählungen die Zahl der Betriebe und deren prozentuale Anteile an der Gesamtzahl wieder.

*Tabelle 82*

*Die Zahl der landwirtschaftlichen Betriebe 1882, 1895 und 1907 im Kreis Neuhaldensleben nach Größenklassen in Hektar*

| Größenklasse | 1882 | | 1895 | | 1907 | |
|---|---|---|---|---|---|---|
| | Zahl | Prozent | Zahl | Prozent | Zahl | Prozent |
| bis 2 | 7077 | 79,4 | 7736 | 80,9 | 8716 | 83,7 |
| 2 –5 | 709 | 8,0 | 675 | 7,1 | 585 | 5,6 |
| 5 –20 | 823 | 9,2 | 725 | 7,6 | 672 | 6,5 |
| 20–100 | 254 | 2,8 | 364 | 3,8 | 365 | 3,5 |
| über 100 | 52 | 0,6 | 58 | 0,6 | 71 | 0,7 |
| Summe | 8915 | 100 | 9558 | 100 | 10409 | 100 |

Durch die andere Gruppenbildung kommt bei den neueren Betriebszählungen der kapitalistische Charakter der sozialökonomischen Struktur besser zum Ausdruck. Die kleinen proletarischen Wirtschaften stellten mit über 80 Prozent die Masse der Betriebe. Es gab aber von 1882 bis 1907 noch nachhaltige Veränderungen in dieser Gruppe. Der Anstieg von 7077 auf 8716 war beachtlich. Die Steigerung betrug 23 Prozent in 25 Jahren oder pro Jahr 65 Betriebe. Auch bei den Klein- und Mittelbauern gab es beachtliche Veränderungen. Die Zahl der Kleinbauern ging um 18 Prozent und die der Mittelbauern ebenfalls um 18 Prozent zurück. Das war ein erheblicher Rückgang im Bereich der werktätigen Bauern. Auf der anderen Seite nahm der kapitalistische Sektor zu. Die Zahl der Großbauern stieg um 44 Prozent und die der Großbetriebe um 36 Prozent. Hier war die größte Steigerung zu beobachten.

Der sozialökonomische Differenzierungsprozeß hatte im Kreis Neuhaldensleben in dem kurzen Zeitraum von 25 Jahren zu nachhaltigen Veränderungen geführt. Die prozentualen Anteile der Zahl der Betriebe hatten sich wesentlich verschoben. Der Anteil der proletarischen Wirtschaften war von 79,4 auf 83,7 Prozent gestiegen, der Anteil der werktätigen Bauern von 17 auf 12 Prozent gefallen und der Anteil des kapitalistischen Sektors im wesentlichen unverändert geblieben. Der größere Teil der abgegangenen Wirtschaften werktätiger Bauern war in die Gruppe der proletarischen Wirtschaften abgesunken und nur der kleinere Teil hatte den Aufstieg in den kapitalistischen Sektor geschafft.

Die Veränderungen in der Zahl der Betriebe wirkten sich unterschiedlich auf den Nutzflächenbestand der einzelnen Betriebsgrößengruppen aus, wie die folgende Tabelle 83 zeigt.

*Tabelle 83*

*Die landwirtschaftliche Nutzfläche der landwirtschaftlichen Betriebe in Hektar in den Jahren 1882, 1895 und 1907 im Kreis Neuhaldensleben*

| Größenklasse | 1882 | | 1895 | | 1907 | |
|---|---|---|---|---|---|---|
| | Fläche | Prozent | Fläche | Prozent | Fläche | Prozent |
| bis 2 | 3341 | 7,2 | 3368 | 7,1 | 3376 | 6,7 |
| 2 –5 | 2298 | 5,0 | 2212 | 4,6 | 1697 | 3,4 |
| 5 –20 | 8647 | 18,6 | 7727 | 16,3 | 7060 | 13,9 |
| 20–100 | 13024 | 28,1 | 14368 | 30,2 | 18944 | 37,4 |
| über 100 | 19075 | 41,1 | 19859 | 41,8 | 19577 | 38,6 |
| Summe | 46385 | 100 | 47534 | 100 | 50654 | 100 |

Die kleinen proletarischen Wirtschaften hatten zwar von der Zahl her erheblich zugenommen, aber die von ihnen bewirtschaftete Fläche blieb gleich. Faktisch wurde die von diesen Wirtschaften besessene Fläche kleiner, was ein weiteres Zeichen des Proletarisierungsprozesses war.

Die Verminderung der Zahl der werktätigen Bauern war von einem Flächenrückgang begleitet. Er betrug bei den Kleinbauern 26 Prozent und bei den Mittelbauern 18 Prozent. Während sich bei den Mittelbauern der Flächenrückgang in den gleichen Proportionen wie der Rückgang der Zahl der Betriebe bewegte, war der Landverlust bei den Kleinbauern größer als der Verlust an Betrieben, d. h. es wurden noch zusätzlich Bodenparzellen von den Kleinbauern verkauft.

Der Landverlust der werktätigen Bauern kam in erster Linie dem kapitalistischen Sektor zugute, vor allem den Großbauern. Außerdem vermochte der kapitalistische Sektor seine landwirtschaftliche Nutzfläche durch eine extensive Ausdehnung derselben zu vergrößern. Die Großbauern konnten insgesamt ihre Nutzfläche um 45 Prozent erweitern und die Großbetriebe um 3 Prozent. Die Flächenvergrößerung bei den Großbauern entsprach ihrem Zuwachs an Betrieben. Es darf deshalb angenommen werden, daß es sich gerade um solche Mittelbauern handelte, die zu Großbauern aufstiegen, die ihre Nutzfläche durch Urbarmachungen, Meliorationen usw. vergrößern konnten.

Die proletarischen Wirtschaften stellten 1907 83,7 Prozent aller Betriebe und besaßen 6,7 Prozent der Nutzfläche. Die werktätigen Bauern machten 12 Prozent der Betriebe aus und verfügten über 17,3 Prozent der Nutzfläche. Die kapitalistischen Betriebe waren mit 4,2 Prozent der Betriebe die kleinste Gruppe und besaßen mit 76 Prozent den Löwenanteil der Nutzfläche, wobei Großbauern und Großbetriebe ziemlich gleiche Anteile an der Nutzfläche hatten.

Im Kreis Neuhaldensleben hatte der kapitalistische Konzentrationsprozeß in der Landwirtschaft gerade in den letzten 25 Jahren unseres Untersuchungszeitraumes zu einem erheblichen Anwachsen der kapitalistischen Betriebe und der von denselben bewirtschafteten Fläche geführt. Gleichzeitig wurde der Sektor der werktätigen Bauern weiter zurückgedrängt und der Anteil der proletarischen Wirtschaften nahm erheblich zu. Damit waren in der Landwirtschaft des Kreises Neuhaldensleben die kapitalistischen Verhältnisse in der Landwirtschaft ausgeprägter als im Kreis Calbe und die sozialökonomischen Gegensätze von den Proportionen her größer.

Diese Verhältnisse drückten sich auch in den durchschnittlichen Größen der einzelnen Betriebsgrößengruppen im Jahre 1907 aus. Die proletarischen Wirtschaften besaßen eine durchschnittliche Größe von 0,4 Hektar, die Kleinbauernwirtschaften von 2,9 Hektar, die Mittelbauern von 10,5 Hektar, die Großbauern von 52 Hektar und die Großbetriebe von 276 Hektar. Die beträchtliche Größe der Großbauernwirtschaften, ihr Anteil an der Zahl der Betriebe und vor allem an der Nutzfläche verweist auf die große Bedeutung, die gerade den Großbauern im Kreis Neuhaldensleben zukam.

Die großen Sprünge bei den Durchschnittsgrößen zeigen die tiefen sozialen Gegensätze in den Dörfern des Kreises Neuhaldensleben. Das wird vor allem bei dem Unterschied zwischen den 0,4 Hektar der proletarischen Wirtschaften und den 276 Hektar der Großbetriebe deutlich. Dieser tiefe Gegensatz ist aber der Endstand der Entwicklung des 19. Jh. Sehr schwierig ist es, diesen Endstand mit dem Anfang der gesamten Entwicklung zu vergleichen.

1816 bestand noch die Betriebsgrößenstruktur des Feudalismus. Im Kreis Neuhaldensleben überwogen zu dieser Zeit mit 58 Prozent noch die Bauernstellen die Kleinstellen. Das war für landwirtschaftliche Kreise Mitteldeutschlands ein typisches Verhältnis. Am Ende des Untersuchungszeitraumes betrug der Anteil der Kleinstellen (bis 5 ha) 89,4 Prozent, der Bauernstellen (5—100 ha) nur noch 9,9 Prozent und der Güter 0,7 Prozent. Wenn auch 1816 durch die zu niedrig angesetzte Grenze zwischen den Kleinstellen und Bauernwirtschaften der Anteil der Bauern etwas überhöht war, so ändert das wenig an der generellen Tendenz: Die Betriebsgrößenstruktur hatte sich im Kreis Neuhaldensleben eindeutig zugunsten der Kleinstellen verschoben. Diese Verschiebung war Bestandteil des umfangreichen Proletarisierungsprozesses, den wir schon bei der Analyse der Berufstätigen feststellen konnten und der eine Gesetzmäßigkeit des Kapitalismus darstellt.

Das zahlenmäßige Anwachsen der Kleinstellen und Bauernstellen läßt sich durch die Fehler in der Gruppengröße bei den Bauern für 1816 nicht mehr annähernd so exakt wie für den Kreis Calbe rekonstruieren. Die Kleinstellen waren für 1816 mit 830 angegeben. Das war jedoch zu niedrig. Bis 1854 hatte sich deren Zahl auf 2544 erhöht. 1858 betrug sie 2900. Bis 1882 war die Gesamtzahl auf 7786 oder 306 Prozent von 1854 angestiegen, bis 1895 auf 8411 oder 330 Prozent und 1907 auf 9301 oder 365 Prozent. Der Sprung zwischen 1858 und 1882 war beachtlich. Möglicherweise wurden 1882 die Gärten stärker als 1858 erfaßt. Trotzdem war das Wachstum der Kleinstellen in der zweiten Hälfte des 19. Jh. außerordentlich stark. Der Zuwachs von 1854 bis 1907 betrug 6757. Das ergab pro Jahr 127 Kleinstellen oder 5 Prozent. Gegenüber dem Kreis Calbe war das eine außerordentlich hohe Zuwachsrate.

Bei den Bauernhöfen von 5 bis 100 Hektar (7,5 bis 150 ha) gab es nur geringfügige Veränderungen. Für 1816 waren 1160 bzw. 1128 Bauernstellen gezählt worden. Durch die mit 3,75 Hektar zu niedrig angesetzte untere Grenze war die Zahl der Bauernstellen überhöht. Für 1859 wurden 1037 Bauernstellen genannt. Vielleicht gab es einen leichten Rückgang zwischen 1816 und 1859, was dem allgemeinen Trend entspräche. Bei einer Ausgangszahl von 1128 ging der Bestand bis 1859 auf 92 Prozent zurück. Der Rückgang lag in der Periode des Übergangs vom Feudalismus zum Kapitalismus. Unter den Bedingungen des Kapitalismus nahm die Zahl der Bauernstellen zeitweilig leicht zu. 1867 existierten 1056 Bauernstellen (94 Prozent), 1882 1077 (95 Prozent). Obwohl 1882 die Grenze auf 5 Hektar gesetzt wurde, traten dadurch keine wesentlichen Veränderungen in der Zahl der Bauernstellen auf. 1895 waren es 1089 (96 Prozent). Zwischen 1895 und 1907 nahm die Zahl der Bauernstellen leicht ab (1037 = 92 Prozent). Damit wurde der Ausgangswert von 1859 wieder erreicht. Trotz aller geringfügigen Schwankungen blieb im 19. Jh. die Zahl der Bauernstellen konstant.

Für die Güter liegt die erste brauchbare Zahl für 1840 vor. Es gab damals 22 Rittergüter und 4 Domänen mit 10 Vorwerken. Für 1854 wurden 23 Rittergüter und 3 Domänen genannt. 1859 gab es 24 Rittergüter. Die Erhebung von 1849 nannte 24 Besitzungen über 150 Hektar. Das entsprach den vorhandenen Rittergütern. Für 1858 wurden für die gleiche Größengruppe 35 Besitzungen genannt. Diesmal zählte man zu den Rittergütern noch die Vorwerke hinzu. Faktisch hatte es zwischen 1840 und 1859 keine Veränderungen in der Zahl der Güter gegeben. Die Veränderungen fallen erst in einen späteren Zeitraum. 1882 wurde die Grenze der Güter von 150 auf 100 Hektar heruntergesetzt. Die Zahl der Güter betrug jetzt 52 oder 144 Prozent des Bestandes von 1840. 1895 belief sich ihre Zahl auf 58 oder 161 Prozent und 1907 auf 71 oder 197 Prozent. Wenn auch zwischen 1858 und 1882 der Sprung durch die Änderung in der Gruppengröße beeinflußt sein kann, so bleibt trotzdem das Wachstum von 1882 bis 1907 um 36 Prozent beachtlich. Wenn sich auch die Zahl der Güter von 1840 bis 1907 nicht ganz verdoppelt hat, d. h. die Zunahme geringer war als die Statistik ausweist, so war doch das Wachstum der Großbetriebe beträchtlich. Da im Kreis Neuhaldensleben die Landwirtschaft die entscheidende Rolle im Wirtschaftsleben spielte, ging sicherlich von der erheblichen Zunahme der kapitalistischen Großbetriebe ein entscheidender Impuls auf das Wachstum der Kleinstellen aus, ohne deren Existenz der Großbetrieb nicht bestehen kann.

Im 19. Jh. wuchsen im Kreis Neuhaldensleben von den drei großen Gruppen der landwirtschaftlichen Betriebe nur die Kleinstellen und Güter an, wobei durch die Mängel im Zahlenmaterial für den langen Untersuchungszeitraum eines Jh. nur diese grobe Gruppenbildung möglich war. Der Differenzierungsprozeß hatte damit zu einem Anwachsen der beiden polaren Gruppen, der Kleinstellen und der Güter, d. h. der Landarmen und der großen Agrarkapitalisten, geführt. Die im Zuge des Differenzierungsprozesses erfolgte Proletarisierung des Dorfes verschärfte die Klassengegensätze ungemein. Die Entwicklung des Kapitalismus in der Landwirtschaft des Kreises Neuhaldensleben war ein klassisches Beispiel für die Wirkungsweise der ökonomischen Gesetze desselben im 19. Jh.

### *Landwirtschaftliche Betriebsgrößen und Sozialstruktur im Kreis Wanzleben*

Im Kreis Wanzleben gab es nach den beiden Denkschriften des Landwirtschaftsministeriums von 1865 und 1871 im Bestand der Bauernwirtschaften, Kleinstellen und Rittergüter zwischen 1816 und 1867 einige Veränderungen, wie die Tabelle 84 zeigt.

*Tabelle 84*

*Die Zahl und die Fläche der spannfähigen Bauernwirtschaften, der nichtspannfähigen Kleinstellen und der Rittergüter in den ländlichen Gemeinden und selbständigen Gutsbezirken des Kreises Wanzleben von 1816 bis 1867*

| Jahr | Bauernwirtschaften | | Kleinstellen | | Rittergüter | | Summe | |
|---|---|---|---|---|---|---|---|---|
| | Zahl | Prozent | Zahl | Prozent | Zahl | Prozent | Zahl | Prozent |
| 1816 | 588 | 100 | – | – | – | – | – | – |
| 1859 | 568 | 97 | 3015 | 100 | 21 | 100 | 3604 | 100 |
| 1865 | 479 | 81 | 4099 | 136 | 18 | 86 | 4596 | 128 |
| 1867 | 482 | 82 | 4282 | 142 | 19 | 90 | 4783 | 133 |
| | Fläche | Prozent | Fläche | Prozent | Fläche | Prozent | Fläche | Prozent |
| 1816 | 22539 | – | – | – | – | – | – | – |
| 1859 | 22663 | 61,3 | 6393 | 17,3 | 7943 | 21,5 | 36999 | 100 |

Bei den spannfähigen Bauernstellen trat während der Periode der Agrarreformen nur ein geringfügiger Rückgang von 20 Stellen oder 3 Prozent ein. Gleichzeitig nahm die von den Bauern bewirtschaftete Fläche geringfügig zu (124 ha). Den größeren Sprung in der Entwicklung der Bauernstellen gab es erst durch die Anwendung neuer Erhebungsmethoden im Jahre 1865. Diesen Sprung hatten wir bereits im Kreis Calbe beobachtet. Während aber im Kreis Calbe die Zahl der Bauernstellen von 91 im Jahre 1859 auf 157 Prozent im Jahre 1865 stieg, fiel sie im Kreis Wanzleben von 97 auf 81 Prozent. Die Katasterbeamten hielten 1865 nach dem Flächenbestand und dem Grundsteuerreinertrag nicht mehr soviel Bauernstellen für spannfähig, wie 1860 die Ortsbehörden nach dem Viehbesatz für spannfähig gehalten hatten. Interessant ist in diesem Zusammenhang zu wissen, daß eine Erhebung von 1840 ebenfalls nur 479 Bauernstellen feststellte, wobei die Kossatenstellen extra gezählt worden sind. Diese Übereinstimmung in den Zahlenangaben verweist darauf, daß 1859 große Kossatenstellen, die über ein Gespann verfügten, zu den Bauernstellen gerechnet worden sind, obwohl sie dem Rechtsstatus nach keine Bauernstellen waren.

Bei den Kleinstellen war der Sprung zwischen 1859 und 1865 geringer. Die stärkere Zunahme ließ denselben nicht so offen zutage treten. Die Zahl der Rittergüter veränderte sich nur wenig. Unter den genannten drei Gruppen hatten 1859 die Kleinstellen mit 83,7 Prozent den größten Anteil. Die Bauernstellen besaßen 15,8 Prozent und die Rittergüter 0,6 Prozent. Damit war bereits 1859 die für den Kapitalismus typische Betriebsgrößenstruktur im Kreis Wanzleben vorhanden. Doch der Anteil der Kleinstellen lag für den ausgesprochen landwirtschaftlich orientierten Kreis Wanzleben noch über dem Anteil an Kleinstellen im Kreis Calbe. Damit war auch der Anteil der Bauernwirtschaften im Kreis Wanzleben geringer. Hohe Anteile an Kleinstellen gab es in solchen Dörfern, in denen es Industriebetriebe gab, Rittergüter bzw. Domänen lagen oder viele Bauernstellen vorhanden waren. Die Errichtung von Kleinstellen wurde erheblich durch das Vorhandensein geeigneter Arbeitsplätze gefördert.

Der kapitalistische Charakter der Landwirtschaft des Kreises Wanzleben drückte sich auch in der Flächenverteilung aus. Die Kleinstellen, die 83,7 Prozent aller Betriebe ausmachten, verfügten über 17,3 Prozent der Fläche. Die Bauernstellen verfügten bei einem Anteil von 15,8 Prozent der Betriebe über 61,3 Prozent der Fläche. Das war ein ausgesprochen hoher Anteil. Die Rittergüter besaßen mit ihren 0,6 Prozent der Betriebe 21,5 Prozent der Fläche. Die Flächen- und Betriebsverteilung im Kreis Wanzleben tendierte mehr zum Kreis Calbe als zum Kreis Neuhaldensleben, d. h. sie war bereits stärker durch die Entwicklung des Kapitalismus modifiziert worden.

Das Verhältnis zwischen der Zahl der Stellen und der Fläche bestimmte die durchschnittliche Größe der Betriebe der drei Gruppen. Die durchschnittliche Größe der Kleinstellen betrug 1859 2,1 Hektar. Das war eine ähnlich hohe Durchschnittsgröße wie im Kreis Calbe und verweist darauf, daß bei den Kleinstellen kaum reine Gärten als Betriebe erfaßt worden waren. Bei den Bauernwirtschaften betrug die Durchschnittsgröße 39,9 Hektar. Dies bedeutete eine sehr hohe Durchschnittsgröße. Die Rittergüter hatten eine Durchschnittsgröße von 378,2 Hektar. Die erheblichen Abstufungen zwischen den drei Gruppen bestätigen den kapitalistischen Charakter der Betriebsgruppenstruktur.

Neben dem mehr globalen Zahlenmaterial der beiden Denkschriften von 1865 und 1871 gibt es noch die detaillierteren und umfassenderen Nachweisungen des Landratsamtes, die zum Teil nur zu Verwaltungszwecken angefertigt worden sind. Eine dieser Nachweisungen hatten auch HERMES und WEIGELT für ihr Handbuch vom Regierungsbezirk Magdeburg für 1840 ausgewertet. Danach gab es 19 Rittergüter, 6 Domänen, 7 Vorwerke, 8 Freigüter, 218 Ackerhöfe, 261 Halbspänner, 1105 Kossaten, 1528 Häusler und 2873 Einlieger. Faßt man die kleineren Gruppen ähnlich dem Schema der Denkschrift des Landwirtschaftsministeriums zusammen, dann gab es 40 Güter (0,7 Prozent), 479 Bauernstellen (8 Prozent), 1105 Kossaten (18,3 Prozent) und 4401 Landarme, die 73 Prozent der ländlichen Bevölkerung ausmachten. Zwar repräsentierten diese 73 Prozent Landarmen für 1840 schon einen sehr hohen Anteil, aber damit lag Wanzleben noch hinter den Kreisen Calbe und Neuhaldensleben.

Die Nachweisung von 1840 hatte für die vier Städte des Kreises nur die Güter festgestellt und nicht die übrigen Betriebe, die ebenfalls in den Stadtfluren vorkamen. 1853 wurde eine vollständigere Erhebung durchgeführt, die die Städte und die Flächen mit erfaßte. Jedoch wurde jetzt erstmalig jene Gruppenbildung angewandt, wie wir sie bereits aus der schon genannten Denkschrift von 1865 kennen. 1854 wurde dieses Zahlenmaterial von der Regierung in Magdeburg überarbeitet und zu einer umfassenden Nachweisung für die Kreise, Regierungsbezirke und die Provinz Sachsen zusammengestellt. Von den Börde-Kreisen blieb nur für den Kreis Wanzleben das Formular des Landratsamtes mit den Eintragungen für die Dörfer und Städte erhalten. Dadurch läßt sich Aufschluß über die landwirtschaftlichen Verhältnisse der Städte gewinnen. In der Kreisstadt Wanzleben gab es 2 Rittergüter, 1 Domäne, 43 Bauerngüter und 295 Kleinstellen. Die Güter stellten 0,9 Prozent aller Betriebe und verfügten über 44,9 Prozent der Betriebsfläche, die Bauernwirtschaften machten 12,6 Prozent der Betriebe aus und hatten 40,5 Prozent des Landes inne, und die Kleinstellen repräsentierten 86,5 Prozent und besaßen 14,6 Prozent des Landes. Das waren ausgeprägte kapitalistische Verhältnisse, die sich in der erheblichen Landkonzentration bei den Gütern und in dem hohen Anteil an Kleinstellen zeigten.

In der Hochrechnung von 1854 durch die Regierung in Magdeburg gibt es gegenüber dem Formular des Landratsamtes von 1853, das auf den Auskünften der Ortsbehörden beruhte, einige Veränderungen, wie sich aus der Tabelle 85 ersehen läßt.

*Tabelle 85*

*Die Zahl und die Fläche der Rittergüter, Domänen, Land- und Bauerngüter, städtischen Kämmereigüter, kleinen Besitzungen in der Stadtflur und kleinen ländlichen Besitzungen im Kreis Wanzleben im Jahre 1854*

| Betriebsart | Zahl | | Fläche in ha | | |
|---|---|---|---|---|---|
| | absolut | Prozent | Betriebsfläche | davon Wald | Prozent |
| Rittergüter | 20 | 0,4 | 7062 | 544 | 12,8 |
| Domänen | 6 | 0,1 | 5227 | 672 | 9,5 |
| Land- und Bauerngüter | 846 | 16,5 | 30229 | 307 | 55,0 |
| Städtische Kämmereigüter | — | — | 186 | — | 0,3 |
| Kleine Besitzungen Stadtflur | 1044 | 20,3 | 5003 | — | 9,1 |
| Kleine ländliche Besitzungen | 3226 | 62,7 | 7274 | — | 13,3 |
| Summe | 5142 | 100 | 54981 | 1523 | 100 |

So wurde die Zahl der Rittergüter mit 20 angegeben (1853: 19), die der Domänen mit 6 (8). Außerdem wurden auch größere Flächen genannt. Die Zahl und die Fläche der Bauern- und Landgüter wurden fast unverändert übernommen. Die größten Veränderungen gab es bei den Kleinstellen. 1853 ermittelte man 763 kleinere Besitzungen in der Stadtflur und 2422 auf den Dörfern und in den selbständigen Gutsbezirken. 1854 gab man jedoch 1044 und 3226 an. Die Zahlen der Hochrechnung wurden erheblich erhöht, d. h. es wurden mehr Kleinstellen in diese Gruppe einbezogen als 1853 die Ortsbehörden für Kleinstellen hielten. Eine solche Erhöhung der Kleinstellen für 1854 läßt sich auch in den anderen Börde-Kreisen erkennen. Das gleiche trifft auch auf die Land- und Bauerngüter zu. 1840 wurden 479 Bauernstellen genannt und 1853/54 846 Land- und Bauerngüter. Die Erhöhung ergab sich durch die Einbeziehung von Kossatenstellen in die Gruppe der Land- und Bauerngüter.

Für die einzelnen für 1854 erfaßten Gruppen läßt sich die Durchschnittsgröße der Betriebe errechnen. Sie betrug bei den Rittergütern 353,1 Hektar, bei den Domänen 871,2 Hektar, bei den Land- und Bauerngütern 35,7 Hektar, bei den kleineren Besitzungen in der Stadtflur 4,8 Hektar und in den Dörfern 2,2 Hektar.

Die angegebenen Durchschnittsgrößen für die Kleinstellen und die Bauernstellen werfen einige Probleme auf. Trotz der Erhöhung der Kleinstellen gegenüber dem Formular von

1853 war die Durchschnittsgröße in den Stadtfluren hoch und in den Dörfern normal. Offensichtlich hatte das Formular von 1853 zu wenig Kleinstellen erfaßt. Vergleicht man die Zahlen der ländlichen Kleinstellen von 1854 mit den Kleinstellen von 1859 (Tabelle 84), dann erscheinen die 3015 Kleinstellen von 1859 für die Dörfer als zu niedrig angesetzt, wobei als Durchschnittsgröße 2,1 Hektar errechnet wurde. Das gleiche trifft für die Bauernstellen zu. 1854 wurden 846 Bauernstellen angegeben, wobei sich die Durchschnittsgröße auf 35,7 Hektar belief. Hierin sind die Bauernstellen der vier Städte enthalten, deren Zahl 1840 109 betrug. Für 1859 wurden 568 spannfähige Bauernstellen genannt, die eine Durchschnittsgröße von 39,9 Hektar hatten. Die Differenz zwischen den 568 Bauernstellen 1859 und den schätzungsweise 735 im Jahre 1854 erklärt sich daraus, daß es in den fünfziger Jahren im Kreis Wanzleben einen erheblichen Teil an großen Kossatenstellen gab, die von der Fläche her nicht kleiner als die spannfähigen Bauern waren. Die Ortsbehörden waren bei deren Erfassung vor große Schwierigkeiten gestellt. So lange nach den herkömmlichen Vorstellungen nach Ackerhöfen, Halbspännern und Kossaten erfaßt wurde, gab es keine Unstimmigkeiten. Als aber die zentralen Verwaltungen zwischen Land- und Bauerngütern sowie kleinen Besitzungen einerseits (1854) und spannfähigen Bauernwirtschaften und nichtspannfähigen Kleinstellen andererseits (1859) unterschieden haben wollten, kamen die Ortsbehörden und das Landratsamt Wanzleben damit nicht zurecht. Die neuen Gruppen entsprachen nicht ihrer Vorstellungswelt, und es gab dafür auch keine klaren Kriterien, vor allem bei den Land- und Bauerngütern und den kleineren Besitzungen. Bei der Spannfähigkeit war wenigstens noch gesagt, zwei Pferde oder drei Ochsen oder ein landesübliches Gespann. Doch auch hier gab es die größten Schwierigkeiten. Es wurde deshalb zur Ermessensfrage, den Besitzer von einem Pferd und zwei Ochsen als spannfähig im Sinne des landesüblichen Gespannes zu erklären oder als nichtspannfähig, weil er weder zwei Pferde noch drei Ochsen hatte. Von der Fläche her konnte dieser Beispielsbetrieb genau so groß wie die spannfähigen Bauern mit zwei Pferden oder drei Ochsen sein. Diese Widersprüchlichkeit in der Erfassung und der Gruppenbildung der landwirtschaftlichen Betriebe erklärt, warum es im Kreis Wanzleben, und nicht nur dort, zu differierenden Angaben bei Erhebungen kommen konnte, die kurzfristig aufeinander folgten.

Neben den Betriebsstatistiken nach rechtlich-ökonomischen Gesichtspunkten gab es auch im Kreis Wanzleben solche nach Größenklassen in Morgen und später in Hektar. Das waren natürlich viel exaktere Einteilungsprinzipien. Aber es gab auch hier genügend Probleme.

1816 wurde die erste Erhebung dieser Art durchgeführt; jedoch handelte es sich mehr um eine größenmäßige Erfassung der Kleinstellen (bis 3,75 ha), der mittleren Bauernstellen (3,75—75 ha) und der großen Bauernstellen und Landgüter (über 75 ha). Die Rittergüter und Domänen wurden dabei nicht erfaßt. Im Kreis Wanzleben gab es 1816 1336 Kleinstellen, 1180 mittlere und 59 große Bauernstellen und Landgüter. Die Kleinstellen machten 51,9 Prozent und die Bauernstellen 48,1 Prozent der erfaßten Betriebe aus. Der Bestand an Bauernstellen war noch sehr hoch und verweist auf den feudalen Charakter der Betriebsgrößenstruktur 1816. Jedoch war durch die niedrige Grenze von 3,75 Hektar zwischen Bauern- und Kleinstellen die Zahl der Bauernstellen überhöht und läßt sich nicht mit den anderen Erhebungen vergleichen, die weitaus weniger Bauernstellen angaben.

Die nächsten Erhebungen nach Größenklassen wurden erst wieder Mitte des 19. Jh. durchgeführt. Jedoch sind nur für die Jahre 1849 und 1858 die Angaben aus den Kreisen veröffentlicht worden. Die Tabelle 86 gibt die Zahl der land- und fortswirtschaftlichen Besitzungen im Kreis Wanzleben für 1849 und 1858 wieder.

*Tabelle 86*

*Die Zahl der land- und forstwirtschaftlichen Besitzungen 1849 und 1858 im Kreis Wanzleben nach Betriebsgrößengruppen in Hektar*

| Größengruppe | 1849 | | 1858 | |
|---|---|---|---|---|
| | Zahl | Prozent | Zahl | Prozent |
| bis 1,25 | 1499 | 43,9 | 2107 | 46,7 |
| 1,25–7,5 | 1097 | 32,2 | 1465 | 32,5 |
| 7,5–75 | 743 | 21,8 | 847 | 18,8 |
| 75–150 | 44 | 1,3 | 61 | 1,4 |
| über 150 | 28 | 0,8 | 27 | 0,6 |
| Summe | 3411 | 100 | 4507 | 100 |

Zwischen 1849 und 1858 verzeichnen beide Erhebungen ein Anwachsen aller Größengruppen mit Ausnahme der großen Besitzungen über 150 Hektar. Sicherlich spielte bei dem Anwachsen eine bessere Erfassung der Besitzungen im Jahre 1858 gegenüber 1849 eine Rolle, trotzdem bleibt das tatsächliche Wachstum beachtlich. Vor allem nahm die Zahl der Kleinbetriebe bis 7,5 Hektar erheblich zu. 1858 machten die kleinen Besitzungen 79,2 Prozent aller Besitzungen aus, die Bauernstellen 20,2 Prozent und die Güter und Forstbezirke 0,6 Prozent. Gegenüber 1816 war das eine beträchtliche Verschiebung und bestätigt die bereits geäußerte Ansicht, daß sich in den fünfziger Jahren die kapitalistische Produktionsweise in der Landwirtschaft durchgesetzt hatte. An Kleinstellen wurden 1858 3572 verzeichnet. Nach dieser Zahl sind die Kleinstellen für 1854 als überhöht anzusehen. Die Zahl für 1859, die nur die Kleinstellen der Dörfer enthält, erscheint nur als geringfügig überzogen. Auffälliger sind die Unterschiede zu den Bauernstellen. Die Besitzungen von 7,5 bis 150 Hektar entsprachen den spannfähigen Bauernstellen. 1858 wurden 908 gezählt und 1859 nur 568. Für den landwirtschaftlich hoch stehenden Kreis Wanzleben stellten Wirtschaften mit über 7,5 Hektar Betriebsfläche bereits 1858 Bauernwirtschaften dar. Deshalb waren die 568 spannfähigen Bauernstellen 1859 zu niedrig. Sie waren, wie bereits erörtert, eine Folge der Eingruppierungsschwierigkeiten der großen Kossatenstellen. Die 846 Land- und Bauerngüter von 1854 stimmen weitgehend mit den Zahlen von 1858 überein.

Die Zahl der großen Besitzungen über 150 Hektar entspricht mit 28 bzw. 27 vollständig den 26 Rittergütern und Domänen von 1854. Nach 1858 wurden für einen längeren Zeitraum keine Betriebszählungen mehr durchgeführt. Erst 1882 und dann wieder 1895 und 1907 fanden landwirtschaftliche Betriebszählungen statt, deren Ergebnisse auch für den Kreis Wanzleben veröffentlicht worden sind. Die Tabelle 87 gibt für die genannten Betriebszählungen die Zahl der Betriebe und deren prozentualen Anteile an der Gesamtzahl wieder.

Durch die Änderungen in der Größe der einzelnen Gruppen kommt in den neueren Betriebszählungen der kapitalistische Charakter der sozialökonomischen Struktur besser zum Ausdruck. Die kleinen proletarischen Wirtschaften bis 2 Hektar stellten bereits 1882 mit über 84 Prozent die Masse aller Betriebe. Es gab aber von 1882 bis 1907 noch nachhaltige Veränderungen in dieser Gruppe. Der Anstieg von 9427 auf 11450 war beachtlich. Die Steigerung betrug 21 Prozent in 25 Jahren oder pro Jahr 81 Betriebe. Das war ein noch stärkeres absolutes Anwachsen pro Jahr als im Kreis Neuhaldensleben, wo jährlich 65 proletarische Wirtschaften entstanden.

*Tabelle 87*

*Die Zahl der landwirtschaftlichen Betriebe 1882, 1895 und 1907 im Kreis Wanzleben nach Größenklassen in Hektar*

| Größen-klasse | 1882 | | 1895 | | 1907 | |
|---|---|---|---|---|---|---|
| | Zahl | Prozent | Zahl | Prozent | Zahl | Prozent |
| bis 2 | 9427 | 84,8 | 10361 | 86,5 | 11450 | 88,5 |
| 2 –5 | 808 | 7,2 | 705 | 5,9 | 564 | 4,4 |
| 5 –20 | 687 | 6,2 | 677 | 5,6 | 675 | 5,2 |
| 20–100 | 141 | 1,3 | 185 | 1,5 | 184 | 1,4 |
| über 100 | 55 | 0,5 | 55 | 0,5 | 58 | 0,5 |
| Summe | 11118 | 100 | 11983 | 100 | 12931 | 100 |

Auch bei den Klein- und Mittelbauern gab es beachtliche Veränderungen. Die Zahl der Kleinbauern ging um 30 Prozent und die der Mittelbauern um 2 Prozent zurück. Auf der anderen Seite nahm der kapitalistische Sektor zu. Die Zahl der Großbauern stieg um 30 Prozent und die der Großbetriebe um 5 Prozent. Die größte Steigerung erfolgte im kapitalistischen Sektor. Damit nahm die Kapitalkonzentration in der Landwirtschaft des Kreises Wanzleben in den untersuchten 25 Jahren erheblich zu. Sie war aber nicht so groß wie im Kreis Neuhaldensleben.

Der sozialökonomische Differenzierungsprozeß hatte im Kreis Wanzleben in dem kurzen Zeitraum von 25 Jahren zu nachhaltigen Veränderungen geführt. Die prozentualen Anteile der Betriebe hatten sich wesentlich verschoben. Der Anteil der proletarischen Wirtschaften war von 84,8 auf 88,5 Prozent gestiegen, der Anteil der werktätigen Bauern dagegen von 13,4 auf 9,6 Prozent gefallen, und der Anteil des kapitalistischen Sektors war von 1,8 Prozent auf 1,9 Prozent gestiegen. Der größere Teil der abgegangenen Wirtschaften der Kleinbauern war in die Gruppe der proletarischen Wirtschaften abgesunken.

Die Veränderungen in der Zahl der Betriebe wirkte sich unterschiedlich auf den Nutzflächenbestand der einzelnen Betriebsgrößengruppen aus, wie die folgende Tabelle 88 zeigt.

*Tabelle 88*

*Die landwirtschaftliche Nutzfläche der landwirtschaftlichen Betriebe in Hektar in den Jahren 1882, 1895 und 1907 im Kreis Wanzleben*

| Größen-klasse | 1882 | | 1895 | | 1907 | |
|---|---|---|---|---|---|---|
| | Fläche | Prozent | Fläche | Prozent | Fläche | Prozent |
| bis 2 | 4539 | 8,4 | 4596 | 9,1 | 4274 | 8,5 |
| 2 –5 | 2612 | 4,9 | 2250 | 4,5 | 1800 | 3,5 |
| 5 –20 | 6529 | 12,1 | 6600 | 13,1 | 7784 | 15,4 |
| 20–100 | 5105 | 9,5 | 7556 | 15,0 | 8645 | 17,1 |
| über 100 | 35025 | 65,1 | 29410 | 58,3 | 28044 | 55,5 |
| Summe | 53810 | 100 | 50412 | 100 | 50547 | 100 |

Die kleinen proletarischen Wirtschaften hatten zwar an Zahl erheblich zugenommen, aber die von denselben bewirtschaftete Fläche war um 6 Prozent zurückgegangen. Faktisch verminderte sich die von diesen Wirtschaften besessene Fläche im Durchschnitt erheblich, was ein weiteres Zeichen des Proletarisierungsprozesses war.

Der Rückgang in der Zahl der werktätigen Bauern wirkte sich unterschiedlich auf die Nutzfläche aus. Die Zahl der Kleinbauern war um 30 Prozent zurückgegangen und die von denselben bewirtschaftete Nutzfläche um 31 Prozent. Damit entsprach der Flächenverlust dem Rückgang an Betrieben. Anders sah es bei den Mittelbauern aus. Die Zahl der Betriebe hatte sich zwar leicht reduziert, aber der Landanteil war um 19 Prozent gestiegen. Damit waren die Mittelbauern mit Nutznießer des Landverlustes der Kleinbauern.

Die größten Veränderungen im Nutzflächenbestand gab es im kapitalistischen Sektor. Die Nutzfläche der Großbauern nahm um 69 Prozent zu. Damit überstieg das Anwachsen der Nutzfläche die Zunahme der Zahl der Betriebe von 30 Prozent ganz erheblich. Auf der anderen Seite ging die Nutzfläche der Großbetriebe um 20 Prozent zurück, obwohl deren Zahl geringfügig zunahm. Die Großbetriebe wiesen einen Landverlust von 7000 Hektar auf. Davon wurden auf jeden Fall 2000 Hektar für nichtlandwirtschaftliche Zwecke verwandt. Es können aber auch 3000 Hektar gewesen sein. Der beträchtliche Rest von 4000 Hektar kam vor allem den Großbauern und zum Teil den Mittelbauern zugute. Dieser erhebliche Landerwerb der Groß- und Mittelbauern in der kurzen Zeit von 25 Jahren zeigt, über welch große wirtschaftliche Potenzen diese Bauern im Zentrum des Rübenanbaus in der Magdeburger Börde verfügten.

Die Verschiebungen im Flächenbesitz von 1882 bis 1907 wirkten sich auf die soziale Struktur der landwirtschaftlichen Bevölkerung aus. Die proletarischen Wirtschaften stellten 1907 88,5 Prozent aller Betriebe und bewirtschafteten 8,5 Prozent der Nutzfläche. Die werktätigen Bauern machten 9,6 Prozent der Betriebe aus und besaßen 18,9 Prozent der Nutzfläche. Die kapitalistischen Betriebe repräsentierten mit 1,9 Prozent der Betriebe die kleinste Gruppe und verfügten mit 72,6 Prozent über den Löwenanteil der Nutzfläche, wobei die Großbetriebe mit 55,5 Prozent den größten Anteil besaßen. Ein so hoher Anteil erinnert an ostelbische Verhältnisse. Damit war im Kreis Wanzleben von allen vier Börde-Kreisen der kapitalistische Konzentrations- und Differenzierungsprozeß am weitesten fortgeschritten.

Diese Verhältnisse drückten sich auch in den durchschnittlichen Größen der einzelnen Betriebsgrößengruppen im Jahre 1907 aus. Die proletarischen Wirtschaften wiesen eine durchschnittliche Größe von 0,4 Hektar auf, die Kleinbauernwirtschaften von 3,2 Hektar, die Mittelbauern von 11,5 Hektar, die Großbauern von 47 Hektar und die Großbetriebe von 483 Hektar. Die Durchschnittsgrößen der Großbauern und vor allem der Großbetriebe waren beachtlich und bestätigen von dieser Seite die Konzentration des Kapitals.

Die großen Sprünge in den Durchschnittsgrößen signalisieren die tiefen sozialen Gegensätze in den Dörfern des Kreises Wanzleben. Das wird vor allem bei den 0,4 Hektar der proletarischen Wirtschaften und den 483 Hektar der Großbetriebe deutlich. Der tiefe Gegensatz zeigt aber den Endstand der Entwicklung des 19. Jh. an. Sehr schwierig ist es, diesen Endstand mit dem Anfang der gesamten Entwicklung zu vergleichen und die Entwicklungslinien zu verfolgen. 1816 bestand noch die Betriebsgrößenstruktur des Feudalismus. Im Kreis Wanzleben überwogen zu dieser Zeit die Kleinstellen mit 52 Prozent bereits die Bauernstellen, die aber noch zahlenmäßig über einen sehr starken Anteil verfügten. Am Ende des Untersuchungszeitraumes betrug der Anteil der Kleinstellen (bis 5 ha) 92,9 Prozent, der Bauernstellen (5—100 ha) nur noch 6,7 Prozent und der Güter

0,4 Prozent. Wenn auch 1816 durch die zu niedrig angesetzte Grenze zwischen den Klein- und Bauernstellen der Anteil der Bauern etwas überhöht war, so ändert das wenig an der generellen Tendenz: im Kreis Wanzleben hatte sich noch stärker als in den anderen Börde-Kreisen die Betriebsgrößenstruktur zugunsten der Kleinstellen verschoben. Die zahlenmäßige Dominanz der Kleinstellen war Bestandteil des umfangreichen Proletarisierungsprozesses, der sich durch das verarbeitete Zahlenmaterial bis in subtile Einzelheiten verfolgen ließ.

Zahlenmäßig wuchsen die Kleinstellen bis 5 Hektar (7,5 ha) im Kreis Wanzleben folgendermaßen. Für 1816 waren es 1336 Kleinstellen. Diese Zahl ist sicherlich zu niedrig, da jener Teil der Wirtschaften von 3,75 bis 5 Hektar (7,5 ha) zur nächsten Gruppe gezählt wurde. Mit 1987 ist der Ausgangswert real, wobei die Differenz zwischen den spannfähigen Bauernwirtschaften von 1816 und den Wirtschaften über 3,75 Hektar zu den Kleinstellen bis 3,75 Hektar gezählt wurde. Bis 1854 war die Gesamtzahl auf 4270 oder 215 Prozent angestiegen. 1882 betrug sie schon 9427 oder 474 Prozent des Ausgangswertes. Doch der Anstieg hielt weiter an. 1895 waren es 10361 oder 512 Prozent und 1907 11450 oder 576 Prozent. In den 91 Jahren von 1816 bis 1907 waren 9472 neue Kleinstellen entstanden oder pro Jahr 104. Die jährliche prozentuale Zuwachsrate betrug 6,3 Prozent. Das war die höchste Zuwachsrate aller Börde-Kreise.

Die Veränderungen bei den Bauernstellen von 5 bis 100 Hektar (7,5 bis 150 ha) lassen sich schwieriger rekonstruieren. Auf die Mängel der Einordnung der Bauernstellen in den Erhebungen von 1859 und 1854 wurde bereits hingewiesen. Werden einigermaßen gleichartige Erhebungen miteinander verglichen, dann gab es 1816 588 spannfähige Bauernstellen, die bis 1859 auf 568 oder 97 Prozent zurückgingen. Nach der Erhebung von 1854 wurden 846 Land- und Bauerngüter erfaßt. Die Erhebung von 1858 gab 907 Besitzungen von 7,5 bis 150 Hektar Betriebsfläche an. 1882 wurden 828 Betriebe von 5 bis 100 Hektar Nutzfläche gezählt. 1895 waren es 862 und 1907 859. Von 1854 bis 1907 stiegen die Bauernstellen um 19 oder 2,2 Prozent an. Auf die geringfügige Abnahme der Bauernstellen während der Periode der Agrarreformen von 3 Prozent folgte eine geringfügige Zunahme von 2,2 Prozent. Das waren so unerhebliche Veränderungen in dem langen Zeitraum von 91 Jahren, daß von einer Konstanz in der Zahl der Bauernstellen gesprochen werden kann.

Die Ausgangszahl der Güter wird für 1854 mit 26 angegeben. Das stimmt mit den 28 Besitzungen über 150 Hektar des Jahres 1849 und den 27 des Jahres 1858 fast überein. 1882 wurde die untere Grenze der Größenklasse der Güter auf 100 Hektar zurückverlegt. Die Zahl stieg auf 55 an. 1907 waren es 58. Sicherlich gab es zwischen 1858 und 1882 einen Zuwachs an Gütern, aber verdoppelt hat sich deren Zahl nicht. Unter Beachtung der Zahlen von 1840 lag der Zuwachs zwischen 15 und 18 oder 55 und 66 Prozent. Das war noch ein beachtlicher Anstieg der Güter in der zweiten Hälfte des 19. Jh.

Im 19. Jh. wuchsen im Kreis Wanzleben nur die Gruppen der Kleinstellen und der Güter an, d. h. die polaren Gruppen der kapitalistischen Landwirtschaft. Jedoch war die Zunahme der Zahl der Kleinstellen am stärksten. In der Betriebsgrößenstruktur dominierte das proletarische Element. Das war die Folge eines erheblichen Proletarisierungsprozesses, der die Klassengegensätze vertiefte und verstärkte.

### *Landwirtschaftliche Betriebsgrößen und Sozialstruktur im Kreis Wolmirstedt*

Im Kreis Wolmirstedt gab es nach den beiden Denkschriften des Landwirtschaftsministeriums von 1865 und 1871 im Bestand der Bauernwirtschaften, Kleinstellen und Rittergüter zwischen 1816 und 1867 einige Veränderungen, wie die Tabelle 89 zeigt.

*Tabelle 89*

*Die Zahl und die Fläche der spannfähigen Bauernwirtschaften, der nichtspannfähigen Kleinstellen und der Rittergüter in den ländlichen Gemeinden und selbständigen Gutsbezirken des Kreises Wolmirstedt von 1816 bis 1867*

| Jahr | Bauernwirtschaften | | Kleinstellen | | Rittergüter | | Summe | |
|---|---|---|---|---|---|---|---|---|
| | Zahl | Prozent | Zahl | Prozent | Zahl | Prozent | Zahl | Prozent |
| 1816 | 1084 | 100 | — | — | — | — | — | — |
| 1859 | 1053 | 97 | 2305 | 100 | 9 | 100 | 3367 | 100 |
| 1865 | 1118 | 103 | 2985 | 130 | 9 | 100 | 4112 | 122 |
| 1867 | 1115 | 103 | 3104 | 135 | 9 | 100 | 4228 | 126 |
| | Fläche | Prozent | Fläche | Prozent | Fläche | Prozent | Fläche | Prozent |
| 1816 | 28752 | — | — | — | — | — | — | — |
| 1859 | 32500 | 77,5 | 3375 | 8,1 | 6084 | 14,5 | 41959 | 100 |

Bei den spannfähigen Bauernwirtschaften gab es während der Periode der Agrarreformen nur einen geringfügigen Rückgang von 31 oder 3 Prozent. Der Landverlust entsprach dem Rückgang an Bauernstellen mit 764 Hektar oder 2,7 Prozent der Fläche von 1816. Insgesamt gesehen nahm die Fläche mit fast 4000 Hektar erheblich zu. Hier handelt es sich in erster Linie um aufgeteiltes Allmendeland, das die Bauern zwar schon immer in Bewirtschaftung hatten, aber durch die Separationen dem Bauernland zugerechnet wurde.

Obwohl 1865 neue Erhebungsmethoden zur Anwendung kamen, war der Sprung bei den Bauernstellen geringfügig. Hier führten wie im Kreis Neuhaldensleben unterschiedliche Erhebungsmethoden zu fast den gleichen Ergebnissen. Das gleiche traf auch auf die Kleinstellen zu.

Unter den genannten drei Gruppen hatten 1859 die Kleinstellen mit 68,4 Prozent den höchsten Anteil. Die Bauernstellen besaßen 31,2 Prozent und die Rittergüter 0,4 Prozent. Der Kreis Wolmirstedt hatte damit 1859 fast die gleichen Anteile der einzelnen Gruppen an der Gesamtzahl der erfaßten Betriebe wie Neuhaldensleben. Da Wolmirstedt ebenfalls nur eine Stadt hatte, war er, wie bereits nachgewiesen, ein ausgesprochen landwirtschaftlich orientierter Kreis. Das ändert aber nichts daran, daß das prozentuale Verhältnis von 1859 Ausdruck der kapitalistischen Betriebsgrößenstruktur war, die sich nach 1816 durchsetzte.

Der kapitalistische Charakter der Landwirtschaft des Kreises Wolmirstedt drückte sich auch in der Flächenverteilung aus. Die Kleinstellen, die 68,4 Prozent aller Betriebe ausmachten, verfügten nur über 8,1 Prozent der Fläche. Die Bauernstellen besaßen bei einem Anteil von 31,2 Prozent der Betriebe 77,5 Prozent der Fläche. Das war ein außerordentlich hoher Anteil und verweist darauf, daß die Bauern in der Landwirtschaft des Kreises Wolmirstedt eine größere Bedeutung als zur gleichen Zeit in den anderen Börde-Kreisen hatten. Die Rittergüter hatten mit ihren 0,4 Prozent der Betriebe 14,5 Prozent der Fläche inne. Das war für einen landwirtschaftlich orientierten Kreis nicht hoch. Die Flächen- und Betriebsgrößenverteilung des Kreises Wolmirstedt tendierte mehr zum Kreis Neuhaldensleben als zu den wirtschaftlich weiterentwickelten Kreisen Calbe und Wanzleben. Trotzdem unterschied er sich durch den geringen Anteil der Rittergüter erheblich vom Kreis Neuhaldensleben.

Das Verhältnis zwischen der Zahl der Stellen und der Fläche bestimmte die durchschnittliche Größe der Betriebe der drei Gruppen. Die durchschnittliche Größe der Kleinstellen belief sich 1859 auf 1,5 Hektar, der Bauernstellen auf 30,8 Hektar und der Rittergüter auf 676 Hektar. Die Rittergüter besaßen jedoch einen Waldanteil von rund 37 Prozent. Die erheblichen Abstufungen zwischen den drei Gruppen bestätigten den kapitalistischen Charakter der Betriebsgrößenstruktur.

Detaillierter als das Zahlenmaterial der beiden Denkschriften sind die Angaben bei HERMES und WEIGELT im Handbuch für den Regierungsbezirk Magdeburg für 1840. Danach gab es 9 Rittergüter, 6 Domänen, 4 Vorwerke, 1 Freigut, 286 Ackerhöfe, 252 Halbspänner, 832 Kossaten, 1882 Häusler und 3327 Einlieger. Faßt man die kleineren Gruppen entsprechend dem Schema der Denkschriften des Landwirtschaftsministeriums zusammen, dann gab es 20 Güter (0,3 Prozent), 538 Bauernstellen (8,1 Prozent), 832 Kossaten (12,6 Prozent) und 5209 (79 Prozent) Landarme. Damit hatte der Kreis Wolmirstedt fast genausoviel Landarme wie Neuhaldensleben. Nur die beiden ökonomisch weiter entwickelten Kreise Calbe und Wanzleben hatten weniger. Trotzdem war der Anteil von 79 Prozent Landarmen im Jahre 1840 sehr hoch.

Die Nachweisung bei HERMES und WEIGELT erfaßte nicht die Klein- und Bauernstellen in der Stadtflur der Kreisstadt Wolmirstedt. Das geschah erst in der ungedruckten Erhebung von 1854, die jedoch nicht eine so differenzierte Gruppenbildung hatte, dafür aber andere Angaben enthielt, wie die folgende Tabelle 90 zeigt.

*Tabelle 90*

*Die Zahl und die Fläche der Rittergüter, Domänen, Land- und Bauerngüter, städtischen Kämmereigüter, kleinen Besitzungen in der Stadtflur und kleinen ländlichen Besitzungen im Kreis Wolmirstedt im Jahre 1854*

| Betriebsart | Zahl | | Fläche in ha | | |
|---|---|---|---|---|---|
| | absolut | Prozent | Betriebsfläche | davon Wald | Prozent |
| Rittergüter | 9 | 0,2 | 5777 | 2134 | 9,4 |
| Domänen | 6 | 0,2 | 16372 | 13027 | 26,8 |
| Land- und Bauerngüter | 1110 | 29,6 | 34850 | 2571 | 57,0 |
| Städtische Kämmereigüter | — | — | 31 | — | 0,1 |
| Kleine Besitzungen Stadtflur | 274 | 7,3 | 295 | — | 0,5 |
| Kleine ländliche Besitzungen | 2348 | 62,7 | 3812 | — | 6,2 |
| Summe | 3747 | 100 | 61137 | 17732 | 100 |

Ganz im Gegensatz zum Kreis Wanzleben und den anderen Börde-Kreisen bestanden zwischen der Erhebung von 1854 und der für 1859 nur geringfügige Unterschiede, d. h. die Ortsbehörden und das Landratsamt haben bei beiden Erhebungen nach den gleichen Gesichtspunkten die Besitzungen eingruppiert. Das hatte, wie nachgewiesen wurde, keine der anderen Kreisbehörden getan. So wurden für 1859 2305 Kleinstellen in den Landgemeinden und selbständigen Gutsbezirken erfaßt und für 1854 2348. Hinzu kamen noch die 274 kleineren Besitzungen in der Stadtflur, so daß es 2622 Kleinstellen gab. Für 1859 wurden 1053 spannfähige Bauernstellen genannt (1865 1118) und 1854 1110 Land- und Bauerngüter. Auch hier gibt es nur einen geringfügigen Unterschied.

Die Durchschnittsgrößen der Betriebe wichen auch kaum von denen für 1859 ab. Deutlich wurde jedoch der hohe Waldanteil bei den Rittergütern und den Bauern- und Landgütern, wobei zu den Domänen die großen Forstbetriebe (Oberförstereien) gezählt worden sind. Die Waldfläche betrug 17732 Hektar oder 29 Prozent der gesamten Betriebsfläche. Einen ähnlich hohen Anteil hatte mit 27 Prozent der Kreis Neuhaldensleben. Im Kreis Wanzleben belief sich der Waldanteil nur auf 2,8 Prozent und im Kreis Calbe auf 8,9 Prozent.

Neben den Betriebsstatistiken nach rechtlich-ökonomischen Gesichtspunkten gab es auch im Kreis Wolmirstedt solche nach Größenklassen in Morgen und später in Hektar. Das waren natürlich viel exaktere Einteilungsprinzipien. Aber auch hier gab es genügend Probleme.

1816 wurde die erste Erhebung dieser Art durchgeführt; jedoch handelte es sich mehr um eine größenmäßige Erfassung der Kleinstellen (bis 3,75 ha), der mittleren Bauernstellen (3,75 bis 75 ha) und der großen Bauernstellen und Landgüter (über 75 ha). Die Rittergüter und Domänen wurden dabei nicht erfaßt. Im Kreis Wolmirstedt gab es 1816 533 Kleinstellen, 1053 mittlere und 23 größere Bauernstellen und Landgüter. Die Kleinstellen machten 33 Prozent und die Bauernstellen 67 Prozent aus. Der Kreis Wolmirstedt hatte damit 1816 den höchsten Anteil an Bauernstellen. Trotz der niedrigen unteren Grenze derselben von 3,75 Hektar war dieses Verhältnis Ausdruck der feudalen Betriebsgrößenstruktur.

Die nächsten Erhebungen nach Größenklassen wurden erst wieder Mitte des 19. Jh. durchgeführt. Jedoch sind nur für die Jahre 1849 und 1858 die Angaben aus den Kreisen veröffentlicht worden. Die Tabelle 91 gibt die Zahl der land- und forstwirtschaftlichen Besitzungen im Kreis Wolmirstedt für 1849 und 1858 wieder.

*Tabelle 91*

*Die Zahl der land- und forstwirtschaftlichen Besitzungen 1849 und 1858 im Kreis Wolmirstedt nach Betriebsgrößengruppen in Hektar*

| Größengruppe | 1849 | | 1858 | |
|---|---|---|---|---|
| | Zahl | Prozent | Zahl | Prozent |
| bis 1,25 | 1213 | 41,9 | 1908 | 45,6 |
| 1,25—7,5 | 694 | 24,0 | 1115 | 26,7 |
| 7,5—75 | 955 | 33,0 | 1103 | 26,4 |
| 75—150 | 13 | 0,5 | 34 | 0,8 |
| über 150 | 17 | 0,6 | 22 | 0,5 |
| Summe | 2892 | 100 | 4182 | 100 |

Zwischen 1849 und 1858 verzeichnen beide Nachweisungen ein Anwachsen der Besitzungen aller Größengruppen. Dieses Anwachsen erscheint in vielen Fällen nicht als real, sondern mehr auf einer besseren Erfassung der Betriebsfläche beruhend. Auf jeden Fall sind die Angaben für 1858 die genaueren. Sie stimmen auch besser mit den Angaben der anderen Nachweisungen überein.

1858 machten die kleinen Besitzungen bis 7,5 Hektar 72,3 Prozent aller Besitzungen aus, die Bauernstellen 27,2 Prozent und die großen Besitzungen über 150 ha 0,5 Prozent. Gegenüber 1816 war das eine beträchtliche Verschiebung und bestätigt die bereits geäußerte

Ansicht, daß sich in den fünfziger Jahren die kapitalistische Produktionsweise in der Landwirtschaft durchgesetzt hatte.

Für 1858 wurden 3023 Kleinstellen bis 7,5 Hektar angegeben. 1854 wurden vergleichsweise nur 2622 Kleinstellen genannt. Die Erhöhung um 400 kann durchaus Zuwachs gewesen sein. An Bauernstellen von 7,5 bis 150 Hektar waren 1858 1137 erfaßt worden. Das entspricht fast genau den spannfähigen Bauernwirtschaften von 1865, die man ebenfalls nach größenmäßigen Gesichtspunkten ermittelt hatte, und den 1110 Land- und Bauerngütern von 1854. Lediglich die 1053 spannfähigen Bauernstellen von 1859 weichen von der Zahl von 1858 ab, aber nicht erheblich. Hier ergab sich die Abweichung aus der Spannfähigkeit als Kriterium.
Die Zahl der großen Besitzungen war 1858 höher als die Zahl der Rittergüter und Domänen 1854, sie entsprach aber den Angaben von 1840.

Nach 1858 wurden für einen längeren Zeitraum keine Betriebszählungen mehr durchgeführt. Erst 1882 und dann wieder 1895 und 1907 fanden landwirtschaftliche Betriebszählungen statt, deren Ergebnisse für den Kreis Wolmirstedt die Tabelle 92 enthält.

*Tabelle 92*

*Die Zahl der landwirtschaftlichen Betriebe 1882, 1895 und 1907 im Kreis Wolmirstedt nach Größenklassen in Hektar*

| Größenklasse | 1882 | | 1895 | | 1907 | |
|---|---|---|---|---|---|---|
| | Zahl | Prozent | Zahl | Prozent | Zahl | Prozent |
| bis 2 | 6980 | 76,6 | 7109 | 77,2 | 7321 | 78,2 |
| 2 –5 | 879 | 9,7 | 777 | 8,5 | 717 | 7,6 |
| 5 –20 | 866 | 9,5 | 899 | 9,8 | 906 | 9,7 |
| 20–100 | 345 | 3,8 | 379 | 4,1 | 370 | 4,0 |
| über 100 | 38 | 0,4 | 40 | 0,4 | 45 | 0,5 |
| Summe | 9108 | 100 | 9204 | 100 | 9359 | 100 |

Durch die Änderungen in der Größe der einzelnen Gruppen kommt in den neueren Betriebszählungen der kapitalistische Charakter der sozialökonomischen Struktur besser zum Ausdruck. Die kleinen proletarischen Wirtschaften bis 2 Hektar stellten bereits 1882 mit über 76 Prozent die Masse aller Betriebe. Ähnlich wie im Kreis Calbe wuchs deren Zahl bis 1907 lediglich geringfügig an. Der Zuwachs betrug nur noch 341 Betriebe oder 4,9 Prozent. Faktisch war schon 1882 der für damalige kapitalistische Verhältnisse zweckmäßige Umfang erreicht.

Bei den werktätigen Bauern waren die Veränderungen größer. So ging die Zahl der Kleinbauern um 18 Prozent zurück, und die Zahl der Mittelbauern nahm um 4,6 Prozent zu. Einem kleinen Teil der Kleinbauern gelang es, Mittelbauern zu werden, während der größere Teil ins Proletariat absank.

Im kapitalistischen Sektor gab es nur Zunahmen. Die Zahl der Großbauern nahm um 7 Prozent zu und die der Großbetriebe um 18 Prozent. Damit wies der kapitalistische Sektor die größten Wachstumsraten auf.

Abgesehen von dem stärkeren Anwachsen der Zahl der kapitalistischen Betriebe und dem Rückgang der Kleinbauern gab es im Kreis Wolmirstedt in den 25 Jahren von 1882 bis 1907 nicht so nachhaltige Veränderungen in der Betriebsgrößenstruktur wie im weiter entwickelten Kreis Wanzleben. Der Kreis Wolmirstedt hatte sogar von allen Börde-Kreisen die geringsten Veränderungen aufzuweisen.

Die Veränderungen in der Zahl der Betriebe wirkte sich unterschiedlich auf den Nutzflächenbestand der einzelnen Betriebsgrößengruppen aus, wie die folgende Tabelle 93 zeigt.

*Tabelle 93*

*Die landwirtschaftliche Nutzfläche der landwirtschaftlichen Betriebe in Hektar in den Jahren 1882, 1895 und 1907 im Kreis Wolmirstedt*

| Größenklasse | 1882 | | 1895 | | 1907 | |
|---|---|---|---|---|---|---|
| | Fläche | Prozent | Fläche | Prozent | Fläche | Prozent |
| bis 2 | 4055 | 9,1 | 4017 | 9,3 | 3928 | 9,3 |
| 2 –5 | 3797 | 8,5 | 2444 | 5,7 | 2337 | 5,5 |
| 5 –20 | 11421 | 25,6 | 9323 | 21,7 | 9327 | 22,1 |
| 20–100 | 11138 | 25,0 | 13603 | 31,6 | 13625 | 32,2 |
| über 100 | 14221 | 31,8 | 13649 | 31,7 | 13049 | 30,9 |
| Summe | 44632 | 100 | 43036 | 100 | 42266 | 100 |

Die geringfügige Zunahme der proletarischen Wirtschaften war mit einer weitgehenden Konstanz in der Nutzfläche verbunden. Damit erwiesen sich die Veränderungen bei den proletarischen Wirtschaften als auffallend unbedeutend.

Stärkere Veränderungen gab es in der Nutzfläche der werktätigen Bauern. Die Zahl der Kleinbauern war um 18 Prozent zurückgegangen und die von ihnen bewirtschaftete Nutzfläche um 28 Prozent. Ursache für den größeren Landverlust kann der zusätzliche Verkauf von Boden gewesen sein, aber auch im Aufstieg der an der oberen Grenze von 5 Hektar liegenden Kleinbauern zu Mittelbauern begründet liegen. Die Zahl der Mittelbauern nahm um 4,6 Prozent zu und die von ihnen bewirtschaftete Nutzfläche um 18 Prozent ab. Da die Zahl und die Fläche der Großbauern zunahmen, liegt hier der Gedanke nahe, daß wirtschaftsstarke Mittelbauern das Land von in Not geratenen Mittelbauern aufgekauft hatten, daraufhin als Großbauern aus ihrer alten Gruppe ausschieden und so den relativ hohen Nutzflächenverlust verursachten. Insgesamt gesehen war der Nutzflächenverlust der werktätigen Bauern beachtlich.

Die Nutzflächenveränderungen im kapitalistischen Sektor gestalteten sich nicht so umfangreich wie bei den werktätigen Bauern. Die eigentlichen Nutznießer des Landverlustes der werktätigen Bauern waren die Großbauern, deren Nutzfläche um 22 Prozent anstieg, obwohl die Zahl der Betriebe nur um 7 Prozent zunahm. Hier fand eine erhebliche Konzentration des agrikolen Kapitals statt. Erstaunlicherweise verlief die Entwicklung der kapitalistischen Großbetriebe völlig anders. Deren Zahl hatte zwar um 18 Prozent zugenommen, aber die Nutzfläche war um 8 Prozent zurückgegangen. Im Zuge der innerbetrieblichen Rationalisierung muß ein erheblicher Teil an Nutzfläche aus der Bewirtschaftung der Großbetriebe ausgeschieden worden sein. Das ist auch ersichtlich an der gesamten Nutzfläche des Kreises, die um 2366 Hektar oder 5,3 Prozent zurückging.

Die Verschiebungen im Flächenbesitz wirkten sich auf die soziale Struktur der landwirtschaftlichen Bevölkerung ebenso aus wie die hinsichtlich der Zahl der Betriebe. Die proletarischen Wirtschaften stellten 1907 78,2 Prozent aller Betriebe und bewirtschafteten

9,3 Prozent der Nutzfläche. Die werktätigen Bauern machten 17,3 Prozent der Betriebe aus und besaßen 27,6 Prozent der Nutzfläche. Die kapitalistischen Betriebe bildeten mit 4,5 Prozent die kleinste Gruppe, bewirtschafteten aber 63,1 Prozent der Nutzfläche, wobei sich der Nutzflächenanteil fast zu gleichen Teilen auf Großbauern und Großbetriebe verteilte.

Die Mittelbauern und die Großbauern spielten in der Landwirtschaft des Kreises Wolmirstedt noch 1907 eine beachtliche Rolle. In dieser Hinsicht ähnelte der Kreis Wolmirstedt dem Kreis Neuhaldensleben. In den beiden wirtschaftlich weiter entwickelten Kreisen Calbe und Wanzleben traten bis 1907 die Großbetriebe stärker hervor, d. h. die Konzentration des Kapitals war weiter voran geschritten.

Diese Verhältnisse drückten sich auch in den durchschnittlichen Größen der einzelnen Betriebsgrößengruppen im Jahre 1907 aus. Die proletarischen Wirtschaften besaßen eine durchschnittliche Größe von 0,5 Hektar, die Kleinbauernwirtschaften von 3,3 Hektar, die Mittelbauern von 10,3 Hektar, die Großbauern von 36,8 Hektar und die Großbetriebe von 290 Hektar. Großbauern und Großbetriebe hatten damit erheblich kleinere Durchschnittsgrößen als im Kreis Wanzleben. Die großen Sprünge in den Durchschnittsgrößen zeigen die tiefen sozialen Gegensätze in den Dörfern des Kreises Wolmirstedt. Das wird vor allem bei den 0,5 Hektar der proletarischen Wirtschaften und den 290 Hektar der Großbetriebe deutlich. Der tiefe Gegensatz markiert aber den Endstand der Entwicklung des 19. Jh. Sehr schwierig ist es, diesen Endstand als Ergebnis eines langen Differenzierungs- und Konzentrationsprozesses deutlich werden zu lassen.

1816 bestand noch die Betriebsgrößenstruktur des Feudalismus; im Kreis Wolmirstedt überwogen zu dieser Zeit die Bauernstellen die Kleinstellen erheblich, die einen Anteil von 33 Prozent aufzuweisen hatten. Am Ende des Untersuchungszeitraumes betrug der Anteil der Kleinstellen (bis 5 ha) 85,8 Prozent. Aus den 67 Prozent Bauernstellen von 1816 waren bis 1907 13,7 Prozent geworden. Hinzu kamen außerdem 0,5 Prozent Güter, die 1816 nicht erfaßt worden waren. Von 1816 bis 1907 vergrößerte sich der Anteil der Kleinstellen ganz beträchtlich. Die zahlenmäßige Dominanz der Kleinstellen war Bestandteil des weit reichenden Proletarisierungsprozesses, der sich durch das verarbeitete umfangreiche Zahlenmaterial in allen Bereichen der Volkswirtschaft verfolgen ließ.

Zahlenmäßig wuchsen die Kleinstellen bis 5 Hektar (7,5 ha) im Kreis Wolmirstedt folgendermaßen. Für 1816 wurden 633 Kleinstellen verzeichnet. Diese Zahl erscheint als zu niedrig. Sie kann aber nicht mehr berichtigt werden, weil, wie im Kreis Neuhaldensleben, das Landratsamt für die Denkschrift des Landwirtschaftsministeriums von 1865 als spannfähige Bauern für 1816 die Bauernstellen ab 3,75 Hektar meldete. Damit entfällt die für die anderen Kreise errechnete Differenz zwischen den ermittelten spannfähigen Bauernstellen (ab 7,5 ha) für 1816 mit den Bauernstellen von 1816 ab 3,75 Hektar, die der zu niedrig angegebenen Zahl der Kleinstellen zugeschlagen wurde. Bis 1854 war deren Gesamtzahl auf 2622 angestiegen. 1858 betrug die Zahl der Kleinstellen bis 7,5 Hektar 3023. Da für 1865 eine Zahl von 2985 Kleinstellen angegeben wurde, ist zu schlußfolgern, daß man bei den unterschiedlichen Erhebungen von 1854, 1858 und 1865 im Kreis Wolmirstedt immer von den gleichen Größenvorstellungen für die Gruppe der Kleinstellen ausgegangen ist. Die obere Grenze war deshalb immer 7,5 Hektar, die untere Grenze ist nicht bekannt. In den anderen Landratsämtern der Börde-Kreise ließ sich keine gleichgeartete Praxis feststellen. Hier wechselten die Größenvorstellungen ganz erheblich. Besonders deutlich läßt sich das für den Kreis Calbe erkennen. Jedoch wurde auch im Kreis Wolmirstedt anläßlich der Erhebung im Jahre 1816 die obere Grenze mit 3,75 Hektar eingehalten.

Bis 1882 war die Gesamtzahl der Kleinstellen bis 5 Hektar auf 7859 oder 300 Prozent von 1854 angestiegen, bis 1895 auf 7886 oder 301 Prozent und 1907 auf 8038 oder 306 Prozent. Der große Sprung lag zwischen 1858 und 1882. Er war aber sicherlich nicht viel größer als in der ersten Hälfte des 19. Jh., nur ließ sich der Zuwachs in dieser Zeit nicht exakt erfassen. Trotzdem war der Zuwachs von 1854 bis 1907 beachtlich. Er betrug 5416 Kleinstellen. Das ergab pro Jahr 102 Stellen oder 5,8 Prozent, was nur wenig unter den Werten des Kreises Wanzleben lag, der die höchste Zuwachsrate aller Börde-Kreise zu verzeichnen hatte.

Bei den Bauernstellen von 5 bis 100 Hektar (7,5 bis 150 ha) gab es nur geringfügige Veränderungen. Die Erhebung von 1816 vermerkte 1076 Bauernstellen über 3,75 Hektar. Als 1860 das Landratsamt für 1816 die spannfähigen Bauern ermittelte, verzeichnete es 1084. Obwohl die generelle Größe der Spannfähigkeit bei 7,5 Hektar lag, hatte Wolmirstedt die alten Zahlen von 1816 genommen, die die Bauernstellen bei 3,75 Hektar beginnen ließen. Die gleiche von der Norm abweichende Praxis hatten wir für den Kreis Neuhaldensleben beobachtet. Damit war die Zahl der Bauernstellen für 1816 überhöht. Für 1859 ermittelte man 1053 Bauernstellen; der Rückgang war sehr gering (3 Prozent). Die Erhebung von 1854 hatte 1110 Land- und Bauerngüter angegeben. Hier waren jedoch die wenigen Bauernstellen der Kreisstadt Wolmirstedt enthalten. Erstaunlicherweise stimmten auch diese Zahlen mit den anderen Erhebungen überein, was auf die schon erwähnten einheitlichen und konstanten Größenvorstellungen über Klein- und Bauernstellen im Landratsamt verweist.

1858 wurden die Bauernstellen nach der Morgenzahl erfaßt. Die Gruppe von 7,5 bis 150 Hektar repräsentierten die Bauernstellen; ihre Zahl betrug 1137. Der Unterschied zu den spannfähigen Bauernstellen von 1859 war mit 84 oder 8 Prozent gering. Damit läßt sich für Wolmirstedt das gleiche wie für den Kreis Neuhaldensleben feststellen. Obwohl gegenüber 1816 die untere Grenze von 3,75 auf 7,5 Hektar erhöht wurde, blieb die Zahl der Bauernstellen fast gleich, d. h. die Betriebsfläche muß zugenommen haben. Das weist auch die Tabelle 89 aus, die einen Zuwachs an Betriebsfläche von 1816 bis 1859 von fast 4000 Hektar oder 14 Prozent der Fläche von 1816 angibt.

Die Denkschrift des Landwirtschaftsministeriums von 1871 nennt für 1865 1118 spannfähige Bauernstellen und für 1867 1115. Diese Zahlen stimmen mit denen von 1854 und 1858 überein, obwohl diese offiziell nach anderen Gesichtspunkten ermittelt worden sind.

Als 1882 die Größengrenzen der Bauernstellen heruntergesetzt worden waren, von 7,5 bis 150 Hektar auf 5 bis 100 Hektar, wurde eine größere Zahl als 1867 erfaßt. Sie betrug jetzt 1211. Bis 1895 stieg die Zahl auf 1278 und war 1907 mit 1276 fast unverändert. Da sich die Zahl der Bauernstellen von 1882 bis 1907 noch erhöhte, ist anzunehmen, daß der Zuwachs von 1867 bis 1882 nicht allein auf den Wechsel der Größenangaben zurückgeht, sondern ein echter Zuwachs stattfand.

Während in der Periode der Agrarreformen ein geringfügiger Rückgang der Bauernstellen von 3 Prozent zu verzeichnen war, nahmen sie von 1854 bis 1907 leicht zu. Der Anstieg betrug von 1854 bis 1907 15 Prozent und im gesamten Zeitraum von 1816 bis 1907 18 Prozent. Das war für den langen Zeitraum von 91 Jahren nur eine geringe Zunahme und verweist auch für die Bauernwirtschaften auf die hohe Konstanz derselben.

Die Ausgangszahl der Güter wird für 1854 mit 15 angegeben. Hierbei fehlen jedoch die 1840 genannten 4 Vorwerke und das eine Freigut, so daß 20 Güter existierten. Diese Zahl stimmt mit den 22 Besitzungen über 150 Hektar von 1858 weitgehend überein. 1882 wurde die Grenze der Güter auf 100 Hektar zurückverlegt. Die Zahl stieg sofort auf 38 an. Dieser erhebliche Zuwachs war nicht real. Der genaue Zuwachs lag sicherlich unter den ermittelten 16 Gütern. Jedoch nahm die Zahl der Güter von 1882 bis 1907 noch um 7 oder 18 Prozent zu. Wenn die gleiche Zuwachsrate auch vor 1882 bestand, dann waren statt 16 8 Güter hinzugekommen. Der Zuwachs betrug dann von 1854 bis 1907 15 Güter oder 68 Prozent. Das war noch ein beachtlicher Anstieg der Güter in der zweiten Hälfte des 19. Jh. und entsprach dem Wachstum im Kreis Wanzleben.

Im 19. Jh. vergrößerten sich im Kreis Wolmirstedt alle drei Gruppen. Das stärkste Wachstum war bei den polaren Gruppen der Kleinstellen und Güter zu verzeichnen, wobei die Zunahme bei den proletarischen Wirtschaften am stärksten hervortrat. In der Betriebsgrößenstruktur dominierte das proletarische Element. Das war die Folge eines erheblichen Proletarisierungsprozesses, der die Klassengegensätze vertiefte und verstärkte. Im Kreis Wolmirstedt wuchs jedoch auch die Gruppe der Bauernstellen an. Zwar stand deren Wachstum hinter dem der beiden anderen Gruppen erheblich zurück, verweist aber auf die große Bedeutung, die noch im Jahre 1907 die Bauernwirtschaften (Groß- und Mittelbauern) in der dortigen Landwirtschaft hatten.

Helmut Asmus

# Grundzüge der ökonomischen Entwicklung der Stadt Magdeburg vom Ende des 18. Jahrhunderts bis 1917/18[1]

Magdeburg war — und ist noch heute — das bedeutendste städtische Zentrum im Bördegebiet, dessen fruchtbare Böden bis unmittelbar an die Stadt heranreichen. An der westlichsten Stelle der mittleren Elbe, an einem Knotenpunkt von Land- und Wasserstraßen gelegen, profitierte Magdeburg von Anbeginn seiner Entwicklung als Handels- und Gewerbezentrum von seinem bevorzugten verkehrs- und wirtschaftsgeographischen Standort. Die Beziehungen zwischen der Stadt und der nach ihr benannten, westlich angrenzenden Agrarlandschaft entwickelten und vertieften sich im Laufe der Jahrhunderte fortlaufend. Landwirtschaftliche Überschüsse wurden in Magdeburg abgesetzt,[2] hier von der wachsenden städtischen Bevölkerung konsumiert oder von Kaufleuten weitergehandelt. Dem Zwischenhandel mit hochwertigem Bördegetreide, der bis nach Flandern, England und Skandinavien reichte, verdankte Magdeburg schon frühzeitig in nicht geringem Maße seine Stellung als eine der angesehensten Handelsstädte Mitteleuropas. Mit der Entfaltung der Waren- und Geldwirtschaft bildeten sich bereits im 15. und 16. Jh. zwischen Magdeburg und der ländlichen Umgebung relativ stabile Marktbeziehungen heraus. Der in der zweiten Hälfte des 16. Jh. einsetzende Refeudalisierungsprozeß und namentlich die fast vollständige Zerstörung Magdeburgs am 10. Mai 1631 beeinträchtigten und unterbrachen jedoch diese Entwicklung. Magdeburg brauchte rund 130 Jahre, um die im Dreißigjährigen Krieg erlittenen Verluste an Menschen und Bausubstanz wieder auszugleichen, während andere Städte — insbesondere der alte Handelskonkurrent Leipzig — in diesem Zeitraum relativ kontinuierlich und zum Teil direkt auf Kosten Magdeburgs ihre wirtschaftlichen Positionen auszubauen vermochten.

Im letzten Drittel des 18. Jh. setzte der beschleunigte Verfall der Feudalordnung in den deutschen Staaten ein, und unter dem Einfluß der von England ausgehenden Industriellen Revolution und der Französischen Revolution von 1789 wurde in einem langwierigen, komplizierten und auch in seinem Ergebnis widerspruchsvollen Prozeß bis 1871 die bürgerliche Umwälzung vollzogen. Damit erlangte die gewerblich-industrielle Produktion gegenüber der agrarischen im zunehmenden Maße das Übergewicht; die Vorherrschaft der Stadt gegenüber dem Land wurde zu einem Merkmal der ökonomischen und überhaupt der gesellschaftlichen Beziehungen im Kapitalismus. Dieser historische Vorgang prägte auch das Verhältnis der Magdeburger Börde zu ihrem gewerblich-industriellen Zentrum. Wirtschaft und Kultur der Börde gerieten zunehmend unter den Einfluß der industriekapitalistischen Entwicklung, die sich in diesem Territorium am deutlichsten im Aufschwung Magdeburgs zu einer bedeutenden Industrie- und Arbeiter-Großstadt manifestierte.

[1] Die vorliegende Studie basiert auf der von einem Autorenkollektiv erarbeiteten „Geschichte der Stadt Magdeburg“: Asmus, 1975.

[2] Vgl. hierzu den Beitrag von Harnisch im ersten Halbband.

## Magdeburgs Wirtschaft bis zum Einsetzen der industriellen Revolution

Die Entwicklung der wirtschaftlichen und sozialen Verhältnisse und auch viele politische Vorgänge in Magdeburg sind nur zu verstehen, wenn berücksichtigt wird, daß der Charakter der Elbestadt bis zum Ende des Ersten Weltkrieges maßgeblich durch ihre Funktion als preußische Festung, Garnison und Verwaltungszentrale bestimmt wurde.

Im Ergebnis des Westfälischen Friedens erhob der Kurfürst von Brandenburg Ansprüche auf das Erzbistum und die Stadt Magdeburg, die von großer strategischer Bedeutung für die weitgesteckten Eroberungspläne der Hohenzollern waren. Bürgermeister Otto von Guericke (1602—1686) vermochte zwar zu erreichen, daß ein besonderer Abschnitt der Friedensverträge die alten Privilegien und Rechte der Stadt garantierte, mit deren Hilfe nach den Vorstellungen der Magdeburger Großkaufleute die alte wirtschaftliche und politische Stellung der Stadt wiedererrungen werden sollte. Die erstrebte Reichsunmittelbarkeit konnte in den folgenden Jahren trotz intensiver diplomatischer Bemühungen Guerickes am kurfürstlichen Hof, beim niedersächsischen Kreistag, beim Reichstag und beim Kaiser jedoch nicht erlangt werden. Durch den Aufmarsch brandenburgischer Truppen wurde Magdeburg schließlich am 18. Mai 1666 gezwungen, einen vorgelegten Vertragstext zu unterzeichnen, nach dem Rat, Innungen und Bürgerschaft dem Kurfürsten von Brandenburg als Landesherrn zu huldigen hatten und Magdeburg zur kurfürstlichen Garnisonsstadt bestimmt wurde. Noch im gleichen Jahr rückte das erste preußische Regiment ein. Nach dem Tod des letzten kursächsischen Administrators des Erzstifts wurde Magdeburg zum Verwaltungssitz des 1680 neugebildeten preußischen Herzogtums Magdeburg. Zwischen 1679 und 1742 ließen die brandenburg-preußischen Monarchen Magdeburg zur stärksten preußischen Festung ausbauen. Die Altstadt — das Gelände vom Dom bis zum heutigen Boleslav-Bierut-Platz und von der Elbe bis an die heutige Otto-von-Guericke-Straße — wurde mit einem breiten Gürtel von Festungsanlagen völlig eingeschnürt. Die Belange der Festung und Garnison bestimmten von nun an weitgehend die Entwicklung der Stadt.

Zweifellos haben die Zugehörigkeit Magdeburgs zu der brandenburgisch-preußischen Monarchie und insbesondere die merkantilistische Wirtschaftspolitik des preußischen Militärstaates nicht unbeträchtlich dazu beigetragen, den verhängnisvollen Rückschlag vom 10. Mai 1631 zu überwinden.

*Erstens* sicherten die vielfältigen und steigenden Konsumtionsbedürfnisse von Festung, Garnison und Verwaltung ständig den Absatz von Lebensmitteln und gewerblichen Produkten. Sie brachten aber zugleich das Magdeburger Bürgertum in eine wirtschaftliche und auch politische Abhängigkeit.

*Zweitens* führte die seit 1685 erfolgende Ansiedlung von mehreren Tausend wegen ihrer religiösen Überzeugung vertriebener französischer Hugenotten und pfälzischer Reformierter zum großen Teil produktionserfahrene, mit neuen Arbeitsfertigkeiten vertraute Handwerker und manufakturkapitalistische Unternehmer nach Magdeburg. Sie trugen nicht nur zum Ausgleich des Bevölkerungsverlustes und zu einem schnelleren Schließen der immer noch beträchtlichen Baulücken bei. Sie brachten neue, bisher nicht ausgeübte oder doch nicht so bestimmende Produktionszweige in die Stadt, u. a. das Tabakgewerbe und die Strumpfherstellung. Damit war eine relativ starke Belebung kapitalistischer Produktionselemente verbunden, meist in der Form des Verlags, aber doch auch schon als dezentralisierte, in einigen wenigen Fällen sogar als zentralisierte Manufaktur. Die mit staatlichen Privilegien bedachten Franzosen und Pfälzer — neben der freien Religionsausübung besaßen sie das Recht auf eigene kommunale Verwaltung und Gerichtsbarkeit innerhalb der Stadt, sie erhielten langfristige Steuerfreiheit und Unterstützungen beim Bau von Wohnhäusern und Produktionsstätten — haben gerade darum im ganzen 18. Jh. als Träger kapitalistischer Produktionsverhältnisse eine bedeutende Rolle in der Magdeburger Wirtschaft gespielt, weil sie wenigstens zeitweise nicht so stark unter dem Druck des preußischen Fiskus standen wie die eingesessenen kapitalistischen Verleger.[3] *Drittens* förderte die merkantilistische Politik des preußischen Absolutismus noch einige weitere Gewerbezweige, u. a. die Seidenherstellung — auf den Wällen und im Vorfeld der Festung standen um 1780 19156 Maulbeerbäume[4] —, die Rohrzuckerraffinerie und die Zichorienkaffeeproduktion.

Für die Herausbildung kapitalistischer Produktionsverhältnisse wurden *viertens* auch die zwischen 1734 und 1736 erlassenen „Generalprivilegien" für die Zünfte bedeutsam, durch die die mittelalterliche Zunftverfassung den Belangen der merkantilistischen Wirtschaftspolitik angepaßt und die Zünfte unter Staatsaufsicht gestellt wurden. Zahllose Sonderprivilegien und Konzessionen trugen zur Zersetzung der alten Zunftordnung bei.

Im ganzen gesehen war die Unterstützung, die der feudalabsolutistische Staat dem Bürgertum angedeihen ließ, aber auf die Belange des Fiskus, des Militärs und des Luxuslebens des königlichen Hofes ausgerichtet und daher sehr begrenzt. Die starre und kleinliche Reglementierung und Beaufsichtigung der Produktion und des Absatzes, die hohe Steuer, zahlreiche Zölle und andere Transportabgaben sowie die feudalstaatliche Zersplitterung hemmten eine freie Entfaltung der Produktivkräfte, die ungehinderte und gewinnbringende Produktion in immer größeren Dimensionen. Es waren also gerade die feudalabsolutistischen Verhältnisse, die dem sozialökonomischen Fortschritt im Wege standen. Die herrschende Feudalklasse Preußens verschärfte im letzten Drittel des 18. Jh. noch den Druck auf das Handels- und Manufakturbürgertum, indem es ihm nach der Beendigung des den Wirtschaftsaufschwung unterbrechenden Siebenjährigen Krieges neue belastende Steuern auferlegte. Das geschah zu einer Zeit, in welcher der manufakturkapitalistischen Entwicklung durch Reformen ein etwas größerer Spielraum gegeben wurde. Der Verfall der feudalen Gesellschaftsordnung konnte auch durch derartige Maßnahmen nicht aufgehalten werden; die bürgerliche Umwälzung reifte gesetzmäßig heran.

Die kapitalistischen Produktionsverhältnisse bahnten sich auch in Magdeburg nur im Kampf gegen unzählige Hemmnisse mühsam, aber dennoch stetig ihren Weg. Um die Mitte des 18. Jh. hatte noch die einfachste Form kapitalistischer Produktionsverhältnisse, das Verlagswesen, dominiert. 1730 wurden 89 Strumpfwirkermeister von 18 reichen Meistern verlegt. Auch die Strumpfwirkermeister in Burg, Haldensleben und Calbe arbeiteten ausschließlich für die Magdeburger Verleger.[5]

Im ausgehenden 18. Jh. wurde die gewerbliche Produktion in Magdeburg in einer Reihe von wichtigen Gewerbezweigen schon durch eine Kombination von dezentralisierter und zentralisierter Manufaktur bestimmt. Heimarbeiter führten vielfach in eigenen Werkstätten nach einer festgelegten Arbeitsteilung einzelne Arbeitsgänge aus, während die

[3] Vgl. Fischer, 1966: besonders 60ff., 144ff.; Scholze, 1925: 373—414.
[4] Vgl. Oesfeld, 1786: 55.
[5] Vgl. Hoffmann, 1956: 119.

abschließende Produktion in einer zentralisierten Werkstatt unter direkter Aufsicht des Unternehmers vollzogen wurde. Allerdings waren solche großen Manufakturen, wie die Manufakturen für leinene, wollene und baumwollene Bänder von Sulzer & Co. mit 139 Manufaktur- und 46 Heimarbeitern oder von Schwarz, Söhne & Co. mit 299 Manufakturarbeitern, um 1800 in Deutschland noch Ausnahmeerscheinungen.[6] Neben Bändern und Strümpfen wurden in den recht bedeutenden Textilmanufakturen bzw. -verlagen vor allem Tuche produziert. 1797 gab es 20 Manufakturen, in denen 1389 Webstühle standen und 2338 Meister und Arbeiter Beschäftigung fanden. Etwa die Hälfte fiel auf die Strumpfstrickerei und -wirkerei. Die Zahl aller im Handel und Gewerbe Beschäftigten wird für das gleiche Jahr mit 8154 angegeben.[7] Als um diese Zeit die staatliche Protektion des Textilgewerbes eingestellt wurde, ging unter der starken Konkurrenz der traditionellen schlesischen und sächsischen Textilproduktion der Absatz schnell zurück.

Von großer Bedeutung war auch das Magdeburger Tabakgewerbe. Die Gebrüder Schwarz hatten zur Zeit des staatlichen Tabakmonopols, der „Regie", zwischen 1765 und 1787 faktisch im gesamten Herzogtum Magdeburg das alleinige Produktions- und Absatzrecht. Die vorher selbständigen Meister mußten entweder als Arbeiter direkt in der Manufaktur arbeiten oder sich zwangsweise verlegen lassen. Auch nach Aufhebung der „Regie" schritt der Differenzierungsprozeß unter den selbständigen Meistern voran. Insbesondere die Tabakmanufaktur von Johann Gottlieb Nathusius, die 1787/88 erst 60—70, im Jahre 1802 aber schon 300 Arbeiter beschäftigte, brachte die Tabakspinner an den Rand des Ruins.[8]

Nach der von Friedrich II. mit der Einführung des „Kaffeemonopols" (1781) verfügten rigorosen Einschränkung des Kaffeeimportes entwickelte sich in und um Magdeburg die Verarbeitung von Zichorie zu Kaffee-Ersatz. 1789 arbeiteten 771 der insgesamt 1920 gewerblich beschäftigten Personen der Neustadt in der Zichorien-Kaffeeproduktion.[9] 1805/06 gab es in Magdeburg 20 Produktionsstätten mit 90 Trockenöfen, in denen einschließlich der zum Teil auf den unmittelbar an diese angrenzenden Feldern saisonweise tätigen Tagelöhner 3245 Arbeitskräfte beschäftigt waren.[10]

Für Magdeburg war also um 1800 kennzeichnend, daß ein schon relativ großer Teil der gewerblichen Arbeiter in kapitalistischen Manufakturen und Verlagen tätig war. Das Zunfthandwerk war nicht mehr in der Lage, seine Selbständigkeit zu wahren. Die Meister mußten in den Gewerbezweigen mit schon entwickelten kapitalistischen Produktionsformen überwiegend in ihren Werkstätten für Verleger bzw. Manufakturunternehmer arbeiten, sofern sie nicht direkt zu Manufakturarbeitern geworden waren.

Der bedeutendste Wirtschaftszweig Magdeburgs war aber auch noch zu dieser Zeit der Handel, vor allem der Transit- und Speditionshandel. Magdeburg bildete, gestützt auf seine alten Privilegien, einen wichtigen Umschlagplatz für Kolonialwaren, besonders Kaffee, Tabak und Zucker, die von Hamburg aus bis nach Böhmen und Ungarn gehandelt wurden, ferner für Metalle und Metallwaren, für Textilwaren und für Salz. Am Rande der Börde gelegen, war die Stadt Magdeburg eines der wichtigsten Zentren des Getreide- und Bierhandels. 1798 wurde aus dem Herzogtum Magdeburg für rund

[6] Vgl. Stadtarchiv Magdeburg, Rep. A I, T 163, Bd. I, 31. 8. 1799 und 9. 10. 1800.
[7] Vgl. Fischer, 1966: 62.
[8] Vgl. Fischer, 1966: 54. Siehe weiter: Pahncke, 1927: 60—81.
[9] Vgl. Berghauer, 1801: II, 124f.
[10] Vgl. Fischer, 1966: 59.

430000 Reichstaler Getreide über Magdeburg ausgeführt.[11] Das Kämmereigefälle für elbabwärts verschifftes Getreide bildete eine der wichtigsten Einnahmequellen der Ratskasse.

Die Jahre zwischen 1778 bis 1806 waren, korrespondierend mit dem allgemeinen Aufschwung der gewerblichen Produktion und der städtischen Bevölkerung, Jahre eines großen Aufschwungs des Magdeburger Handels, obgleich er bei weitem nicht die Dimensionen Hamburgs und Leipzigs erreichte. Der Magdeburger Handel ging in alle Teile des Reiches über Land vor allem nach Leipzig und Lüneburg. Bestimmend aber war der Elbhandel von Hamburg nach Magdeburg. Er belief sich 1750 auf 183047 Zentner, 1780 auf 235958 Zentner und 1797 auf 633169 Zentner.[12] Am Ende des Jahrhunderts gewann auch der Elbhandel nach Dresden zunehmende Bedeutung. Wurden 1756 in Magdeburg 17 Schiffe und 17 Kahnführer mit 250 großen und kleinen Kähnen gezählt, so waren es 1800/01 26 Schiffe und 78 Kahnführer, die mehr als 400 Kähne ihr eigen nannten.[13] Seit 1763 beteiligten sich auch die Kaufleute direkt an der Elbschiffahrt.

Der Aufschwung des Magdeburger Handels, insbesondere des Transitgeschäftes und Exports, vollzog sich mit der auf hohe Zollabgaben und einer aktiven Handelsbilanz orientierten Unterstützung des preußischen Staates. Aber, so stellte schon ein Zeitgenosse fest, „Transitzölle, Handlungs-Accise und andere Abgaben setzten der größeren Aufnahme dieser Handlung Grenzen."[14] Auch hier, in diesem damals für die Kapitalakkumulation bedeutenden Wirtschaftszweig, beschränkte das feudalabsolutistische System die ungehinderte Entfaltung der kapitalistischen Unternehmen.

Der Zusammenbruch des altpreußischen absolutistischen Militärstaates unter den Schlägen der Armeen des bürgerlichen Frankreichs im Jahre 1806 und die Gründung des Königreiches Westfalen als napoleonischer Satellitenstaat bedeuteten einen wichtigen Einschnitt in das Wirtschaftsleben der Stadt Magdeburg. Als Hauptstadt des die Börde und die Altmark umfassenden Elbdepartements und noch mehr als wichtigste, dauernd von starken französischen Einheiten besetzte Festung in Mitteldeutschland, an der Grenze zu Restpreußen, wurden seine Geschicke nunmehr ganz von den Interessen der französischen Großbourgeoisie bestimmt. Die progressiven Züge des napoleonischen Herrschaftssystems, insbesondere die Durchführung bürgerlicher Reformen in der Verwaltung und in der Justiz sowie die Aufhebung der Zünfte und die Einführung der Gewerbefreiheit, traten in Magdeburg zunehmend hinter der finanziellen Belastung, den Schädigungen des Wirtschaftslebens und den drückenden persönlichen Zwangsmaßnahmen der französischen Festungsgouverneure und Departementspräfekten zurück.

Die am 21. November 1806 von Berlin aus erlassene Kontinentalsperre, die den Handel mit England unterbinden sollte, traf Magdeburg schwer, besonders nachdem 1810 die französische Zollgrenze an die Elbe verlegt wurde. So ging allein der jährliche Umschlag von Rohrzucker von 1,4 Millionen Zentner im Jahre 1806 auf 165000 Zentner im Jahre 1810 zurück. Wie in anderen Städten des Königreiches Westfalen wurden auch in Magdeburg englische Manufaktur- und Kolonialwaren konfisziert und öffentlich verbrannt. Die Magdeburger Textilproduktion, das Tabakgewerbe und die Rohrzuckerfabrikation

[11] RAUSCH, 1924b: 21; Vgl. hierzu auch den Beitrag von HARNISCH im ersten Halbband.
[12] Vgl. FISCHER, 1966: 23.
[13] Vgl. FISCHER, 1966: 45.
[14] Vgl. BERGHAUER, 1801: II, 21.

erlitten schweren Schaden. Zahlreiche Betriebe mußten schließen, viele Hunderte Arbeiter wurden beschäftigungslos. Als neuer Produktionszweig erfreute sich die Rübenzuckerfabrikation eines allerdings nur vorübergehenden Aufschwungs.[15] Die Zichorienkaffeeherstellung erfuhr durch die Kontinentalsperre eine wesentliche und andauernde Ausdehnung.

Nicht ohne Rückwirkungen auf die gewerbliche Produktion und den Handel blieben auch die drückenden, zwischen 1807 und 1813 mehrfach erhöhten Grund-, Patent-, Gewerbe-, Personal- und Kommunalsteuern, die 1813 noch durch eine Kriegssteuer erweitert wurden. In eben solchem Maße belasteten die meist bei den Bürgern im Quartier liegenden zahlreichen Offiziere und Soldaten, für deren Unterhalt nur eine schleppende und sehr unvollständige Entschädigung gezahlt wurde, die Magdeburger. Schließlich erfolgte 1812 und 1813 der Abbruch der Vorstädte Sudenburg und Neustadt, wodurch über 700 Wohngebäude und etliche Produktionsstätten verloren gingen. Die betroffenen Familien mußten sich, sofern sie nicht über eine finanzielle Reserve verfügten, eine Unterkunft in der ohnedies überfüllten Altstadt oder in den umliegenden Dörfern erbetteln oder in Notquartieren am Rande der Stadt vegetieren.

## Magdeburg in der Zeit der industriellen Revolution

Nach der Befreiung Deutschlands von der napoleonischen Fremdherrschaft kam Magdeburg ebenso wie die anderen im Tilsiter Frieden abgetretenen westelbischen Territorien wieder an das preußische Königreich. Einerseits bedeutete das die Wiederherstellung der vor 1807 bestehenden junkerlich-militaristischen Machtverhältnisse, andererseits wurden damit die während der Jahre 1807 bis 1813 in den ostelbischen Gebieten des Königreiches eingeleiteten bürgerlichen Reformen auch hier gültig. Die Zwiespältigkeit dieses Vorganges schlug sich in allen Bereichen des gesellschaftlichen Lebens Magdeburgs nieder. Mit dem Wachsen der neuen kapitalistischen Elemente mußte sich der Widerstreit von junkerlich-staatlichen und bürgerlich-städtischen Interessen verschärfen, der durch den Festungscharakter der Stadt und durch die Konzentration mittlerer preußischer Verwaltungsbehörden in ihren Mauern zusätzlich vertieft wurde. Nach den Befreiungskriegen wurden die Festungsanlagen zum Teil noch weiter ausgebaut. Indem die preußischen Militärbehörden den Wiederaufbau der von den Franzosen niedergerissenen Sudenburg und Neustadt unterbanden und den Festungsgürtel beibehielten, verhinderten sie die seit langem dringende Ausdehnung der Altstadt und ihre Verschmelzung mit den Vororten. Die Festung erschwerte so die Entfaltung von Industrie und Handel und hemmte auch in der Folgezeit die Entwicklung Magdeburgs zu einer modernen kapitalistischen Großstadt.

In der Altstadt, deren Grundfläche seit dem 15. Jh. nicht erweitert worden war und die noch einen großen Teil der Einwohner der abgerissenen Vorstädte hatte aufnehmen müssen, lebten die Menschen um 1815 in furchtbarer Enge. Die Aufstockung von Häusern linderte nicht die Wohnungsnot, denn die Anzahl der Einwohner, Militärpersonen ausgenommen, stieg zwischen 1815 und 1840 von 29276 auf 50898. Die starke Garnison verschärfte das Wohnungsproblem. 1818 war von 35824 Bewohnern der Altstadt Magdeburgs

[15] Vgl. hierzu den Beitrag von Müller in diesem Halbband.

jeder siebente ein Soldat. Die meisten Soldaten und Offiziere lagen in Bürgerquartieren.[16]

Bedeutende Impulse für die wirtschaftliche Entwicklung, insbesondere die neuen kapitalistischen Produktionsformen, erhielt Magdeburg durch Veränderungen in den umliegenden landwirtschaftlichen Gebieten. Die Weiterführung der preußischen Agrargesetzgebung hatte hier nach 1815 allmählich einen einschneidenden Strukturwandel zur Folge. An die Stelle des feudalen Grundbesitzers trat in einem längeren Prozeß der kapitalistische Junker, während sich die großen und mittleren Bauern schrittweise zu kapitalistisch wirtschaftenden Groß- und Mittelbauern entwickelten.[17]

Die während der westfälischen Zeit auch in der Magdeburger Gegend staatlich geförderte Rübenzuckergewinnung geriet nach der Aufhebung der Kontinentalsperre zunächst unter den Druck der zu relativ niedrigen Preisen auf den europäischen Festlandsmarkt geworfenen überseeischen Rohrzuckerprodukte. Bis 1820 stellten achtzehn Rübenzuckerfabrikanten in Magdeburg, Neustadt und Sudenburg ihre Produktion ein.

Die Zichorie, deren Anbau und Verarbeitung bereits seit der Kontinentalsperre zugenommen hatte, wurde für die Wirtschaft der Elbestadt immer wichtiger. Aus den Wurzeln dieser Pflanze stellte man durch Darren (Trocknen), Rösten und Schwitzen den besten „deutschen Kaffee" her. Magdeburg konnte bis zum Anfang des 20. Jh. seine Stellung als Haupthandelsplatz für gedarrte Zichorien in der Welt behaupten. 1821 gab es in Magdeburg 17 Zichorienfabriken, die insgesamt 615 Arbeiter beschäftigten, 1840 zählte man 18 Fabriken mit 1250 Arbeitern.[18]

Außerdem wurden Mühlen, Spiritusbrennereien und Brauereien in Betrieb genommen. Die meisten dieser Produktionsstätten siedelten sich wegen der durch den Festungsgürtel bedingten Enge vor den Toren der Stadt, besonders in Sudenburg, in der Neustadt und in Buckau, an.

Während sich die bodenständigen, in erster Linie auf die Landwirtschaft der Börde orientierten Produktionszweige mit Ausnahme der Rübenzuckergewinnung günstig entwickelten, setzte, nachdem die Kontinentalsperre aufgehoben worden war, der endgültige Niedergang der Textilmanufaktur ein. Der Konkurrenz der englischen, nach Aufhebung der Binnenzölle auch der rheinischen und sächsischen, schon vornehmlich industriell hergestellten Produkte war sie nicht gewachsen.

Von der Entwicklung der Landwirtschaft und von den Anfängen der Industrie profitierte auch der traditionelle Magdeburger Handel. Nach der Kontinentalsperre rückte der Handel mit Getreide, Ölsaaten, Branntwein, Spiritus, Zichorien, Wolle und anderen sogenannten Landesprodukten elbabwärts nach Hamburg wieder an die erste Stelle. Neben diesen Waren wurden besonders Holz, Salz und Braunkohle in Magdeburg umgeschlagen. Die Stadt bildete zugleich das bedeutendste Zentrum des „Kolonialwarenhandels" in Preußen. So wurden die von Hamburg kommenden Importe, besonders Kaffee, Tabak, Gewürze, Rohrzucker, getrocknete Südfrüchte und Südweine, gelagert und weiter bis nach Süddeutschland vermittelt, woran sich etwa einhundert Magdeburger Handelshäuser in großem Maßstab beteiligten.

Das Handels- und Umschlagsgeschäft entwickelte sich zur Quelle hoher Gewinne. Die

[16] Hermes/Weigelt, 1842: 4; Fünfzig Jahre ... Statistik, 1935: 17.

[17] Vgl. hierzu den Beitrag von Plaul im ersten Halbband.

[18] Vgl. Zedlitz-Neukirch, 1835: I, 395; Hermes/Weigelt, 1842: 114; vgl. auch Meyne, (1928): 451ff.

Akkumulation von Geldfonds setzte sich gegenüber der Zeit vor 1806 in stärkerem Umfange fort. Ein eindrucksvolles Beispiel für diesen Prozeß bietet die Firma Morgenstern & Co., die vor allem mit Getreide handelte. So betrug ihr Eigenkapital

| | | | | | |
|---|---|---|---|---|---|
| 1800 | 50007 Taler, | 1815 | 115721 Taler, | 1824 | 283411 Taler, |
| 1833 | 460991 Taler, | 1842 | 641431 Taler.[19] | | |

Während die deutschen Handelskapitalisten zu jener Zeit im allgemeinen nur wenig geneigt waren, überschüssiges Kapital industriell anzulegen, kann für Magdeburg eine relativ frühe Gründung von insbesondere landwirtschaftliche Produkte verarbeitenden Industriebetrieben festgestellt werden. Dabei fällt auf, daß die Großkaufleute ihr Kapital fast ausschließlich in solchen Betrieben anlegten, die der Weiterverarbeitung bzw. der Erzeugung von Produkten dienten, mit denen sie zugleich handelten. Dieser Vorgang war unter anderem darauf zurückzuführen, daß die Magdeburger Großkaufleute kaum Aussicht hatten, ihre Stellung in Deutschland weiter ausbauen zu können. Eingeklemmt von den Handelsmetropolen Leipzig und Hamburg im Süden und Norden, den alten Konkurrenten Braunschweig und Hannover im Westen und dem aufstrebenden Berlin im Osten, nahmen sie die damals noch relativ beschränkten Gewinnaussichten und die Risiken industrieller Kapitalanlagen in Kauf, um auf dem Wege der Veredelung bzw. Eigenerzeugung ihrer traditionellen Handelswaren die Gewinne zu vermehren. Da es sich vielfach um Fabrikunternehmen handelte, die Agrarprodukte der Börde zu Nahrungsmitteln weiterverarbeiteten, nahmen die Beziehungen der Stadt zur umliegenden Region eine neue Qualität an.

Aus seiner vergleichsweise ungünstigen wirtschaftlichen Situation ist auch das besonders erbitterte Ringen des Magdeburger Bürgertums um die Erhaltung überholter mittelalterlicher Handelsprivilegien zu verstehen. Das aus dem 14. Jh. stammende Magdeburger Niederlage- und Stapelrecht brachte der Stadtkasse zusätzliche Einnahmen. Es stellte aber ebenso wie die zahlreichen anderen Zölle und Abgaben der an den Fluß angrenzenden Einzelstaaten und Städte ein Hemmnis für Handel und Elbschiffahrt dar. Die vielen Abgaben verteuerten den Transport und schränkten die Absatzmöglichkeiten und Gewinnaussichten ein.

Eine der ganz wenigen Bestimmungen der Wiener Schlußakte vom 9. Juni 1815, die dem Streben des deutschen Volkes nach einem bürgerlichen Nationalstaat entgegenkam, hatte die Freiheit der Flußschiffahrt deklariert. Nur gegen den Widerstand partikularstaatlicher und lokaler, darunter auch Magdeburger Sonderinteressen konnten Zölle und Schiffahrtsabgaben sowie Lager- und Umladerechte auf der Elbe in einem mehr als fünfzigjährigen Kampf beseitigt werden. Das erste Teilergebnis war die Elbschiffahrtsakte vom 23. Juni 1821, die sämtliche Stapel- und Umschlagrechte der Elbestädte und die Privilegien der Schiffer aufhob. Die Zahl der kleinstaatlichen Zollstellen verminderte sich immerhin von 35 auf 14. Die bestehenden unterschiedlichen Erhebungen wurden durch eine einheitliche Abgabe ersetzt, die sich aus einem „Elbzoll" für die Ladung und einer „Rekognitionsgebühr" für das Fahrzeug zusammensetzte.

Das Magdeburger Handelsbürgertum lief gegen die Aufhebung des Magdeburger Stapelrechts Sturm. Es fürchtete, von nun an ohne Privilegien der Konkurrenz der anderen am Elbhandel interessierten Städte entgegentreten zu müssen. Dieses Verhalten offenbart seine Schwäche und den noch wenig vorangeschrittenen Formierungsprozeß des Bürger-

[19] Vgl. BEHREND, 1906: 162ff.

tums zu einer Klasse, die in nationalen Maßstäben zu denken und zu handeln vermochte. Doch sämtliche Versuche, das Stapelrecht zu erhalten, scheiterten.

Entgegen allen Befürchtungen setzte nach Aufhebung des Stapelrechts jedoch ein für die Magdeburger Großhändler und Reeder sehr einträglicher Aufschwung des Elbhandels ein, da der Schiffahrtsweg nunmehr nicht unwesentlich billiger geworden war. Er führte zugleich zu einer beträchtlichen Konzentration von Schiffahrtskapital. So konnte der Magdeburger Schiffsunternehmer J. F. ANDRAE, dem 1817 vier Elbkähne gehört hatten, seinem in Frankfurt am Main in der Lehre stehenden Sohn im Jahre 1838 mitteilen: „Ich habe nun 50 Kähne.“[20] Immer differenzierter verteilte sich der Besitz unter den Schiffern. Einem knappen Dutzend großer Reeder standen etwa sechzig bis siebzig mittlere und kleine Schiffer gegenüber, die meist nur über jeweils einen einzigen Elbkahn verfügten.

Auf Grund wiederholter Vorstellungen der Kaufleute, die Umschlaganlagen an der Elbe zu verbessern, ließ der Magistrat 1817 den Alten Packhof umbauen und in den Jahren 1832 bis 1836 das Gebäude des Neuen Packhofes errichten. Damit besaß die Stadt derart umfangreiche Speicheranlagen wie 1845 noch keine andere Stadt im Bereich des Deutschen Zollvereins.

Die bedeutendste gesellschaftliche Veränderung in Deutschland zwischen den Befreiungskriegen und der Gründung des deutschen Kaiserreiches 1871 bestand in der vollen Herausbildung der kapitalistischen Produktionsweise. Im Ergebnis dieser sozialökonomischen Umwälzung, der industriellen Revolution, wurde die bis dahin vorherrschende unentwickelte Form der kapitalistischen Produktion, der auf Handarbeit beruhende Manufakturbetrieb, durch den kapitalistischen Fabrikbetrieb abgelöst, der durch den massenweisen Einsatz der Werkzeugmaschinen und die Konzentration von Lohnarbeitern gekennzeichnet ist. Der Kapitalismus erhielt damit die ihm eigene materiell-technische Grundlage. Eisenbahn und Dampfschiffahrt trugen entscheidend zu dem raschen industriellen Aufschwung in den deutschen Staaten bei. Die Agrarproduktion verlor zunehmend ihre Vorrangstellung an die Industrie, und mit der industriellen Revolution bildeten sich die beiden Grundklassen der kapitalistischen Gesellschaft heraus, Bourgeoisie und Proletariat.

Einen bedeutsamen Anstoß erfuhr die industrielle Revolution durch den am 1. Januar 1834 wirksam gewordenen Deutschen Zollverein. Der Wegfall der Zölle zwischen den meisten deutschen Staaten erleichterte den Absatz von Waren auch in weiter vom Produktionsort entfernten Teilen Deutschlands und schuf damit Voraussetzungen für einen stabilen inneren Markt, für die Produktion in größeren Dimensionen. Zugleich boten die Außenzölle des Zollvereins einen gewissen Schutz vor der ausländischen Konkurrenz.

Als 1836 der Zollverein den Einfuhrzoll für Rohrzucker erhöhte, war man aus existenziellen Gründen gezwungen, ein rentableres Verfahren für die Rübenzuckerproduktion aus der fortgeschritteneren französischen Zuckerindustrie zu übernehmen,[21] wodurch ein entscheidender Anstoß für die stürmische Entfaltung der Rübenzuckerindustrie im Magdeburger Raum seit der Mitte der dreißiger Jahre gegeben wurde. Innerhalb eines einzigen Jahres nahmen in Deutschland 120 Fabriken die Herstellung von Rübenzucker auf. Schon in der Kampagne 1836/37 erzeugten sie ein Fünftel des deutschen Gesamtbedarfs. Die

[20] Zit. nach ACKERMANN, 1934: 150.
[21] Vgl. hierzu Beitrag von MÜLLER in diesem Halbband.

Mehrzahl dieser Zuckerfabriken wurden in der Provinz Sachsen, vor allem in der Magdeburger Börde, sowie in den Herzogtümern Anhalt und Braunschweig errichtet. 1849 gab es allein in der Stadt Magdeburg elf Rübenzuckerfabriken und acht Zuckerraffinerien mit insgesamt 2111 Beschäftigten.[22]

Im Jahre 1839 senkte der Deutsche Zollverein den Zuckerschutzzoll. Das geschah im Interesse der Getreide exportierenden ostelbischen Junker als Gegenleistung für einen Abbau des Getreideimportzolls durch die holländische Regierung. Der junge Industriezweig und natürlich vor allem der einträgliche Profit der Unternehmer waren erneut bedroht. Zuckerindustrielle des nördlichen Harzvorlandes, darunter Vertreter von sieben Magdeburger Unternehmen wurden daraufhin gemeinsam beim preußischen Finanzminister vorstellig. Sie wünschten, daß die Erfordernisse der Industrie mehr beachtet würden. Doch der Minister lehnte eine Heraufsetzung des Zuckerschutzzolles nicht nur rundweg ab, sondern kündigte auch eine höhere Besteuerung der Zuckerrüben zum Ausgleich für den durch die geringere Einfuhr von Rohrzucker entstehenden Zollausfall an. Dies bewog die deutschen Zuckerfabrikbesitzer am 16. April 1841 auf einer Konferenz in Magdeburg, den „Verein der Runkelrüben-Zuckerfabrikanten" zu gründen. Der Verein sollte einheitliche Auffassungen verfechten, die der Wirtschaftspolitik förderlich waren. Er war eine der ersten gesamtdeutschen Organisationen zur Vertretung industrieller Interessen.[23] Dieses energische Auftreten der Zuckerfabrikanten zeugt davon, daß sich die deutsche der Bourgeoisie in stärkerem Maße ihrer Interessen und ihres Gegensatzes zu der bestehenden halbfeudalen Staatsmacht bewußt wurde und entsprechend zu handeln begann.

Die 1840 eingeführte Besteuerung der Rübenzuckerproduktion nach der Menge der verarbeiteten Rüben bewog die Unternehmer, nach Wegen zu suchen, die Zuckerausbeute zu steigern[24] und damit den Steueranteil am Endprodukt zu verringern. Insofern wirkte die Besteuerung ungewollt als kräftiger Anreiz für die Verbesserung der Produktionstechnik. Gerade von Magdeburg gingen dafür bedeutende Impulse aus. Im Anschluß an den erneuten Aufschwung der Rübenzuckerproduktion im Magdeburger Raum entstanden zwischen 1840 und 1849 vier später bedeutende Maschinenfabriken, die zunächst vor allem Apparate reparierten und maschinelle Einrichtungen für Zuckerfabriken in der näheren und weiteren Umgebung bauten. In Zuckerfabriken der Elbestadt liefen zum ersten Mal Zentrifugen, die von Magdeburger Maschinenfabriken immer weiter verbessert wurden. Diese konstruierten und produzierten immer leistungsfähigere hydraulische Pressen, Kocher und Verdampfer, Schnitzel- und Waschmaschinen. Mit dem Bau von Pumpen, Armaturen, Meßgeräten und Waagen trugen weitere Magdeburger Maschinenfabriken in den späteren Jahren zur Entwicklung der Produktionstechnik in den Zuckerfabriken bei.

Die Bedeutung, die der Magdeburger Maschinenbau für die Ausrüstung von Zuckerfabriken erlangte, wird durch folgende Angaben unterstrichen: Bis zum Jahre 1870 wurden in Deutschland 138 Zuckerfabriken erbaut bzw. umgebaut, deren Ausrüster nachgewiesen werden können. Fünfzig dieser Betriebe, das sind 36 Prozent, ließen ihren Produktionsapparat in Magdeburg anfertigen. An erster Stelle rangierte die Fürstlich Stolbergische Maschinenfabrik.[25] Die Magdeburger Zuckerfabrikausrüster vergrößerten

[22] Vgl. Fünfzig Jahre ... Statistik, 1935: 84.
[23] Vgl. SCHMIDT, 1928: 163f.
[24] Vgl. hierzu die Beiträge von MÜLLER in diesem Halbband und PLAUL im ersten Halbband.
[25] Vgl. LORENZ, 1966: 64.

im Laufe der Zeit den Kreis ihrer Abnehmer. Sie produzierten für den Export und sie lieferten die gleichen oder ähnlichen Maschinen auch in andere Industriezweige, besonders an Spiritusfabriken.

Der außerordentlich schnelle Aufschwung von Industrie und Handel seit der Mitte der dreißiger Jahre stellte wachsende Anforderungen an das Transport- und Verkehrswesen. In den Jahren nach 1815 waren die traditionellen Verkehrswege verbessert worden. Die Straßen nach Berlin (1819/21), nach Egeln (1826/27) und Eisleben (1830/31) wurden verbreitert, teilweise begradigt und vor allem gepflastert. Aber immer noch benötigte die private Kernbacher Personenkutsche von Halle nach Magdeburg 14 Stunden, und zwar von fünf Uhr früh bis abends sieben Uhr. In Könnern wurde gefrühstückt, in Bernburg Mittag gegessen und außerdem überall da zur Stärkung der Pferde und Reisenden angehalten, wo ein Wirtshausschild zu erblicken war. Der Transport von Gütern vollzog sich noch wesentlich langsamer.

Die herkömmlichen Methoden des Landtransportes waren der Beförderung von Massengütern wie Getreide, Zucker, Salz, Braunkohle und schwerlastiger Produkte des Maschinenbaus nicht mehr gewachsen. Der Einsatz der bereits in den kapitalistisch weiter entwickelten Staaten Westeuropas und in Nordamerika erprobten Eisenbahn wurde zu einer ökonomischen Notwendigkeit.

Schon 1829 waren, von Leipzig nach Halle ausgehend, die ersten Pläne einer Eisenbahn zwischen Magdeburg und Leipzig erwogen worden. Im Gegensatz zu Oberbürgermeister Francke lehnten aber die Ältesten der Magdeburger Kaufmannschaft in ihrer Sitzung am 11. Dezember 1829 eine Beteiligung am Eisenbahnbau einstimmig ab. Sie gaben vor, es wäre zu kostspielig und verspräche nur wenig Gewinn. Tatsächlich befürchteten die Magdeburger Handelskapitalisten, daß ein Teil des Eigenhandels Magdeburgs durch eine bessere Verbindung mit dem gewerblich hochentwickelten Sachsen an Leipziger Handelshäuser fallen könnte.[26]

Es gab 1829 wie in den folgenden Jahren noch andere Widerstände gegen die Eisenbahn. Fuhrgeschäfte und Elbschiffahrtsunternehmen erblickten in ihr ebenso eine unliebsame Konkurrenz wie die Post, die neben der Brief- und Güterzustellung auch den Personenverkehr betrieb. Die Gutsbesitzer und Großbauern befürchteten, Hafer und Stroh nicht mehr im gleichen Umfang an die Fuhrunternehmer und die Post absetzen zu können. Die Magdeburger Festungskommandantur widersetzte sich dem Eisenbahnbau in die Stadt aus Gründen der militärischen Sicherheit.

Erst 1835 wurden die Magdeburger Großkaufleute und Reeder aus ihrer Lethargie aufgerüttelt, als sie von den Vorbereitungen ihrer Hamburger und Leipziger Konkurrenz zum Bau von Eisenbahnen nach Magdeburg erfuhren. Die Nachricht, daß in Leipzig am 14. Mai 1835 in knapp sieben Stunden 1,5 Millionen Taler für den Bahnbau nach Dresden gezeichnet worden waren, stimmte sie endgültig um. Oberbürgermeister Francke, inzwischen Ehrenmitglied des Komitees der Leipzig-Dresdner-Eisenbahn, wandte sich am gleichen Tag mit einer persönlichen Bitte an die preußische Regierung in Berlin, ihm die Anlegung einer Eisenbahn von Magdeburg nach Leipzig zu genehmigen.[27]

Francke dachte von vornherein an eine Verlängerung dieser Linie bis Hamburg. In einer an den Magistrat gerichteten Denkschrift bemerkte er: „Da von Hamburg, Bremen, Hannover, Celle und Braunschweig an Eisenbahnen nicht nur gedacht, sondern auch

[26] Vgl. Neuss, 1926: 187ff.
[27] Vgl. STAM, Rep. C 68 I, Nr. 12.

ernstlich gearbeitet wird, so darf auch unsere Stadt nicht müßig sein und nicht zurückbleiben, wenn sie nicht Gefahr laufen will, einen bedeutenden Teil ihrer Handelsverbindungen an andere Städte und Gegenden zu verlieren.[28]

Obgleich FRANCKES Initiative im Gegensatz zu den gesamtdeutschen Eisenbahnplänen Friedrich LISTS nicht nationalen, sondern vornehmlich lokalen Interessen untergeordnet war, gebührt ihm doch Anerkennung für sein Wirken um den mitteldeutschen Eisenbahnbau. Am 29. Juni 1835 konstituierte sich ein Eisenbahnbaukomitee mit Oberbürgermeister FRANCKE und dem Vorsteher der Kaufmannschaft, SCHULTZE, an der Spitze. Es bedurfte des ganzen Einsatzes des Komitees, bis schließlich die preußische Regierung Anfang des Jahres 1836 dem Bau prinzipiell — allerdings mit einigen Vorbehalten — zustimmte. Am 9. Juli 1836 erschien in der „Magdeburgischen Zeitung" die Aufforderung, in der Zeit vom 11. bis 13. August Aktien der Magdeburg-Leipziger Eisenbahn in Höhe von 2,3 Millionen Talern zu zeichnen. Am Abend des 13. August waren es 5,2 Millionen Taler, mehr als das Doppelte. Die Summe wurde zu einem bedeutenden Teil von den Magdeburger Großhändlern, den Mitgliedern der Kaufmannschaft, aufgebracht.

Am 29. Juni 1839 erlebte Magdeburg einen großen Tag, denn der erste Streckenabschnitt von Magdeburg bis Schönebeck wurde eingeweiht. Lokomotiven und Eisenbahnwagen waren englischer Herkunft. Ein Zeitgenosse berichtet: „Um 8¼ Uhr setzte sich unter Musikbegleitung der aus 13 englischen Wagen bestandene, festlich geschmückte Zug von dem Abfahrtspunkte, der Bastion Cleve (beim Lossier'schen Badehaus) aus, geführt von der höchst solid und geschmackvoll konstruierten Lokomotive ‚Adler' in Bewegung und langte etwa 25 Minuten später nach einer glücklichen Fahrt auf dem Bahnhofe bei Schönebeck an ... Dann erfolgten, den Tag darauf (sonntags) am 30. Juni gegen tarifmäßige Billetbezahlung mit Hilfe der zwei Lokomotiven ‚Jungfrau' und ‚Adler', nebst 16 mit denselben verbundenen Bahnwagen die 6 ersten öffentlichen Bahnlustfahrten von hier nach Schönebeck und wieder zurück ... Von allen Seiten unserer nahen und fernen Umgebung eilte erwartungsvoll jung und alt aus allen Städten hierher, um Augenzeuge oder Teilnehmer dieser Wunder erregenden Lustfahrten zu sein, welches uns Magdeburgern wahre Volksfeste gewährte."[29]

Am 23. Juli 1840 begann der Verkehr auf dem Abschnitt bis Halle. Schließlich konnte am 18. August 1840 die gesamte Strecke Magdeburg—Leipzig für den Personenverkehr freigegeben und gleichzeitig der Anschluß nach Dresden hergestellt werden. Die erste große Eisenbahnverbindung Deutschlands war geschaffen. Stolz verwies man, ganz dem kleinstaatlichen Denken verhaftet, darauf, daß es sich um die erste Eisenbahn in der Welt handele, die die Grenzen zwischen mehreren Staaten überschreite: Preußen, Anhalt und Sachsen!

Der Magdeburg-Leipziger Eisenbahn folgte von 1841 bis 1843 der Bau der Bahn nach Halberstadt, die von Oschersleben aus eine Verbindung an die Braunschweig-Harzburger Staatsbahn bei Wolfenbüttel erhielt. Über diese Verbindung konnte seit 1847 Köln erreicht werden. Am 7. August 1846 wurde die Potsdam-Magdeburger Eisenbahn eingeweiht, die einzige Magdeburg berührende Linie, bei der die Initiative nicht von Magdeburg ausgegangen war. Der Bahnhof war aus militärischen Überlegungen unterhalb des Fürstenwalls (am heutigen Schleinufer) errichtet worden. Dazu hatte erst das damals ganz schmale Elbufer mit erheblichem Kostenaufwand von der Festungskommandantur erworben und danach aufgeschüttet werden müssen.

[28] Stadtarchiv Magdeburg, Rep. A II, Nr. E 36.
[29] LEHMANN, 1839: 245ff.

Ein heftiger Kampf entbrannte um die Streckenführung der Eisenbahn, die Magdeburg und damit zugleich den sächsischen Raum mit Hamburg verbinden sollte. Die kapitalistischen Interessen gerieten hier in erbitterten Gegensatz zu denen der Junker, zur kleinstaatlichen Zersplitterung Deutschlands und zu überholten militärischen Grundsätzen. Ein am 24. Juli 1843 unter Vorsitz des Magdeburger Regierungspräsidenten gebildetes Komitee wollte zugunsten der Gutsbesitzer rechts der Elbe einen Anschluß an die geplante Berlin-Hamburger Eisenbahn erwirken. Das veranlaßte die Magdeburger Großkaufleute und Fabrikanten bereits am folgenden Tage dazu, unter Leitung Oberbürgermeister FRANCKES einen Ausschuß ins Leben zu rufen, der die direkte und wesentlich kürzere Verbindung nach Hamburg über Haldensleben, Oebisfelde mit Anschluß an die projektierte Bahnlinie Hannover—Hamburg anstrebte. Nicht nur der Widerstand der Junker, sondern auch zollpolitische Gegensätze mit dem nicht dem Deutschen Zollverein angehörenden Königreich Hannover stellten sich dem entgegen. Während die Magdeburger Bourgeoisie zäh an ihrem Projekt festhielt, orientierte der „dem König in Treue ergebene" FRANCKE auf einen Kompromiß. Schließlich wurde die Eisenbahn auf dem linken Elbufer durch die Altmark geführt, was ebenfalls vorwiegend agrarischen Interessen entgegenkam.[30] Die Verbindung von Hamburg nach Sachsen, Thüringen und weiter nach Süden war aber durch die Machenschaften der preußischen Junker auf die Dauer verkrüppelt worden.

Magdeburg bildete in den vierziger Jahren des vergangenen Jahrhunderts einen der ersten bedeutenden Eisenbahnknotenpunkte Deutschlands. Die Mageburger Bourgeoisie hatte damit den Anschluß an die neuen entscheidenden Entwicklungen in Verkehr, Handel und Industrie bewahrt, und sie trug mit den über die Grenzen der Kleinstaaten hinausführenden Eisenbahnen zur Herausbildung eines nationalen Marktes bei. Zur Rolle, die Oberbürgermeister FRANCKE in diesem Prozeß spielte, bemerkt EICHHOLTZ: „Für die Zeit des Vormärz stellte FRANCKE eine Persönlichkeit dar, die sich ausgezeichnet dafür eignete, zwischen den Interessen des Handelskapitals und der preußischen Junkerregierung in den so wichtigen Fragen des Eisenbahnbaus zu vermitteln ... Es ergab sich, daß ein bürgerlicher Bürokrat wie FRANCKE dem kapitalistischen Fortschritt durchaus dienstbar sein konnte, indem er zwischen der reaktionären Regierung und der ihn dirigierenden Bourgeoisie lavierte, und daß er dadurch objektiv die Interessen des fortschrittlichen Elements in der Ökonomik, des Industriekapitalismus, förderte."[31]

Ebenso wie beim Eisenbahnbau schlug auch bei der Einführung der Dampfschiffahrt der anfängliche Widerstand der Magdeburger Handels- und Industrieunternehmer schließlich in kräftige Initiative um. Schon am 6. Mai 1818 war nach 74stündiger Fahrt, von Hamburg kommend, das erste Dampfschiff in Magdeburg eingetroffen. Obwohl die Zeitersparnis bedeutende Vorteile bot, stand die Magdeburger Kaufmannschaft der Neuerung ablehnend gegenüber. Der Widerstand der Segelschiffseigner und Schiffsmüller versteht sich von selbst. Ein weiterer Versuch zweier Magdeburger Kaufleute, im Jahre 1822 eine Dampfschiffahrtslinie zu gründen, scheiterte.[32]

Nachdem aber 1834 von Dresden aus Anstrengungen unternommen worden waren, eine Verbindung nach Hamburg mit Hilfe von Dampfschiffen zu schaffen und schon im Winter 1834/35 das erste dort erbaute Fahrzeug wiederholt Magdeburg passiert hatte,

[30] SCHAEFER, 1926: 394ff.
[31] EICHHOLTZ, 1962: 171.
[32] Vgl. RAUSCH, 1924a: 258.

wandten sich schließlich auch Magdeburger Handelskapitalisten der Dampfschiffahrt zu. Wie beim Eisenbahnbau bewog sie dazu die Gefahr, daß sich ihre Position im mitteldeutschen Handel verschlechtern könnte, wenn sie sich dem technischen Fortschritt versagen würden. 1836 fanden sich Magdeburger Großkaufleute und Fabrikanten, um, wie es hieß, die Dampfkraft für den eigenen Handel auf der Elbe nutzbar zu machen und einen regelmäßigen Dampfschiffahrtsverkehr für Personen und Güter zwischen Magdeburg nach Hamburg einzurichten. Es wurde eine Aktiengesellschaft gegründet, deren Kapital vor allem die Getreide- und Kolonialwaren-Großhändler zeichneten.[33] 1837 erwarb die Gesellschaft den in Greenwich (England) gebauten Raddampfer „Courier". Der leitende Ingenieur des Unternehmens, der in Holland praktische Erfahrungen gesammelt hatte, orientierte auf den Bau von Schiffen in einer eigenen Werft. Auf einem in der Nähe der Strombrücke verankerten Floß entstand noch 1837 das erste mit einer holländischen Dampfmaschine ausgerüstete Dampfschiff. Im folgenden Jahr verlegte die „Magdeburger Dampfschiffahrts-Compagnie" ihre Werft nach Buckau an die Sülzemündung, die durch Ausbaggerung und Stauung schiffbar gemacht worden war. Zur Werft gehörte auch eine Werkstatt, in der die für den Schiffsantrieb erforderlichen Dampfmaschinen und Dampfkessel produziert wurden. 1839 war der erste vollständig in Magdeburg gebaute Raddampfer fertiggestellt, der auf den Namen „Stadt Magdeburg" getauft wurde.

Anfang der vierziger Jahre befuhr die „Vereinigte Hamburg-Magdeburger Dampfschiffahrts-Compagnie" — wie sie inzwischen hieß — die Linie nach Hamburg regelmäßig zweimal die Woche. Jedes Schiff konnte etwa sechzig Passagiere befördern. Es legte die Fahrt stromab in sechzehn Stunden, stromauf in vierzig Stunden zurück. Früher hatten Eilschiffe stromaufwärts zwei bis drei Wochen benötigt. 1841 beförderten die sieben Dampfer der Kompanie 18000 Personen und 62000 Dezitonnen Güter. Während die Eisenbahn den Personenverkehr bald vollständig übernahm, erlangte Magdeburg im Gütertransport mit Dampfschiffen eine führende Stellung unter den Elbestädten. Fünfundvierzig Prozent aller Güter, die 1845 von Hamburg stromaufwärts gingen, waren für Magdeburg bestimmt.[34]

Die 1838 von der „Dampfschiffahrts-Compagnie" gegründete Maschinenfabrik in Buckau sollte zunächst den Bedarf dieses Unternehmens an Dampfmaschinen decken. Der ersten bescheidenen Produktionsstätte, einem größeren Bretterschuppen am Sülzeufer gegenüber der Werft, gaben die Magdeburger Arbeiter die Bezeichnung „Alte Bude". Sie hat sich über 130 Jahre für den sich entfaltenden Großbetrieb (heute: Georgi-Dimitroff-Werk) erhalten. Das Produktionsprogramm der Maschinenfabrik Buckau weitete sich schnell aus. Schon in den vierziger Jahren zählte diese Maschinenfabrik zu den bedeutendsten Produzenten von Produktionsmitteln in Deutschland. 1847 war sie nach dem Borsig-Werk in Berlin der größte Industriebetrieb Deutschlands.

Beträchtliche Teile der im Magdeburger Großhandel akkumulierten Geldfonds hatten sich, wie die führende Beteiligung der Kaufmannschaft an der Gründung der Verkehrsunternehmen zeigt, in Eisenbahn- und Schiffahrtskapital verwandelt. Ebenso wie das in der Lebensmittelindustrie investierte Handelskapital gewann es in den fünfziger und sechziger Jahren für die weitere industrielle Entwicklung der Stadt, vor allem für den Maschinenbau, große Bedeutung.

[33] Vgl. Einhundert Jahre ..., o. J.: 20ff.
[34] Vgl. GLADE, 1961: 371ff.

*Tabelle 94*

*Die Entwicklung der Maschinenfabrik der Vereinigten Hamburg-Magdeburger Dampfschiffahrts-Compagnie in Buckau 1843 bis 1847*[35]

| Jahr | Eisenverbrauch in Tonnen | Zahl der Arbeiter | Verkaufserlös in Talern |
|---|---|---|---|
| 1843 | 589 | 325 | 200000 |
| 1844 | 598 | 360 | 204000 |
| 1845 | 735 | 445 | 255000 |
| 1846 | 1480 | 680 | 318000 |
| 1847 | | 800 | 500000 |

Mit der kapitalistischen Industrie entwickelte sich das Industrieproletariat, das den Kern der Arbeiterklasse bildet. Die Masse der Industriearbeiterschaft rekrutierte sich aus von den Zunftfesseln befreiten Handwerksgesellen und verarmten Handwerksmeistern sowie aus Teilen der verarmten Dorfbevölkerung.[36] Im frühen Stadium des Industriekapitalismus — in den dreißiger und vierziger Jahren des 19. Jahrhunderts — bildeten aber noch nicht die Industrieproletarier, sondern die Handwerksgesellen, die Heimarbeiter und natürlich die Landarbeiter die Mehrheit der deutschen Arbeiterklasse.

Ein großer Teil der schnell wachsenden Magdeburger Bevölkerung setzte sich aus Arbeitern zusammen, die aus verschiedenen ländlichen Gebieten, zunächst jedoch nur relativ wenig aus der Börde in die aufblühende Industriestadt kamen. Hier hofften sie auf günstigere Verdienst- und Lebensbedingungen als auf den Gütern und Großbauernhöfen. Die bedeutendste Bevölkerungszunahme lag zwischen 1837 und 1840, allein die Einwohnerzahl der Altstadt erhöhte sich in diesen drei Jahren von 42528 auf 50898, d. h. um fast zwanzig Prozent.

Waren 1815 etwa 900 Arbeiter in „Manufakturen und Fabriken" beschäftigt, so werden für 1840 fast 2500 angegeben. 1849 hatte Magdeburg nicht ganz sechzigtausend Einwohner. In den Industrie- und Manufakturbetrieben der Stadt waren 5983 Arbeiter beschäftigt. Eine Konzentration der Arbeiter in größeren Betrieben verzeichneten bestimmte Branchen der Textilindustrie, aber auch die Porzellanmanufakturen und die Zichorienfabriken (im Durchschnitt jeweils über 50 Arbeiter pro Betrieb), die Metallindustrie (im Durchschnitt über 100 Arbeiter pro Betrieb) und vor allem die Zuckerindustrie (im Durchschnitt über 200 Arbeiter pro Betrieb). In der Lebens- und Genußmittelindustrie waren 1849 insgesamt 3764 Arbeiter tätig, davon 2111 in der Zuckerfabrikation. Die Metallindustrie folgte mit 881 vor der Textilindustrie mit 871 Beschäftigten. Neben den Industrie- und Manufakturarbeitern gehörten die zahlreichen Handwerksgesellen zum sich formierenden Proletariat. Nach Angaben aus dem Jahre 1840 kann angenommen werden, daß die Gesamtzahl der Handwerkerproletarier etwa der der Manufaktur- und Industriearbeiter entsprochen haben dürfte.[37]

Damit bildeten die Arbeiter mit ihren Familien schon in den vierziger Jahren einen ganz

[35] Vgl. Regenauer, 1924.

[36] Vgl. hierzu die Beiträge von Berthold in diesem Halbband und Plaul sowie Bandoly im ersten Halbband.

[37] Vgl. Fünfzig Jahre ... Statistik, 1935: 82ff.; Hermes/Weigelt, 1842: 116ff.

bedeutenden Teil der Gesamtbevölkerung der Stadt. Das gilt auch dann, wenn berücksichtigt wird, daß es sich bei den Arbeitern der Lebensmittelindustrie in nicht unbeträchtlichem Maße um nur saisonweise beschäftigte Arbeiter gehandelt haben dürfte, die zum Teil in den Vorstädten und benachbarten Landgemeinden wohnten. Daß Magdeburg in dieser Zeit der proletarischen Klassenformierung bereits eine zahlenmäßig recht starke und in nicht unbedeutendem Maße in größeren Betrieben konzentrierte Arbeiterschaft besaß, war für die Entwicklung der Magdeburger Arbeiterbewegung von beachtlichem Vorteil.

Der Industriekapitalismus der dreißiger und vierziger Jahre des 19. Jh. war durch das Vorherrschen extensiver Formen der Ausbeutung gekennzeichnet. Die Anfangsschwierigkeiten der industriellen Entwicklung, besonders der Kampf gegen die übermächtige ausländische Konkurrenz, wurden auf die Schultern der Arbeiter abgewälzt. Aus Magdeburg sind aus dieser Zeit Arbeitszeiten von 12 bis 18 Stunden am Tag, in der Mehrzahl zwischen 14 und 16 Stunden, bekannt. Als Tagelohn wurde meist $^1/_4$ Taler gezahlt. Die Maschinenfabrik der „Vereinigten Hamburg-Magdeburger Dampfschiffahrts-Compagnie" zahlte ihren meist gelernten Arbeitern im Jahre 1845 für den Monat 15 Taler. Die Lage der Arbeiter verschlechterte sich noch, als nach den Mißernten der Jahre 1845 und 1846 die Lebensmittelpreise stiegen.

Das Absinken der Reallöhne und das Sinken der Kaufkraft führte zu einer Abnahme des Pro-Kopf-Verbrauches wichtiger Nahrungsmittel und zu einer Ernährungsumstellung. Bei den werktätigen Klassen und Schichten war diese vor allem durch den Übergang von der Brotnahrung zur billigeren Kartoffelnahrung — auch zu den Abendmahlzeiten — gekennzeichnet. Gerade unter diesen Bedingungen muß die Kartoffelknappheit in der zweiten Hälfte der vierziger Jahre verheerende Folgen für die unbemittelte Bevölkerung nach sich gezogen haben. Ein beträchtlicher Teil der werktätigen Bevölkerung Magdeburgs verarmte, und die Arbeitslosigkeit, die mit der Wirtschaftskrise von 1847/48 einherging, vergrößerte noch die Not.

Arbeiter und Handwerksgesellen litten besonders unter den katastrophalen Wohnungsverhältnissen. In den vierziger Jahren waren es ein- bis zweitausend Personen, die meist zu drei bis vier Familien in engen ungenügend gelüfteten und geheizten Räumen hausen

*Tabelle 95*

*Durchschnittliche Lebensmittelpreise in der Stadt in Pfennigen 1841 bis 1848 (je 1 Kilogramm, bei den letzten 4 Positionen je 1 Scheffel)*[88]

| Jahr | Butter | Talg | Rindfleisch | Schweinefleisch | Weizen | Roggen | Erbsen | Kartoffeln |
|---|---|---|---|---|---|---|---|---|
| 1841 | 162 | 120 | 78 | 86 | 62 | 41 | 56 | 16 |
| 1842 | 174 | 120 | 78 | 90 | 62 | 47 | 51 | 11 |
| 1843 | 186 | 136 | 88 | 100 | 70 | 53 | 65 | 24 |
| 1844 | 156 | 132 | 80 | 98 | 50 | 40 | 54 | 15 |
| 1845 | 160 | 108 | 72 | 90 | 57 | 46 | 60 | 15 |
| 1846 | 192 | 118 | 76 | 92 | 73 | 65 | 67 | 21 |
| 1847 | 204 | 136 | 84 | 118 | 107 | 87 | 96 | 34 |
| 1848 | 394 | 144 | 82 | 112 | 61 | 40 | 63 | 20 |

[8] Vgl. Jahrbuch ... Statistik, 1867: 94ff.

mußten. Andere ließen sich hinter dem Festungswall zwischen Ulrichs- und Schrotdorfer Tor nieder. Von Philosophieprofessor K. F. ROSENKRANZ (1805 bis 1879), einem gebürtigen Magdeburger, besitzen wir folgende anklagende Beschreibung dieses Elendsviertels: „Verwohnte Häuser mit bauchigen Mauern, mit zerbröckelnden moosgrünen Dächern, mit schlotternden Fenstern und Türen. Mehrere Familien in einer Stube zusammengepreßt, doch Blumentöpfe in den Fenstern ... Schmale schmutzige Treppen, aus den Fenstern an Stangen trocknende Lumpen hängend ... Diese Baracken schienen mir zwischen dem Wall und den solideren Bürgerhäusern eine Art socialer Hölle abzulagern ...“[39]

So brachte der Kapitalismus auch in Magdeburg äußerst widersprüchliche Erscheinungen zutage, die ihre Grundlage in der Klassenspaltung und in der immer größeren Vermögensdifferenzierung hatten. Die Lasten wurden dabei vor allem dem Arbeiter aufgebürdet.

Wenn auch die bürgerlich-demokratische Revolution von 1848/49 mit einer politischen Niederlage endete, so trug doch gerade sie in bedeutendem Maße dazu bei, die ökonomische Entwicklung in Deutschland voranzutreiben. Die Großbourgeoisie hatte „einen, wenn auch bescheidenen, Anteil an der politischen Macht bekommen“, und dieser wurde von ihr „ausgebeutet in einem industriellen Aufschwung.“[40] Die Bourgeoisie hatte nicht nur über das die Vermögenden begünstigende Dreiklassenwahlrecht die Möglichkeit, ihre Interessen im Abgeordnetenhaus zu vertreten. Auch im neu gebildeten, vom Bourgeois von der HEYDT besetzten Ministerium für Handel, Gewerbe und öffentliche Arbeiten besaß sie einen wichtigen politischen Aktivposten. Die Agrargesetze von 1850, auf deren Grundlage die Ablösung der feudalen Verhältnisse auf dem Lande beendet wurde, die aber in der Magdeburger Börde auf Grund des bereits erreichten Entwicklungsstandes kaum noch Bedeutung hatten,[41] waren ebensolche die kapitalistische Entwicklung vorantreibende Ergebnisse der Revolution wie die Durchsetzung der Gewerbefreiheit im Bergbau und die Erleichterungen bei der Bildung von Aktiengesellschaften.

Auf dieser Grundlage nahm die industrielle Revolution in den fünfziger und sechziger Jahren nicht nur ihren Fortgang; sie erreichte ihren Höhepunkt und Abschluß. Deutschland entwickelte sich zu einem bedeutenden Industrieland.

Im Ergebnis der zweiten Etappe der industriellen Revolution veränderte sich auch die Wirtschaftsstruktur Magdeburgs. Zum strukturbestimmenden Industriezweig avancierte jetzt die Metallindustrie. Die Entwicklung der Magdeburger Metallindustrie, besonders des Maschinen- und Apparatebaues, erfolgte auf der Grundlage des Aufschwungs der Lebensmittelindustrie, des Verkehrswesens und des Salz- und Braunkohlebergbaus in der Staßfurt-Oscherslebener Mulde und des sich herausbildenden und schnell entfaltenden Marktes für die Ausstattung und Reparatur von Produktions- und Verkehrseinrichtungen. Dazu trat der in den sechziger Jahren sprunghaft ansteigende Bedarf an Landmaschinen für die Güter und Großbauernwirtschaften in der Börde, in der Altmark und im ostelbischen Raum. Die Dampfschiffahrt und der Eisenbahnbau boten Anreiz, Schiffe und Schiffsdampfmaschinen zu bauen sowie Eisenbahnbaumaterialien zu produzieren. Zwei der bedeutendsten Magdeburger Unternehmen, die Maschinenfabrik der „Vereinigten Hamburg-Magdeburger Dampfschiffahrts-Compagnie“ (im weiteren kurz: Maschinenfabrik Buckau) und die Maschinenfabrik und Eisengießerei von HERMANN GRUSON, nahmen hiervon ihren Ausgang.

[39] ROSENKRANZ, 1873: 54.
[40] ENGELS, 1962 (1895/96): XXI, 408.
[41] Vgl. dazu den Beitrag von PLAUL im ersten Halbband.

Die Maschinenfabrik Buckau (heute: Georgi-Dimitroff-Werk) errang durch die Einführung der Corliss-Steuerung für Dampfmaschinen (1857), durch den Bau der ersten großen Dampfpumpe mit 140 PS, die 1859 im Magdeburger städtischen Wasserwerk installiert wurde, und durch die Entwicklung von Großdampfmaschinen mit bis zu 300 PS (nach 1860) den Ruf, eine der „klassischen Stätten des Dampfmaschinenbaus in Deutschland" zu sein. Die Produktion von Dampfbaggern für die Flußregulierung bahnte schließlich ebenso wie der Bau leistungsstarker hydraulischer Pressen für die Zucker- und Speiseölgewinnung den Weg für die in den folgenden Jahrzehnten das Produktionsprofil und die Weltgeltung des Werkes bestimmenden Braunkohlenförderungs- und Brikettierungsanlagen.[42]

Die „Vereinigte Hamburg-Magdeburger Dampfschiffahrts-Compagnie", der die Maschinenfabrik Buckau zugehörte, geriet dagegen seit der Mitte der fünziger Jahre in immer größere finanzielle Schwierigkeiten. Das war zum Teil auf Schiffsunglücke zurückzuführen, hatte seine Ursache aber vor allem in der zunehmenden Konkurrenz durch die Eisenbahn und nicht zuletzt durch zwei 1857 gegründete Elbschiffahrtsgesellschaften. Einen Teil der Verluste suchte die Firma auf ihre Arbeiter abzuwälzen, deren Lohnsumme sie um die Hälfte kürzte. Als Ausweg schien sich schließlich die Kettenschiffahrt anzubieten, die seit vielen Jahren in Frankreich, den USA und anderen Staaten betrieben wurde. Die Kompanie eröffnete am 1. September 1868 zwischen den Magdeburger Vororten Neustadt und Buckau die erste Kettenschiffahrtsstrecke in Deutschland. In den folgenden Jahren wurde die Kette bis nach Hamburg gelegt. Die Kettenschleppschiffe, auf der eigenen Werft gebaut, wiesen neben niedrigerem Brennstoffverbrauch einen geringen Tiefgang und damit gegenüber den Raddampfern bei größerer Betriebssicherheit günstigere Wartungskosten auf. Von Nachteil waren die schwierigen Manöver, die bei der Begegnung zweier Kettenschleppschiffe nötig wurden.[43]

Die andere in enger Verbindung mit dem Verkehrswesen sich entwickelnde Magdeburger Maschinenfabrik war die Grusonsche Eisengießerei (heute: Ernst-Thälmann-Werk). Hermann Gruson (1821—1895) war der Sohn des Bauleiters und ersten technischen Direktors der Magdeburg-Leipziger Eisenbahn. Nach einer Ingenieurtätigkeit bei der Berlin-Hamburger Eisenbahn und in der Maschinenfabrik Buckau gründete Gruson 1855 in Buckau eine eigene Schiffswerft. Sie fiel der Wirtschaftskrise des Jahres 1857 zum Opfer. Gruson stellte sich auf Eisenbahnmaterial um. Erfolg erlangte er erst durch die Erfindung des Eisenhartgusses. Durch die Auswahl bestimmter Eisensorten und die Verwendung eiserner Gußformen gelang es ihm, ein Gußeisen von überlegener Festigkeit zu gewinnen, das im Schiffs- und Maschinenbau an die Stelle des teueren Schmiedeeisens oder Stahls treten konnte. Zunächst ließ Gruson vor allem Walzen und Eisenbahnräder in seiner Eisengießerei herstellen. Als 1858 die Produktion von bisher aus schmiedeeisernen oder stählernen Schienen zusammengesetzten Herz- und Kreuzungsstücken der Eisenbahngleise aus Hartguß aufgenommen wurde, war die Grundlage zum Aufschwung des Werkes gelegt.

Die sprunghafte Entfaltung des Grusonschen Unternehmens setzte aber vor allem mit der 1863 begonnenen Herstellung von Granaten zum Durchschießen von Panzerungen und dem 1869 aufgenommenen Bau von Panzerständen für die Küstenbefestigung ein. Gruson stellte seine Erfindung in den Dienst des preußischen Militarismus. Er wurde

[42] Geschichte, die, ..., (1936): 50ff.

[43] Vgl. Geschichte, die, ..., (1936): 50ff.; Thomas 1930: 315ff.

zum Rüstungsgewinnler und trug mit seinen Kriegsmaterialien dazu bei, die militärischen Voraussetzungen zur Gründung des bürgerlichen Nationalstaates auf dem Wege preußischer Kriege zu schaffen. Die „nationale" Gesinnung GRUSONS zeigte sich darin, daß er 1867 auf der Weltausstellung in Paris seine neuen Geschosse auch dem äußeren Gegner eines deutschen Nationalstaates anbot. Das Ehrenkreuz der französischen Ehrenlegion war der Lohn. Die Produktion des Grusonwerkes nahm eine derart rasche Entwicklung, daß das Werk 1869 an einen neuen weiträumigen Platz im Buckauer Feld verlegt werden mußte.[44]

Nach 1860 entwickelte sich mit dem Landmaschinenbau ein anderer wichtiger Zweig des Maschinenbaus. In den Jahren davor waren mit Ausnahme des „Wanzleber Pfluges" die meisten der verwendeten Geräte und Maschinen noch aus anderen Gegenden herangeführt worden. Das gilt besonders für die in der Börde rasch und fast allgemein zum Einsatz kommenden Drillmaschinen und für die Ende der fünfziger Jahre hier eingeführten Dampfdreschmaschinen. Die erste Blütezeit in der Mechanisierung der Landwirtschaft trat dann in den sechziger Jahren ein.[45] Um die nunmehr sprunghaft wachsende Nachfrage zu decken, entstanden in Magdeburg kurz hintereinander sechs Maschinenfabriken, die ihr Produktionsprogramm vornehmlich auf die Bedürfnisse der Bördegüter ausrichteten.

Gerade in diesem Bereich des Magdeburger Maschinenbaus war noch lange englischer Einfluß zu spüren. Das zeigte sich nicht nur darin, daß der Magdeburger Landmaschinenbau von der englischen Firma Garrett begründet wurde, auch der bedeutendste Betrieb dieses Zweiges, die Fabrik von R. WOLF (heute: Karl-Liebknecht-Werk), verkaufte noch lange zu ihren Lokomobilen aus England importierte Dreschmaschinen. Die Firma des Erfinders des Dampfpfluges, JOHN FOWLER, eröffnete 1873 in Magdeburg eine Filiale. Der erste Dampfpflug in der deutschen Landwirtschaft wurde 1868 vom Pächter der Domäne Wolmirstedt erworben, nachdem bereits fünf Jahre zuvor bei Wanzleben ein erfolgreiches Versuchspflügen unternommen worden war. Der Saisoncharakter der Produktion sowie die begrenzte Zahlungsfähigkeit der Landwirtschaft, die Kredite durch die Fabrikanten erforderlich machten, standen einer Spezialisierung im Wege. Nur die Betriebe entfalteten sich, die den äußeren Markt gewinnen konnten. Das gelang in Magdeburg, allerdings erst in späteren Jahren, nur der Firma R. WOLF, die sich Weltruf zu erobern vermochte.

RUDOLF WOLF (1831—1912) entstammte einer Professorenfamilie. Sein Entwicklungsgang gleicht in vielem dem HERMANN GRUSONS. 1862 unternahm er als einer der ersten deutschen Maschinenfabrikanten den Versuch zur Spezialisierung der Produktion. Er richtete in der Feldstraße in Buckau eine zunächst sehr kleine Fabrik für den Bau von Lokomobilen ein. Die fahrbaren und stationären Lokomobile dienten als Antriebsmaschinen in der Landwirtschaft und in der Industrie. Daneben wurden aber bald auch größere Dampfmaschinen und Dampfkessel produziert.[46]

Unter den Magdeburger Metallfabriken, die ihrerseits wieder als Zulieferer der Maschinenfabriken auftraten, verdienen insbesondere zwei Betriebe besondere Beachtung. Die Meßgeräte- und Armaturenfabrik Schäffer & Budenberg (heute: Erich-Weinert-Werk und Karl-Marx-Werk, Buckau) wurde 1850 durch den Mechaniker BERNHARD SCHÄFFER, den Erfinder des Plattfeder-Manometers, und den Kaufmann BUDENBERG gegründet.

[44] Vgl. Geschichtliche ... Notizen, o. J.: 3ff.
[45] Vgl. dazu den Beitrag von PLAUL im ersten Halbband.
[46] Vgl. MATSCHOSS, (1912): 6ff.

Nachdem die Nachfrage nach den Erzeugnissen schnell gestiegen war, erfolgte 1858 die Übersiedlung der Fabrik aus der Altstadt nach Buckau. 1870 gründete OTTO GRUSON, der jüngere Bruder HERMANN GRUSONS, in Buckau eine Eisengießerei (heute: Ernst-Thälmann-Werk). Sie spezialisierte sich bald darauf, Zahnräder herzustellen.

Die zweite Phase der industriellen Revolution in Deutschland nahm im Vergleich zur ersten Etappe der dreißiger und vierziger Jahre einen wesentlich schnelleren Verlauf. Während aber im nationalen Rahmen die fünfziger Jahre die „ersten Gründerjahre" darstellten, setzten sie in Magdeburg erst ein Jahrzehnt später ein.

Im Zusammenhang mit der Entfaltung der Maschinenbauindustrie, die höhere Anforderungen an die technisch-naturwissenschaftlichen Kenntnisse und Erfahrungen stellte, traten an die Stelle von Handelskapitalisten Angehörige der technischen Intelligenz (GRUSON, WOLF) als Begründer industrieller Unternehmen. Sofern sie nicht selbst über das erforderliche Anfangskapital verfügten (SCHÄFFER), taten sie sich mit Vertretern des Kaufmannskapitals zusammen (BUDENBERG).

Diese Jahre verzeichneten „die Entstehung eines neuen Unternehmertyps, des erfreulichsten in der Geschichte, des Unternehmer-Ingenieurs und des Unternehmer-Chemikers."[47]

Da viele Betriebe als Kleinstunternehmungen begannen und oft nur relativ geringe Anfangsinvestitionen erforderlich waren, beteiligten sich — wie Zeitungsannoncen und Adreßbücher ausweisen — neben Handwerkern sogar einzelne Arbeiter an der Gründung industrieller Unternehmen. Das geschah ausnahmslos in der Form von Gesellschaften und mit Hilfe langfristiger Zahlungskredite. Fast alle diese Betriebsgründungen fielen nach kurzer Zeit der Konkurrenz größerer Fabriken zum Opfer.

Im Gegensatz zu anderen Großstädten war in Magdeburg die sogenannte Peripheriewanderung, d. h. die Verlegung der Industrie aus dem altstädtischen Zentrum in die Vorstädte nur schwach ausgeprägt. Eine wesentliche Ursache dafür war die Tatsache, daß die Enge der Festungs- und Garnisonstadt viele Unternehmer — HERMANN und OTTO GRUSON, R. WOLF u. a. — veranlaßte, ihre Betriebe von Anbeginn in Buckau anzusiedeln. Auch die bedeutenden Lebensmittelfabriken hatten sich schon bei ihrer Gründung in Sudenburg, in der Neustadt und auch in Buckau niedergelassen. Die Standorte der Rübenzuckerfabriken befanden sich ohnehin immer häufiger in unmittelbarer Nähe betriebseigener Felder.[48] Die Wahl Buckaus zum bevorzugten Ort von Industriegründungen läßt sich aus den besonders günstigen Standortbedingungen, der unmittelbaren Nähe von Schiffahrtsweg und Eisenbahn, erklären. Die Altstadt beherbergte allerdings weiterhin die größte Zahl der Fabriken, die freilich Klein- und Mittelbetriebe blieben.

Magdeburg, die alte Handelsmetropole an der Elbe, die preußische Festungs- und Verwaltungsstadt, wandelte ihren Charakter. Sie wurde mehr und mehr zu einer Industriestadt. Mit diesem Wandel waren wichtige Veränderungen im Stadtbild verbunden. Es entstanden nicht nur neue Industrie- und Verkehrsanlagen. Auch die Kommunalpolitik suchte mit der industriellen Entwicklung und ihren Anforderungen Schritt zu halten. 1853 wurde das Gaswerk in der Alten Neustadt erbaut und die Gasbeleuchtung eingeführt. 1859 entstand das neue Wasserwerk am Wolfswerder. Die Pflasterung der Straßen und die Kanalisierung der Stadt erfolgte Ende der fünfziger Jahre. 1862 konnte eine neue eiserne Strombrücke eingeweiht werden. 1867 wurde Sudenburg eingemeindet. Vor allem nahm

[47] KUCZYNSKI, 1947: 89.

[48] Vgl. hierzu den Beitrag von MÜLLER in diesem Halbband.

*Tabelle 96*

*Neugründungen industrieller Unternehmen in Magdeburg von 1815 bis 1870*[49]

| Zeitraum | Industrie insgesamt | Metallindustrie | davon: Maschinen- u. Apparatebau | Chemische und Düngemittelfabriken | Nahrungs- und Genußmittelindustrie | davon: Zuckerfabriken u. -raffin. | Zichorienfabriken | Spiritusfabriken |
|---|---|---|---|---|---|---|---|---|
| 1815/30 | 19 | 1 | 1 | 1 | 8 | 2 | 3 | 1 |
| 1831/40 | 36 | 5 | 2 | 1 | 22 | 10 | 4 | 3 |
| 1841/50 | 26 | 9 | 5 | 2 | 6 | 1 | — | 1 |
| 1851/60 | 39 | 8 | 5 | 4 | 19 | 3 | 1 | 7 |
| 1861/70 | 206 | 63 | 35 | 16 | 61 | — | 8 | 16 |
| 1815—1870 | 326 | 86 | 48 | 24 | 116 | 16 | 16 | 28 |

[49] Nach LORENZ, 1966: 5ff. — Es werden nur die profilbestimmenden Industriezweige einzeln ausgewiesen.

der Magistrat, wenn auch sehr zögernd, seit der Mitte der sechziger Jahre den Plan FRANCKES für eine Erweiterung der Altstadt in Angriff. Im Zusammenhang mit der Erneuerung und Hinausschiebung der Festungsanlagen überließ der preußische Staat der Stadt ein 54 Hektar großes Gelände, das im Süden bis zum heutigen Hasselbachplatz reichte und im Westen das Terrain zwischen der heutigen Otto-von-Guericke-Straße und den Bahnanlagen umfaßte. Die Militärbehörden verlangten einen horrenden Preis, 114000 Mark je Hektar, insgesamt über 6 Millionen Mark. Um das Geld aufzubringen, mußte die Stadt eine große Anleihe aufnehmen. In Magdeburg soll man sich damals erzählt haben, die Stadt habe drei bedeutende Erfinder als Oberbürgermeister hervorgebracht: GUERICKE als Erfinder der Luftpumpe, FRANCKE als Erfinder der Wasserpumpe (Anspielung auf die Einführung der Wasserversorgung mit Pumpen in den Straßenzügen) und HASSELBACH als Erfinder der „Geldpumpe".

Der Ankauf des Festungsgeländes war ein Zeichen für die gewachsene ökonomische Stärke der Großbourgeoisie. Er schuf die Voraussetzungen, daß die Stadt endlich, mit jahrzehntelanger Verspätung, das „Festungskorsett" sprengen und Raum gewinnen konnte, um sich zu einer Industriegroßstadt zu entfalten.

Damit entstand zugleich die Möglichkeit zur Anlage neuer Wohnkomplexe. Wie überall in den sich herausbildenden Industrie- und Arbeiterstädten stellte aber auch in Magdeburg das Wohnungswesen ein im Kapitalismus unlösbares Problem dar. Es offenbarte in besonders krasser Weise die Zwiespältigkeit des ökonomischen und kulturellen Fortschritts. Sichtbarer Ausdruck der immer größer werdenden Vermögensdifferenzierung und der sich vertiefenden Klassenspaltung sind die sich seitdem herausbildenden Wohnviertel, die — wie Teile des Stadtfeldes — durch Villen, Gärten etc. gekennzeichnet und der Bourgeoisie weitgehend vorbehalten waren bzw. — wie vor allem Buckau und die Gegend um die Jakobstraße — durch Mietskasernen, Hinterhöfe, verfallene und überbelegte, auch straßenmäßig, sanitär etc. schlecht erschlossene Bauten geprägt und vor allem dem Proletariat zugemutet wurden.

## Die Herausbildung monopolkapitalistischer Merkmale in der Magdeburger Wirtschaft

Mit der Gründung des reaktionären, militaristischen Deutschen Reiches 1871 entstand der bürgerliche Nationalstaat in der für das Volk ungünstigsten Form. Die Herausbildung eines nationalen Marktes, die damit zum Abschluß gebracht wurde und die den Interessen der Bourgeoisie entsprechende nunmehr im wesentlichen einheitliche Gesetzgebung stellten im Zusammenhang mit der Frankreich abverlangten Milliardenkontribution die Grundlage für einen außerordentlich raschen Aufschwung der Wirtschaft dar. Deutschland rückte binnen weniger Jahrzehnte zu den führenden Industriestaaten auf. Eine besonders schnelle und starke Konzentration der Produktion, der Arbeitskräfte und des Kapitals leitet relativ frühzeitig und umfassend den Übergang in das imperialistische Stadium des Kapitalismus ein.

Seit dem letzten Jahrzehnt des 19. Jh. zeigten sich auch in der Magdeburger Wirtschaft immer klarer die Merkmale des Monopolkapitalismus. Mit der weiteren Ausdehnung der Industrie ging eine verstärkte Konzentration der Produktion, des Kapitals und der Arbeitskräfte in Großbetrieben, besonders im Maschinenbau, einher.

Vier Betriebe (Tab. 97) stellten 1882 nur 1,6 Prozent, im Jahre 1895 1,4 Prozent und 1907 sogar lediglich 1,1 Prozent aller Maschinenbaubetriebe Magdeburgs. In ihnen arbeiteten aber 1882 45 Prozent, 1895 bereits 55,7 und 1907 sogar 76,7 Prozent aller Beschäftigten dieses Industriezweiges.[50] Außer diesen vier Maschinenbaubetrieben gab es 1907 noch drei weitere Betriebe mit mehr als tausend Arbeitskräften: die Armaturen- und Patronenfabrik Polte (1377), die Eisen- und Stahlgießerei Otto Gruson & Co. (1040) und die Schokoladen- und Zichorienfabrik Hauswaldt (1050).

*Tabelle 97*

*Konzentration der Arbeitskräfte in Großbetrieben des Magdeburger Maschinenbaus*

| Jahr | Krupp-Gruson | R. Wolf | Schäffer & Budenberg | Buckau AG |
|---|---|---|---|---|
| 1882 | 1201 | 210 | 300 | 390 |
| 1895 | 2800 | 786 | 1700 | 400 |
| 1900 | 3300 | 1700 | 2100 | 649 |
| 1907 | 3884 | 2400 | 2463 | 1918 |

„Aber die Konzentration der Produktion ist viel stärker als die Konzentration der Arbeiter, denn die Arbeit ist in den Großbetrieben viel produktiver."[51] So wuchsen die Umsätze der genannten Werke auch viel schneller als die Anzahl ihrer Beschäftigten. Es gelang den Magdeburger Großbetrieben, bei einigen Produkten einen erheblichen Teil der deutschen Gesamtproduktion bei sich zu konzentrieren, so das Krupp-Gruson-Werk Hartgußerzeugnisse und Schwermaschinen; R. Wolf Lokomobilen und Dampfdreschsätze; Schäffer & Budenberg Armaturen und Meßgeräte; die Maschinenfabrik Buckau AG Braunkohlenbrikettierungseinrichtungen; Otto Gruson & Co. Zahnräder; die Saccharinfabrik Fahlberg-List Schwefelsäure; die Zuckerraffinerie Magdeburg raffinierten Zucker; Carl Untucht & Co. Spritrektifikat; Gustav Hubbe Speiseöl.[52]

Schneller als die Arbeitskräfte konzentrierte sich das Kapital, was sich an dem im Verhältnis zu jedem beschäftigten Arbeiter angewendeten Gesamtkapital in den Großbetrieben und in der zunehmenden Anzahl der Millionäre äußerte. 1899 gab es in Magdeburg 89 Millionäre, 1908 waren es 107. In diesem Jahr befanden sich unter ihnen Rudolf Wolf mit 18 bis 19 Millionen Mark, Otto Arnold (Schäffer & Budenberg) mit 11 bis 12 Millionen Mark, Otto Gruson mit 5 bis 6 Millionen Mark, Max und Richard Dulon (Zuckerraffinerie Helle) mit je 3 bis 4 Millionen Mark sowie Georg und Elise Hauswaldt mit 3 bis 4 bzw. 2 bis 3 Millionen Mark.[53]

Die Konzentration wurde durch die Zentralisation ergänzt; durch die Zusammenlegung von Kapital kam es zu größeren Kapitalanhäufungen. Einesteils zwang der ständig zunehmende Kapitalbedarf als Folge immer kostspieligerer Produktionseinrichtungen zur

[50] Vgl. Asmus, 1968: II, 14ff.
[51] Lenin, 1960 (1917): XX, 200.
[52] Vgl. Lorenz, 1966: 164.
[53] Lorenz, 1966: A 149f.

Bildung von Aktien- und anderer Kapitalgesellschaften, andererseits äußerte sich die Zentralisation in der Fusion bzw. Aufsaugung von Betrieben. Bereits 1892 hatte KRUPP das Grusonwerk an sich gebracht. 1906 kaufte die Maschinenfabrik Buckau AG den Betrieb von Röhrig & König auf. KRUPP schaltete hierbei seinen Hauptkonkurrenten in der Produktion schwerer Geschütze und Panzerungen aus und schloß seinem Konzern eine hochentwickelte Maschinenfabrik an. Die Maschinenfabrik Buckau AG festigte durch die Übernahme von Röhrig & König ihre dominierende Stellung im Bau von Braunkohlenbrikettierungsanlagen.

Der Zentralisationsprozeß vollzog sich ebenfalls im Magdeburger Bankwesen, wo 1910 vier größere Banken mit einem Grundkapital von zusammen 97 Millionen Mark achtundzwanzig kleinen gegenüberstanden. Die Magdeburger Privatbank AG erhöhte ihr Grundkapital zwischen 1895 und 1910 um 32 Millionen auf 60 Millionen Mark und griff dabei nur einmal mit 6 Millionen Mark auf ihre Aktionäre zurück. Alle anderen Erweiterungen kamen durch Fusionen zustande. Die Bank betrieb den Anschluß und Aufkauf kleinerer Banken sowie den Erwerb von Kapitalanteilen seit dem Beginn des 20. Jh. äußerst zielgerichtet in der Provinz Sachsen und in den umliegenden Gebieten. Damit suchte sie ihre Positionen gegenüber dem Druck der übermächtigen Berliner Monopolbanken zu festigen, was ihr bis zum ersten Weltkrieg auch vorübergehend gelang. Besaß die Magdeburger Privatbank 1895 erst eine, 1900 drei und 1905 elf Filialen, so verfügte sie 1913 über ein Netz von vier Hauptgeschäftsstellen (Magdeburg, Hamburg, Dresden und Leipzig) und 59 Filialen, vornehmlich in der Provinz Sachsen, im Königreich Sachsen sowie in Thüringen. Der Gesamtumsatz der Bank stieg von 137 Millionen Mark im Jahre 1890 auf 2665 Millionen Mark im Jahre 1905 und 8672 Millionen Mark im Jahre 1913. Ihre Reingewinne vermehrten sich im gleichen Zeitraum von 200000 auf 1,6 Millionen und 4,6 Millionen Mark.[54]

Die Magdeburger Privatbank verfügte u. a. über Aktien einiger großer Magdeburger Industriebetriebe. Ihre Vertreter saßen in den Aufsichtsräten dieser Unternehmen, so der Magdeburger Mühlenwerke, der Baumwollspinnerei Pfeiffer & Schmidt AG, der Chemischen Fabrik Buckau AG, der Zuckerraffinerie Magdeburg AG und der Schraubenfabrik Rex-Werke AG. Die Bank brachte von 1911 bis 1913 alle Aktien der Harbker Kohlenwerke und die Majorität der Aktien der Kaliwerke Krügershall an sich. Sie war führend am Aufbau des Burbach-Konzerns beteiligt und hatte ihre Vertreter auch in den Aufsichtsräten dieser Industriebetriebe.

1910 lassen sich 22 Vertreter von Banken in 13 Aufsichtsräten Magdeburger Industrie-Aktiengesellschaften und 8 Vertreter von Industriebetrieben in den Aufsichtsräten von 4 Bank- bzw. Versicherungsinstituten nachweisen. Darin äußerte sich ein weiteres Wesensmerkmal des Imperialismus, nämlich die zunehmende Verschmelzung von Industrie- und Bankkapital. Die Bankfirma Zuckerschwerdt und Beuchel war im Jahre 1910 allein durch WILHELM ZUCKSCHWERDT in den Aufsichts- bzw. Verwaltungsräten von 12 Magdeburger Aktiengesellschaften vertreten. ZUCKSCHWERDT war siebenmal Vorsitzender und dreimal stellvertretender Vorsitzender.[55]

Die Magdeburger Industriellen sicherten sich zugleich den Markt, indem sie sich an Absprachen und Konventionen in der Form von Kartellen und Syndikaten beteiligten. Für die Zeit von 1896 bis 1914 läßt sich die Teilnahme an 67 solcher Monopolverbände

[54] Vgl. Bericht ... Geschäftsgang, 1895ff.; speziell die Abschnitte über Banken.
[55] Vgl. die Auszüge aus dem Handelsregister im Adreßbuch ..., 1910: 45f.

nachweisen. An der Spitze stand die chemische Industrie, insbesondere die Saccharinfabrik Fahlberg-List, gefolgt von der Nahrungs- und Genußmittelindustrie und der Leichtindustrie.[56]

Bemerkenswert war 1899 der Zusammenschluß der Spritfabriken zur „Deutschen Spirituszentrale". Er kam unter der Leitung von Richard Untucht (Firma Carl Untucht & Co., Magdeburg) zustande und stellte das erste, einen ganzen Industriezweig umfassende Syndikat in Deutschland dar. Bereits im September 1899 beherrschte es 90 Prozent der gesamten deutschen Spritproduktion. Durch gedrosselte Produktion hielt die Monopolorganisation die Preise künstlich hoch. Die Saccharinfabrik Fahlberg-List beteiligte sich an zahlreichen Abmachungen über die Produktion und den Absatz von Schwefelsäure und Superphosphat. Einige von den Metallfabriken geschlossene monopolistische Abkommen verdienen besondere Beachtung. 1892 nahm die Eisen- und Stahlgießerei Otto Gruson & Co. an der Gründung der Vereinigten Deutschen Radsatz-Werke Anteil. 1897 vereinbarte das Krupp-Gruson-Werk mit der Maschinenfabrik Augsburg-Nürnberg Einheitspreise für Dieselmotoren. Im gleichen Jahr befanden sich die Magdeburger Firmen R. Wolf, Garrett-Smith & Co. und Gebrüder Böhmer unter den 52 Firmen, die den Verein Deutscher Landmaschinenfabriken ins Leben riefen. 1904 gehörten die Metallwerke vorm. J. Aders zu den Initiatoren der Verkaufsstelle des Deutschen Kupferrohrverbandes. Im gleichen Jahr traten Otto Gruson & Co. dem Stahlformgußverband bei. 1911 bildete die Maschinenfabrik Buckau AG mit der Maschinenfabrik Zeitz eine Interessengemeinschaft beim Verkauf von Braunkohlenbrikettfabriken. Sie verpflichtete die Firmen, dem Partner fünf Prozent des Verkaufserlöses abzuführen. Bis 1914 wurden von Zeitz 1042 Millionen und von Buckau 1613 Millionen Reichsmark gezahlt.[57]

Die gegenüber anderen Industriezweigen relativ geringe Beteiligung des für Magdeburg strukturbestimmenden Maschinenbaus an monopolistischen Absprachen und Vereinigungen beruhte einesteils darauf, daß die vorherrschende Einzelanfertigung sehr unterschiedlicher Maschinen überbetriebliche Absprachen erschwerte, andererseits schützte die Auswertung patentierter Erfindungen die Unternehmen weitgehend vor Konkurrenz und sicherte ihnen zum Teil ohnedies eine Monopolstellung. Das galt ganz besonders für Schäffer & Budenberg. Das Schäffersche Plattfeder-Manometer war für alle Dampfkesselanlagen amtlich vorgeschrieben. Alle deutschen Eisenbahnen hatten den Einbau der von diesem Betrieb entwickelten Lokomotivinjektoren für verbindlich erklärt. Im Kriegsschiffbau und bei der Torpedoproduktion waren für bestimmte Apparaturen und Maschinen nur die Armaturen und Meßgeräte von Schäffer & Budenberg zugelassen. So hatte der Betrieb in diesem Bereich eine fast einmalige Monopolstellung, die bedeutende Gewinne garantierte.

Mit dem Anwachsen der Produktionsziffern dehnte sich auch das Verbreitungsgebiet der Erzeugnisse aus. Die Magdeburger Maschinenbau- und Metallfabriken lieferten ihre Erzeugnisse in alle Teile Deutschlands. Sie exportierten in viele europäische Länder, besonders nach Österreich—Ungarn, in die Balkanstaaten und nach Rußland. In zunehmendem Maße wurden auch überseeische Absatzgebiete in Ostasien, Südamerika und im tropischen Afrika erschlossen. Rund die Hälfte der Produktion des Krupp-Gruson-Werkes, der Loko-

[56] Vgl. Asmus, 1968: II, 23.

[57] Vgl. Lorenz, 1966: 153f.; Betriebsarchiv des VEB Schwermaschinenbau „Ernst Thälmann", Magdeburg, Nr. E 203; Betriebsarchiv des VEB Schwermaschinenbau „Karl Liebknecht", Magdeburg, Nr. 3418 und 3684.

mobilfabrik R. Wolf und der Armaturen- und Meßgerätefabrik Schäffer & Budenberg ging Anfang des Jahrhunderts ins Ausland. Schäffer & Budenberg, R. Wolf, Langensiepen und andere Magdeburger Maschinenfabriken errichteten zahlreiche Filialen und Lager in Europa und Übersee. Dem beachtlichen Waren- folgte der Kapitalexport. Schäffer & Budenberg errichteten Zweigbetriebe in Manchester, Lüttich, Zürich, Außig (Usti nad Labem), Stockholm, Warschau, Petersburg und New York, Langensiepen einen solchen in Petersburg.

Einige Magdeburger Metallbetriebe hatten nicht nur Anteil an der Handels- und Kapitalexpansion, sondern waren ebenfalls unmittelbare Nutznießer der Vorbereitungen des deutschen Imperialismus zur gewaltsamen Neuaufteilung der Welt: das Krupp-Gruson-Werk mit Panzerungen, Polte mit Geschoßhülsen, Schäffer & Budenberg und die Metallwerke vorm. J. Aders bei der Ausrüstung der Kriegsflotte, R. Wolf mit der Einrichtung von Schießplätzen.

So folgte die Magdeburger Großindustrie zu Beginn unseres Jahrhunderts der allgemeinen kapitalistischen Tendenz, die durch die Ausbildung des Monopolkapitalismus bestimmt wurde. Wenn auch der Monopolisierungsprozeß in jenen Jahren schon zu beherrschender Bedeutung vorgeschritten war, so hatte er doch „noch längst nicht alle die Bereiche erfaßt ..., die ihm unter der Entfaltung des staatsmonopolistischen Kapitalismus ausgeliefert wurden.“[58]

Das Entstehen des Buckau-Wolf- und des Polte-Konzerns als die entscheidenden Bastionen des Magdeburger Monopolkapitals, und das Eindringen der großen Berliner Monopolbanken vollzogen sich erst seit und besonders nach dem ersten Weltkrieg.

[58] LORENZ, 1966: 307.

# ANHANG

# Anlagen (Quellen, Dokumente, Tabellen)

## Anlage Nr. 1

*a) Verzeichnis der Zuckerrübenfabriken in der Provinz Sachsen 1857*
(kursive Standorte beziehen sich auf die Magdeburger Börde)

| Standort der Fabrik | Firma oder Besitzer |
|---|---|
| 1. Aken | Baldamus, Knoche & Co. |
| 2. Alsleben a. S. | Zuckerfabrik Alsleben (Aktienverein) |
| 3. Altgattersleben | A. Eggeling |
| 4. *Althaldensleben* | Gebr. Nathusius |
| 5. Alt Scherbitz | Walkhoff |
| 6. *Ammensleben, Gr.* | Zuckerfabrik Gr. Ammensleben (Oberamtmann Delius) |
| 7. Aschersleben | Braune & Beuchel |
| 8. Aschersleben | Bartels, Schoch & Co. |
| 9. *Bahrendorf* | Wrede, Jordan & Tölke |
| 10. *Barby* | A. Dietze (Amtmann) |
| 11. Benndorf b. Mücheln | C. E. Walkhof |
| 12. Belleben | Aktienverein |
| 13. Besedau b. Alsleben | Zuckerfabrik Besedau (Aktienverein) |
| 14. *Biere* | Pröschel & Meißner |
| 15. *Biesdorf* b. Staßfurth | Bartels, Borchert & Co. |
| 16. *Bleckendorf* b. Egeln | Bank & Göde |
| 17. Boltendorf | Aktienverein |
| 18. Brachstedt | Maquet |
| 19. *Brumby* b. Calbe a. S. | Gebr. Pieschel |
| 20. *Buckau* b. Magdeburg | Baumann & Maquet |
| 21. St. Burchardt b. Halberstadt | F. Heyne |
| 22. *Calbe a. S.* | C. L. H. Fischer |
| 23. *Calbe a. S.* | Schulze, Buhlers & Co. |
| 24. Cochstedt b. Aschersleben | H. Silberschlag |
| 25. Cönnern | Zuckerfabrik Cönnern (Aktienverein) |
| 26. *Dahlenwarsleben* | Wiersdorf & Co. |
| 27. *Domersleben* | W. Lömpke |
| 28. *Ebendorf* | Lange & Co. |
| 29. *Egeln* | Honig |
| 30. *Egeln* | Zuckerfabrik Marienstuhl |
| 31. *Eichenbarleben* | Graf v. Alvensleben |
| 32. Eilenstedt | E. Wentzel |

| Standort der Fabrik | Firma oder Besitzer |
|---|---|
| 33. Ermsleben | A. Rabe & Sohn |
| 34. Ermsleben | A. u. L. Sombart & Sohn |
| 35. *Etgersleben* | Schäper, Eckel & Rusche |
| 36. *Germersleben, Gr.* | Homann, Wolf & Vornbaum |
| 37. *Gerwisch* | Gebr. Höpfner |
| 38. *Gottesgnaden* | C. G. Reißner |
| 39. Gröbers b. Halle | Zuckerfabrik (Aktienverein) |
| 40. *Gröningen*, Kloster | Wrede, Schütze & Co. |
| 41. *Hakeborn* | E. Heine & Co. |
| 42. *Hadmersleben* | Th. Meyer & Co. |
| 43. Halberstadt | Voigtländer & Co. |
| 44. Halberstadt | Wrede & Klamroth |
| 45. Halle | Hallesche Zuckersiederei-Compagnie (C. A. Jacob) |
| 46. *Hamersleben* | v. Kotze & Sohn |
| 47. Hedersleben | Berge & Braune |
| 48. Heeringen b. Nordhausen | G. Schreiber & Sohn |
| 49. Hötensleben | Brandes & Wahnschaffe |
| 50. *Irxleben* | C. F. Nethe |
| 51. Kampf b. Nedlitz | Hartung & Co. |
| 52. Königsau | C. A. Schoch |
| 53. Körbisdorf | Brumhard, Koch & Co. |
| 54. *Langenweddingen* | Gebr. Reckleben |
| 55. Löbejün b. Halle | Zuckerfabrik Löbejün (Aktienverein) |
| 56. *Magdeburg* | C. Maquet & Krüger |
| 57. *Magdeburg-Neustadt* | F. Haberland |
| 58. *Magdeburg-Neustadt* | Jakob Hennige (2 Fabriken) |
| 59. | |
| 60. *Magdeburg-Neustadt* | Rathsam & Elze |
| 61. *Magdeburg-Neustadt* | R. H. Schmidt |
| 62. *Magdeburg-Sudenburg* | Hecht, Schrader, & Helle |
| 63. *Magdeburg-Sudenburg* | Rading & Reichelt |
| 64. *Magdeburg-Sudenburg* | H. u. J. Burchardt |
| 65. *Magdeburg-Sudenburg* | J. N. Beuchel & Sohn |
| 66. *Magdeburg-Sudenburg* | Fölsche & Co. |
| 67. *Magdeburg-Sudenburg* | Ernst Carl Helle |
| 68. *Meitzendorf* | Dorendorf & Co. |
| 69. Merbitz | v. Krosigk |
| 70. Mucrena | Zuckerfabrik Mucrena (Aktienverein) |
| 71. Neubeesen | E. Dietze |
| 72. *Neugattersleben* | H. Gutknecht |
| 73. Nordhausen (Aumühle b. Görsbach) | Sturm, Schlitte & Co. |
| 74. Offleben | Brandes & Co. |
| 75. *Ochtmersleben* | Reinhardt & Co. |
| 76. Oldisleben | Müller |
| 77. Oppin b. Halle | Zuckerfabrik Oppin (v. Beurmann) |
| 78. *Oschersleben, Groß* | Wrede & Sohn |
| 79. *Oschersleben, Groß* | Bodenstein & Stegmann |
| 80. *Oschersleben, Klein* | v. Kotze |

| Standort der Fabrik | Firma oder Besitzer |
|---|---|
| 81. Ostrau b. Halle | Zuckerfabrik Ostrau (v. Veltheim) |
| 82. *Ottersleben, Groß* | Walwer & Falckenberg |
| 83. *Ottersleben, Klein* | Gebr. Köhne & Böckelmann |
| 84. Piesdorf b. Alsleben | Zuckerfabrik Piesdorf |
| 85. Quedlinburg | Palm & Co. |
| 86. Quedlinburg | Gustav Weber |
| 87. Quedlinburg | Zuckerfabrik vereinigter Landwirte |
| 88. Quenstedt | Sombart |
| 89. Querfurt | Aktienverein |
| 90. Quetz b. Bitterfeld | v. Grävenitz |
| 91. Roßla | Gräfl. Stolbergsche Zuckerfabrik |
| 92. Roßleben b. Querfurth | Koch & Wahren |
| 93. Roßleben b. Querfurth | Vereins-Zuckerfabrik (Graf, Factor) |
| 94. *Rothensee* | Spengler & Co. |
| 95. Salzmünde b. Halle | J. G. Boltze |
| 96. Schlanstedt | C. W. Rimpau |
| 97. *Schermke* | H. u. A. Strauß |
| 98. Schwittersdorf | Zuckerfabrik Schwittersdorf (Aktienverein) |
| 99. *Seehausen* | Gödicke & Co. |
| 100. *Staßfurth* | C. Bennecke, Hecker & Co. |
| 101. Stedten | Doin |
| 102. *Sülldorf* | Gebr. Schäper |
| 103. Thale | Armbruster & Co. |
| 104. Trebitz | C. O. Ohm (Aktienverein) |
| 105. Trotha | Gebr. Nagel |
| 106. *Ummendorf* | Struve |
| 107. *Unseburg* | C. Kamlah |
| 108. Vitzenburg | Hübner & Co. |
| 109. Volkstedt | F. W. Spielberg & Co. |
| 110. Wackersleben | Zuckerfabrik |
| 111. Wallwitz | Aktienverein |
| 112. *Wanzleben Groß* | Kühne & Schäper |
| 113. *Wanzleben Klein* | Rabbethge, Giesecke & Reinecke |
| 114. Wegeleben | Weyhe & Co. |
| 115. Weißenfels | Hemme |
| 116. Wendelstein | Lüttich & Rockstroh |
| 116. *Westerhüsen* | A. und H. Schmidt (Magdeburg) |
| 117. *Wolmirsleben* | Schäper, Bethge & Co. |
| 118. *Wolmirstedt* | A. Rammelberg |
| 119. Zabitz | Aktienverein |
| 120. Zörbig | F. Bock & Co. |

*b) Zuckerfabriken der Magdeburger Börde und der unmittelbar angrenzenden Gebiete, die dem Verein für die Rübenzucker-Industrie des Zollvereins an seinem Gründungstage (22. März 1850) beigetreten sind*

*Magdeburg und Vororte*

1. H. & J. Burchardt, Magdeburg
2. Walwer & Flackenberg, Magdeburg
3. Hennige & Wiese, Magdeburg-Neustadt
4. Jaenigen, Freise & Comp., Magdeburg-Neustadt
5. Fölsche & Comp., Magdeburg-Sudenburg
6. Hecht, Schrader & Helle, Magdeburg-Sudenburg
7. Ernst Carl Helle, Magdeburg-Sudenburg
8. Leonhard, Radnig & Reinhardt, Magdeburg-Sudenburg
9. C. Maquet & Krüger, Magdeburg-Sudenburg
10. Zuckschwerdt & Beuchel, Magdeburg-Sudenburg
11. Baumann & F. Maquet, Magdeburg-Buckau

*Kreis Calbe*

12. C. L. H. Fischer, Calbe
13. Schulze, Buhlers & Comp., Calbe
14. C. Bennecke, Hecker & Comp., Staßfurth
15. v. Trotha, Gänsefurth
16. A. Dietze, Barby
17. Proeschel & Meissner, Biere
18. Bartels, Borchert & Comp., Bisdorf
19. C. G. Reissner, Gottesgnaden

*Kreis Neuhaldensleben*

20. Gebr. Pieschel, Brumby

*Kreis Oschersleben*

21. E. Wenzel, Eilenstedt
22. Wrede, Schütze & Comp., Klein-Gröningen
23. H. & A. Strauss, Schermcke
24. Weyhe & Schatten, Wegeleben

*Kreis Wanzleben*

25. Bank & Goede, Bleckendorf
26. Schöttler & Comp., Domersleben
27. Honig, Egeln
28. Gegr. Mackensen & Lucke, Egeln
29. Schaeper, Eckel & Rusche, Etgersleben
30. Albert Soder, Groß-Germersleben
31. Wrede & Sohn, Groß-Oschersleben
32. E. B. & Heine, Groß-Oschersleben
33. v. Kotze, Klein-Oschersleben
34. Gebr. Köhne & Böckelmann, Ottersleben
35. Gödicke & Comp., Seehausen
36. Schaeper, Bethge & Comp., Wolmirsleben
37. Gebr. Schmidt & Coqui, Westerhüsen

*Kreis Wolmirstedt*

38. H. J. Bertog sen., Wolmirstedt
39. Lange & Comp., Ebendorf
40. Graf v. Alvensleben, Eichenbarleben
41. Wirsdorf & Comp., Dahlenwarsleben
42. C. F. L. Nethe, Irxleben
43. Ochtmersleber Fabrik, Ochtmersleben
44. Spengler & Comp., Rothensee

*Kreis Aschersleben*

45. Berge, Braun & Comp., Hedersleben
46. C. A. Schoch, Königsaue

*Kreis Halberstadt*

47. Wrede & Klammroth, Halberstadt
48. A. W. Rimpau, Schlanstedt

# Anlage Nr. 2

*Rübenzuckerfabriken in der Provinz Sachsen 1896/97*

(kursive Standorte beziehen sich auf die Magdeburger Börde)

| Standort | Firma | Art der Gesellschaft Aktienkapital Mark | Zuckerproduktion Zentner | Rübenverarbeitung a) in 24 Stunden b) Gesamtverarb. Zentner | Rübenanbau a) eigene b) Kaufr. Morgen | Erbaut | Erweitert oder umgebaut |
|---|---|---|---|---|---|---|---|
| 1) *Akendorf* | Jenrich, Druckenbrodt & Co. | OHG | 62000 | a) 6500<br>b) 479600 | a) 1535<br>b) 800 | 1865 | 1890 |
| 2) Aderstedt | Zuckerfabrik | GmbH<br>1017900 | 127852 | a) 14000<br>b) 1032482 | a) 4419<br>b) 400 | 1880 | |
| 3) Alleringersleben | Aktienzuckerfabrik | AG<br>759000 | 50336 | a) 8000<br>b) 436920 | a) 2650 | 1889 | |
| 4) Alsleben a. S. | Zuckerfabrik | GmbH<br>221000 | 28700 | a) 5000<br>b) 241100 | a) 2393<br>b) 417 | 1850 | 1896 |
| 5) *Ammensleben, Gr.* | Aktienzuckerfabrik | AG<br>320000 | 60000 | a) 7000<br>b) 455870 | a) 2000<br>b) 1000 | 1851 | 1894 |
| 6) Arneburg | C. Rammelberg | OHG | | a) 4000<br>b) 340000 | b) 3000 | 1858 | 1879 |
| 7) Artern | Böving, Lüttich & Co. | OHG | | a) 20000<br>b) 969510 | a) 10000 | 1865 | 1890 |
| 8) Aschersleben | Braune & Beuchel | Privat | | a) 4000 | | 1847 | 1878 |
| 9) *Atzendorf* | Köhne, Lücke & Boeckelmann | OHG | | a) 6000 | | 1863 | 1878 |
| 10) Aumühle | Schlitte & Co. | OHG | 26300 | a) 4600<br>b) 222670 | a) 450<br>b) 2000 | 1850 | 1883 |
| 11) Badersleben | Zuckerfabrik | GmbH<br>488000 | 68500 | a) 8000<br>b) 500000 | a) 2680<br>b) 470 | 1873 | |

## Fortsetzung Anlage Nr. 2

| Standort | Firma | Art der Gesellschaft Aktienkapital Mark | Zucker-produktion Zentner | Rübenverarbeitung a) in 24 Stunden b) Gesamtverarb. Zentner | Rübenanbau a) eigene b) Kaufr. Morgen | Er-baut | Erweitert oder um-gebaut |
|---|---|---|---|---|---|---|---|
| 12) *Bahrendorf* | Gebr. Schaeper | OHG | | a) 6000 | a) 3000 | 1856 | 1869 |
| 13) *Barby* | A. Dietze | Privat | 61060 | a) 6000<br>b) 465300 | a) 2505<br>b) 1300 | 1840 | 1877 |
| 14) Belleben | Zuckerfabrik Piesdorf | Privat | 45000 | a) 5000<br>b) 327600 | a) 2000<br>b) 750 | 1851 | 1874 |
| 15) Benkendorf | Gebr. Zimmermann | Privat | 82600 | a) 7000<br>b) 590930 | a) 2580<br>b) 1100 | 1858 | 1891 |
| 16) Besedau | F. & W. Ernst & C. & E. Faulwasser | OHG | | a) 4000<br>b) 189314 | a) 800<br>b) 1200 | 1856 | 1875 |
| 17) *Biere* | Coste, Schulze & Diesing | OHG | | a) 4000<br>b) 410000 | | 1859 | 1875 |
| 18) *Bleckendorf* | Niemann & Wessling | OHG | 40000 | a) 5000<br>b) 300000 | a) 2000<br>b) 900 | 1864 | |
| 19) Börnecke | Michels & Schaeper | OHG | 40834 | a) 3300<br>b) 327234 | a) 1908<br>b) 180 | 1858 | 1877 |
| 20) Brachstedt | F. Maquet | OHG | 16062 | a) 2200<br>b) 123680 | a) 985<br>b) 157 | 1856 | 1896 |
| 21) Brehna | Zuckerfabrik | GmbH<br>412000 | | a) 7000<br>b) 690000 | a) 3200 | 1858 | 1895 |
| 22) *Calbe a. S.* | Zuckerfabrik | GmbH | | a) 8000<br>b) 526000 | b) 5000 | 1879 | |
| 23) Cochstedt | H. Silberschlag | Privat | 40000 | a) 4000<br>b) 400000 | a) 1200<br>b) 1000 | 1848 | 1888 |

Fortsetzung Anlage Nr. 2

| Standort | Firma | Art der Gesellschaft Aktienkapital Mark | Zucker-produktion Zentner | Rübenverarbeitung a) in 24 Stunden b) Gesamtverarb. Zentner | Rübenanbau a) eigene b) Kaufr. Morgen | Er-baut | Erweitert oder um-gebaut |
|---|---|---|---|---|---|---|---|
| 24) Cönnern | Zuckerfabrik | GmbH<br>180000 | | a) 6000<br>b) 193000 | a) 1510<br>b) 590 | 1850 | 1886 |
| 25) *Dahlenwarsleben* | A. Wiersdorff & Co. | OHG | | a) 6000<br>b) 396600 | | 1850 | 1875 |
| 26) Dedeleben | H. Schliephake & Co. | OHG<br>450000 | 96000 | a) 10000<br>b) 746662 | a) 3700 | 1865 | 1870 |
| 27) Delitzsch | Zuckerfabrik | GmbH<br>900000 | 120000 | a) 10000<br>b) 1100000 | a) 7050 | 1890 | |
| 28) Derenburg | F. Försterling & Co. | OHG | 42000 | a) 6500<br>b) 376350 | a) 2350<br>b) 450 | 1879 | |
| 29) *Domersleben* | W. Loempke | OHG | 56500 | a) 6000<br>b) 430000 | a) 2000<br>b) 750 | 1854 | 1894 |
| 30) *Egeln* | Aktien-Zuckerfabrik Marienstuhl | AG<br>402600 | | a) 12000<br>b) 866740 | a) 6600 | 1847 | 1891 |
| 31) *Eichenbarleben* | v. Krosigk & v. Veltheim | Privat | 65583 | a) 6500<br>b) 466200 | a) 2061<br>b) 440 | 1865 | |
| 32) Eilenstedt | Zuckerfabrik | AG<br>600000 | 51310 | a) 6000<br>b) 380840 | a) 1800<br>b) 420 | 1848 | 1892 |
| 33) *Eilsleben* | Zuckerfabrik | GmbH<br>600000 | 130000 | a) 12000<br>b) 900000 | a) 5365<br>b) 326 | 1879 | |
| 34) Erdeborn | Zuckerfabrik | OHG | | a) 5500<br>b) 361480 | a) 2450<br>b) 450 | 1865 | |

Fortsetzung Anlage Nr. 2

| Standort | Firma | Art der Gesellschaft Aktienkapital Mark | Zucker-produktion Zentner | Rübenverarbeitung a) in 24 Stunden b) Gesamtverarb. Zentner | Rübenanbau a) eigene b) Kaufr. Morgen | Er-baut | Erweitert oder um-gebaut |
|---|---|---|---|---|---|---|---|
| 35) Ermsleben | Rabe, Wendenburg & Co. | OHG | | a) 5000<br>b) 396208 | a) 2100<br>b) 690 | 1848 | 1878 |
| 36) Gatersleben | A. Eggelinh | Privat | | a) 7500<br>b) 456000 | a) 2000<br>b) 1500 | 1846 | 1884 |
| 37) Goldbeck | Zuckerfabrik | AG<br>720000 | 99062 | a) 12000<br>b) 706000 | a) 4600<br>b) 2100 | 1890 | |
| 38) Gommern | Zuckerfabrik | AG<br>979500 | 97000 | a) 11000<br>b) 731606 | a) 6700<br>b) 230 | 1890 | 1892 |
| 39) Gröbers | Zeising & Co. | OHG | | a) 8000 | | 1851 | 1892 |
| 40) Gröningen | Wiersdorff, Hecker & Co. | OHG | | a) 14000 | | 1894 | |
| 41) *Hadmersleben* | Zuckerfabrik | GmbH<br>780000 | | a) 16000<br>b) 1320320 | a) 7900<br>b) 120 | 1879 | |
| 42) Halberstadt | F. Heine | OHG | | a) 12000<br>b) 985040 | a) 6040 | 1850 | 1877 |
| 43) Hamersleben | R. Struve | Privat | | a) 10000<br>b) 949050 | a) 4400 | 1856 | 1892 |
| 44) Hedersleben | F. Heyne, Heyer & Co. | OHG | 61000 | a) 8000<br>b) 456850 | a) 3000<br>b) 300 | 1850 | 1876 |
| 45) Helmsdorf | v. Kerssenbrock & Co. | OHG | | a) 7500<br>b) 450490 | a) 2000<br>b) 1900 | 1873 | 1877 |
| 46) Heringen | G. Schreiber & Sohn | Privat | | a) 5300<br>b) 324600 | a) 1693<br>b) 1529 | 1850 | 1873 |

## Fortsetzung Anlage Nr. 2

| Standort | Firma | Art der Gesellschaft Aktienkapital Mark | Zucker-produktion Zentner | Rübenverarbeitung a) in 24 Stunden b) Gesamtverarb. Zentner | Rübenanbau a) eigene b) Kaufr. Morgen | Er-baut | Erweitert oder um-gebaut |
|---|---|---|---|---|---|---|---|
| 47) Hötensleben | Nabel & Vasel | OHG | 100000 | a) 7800<br>b) 766780 | a) 3500<br>b) 340 | 1856 | 1889 |
| 48) Hornburg | Zuckerfabrik | AG<br>391500 | | a) 9000<br>b) 677250 | a) 3980 | 1869 | 1895 |
| 49) *Irxleben* | Zuckerfabrik | GmbH<br>140400 | | a) 6000 | a) 1400 | 1846 | 1867 |
| 50) Königsaue | C. A. Schoch | OHG | 27000 | a) 4000<br>b) 220000 | a) 1100<br>b) 860 | 1847 | 1876 |
| 51) Körbisdorf | Zuckerfabrik | AG<br>2700000 | 106227 | a) 8000<br>b) 802520 | a) 2224<br>b) 2611 | 1856 | 1873 |
| 52) Landsberg | Zuckerfabrik | GmbH<br>288000 | 57600 | a) 6200<br>b) 451790 | a) 3140<br>b) 460 | 1863 | 1875 |
| 53) Langenbogen | C. Wentzel | Privat | | a) 3500<br>b) 259100 | a) 1760<br>b) 400 | 1850 | 1882 |
| 54) *Langenweddingen* | Zuckerfabrik | AG<br>300000 | | a) 4000<br>b) 273870 | a) 1590<br>b) 560 | 1871 | 1878 |
| 55) Laucha a. U. | F. Föhrigen & Co. | OHG | 72000 | a) 5000<br>b) 579000 | a) 1515<br>b) 2475 | 1866 | 1874 |
| 56) Löbejün | Dr. Brumme | Privat | | a) 7000 | a) 300<br>b) 2500 | 1849 | 1889 |
| 57) Lützen | Zuckerfabrik | AG<br>1200000 | | a) 11000<br>b) 809955 | a) 4719<br>b) 905 | 1872 | |

Fortsetzung Anlage Nr. 2

| Standort | Firma | Art der Gesellschaft Aktienkapital Mark | Zucker-produktion Zentner | Rübenverarbeitung a) in 24 Stunden b) Gesamtverarb. Zentner | Rübenanbau a) eigene b) Kaufr. Zentner | Er-baut | Erweitert oder um-gebaut |
|---|---|---|---|---|---|---|---|
| 58) *Meitzendorf* | Dorendorf & Co. | OHG | | a) 7000 | | 1851 | 1893 |
| 59) Merbitz | C. Biler | Privat | | a) 4500<br>b) 301160 | a) 2180<br>b) 480 | 1848 | 1879 |
| 60) Minsleben | J. Schliephake & Co. | OHG | 80000 | a) 8500<br>b) 637200 | a) 3950<br>b) 30 | 1872 | 1882 |
| 61) Mucrena | v. Krosigk, Roth & Co. | OHG | | a) 5000<br>b) 200000 | a) 1500<br>b) 400 | 1836 | 1896 |
| 62) Mühlberg | Zuckerfabrik | GmbH<br>1100000 | 134567 | a) 15000<br>b) 889120 | a) 6866<br>b) 1810 | 1873 | 1894 |
| 63) *Neuhaldensleben* | Zuckerfabrik | AG<br>630000 | | a) 13000<br>b) 1139680 | | 1884 | |
| 64) *Niederndodeleben* | Zuckerfabrik | AG<br>350000 | 40000 | a) 6500<br>b) 293000 | a) 2000<br>b) 750 | 1871 | 1878 |
| 65) *Nordgermersleben* | Zuckerfabrik | GmbH<br>526500 | 127282 | a) 12000<br>b) 1104220 | a) 4328<br>b) 587 | 1872 | 1876 |
| 66) Oberröblingen | Schmidt, Hoch & Co. | OHG | 90000 | a) 10000<br>b) 607284 | a) 3400<br>b) 1600 | 1870 | 1893 |
| 67) *Ochtmersleben* | Reinhardt & Co. | OHG | 51000 | a) 4600<br>b) 368000 | a) 1100<br>b) 900 | 1839 | 1881 |
| 68) Offleben | Brandes & Co. | OHG | 100000 | a) 8000<br>b) 798350 | a) 3222<br>b) 328 | 1852 | 1872 |

Fortsetzung Anlage Nr. 2

| Standort | Firma | Art der Gesellschaft Aktienkapital Mark | Zucker-produktion Zentner | Rübenverarbeitung a) in 24 Stunden b) Gesamtverarb. Zentner | Rübenanbau a) eigene b) Kaufr. Morgen | Er-baut | Erweitert oder um-gebaut |
|---|---|---|---|---|---|---|---|
| 69) Oppin | Gebr. Nagel | Privat | 9500 | a) 4000<br>b) 70860 | a) 600<br>b) 400 | 1850 | 1890 |
| 70) *Oschersleben* | Zuckerfabrik | GmbH<br>720000 | | a) 12000<br>b) 753590 | a) 4980 | 1880 | |
| 71) *Oschersleben* | Wrede & Sohn | OHG | | a) 14000 | | 1847 | 1882 |
| 72) Osterhausen, Gr. | v. Bülow, Lüttich & Co. | GmbH<br>295000 | 41630 | a) 7500<br>b) 288470 | a) 1857<br>b) 727 | 1873 | |
| 73) Osterwieck | Zuckerfabrik | AG<br>417000 | 55000 | a) 6500<br>b) 446000 | a) 2860<br>b) 203 | 1877 | |
| 74) *Ottersleben, Kl.* | Gebr. Köhne & Böckelmann | OHG | | a) 4500 | | 1840 | 1879 |
| 75) Ottleben | Zuckerfabrik | GmbH<br>336000 | | a) 9000 | | 1868 | 1879 |
| 76) Querfurt | Vereins-Zuckerfabrik Rödiger & Co. | OHG | 147000 | a) 16000<br>b) 1100000 | a) 6700 | 1871 | 1896 |
| 77) Querfurt | Zuckerfabrik Alt-Querfurt | GmbH<br>600000 | | a) 8000<br>b) 483600 | | 1857 | 1894 |
| 78) Quetz | H. v. Graevenitz | Privat | | a) 3000 | | 1848 | 1892 |
| 79) Roitzsch | Zuckerfabrik | GmbH<br>223200 | | a) 9000<br>b) 507870 | a) 1925<br>b) 2827 | 1865 | 1876 |
| 80) Rosenburg, Gr. | G. Elsner | Privat | 40500 | a) 3200<br>b) 340000 | a) 1500<br>b) 1015 | 1865 | 1877 |

Fortsetzung Anlage Nr. 2

| Standort | Firma | Art der Gesellschaft Aktienkapital Mark | Zucker-produktion Zentner | Rübenverarbeitung a) in 24 Stunden b) Gesamtverarb. Zentner | Rübenanbau a) eigene b) Kaufr. Morgen | Er-baut | Erweitert oder um-gebaut |
|---|---|---|---|---|---|---|---|
| 81) Rossla | Fürst zu Stollberg | Privat | | a) 4000 | | 1852 | |
| 82) Rossleben | Zuckerfabrik | GmbH<br>825000 | 109000 | a) 10000<br>b) 780500 | a) 5400 | 1857 | 1890 |
| 83) Salzmünde | J. G. Boltze | Privat | 47000 | a) 4000<br>b) 380000 | a) 2760<br>b) 640 | 1847 | 1881 |
| 84) Salzwedel | Zuckerfabrik | AG<br>900000 | 90300 | a) 16000<br>b) 693700 | a) 6000<br>b) 1500 | 1893 | |
| 85) *Schackensleben* | Zuckerfabrik | GmbH<br>454000 | 85426 | a) 8000<br>b) 656790 | a) 3130<br>b) 339 | 1880 | |
| 86) Schafstaedt | H. Hochheim & Co. | OHG | | a) 10000<br>b) 479914 | | 1857 | 1892 |
| 87) Schwanebeck | Wulsch, Förster & Co. | OHG | | a) 9000<br>b) 573000 | a) 1700<br>b) 2400 | 1864 | 1874 |
| 88) *Schwaneberg* | A. Dietrich | OHG | | a) 3100<br>b) 305400 | a) 1750<br>b) 240 | 1862 | 1888 |
| 89) Schwittersdorf | Zuckerfabrik | OHG | | a) 9000 | a) 3250<br>b) 1400 | 1857 | 1874 |
| 90) Schwoitzsch | Knauer, Beil & Co. | OHG | 42300 | a) 7000<br>b) 322000 | a) 1600<br>b) 1700 | 1864 | 1870 |
| 91) *Seehausen* | Goedicke & Wilke | OHG | 70000 | a) 7000<br>b) 590000 | a) 2500<br>b) 30 | 1838 | 1878 |

Fortsetzung Anlage Nr. 2

| Standort | Firma | Art der Gesellschaft Aktienkapital Mark | Zucker-produktion Zentner | Rübenverarbeitung a) in 24 Stunden b) Gesamtverarb. Zentner | Rübenanbau a) eigene b) Kaufr. Morgen | Erbaut | Erweitert oder umgebaut |
|---|---|---|---|---|---|---|---|
| 92) Spora | Zuckerfabrik | AG<br>556000 | | a) 7000 | | 1872 | 1882 |
| 93) Stendal | Zuckerfabrik | AG<br>1062500 | 123700 | a) 19000<br>b) 1091960 | a) 10000 | 1891 | 1894 |
| 94) Stöbnitz | R. Bach & Co. | OHG | | a) 20000<br>b) 1335360 | a) 7960 | 1864 | 1896 |
| 95) Stössen | Zuckerfabrik | OHG | | a) 4500<br>b) 480000 | | 1858 | 1888 |
| 96) Straussfurt | Wagner & Co. | OHG | | a) 7000<br>b) 316270 | | 1872 | |
| 97) Teutschenthal | Reussner & Co. | OHG | 48900 | a) 5000<br>b) 365000 | a) 2550<br>b) 470 | 1864 | 1879 |
| 98) Trebitz | Brandt & Co. | OHG | 16500 | a) 3000<br>b) 127696 | a) 1100<br>b) 300 | 1851 | 1875 |
| 99) Trotha | Gebr. Nagel | KG | | a) 7000 | a) 1450<br>b) 1200 | 1849 | 1876 |
| 100) Vitzenburg | Graf Schulenburg | Privat | 60400 | a) 6000<br>b) 429680 | a) 1600<br>b) 1500 | 1850 | 1875 |
| 101) Wackersleben | Zuckerfabrik | OHG | 62250 | a) 7000<br>b) 514630 | a) 2124<br>b) 304 | 1857 | 1891 |
| 102) Wallhausen | Schmidt, Rödger & Co. | OHG | | a) 4200 | | 1865 | 1874 |

Fortsetzung Anlage Nr. 2

| Standort | Firma | Art der Gesellschaft Aktienkapital Mark | Zucker-produktion Zentner | Rübenverarbeitung a) in 24 Stunden b) Gesamtverarb. Zentner | Rübenanbau a) eigene b) Kaufr. Morgen | Er-baut | Erweitert oder um-gebaut |
|---|---|---|---|---|---|---|---|
| 103) Wallwitz | Zuckerfabrik | GmbH 542500 | | a) 14000 | | 1857 | 1894 |
| 104) Walschleben | Zuckerfabrik | GmbH 437000 | | a) 10000 | a) 4760 | 1873 | 1894 |
| 105) *Wanzleben, Gr.* | Kühne & Schaeper | Privat | 60652 | a) 6000<br>b) 532570 | a) 3300 | 1856 | 1877 |
| 106) *Wanzleben, Kl.* | Zuckerfabrik | AG 2700000 | | a) 10000 | a) 4000 | 1838 | 1896 |
| 107) Wasserleben | E. Henneberg & Co. | OHG | | a) 9000 | | 1870 | |
| 108) Weferlingen | Zuckerfabrik | GmbH 1027000 | 91172 | a) 12000<br>b) 847500 | a) 5000<br>b) 500 | 1877 | 1890 |
| 109) Wegeleben | Wiersdorff, Meyer & Co. | OHG | | a) 14000<br>b) 841000 | | 1873 | 1879 |
| 110) Weissenfels | Zuckerfabrik | GmbH 225000 | 55600 | a) 5000<br>b) 447100 | a) 2540<br>b) 340 | 1865 | 1894 |
| 111) *Welsleben* | Fischer, Plümecke & Co. | OHG | | a) 3000<br>b) 114000 | a) 1000<br>b) 600 | 1865 | 1879 |
| 112) *Westerhüsen* | A. & H. Schmidt | Privat | | a) 6500<br>b) 470940 | a) 1130<br>b) 2600 | 1838 | 1894 |
| 113) Wolkramshausen | Schreiber & Co. | OHG | 41700 | a) 5000<br>b) 306360 | a) 1630<br>b) 1390 | 1866 | 1874 |

## Fortsetzung Anlage Nr. 2

| Standort | Firma | Art der Gesellschaft Aktienkapital Mark | Zucker-produktion Zentner | Rübenverarbeitung a) in 24 Stunden b) Gesamtverarb. Zentner | Rübenanbau a) eigene b) Kaufr. Morgen | Er-baut | Erweitert oder um-gebaut |
|---|---|---|---|---|---|---|---|
| 114) *Wolmirsleben* | Schaeper, Bethge & Co. | OHG | 31540 | a) 4000<br>b) 267775 | a) 1360<br>b) 475 | 1847 | 1878 |
| 115) *Wolmirstedt* | F. Loss & Co. | OHG | 118000 | a) 9000<br>b) 871000 | a) 1850<br>b) 3500 | 1850 | 1894 |
| 116) Wulferstedt | Kücken & Schmidt | Privat | 57684 | a) 8000<br>b) 466320 | a) 1560<br>b) 540 | 1865 | 1896 |
| 117) Zeitz | Zuckerfabrik | GmbH<br>1440000 | 74200 | a) 8000<br>b) 510600 | a) 1100<br>b) 2856 | 1858 | 1876 |
| 118) Zörbig | Zuckerfabrik | OHG | 71600 | a) 8000<br>b) 500000 | a) 3600<br>b) 500 | 1852 | 1886 |

(Zabel's Jahrbuch (1898))

## Anlage Nr. 3

*Statut der Zuckerrübenfabrik Groß Wanzleben für das Jahr 1840*

Statut für die in Groß Wanzleben zu errichtende Zuckerfabrik.

§ 1.

Zur Errichtung und zum nächsten Betrieb der Zuckerfabrik ist ein Kapital von 30000 Thaler, schreibe Dreißig Tausend Thaler für erforderlich erachtet worden, welches durch 150 Actien, jede von 200 Thaler aufgebracht wird.

§ 2.

Anmeldungen werden bis zum 1sten Februar d. J. bei den Herrn Gebrüdern Hildebrandt in Wanzleben angenommen.

§. 3.

Sobald sämmtliche Actien untergebracht sind, werden 10 Prozent auf jede Actie an das zu erwählende Directorium eingezahlt. Die künftigen Einzahlungen geschehen nach vorheriger 4 wöchentlicher Bekanntmachung, dürfen jedoch die Summe von 20 Prozent nicht übersteigen.

§ 4.

Die Actieninhaber bilden die durch Vollziehung des gegenwärtigen Status zu errichtende Gesellschaft, deren Dauer vorläufig auf 6 Jahre bestimmt wird.

§ 5.

Die zu etablirende Fabrick soll die Firma
„Groß Wanzleber Zuckerfabrick“
führen und unter derselben betrieben werden.

§ 6.

Sollte das oben gedachte Betriebscapital nicht genügen, oder die Erweiterung des Geschäfts gewünscht werden und daher die Aufbringung eines neuen Kapitals erforderlich sein, so wird zu diesem Zweck entweder eine Anleihe aufgenommen, oder es werden neue Actien creirt.

§ 7.

Um den Gewinn oder Verlust zu ermitteln, soll alljährlich spätestens am 1sten July Inventur gemacht und Bilanz gezogen, dabei aber auch auf die fortwährende durch den Gebrauch entstehende Abnutzung der Fabrick Rücksicht genommen und deshalb von dem Kostenbetrage derselben jedesmal zehn Prozent abgeschrieben werden.

Der sich nach dieser Inventur ergebende baare Ueberschuß wird so weit er nicht zur Fortsetzung des Geschäfts erforderlich ist, unter die einzelnen Mitglieder nach Verhältniß ihrer Actien ertheilt. Die Dividende muß gegen Vorzeigung der betreffenden Actie in Empfang genommen werden. Wer bis zum 15ten July die Dividende nicht in Empfang nimmt, hat zu gewärtigen, daß sie der Gesellschaftscasse anheim fällt.

§ 8.

Zur Deckung etwaniger Verluste wollen die Interessenten sich gegenseitig nur auf Höhe ihres resp. Einlagekapitals verhaftet, also nicht verpflichtet wissen, über den Betrag derselben d. h. außer solchen irgend etwas zu etwanigen Verlusten beizutragen. Ebenso will auch kein Mitglied der Gesellschaft gehalten sein, bei etwa entstehender Insusticirung des Vermögens derselben für die von der Gesellschaft contrahirten Schulden aus seinen Mitteln aufzukommen, weshalb denn die Gesellschaft sich auch vorbehält, von diesem Beschluß dritte mit ihr contrahirende Personen in Kenntniß zu setzen und in den abzuschließenden Verträgen Erwähnung zu thun.

§ 9.

Die erworbenen Grundstücke haften jedem Theilnehmer als ein besonderes Unterpfand für sein Einschußcapital, weshalb sie denn ohne ausdrückliche Einwilligung aller Interessenten, in keinem Fall verpfändet oder mit neuen Schulden belastet werden dürfen, welches auch keinem einzeln Mitgliede hinsichtlich seines Antheils freistehen soll.

§ 10.

Das Fabrickgebäude wird in solchen Umfange angelegt, daß darin in den 5 Arbeitsmonaten oder 150 Arbeitstagen 90000 bis 100000 Centner rohe Zuckerrüben verarbeitet werden können.

§ 11.

Die nähere Bestimmung über den Ankauf der Grundstücke und den Bau der Fabrick bleibt der nach Vollziehung des gegenwärtigen Statuts sofort zu haltenden Generalversammlung vorbehalten.

§ 12.

Zum Betrieb des Fabrickgeschäfts wird ein besonderer Fabrickinspector angestellt, welcher monatlich Rechnung zu legen und diese zur beliebigen Einsicht der Mitglieder bereit zu halten hat. Auch soll der Fabrickinspector von der Gesellschaft mit besonderer Instruction versehen werden.

§ 13.

Die Beschaffung des erforderlichen Rübenbedarfs soll von der Direction der Gesellschaft besorgt werden.

§ 14.

Das Blattfutter von den Rüben und die bei der Fabrikation übrig bleibende Triste werden im Interesse der ganzen Gesellschaft zu den bestmöglichsten Preisen für gemeinschaftliche Rechnung verkauft. Jedoch haben die Actionaire in Verhältniß zu fremden Personen ein Vorkaufsrecht.

§ 15.

Abänderungen dieses Vertrags, ingleichen Beschlüsse in einzelnen von den Festsetzungen desselben abweichenden Fällen, sowie sämmtliche Angelegenheiten der Gesellschaft können nur nach der Stimmenmehrheit der einzelnen Mitglieder beschlossen werden, welche übrigens nicht nach der Zahl der Actien sondern nach den Köpfen der einzelnen Interessenten bemessen wird.

§ 16.

Die Gesellschaftsmitglieder halten immer am nächsten Sonntag jedes Vierteljahrs eine Generalversammlung um die nöthigen Anordnungen hinsichts des Geschäftsbetriebs zu treffen.
Namentlich gehört aber dahin:

1. Die Feststellung der von den Mitgliedern zu zahlenden Beiträge und des Zahlungstermins selbst;
2. Die Wahl der Gesellschaftsbeamten und deren Instructionen;
3. Die Festsetzungen der Bedingungen unter denen die mit dritten Personen oder sonst zu errichtenden Verträge abzuschließen.

In solchen Generalversammlungen findet eine Stellvertretung durch Nichtmitglieder also durch fremde Personen nicht statt. Jeder Interessent ist vielmehr gehalten, den Versammlungen möglichst in Person beizuwohnen und muß sich ausbleibenden Falls den Beschlüssen der Erschienenen ohne Widerrede unterwerfen.

Die auswärtigen Interessenten sind jedoch befugt, sich durch ein Gesellschaftsmitglied, welches aber durch schriftlichen Auftrag sich zu diesem Behuf legitimiren muß, bei den Generalversammlungen vertreten lassen.

§ 17.

Die beständige Leitung der gesellschaftlichen Angelegenheiten wird fünf, aus der Mitte der am Orte der Fabrick wohnenden Gesellschafter, zu erwählenden Directorium übertragen.

Alljährlich scheiden jedoch zwei in einer Conferenz durch Stimmenmehrheit zu bezeichnende Mitglieder des Directoriums aus, wogegen zwey neue erwählt werden, welche ebenfalls die Mehrheit der Stimmen benennt, und wobei auch die Ausscheidenden wieder gewählt werden können.

Neben der allgemeinen Beaufsichtigung des ganzen Geschäfts gehören insbesondere folgende Functionen zu dem Amte der Directoren:

1. Sie erlassen an die einzelnen Mitglieder der Gesellschaft die Aufforderung zur Einzahlung der in der Generalversammlung festgesetzten Beiträge. Sie verfügen gegen den säumigen Zahler die vertragsmäßige Ordnungsstrafe, erlassen damit zugleich die zweite Aufforderung und machen, im Fall des säumigen Mitglied auch dieser binnen 14 Tagen nicht Folge leistet, der Gesellschaft bei der nächsten Generalversammlung davon pflichtmäßige Anzeige.

2. Sie laden die Mitglieder einzeln zu den oben gedachten oder die nach ihrem Ermessen für nothwendig erachteten Generalversammlungen unter Angabe des den Berathungen zu unterwerfenden Gegenstandes ein.

3. Sie verwalten zwar die Kasse der Gesellschaft nicht selbst, indem diese Verwaltung, sowie das ganze Rechnungswesen dem zu bestellenden Fabrickinspector übertragen werden soll, doch sollen zwei von ihnen nebst dem gedachten Inspector jeder einen Schlüssel zu der mit drei verschiedenen Schlössern zu versehenden Hauptkasse der Gesellschaft führen, in welcher alle Baarbestände der Gesellschaft asservirt werden, deren der Inspector zum Betriebe des Fabrickgeschäfts nicht unmittelbar bedarf.

4. Die Directoren vollziehen nebst dem Rechnungsführer durch ihre Namensunterschrift unter Beidrückung des Gesellschaftssiegels die den einzelnen Mitgliedern über die von ihnen gezahlten Beiträge auszustellenden Quittungen auf dem den Gesellschaftern zu ertheilenden Quittungsbogen, sowie auch nach geschehener Zahlung des ganzen Beitrags die den Mitgliedern gegen Wiedereinforderung der Quittungsbogen einzuhändigenden Actien.

5. Sie errichten und vollziehen die Namens der Gesellschaft abzuschließenden Engagements, Entrepriesen und sonstigen Contracte. Verantwortlich sind die Directoren nur für jeden Defect der ihnen anvertrauten Kasse.

§ 18.

Jedes Mitglied der Gesellschaft, welches vor Ablauf der auf sechs Jahr bestimmten Dauer derselben austreten will und zu diesem Behuf einen Verkauf seines Anrechts beabsichtigt ist bei Strafe der Nichtigkeit desselben verbunden, dem Directorio hervon sofort Anzeige zu machen, welches sodann die übrigen Actionaire zu befragen hat, ob sie ein Vorkaufsrecht geltend machen wollen. Wird dieses binnen 8 Tagen nicht ausgeübt, so geht es für die bei der Gesellschaft bleibenden Actionaire verloren. Dagegen erfolgt der Austritt aus der Gesellschaft vor Ablauf der vertragsmäßigen Frist,

1. durch den Verkauf der Actie an die Gesellschaft selbst;
2. durch Verzögerung der Einzahlung eines ausgeschriebenen Beitrags. Wer auf vorgängige Aufforderung seinen Beitrag an den bestimmten Zahlungsterminen nicht entrichtet, verfällt in eine an die Gesellschaftskasse zu entrichtende Strafe von 5 r für jeden einzelnen Actienbeitrag, und wer auf wiederholte Aufforderung 14 Tage verstreichen läßt, ohne Zahlung zu leisten, wird seines Theilnahmerechts verlustig erklärt und hat kein Rückforderungsrecht hinsichtlich der etwa schon geleisteten Beiträge, indem diese der Societätskasse ungeschmälert verbleiben;
3. durch den Tod. Die Erben des verstorbenen Gesellschafters dürfen an den Geschäften der gemeinschaftlichen Fabrick keinen Theil nehmen, sowie die überlebenden Gesellschafter auch befugt sein sollen, alle gerichtliche Einmischung in das gemeinschaftliche Fabrickgeschäft zurückzuweisen. Vier Wochen nach dem Tode eines Gesellschaftsmitglieds wird dessen Actie für Rechnung der Erben außergerichtlich verkauft und der Erlös dafür den letzteren ungesäumt ausgeantwortet.
   Die überlebenden Actionaire haben bei solcher Gelegenheit ein Vorkaufsrecht unter den oben angegebenen Modalitäten.

Vor Ablauf des letzten Jahres für welches dieser Contract Gültigkeit hat, wird die Gesellschaft über dessen fernere Fortdauer die nöthigen Beschlüsse fassen, denen sich aber die mit der Prolongation nicht einverstandenen Interessenten keineswegs zu unterwerfen haben, sondern durch den Verkauf ihrer Actien ausscheiden können.

Löst sich die Gesellschaft auf, so wird die Fabrick mit allen dazu gehörigen Gebäuden, Grundstükken, Utensilien und Fabrikaten zum öffentlichen meistbietenden Verkauf gestellt, die austehenden Forderungen der Societät aber, werden für gemeinschaftliche Rechnung unverzüglich eingezogen.

Groß Wanzleben den 15. Januar 1840

Hildebrandt    Strumpff    Däbber    Eggeling

---

Nr. ...

Actien Anmeldung

zu der zu Gross Wanzleben auf Aktien zu errichtenden Runkelrüben-Zuckerfabrick zeichne ich Endesunterschriebener ......... Stück Aktien a 200 Thaler, also in Summa ..... Thaler und erkläre mich mit den in der Conferenz vom 15ten Januar dieses Jahres zur Begründung des Unternehmens entworfenen Statuten für einverstanden.

................ den ten 1840

(STAM, Rep. II — Wanzleben, Nr. 571)

# Anlage Nr. 4

*Kostenanschlag der 1847 errichteten Zuckerfabrik in Klein Oschersleben und Einnahmen im Betriebsjahr 1847/48*

a) Bau-Kosten

| | Tlr. | Sgr. | Pfg. |
|---|---|---|---|
| 1. Für Holz | 3759 | 14 | 7 |
| 2. Für Mauerlohn und Rüstungsholz | 2747 | 5 | 5 |
| 3. Für Zimmerlohn nebst etwas Eichenholz zu Schwellen und Geschlinge | 1396 | 1 | 9 |
| 4. Für Mauersteine und Ziegeln | 2249 | 3 | 5 |
| 5. Für Arbeitslohn, Miete für den Kesselwagen Reisek. Verladk. | 175 | 12 | 1 |
| 6. Für Steinkohlentheer, Pech, Cement, Kittsachen etc. | 385 | 27 | 5 |
| 7. Für Tischlerarbeiten | 339 | 1 | 2 |
| 8. Für Fuhrlöhne | 3469 | 8 | 10 |
| 9. Für den Bauplatz | 1000 | — | — |
| 10. Für Schlosserarbeiten | 326 | 24 | 6 |
| 11. Für Schmiedearbeiten | 495 | 15 | 3 |
| 12. Für Steinhauerarbeit | 930 | 28 | — |
| 13. Für Bruchsteine | 455 | 15 | — |
| 14. Für Klempnerarbeiten | 210 | 5 | — |
| 15. Für kleines Werkzeug, Putznässer, Gußstahl diverse Werkzeuge | 25 | 6 | 3 |
| 16. Für Glas und Glaserarbeit | 165 | 4 | 2 |
| 17. Für Nagel | 251 | 6 | 6 |
| 18. Für Kalk und Gyps | 613 | 29 | 6 |
| 19. Für Baumoel, Farbe, Schlemmkreide, Lein | 18 | 4 | 8 |
| 20. Für Dachdeckerarbeit | 93 | 15 | 10 |
| 21. Für Spriegel | 7 | — | — |
| 22. Bau Unkosten insgemein Für Tagelohn, Reisekost. Porto, Fracht | 1726 | 21 | 11 |
| 23. Für einen Brunnen | 156 | 15 | — |
| 24. Für die Malerarbeit | 109 | 24 | 7 |
| 25. Für Leder, für die Zeichnung zur Fabrik-Anlage Rübsaam. | 144 | 12 | 6 |
| 26. Für Vitriol Oel, Bandeisen, Feuerschaufeln diverse Kleinigk. | 5 | 5 | 2 |
| 27. Für die Sattlerarbeit | 12 | 7 | 4 |
| 28. Für Apothekerwaare | | 19 | 6 |
| 29. Für Tapeten | 5 | 27 | — |
| 30. Für Holzkohlen | 65 | 19 | 3 |
| 31. Für Schlageloth, Löthzinn, Borax, Kolophonium und Salmiak | 388 | 15 | 4 |
| Summa | 21730 | 6 | 11 |

Utensilien

| | Tlr. | Sgr. | Pfg. |
|---|---|---|---|
| 1. Für 2 Dampfkessel | 1158 | 8 | 6 |
| 2. Für 4 Verdampfannen mit Schlangen | 1236 | — | — |
| 3. Für 5 Kühlpfannen | 779 | 12 | — |
| 4. Für Kupferrohre | 3473 | 18 | 1 |
| 5. Für ein Vacum | 1242 | 16 | 9 |

Utensilien

| | Tlr. | Sgr. | Pfg. |
|---|---|---|---|
| 6. Für eine Luftpumpe | 250 | — | — |
| 7. Für Messingwaare | 941 | 1 | 3 |
| 8. Für eiserne Schrauben und Geschlinge | 461 | 23 | — |
| 9. Für 3 Montejus | 286 | 20 | 8 |
| 10. Für Rostbalken und Roststäbe | 212 | 8 | 1 |
| 11. Für 5 Pressen | 2198 | 28 | 7 |
| 12. Für 3 Dampfkessel mit Zubehör | 4281 | 1 | 1 |
| 13. Für Anker Sohlplatten und Schrauben | 366 | 12 | 2 |
| 14. Für 2 Pumpkasten | 758 | 3 | 9 |
| 15. Für eine Doppel Wasserpumpe | 290 | — | — |
| 16. Für eine Reibe | 300 | — | — |
| 17. Für ein Relourdeau | 151 | 21 | 3 |
| 18. Für eine Kesselspeisepumpe | 100 | — | — |
| 19. Für die große Dampfmaschiene mit Zubehör | 2190 | 25 | 3 |
| 20. Für Heitzröhren | 1252 | 7 | 8 |
| 21. Für Knochenmehl | 4977 | 10 | 4 |
| 22. Für 4 Filter | 703 | 18 | — |
| 23. Für einen Knochenofen | 489 | 28 | 7 |
| 24. Für eine Schlammpresse | 150 | — | — |
| 25. Für 4 Syrupskasten | 234 | 17 | 2 |
| 26. Für Hangeisen an die Rohre und Ketten | 317 | 19 | 6 |
| 27. Für Bottcherarb. Saftkasten, Waschmaschiene Waschkasten | 746 | 26 | 7 |
| 28. Für einen Packtisch | 39 | 10 | 10 |
| 29. Für Eisenwerk zur Waschmaschiene | 80 | 6 | 6 |
| 30. Für Zuckerkasten und Kohlendämpfer | 2676 | 1 | 3 |
| 31. Für Oefen und Ketten | .157 | 29 | 5 |
| Latus. | 32504 | 16 | 1 |

| | Tlr. | Sgr. | Pfg. |
|---|---|---|---|
| Transport | 32504 | 16 | 1 |
| 32. Für Decimalwagen | 339 | — | — |
| 33. Für Preßplatten | 228 | 10 | 9 |
| 34. Für Dachrennen, Langen, Brietenfänge, Zuckerkasten | 44 | 20 | 9 |
| 35. Für Riemen und ein Reitsessel | 93 | 1 | 6 |
| 36. Für einen großen Manometer | 33 | — | — |
| 37. Für Gewichte | 18 | 1 | 4 |
| 38. Für Sägeblätter | 49 | 4 | — |
| 39. Für diverse kleine Utensilien | 298 | 20 | — |
| Summa | 33608 | 14 | 4 |

b) Betriebskosten pro 1847/48

| | Tlr. | Sgr. | Pfg. |
|---|---|---|---|
| 1. Für Rüben 64333 Ctr (nach der Steuer 60463 Ctr) | 13825 | 10 | 5 |
| 2. Für Salzsäure | 465 | 11 | — |
| 3. Für Steuer | 3023 | 12 | — |
| 4. Für Arbeitslohn und Gehalt | 5780 | 13 | 2 |
| 5. Für Glassachen | 18 | 2 | 6 |

| | Tlr. | Sgr. | Pfg. |
|---|---|---|---|
| 6. Für Korbmacherarbeit | 57 | 17 | — |
| 7. Für Sattlerarbeit | 2 | 2 | 4 |
| 8. Für Schmiedearbeit | 4 | 2 | 6 |
| 9. Für Beesen | 54 | 25 | 6 |
| 10. Für Feuerungsmaterial | 9397 | 22 | 9 |
| 11. Für Preßtücher | 793 | 4 | 7 |
| 12. Für Schlammbeutel | 101 | 10 | 3 |
| 13. Für insgemein Kalk, Zuckerf. Reisek. Bottcherl. etc. | 2547 | 11 | 1 |
| Summa | 37070 | 25 | 1 |

Einnahme für Zucker pro 1847/48

| | | | |
|---|---|---|---|
| 1. Hennige et. Wiese für 3153 Ctr 36 Pfd. | 38570 | 14 | — |
| 2. H. et. J. Burchard für 774 Ctr 107 Pfd. | 9353 | 1 | 9 |
| 3. Für Melis und Sarin 48 Ctr $55^1/_2$ Pfd. | 814 | 16 | 3 |
| 4. An Bestand von Zucker und Syrup | | | |
| Zucker $368^1/_2$ Ctr. | 3637 | 5 | — |
| Syrup 217 Ctr. | | | |
| Summa | 52376 | 7 | 5 |

Reste für Bau-Conto 1847/48

| | Tlr. | Sgr. | Pfg. |
|---|---|---|---|
| 1. Mauermeister Bauermeister | 102 | 9 | 4 |
| 2. Herr Landrath v. Kotze | 436 | 3 | 5 |
| 3. Zimmerm. Schulz | 289 | 6 | 6 |
| 4. „ Schrader für Holz | 1994 | 15 | — |
| 5. Warnecke für Bruchsteine | 83 | — | — |
| 6. Apoth. Halle 9 Sgr. Renius et Bodenstein für Mauerst. | 420 | 14 | 1 |
| 7. Schulze Berglink für Mauerst. Ziegeln, Gyps | 355 | 5 | 10 |
| 8. Dachdecker Schumann | 94 | 8 | — |

Reste von Utensilien

| | | | |
|---|---|---|---|
| 1. Ilsenburger Factorei | 196 | — | 8 |
| 2. Schlosser Bartels für Zuckerkasten | 260 | 6 | 6 |
| 3. Hintze et Gortz für Oefen, Zinn Blei etc. | 91 | 24 | 10 |
| 4. Heß Leipzig für Decimalwagen | 100 | 23 | — |
| 5. Schmidt Butz | 112 | 3 | 5 |
| 6. Siebmacher Beck für Kastensiebe | 55 | 26 | — |
| 7. St. Masch. Fabrik Mgdb. | 2892 | 25 | 1 |
| 8. Voigtländer für Kupferwaaren | 7565 | 18 | 4 |
| 9. Bottcher Gente | 227 | 24 | 1 |
| 10. Gebr. Frohn für Sägeblätter | 49 | 4 | — |
| Summa aller Reste | 15327 | 8 | 1 |

(STAM, Rep. H — Erxleben II, Nr. 3895)

## Anlage Nr. 5

*Vertrag zwischen Rittergut Neindorf und Zuckerfabrik Heine in Oschersleben über Verpachtung von Rübenland vom Jahre 1851*

Neindorf
den fünften Februar Achtzehnhundert ein und fünfzig.

Vor dem zu Gr. Oschersleben wohnhaften Rechtsanwalt und Notar Friedrich Ludewig Reinecke und den beiden zugezogenen, dem Notar bekannten Instrumentszeugen:

1. dem Schullehrer Wilhelm Gerhardt, } Beide von hier
2. dem Gastwirth Friedrich Bode, }

erschienen heute dem Notar und den Zeugen persönlich und verfügungsfähig sehr wohl bekannt
1. Herr Maximilian Asche Graf von der Asseburg, von hier
2. Herr Adelbert Eberhard, Administrator aus Hornhausen, als Mitglied der zu. Gr. Oschersleben bestehenden Zuckerfabrik unter der Firma E. B. und Heine, und verlangten die Aufnahme eines Pachtcontracts, welcher, nachdem Notar und Zeugen die Gewißheit erhalten haben und daher hierdurch versichern, daß ihnen allen keines der Verhältnisse entgegensteht, welche von der Theilnahme an dieser Verhandlung nach den Paragraphen fünf bis neun des Gesetzes vom elften Juli Achtzehnhundert fünf und vierzig ausschließen, nach dem Vortrage der Herrn Komparenten dahin niedergeschrieben wurde:

*Paragraph Eins:*

Der Herr Graf von der Asseburg überläßt auf die Dauer von sechs Jahren nämlich vom ersten März Achtzehnhundert ein und fünfzig bis dahin Achtzehnhundert sieben und fünfzig von dem zu seinem Rittergute Neindorf gehörigen oder demselben zugelegten oder bei demselben bewirthschafteten Ländereien an die Zuckerfabrik E. B. & Heine zu Oschersleben, vertreten durch den Herrn Eberhard, welcher für die Genehmigung seiner Genossen einsteht, jährlich zweihundert Morgen Acker zum Anbau von Zuckerrunkelrüben.

*Paragraph Zwei:*

Die Äcker müssen in halbem Dünger übergeben, jedoch unvermessen angenommen werden, wie solche in dem bisherigen Wirthschafts-Erndte-Bestellungsregister verzeichnet sind. Sollten in den angewiesenen Breiten sich Flächen befinden, welche sich nicht zum Zuckerrübenbau eignen, so können die Pächter, sofern solche nicht über einen Morgen betragen, nicht ausscheiden.

*Paragraph Drei:*

Als Pachtgeld verpflichten sich die Pächter dem Herrn Verpächter für jeden Morgen Acker die Summe von zwanzig Thaler Courant alljährlich zu zahlen und zwar die erste Hälfte am zweiten Januar und die andere Hälfte am zweiten März eines jeden Jahres. Die Hälfte der Pacht muß durch Friedrichs- und Friedrich Wilhelmsdor zu dreizehn und ein Drittel procent gerechnet abgeführt werden.

*Paragraph Vier:*

Der Herr Verpächter verpflichtet sich, sämmtliche zweihundert Morgen jährlich unentgeldlich zehn Zoll tief zu pflügen und sodann die darauf geerndteten Rüben an die Fabrik in Oschersleben zu fahren, wofür ihm jährlich viertausend Centner Preßrückstände von der Fabrik überlassen werden.

*Paragraph Fünf:*

Der Herr Verpächter verpflichtet sich, die Rüben in dem Zeitraume von Mitte September bis ersten Februar eines jeden Jahres zu fahren, jedoch bewilligen die Pächter, daß Solches ganz nach Convenienz des Herrn Verpächters geschehe.

Das Chaussegeld für die Rübenfuhren bezahlt die Fabrik, wogegen der Herr Verpächter das Chausseegeld der Rückfuhren und der Preßrückstände selbst trägt.

*Paragraph Sechs:*

Der Herr Verpächter soll nicht verpflichtet sein, die Rübenfuhren zu leisten, wenn Solches vor dem Beginn jeder Erndte in der Zeit vom ersten August bis ersten September der Fabrik angezeigt wird. Erfolgt keine schriftliche Anzeige, so wird angenommen, daß der Herr Verpächter die Rübenfuhren während der Kampagne in der vorgeschriebenen Zeit leiste.

In dem Jahre, in welchem der Herr Verpächter die Rübenfuhren nicht leistet, erhält die Fabrik für die im Paragraph Vier gelobten viertausend Centner Preßrückstände für den Centner fünf Silbergroschen, welcher Betrag bei der zweiten Pachtzahlung eines jeden Jahres in Abzug gebracht wird.

*Paragraph Sieben:*

Alle Unglücksfälle, welche den Rübenbau auf den erpachteten Äckern treffen, übernimmt die Fabrik und haben solche keinen Einfluß auf die verabredete Pachtsumme.

*Paragraph Acht:*

Alle Arbeiten, welche bei der Bearbeitung der Äcker sowohl als bei der Rübenkultur und deren Gewinnung vorfallen, außer den eben erwähnten Pflügen und Fahren, fallen der Fabrik zur Last.

*Paragraph Neun:*

Es ist den Pächtern gestattet, die geerndteten Rüben auf den erpachteten Äckern während der Kampagne einzumiethen, ohne daß sie dafür eine Entschädigung zahlen, jedoch müssen die betreffenden Ackerstellen von Seiten der Pächter auf ihre Kosten wieder planirt werden.

*Paragraph Zehn:*

Die Kosten für diesen Contract in doppelter Ausfertigung mit den Stempeln übernimmt die Fabrik E. B. & Heine.

Vorgelesen, genehmigt, unterschrieben
Maximilian Asche Graf v. d. Asseburg
Adelbert Eberhard
für die Zuckerfabrik E. B. & Heine.

Daß vorstehende Verhandlung, wie niedergeschrieben, stattgefunden hat, und daß sie den Betheiligten in Gegenwart des Notars und der Zeugen laut vorgelesen, von ihnen genehmigt und eigenhändig unterschrieben worden ist, bescheinigen wir, Notar und Zeugen, hierdurch zum gerichtlichen Glauben.

Friedrich Ludewig Reinecke
Rechtsanwalt und Notar
Friedrich Bode, als Zeuge
Wilhelm Gehrhardt, als Zeuge

Vorstehende, in das Register unter Nummer drei und dreißig Jahr Achtzehnhundert ein und fünfzig eingetragene Verhandlung, wird hierdurch als Pacht-Contract für den Herrn Grafen von der Asseburg auf Neindorf mit dem Bemerken ausgefertigt, daß davon die Zuckerfabrik unter der Firma E. B. & Heine zu Gr. Oschersleben, auch eine Ausfertigung erhalten hat.

Gr. Oschersleben, den fünften Februar Achtzehnhundert ein und fünfzig.

Friedrich Ludewig Reinecke
(Siegel) Rechtsanwalt und Notar im Bezirks
Königlichen Appelationsgericht
zu Halberstadt

Vorstehender Vertrag genehmigen wir hierdurch in allen Punkten in Oschersleben, den einundzwanzigsten Juni Achtzehnhundert ein und fünfzig.

Heinrich Heine
Wilhelm Bormann
Wilhelm Bodenstein

(STAM, Rep. H — Neindorf, Nr. 2674)

## Anlage Nr. 6

*Gesellschaftsvertrag der Zuckerfabrik Klein Oschersleben von 1856*

Zwischen dem Staatsminister Herrn Grafen von Alvensleben, dem Herrn Landrath von Kotze zu Klein Oschersleben, dem Herrn Oberamtmann Kühne zu Wanzleben und dem Herrn Fabrikbesitzer Richard Schaeper zu Ettgersleben ist heute nachfolgender Societäts-Vertrag verabredet worden.

§ 1

Im Jahre 1847 ist von dem Herrn Landrath von Kotze auf Klein Oschersleben, dem Herrn Landrath von Kröcher und dem Kammergerichts Assessor August Henning von Kröcher eine Runkelrüben Zuckerfabrik zu Klein Oschersleben erbaut worden. Der Herr Landrath von Kotze betheiligte sich mit $^1/_2$, Herr Landrath von Kröcher mit $^2/_6$ und Herr Kammergerichts Assessor von Kröcher mit $^1/_6$ bezüglich aller Rechte und Pflichten des zu begründenden Geschäfts. Laut Vertrag vom 21. Maerz 1853 schied Herr Landrath von Kröcher mit Bewilligung der beiden Herrn Theilnehmer aus dem fraglichen Verbande und trat der Staatsminister Herr Graf von Alvensleben mit Uebernehmung aller bezüglichen Rechte und Pflichten an dessen Stelle in denselben ein. Mit dem heutigen Tage überläßt der Herr Regierungsrath von Kröcher seinen oben näher bezeichneten Antheil der betreffenden Fabrik dem Herrn Oberamtmann Kühne zu Wanzleben und dem Herrn Fabrikbesitzer Schaeper zu Ettgersleben gemeinschaftlich.

§ 2

Die genannten Herren, der Herr Staatsminister Graf von Alvensleben, der Herr Landrath von Kotze, der Herr Oberamtmann Kühne und der Herr Fabrikbesitzer R. Schaeper verbinden sich, zur Fortsetzung des gemeinschaftlichen Betriebes der Zuckerfabrik zu Klein Oschersleben für die nächsten zehn aufeinander folgenden Jahre vom 1. July 1855 an gerechnet.

§ 3

Das Theilnahme-Verhältniß wird unverändert beibehalten. Herr Landrath von Kotze ist mit $^1/_2$, Herr Staatsminister Graf von Alvensleben mit $^2/_6$ und Herr Oberamtmann Kühne und Herr Fabrikbesitzer R. Schaeper gemeinschaftlich mit $^1/_6$ betheiligt.

§ 4

Die Societät übernimmt die Zuckerfabrik mit dem gesammten Inventar für die Summe von Sechzig Tausend Thaler Courant. Jeder der Herrn Socien deckt dieses Kapital nach seinem Theilnahme Verhältniß, sofern dies nicht durch Aufnahme fremder Kapitalien bereits geschehen ist oder für die Folge geschieht. Nach demselben Verhältniß geschehen auch alle ferneren Einzahlungen der Herrn Theilnehmer falls dies zu einem schwunghafteren Betriebe des Geschäfts oder zur Erweiterung desselben nöthig sein sollte, wozu sich dieselben hiermit verpflichten. Dritten Personen gegenüber haften die Herren Socien für die von der Gesellschaft eingegangenen Verpflichtungen solidarisch.

§ 5

Nach dem Verhältnis der Einlage richten sich auch die Theilnahme Rechte der Herren Socien dergestalt, daß der Herr Landrath von Kotze zur Hälfte, der Herr Staatsminister Graf von Alvensleben zu zwei Sechsteln und die Herrn Oberamtmann Kühne und Fabrikbesitzer R. Schaeper zusammen zu einem Sechstel an allen Rechten und Pflichten der Societät sowie am Gewinn und Verlust vom Tage der Errichtung derselben ab theilnehmen.

§ 6

In Ansehung des Geschäftsbetriebes wird bestimmt, daß Herr Fabrikbesitzer R. Schaeper, welcher zu diesem Zwecke hierdurch als Dirigent bestellt und mit umfassender Procura versehen wird, die technische und kaufmännische Leitung der Fabrik allein übernimmt, wobei ihm selbstredend das Recht zusteht, die betreffenden Beamten anzunehmen oder zu entlassen.

Ueber wichtige Fälle als Beschränkung oder Einstellung des Betriebes, ansehnliche Erweiterung desselben, Aufnahme fremder Kapitalien etc. entscheidet die Societät in ihrer Gesammtheit nach einfacher Stimmenmehrheit, ohne Rücksicht auf das Theilnahme-Verhältniß, so daß jeder der Herrn Socien, mit Ausnahme des Herrn Oberamtmann Kühne, welcher sich freiwillig seines Stimmenrechts begeben hat, eine Stimme hat.

§ 7

Was die Beschaffung der nöthigen Zuckerrüben betrifft, so verpflichtet sich der Herr Landrath von Kotze, für die Fabrik auf seinen eigenen sowohl als auf den von ihm erpachteten Aeckern jährlich Achthundert Morgen mit Runkelrüben zu bebauen und letztere, wie es das Bedürfniß erheischt, bei der Fabrik anzufahren. Die Auswahl der jedes Mal zum Rübenbau zu verwendenden Aecker steht dem Herrn Fabrikbesitzer Schaeper und dem Herrn Oberamtmann Kühne gemeinschaftlich zu.

Herr Landrath von Kotze erhält für den Zoll-Centner geputzter frei an die Fabrik gefahrenen Rüben 7 Sgr. und sämmtliche Futter und Düngerabfälle der von ihm gelieferten Rüben gratis. Ueber die Futter-Rückstände von anderweit erworbenen Rüben disponirt Herr Schaeper zum Besten der Societät. Das Maaß derselben wird auf 20% festgesetzt. Kommt die Fabrik nach bereits erfolgter Rübenbestellung durch irgendwelche Veranlassung außer Betriebe, so bezahlt die Societät in ihrer Gesammtheit dem Herrn Landrath von Kotze die von ihm für die Fabrik gebauten Rüben den Centner gleichfalls mit 7 Sgr. ist aber nicht verpflichtet, ihn den Wegfall von Futter- und Düngerabfällen zu vergüten.

§ 8

Alljährlich im July findet in einer vom Dirigenten rechtzeitig anzuberaumenden General Conferenz der Herren Theilnehmer vollständige Rechnungslegung über vorjährigen Betrieb statt. Uebrigens ist der Herr Disponent verpflichtet, jedem der Herrn Socien jederzeit Einsicht der Geschäftsbücher unverweigerlich zu gestatten oder persönlich erwünschten Aufschluß in Sachen des Betriebes zu geben. Außerdem steht jedem Gesellschafts-Mitglied das Recht beziehungsweise die Pflicht zu, in schleunigen oder besonders wichtigen Fällen eine außerordentliche General-Conferenz zu berufen.

§ 9

Herr Schaeper ist der Societät für seine Handlung in Betreff des Geschäftsbetriebes verantwortlich, und soll dieselbe berechtigt sein, ihm jederzeit durch Beschluß nach Stimmenmehrheit die Disposition über das Geschäft zu entziehen. Herr Schaeper dagegen behält sich vor, jederzeit freiwillig die Disposition abgeben zu können.

§ 10

Bei jedem Jahresschlusse sollen jedem Theilnehmer die Einlage Kapitalien vom Tage der Einziehung ab mit 5% verzinset werden. Zur Feststellung des übrigen Gewinnes muß zunächst eine bestimmte nach den jedesjährigen Geschäftsresultaten festzusetzende Summe als Werthverringerung der Gebäude und Utensilien durch Abnutzung derselben abgeschrieben und mit dieser Abschreibung so lange fortgefahren werden, bis der Werth des Gebäudes innerhalb 10 Jahren auf 50%, der der Utensilien aber auf 40% reducirt ist. Von dem als dann noch verbleibenden reinen Gewinn kann erst dann zur Vertheilung an die Herrn Socien geschritten werden, wenn das Geschäft ohne Gefährdung des Betriebes denselben entbehren kann. Bis dahin wird derselbe dem Konto jedes Theilnehmers gutgeschrieben. Auch dieses Guthaben wird mit 5% verzinst. Die erwähnte Abschreibung von dem Werthe der Gebäude und Utensilien soll jährlich mit resp. 5 und 6% auch für den Fall geschehen, daß die Fabrik nichts verdient oder noch zusetzt. Für diesen Fall wird das Conto jedes Theilnehmers nach Verhältnis belastet.

§ 11

Todesfälle ändern in den Verhältnissen der Societät, mit Ausnahme eines weiter unten zu berührenden Falles, nichts, vielmehr sind die Erben des Verstorbenen an diesen Vertrag gebunden und unter keinen Umständen befugt, von denselben abzugehen. Hierbei wird zugleich bestimmt, daß behufs Ermittelung des Antheils der Verstorbenen an der Fabrik keine Abschätzung oder Vorlegung der Bücher erfolgen darf; vielmehr in dieser Beziehung der letzte vor dem Tode des Verstorbenen gemachte und genehmigte Jahresabschluß unbedingt maaßgebend sein soll. Auch wird bestimmt, daß die überlebenden Socien, wenn der Verstorbene mehrere majorenne oder minorenne Erben hinterläßt, werden mit den mehreren Erben, nach mit der Vormundschaft des oder der Minorennen zu thun haben sollen, vielmehr haben die mehreren Erben, sei es nur aus ihrer Mitte oder anderweit, einen gemeinschaftlichen Bevollmächtigten, oder wenn nur ein Minorenne da ist, dessen Vormundschaft einen solchen zu bestellen, auf welchen alle Rechte des verstorbenen Socius in Ansehung der Geschäfts und Controlführung übergehen und an welchen die Socien in allen Geschäftsangelegenheiten sich allein zu wenden haben.

In Ansehung des Herrn Schaeper wird besonders bestimmt, daß nach seinem Ableben im Laufe dieses Vertrages die überlebenden Socien oder deren Erben, den Erben desselben gestatten müssen, sofort aus dem Verband zu treten und verpflichtet sind denselben ihren Antheil nach Maaßgabe des letzten Jahresabschlusses vor dem Tode des Herrn Schaeper auszuzahlen.

§ 12

Keinem Gesellschafter steht es frei, seine Rechte und Pflichten aus diesem Vertrag durch Verkauf resp. Cession an einen Dritten d. h. nicht zur Societät gehörigen, abzutreten, es sei denn, daß alle Socien einstimmig die Genehmigung dazu ertheilen. Dasselbe gilt, wenn einer der Socien auch unentgeldlich seine Rechte und Pflichten, mithin schenkungsweise auf einen Dritten übertragen will.

§ 13

Dieser Vertrag soll mit Ablauf der bestimmten zehnjährigen Frist nicht von selbst zu Ende gehen, sondern nur jedem Theilnehmer freistehen, mit dem stipulirten Endtermin ausscheiden, wenn er spätestens den 1. Juny 1864 seinen diesfälligen Entschluß der Gesellschaft schriftlich angezeigt hat. Eine solche Aufkündigung seitens eines Theilnehmers kann mithin nur dessen Austreten aus der Gesellschaft zur Folge haben, und ändert in den contractlichen Verhältnissen der Uebrigbleibenden nichts; sie müssen jedoch den Ausscheidenden nach Maasgabe der letzten Inventur abfinden, und ist dieser verpflichtet, sich mit dieser Abfindung zu begnügen, und dagegen sein Miteigenthum am beweglichen und unbeweglichen Vermögen der Societät, denen, welche dieselbe fortsetzen wollen, abzutreten. Es wird jedoch bemerkt, daß nach einer Kündigung seitens eines Theilnehmers jedem der drei anderen Theilnehmer vom 1. bis 30. Juny inclusive, 1864 freisteht, auch seinerseits den Contract zu kündigen, worauf dann die Auflösung des Geschäfts durch meistbietenden Verkauf desselben erfolgt. Der Herr Landrath von Kotze oder dessen Erben haben das Recht, wenn sie solches mindestens ein Jahr vor Ablauf dieses Vertrages den übrigen Socien schriftlich anzeigen, mit dem Schlusse des stipulirten Endtermins das Fabrikgeschäft für alleinige Rechnung fortzuführen, sind dagegen verpflichtet, die übrigen Theilnehmer oder deren Erben nach Maaßgabe des letzten Rechnungsabschlusses abzufinden, wogegen diese sich aller ferneren Ansprüche an das Geschäft zu entsagen haben.

Tritt dieser Fall nicht ein und wollen drei Mitglieder aus dem Verbande scheiden, so haben dieselben das Recht, mit dem Ablauf des zehnten Jahres die Auseinandersetzung durch meistbietenden Verkauf der Fabrik nebst Zubehör zu bewirken.

§ 14

Erfolgt eine der oben bezeichneten Contractauflösungen oder eine einseitige rechtzeitige Kündigung nicht, so gilt dieser Contract als auf anderweitige 10 Jahre prolongirt, nach deren Ablauf, wenn nicht die Bedingungen des vorstehenden 13. § eintreten, abermals eine 10jährige Prolongation eintritt.

§ 15

Eine Abänderung dieses Societätscontracts in Beziehung auf den Zweck und die Dauer der Societät kann nur durch Stimmeneinheit bewirkt werden, wogegen eine Abänderung einzelner auf die Geschäftsführung oder andern Punkte bezüglicher Stipulation desselben durch einfache Stimmenmehrheit bewirkt werden kann.

§ 16

Die Firma der Societät ist „von Kotze, Zuckerfabrik, Klein Oschersleben“.

§ 17

Die Bestimmung des § 12 ist auf den Fall nicht anwendbar, wenn die Erben eines Socius, dessen Antheil einem der Miterben im Wege der Erbtheilung übereignen.

§ 18

Kein Socius ist berechtigt, seinen Antheil an den zur Fabrik gehörigen Hypothekenbuche von Klein Oschersleben Theil II Nr. 128 verzeichneten Grundstücken einseitig und ohne Genehmigung der Mitgesellschafter zu verpfänden.

§ 19

Herr Richard Schaeper erhält für seine Mühwaltung Nichts, sondern blos die baaren Auslagen erstattet.

Diejenigen Auslagen aber, welche vom Herrn Schaeper beim Jahresschlusse nicht liquidirt sind, können später nicht nachgefordert werden.

Magdeburg den fünften Januar Achtzehnhundert Sechs und Fünfzig

Albrecht Graf v. Alvensleben
Hans Friedrich Wilhelm v. Kotze
Philipp August Kühne
Richard Schaeper

*Zweite Ausfertigung*

/Fünfzehn Silbergroschen Stempel folgen/

Verhandelt

Magdeburg den Fünften Januar Achtzehnhundert Sechs und Fünfzig im Gasthofe zur Stadt London

Vor dem unterzeichneten zu Wanzleben wohnhaften Königlichen Preußischen Notar Friedrich Wilhelm Franz Stegemann und den zugezogenen völlig fähigen Zeugen

a. dem Portier Gottfried Gebser

b. dem Lohndiener Friedrich Goetze

von hier

denen so wenig, wie mir, dem Notar, eines der Verhältnisse entgegensteht, welche nach Paragraph Fünf bis Neun des Gesetzes vom elften July Eintausend Achthundert Fünf und Vierzig von der Theilnahme an dieser Verhandlung ausschließen würden, erschienen heute:

1. der Herr Staatsminister a. D. Graf Albrecht von Alvensleben aus Erxleben
2. der Herr Landrath a. D. Hans Friedrich Wilhelm von Kotze aus Klein Oschersleben
3. der Herr Oberamtmann Philipp August Kühne aus Wanzleben
4. der Herr Fabrikbesitzer Richard Schaeper aus Ettgersleben
   sämmtlich von Person bekannt und dispositionsfähig.

Dieselben überreichten anliegenden Societäts-Vertrag mit dem Bemerken, daß sie sich zu dessen Inhalte bekennen wollten.

Der anliegende Societätsvertrag ist daher den Herrn Comparenten langsam und deutlich vorgelesen, von ihnen genehmigt und eigenhändig unterschrieben.
Es ist beantragt
den Societätsvertrag mit dieser Verhandlung
einmal für den Herrn Staatsminister von Alvensleben
einmal für den Herrn Landrath von Kotze
und einmal für den Herrn Oberamtmann Kühne und Herrn Richard Schaeper zu Händen des Ersteren auszufertigen.

Vorgelesen, genehmigt und vollzogen

Albrecht v. Alvensleben
Hans Friedrich Wilhelm von Kotze
Philipp August Kühne
Richard Schaeper

Daß diese Verhandlung, so wie sie niedergeschrieben wirklich stattgefunden hat, daß sie den Betheiligten in Gegenwart des Notars und der Zeugen vorgelesen, von ihnen genehmigt und eigenhändig unterschrieben ist, wird hierdurch attestirt.

So geschehen wie oben
Gottfried Gebser
Friedrich Goetze
Friedrich Wilhelm Franz Stegemann

Nachstehender in mein Notariatsregister Jahr Achtzehnhundert Sechs und Fünfzig unter Nummer Eins eingetragener Contract nebst Genehmigungsverhandlung wird hiermit für den Königlichen Staatsminister a. D. Herrn Grafen Albrecht von Alvensleben auf Erxleben mit dem Bemerken ausgefertigt, daß die erste Ausfertigung dem Herrn Landrath a. D. von Kotze auf Klein Oschersleben, die dritte Ausfertigung aber dem Herrn Oberamtmann Kühne zu Wanzleben ausgereicht ist.

Wanzleben den Siebenten Januar Achtzehnhundert Sechs und Fünfzig

Friedrich Wilhelm Franz Stegemann
Siegel Notar

Zweite Ausfertigung für den Königl.
Staatsminister Herrn Grafen von
Alvensleben
Excellenz auf Erxleben

Kosten-Rechnung
Object 22800 Tlr.

| | | |
|---|---|---|
| 1. Pauschquantum für die Anerkennung des schriftlich aufgesetzten Vertrages vom 11. Mai 1851 Tarif § 17 – – – – – – – – – – – – – – – – – – – – – – | 8 Tlr. | 10 Sgr. |
| 2. Stempel zum Societätsvertrage vom 5. Januar 1856 – – – – – – – – – – | | 15 „ |
| 3. Stempel zu den 5 Ausfertigungen – – – – – – – – – – – – – – – – – – – – | 1 „ | 15 „ |
| 4. Testibus nach § 16 des Gesetzes – – – – – – – – – – – – – – – – – – – – – | | 10 „ |
| 5. Kopialien für vorschießende 8 Bogen – – – – – – – – – – – – – – – – – – | 1 „ | 10 „ |
| Sa. | 12 Tlr. | — Sgr. |

Wanzleben den 7. Januar 1855
Stegemann

(STAM, Rep. H — Erxleben II, Nr. 3895)

## Anlage Nr. 7

*Vertrag zwischen den Rittergutsbesitzern Adolph von Krosigk und Otto von Veltheim über die gemeinsame Bewirtschaftung ihrer Güter vom Jahre 1865*

Copia

Neuhaldensleben den elften April Eintausend Achthundert Fünf und Sechzig.

Vor dem unterzeichneten, im Bezirk des Königlichen Appelations-Gerichts zu Magdeburg bestellten, hier wohnhaften Notar Justiz-Rath Eduard Weniger und den zugezogenen, ihm persönlich bekannten qualifizierten Zeugen von hier,

a, dem Handschuhmacher Johann Mundt
und
b, dem Schuhmacher-Meister Albert Gene, welchen Allen, wie sie versichern, keines der Verhältnisse entgegensteht, die nach §§ fünf bis neun des Gesetzes vom elften Juli Achtzehnhundert fünf und Vierzig von der Theilnahme an der Verhandlung ausschließen, erschienen von Person und Verfügungsfähigkeit bekannt,

1, der Rittergutsbesitzer Herr Adolph von Krosigk von Eichenbarleben
und
2, der Rittergutsbesitzer Herr Otto von Veltheim von Klein Santersleben
und trugen nachstehenden

*Societäts-Vertrag*

vor:

I. Der Herr von Veltheim ist Besitzer der im landräthlichen Kreise Neuhaldensleben belegenen Fidei-Komiß-Rittergüter Klein-Santersleben und Nordgermersleben und der Herr von Krosigk mit seinem minorennen Sohne erster Ehe Eigenthümer des Allodial Ritterguts Eichenbarleben, im landräthlichen Kreise Wolmirstedt. Die von Veltheimschen Güter umfassen ein Areal von circa Vierzehnhundert Morgen und das Rittergut Eichenbarleben, mit den dazu gehörigen Aeckern in Bornstedter Feldmark, hat ein gleiches Areal.
Beide Herrn Komparenten haben sich nun hiermit verbunden, das Gesamt Areal der bezeichneten Güter behufs gemeinschaftlicher Bewirtschaftung in *Eine* Oeconomie zusammen zu werfen und diese zusammen gelegte Wirthschaft soll die Firma

„von Veltheim- und von Krosigksche Oeconomie"

führen.

II. Die jetzt auf den bezeichneten Rittergütern vorhandenen todten und lebenden Inventarien, sowie sämtliche vorhandene Vorräthe an Futter, gedroschenem und ungedroschenem Getraide und Stroh werden nach einer Taxe in die Societät eingeworfen, und wenn sich durch diese Abschätzung in der einen Wirthschaft ein Plus gegen die andern herausstellt, so hat der Eigenthümer dieser letzteren die Hälfte davon baar an den anderen Socius zu bezahlen.

Das Feldinventarium an Dünger, Aussaat und Pflugart soll ebenmäßig taxiert werden und behufs der Abschätzung der Inventarien und Vorräthe wählt jeder der Gesellschafter einen Sachkundigen.

III. Die Wirthschafts-Gebäude auf den bezeichneten drei Rittergütern werden in dem Zustande, in welchem sie sich gegenwärtig befinden, von der Gesellschaft übernommen und ebenso die Versicherungen derselben.

Eine Beschreibung der solchergestalt von der Gesellschaft übernommenen Gebäude wird vorbehalten und demnächst von beiden Gesellschaftern vollzogen, dem heutigen Contracte resp. jeder Ausfertigung desselben beigefügt.
Sämmtliche Reparaturen an diesen Gebäuden hat die Gesellschaft zu bewirken und zu tragen, Neubauten aber werden von dem betreffenden Gutseigenthümer und Besitzer hergestellt und nur die erforderlichen Fuhren dabei, von der gemeinsamen Wirthschaft geleistet.

IV. In die schon bestehenden von Herrn von Krosigk für Eichenbarleben contrahirten und auf die Gesellschaft übergehenden Pachtungen tritt Herr von Veltheim mit ein; neue Pachtungen werden nur nach Übereinkunft beider Gesellschafter contrahirt, jedoch ist nach erfolgter Übereinkunft der Herr von Krosigk zum Abschlusse der Pachtkontracte ermächtigt, ohne daß er dabei der Zuziehung des zweiten Gesellschafters bedarf.

V. Für die Familie und Hauswirthschaft der Gesellschafter ist Alles aus der gemeinschaftlichen Wirthschaft anzukaufen und zwar für die noch zu vereinbarenden Preise. Ausgenommen sind davon:
a. die Milch, welche den Gesellschaftern frei in das Haus geliefert wird, und
b. das Federvieh, welches Privateigenthum der Besitzer verbleibt.

VI. Die zur Completirung des todten und lebenden Inventariums, sowie zur Fortsetzung der gemeinschaftlichen Wirthschaft erforderlichen baaren Einlagen haben die Gesellschafter zu gleichen Theilen zu zahlen.

VII. Herr von Krosigk übernimmt die Führung der Gesammtwirthschaft mit Hülfe der anzustellenden Inspektoren. Die Annahme und Anstellung der letztern, sowie deren Entlassung geschieht von beiden Gesellschaftern resp. nach gemeinschaftlicher Berathung und Übereinkunft. Nur bei vorkommenden größeren Dienstwidrigkeiten und Vernachlässigungen, oder bei entdeckten Unehrlichkeiten steht dem Herrn von Krosigk das Recht zu, den betreffenden Inspektor sofort selbst zu entlassen.
Die übrigen Unterbeamten engagirt und entlässt der Herr von Krosigk selbständig nach eigenem Ermessen; er ist aber jeder Zeit seinem Herrn Socius Rechenschaft darüber abzulegen verpflichtet.

VIII. Die Hauptbuchführung geschieht durch den Buchhalter der Eichenbarlebener Zuckerfabrik unter Controlle und Aufsicht des Herrn von Krosigk.
Außerdem haben die Oeconomie Inspektoren für Ihre Wirthschaft abgesondert Buch zu führen und Rechnung abzulegen. Dem Herrn von Veltheim steht das Recht zu, jederzeit Bücher und Rechnungen einzusehen und zu revidiren.

IX. Johannis jeden Jahres wird Inventur und Rechnungs-Abschluß gemacht und jedem Interessenten Rechnung abgelegt, worüber er nach deren Rechtbefinden Decharge ertheilt.
Etwaige Erinnerungen dagegen müssen binnen vier Wochen schriftlich angebracht werden, widrigenfalls die Rechnung als richtig und dechargirt gilt.

X. Alle Käufe und Verkäufe geschehen durch Herrn von Krosigk.

XI. Der beim Jahresabschlusse sich herausstellende Überschuß kommt für beide Gesellschafter gleichmäßig zur Vertheilung und es werden etwaige Vorschüsse, welche der eine oder andere derselben im Laufe des Jahres entnommen resp. erhalten hat, darauf in Abrechnung gebracht.
Diese Vorschüsse müssen übrigens stets den Einnahme Verhältnissen entsprechend sein.

XII. Die Dauer der Societät wird vorläufig auf zwölf und ein halbes Jahr, vom ersten Januar dieses Jahres bis zum ersten Juli Achtzehnhundert Sieben und Siebenzig festgesetzt und sofern nicht bis zum ersten Juli Achtzehnhundert Fünf und Siebenzig eine Kündigung von einem oder dem andern Socius erfolgt, soll der Vertrag auf fernere zwölf Jahre und so fort für prolongirt erachtet werden. Bei Beendigung der Societät resp. Auflösung der combinirten Oeconomie Wirthschaft wird das vorhandene Inventarium in natura resp. auf Taxe gleichmäßig vertheilt.

XIII. Durch den Tod eines Sociéé im Laufe der Contractszeit wird in den Verhältnissen der Societät nichts geändert, vielmehr sind auch die Erben des Verstorbenen an den Vertrag dergestalt gebunden, daß sie in alle Rechte und Verpflichtungen des Erblassers eintreten, jedoch unter folgenden Modificationen.
a, Behufs Ermittlung und Feststellung des Antheils des Verstorbenen an dem Societäts-Vermögen dient der letzte, vor dem Tode des Verstorbenen aufgestellte und genehmigte Abschluß allein und zum Maßstabe.

b, der überlebende Socius führt das Geschäft fort, und die Erben der Verstorbenen, ob majorenn oder minorenn haben, ohne daß die Gesellschaft mit der obervormundschaftlichen Behörde unmittelbar zu verhandeln verpflichter ist, binnen Sechs Wochen vom Todestage ihres Erblassers angerechnet aus ihrer Mitte oder sonst einen mit umfassenden Befugnissen zu versehenden Bevollmächtigten zu bestellen, unter dessen Zuziehung das Geschäft fortgeführt wird.
c, Ist nur ein Erbe vorhanden, so tritt dieser in die Stelle des Verstorbenen und wird, sofern er noch minorenn ist, durch seinen Vormund oder durch einen zu bestellenden sachkundigen Bevollmächtigten vertreten.

XIV. Wird gegen einen der Gesellschafter eine Imbecillitäts- oder Verschwendungs-Curatel eingeleitet, so hat der bestellte Curator die Vertretung des Curanden in den Societäts-Geschäften zu übernehmen.

XV. Keinem der Gesellschafter steht das Recht zu, seine Rechte und Verpflichtungen aus diesem Vertrage einem Dritten abzutreten und zu übertragen.

XVI. Bei vorkommenden Streitigkeiten bleibt der Rechtsweg ausgeschlossen, es wird eintretendenfalls von jedem Gesellschafter ein Schiedsmann gewählt und dem Ausspruche dieser Schiedsmänner, eventuell eines von diesen zu bestimmenden Obermannes haben sich die Contrahenten zu unterwerfen.

XVII. Die Kosten des heutigen Societäts-Vertrages, der für jeden der Gesellschafter einmal ausgefertigt werden soll, tragen beide Theile gemeinschaftlich.

Die Herren Contrahenten fügten schließlich zu dem Artikel V noch abändernd hinzu, daß die Milch von den anzukaufenden Haushaltungsbedürfnissen nicht ausgeschlossen werden, sondern die Ausnahme lediglich auf das Federvieh beschränkt bleiben solle.

Auch gaben sie zu Artikel II behufs Berechnung des Stempels noch an, daß das Inventarium von Eichenbarleben bei weitem höher zu stehen komme, als die Inventarien auf den von Veltheimschen Gütern, die von Herrn von Veltheim darnach zu vergütigende Hälfte der Differenz aber höchstens auf Fünftausend Thaler zu stehen kommen werde.

Die Verhandlung ward hierauf laut vorgelesen, genehmigt und vollzogen.

Adolph von Krosigk
Otto von Veltheim

Daß vorstehende Verhandlung so, wie sie niedergeschrieben ist, stattgefunden hat, auch in Gegenwart der Zeugen durch den Notar selbst den Betheiligten vorgelesen, von diesen hiernächst in aller Beisein genehmigt und eigenhändig unterschrieben ist, wird hiermit bescheinigt.

Johann Mundt
Albert Gene
Ferd. Carl Eduard Weniger, Justiz-Rath und Notar.

Vorstehenden Gesellschaftsvertrag, eingetragen in das Register des Jahres 1865 unter Nummer 35 wird hiermit für den Rittergutsbesitzer Herrn Otto von Veltheim zu Klein-Santersleben ausgefertigt. Erste Ausfertigung ist dem Herrn von Krosigk zu Eichenbarleben ertheilt.

Neuhaldensleben, den elften April Eintausend Achthundert Fünf und Sechzig/ den 11. April 1865/

(L. L.) Ferd. Carl Eduard Weniger
Justiz-Rath und Notar.

(STAM, Rep. H — Alvensleben, Nr. 242)

# Anlage Nr. 8

## *Statut der Zuckerfabrik Nordgermersleben*

§ 1.

Sitz und Firma der Gesellschaft.

Der Sitz der Gesellschaft ist Nordgermersleben im Kreise Neuhaldensleben. Die Firma lautet: „Zuckerfabrik Nordgermersleben, Gesellschaft mit beschränkter Haftung".

§ 2.

Gegenstand des Unternehmens.

Die Gesellschafter haben sich zu diesem Gesellschaftsvertrage vereinigt, um Zucker herzustellen und alle damit zusammenhängenden Geschäfte zu betreiben.

§ 3.

Dauer des Unternehmens.

Die Dauer der Gesellschaft ist auf eine bestimmte Zeit nicht beschränkt. Jedoch scheidet der Pächter der Domänen Alvensleben, Tundersleben, Rottmersleben aus der Gesellschaft aus, wenn er nach Ablauf seiner Pachtperiode diese Pachtung weder selbst noch durch einen Familienangehörigen fortsetzt. Der Ausscheidende erhält als Abfindung für seinen Geschäftsanteil den zur Zeit des Ausscheidens maßgebenden wirtschaftlichen Wert des Anteils, der im Streitfalle durch 3 Sachverständige festgestellt wird. Je einen Sachverständigen wählt jede Partei, den Obmann die beiden Sachverständigen, eventuell bestimmt ihn das Gericht.

§ 4.

Höhe des Stammkapitals.

Das Stammkapital der Gesellschaft beträgt Mark und zerfällt in Stammeinlagen, deren geringster Betrag 1500 Mark sein muß. Größere Stammeinlagen müssen stets das vielfache einer ganzen Zahl von 1500 Mark sein.

§ 5.

Erhöhung des Stammkapitals.

Das Stammkapital kann auf Beschluß der Gesellschafter durch Bildung neuer Stammeinlagen erhöht werden, welche entweder den ursprünglichen oder neu hinzutretenden Gesellschaftern, jedoch nur unter den von der Gesellschaft zu stellenden Bedingungen zu überlassen sind.

§ 6.

Haftung für Schulden der Gesellschaft.

Ueber den gezeichneten Betrag der Stammeinlage hinaus hat der Gesellschafter für die Schulden der Gesellschaft Zahlung nicht zu leisten und kann dazu weder durch Gesellschaftsbeschluß noch durch Abänderung dieses Vertrages angehalten werden.

Die Einforderung von Nachschüssen findet nicht statt.

§ 7.

Verpflichtung der Gesellschaft zum Rübenbau.

Jeder Gesellschafter ist zunächst verpflichtet, alljährlich für je 1500 Mark seiner Stammeinlage 5 Morgen Rüben zu bauen. Das darauf geerntete Quantum muß unverkürzt an die Fabrik abgeliefert werden. Vorräte an Rüben, die der Gesellschafter auch nach der Kampagne noch in seinem Besitz hat, sind der Fabrik anzudienen. Sollten Gesellschafter größere Flächen mit Rüben bebauen, als sie verpflichtet sind, so müssen sie die darauf geernteten Rüben ebenfalls unverkürzt an die Fabrik abliefern. Nicht selbst angebaute Rüben darf der Gesellschafter nur mit Genehmigung der Geschäftsführung an die Fabrik liefern.

§ 8.

Anmeldung der Äcker zum Rübenbau.

Jeder Gesellschafter ist verpflichtet, alljährlich spätestens bis zum 1. März der Geschäftsführung ein Verzeichnis derjenigen Ackergrundstücke anzumelden, auf welchen er in Gemäßheit des § 7 in demselben Jahre Zuckerrüben für die Gesellschaft bauen will.

§ 9.

Bestimmungen über die Kultur der Rüben.

Die Bestimmungen über die Kultur der Rüben trifft die Geschäftsführung. Dieselben sind für alle Gesellschafter bindend. Auch hat die Geschäftsführung das Recht und die Pflicht, die Bearbeitung und Einerntung der Rüben zu überwachen, und auch hierbei ist deren Anweisungen Folge zu leisten.

Den zur Bestellung erforderlichen Rübensamen muß jeder Gesellschafter von der Fabrik entnehmen und erhält denselben unentgeltlich. Die erforderliche Menge bestimmt der Vorstand. Das Mehr oder Weniger der Entnahme wird zu dem Selbstkostenpreis in Anrechnung gebracht. Das Vermischen des von der Fabrik gelieferten Zuckerrübensamens mit Zuckerrunkeln oder Futterrübensamen ist den Gesellschaftern bei Strafe von 500 Mark pro Morgen ihrer angebauten Rüben verboten.

§ 10.

Folgen des nicht ordnungsmäßigen Rübenbaues.

Wenn ein Gesellschafter nicht die volle, durch die Höhe seiner Stammeinlage bedingte Morgenzahl zum Zuckerrübenbau für die Gesellschaft verwendet, so hat er der Gesellschaft für jeden fehlenden Morgen eine Konventionalstrafe von 500 Mark zu zahlen.

Ist ein Gesellschafter durch höhere Gewalt verhindert seinen Verbindlichkeiten nachzukommen, so hat er der Geschäftsführung sofort davon Anzeige zu machen. Die Geschäftsführung hat dann zu untersuchen, ob das Mitglied von seinen Verpflichtungen ganz oder teilweise zu entbinden ist, und demgemäß das Erforderliche festzusetzen.

§ 11.

Anfuhr der Rüben.

Die Anfuhr der Rüben an die Abladestellen der Fabrik sowie das Abladen der Rüben ist Sache der Gesellschafter und erfolgt die Anfuhr nach einem vom Leiter der Fabrik wöchentlich aufzustellenden und jedem Gesellschafter bekannt zu machenden Lieferungsplans, bei dessen Aufstellung den landwirtschaftlichen Verhältnissen, der Entfernung und ausgeprochenen billigen Wünschen nach Möglichkeit Berücksichtigung zuteil werden soll.

Hat ein Gesellschafter sein Rübenquantum zu hoch oder zu niedrig angegeben, so kann derselbe von der Geschäftsführung in eine Vertragsstrafe genommen werden. Willkürliche Anlieferung von Rüben zieht eine Strafe von mindestens 5 Mark pro Zentner dieser Rübenmenge nach sich. Bei unbegründeter Säumnis der Anfuhr verfällt der betreffende Gesellschafter in eine Konventionalstrafe von mindestens 1 Mark pro Zentner des nicht gelieferten Quantums.

§ 12.

Bezahlung der Rüben.

Die Geschäftsführung bestimmt, wann und in welcher Höhe Zahlungen auf Rüben geleistet werden sollen und hat dies je acht Tage vor den bestimmten Terminen bekannt zu machen.

Bei Feststellung der gelieferten Gewichte durch die Erdwage wird der Abzug für Köpfe, Schwänze und Schmutz durch Probeputz und Probewäsche festgestellt und ist der sich ergebende Prozentsatz in Abrechnung zu bringen.

Unbrauchbare, namentlich durch Frost beschädigte Rüben kann der Fabrikleiter ganz zurückweisen. In diesen Fällen steht dem Gesellschafter, wenn er sich bei der Entscheidung des Fabrikleiters nicht beruhigen will, eine sofort anzumeldende Beschwerde an die Geschäftsführung frei, die sodann entgültig entscheidet.

Die streitigen Rüben sind in diesen Fällen gesondert aufzubewahren.

§ 13.

Fabrikationsrückstände.

Von den gelieferten Rüben der Gesellschafter gehen lediglich der gewonnene Zucker und die Melasse in das Eigentumsrecht der Gesellschaft über, nicht aber die Futter und sonstigen Fabrikationsrückstände, vielmehr wird von diesen Fabrikationsrückständen, welche bestehen in Rübenköpfen, Schwänzen, Schnitzeln, in dem Scheideschlamm und der Rübenerde, jedem Gesellschafter ein nach dem Quantum der von ihm gelieferten Rüben festzustellender verhältnismäßiger Anteil zugeteilt.

Die Gesellschafter erhalten gegen Erstattung der Trockenkosten den sich durch die Verarbeitung ergebenden Prozentsatz an Trockenschnitzeln von der Fabrik.

Die Zuteilung und die Zeit der Abnahme wird jedem Gesellschafter schriftlich bekannt gemacht.

§ 14.

Veräußerung, Vererbung und Teilung von Stammeinlagen.

Die Stammeinlagen sind veräußerlich und vererblich. Bei der Veräußerung und Vererbung sind diejenigen Stammeinlagen, welche über mehr als 1500 Mark lauten, soweit teilbar, daß jeder Teil mindestens noch 1500 betragen muß.

Die Veräußerung von Stammeinlagen oder Teilen derselben kann nur mit Genehmigung der Gesellschaft geschehen.

Derjenige, welcher eine Stammeinlage oder einen Teil derselben veräußern will, hat der Geschäftsführung eine Ausfertigung des mit dem Käufer geschlossenen gerichtlich oder notariell beurkundeten Vertrages einzureichen, worauf die Geschäftsführung alsbald eine Gesellschaftsversammlung zur Beschlußfassung über die Annehmbarkeit des Käufers einzuberufen hat.

Die Erben eines Gesellschafters sind in demselben Maße wie ihre Erblasser an den Vertrag gebunden und zu dessen Aushaltung verpflichtet. Dieselben haben sich spätestens nach Ablauf eines Monats seit dem Anfalle der Erbschaft der Geschäftsführung gegenüber zu legitimieren, und falls ihrer mehrere sind, einen gemeinschaftlichen Vertreter, welcher selber Gesellschafter sein muß, zu bestellen.

Wollen mehrere Erben sich in die Stammeinlage ihres Erblassers teilen, so haben sie die Ausfertigung des Erbauseinandersetzungsvertrages der Geschäftsführung einzureichen, welche alsdann eine Gesellschaftsversammlung zur Beschlußfassung über die Genehmigung der Teilung und die Annahme der Teilerwerber zu berufen hat.

§ 15.

Organe der Gesellschaft.

sind: 1. Die Geschäftsführer, welche in ihrer Gesamtheit die Geschäftsführung, Vorstand genannt, bilden.

2. Die Gesellschaftsversammlung.

§ 16.

Die Geschäftsführung (Vorstand).

Zu Geschäftsführern der Gesellschaft werden 8 Mitglieder gewählt, hiervon müssen 2 Gesellschafter sein, als achtes Mitglied kann der Fabrikleiter bestimmt werden.

Die Geschäftsführer werden von der Gesellschafterversammlung nach absoluter Majorität gewählt.

In jedem Jahre scheiden die beiden, ihrer Wahl nach ältesten Geschäftsführer aus. Bei gleichem Wahlalter entscheidet das Los. Eine Wiederwahl der ausgeschiedenen Gesellschafter ist zulässig. Die auf ihn fallende Wahl als Geschäftsführer darf kein Gesellschafter ablehnen.

Ein Widerruf der Bestellung als Geschäftsführer kann nur wegen grober Pflichtverletzung oder Unfähigkeit zur ordnungsmäßigen Geschäftsführung von der Gesellschafterversammlung beschlossen werden.

§ 17.

Geschäftskreis der Geschäftsführung (Vorstand).

Die Geschäftsführung hat die Leitung des ganzen Geschäftes und vertritt die Gesellschaft gerichtlich und außergerichtlich den Gesellschaftern und Dritten gegenüber, soweit in diesem Vertrage nicht anders bestimmt ist.

Insbesondere steht der Geschäftsführung die Anlage und Einrichtung der Fabrik zu, die Anstellung des Beamtenpersonals, die Kontrolle über den Fabrikbetrieb und den Rübenbau sowie der Abschluß aller die Fabrik betreffenden Geschäfte.

Die Geschäftsführung (Vorstand) tritt zu ordentlichen und außerordentlichen Sitzungen zusammen, welche der Vorsitzende oder dessen Stellvertreter nach Bedürfnis einberuft.

Den Vorsitzenden und dessen Stellvertreter wählen die Geschäftsführer unter sich durch einfache Mehrheit der Stimmen.

Die Beschlüsse der Geschäftsführung werden nach Stimmenmehrheit gefaßt, bei Stimmengleichheit gibt der Vorsitzende den Ausschlag. Die Beschlüsse sind gültig, wenn mindestens 3 Geschäftsführer sie gefaßt haben.

Die Zeichnung der Firma erfolgt durch mindestens 2 Geschäftsführer in der Weise, daß dieselben zu der Firma der Gesellschaft ihre Namensunterschrift beifügen.

Dieselbe Form ist zur gültigen Abgabe von schriftlichen Willenerklärungen und Ausstellung von Urkunden Namens der Gesellschaft erforderlich.

Ueber die Sitzungen der Geschäftsführung und die darin gefaßten Beschlüsse ist ein von allen Anwesenden zu unterschreibendes Protokoll zu führen.

§ 18.

Gesellschafterversammlung.

Die Gesellschafterversammlung wird durch sämtliche stimmfähige Gesellschafter gebildet; stimmfähig ist jeder Gesellschafter. Gesellschafter, die unter väterlicher Gewalt, Vormundschaft oder Pflegschaft stehen, werden durch ihre Väter, Vormünder, Pfleger resp. Ehemänner vertreten.

Eine anderweitige Vertretung ist nur zulässig, wenn sie durch einen anderen stimmfähigen Gesellschafter geübt wird, der durch schriftliche Vollmacht legitimiert ist.

Die Vollmachten verbleiben in Verwahrung der Gesellschaft. Je 1500 Mark einer Stammeinlage geben eine Stimme.

Die Beschlüsse werden, soweit nicht das Gesetz oder der Gesellschaftsvertrag eine größere Mehrheit erfordert, mit einfacher Stimmenmehrheit gefaßt.

Wer durch die Beschlußfassung entlastet oder von einer Verpflichtung befreit werden soll, hat hierbei kein Stimmrecht und darf ein solches nicht für andere ausüben.

Dasselbe gilt von einer Beschlußfassung, welche die Errichtung eines Rechtsgeschäfts oder die Einleitung oder Erledigung eines Rechtsstreites mit ihm betrifft.

Gesellschafter, die gehörig geladen aber nicht erschienen sind, werden durch die Beschlüsse der Erschienenen gebunden.

Die Leitung der Gesellschafterversammlungen führt der Vorsitzende der Geschäftsführung, im Behinderungsfalle dessen Stellvertreter.

§ 19.

Berufung einer Gesellschafterversammlung.

Die Berufung einer Gesellschafterversammlung erfolgt unter Mitteilung der zur Verhandlung kommenden Gegenstände mittels Rundschreiben oder eingeschriebener Briefe durch die Geschäftsführung, soweit nicht nach dem Gesetz auch andere Personen dazu berufen sind. Diese Ladung muß mindestens eine Woche vor der Versammlung bewirkt werden.

Eine Gesellschafterversammlung muß berufen werden, wenn Gesellschafter, deren Stammeinlagen zusammen den zehnten Teil des Stammkapitels darstellen, in einer von ihnen unterzeichneten Eingabe unter Angabe des Zweckes und der Gründe die Berufung der Gesellschafterversammlung verlangen.

In gleicher Weise haben die Gesellschafter das Recht zu verlangen, daß die Gegenstände zur Beschlußfassung einer Gesellschafterversammlung angekündigt werden.

Die Gesellschafterversammlung muß ferner berufen werden, wenn aus der Jahresbilanz oder aus einer im Laufe des Geschäftsjahres aufgestellten Bilanz sich ergibt, daß die Hälfte des Stammkapitals verloren ist.

Ueber die in der Gesellschafterversammlung gefaßten Beschlüsse ist ein von 3 Gesellschaftern zu unterzeichnendes Protokoll aufzunehmen.

§ 20.

Geschäftskreis der Gesellschafter-Versammlung.

Ueber folgende Gegenstände muß von der Geschäftsführung ein Beschluß der Gesellschafterversammlung eingeholt werden:

1. Ueber Erhöhung des Stammkapitals durch Ausgabe neuer Stammeinlagen;
2. Ueber die Wahl und Entlassung der Geschäftsführer;
3. Ueber Bestellung und Entlassung eines Prokuristen;
4. Ueber die Erwerbung und Veräußerung von Grundstücken;
5. Ueber Genehmigung der Veräußerung von Stammeinlagen und der Teilung solcher im Falle der Veräußerung oder Vererbung;
6. Ueber die Höhe der Extraabschreibungen und die Verwendung des Reservefonds;
7. Ueber etwaige Abänderungen dieses Gesellschaftsvertrages;
8. Ueber Auflösung der Gesellschaft.

Bei 1, 7 und 8 und außerdem bei der Entlassung der Geschäftsführer und des Prokuristen sind zur Gültigkeit des Beschlusses 3/4 der abgegebenen Stimmen erforderlich.

§ 21.

Geschäftsjahr und Betriebsregelung.

Das Geschäftsjahr läuft vom 1. Mai bis 30. April.

Die Geschäftsführung ist verpflichtet, die Jahresrechnung bis zum 15. Mai jeden Jahres fertig stellen zu lassen und muß darauf bis spätestens Ende Mai eine Gesellschafterversammlung einberufen. In dieser Gesellschafterversammlung hat die Geschäftsführung:

1. Eine Inventur und Bilanz;
2. Eine Gewinn- und Verlustrechnung;
3. Einen den Vermögensstand und die Verhältnisse der Gesellschaft entwickelnden Bericht vorzulegen.

§ 22.

Inventur und Bilanz.

Die Aufstellung der jährlichen Bilanz nebst Gewinn- und Verlustrechnung, sowie der Inventur hat nach Maßgabe der gesetzlichen Bestimmungen und nach kaufmännischen Grundsätzen zu erfolgen. Die aufgestellte Bilanz ist nach erfolgter Prüfung alljährlich in ein besonderes Buch einzutragen und bildet die Grundlage für alle auf Grund einer Feststellung des Gesellschaftsvermögens zu treffenden Maßregeln.

§ 23.

Berechnung des Rübenpreises.

Von der Gesamteinnahme werden abgesetzt:

1. Die Verarbeitungskosten,
2. Die Abschreibungen und zwar
   3% auf das Grundstückskonto,
   3% auf das Gebäudekonto und
   8% auf das Maschinen- und Utensilienkonto,
3. Etwaige Extraabschreibungen;
4. Etwaige Beiträge zum Reservefonds, Werkerhaltungskonto, Neubaukonto;
5. Die für die Kaufrüben verausgabte Summe;
6. Mindestens 1 Pfennig Anlieferungsgelder für jeden Zentner reine Rüben und jedes Kilometer unter Ausschluß derjenigen Rüben, welche von den Nordgermerslebener Gesellschaftern aus der Feldmark Nordgermersleben angeliefert werden und unter Abzug von 2 Kilometern für die von außerhalb an die Fabrik angelieferten Rüben.
   Die Höhe bestimmt der Vorstand
7. 25 Pfennig pro Zentner Anteilrüben.

Die dann verbleibende Summe wird durch die Zentnerzahl der von den Gesellschaftern gelieferten Rüben dividiert und die gefundene Zahl ergibt den zu zahlenden Preis für den Zentner Gesellschafterrüben. Dieser Preis ist zugleich der Grundpreis für die Bezahlung der Rüben nach dem Zuckergehalte.

Ueber die Festlegung der Entfernungen als Grundlage für die zu gewährenden Anlieferungsgelder entscheidet eine Kommission von 5 Mitgliedern.

§ 24.

Schiedsgericht.

Alle Streitigkeiten, welche zwischen den Gesellschaftern und der Geschäftsführung über deren Rechte und Pflichten aus diesem Vertrage und den Beschlüssen der Gesellschaft sowie über deren Sinn und Folgen entstehen werden, sofern eine Einigung in der zu diesem Zwecke anzuberaumenden Gesellschafterversammlung nicht herbeigeführt wird, durch ein Schiedsgericht entschieden.

Dazu ernennt jede der streitenden Parteien in dieser Gesellschafterversammlung einen Schiedsrichter.

Können diese beiden Schiedsrichter sich über ihren Ausspruch binnen 14 Tagen nicht einigen, so tritt ein Obmann hinzu, der Jurist sein muß.

Den Obmann wählen beide Schiedsrichter. Im Falle sie sich nicht einigen, wird der Obmann durch die Landwirtschaftskammer der Provinz Sachsen ernannt.

Das Schiedsgericht entscheidet den Streit endgültig.

Der Rechtsweg gegen den schiedsrichterlichen Ausspruch ist ausgeschlossen, soweit dies das Gesetz zuläßt.

(STAM, Rep. H — Alvensleben, Nr. 246)

# Anlage Nr. 9

*Verpachtung des Rittergutes Neindorf an die Aktienzuckerfabrik Ottleben im Jahre 1875*

Verhandelt

Schloss Neindorf am zweiten April Achtzehnhundertfünfundsiebenzig.

Vor dem unterzeichneten zu Oschersleben wohnhaften Notar im Bezirk des Königlichen Appellationsgerichts zu Halberstadt

Carl Ludwig Friedrich Kreis

und den mitunterzeichneten, volljährigen und dem Notar persönlich bekannten Instrumentszeugen, nämlich

1. Braumeister Robert Reimann, wohnhaft in Neindorf
2. Bäckermeister Friedrich Rokohl, wohnhaft in Neindorf

denen Allen, wie Jeder derselben für sich, versichert keine der Verhältnisse entgegensteht, welche nach denen ihnen bekannt gemachten Paragraphen fünf bis neun des Gesetzes vom elften Juli Achtzehnhundertfünfundvierzig von der Teilnahme an dieser Verhandlung ausschliessen erschienen heute von Person bekannt und geschäftsfähig:

1. Herr Rittergutsbesitzer Premier-Lieutenant Alexander von Asseburg — Neindorf hier wohnhaft
2. Der Ackergutsbesitzer Erich Fricke aus Ottleben
3. Der Ackergutsbesitzer Christian Lampe von dort
4. Der Ackergutsbesitzer Christoph Lüders von dort
5. Der Ackergutsbesitzer Heinrich Lüders aus Ausleben.

Die ad 2 bis 5 genannten Herren sind die Mitglieder des Vorstandes der zu Ottleben unter der Firma „Aktienzuckerfabrik Ottleben" bestehenden Aktiengesellschaft.

6. Herr Kreistaxator Heinrich Mittag aus Uhrsleben
7. Herr Gutsbesitzer Heinrich Hundertmark aus Barneberg.

Das dem Herrn von Asseburg-Neindorf gehörige Rittergut Neindorf, welches laut Vertrages vom gestrigen Tage der Aktiengesellschaft „Aktienzuckerfabrik Ottleben" verpachtet worden ist, ist gestern und heute den Bestimmungen des Pachtvertrages gemäss der Pächterin übergeben worden.

Das lebende und tote Inventar ist von den Herren Mittag und Hundertmark abgeschätzt worden, die sämtlichen zur Taxe gezogenen Gegenstände sind in dem übergebenen Buche speziell verzeichnet und die Taxwerte ausgeworfen, hiernach beträgt die Gesamtsumme 24.140 Taler 9 Pfg. vierundzwanzigtausendeinhundertvierzig Taler neun Pfennige. Davon kommt in Abzug das eiserne Inventar mit zwanzigtausend Taler, sodass zu bezahlen sind 4.140 Taler 9 Pfg. viertausendeinhundertvierzig Taler neun Pfennige oder 12.420.— Mark zwölftausendvierhundertzwanzig Mark acht Pfennige.

Sämtliche Beteiligte erkennen diese Summe als richtig an und verpflichtet sich die Aktienzuckerfabrik Ottleben diese Summe am 24. vierundzwanzigsten April dieses Jahres zu bezahlen und zwar hier in Neindorf.

Es wird beantragt diese Verhandlung zweimal auszufertigen und Abschrift des Buches jeder Ausfertigung anzuheften, desgleichen Abschrift des für richtig anerkannten Baum-Inventars.

vorgelesen, genehmigt, unterschrieben

Alexander von Asseburg — Neindorf

Heinrich Mittag Heinrich Hundertmark

Aktienzuckerfabrik Ottleben

Der Vorstand

| | |
|---|---|
| Heinrich Lüders | Erich Fricke |
| Christian Lampe | Christoph Lüders |

Es wird hierdurch bescheinigt, dass die vorstehende Verhandlung so wie sie niedergeschrieben worden, stattgefunden hat, dass sie den Erschienenen in Gegenwart des Notars und der zugezogenen beiden Instrumentszeugen laut vorgelesen, von ihnen genehmigt und wie vorsteht eigenhändig unterschrieben worden ist.

Friedrich Rohkohl
Robert Reimann

Carl Ludwig Friedrich Kreis, Notar

Vorstehende in das Notariats-Register des Jahres 1875 unter Nummer 40 eingetragene Verhandlung wird hiermit einmal für die Aktiengesellschaft „Aktienzuckerfabrik Ottleben" zu Ottleben ausgefertigt.

Die II[te] Ausfertigung hat der Rittergutsbesitzer Premier-Lieutenant von Asseburg auf Neindorf erhalten.

Gr. Oschersleben, den fünften April
Achtzehnhundertfünfundsiebenzig

Carl Ludwig Friedrich Kreis
(L. S.) K. Notar im Bezirk des K. Appellations-
Gerichts zu Halberstadt

Liquidation
Objekt über 20.000.— Tl.

| | | | | |
|---|---|---|---|---|
| 1. Gebühren nach § 6 des Gesetzes vom 11. und § 20 des Tarifs vom 10. Mai 1851 | | 17 Tl. | — Sg. | — |
| Diäten und Reisekosten | | 5 „ | — „ | — |
| Stempel | | 14 „ | 15 „ | — |
| | Sa. | 36 Tl. | 15 Sg. | — |

Oschersleben, den 5. März 1875

Der Notar
Kreis

## Verzeichnis
## des lebenden und toten Inventars des Rittergutes Neindorf am 2. April 1857

### A. *Lebendes Inventar*

*18 Stück Pferde*

| Nr. | | Taler | Silber-Groschen | Pfg. |
|---|---|---|---|---|
| 1 | | 250 | — | — |
| 2 | | 180 | — | — |
| 3 | | 250 | — | — |
| 4 | | 275 | — | — |
| 5 | | 150 | — | — |
| 6 | | 275 | — | — |
| 7 | | 50 | — | — |
| 8 | | 75 | — | — |
| 9 | | 150 | — | — |
| 10 | | 150 | — | — |
| 11 | | 80 | — | — |
| 12 | | 50 | — | — |
| 13 | | 200 | — | — |
| 14 | | 150 | — | — |
| 15 | | 140 | — | — |
| 16 | | 90 | — | — |
| 17 | | 75 | — | — |
| 18 | | 40 | — | — |
| | Sa. | 2630 | — | — |

*Rindvieh*

| | | | | Taler | Silber-Groschen | Pfg. |
|---|---|---|---|---|---|---|
| 51 | Stück | Kühe | | 4278 | — | — |
| 7 | „ | Fersen | | 585 | — | — |
| 2 | „ | Bullen a. 120 | | | | |
| | | b. 75 | | 195 | — | — |
| 3 | „ | Kälber á 12 Tl. | | 36 | — | — |
| 1 | „ | Ziegenbock | | 5 | — | — |
| 2 | „ | Mastochsen | | | — | — |
| | | 8 Ochsen á 165 | | 1320 | — | — |
| 15 | „ | Zugochsen | | | — | — |
| | | 9 Stück á 170 Tl. | | 1530 | — | — |
| 8 | „ | 1 jährige Fersen á 55 Tl. | | 440 | — | — |
| 7 | „ | $^{1}/_{4}$ jähr. Kälber á 32 Tl. | | 224 | — | — |
| | | | Sa. | 8613 | — | — |

*Schafe*

| | | | Taler | Silber-Groschen | Pfg. |
|---|---|---|---|---|---|
| 3 | Stück | engl. Böcke á 12 Tl. | 36 | — | — |
| 5 | „ | mer. Böcke á 12 Tl. | 60 | — | — |
| 270 | „ | Mutterschafe mit 270 | | | |
| | | Lämmern $6^{1}/_{2}$ | 1755 | — | — |
| 184 | „ | alte Schafe und Erstl. | | | |
| | | Zibben $5^{1}/_{2}$ | 1012 | — | — |

| | | | Taler | Silber-Groschen | Pfg. |
|---|---|---|---|---|---|
| 127 Stück | alte und Erstl. Hammel á $6^3/_4$ | | 857 | 7 | 6 |
| 165 „ | Jährlinge á 5 Tl. | | 825 | — | — |
| 194 „ | Mastjährlinge } $7^1/_4$ | | | | |
| 10 „ | Masthammel } | | 1479 | — | — |
| 22 „ | Märzschafe $6^1/_3$ | | 139 | 10 | — |
| | | Sa. | 6163 | 17 | 6 |

*Schweine*

| | | | Taler | Silber-Groschen | Pfg. |
|---|---|---|---|---|---|
| 3 Stück | Kempen á 30 | | 90 | — | — |
| 9 „ | alte Sauen á 20 | | 180 | — | — |
| | mit 53 Ferkeln á $2^1/_2$ | | 132 | 15 | — |
| 18 „ | alte Sauen á 20 | | 360 | — | — |
| 7 „ | junge Sauen á 10 | | 70 | — | — |
| 22 „ | Faselschweine á 15 | | 330 | — | — |
| 8 „ | Faselschweine á 10 | | 80 | — | — |
| 28 „ | Ferkel (8 Wochen alt) á $3^1/_2$ | | 98 | — | — |
| | | Sa. | 1340 | 15 | — |

*Federvieh*

| | | | Taler | Silber-Groschen | Pfg. |
|---|---|---|---|---|---|
| 85 Stück | Hühner á $7^1/_2$ | | 21 | 7 | 6 |
| | | Sa. | 21 | 7 | 6 |

Recapitulation

| | | Taler | Silber-Groschen | Pfg. |
|---|---|---|---|---|
| Pferde | | 2630 | — | — |
| Rindvieh | | 8613 | — | — |
| Schafvieh | | 6163 | 17 | 6 |
| Schweine | | 1340 | 15 | — |
| Federvieh | | 21 | 7 | 6 |
| | Sa. | 18768 | 10 | — |

B. *Totes Inventar*

| | | Taler | Silber-Groschen | Pfg. |
|---|---|---|---|---|
| 5 Stück | 4 zöllige Wagen á 80 Tl. | 400 | — | — |
| 7 „ | 3 zöllige Wagen á 50 Tl. | 350 | — | — |
| 1 „ | alter Wagen | 15 | — | — |
| 1 „ | Kaupenwagen m. Kaupe | 30 | — | — |
| 1 „ | Hohlkarre | 1 | — | — |
| 2 „ | Krippen | 1 | 20 | — |
| 5 „ | viersp. Pflüge mit Karren á 19 Tl. | 95 | — | — |
| 1 „ | viersp. Pflug ohne Karre | 11 | — | — |
| 14 „ | 2 spänn. Pflüge mit Karren á 15 Tl. | 210 | — | — |
| 6 „ | feine Eggen } á 2 Tl. | | | |
| 22 „ | grobe Eggen } | 56 | — | — |
| 1 „ | Extirpator (gross) | 4 | — | — |
| 1 „ | Krümmer | 10 | — | — |
| 6 „ | Extirpatoren á 5 | 30 | — | — |
| 3 „ | Kartoffelpflüge á 3 | 9 | — | — |
| 3 „ | 3 teilige Walzen | 40 | — | — |

| | | | | Taler | Silber-Groschen | Pfg. |
|---|---|---|---|---|---|---|
| 3 | Stück | Ringelwalzen á 15 | | 45 | — | — |
| 1 | „ | Glattwalze | | 4 | — | — |
| 2 | „ | hölz. Sausterben á 15 | | 1 | — | — |
| 1 | „ | Wegeegge | | 5 | — | — |
| 16 | „ | Ernteseile á 2 Tl. | | 32 | — | — |
| 5 | „ | Hemmketten á 2¹/₂ | | 12 | 15 | — |
| 6 | „ | Vordergeschirre á 1¹/₂ | | 9 | — | — |
| 5 | „ | Leitern | | 4 | — | — |
| 1 | „ | Handwalze | | — | 5 | — |
| | | | Sa. | 1375 | 10 | — |

*Im Pferdestalle*

| | | | | Taler | Silber-Groschen | Pfg. |
|---|---|---|---|---|---|---|
| 18 | Stück | Kumpten nebst Zäumen á 5 Tl. | | 90 | — | — |
| 18 | „ | Halfter á 10 Sg. | | 6 | — | — |
| 9 | Paar | Zugstränge á 3 Sg. | | 1 | 3 | 9 |
| 9 | Stück | Pflugleinen á 2¹/₂ | | — | 22 | 6 |
| 6 | „ | Futterkasten á 2 Tl. | | 12 | — | — |
| 6 | „ | Tränkefässer á 10 Sg. | | 2 | — | — |
| 6 & 3 | | Eimer u. Tragehölzer a. 15 Sg. b. 10 Sg. | | 4 | — | — |
| 5 | Stück | Stunzen á 6 Sg. | | 1 | — | — |
| 7 | „ | Futtersiebe á 10 Sg. | | 2 | 10 | — |
| 1 | „ | Spreusieb | | — | 10 | — |
| 1 | „ | Futterlade mit Klingen | | 2 | 15 | — |
| 9 | „ | Striegeln u. Kardätschen á 10 Sg. | | 3 | — | — |
| 8 | „ | Mistgabeln á 10 Sg. | | 2 | 20 | — |
| 3 | „ | Misthaken á 10 Sg. | | 1 | — | — |
| 3 | „ | Radehacken á 12¹/₂ | | 1 | 7 | 6 |
| 2 | „ | Blechschippen á 5 | | — | 10 | — |
| 7 | „ | Spaten á 7¹/₂ | | 1 | 22 | 6 |
| 16 | „ | Korn- und Heugabeln a. 7¹/₂ | | 1 | 15 | — |
| | | b. 10 | | 3 | 10 | — |
| 1 | „ | Laterne | | — | 15 | — |
| 9 | „ | vollst. Betten á 15 Tl. | | 138 | — | — |
| 18 | „ | Pferdedecken á 1 Tl. | | 18 | — | — |
| 9 | Paar | Eggeketten á 12¹/₂ | | 3 | 22 | 6 |
| 1 | | Tisch | | | | |
| 2 | | Bänke | | — | 20 | — |
| | | | Sa. | 294 | 23 | 9 |

*Im Kuhstall*

| | | | | Taler | Silber-Groschen | Pfg. |
|---|---|---|---|---|---|---|
| 78 | Stück | Ketten á 7¹/₂ | | 19 | 15 | — |
| 4 | „ | Eimer á 7¹/₂ | | 1 | — | — |
| 2 | „ | Tragehölzer | | — | 15 | — |
| 3 | „ | Mistgabeln | | — | 22 | 6 |
| 1 | „ | Misthaken | | — | 7 | 6 |
| 2 | „ | Korngabeln | | — | 12 | 6 |
| 2 | „ | Futterladen m. Klingen á 2 Tl. | | 4 | — | — |
| 1 | „ | Stallaterne (grosse) | | — | 15 | — |

| | | | Taler | Silber-Groschen | Pfg. |
|---|---|---|---|---|---|
| 1 | Stück | Stallaterne (kleine) | — | 15 | — |
| 5 | „ | Milchschemmel | — | 5 | — |
| 1 | „ | vollst. Bett mit Leiter | 15 | — | — |
| 2 | „ | Spreukörbe u. 3 Futterkörbe | — | 20 | — |
| 1 | „ | Futtermaschine | 2 | — | — |
| 2 | „ | Holzschippen | — | 4 | — |
| 1 | „ | Mistschleppe | 1 | — | — |
| 1 | „ | Wäschstein | 4 | — | — |
| 1 | „ | Tränkefass | — | 5 | — |
| 1 | „ | Bank | — | 10 | — |
| 2 | „ | Tragebänder zur Milch | — | 1 | — |
| 1 | „ | Jauchepumpe | 10 | — | — |
| 2 | „ | Wasserwannen | — | 5 | — |
| | | Sa. | 61 | 2 | 6 |

*Im Schweinestall*

| | | | Taler | Silber-Groschen | Pfg. |
|---|---|---|---|---|---|
| 2 | Stück | Schaufeln á $7^1/_2$ | — | 15 | — |
| 6 | „ | Eimer | 1 | 15 | — |
| 2 | „ | Tragehölzer | — | 15 | — |
| 5 | „ | Tränkefässer á 10 | 1 | 20 | — |
| 1 | „ | Wäschstein | 2 | — | — |
| 2 | „ | Futterkörbe á $7^1/_2$ | — | 15 | — |
| 2 | „ | Spreukörbe á 20 | 1 | 10 | — |
| 2 | „ | lange Holztröge á 5 | — | 10 | — |
| 1 | „ | langer Holztrog | — | 10 | — |
| 3 | „ | grosse Steintröge á 2 Tl. | 6 | — | — |
| 1 | „ | Hohlkarre | 1 | — | — |
| 6 | „ | Steintröge á 15 Sg. | 3 | — | — |
| 7 | „ | kl. Holztröge á $2^1/_2$ | — | 17 | 6 |
| 1 | „ | Blechschippe | — | 2 | 6 |
| 1 | „ | Holzschippe | — | 2 | — |
| 2 | „ | Mistgabeln á 10 Sg. | — | 20 | — |
| 1 | „ | Strohgabel | — | 10 | — |
| 2 | „ | Laternen á $7^1/_2$ | — | 15 | — |
| 2 | „ | vollständige Betten á 15 | 30 | — | — |
| 1 | „ | Halfter, 1 Futterkasten | 1 | 22 | 6 |
| 1 | „ | eisernen Kessel | 2 | — | — |
| 1 | „ | Dämpffass | 1 | — | — |
| 1 | „ | Stampfeisen und 1 Hacke | — | 2 | 6 |
| 1 | „ | Stampftrog und Leiter | — | 7 | 6 |
| | | Sa. | 55 | 29 | 6 |

*Im Schafstalle*

| | | | Taler | Silber-Groschen | Pfg. |
|---|---|---|---|---|---|
| 1 | Stück | Pferdedecke | 2 | — | — |
| 44 | „ | Schafhüllen á 2 Tl. | 88 | — | — |
| 3 | „ | Wandhüllen á 1 Tl. | 3 | — | — |
| 4 | „ | Tränkfässer | 2 | — | — |
| 6 | „ | Tröge á 1 Tl. | 6 | — | — |

| | | | | Taler | Silber-Groschen | Pfg. |
|---|---|---|---|---|---|---|
| 4 | Stück | kl. Tröge á 5 Sg. | | — | 20 | — |
| 1 | „ | Wasserrenne | | 1 | — | — |
| 1 | „ | Schlachtebank | | — | 15 | — |
| 1 | „ | Lukenleiter | | — | 10 | — |
| 1 | „ | vollst. Bett | | 15 | — | — |
| 3 | „ | Tragehölzer á 5 Sg. | | — | 15 | — |
| 5 | „ | Eimer á 7 1/2 | | 1 | 7 | 6 |
| 30 | „ | grosse Latthorden á 15 Sg. | | 15 | — | — |
| 20 | „ | kleine Latthorden á 4 1/2 | | 5 | — | — |
| 2 | „ | Spreukörbe á 10 | | — | 20 | — |
| 4 | „ | Futterkörbe á 2 1/2 | | — | 10 | — |
| 1 | „ | hölz. Futterschippe | | — | 2 | 6 |
| 1 | „ | Strohgabel | | — | 7 | 6 |
| 90 | „ | Hordpfähle | | 1 | 15 | — |
| 2 | „ | Hordschlagen á 2 1/2 Sg. | | — | 5 | — |
| 1 | „ | gr. Brunnentrog | | 3 | — | — |
| 10 | „ | Böcke u. 4 Bretter z. Schafe Schneiden | | 1 | 25 | — |
| 1 | „ | Laterne | | — | 10 | — |
| | | | Sa. | 148 | 12 | — |

*Im Ochsenstall*

| | | | | | | |
|---|---|---|---|---|---|---|
| 6 | Paar | Holzseile á 1 Tl. | | 6 | — | — |
| 20 | Stück | Ochsengeschirre á 5 1/2 | | 115 | 15 | — |
| 18 | „ | Halsketten á 7 1/2 | | 4 | 15 | — |
| 1 | „ | Futterkasten | | — | 10 | — |
| 3 | „ | Tränkefässer á 10 Sg. | | 1 | — | — |
| 3 | „ | Eimer á 5 Sg. | | — | 15 | — |
| 1 | „ | gr. Laterne | | — | 15 | — |
| 1 | „ | Handlaterne | | — | 15 | — |
| 1 | „ | Futterkorb | | — | 7 | 6 |
| 1 | „ | Holzschippe | | — | 5 | — |
| 1 | „ | Futterlade mit Klingen | | 2 | — | — |
| 3 | „ | Striegel á 2 1/2 Sg. | | — | 7 | 6 |
| 1 | „ | Mistgabel | | — | 7 | 6 |
| | | | Sa. | 131 | 22 | 6 |

*In der Schäfereischeune*

| | | | | | | |
|---|---|---|---|---|---|---|
| 1 | Stück | Dreschmaschine mit neuem Göpel | | 300 | — | — |
| 1 | „ | Viehwage | | 45 | — | — |
| 1 | „ | Hockerlingmaschine | | 50 | — | — |
| 1 | „ | Partie Nutzholz | | 18 | — | — |
| 1 | „ | Leiter | | — | 15 | — |
| 1 | „ | Misttrage | | — | 7 | 6 |
| | | | Sa. | 413 | 22 | 6 |

*Im Spritzenschuppen*

| | | | Taler | Silber-Groschen | Pfg. |
|---|---|---|---|---|---|
| 1 | Stück | Feuerspritze | 50 | — | — |
| 2 | „ | Drillmaschinen a. | 75 | — | — |
| | | b. | 120 | — | — |
| 1 | „ | Mähmaschine | 110 | — | — |
| 1 | „ | Hackmaschine | 50 | — | — |
| 1 | „ | Pferdeschleppharke | 50 | — | — |
| 2 | „ | Sturmfässer | 8 | — | — |
| | | Sa. | 463 | — | — |

*Auf dem Kornboden*

| | | | | | |
|---|---|---|---|---|---|
| 1 | Stück | Dezimalwage mit Gewichten | 7 | — | — |
| 2 | „ | Sackleitern | — | 20 | — |
| 2 | „ | Sackkarren á 1 Tl. | 2 | — | — |
| 1 | „ | Getreidereinigungsmaschine | 20 | — | — |
| 1 | „ | Getreidefege | 7 | — | — |
| 1 | „ | Spreusieb | — | 15 | — |
| 6 | „ | Kornsiebe á 15 Sg. | 3 | — | — |
| 2 | „ | Scheffelmasse } | | | |
| 1 | „ | Viertel } | 6 | — | — |
| 1 | „ | Metze } | | | |
| 6 | „ | Litergemässe | 10 | — | — |
| 4 | „ | Kornschippen á 5 Sg. | — | 20 | — |
| 1 | „ | Haarbesen | — | 10 | — |
| 56 | „ | Getreidesäcke | 20 | — | — |
| 1 | „ | Schreibtafel | — | 5 | — |
| 1 | „ | Futterkasten | 1 | 15 | — |
| 1 | „ | Eimer | — | 7 | 6 |
| 18 | „ | Rübenkörbe á $7^1/_2$ | 4 | 15 | — |
| 3 | „ | Rübenspaten á 10 Sg. | 1 | — | — |
| 2 | „ | Fass Wagenschmiere | 30 | — | — |
| 1 | „ | „ Maschinenöl | 3 | — | — |
| 1 | „ | Leiter | — | 2 | 6 |
| 2 | „ | Flachsbäume á 10 Sg. | — | 20 | — |
| 5 | „ | Scheunensiebe | 3 | — | — |
| 1 | „ | Futterkasten | 1 | — | — |
| 6 | „ | Reihenzieher | 2 | — | — |
| 3 | „ | Mauerkasten á 5 Sg. | — | 15 | — |
| 2 | „ | kl. Leitern | — | — | — |
| 2 | „ | Eimer á 5 Sg. | — | 10 | — |
| | | Baugerätschaften | — | 20 | — |
| 32 | „ | Rübenhaken á 10 Sg. | 10 | 20 | — |
| 2 | „ | Handsausterben á $7^1/_2$ | — | 15 | — |
| | | Sa. | 139 | — | — |

*In der Brauerei*

| | | | | | |
|---|---|---|---|---|---|
| 1 | Stück | Braukessel (Kupfer) | 250 | — | — |
| 1 | „ | engl. Drahtdarre | 50 | — | — |
| 3 | „ | Bottiche m. kupf. Sieb | 150 | — | — |

| | | | Taler | Silber-Groschen | Pfg. |
|---|---|---|---|---|---|
| 1 | Stück | Kühlschiff | 130 | — | — |
| 1 | „ | kupf. Druckpumpe mit 12 kupf. Röhren | 15 | — | — |
| 1 | „ | kupf. Rohrleitung zum Kessel | 10 | — | — |
| 1 | „ | kupf. Rohrleitung zum Bier | 5 | — | — |
| 1 | „ | kupf. Rohrleitung zum Wasser | 3 | — | — |
| 1 | „ | Schaumkelle | 1 | — | — |
| 1 | „ | eich. Würzwanne | — | 20 | — |
| 4 | „ | ovale Hefenwannen á 15 Sg. | 2 | — | — |
| 5 | „ | Eimer | 1 | 20 | — |
| 2 | „ | hölz. Biertrichter | 1 | — | — |
| 3 | „ | Rührkrücken | — | 5 | — |
| 2 | „ | Wasserrinnen | — | 20 | — |
| 1 | „ | hölz. Schöpfer | — | 7 | 6 |
| 1 | „ | verstellbarer Bock | — | 7 | 6 |
| 1 | „ | Hopfensieb | — | 10 | — |
| 2 | „ | eiserne Kohlenschippen | — | 10 | — |
| 1 | „ | „ Kratze | — | 5 | — |
| 1 | „ | kl. Leiter | — | 1 | — |
| 2 | „ | eichene Wannen | — | 10 | — |
| 1 | „ | Kohlenkorb | — | 5 | — |
| 4 | „ | Bierleitern | 2 | — | — |
| 1 | „ | Malztrommel | — | 10 | — |
| 1 | „ | Quellstein mit Fussbank | 10 | — | — |
| 1 | „ | Bierkühler | — | 15 | — |
| 1 | „ | tragbare Treppe | — | 7 | 6 |
| 1 | „ | Malzquetsche | 10 | — | — |
| 1 | „ | Malzsieb und 1 Scheffel | — | 20 | — |
| 1 | „ | Dezimalwage mit Gewichte | 2 | — | — |
| 2 | „ | hölzerne Winden | — | 5 | — |
| 1 | „ | „ Wanne zum Farbenmalz | — | 5 | — |
| 1 | „ | eiserne Kohlenschippe | — | 2 | 6 |
| 1 | „ | „ Kratze | — | 2 | 6 |
| 1 | „ | Reif zum Bierfässer aufziehen | 2 | — | — |
| 4 | „ | Hölzerne Schippen | — | 10 | — |
| 2 | „ | blech. Biertrichter | — | 5 | — |
| 2 | „ | mess. Bierhähne | 1 | 15 | — |
| 1 | „ | Schreibtafel | — | 5 | — |
| 1 | „ | Bierschlauch | — | 15 | — |
| 1 | „ | kupf. Rohrleitung zum Bier | 5 | — | — |
| 1 | „ | „ „ „ Wasser | 3 | — | — |
| 1 | „ | Schaumkelle | 1 | — | — |
| 1 | „ | eich. Würzwanne | — | 20 | — |
| 4 | „ | ovale Hefenwannen á 15 Sg. | 2 | — | — |
| 5 | „ | Eimer | 1 | 20 | — |
| 2 | „ | hölz. Biertrichter | 1 | — | — |
| 3 | „ | Rührkrücken | — | 5 | — |
| 2 | „ | Wasserrinnen | — | 20 | — |
| 1 | „ | hölz. Schöpfer | — | 7 | 6 |
| 1 | „ | verstellbarer Bock | — | 7 | 6 |

| | | Taler | Silber-Groschen | Pfg. |
|---|---|---|---|---|
| 1 | Stück Hopfensieb | — | 10 | — |
| 2 | „ eiserne Kohlenschippen | — | 10 | — |
| 1 | „ eiserne Kratze | — | 5 | — |
| 1 | „ kl. Leiter | — | 1 | — |
| 2 | „ eichene Wannen | — | 10 | — |
| 1 | „ Kohlenkorb | — | 5 | — |
| 4 | „ Bierleitern | 2 | — | — |
| 1 | „ Malztrommel | — | 10 | — |
| 1 | „ Quellstein mit Fussbank | 10 | — | — |
| 1 | „ Bierkühler | — | 15 | — |
| 1 | „ tragbare Treppe | — | 7 | 6 |
| 1 | „ Malzquetsche | 10 | — | — |
| 1 | „ Mahlsieb und 1 Scheffel | — | 20 | — |
| 1 | „ Dezimalwage mit Gewichten | 2 | — | — |
| 2 | „ hölzerne Winden | — | 5 | — |
| 1 | „ „ Wanne zum Farbenmalz | — | 5 | — |
| 1 | „ eiserne Kohlenschippe | — | 2 | 6 |
| 1 | „ eiserne Kratze | — | 2 | 6 |
| 1 | „ Reif zum Bierfässer aufziehen | 2 | — | — |
| 4 | „ hölzerne Schippen | — | 10 | — |
| 2 | „ blech. Biertrichter | — | 5 | — |
| 2 | „ mess. Bierhähne | 1 | 15 | — |
| 1 | „ Schreibtafel | — | 5 | — |
| 1 | „ Bierschlauch | — | 15 | — |
| 4 | „ blech. Litergemässe | — | 10 | — |
| 1 | „ Spundbeil | — | 2 | — |
| 1 | „ Schreibpult | — | 15 | — |
| 4 | „ Stühle á $7^1/_2$ | 1 | — | — |
| 1 | „ Tisch | 1 | — | — |
| 1 | „ Bank | — | 15 | — |
| 2 | „ Wandschränke á 15 Sg. | 1 | — | — |
| 1 | „ Kleiderschrank | 3 | — | — |
| 2 | „ vollst. Betten á 20 Tl. | 40 | — | — |
| 1 | „ Laterne | — | 5 | — |
| 1 | „ Hängelampe | — | 10 | — |
| 3 | „ Kreisel á 5 Sg. | — | 15 | — |
| 1 | „ Stunzen | — | 2 | 6 |
| 12 | „ Halbe Fass á $2^1/_2$ | 30 | — | — |
| 130 | „ Tonnen | 130 | — | — |
| 30 | „ halbe Tonnen | 15 | — | — |
| 2 | „ Achtel | — | 15 | — |
| 2 | „ halbe Fass zu Wasserbehälter | — | 20 | — |
| | Sa. | 877 | 18 | — |

*In der Böttcherei*

| | | Taler | Silber-Groschen | Pfg. |
|---|---|---|---|---|
| 1 | Stück hölz. Werktafel | 1 | — | — |
| 1 | „ Schneidebank | — | 10 | — |
| 2 | „ Fegebänke á 1 Tl. | 2 | — | — |

| | | | Taler | Silber-Groschen | Pfg. |
|---|---|---|---|---|---|
| 2 | Stück | Handsägen á 10 Sg. | — | 20 | — |
| 4 | „ | Schneidemesser á 10 Sg. | 1 | 10 | — |
| 2 | „ | Beile á 7½ | — | 15 | — |
| 3 | „ | Bohre á 5 Sg. | — | 15 | — |
| 1 | „ | Schabe | — | 5 | — |
| 1 | „ | Zirkel | — | 5 | — |
| 2 | „ | Krösen á 5 Sg. | — | 10 | — |
| 1 | „ | Bandhaken | — | 2 | 6 |
| 1 | „ | Fasswinde | — | 5 | — |
| 1 | „ | Karre | 1 | — | — |
| 1 | „ | Partie Eichenholz | 5 | — | — |
| 1 | „ | Bandstöcke | — | 20 | — |
| 20 | Pfd. | Bandeisen | 1 | 15 | — |
| 1 | | Hackeklotz | — | 15 | — |
| | | Sa. | 15 | 27 | 6 |

*In der Knechtstube*

| | | | Taler | Silber-Groschen | Pfg. |
|---|---|---|---|---|---|
| 1 | Stück | Bettstelle | — | 15 | — |
| 1 | „ | Kommode | — | 15 | — |
| 1 | „ | Nachtstuhl mit Zubehör | — | 5 | — |
| 1 | „ | Bank | — | 5 | — |
| 3 | „ | Stühle | — | 15 | — |
| 5 | „ | Bänke | 1 | — | — |
| 2 | „ | Tische | 1 | — | — |
| 1 | „ | Schemmel | — | 1 | — |
| 1 | „ | Hängelampe | — | 5 | — |
| | | Sa. | 4 | 1 | — |

*In der Stellmacherei*

| | | | Taler | Silber-Groschen | Pfg. |
|---|---|---|---|---|---|
| 1 | Stück | Hobelbank mit Zubehör | 3 | — | — |
| 1 | „ | Radekuhle | 1 | — | — |
| 1 | „ | Radesteck | — | 10 | — |
| 2 | „ | Drechselbänke | 1 | — | — |
| 1 | „ | Schneidebank | 1 | — | — |
| 1 | „ | Bohrbank | — | 7 | 6 |
| 1 | „ | Schleifstein | 1 | 15 | — |
| 1 | „ | Leiter | — | 5 | — |
| 1 | „ | Stunzen | — | 2 | 6 |
| 1 | „ | Hebe | 2 | — | — |
| 1 | „ | gr. hölz. Zirkel | — | 2 | 6 |
| 1 | „ | Winkel | — | 1 | 6 |
| 1 | „ | Holzschlage | — | 2 | 6 |
| 1 | „ | Reissmasse | — | — | — |
| 2 | „ | Radbohrer | 2 | — | — |
| 12 | „ | Bohrer á 15 | 6 | — | — |
| 1 | „ | Bohrerwinde | — | 10 | — |
| 1 | „ | Bohrscheibe | — | 1 | — |
| 2 | „ | Schneidemesser | — | 15 | — |

| | Taler | Silber-Groschen | Pfg. |
|---|---|---|---|
| 3 Stück Handsägen | 2 | — | — |
| 7 „ Stemmeisen | 1 | 22 | 6 |
| 2 „ Drechselmeissel | — | 15 | — |
| 2 „ Beile | 1 | 22 | 6 |
| 1 „ Krummhauer | — | 10 | — |
| 1 „ Dexel | — | 10 | — |
| 2 „ Hammer | — | 10 | — |
| 1 „ Zange | — | 5 | — |
| 1 „ Zirkel | — | 2 | 6 |
| 1 „ Krummzirkel | — | 5 | — |
| 1 „ Schränkeisen | — | 1 | — |
| 1 „ Feile | — | 1 | — |
| 2 „ eiserne Keile | — | 10 | — |
| 8 „ „ Wallbände | — | 20 | — |
| 1 „ „ Armband | — | 10 | — |
| 1 „ gr. Hammer | — | 10 | — |
| 1 „ Schrotsäge | 1 | — | — |
| 1 „ Fuchsschwanz | — | 7 | 6 |
| 1 „ Spannkette | — | 5 | — |
| 1 „ Brettsäge | 1 | — | — |
| 1 „ Raspel | — | 1 | — |
| 1 „ Holzfeile | — | 1 | — |
| 1 „ eis. Schraubenschlüssel | — | 5 | — |
| 2 Schock Speichen | 7 | — | — |
| 1/2 Schock 4" Felgen, 50 Stck. 3" Felgen | 18 | — | — |
| 1 Partie Nutzholz | 20 | — | — |
| Sa. | 76 | 6 | 6 |

*In der Schmiede*

| | Taler | Silber-Groschen | Pfg. |
|---|---|---|---|
| 1 Stück Ambos nebst Schrote und Horn | 15 | — | — |
| 1 „ Sperrholn | 7 | 15 | — |
| 1 „ Wagenwinde | 2 | — | — |
| 1 „ Schraubstock und Feilbank | 5 | — | — |
| 1 „ Bohrmaschine nebst Kurbel und 10 Bohrer | 5 | — | — |
| 1 „ Blasebalg | 5 | — | — |
| 3 „ Schraubenschlüssel | — | 15 | — |
| 3 „ Schmiedeeisen und 4 Bohrer dazu | 1 | — | — |
| 1 „ Radekette | — | 15 | — |
| 20 „ Nageleisen | 2 | — | — |
| 1 „ Helfeisen | — | 5 | — |
| 3 „ Radezangen | 1 | — | — |
| 11 „ Feuerzangen | 2 | — | — |
| 2 „ Büchsenmeissel | — | 10 | — |
| 2 „ gr. Hammer | 2 | — | — |
| 3 „ Handhammer | 1 | — | — |
| 39 „ versch. kleine Hammer | 3 | 7 | 6 |
| 4 „ Dorn | — | 5 | — |
| 2 „ Raspeln | — | 20 | — |

| | Taler | Silber-Groschen | Pfg. |
|---|---|---|---|
| 1 Stück Beschlagkasten | — | 2 | 6 |
| 3 „ gr. Feilen | 1 | — | — |
| 6 „ kl. Feilen | — | 20 | — |
| 18 „ neue Eisen | 3 | — | — |
| 1 Partie Schmiedepech | 2 | — | — |
| 1 runder Zirkel | — | 5 | — |
| 1 Zwickstock nebst Hammer | 1 | — | — |
| 2 Bandhaken | — | 5 | — |
| 2 Stück Kohlentrog | — | 10 | — |
| 1 „ Löschtrog | — | 5 | — |
| 1 „ Talgtrog | — | 5 | — |
| 1 „ Löschspiess | — | 2 | 6 |
| 1 „ Kohlenwisch | — | 1 | — |
| 5 „ Spannringe | — | 5 | — |
| 1 „ Schleifstein | 1 | 15 | — |
| 1 „ Halfter | — | 10 | — |
| 1 „ Kohlenmass | — | 2 | 6 |
| 4 „ Eisen zum Reife aufziehen | — | 20 | — |
| 1 „ Eimer | — | 7 | 6 |
| 2 „ Raspelblöcke | — | 5 | — |
| 1 „ Leiter | — | 15 | — |
| 1 „ Schneidekluppen mit 4 Bohrern | — | 15 | — |
| 9 „ Nummereisen | — | 22 | 6 |
| 1 „ Schneidemesser | — | 2 | 6 |
| 2 „ Abrundunterlagen | — | 5 | — |
| 6 Centner neues Eisen | 40 | — | — |
| 28 Stück neue eiserne Stränge | 9 | 10 | — |
| Sa. | 117 | 13 | 6 |

*Auf der Windmühle*

| | | | |
|---|---|---|---|
| 1 Vorhängeschloss | — | 5 | — |
| 1 Steinseil | 2 | — | — |
| 1 Windseil | 2 | — | — |
| 1 Presseil | 1 | 15 | — |
| 4 Laken z. l. Flügeln | 6 | — | — |
| 1 „ „ „ „ alt | — | — | — |
| 2 Weizenhandsiebe | — | 2 | — |
| 1 Roggensieb | — | 1 | — |
| 4 Aufschüttfässer | — | 8 | — |
| 1 Steinlager | — | 5 | — |
| 5 Picken zum Schärfen | — | 10 | — |
| 1 neues Schrick | 20 | — | — |
| 1 altes Schrick | — | 10 | — |
| 1 Schiebeleiter | — | 2 | — |
| 1 gewöhnl. Leiter | — | 2 | — |
| 1 Haarbesen | — | 1 | — |
| 1 Handfeger | — | 1 | — |

| | | Taler | Silber-Groschen | Pfg. |
|---|---|---|---|---|
| 1 kl. Schrank | | — | 5 | — |
| 1 Kanonenofen | | — | 15 | — |
| 1 Dintefass | | — | — | 6 |
| 1 Schmiereimer | | — | 1 | — |
| 1 Wassereimer | | — | 7 | 6 |
| 1 Kreisel | | — | 2 | — |
| 1 Beil | | — | 2 | — |
| 1 Handsäge | | — | 5 | — |
| 1 Schnittmesser | | — | 2 | — |
| 1 Kraushammer | | — | 2 | — |
| 1 kl. Hammer | | — | 1 | — |
| 1 kl. Zange | | — | 1 | — |
| 1 kl. Hartmeissel | | — | 1 | — |
| 1 alter Spaten | | — | 1 | — |
| 1 Brechstange | | — | 15 | — |
| 4 Getriebestöcke | | — | 5 | — |
| 1 Waage | | 2 | — | — |
| | Sa. | 37 | 8 | — |

*In der Hauswirtschaft*

*Milchkeller*

| | | | | |
|---|---|---|---|---|
| 1 Buttermaschine | | 12 | 15 | — |
| 2 Tische | | — | 20 | — |
| 1 Treppe | | — | 5 | — |
| 1 Käseschrank | | — | 5 | — |
| 2 Butterwäschen | | 1 | — | — |
| 1 Wassergelte | | — | 10 | — |
| 1 gr. Milchfass | | — | 5 | — |
| 35 hölz. Milchsatten | | 2 | 10 | — |
| 261 irdene Milchsatten | | 18 | — | — |
| 4 Litermasse | | — | 10 | — |
| 2 Sahnekellen | | — | 2 | — |
| 2 Glassatten | | — | 2 | — |
| 1 Scheuerbürste | | — | 1 | — |
| 2 Sahnkübel mit Deckel | | — | 20 | — |
| 1 Kohlenschippe | | — | 1 | — |
| 3 Butterbretter | | — | 3 | — |
| 3 Butterkellen | | — | 3 | — |
| 3 Butterformen | | — | 2 | 6 |
| 1 Käsekorb | | — | 5 | — |
| | Sa. | 36 | 29 | 6 |

*Scheuerhaus*

| | | | |
|---|---|---|---|
| 1 Stück kupf. Kessel | 35 | — | — |
| 1 „ eis. Kessel | 5 | — | — |

| | | | Taler | Silber-Groschen | Pfg. |
|---|---|---|---|---|---|
| 1 | Stück | Schlachteschote | 3 | — | — |
| 2 | „ | Waschfässer | 4 | — | — |
| 1 | „ | Scheuerfass | 1 | — | — |
| 1 | „ | Schlachtetisch | 1 | — | — |
| 2 | „ | Milchtonnen | 3 | — | — |
| 4 | „ | Kübel | 1 | — | — |
| 1 | „ | Waschfass | — | 7 | 6 |
| 1 | „ | Wasserfass | — | 5 | — |
| 2 | „ | Stunze | — | 2 | — |
| 2 | „ | Bänke | — | 10 | — |
| 1 | „ | Schlachtefass | 1 | — | — |
| 2 | „ | Schlachtegelten | 1 | — | — |
| 2 | „ | Buttergelten | — | 2 | — |
| 2 | „ | Milchsiebe | — | 5 | — |
| 1 | „ | Buttersieb | — | 5 | — |
| 11 | „ | Eimer | 2 | — | — |
| 1 | „ | Tragholz | — | 5 | — |
| 3 | „ | Scheuereimer | — | 15 | — |
| | | Sa. | 58 | 26 | 6 |

*Vorratskammer*

| | Taler | Silber-Groschen | Pfg. |
|---|---|---|---|
| 1 Mehlkasten<br>1 $^1/_2$ Ctr. Weizenmehl | 6 | 15 | — |
| 1 Kiste mit $^1/_4$ Ctr. Graupen | 2 | 15 | — |
| 1 Vorratskiste | — | 7 | 6 |
| 1 Backtrog | — | 2 | — |
| 7 Mulden | — | 15 | — |
| 1 Mehlkiste | 1 | — | — |
| 1 Tisch | — | 5 | — |
| 10 blech. Einmachebüchsen | — | 10 | — |
| 12 Töpfe mit Schweineschmalz | 25 | — | — |
| 3 Steintöpfe | — | 5 | — |
| 15 Boden Rindertalg | 10 | — | — |
| 1 Milchkühler | — | 5 | — |
| 11 Fleischbretter | — | 10 | — |
| 1 kupf. Kessel | 1 | — | — |
| 3 Stampfeisen | 1 | — | — |
| 1 kupf. Schaumkelle | 1 | — | — |
| 4 Hängehölzer | — | 2 | — |
| 1 Fass mit Backobst | 1 | — | — |
| 1 „ „ $^1/_2$ Scheffel Linsen | 2 | — | — |
| 2 Scheffel weisse Bohnen | 8 | — | — |
| 3 Küchenbleche | — | 3 | — |
| 4 Fenstervorsteher | — | 10 | — |
| 3 Fässer | — | 10 | — |
| 1 Kiste | — | 2 | — |

| | | Taler | Silber-Groschen | Pfg. |
|---|---|---|---|---|
| Diverse Schlachtewaren | | | | |
| Speck | | 70 | — | — |
| Wurst | | 38 | — | — |
| Bratwurst | | 8 | — | — |
| | Sa. | 177 | 26 | 6 |

*In der Küche*

| | | | |
|---|---|---|---|
| 1 eis. Kessel mit kupf. Deckel | 2 | — | — |
| 1 mess. Kessel mit kupf. Deckel | — | 15 | — |
| 6 eis. Töpfe | 1 | — | — |
| 6 ird. Töpfe | — | 15 | — |
| 1 Abwäsche | 2 | — | — |
| 1 Blömke | — | 10 | — |
| 2 Anrichten | 3 | — | — |
| 2 Tische | — | 15 | — |
| 1 Wassertonne | — | 15 | — |
| 1 Spülbank | — | 10 | — |
| 3 Salzfässer | — | 7 | 6 |
| 4 Eimer | 1 | 10 | — |
| 1 Kohlenkasten mit Schippe | — | 5 | — |
| 3 eis. Bratpfannen | 1 | — | — |
| 1 ird. Bratpfanne | — | 5 | — |
| 2 Kaffeebrenner | — | 10 | — |
| 2 Kaffeemühlen | — | 10 | — |
| 8 eiserne Topfdeckel | 1 | — | — |
| 1 „ Kastroll, 1 Blech Kastroll | — | 10 | — |
| 2 kupf. Kastroll | 1 | — | — |
| 9 Stck. hölz. Esskubben | 1 | 15 | — |
| 1 blech. Schöpfkelle | — | 2 | — |
| 2 mess. Schaumkellen | — | 6 | — |
| 2 Durchschläge | — | 5 | — |
| 4 zinn. Essschüsseln | — | 15 | — |
| 15 zinn. Teller | 1 | — | — |
| 1 Wiegemesser | — | 1 | — |
| 1 Hackemesser | — | 5 | — |
| 1 Reibeisen | — | 2 | — |
| 1 blech. Eierkuchenschüssel | — | 2 | — |
| 1 Mangelholz | — | 1 | — |
| 1 hölz. Reibekeule | — | 1 | — |
| 1 „ Zuckerhammer | — | 1 | — |
| 1 „ Fleischklopfer | — | 1 | — |
| diverse Holzlöffel, Quirl und Kellen | — | 5 | — |
| 1 Gurkenhobel | — | 2 | — |
| 6 Schüsseln (unecht) | — | 6 | — |
| 45 Teller | 1 | — | — |
| 9 Assietten | 1 | — | — |

| | Taler | Silber-Groschen | Pfg. |
|---|---|---|---|
| 1 Sauciere | — | 5 | — |
| 4 Kaffeekannen | — | 4 | — |
| 3 Kaffeebretter | — | 10 | — |
| 10 Paar Tassen (unecht) | — | 10 | — |
| 3 Milchtöpfe | — | 3 | — |
| 2 Eierkuchenpfannen | — | 10 | — |
| Sa. | 24 | 9 | 6 |

*In der Speisekammer*

| | | | |
|---|---|---|---|
| 1 Anrichte | 2 | — | — |
| 2 Tische | 2 | — | — |
| 1 Schrank | 3 | — | — |
| 1 Hängebank | 1 | — | — |
| 3 Stühle | — | 15 | — |
| 3 Fleischbretter | — | 5 | — |
| 1 Essigfass mit Bock | — | 15 | — |
| 2 alte Fässer | — | 5 | — |
| 6 Stck. kl. Teller | — | 6 | — |
| 1 Zuckerschale | — | 5 | — |
| diverse Flaschen | — | 5 | — |
| 5 Küchenlampen | — | 10 | — |
| 2 Oelkannen | — | 10 | — |
| 1 Mörser | — | 15 | — |
| 1 kupf. Waage | 1 | 15 | — |
| Sa. | 12 | 16 | — |

*In der Mägdestube*

| | | | |
|---|---|---|---|
| 1 alter Schrank | — | 15 | — |
| 1 Tisch | — | 15 | — |
| 1 Kartoffelkasten | — | 15 | — |
| 1 Bank | — | 5 | — |
| 4 Stühle | 1 | — | — |
| 1 Hängelampe | — | 5 | — |

*In der Schlachtestube*

| | | | |
|---|---|---|---|
| 1 Schrank | 3 | — | — |
| 2 Tische | 2 | — | — |
| 3 Hackeklötze | 6 | — | — |
| 1 Futterkorb | — | 2 | — |
| 5 Wäschekörbe | 1 | — | — |

| | | Taler | Silber-Groschen | Pfg. |
|---|---|---|---|---|
| | *In den Mägdekammern* | | | |
| 2 | zweischläfrige Betten | 50 | — | — |
| 1 | Wäscheschrank | 5 | — | — |
| 1 | vollst. Bett | 15 | — | — |
| 1 | Schrank | 2 | 15 | — |
| 2 | Tische | 1 | — | — |
| 1 | Kleiderhalter | — | 5 | — |
| 1 | Stuhl | — | 7 | 6 |
| | Sa. | 109 | 24 | 6 |
| 1 | Kommode | — | 20 | — |
| 1 | vollst. Fremdenbett | 20 | — | — |
| 1 | Spiegel | — | 10 | — |
| | *Wäsche* | | | |
| 3 | grosse Gedecke | 6 | — | — |
| 18 | Servietten | 4 | 15 | — |
| 6 | Tischdecken | 4 | — | — |
| 21 | Servietten | 5 | 7 | 6 |
| | von den vorhandenen Stallüberzügen gehören 17 zu den Betten, 1 zum | | | |
| 6 | Stück geschätzt | 15 | — | — |
| 36 | Handtücher á 10 Sg. | 12 | — | — |
| 20 | gute Handtücher | 6 | 20 | — |
| 3 | Dutzend neue bunte Handtücher | 10 | — | — |
| 3 | Dutzend alte bunte Handtücher | 5 | — | — |
| 6 | Saatlaken | 2 | — | — |
| 3 | Rolltücher | 1 | — | — |
| 2 | Korbsäcke | — | 15 | — |
| 12 | Herrschaftsüberzüge sind bei den Betten abgeschätzt. | | | |
| | Sa. | 71 | 27 | 6 |
| | *Auf dem Boden* | | | |
| 1 | Zeugrolle | — | 15 | — |
| 2 | Schränke | 6 | — | — |
| 1 | Kiste | 1 | — | — |
| 4 | Käsehorden | 2 | — | — |
| 1 | Tisch | — | 5 | — |
| 1 | Leiter | — | 2 | — |
| 2 | Fliegenfenster | — | 5 | — |
| 1 | Kohlenkasten | — | 2 | — |
| 1 | gr. Mehlkiste | 3 | — | — |
| 6 | Kisten | 4 | — | — |
| 3 | Böcke | — | 5 | — |

| | | Taler | Silber-Groschen | Pfg. |
|---|---|---|---|---|
| 2 Backtröge | | — | 20 | — |
| 2 Kohlhobel | | 1 | — | — |
| 1 Spinnrad | | — | 5 | — |
| 1 Haspel | | — | 5 | — |
| 2 Flachskauen | | 1 | 15 | — |
| 2 Flachshecheln | | — | 10 | — |
| | Sa. | 20 | 29 | — |

*Im Hauskeller*

| | | | | |
|---|---|---|---|---|
| 1 Tisch | | — | 5 | — |
| 1 Fasslager | | — | 15 | — |
| 2 Oelfässer | | 1 | — | — |
| 2 mess. Hähne | | 1 | — | — |
| 4 Käsefässer | | — | 20 | — |
| 1 Käsekiste | | — | 2 | — |
| 1 Stellage | | — | 10 | — |
| 2 Butterfass | | — | 10 | — |
| 4 leere Fässer | | — | 10 | — |
| 2 Fässer mit Gurken | | 5 | — | — |
| 8 Fässer mit Fleisch | | 333 | — | — |
| 2 Töpfe mit Fleisch | | 2 | — | — |
| 1 Schote mit Deckel | | 3 | — | — |
| 6 Schinken und 6 Speckseiten | | 75 | — | — |
| 2 Hängebänke | | 2 | — | — |
| 1 Waschfass (alt) | | — | 10 | — |
| 1 Fass mit Sauerkohl | | 5 | — | — |
| 2 leere Fass | | — | 10 | — |
| 3 Obstlager | | 4 | — | — |
| 1 Weinlager | | — | 15 | — |
| | Sa. | 434 | 17 | — |

*Mobilar*

*Mamsellwohnung*

| | | | |
|---|---|---|---|
| 1 Sofa | 3 | — | — |
| 1 Glasschrank | 3 | — | — |
| 1 Schreibpult | 5 | — | — |
| 1 Kommode | 3 | — | — |
| 4 Tische | 4 | — | — |
| 6 Rohrstühle | 2 | — | — |
| 1 Bretterstuhl | — | 10 | — |
| 1 Waschtisch | 1 | — | — |
| 1 Kleiderhalter | — | 10 | — |
| 2 Spiegel | 1 | 15 | — |
| 1 Regal | — | 5 | — |

| | Taler | Silber-Groschen | Pfg. |
|---|---|---|---|
| 2 vollst. Betten | 60 | — | — |
| 1 Wanduhr | 2 | — | — |
| 1 Lampe | 1 | — | — |
| Roleaux und Vorhänge | 1 | — | — |
| Sa. | 87 | 10 | — |

*Verwalterwohnung*

| | Taler | Silber-Groschen | Pfg. |
|---|---|---|---|
| 1 Sofa | 5 | — | — |
| 2 Schreibpulte | 6 | — | — |
| 2 Tische | 2 | — | — |
| 1 kl. Tisch | — | 5 | — |
| 6 Stühle | 1 | 15 | — |
| 1 Kleiderschrank | 3 | — | — |
| 1 Waschtisch | — | 15 | — |
| 1 Schlüsselschrank | — | 15 | — |
| 1 Spiegel | — | 10 | — |
| 1 Lampe | — | 10 | — |
| 1 Klistierspritze | 1 | — | — |
| 1 Kleiderhalter | — | 5 | — |
| 2 Fliegenfenster | — | 15 | — |
| 1 Laterne | 1 | — | — |
| 2 Pflöcke | — | 5 | — |
| 3 Roleaux | — | 10 | — |
| 1 Wächterkontrolluhr | 10 | — | — |
| 1 Bett | 25 | — | — |
| Sa. | 57 | 15 | — |

*Inspektorwohnung*

| | Taler | Silber-Groschen | Pfg. |
|---|---|---|---|
| 1 Sofa | 10 | — | — |
| 1 runder Tisch | 2 | — | — |
| 1 Schreibsekretär | 7 | — | — |
| 1 mahag. Kommode | 5 | — | — |
| 4 mahag. Stühle | 4 | — | — |
| 2 gewöhnliche Stühle | 1 | — | — |
| 1 Lehnstuhl | 1 | — | — |
| 1 Büchertisch | — | 15 | — |
| 1 Uhr | 1 | — | — |
| 1 Lampe | 1 | — | — |
| 1 Laterne | 1 | — | — |
| 1 Waschtisch | 1 | — | — |
| 1 Tisch | — | 15 | — |
| 1 Regal | — | 10 | — |
| 1 Kleiderschrank | 10 | — | — |
| 1 Bettstelle | 1 | — | — |

| | | Taler | Silber-Groschen | Pfg. |
|---|---|---|---|---|
| 1 Aktenschrank | | 1 | — | — |
| 3 Roleaux | | 1 | — | — |
| 2 Vorhänge | | 1 | — | — |

*Entrée*

| | | Taler | Silber-Groschen | Pfg. |
|---|---|---|---|---|
| 1 Kleiderhalter | | — | 10 | — |
| 1 Kohlenkasten | | — | 2 | — |
| 1 Tisch | | 1 | — | — |
| | Sa. | 50 | 22 | — |

*Esszimmer*

| | | Taler | Silber-Groschen | Pfg. |
|---|---|---|---|---|
| 2 Tische | | 1 | 15 | — |
| 6 Stühle | | 6 | — | — |
| 1 Glasschrank | | 3 | — | — |
| 1 Deckekorb | | — | 5 | — |
| 1 Kohlenkasten | | — | 5 | — |
| 7 Paar Messer und Gabel | | 1 | — | — |
| 12 Löffel | | 2 | — | — |
| 1 Kelle | | — | 15 | — |
| 1 Paar Tranchiermesser und Gabel | | 1 | — | — |
| 6 Kaffeelöffel | | — | 20 | — |
| 1 Teekanne | | — | 5 | — |
| diverse Gläser | | — | 15 | — |
| | Sa. | 16 | 20 | — |

Recapitulation

*Lebendes Inventar*

| | | Taler | Silber-Groschen | Pfg. |
|---|---|---|---|---|
| Pferde | | 2630 | — | — |
| Rindvieh | | 8613 | — | — |
| Schafe | | 6163 | 17 | 6 |
| Schweine | | 1340 | 15 | — |
| Federvieh | | 21 | 7 | 6 |
| | Sa. | 18768 | 10 | — |

*Totes Inventar*

| | | Taler | Silber-Groschen | Pfg. |
|---|---|---|---|---|
| Ackergerät | | 1375 | 15 | — |
| Im Pferdestall | | 294 | 23 | 9 |
| Im Kuhstall | | 61 | 2 | 6 |
| Im Schweinestall | | 55 | 29 | 6 |
| Im Schafstall | | 148 | 12 | 6 |
| Im Ochsenstall | | 131 | 22 | 6 |

| | | Taler | Silber-Groschen | Pfg. |
|---|---|---|---|---|
| In der Schäfereischeune | | 413 | 22 | 6 |
| Im Spritzenschuppen | | 463 | — | — |
| Auf dem Kornboden | | 139 | — | — |
| In der Brauerei | | 877 | 18 | — |
| „ „ Böttcherei | | 15 | 27 | 6 |
| „ „ Knechtstube | | 4 | 1 | — |
| „ „ Stellmacherei | | 76 | 6 | 6 |
| „ „ Schmiede | | 117 | 13 | 6 |
| Auf der Windmühle | | 37 | 8 | — |
| Hauswirtschaft | | 36 | 29 | 6 |
| Scheuerhaus | | 58 | 26 | 6 |
| Vorratskammer | | 177 | 26 | 6 |
| Küche | | 24 | 9 | 6 |
| Speisekammer | | 12 | 16 | — |
| Mägdestube | | 109 | 24 | 6 |
| Wäsche | | 71 | 27 | 6 |
| Boden | | 20 | 29 | — |
| Hauskeller | | 434 | 17 | — |
| Mobilar | | 87 | 10 | — |
| Verwalterwohnung | | 57 | 15 | — |
| Inspektorwohnung | | 50 | 22 | — |
| Esszimmer | | 16 | 20 | — |
| | Sa. | 5371 | 20 | — |
| Gesamtsumme: Totes Inventar | | 5371 | 20 | — |
| Gesamtsumme: Lebendes Inventar | | 18768 | 10 | — |
| | Zusammen | 24140 | — | — |

(STAM, Rep. H — Neindorf, Nr. 2676)

## Anlage Nr. 10

*Auszug aus dem Sozietätsvertrag der Zuckerfabrik St. Burchardt zu Halberstadt, 1877 — Anbaubedingungen*

Der Societätsvertrag vom 30. Mai 1877 mit der Zuckerfabrik St. Burchardt zu Halberstadt lautet in den §.§. 16—24:

### § 16

Jeder Gesellschafter ist verpflichtet, auf jedem seiner Antheile d. h. für jeden Hunderttheil der Societät Zwanzig bis fünfundzwanzig Morgen mit Zuckerrüben anzubauen und zwar unter den nachstehenden Bedingungen:

Der Anbau der Zuckerrüben ist verboten:

1, in frisch nach der vorangegangenen Erndte mit Mist gedüngtem Acker,

2, in frisch nach der vorangegangenen Erndte mit Preßschlamm, Rüben- und Bassinerde, allerlei Compost oder Elutionslauge gedüngtem Acker,

3, im ersten Jahre nach Brache, allen Oel- und Hülsenfrüchten, Kohlarten und allen im Vorjahre nicht zur Reife gekommenen Früchten,

4, ferner auf drei auf einander folgenden Jahren:
a, nach mit Jauche gedüngten Früchten,
b, nach Umbruch von Futterkräutern,
c, nach Neubruch.

Jeder der Rübenbauenden ist verpflichtet, die Rübenkerne zu drillen oder zu dibbeln, rechtzeitig zu verziehen, mindestens dreimal zu harken und jedenfalls anzupflügen. Bei einer Uebereinstimmung von Achtzig Procent der Stimmen können die Gesellschafter für Alle bindend beschließen, daß die Rübenkerne in bestimmter Entfernung gedrillt werden, und bestimmen, welche Rübenarten nur in welchem Procentsatze die einzelnen Arten gebaut werden sollen. Die Societät ist befugt, den zum Rübenbau Verpflichteten den Rübensamen gegen Einziehung des Selbstkostenpreises zu liefern, nur sind selbige verpflichtet, solche zur Erziehung der contractmäßig zu bauenden Rüben auszusäen.

Die Zahl der pro Antheil zu bauenden Fläche wird spätestens am ersten November jeden Jahres seitens der Societät festgestellt und spätestens am 3. November den zum Rübenbau verpflichteten mitgetheilt.

Jeder der Letzteren muß den Bestellungsplan der Rüben für die nächste Campagne bis zum ersten December an die Societät einreichen unter Angabe der Vorfrüchte und des Bedüngungs-Zustandes von drei Jahren; auch hat er dem oder den Bevollmächtigten der Societät die Aecker zu zeigen, auch im Laufe des Jahres die Controlle der bestellten Rübenpläne demselben zu gestatten und jede weitere Auskunft zu gewähren. Die Annahme und Genehmigung der angemeldeten Rübenäcker hat spätestens bis zum Ersten Januar zu erfolgen. Gegen die Ablehnung, welche durch den Inhalt der vorhergehenden Bestimmungen motivirt sein muß, ist jeder Einwand ausgeschlossen.

### § 17

Die künstliche Düngung zu den mit Rüben bestellten Aeckern ist im Verhältnis von mindestens zwei Procent in Wasser leicht löslicher Phosphorsäure zu einem Procent Stickstoff zu geben. Der Stickstoff in Form von Chilisalpeter ist nur mit schriftlicher Genehmigung aller Gesellschafter zur Anwendung gestattet, und die Erlaubnis dazu muß für die einzelnen Stücke, welche damit gedüngt werden sollen, speciell ertheilt werden. Ueber einen halben Centner Chilisalpeter, welcher jedenfalls, wie der sämmtliche anzuwendende künstliche Dünger, vor der Bestellung der Rüben ausgestreut werden muß, pro Morgen anzuwenden, ist unbedingt verboten.

§ 18

Contraventionen gegen die Bestimmungen der §.§. 16 und 17 werden wie folgt bestraft:
Die Societät ist berechtigt, die Rüben, welche auf im verbotenen Zustande befindlichen oder gegen die Vorschrift künstlich gedüngten Flächen gewachsen sind, abzunehmen, zur Bezahlung derselben aber nicht verpflichtet. Ausserdem hat der Contravenient als Strafe für jeden Morgen derartig auf falsch präparirten oder gedüngten Acker gebauter Rüben an die Societätscasse dreihundert Mark zu zahlen.

§ 18a

Sollte ein Gesellschafter mehr Rüben anbauen, als er nach Inhalt des Gesellschaftsvertrages verpflichtet ist, so muß er dieselben bei einer Conventionalstrafe von Eine Mark 50 Pf pro Centner an die Societätskasse zahlbar, der Societät zum Kaufe anbieten und darf sie erst dann an einen Dritten veräußern, wenn die Societät den von diesem im Schriftsatze vorzulegenden gebotenen Preis zu zahlen sich weigert.

§ 19

Die Anfuhr der Rüben an die Fabrik ist Sache der zum Rübenbau Verpflichteten und erfolgt nach einem alljährlich von den Gesellschaftern aufzustellenden und Jedem der Betheiligten zeitig bekannt zu machenden Lieferungsplane.

§ 20

Jede Versäumnis in der Anfuhr der Rüben zieht eine der Societätskasse zufließende Conventionalstrafe von 50 Pf. pro Centner nach sich, wofern dieselbe nicht seitens 95% der Stimmen als unverschuldet anerkannt wird.

§ 21

Wenn ein Gesellschafter nicht die volle durch die Anzahl seiner Antheile bedingte Morgenzahl zum Zuckerrübenbau verwendet, so sind die übrigen Gesellschafter berechtigt, auf dessen Kosten und Rechnung, ohne Rücksicht auf den jeweiligen Jahresvertrag, für jeden fehlenden Morgen 150 Centner Zuckerrüben anzukaufen, oder nach seiner Wahl für jeden Morgen, welcher fehlt, eine Conventionalstrafe von 150 Mark für die Societätskasse einzuziehen.

§ 22

Die Societät gewährt jedem Gesellschafter für die von ihm auf den zum Rübenbau für seine Antheile verwendeten Acker gebaueten Zuckerrüben einen Preis von einer Mark pro Centner und zwar am Ende eines jeden Monats zahlbar. Von dem Brutto-Gewichte der Rüben wird für Köpfe, Schwänze und Schmutz der Procentsatz in Abzug gebracht, welcher durch sorgfältigeres Probeputzen auf der Fabrik ermittelt und durch den Fabrik-Inspektor festgestellt wird. Ueber den Ankauf von Zuckerrüben beschließen die Gesellschafter bis zum Ersten Februar des Jahres vor der Campagne, unter welchen Bedingungen und zu welchen Preisen Rüben gekauft werden sollen. Für diesen Entschluß ist eine Uebereinstimmung von Achtzig Procent der Stimmen maßgebend.

§ 23

Von dem ersten October jeden Jahres darf ohne die Genehmigung sämmtlicher Gesellschafter keine Rübe eingemiethet und mit Erde über einen halben Fuß stark beworfen werden. Die zur Ablieferung kommenden Rüben müssen genügend gegen den Frost geschützt werden. Die Societät ist nicht zur Abnahme von an- oder erfrorenen Rüben verpflichtet, sondern dieselben sind im guten und gesunden Zustande abzuliefern.

§ 24

Futterrückstände von den Kaufrüben werden den Gesellschaftern unter Zugrundelegung ihres Antheils an der Societät von Letzterer gratis zurückgeliefert. Auch die Futterrückstände von den contractlich gebaueten Rüben werden den Gesellschaftern von der Societät gratis und zwar nach Maßgabe der abgelieferten Rüben zurückgeliefert. Ebenso wird der Preßschlamm, Schlamm der Absatzbassins und Rübenerde pro Geschäftsantheil gratis zurückgegeben. Gewichtsdifferenzen werden in der folgenden Campagne in natura ausgeglichen.

(STAM, Rep. H — Schlettau-Beuchlitz, Nr. 844)

# Anlage Nr. 11

*Verzeichnis der Gesellschafter der Zuckerfabrik Eichenbarleben, Gesellschaft mit beschränkter Haftung zu Eichenbarleben*

(Genaue Jahreszahl war nicht zu ermitteln)

| Nr. | Name | Wohnort | Stammeinlage Mark |
|---|---|---|---|
| 1 | Landrat Hans von Krosigk | Neuhaldensleben | 52800 |
| 2 | Rittergutsbes. Günther von Krosigk | Eichenbarleben | 52200 |
| 3 | „ August von Veltheim | Veltheimsburg | 104400 |
| 4 | Rentmeister Andreas Köppe | „ | 600 |
| 5 | Landwirt Christian Balleyer | Bornstedt | 600 |
| 6 | „ Friedrich Hartwig | „ | 600 |
| 7 | „ Albert Heine | „ | 600 |
| 8 | „ Andreas Heinrichs | „ | 600 |
| 9 | „ Wilhelm Laaß | „ | 600 |
| 10 | Gutsbesitzer Albert Rüscher | „ | 1800 |
| 11 | Landwirt Berthold Rulf | „ | 600 |
| 12 | Gutsbesitzer Simon Rulf | „ | 3000 |
| 13 | „ Wilhelm Rulf | „ | 1800 |
| 14 | Landwirt Gustav Schäfer | „ | 600 |
| 15 | „ Wilhelm Schalk | „ | 600 |
| 16 | „ Wilh. Schild's Erben | „ | 600 |
| 17 | Gutsbesitzer Albert Schweinhage | „ | 3000 |
| 18 | „ Friedrich Schweinhage | „ | 600 |
| 19 | Landwirt August Siegmund | „ | 600 |
| 20 | „ Christian Wierstorf | „ | 600 |
| 21 | „ Gustav Wolff | „ | 600 |
| 22 | Gutsbesitzer Ewald Wunderling | „ | 2400 |
| 23 | Landwirt August Ehlert | Drakenstedt | 600 |
| 24 | „ Andreas Gebhardt | „ | 600 |
| 25 | „ Christian Hartwig | „ | 600 |
| 26 | Gutsbesitzer Herm. Heine's Erben | „ | 1800 |
| 27 | „ Reinhold Hosenthien | „ | 2400 |
| 28 | Landwirt August Jacobs | „ | 600 |
| 29 | Gutsbesitzer Arnold Lauenroth | „ | 6000 |
| 30 | Landwirt Carl Lehrmann jun. | „ | 600 |
| 31 | Gutsbesitzer Wilhelm Meyer | „ | 1800 |
| 32 | Landwirt Gustav Michael | „ | 600 |
| 33 | Gutsbesitzer Herman Rulf | „ | 1200 |
| 34 | Landwirt Christian Vahldieck | „ | 600 |
| 35 | Landwirt Friedrich Berge | Druxberge | 600 |
| 36 | Ziegeleibesitzer Matthias Bierstedt | „ | 1200 |
| 37 | Getreidehändler Andreas Danzmann | „ | 600 |
| 38 | Gutsbesitzer Christian Diedrich | „ | 2400 |
| 39 | „ Christian Friese's Erben | „ | 2400 |
| 40 | „ Gustav Günther | „ | 1200 |
| 41 | Landwirt Albert Heine | „ | 1200 |
| 42 | „ Otto Pilz Erben | „ | 600 |

| Nr. | Name | Wohnort | Stammeinlage Mark |
|---|---|---|---|
| 43 | Landwirt Moritz Biermann | Eichenbarleben | 600 |
| 44 | „ Heinrich Heinemann | „ | 600 |
| 45 | „ Julius Heinemann | „ | 600 |
| 46 | Zimmermeister Walter Kagelmann | „ | 600 |
| 47 | Landwirt Friedrich Pasemann | „ | 1200 |
| 48 | „ Otto Reuscher | „ | 600 |
| 49 | „ Richard Reuscher | „ | 600 |
| 50 | „ Wilhelm Umbusch | „ | 600 |
| 51 | „ Heinrich Wendt | „ | 600 |
| 52 | „ Wilhelm Wernecke | „ | 1200 |
| 53 | Witwe Anna Wippermüller | „ | 600 |
| 54 | Landwirt Albert Zimmermann | „ | 600 |
| 55 | Gutsbesitzer Christian Flugs | Ochtmersleben | 1200 |
| 56 | „ Wilhelm Haberhauffe | „ | 600 |
| 57 | „ Reinhold Helmecke | „ | 600 |
| 58 | „ Gustav Meyenberg | „ | 1200 |
| 59 | „ Julius Otto | „ | 3600 |
| 60 | „ Ernst Reinhardt | „ | 1200 |
| 61 | „ Richard Sommermeyer | „ | 1200 |
| 62 | „ Albert Ledderboge | Wellen | 600 |

(STAM, Rep. H — Alvensleben, Nr. 245)

## Anlage Nr. 12

*Anbaufläche, Durchschnittsernte und -polarisation der einzelnen Gesellschafter der Zuckerfabrik Hadmersleben GmbH im Jahre 1903/04*

| Lfd. Nr. | Name | Wohnort | % Zucker in der Rübe | Angebaute Fläche Morg. | Rth. | Durch-schnitts-Ernte p. Morg. |
|---|---|---|---|---|---|---|
| 1 | Dettmar, Hans | Krottorf | 16,73 | 330 | — | 210,20 |
| 2 | Westram, Andreas | Pr. Börnecke | 16,73 | 18 | — | 164,64 |
| 3 | Borges, Witwe | Salbke | 16,70 | 12 | — | 211,25 |
| 4 | Müller, Gustav | Wehrstedt | 16,67 | 20 | — | 193,00 |
| 5 | Müller, Ernst | Gr. Salze | 16,63 | 50 | — | 120,09 |
| 6 | Beyte, Friedrich | Gröningen | 16,60 | 10 | — | 185,46 |
| 7 | Walkhoff, Gustav | Gr. Quenstedt | 16,60 | 22 | — | 209,16 |
| 8 | Böhme, Wilhelm | Pr. Börnecke | 16,57 | 21 | — | 216,56 |
| 9 | Müller, Hermann | Wehrstedt | 16,52 | 40 | — | 237,74 |
| 10 | Loof, Andreas | Wehrstedt | 16,51 | 22 | — | 191,06 |
| 11 | Mahrenholz, August | Hadmersleben | 16,50 | 10 | — | 168,20 |
| 12 | Rohde, Wilhelm | Schwaneberg | 16,50 | 43 | — | 205,26 |
| 13 | Walkhoff, Ernst | Gr. Quenstedt | 16,47 | 70 | — | 210,29 |
| 14 | Wietzer, Karl | Altenweddingen | 16,42 | 170 | — | 174,79 |
| 15 | Alsleben Erb., Herm. | Pr. Börnecke | 16,40 | 60 | 90 | 199,80 |
| 16 | Tietz, Karl | Hadmersleben | 16,40 | 10 | 90 | 190,89 |
| 17 | Michels, Wilhelm | Gröningen | 16,38 | 100 | — | 194,09 |
| 18 | Michael, Theodor | Kl. Alsleben | 16,37 | 10 | 45 | 214,45 |
| 19 | Ilse, Gustav | Emersleben | 16,35 | 40 | — | 169,62 |
| 20 | Jacobs, Heinrich | Hadmersleben | 16,27 | 10 | — | 177,23 |
| 21 | Heinrichs, Wilhelm | Schwaneberg | 16,26 | 59 | — | 177,32 |
| 22 | Taentzler, Emil | Pr. Börnecke | 16,25 | 79 | — | 193,63 |
| 23 | Möhring, Wilhelm | Kl. Gröningen | 16,24 | 12 | — | 192,25 |
| 24 | Hoßler, Friedrich | Harsleben | 16,20 | 10 | — | 142,02 |
| 25 | Lienekamm's Erben, A. | Altenweddingen | 16,19 | 30 | 90 | 163,43 |
| 26 | Ohlendorf, Christian | Gr. Quenstedt | 16,19 | 20 | — | 209,90 |
| 27 | Helms, Karl | Wehrstedt | 16,18 | 12 | — | 218,35 |
| 28 | Bahn, Gustav | Hadmersleben | 16,17 | 11 | — | 196,14 |
| 29 | Könnecke, Wilhelm | Kroppenstedt | 16,17 | 16 | 65 | 156,16 |
| 30 | Heine, Ferdinand | Hadmersleben | 16,15 | 520 | 179 | 206,29 |
| 31 | Becker, Friedrich | Gröningen | 16,14 | 20 | — | 164,08 |
| 32 | Ahlfeldt, Andreas | Gr. Quenstedt | 16,13 | 12 | — | 221,92 |
| 33 | Benne's Erben, Louis | Hadmersleben | 16,13 | 14 | 90 | 194,19 |
| 34 | Brandt, Karl | Gr. Quenstedt | 16,12 | 16 | — | 210,82 |
| 35 | Westram, C. A. | Pr. Börnecke | 16,11 | 50 | — | 133,08 |
| 36 | Kuthe, Hermann | Hadmersleben | 16,10 | 12 | — | 171,53 |
| 37 | Meyer, Erich | Pr. Börnecke a. H. | 16,10 | 194 | — | 168,80 |
| 38 | Zinke, Albert | Kroppenstedt | 16,10 | 24 | — | 185,07 |
| 39 | Rimpau, Wilhelm | Langenstein | 16,09 | 417 | 90 | 163,48 |
| 40 | Kuthe, Gustav | Hadmersleben | 16,08 | 30 | 135 | 184,48 |
| 41 | Otto, Gustav | Schwaneberg | 16,08 | 44 | — | 165,78 |
| 42 | Fiedler, Friedrich | Alikendorf | 16,05 | 10 | — | 201,91 |

| Lfd. Nr. | Name | Wohnort | % Zucker in der Rübe | Angebaute Fläche Morg. | Rth. | Durch-schnitts-Ernte p. Morg. |
|---|---|---|---|---|---|---|
| 43 | Müller, Wilhelm | Wehrstedt | 16,05 | 10 | — | 198,35 |
| 44 | Schmiedecke, Andreas | Harsleben | 16,04 | 10 | — | 184,17 |
| 45 | Kamla's Erb., Fried. | Gröningen | 16,03 | 10 | — | 169,99 |
| 46 | Kirchhoff, Andreas | Schwanebeck | 16,00 | 73 | 90 | 177,57 |
| 47 | Klette, August | Hadmersleben | 16,00 | 18 | 135 | 191,91 |
| 48 | Schaper, Franz | Halberstadt | 16,00 | 29 | 45 | 178,52 |
| 49 | Förster, Adolf | Fermersleben | 15,99 | 50 | — | 207,81 |
| 50 | Borchert, Wilhelm | Kl. Quenstedt | 15,98 | 15 | — | 167,35 |
| 51 | Klaus, Andreas | Gr. Germersleben | 15,97 | 11 | 90 | 196,09 |
| 52 | Hörnecke, Fried. Karl | Kroppenstedt | 15,88 | 44 | 90 | 175,29 |
| 53 | Kamla, Karl | Gröningen | 15,87 | 18 | — | 192,12 |
| 54 | Baetge, Otto | Dreileben | 15,85 | 72 | — | 229,06 |
| 55 | Behrens, Andreas | Schwanebeck | 15,84 | 80 | 30 | 196,49 |
| 56 | Danker, August | Dreileben | 15,84 | 103 | — | 211,21 |
| 57 | Strathaus, Heinrich | Halberstadt | 15,84 | 14 | — | 220,83 |
| 58 | Bothe, Alfred | Dreileben | 15,83 | 62 | — | 206,79 |
| 59 | Kappe, Wilhelm | Hadmersleben | 15,83 | 10 | — | 155,06 |
| 60 | Dietrich, Julius | Gr. Ottersleben | 15,82 | 42 | 90 | 204,78 |
| 61 | Dopp, Heinrich | Hadmersleben | 15,80 | 6 | 90 | 212,73 |
| 62 | Eggeling, Wilhelm | Kl. Oschersleben | 15,80 | 15 | — | 216,22 |
| 63 | Struve, Richard | Haus Nienburg | 15,80 | 200 | — | 204,73 |
| 64 | Rumpf, August | Pr. Börnecke | 15,79 | 24 | — | 169,52 |
| 65 | Harring, Friedrich | Ströbeck | 15,78 | 20 | — | 156,59 |
| 66 | Wrede, Ernst | Schermcke | 15,75 | 244 | 84 | 217,96 |
| 67 | Kamla, Louis | Gröningen | 15,72 | 10 | — | 174,05 |
| 68 | Mankiewicz, Max | Falkenrehde | 15,71 | 180 | — | 188,39 |
| 69 | Strauß, Louise | Ampfurth | 15,71 | 979 | 147 | 214,88 |
| 70 | Lesse, Friedrich | Alikendorf | 15,70 | 18 | 90 | 223,81 |
| 71 | Lohse, Wilhelm | Kl. Oschersleben | 15,70 | 12 | — | 238,76 |
| 72 | Radecke, Wilhelm | Schadeleben | 15,64 | 80 | — | 186,53 |
| 73 | Heinemann, Friedrich | Wehrstedt | 15,63 | 37 | — | 196,03 |
| 74 | Kahmann, Gustav | Emersleben | 15,58 | 21 | 165 | 191,88 |
| 75 | Riemann, Karl | Dreileben | 15,57 | 13 | — | 206,49 |
| 76 | Waldvogel's Erb., Jak. | Kl. Wanzleben | 15,56 | 60 | — | 163,59 |
| 77 | Zabel, Gustav | Hadmersleben | 15,56 | 15 | — | 217,82 |
| 78 | Baetge's Erb., Georg | Dreileben | 15,53 | 30 | — | 179,95 |
| 79 | Langenbeck, August | Hadmersleben | 15,47 | 12 | — | 210,02 |
| 80 | Koch, Albert | Schwaneberg | 15,45 | 23 | — | 188,20 |
| 81 | Besecke, Heinrich | Ochtmersleben | 15,42 | 39 | 90 | 163,00 |
| 82 | Schulze, Karl | Diesdorf | 15,42 | 10 | — | 226,64 |
| 83 | Kabel, Heinrich | Gr. Germersleben | 15,40 | 13 | — | 195,04 |
| 84 | Schneidewind, Wilh. | Osterweddingen | 15,39 | 20 | — | 214,65 |
| 85 | Specht, Theodor | Hadmersleben | 15,37 | 20 | — | 180,12 |
| 86 | Coqui, Minna | Gr. Germersleben | 15,35 | 650 | 72 | 191,39 |
| 87 | Rieche, Christof | Kl. Quenstedt | 15,34 | 13 | 90 | 200,40 |
| 88 | Wohlgemuth, Karl | Harsleben | 15,34 | 14 | 90 | 170,41 |

| Lfd. Nr. | Name | Wohnort | % Zucker in der Rübe | Angebaute Fläche Morg. | Rth. | Durch-schnitts-Ernte p. Morg. |
|---|---|---|---|---|---|---|
| 89 | Krümmel, Gustav | Dreileben | 15,30 | 24 | – | 192,70 |
| 90 | v. Kotze, Ludolf | Kl. Oschersleben | 15,29 | 402 | – | 186,65 |
| 91 | Rusche, Walter | Gr. Ottersleben | 15,26 | 20 | – | 170,41 |
| 92 | Wietzer, Emil | Altenweddingen | 15,25 | 36 | – | 143,08 |
| 93 | Möckermann, Wilhelm | Kroppenstedt | 15,23 | 31 | – | 176,21 |
| 94 | Wietzer, Rudolf | Altenweddingen | 15,23 | 30 | – | 145,33 |
| 95 | Oelze, Bernhard | Wormsdorf | 15,22 | 20 | – | 142,23 |
| 96 | Güsewell, Rudolf | Altenweddingen | 15,20 | 14 | – | 210,12 |
| 97 | Trog, Otto | Gr. Germersleben | 15,15 | 51 | 90 | 186,66 |
| 98 | Schulze, Louis | Dreileben | 15,13 | 10 | – | 184,49 |
| 99 | Zwies, Adolf | Harsleben | 15,10 | 10 | – | 178,93 |
| 100 | Kost, Paul | Gr. Rodensleben | 15,09 | 60 | – | 230,67 |
| 101 | Helmholz, Friedrich | Ströbeck | 15,07 | 14 | – | 179,16 |
| 102 | Zimmermann, Val. | Dreileben | 15,03 | 10 | – | 189,33 |
| 103 | Lange, Heinrich | Gr. Germersleben | 15,02 | 23 | 135 | 194,10 |
| 104 | Grützmacher, Christ. | Deesdorf | 14,92 | 20 | – | 169,89 |
| 105 | zu Putlitz, Konrad | Gr. Pankow | 14,75 | 250 | – | 149,50 |

Gesamt-Durchschnitt 15,86% Zucker in der Rübe.
Ernte-Durchschnitt per Morgen 192,74 Ztr. Rüben.

(STAM, Rep. H — Langenstein, Nr. 617)

## Anlage Nr. 13

*Arbeitsvertrag zwischen der Zuckerfabrik Barby und einem Vorarbeiter zwecks Anwerbung von Arbeitskräften vom Jahre 1906*

Entwurf
abg. ...

*Arbeits-Vertrag*

Der Vorarbeiter Julius Ziegler in Meseritz Obere Straße ist von der Zuckerfabrik A. Dietze in Barby/E. beauftragt, 12 kräftige Männer und 4—5 jüngere, jedoch über 16 Jahre alte Arbeiter für die Zuckerfabrik-Campagne 1906/07 anzuwerben und mit denselben nachstehenden Vertrag abzuschließen:

§ 1.

Die unterzeichneten Arbeiter verpflichten sich der Firma A. Dietze in Barby gegenüber, in deren Zuckerfabrik während der Dauer der Campagne 1906/07 zu arbeiten und die ihnen überwiesenen Arbeiten nach den Weisungen des Fabrik-Dirigenten und der Aufseher ordentlich, gewissenhaft und tadelfrei auszuführen.

§ 2.

Die Arbeitszeiten regeln sich nach den Bestimmungen der Fabrikordnung und den gesetzlichen dieserhalb ergangenen Vorschriften.

§ 3.

Die Leute werden vom Fabrik-Dirigenten je nach ihrer Leistung und Beschäftigung den einzelnen Stationen überwiesen und haben sich diesen Ordnungen willig zu fügen.

§ 4.

Die hier üblichen Lohnsätze richten sich nach den verschiedenen Stationen, welche der einzelne Mann zugeteilt worden ist.

§ 5.

Außerdem erhalten die Leute freie Fahrt zur Her- und Rückreise, während der Dauer ihrer Beschäftigung in der Fabrik freie Wohnung in der Nähe der Fabrik, Licht, Feuerung, das nötige Nachtlager, Strohmatratzen, Strohkissen und wollene Decken, sowie jeder Mann wöchentlich 25 Pfd. Kartoffeln.

§ 6.

Sämmtliche Leute treten nach ihrer Ankunft der Betriebskrankenkasse für die Arbeiter der Firma A. Dietze zu Amt Barby als ordentliche Mitglieder bei. Die Invaliden-Quittungskarten, sowie Abzugsatteste der Gemeindebehörde sind beim Arbeitsantritt vorzulegen.

§ 7.

Wer aus unbegründeter Ursache die Arbeit vor dem Schluß der Campagne verläßt, hat keinen Anspruch auf Entschädigung für die Rückreise und hat die für die Kosten der Herreise und der Anwerbung der Firma erwachsenen Kosten zu ersetzen.

§ 8.

Die Auslöhnung der Arbeiter geschieht wöchentlich des Sonnabends Abends.

Dieser Vertrag ist in 2 Exemplaren vollzogen und von dem Arbeitgeber und dem Arbeitnehmer durch eigenhändige Namensunterschrift als bindend anerkannt.

Barby, den August 1906

Der Königliche Amtsrat Der Vorarbeiter

STAM, Rep. H — Barby, Nr. 233)

*Anlage 14 wurde angefertigt nach:*

Für den Reg.-Bez. Magdeburg:

Jahrbuch für die amtliche Statistik ..., 1883: 73–76; Statistisches Jahrbuch für den preußischen Staat, 1916: 7; Statistisches Handbuch ..., 1903: 84–85; Preußische Statistik, 1879; 8–9.

Für das Jahr 1816:

Krug/Mützell, 1825: 182, 186, 204, 208, 358, 362; Statistik des Kreises Wanzleben ..., 1867: 11–12, (enthält die Bevölkerung von 1816 bis 1864); STAM, Rep. C 30 Neuhaldensleben, Nr. 226: Statistisches Tableau 1816.

Für das Jahr 1819:

Seydlitz, 1820: 115–75.

Für das Jahr 1822:

Krug/Mützell, 1825: 182, 186, 204, 208, 358, 362; STAM, Rep. C 30 Neuhaldensleben, Nr. 227: Statistische Tabelle 1822. Fehlende Angaben für die Städte und das platte Land der Kreise Calbe und Wolmirstedt wurden ergänzt.

Für das Jahr 1825:

STAM, Rep. C 30 Neuhaldensleben, Nr. 227:

Statistische Tabelle 1825. Fehlende Angaben für die Städte und das platte Land der Kreise Calbe und Wolmirstedt wurden ergänzt.

Für das Jahr 1828:

STAM, Rep. C 30 Neuhaldensleben, Nr. 227:
Statistische Tabelle 1828. Fehlende Angaben für die Städte und das platte Land der Kreise Calbe und Wolmirstedt wurden ergänzt.

Für das Jahr 1831:

Hoffmann, 1833: 63–64; STAM, Rep. C 30 Neuhaldensleben, Nr. 227: Statistische Tabelle 1831.

Für das Jahr 1834:

STAM, Rep. C 30 Neuhaldensleben, Nr. 227: Statistische Tabelle 1834; Fehlende Angaben für die Städte und das platte Land der Kreise Calbe und Wolmirstedt wurden ergänzt.

Für das Jahr 1837:

Hoffmann, 1839: 263; STAM, Rep. C 30 Neuhaldensleben, Nr. 228: Statistische Tabelle 1837.

Für das Jahr 1840:

Hermes/Weigelt, 1843: 62, 64; Hermes/Weigelt, 1842: 36–37, 87, 103 (Im Teil 1 = 1843 werden für Neuhaldensleben für 1816 32293 Einwohner, im Teil 2 = 1842 allerdings nur 30293 angegeben.) STAM, Rep. C 30 Neuhaldensleben, Nr. 228: Statistische Tabelle 1840.

Für das Jahr 1843:

Handbuch ... Provinz Sachsen, 1844: 94–99, 138–42, 165–72.

Für das Jahr 1846:

STAM, Rep. C 30 Neuhaldensleben, Nr. 228: Statistische Tabelle 1846; STAM, Rep. C 30

Calbe/Sa. A, Nr. 49: 314, 316, 326, 367. (Die Angaben für Aken, Barby, Calbe und Groß Salze wurden ergänzt.) Die fehlenden Angaben für den Kreis Wolmirstedt wurden ergänzt.

Für das Jahr 1849:

Tabellen und amtliche Nachrichten ..., 1851a: 160—161, 166—167.

Für das Jahr 1852:

Tabellen und amtliche Nachrichten ..., 1855b: 30; Handbuch ... Provinz Sachsen, 1854: 86—92, 134—39, 167—77.

Für das Jahr 1855:

Tabellen und amtliche Nachrichten ..., 1858: 25.

Für das Jahr 1858:

Tabellen und amtliche Nachrichten ..., 1860: 41.

Für das Jahr 1861:

Preußische Statistik, 1864: 261, 264, 270.

Für das Jahr 1864:

Preußische Statistik, 1867: 292—293.

Für das Jahr 1867:

Preußische Statistik, 1871: 120.

Für das Jahr 1871:

Preußische Statistik, 1875: 259—274.

Für das Jahr 1875:

Preußische Statistik, 1877: 93.

Für das Jahr 1880:

Preußische Statistik, 1883: 159, 223—224, 263—271.

Für das Jahr 1885:

Preußische Statistik, 1888: 179, 218—226.

Für das Jahr 1890:

Preußische Statistik, 1893: 127, 204—212.

Für das Jahr 1895:

Preußische Statistik, 1897: 99, 182—190.

Für das Jahr 1900:

Preußische Statistik, 1903: 305, 394—402.

Für das Jahr 1905:

Preußische Statistik, 1908: 299, 386—394.

Für das Jahr 1910:

Preußische Statistik, 1913: 225, 306—314.

*Anlage 15 wurde angefertigt nach:*

Für das Jahr 1849:

Zander, 1934: 196, Tabelle 27a (enthält die Aufrechnungen aus den „Tabellen und amtlichen Nachrichten über den preußischen Staat" für die Spalten B 1—11 und C 1—3); Tabellen und amtliche Nachrichten ..., 1851a: 167; Tabellen und amtliche Nachrichten ..., 1851b: 490—493, 598; Tabellen und amtliche Nachrichten ..., 1854: 813, 819—821, 907—909, 1023, 1054—1061 (Da bei C 4 nur die Betriebe, aber keine Arbeitskräfte angegeben waren, wurden 10 Prozent der Summe zugeschlagen. 1849 wurden die Almosenempfänger, die unter F verzeichnet sind, noch nicht erfaßt. Es wurde für 1849 die gleiche Zahl wie für 1852 angenommen. Da für die Spalte A 1849 die Angehörigen nicht extra erfaßt wurden, 1855 fast die gleichen Angaben vorlagen, wurden 107000 Angehörige von der Gesamtsumme abgezogen und die Berufstätigen des Gartenbaus zugeschlagen.).

Für das Jahr 1852:

Zander, 1934: 196, Tabelle 27a; Tabellen und amtliche Nachrichten ..., 1855b: 30, 203, 210—211, 214, 227, 230—231, 233 (Bei C4 wurden 10 Prozent als Arbeitskräfte zugeschlagen.).

Für das Jahr 1855:

Zander, 1934: 196, Tabelle 27a; Tabellen und amtliche Nachrichten ..., 1858: 25, 150—153, 172—173, 196—199 (Bei C 4 wurden 20 Prozent als Arbeitskräfte zugeschlagen.).

Für das Jahr 1858:

Zander, 1934: 196, Tabelle 27a; Tabellen und amtliche Nachrichten ..., 1860: 41, 194—199, 228—229, 324—327 (Bei C 4 wurden 25 Prozent als Arbeitskräfte zugeschlagen.).

Für das Jahr 1861:

Preußische Statistik, 1864: 55, 91—129, 134—143, 271 (Da für die Spalte D keine Erhebung durchgeführt wurde, wurde eine entsprechende Summe eingesetzt.); STAM, Rep. C 30 Wanzleben A, Nr. 33: 252—253.

Für das Jahr 1867:

Preußische Statistik, 1869: 128—137 (Der starke Anstieg der Berufstätigen im Verkehrswesen beruht mit größter Wahrscheinlichkeit auf der erstmaligen Erfassung der Beschäftigten von Bahn und Post. Die Erhebung von 1867 enthielt die Position „Persönliche Dienstleistungen" mit 43152 Berufstätigen. Hierzu gehörten die im Haushalt beschäftigten Berufstätigen sowie die Handarbeiter, Tagelöhner und Dienstmänner. Von den 43152 Berufstätigen der genannten Position wurden 22000 zu B 2—11 geschlagen, 2031 zu C 1 und 10121 zu Spalte D. Der Rest von 9000 konnte nicht untergebracht werden, weil er in jeder Spalte das Bild unzulässigerweise ganz erheblich verschoben hätte. Möglicherweise waren Doppelzählungen mit der Spalte A vorgekommen, die mit 137332 viel zu hoch berechnet war. Sie wurde deshalb reduziert.).

Für das Jahr 1871:

Preußische Statistik, 1875: 238—243 (Die Aufbereitung des statistischen Urmaterials wurde nicht mit der nötigen Sachkenntnis vorgenommen. So wurden in Spalte B 11 auch solche Berufsklassen erfaßt, die sonst zu E gehörten. Deshalb wurden 10000 Berufstätige zu E geschlagen. In Spalte D wurden Berufstätige aufgenommen, die sonst unter A und B aufgeführt wurden. Es wurden von D 51000 zu A und 10000 zu B geschlagen.).

Für das Jahr 1875:

Preußische Statistik, 1878: 134—135 (Die Erhebung von 1875 war eine reine Gewerbezählung Deshalb mußten die fehlenden Spalten ergänzt werden. Für die Spalten A und F wurde eine proportionale Steigerung angenommen und die Spalten D und E als gleichbleibend betrachtet. Da bei Spalte B 9 die staatlichen Baubetriebe fehlten, wurden 12000 Arbeitskräfte zugeschlagen.).

Für das Jahr 1882:

Preußische Statistik, 1884: 174—175. Für die Berufsgruppe 7, Nahrungs- und Genußmittel, waren 18610 Berufstätige ermittelt worden. Im Vergleich zu 1875 hatte das einen Rückgang von fast 15000 Arbeitskräften bedeutet. Dafür gab es keinen Anhalt. Die Gewerbezählung gab für den 5. 6. 1882 23428 Beschäftigte an und als Jahresdurchschnitt 33503; Preußische Statistik, 1885b: 322. Letztere Zahl entsprach dem Stand von 1875 und den früheren Erhebungsmethoden. Die unterschiedlichen Zahlen waren durch die unterschiedliche Berücksichtigung der Saisonarbeitskräfte bei der Verarbeitung vegetabilischer Nahrungsmittel zustande gekommen.

Für das Jahr 1895:

Preußische Statistik, 1898: 116; Statistik des Deutschen Reiches, 1899: 60—63, Übersicht 9. Die Zahlen der Berufsgruppe 7 nach: Statistik des Deutschen Reiches, 1898b: 370.

Für das Jahr 1907:

Statistik des Deutschen Reiches, 1909: 252—254. Die Zahlen der Berufsgruppe 7 nach: Statistik des Deutschen Reiches, 1919: 238—256. Der leichte Rückgang der Berufsgruppe 7 gegenüber 1895 erklärt sich aus dem Wechsel der Aufrechnungsmethode; 1895 war es der Durchschnittswert und 1907 die Zahl der Beschäftigten am 12. 6. 1907.

*Anlage 16 wurde angefertigt nach:*

Für das Jahr 1861:

Preußische Statistik, 1864: 55, 91—129, 134—43, 271.

Für das Jahr 1867:

Preußische Statistik, 1869: 128—137 (Die Spalte A war zu hoch berechnet. Die Selbständigen wurden von 32821 auf 30701 und die Arbeitskräfte von 104511 auf 97600 reduziert. Die Spalten B 2—11 wurden um insgesamt 22000 erhöht, so daß die Arbeitskräfte von 54719 auf 76719 anstiegen.).

Für das Jahr 1871:

Preußische Statistik, 1875: 238—243 (In Spalte D waren Berufstätige aufgenommen, die sonst unter A und B aufgeführt wurden. Es wurden von D 51000 an A und 10000 zu B geschlagen. Die Gesamtsumme von A wurde so aufgeteilt, daß zwischen 1867 und 1882 ein proportionaler Übergang geschaffen wurde, der den relativen Rückgang der Selbständigen berücksichtigte. Die 10000 zu B geschlagenen Berufstätigen wurden den Arbeitskräften zugezählt.).

Für das Jahr 1875:

Preußische Statistik, 1878: 134—135 (Die Spalte A wurde proportional ergänzt. Die Spalte B 9 wurde um 12000 Arbeitskräfte der staatlichen Baubetriebe ergänzt.).

Für das Jahr 1882:

Preußische Statistik, 1884: 174—175.

Für das Jahr 1895:

Preußische Statistik, 1898: 116.

Für das Jahr 1907:

Statistik des Deutschen Reiches, 1909: 252—254.

# Anlage Nr. 17

*Tabelle IV*

*Die Struktur der männlichen und weiblichen Berufstätigen im Regierungsbezirk Magdeburg nach den Berufszählungen von 1882, 1905 und 1907*

| Berufsgruppen | 1882 | | 1895 | | 1907 | |
|---|---|---|---|---|---|---|
| | männl. | weibl. | männl. | weibl. | männl. | weibl. |
| A. Bodennutzung und Tierzucht | 113732 | 46387 | 114155 | 60539 | 108656 | 102551 |
| B. Industrie und Gewerbe | | | | | | |
| 1. Bergbau, Verhüttg. Salz, Torf | 6753 | 73 | 9672 | 148 | 14511 | 323 |
| 2. Steine und Erden | 9123 | 279 | 11418 | 387 | 14261 | 794 |
| 3. Metallverarbeitg. Apparatebau | 19289 | 237 | 30005 | 291 | 44713 | 660 |
| 4. Chemie, Leuchtstoffe, Harze | 2738 | 132 | 4484 | 414 | 5631 | 833 |
| 5. Textil | 4163 | 1388 | 2293 | 1354 | 1879 | 2223 |
| 6. Papier und Leder | 3597 | 380 | 4995 | 583 | 5962 | 1487 |
| 7. Nahrungs- und Genußmittel | 16825 | 1785 | 21700 | 3071 | 24477 | 5784 |
| 8. Bekleidung und Reinigung | 19244 | 11789 | 20007 | 13720 | 18791 | 15999 |
| 9. Bau und Holz | 37788 | 266 | 45710 | 274 | 50568 | 538 |
| 10. Kunstgewerbe, Polygraphie | 1345 | 97 | 2275 | 213 | 3554 | 642 |
| 11. Sonstige Gewerbe | 2705 | 691 | 263 | 31 | 311 | 60 |
| Summe | 123570 | 17117 | 152822 | 20486 | 184658 | 29343 |
| Summe A und B | 237302 | 63504 | 266977 | 81025 | 293314 | 131894 |

*Anlage 17 wurde angefertigt nach:*

Für das Jahr 1882:

Preußische Statistik, 1884: 174—175.

Für das Jahr 1895:

Statistik des Deutschen Reiches, 1899: 60—63, Übersicht 9.

Für das Jahr 1907:

Statistik des Deutschen Reiches, 1909: 252—254.

# Anlage Nr. 18

*Tabelle V*

*Die landwirtschaftliche Nebenindustrie (1. Verarbeitungsstufe) im Regierungsbezirk Magdeburg von 1846 bis 1907*

| Jahre | Getreidemüllerei | | Rübenzucker-industrie | | Zichorien- und Kaffee-surrogatfabrikation | | Brauerei und Mälzerei | | Brennerei | | Tabakfabrikation | |
|---|---|---|---|---|---|---|---|---|---|---|---|---|
| | Betriebe | Berufs-tätige | Betriebe | Berufs-tätige | Betriebe | Berufs-tätige | Betriebe | Berufs-tätige | Betriebe | Berufs-tätige | Betriebe | Berufs-tätige |
| 1846 | 1648 | 3245 | 34 | 4656 | 32 | 1771 | 394 | 596 | 258 | 790 | 42 | 974 |
| 1849 | 1812 | 3179 | 57 | 9765 | — | — | 366 | 566 | 272 | 901 | 38 | 1165 |
| 1852 | 1855 | 3289 | 72 | 11208 | 68 | 2039 | 375 | 607 | 245 | 886 | 39 | 1550 |
| 1855 | 1886 | 3425 | 78 | 11635 | 85 | 2519 | 322 | 515 | 225 | 880 | 39 | 1467 |
| 1858 | 1924 | 3518 | 82 | 14398 | — | — | — | — | — | — | 45 | 1670 |
| 1875 | 1777 | 3593 | 95 | 15908 | 103 | 2147 | 218 | 1197 | 197 | 1304 | 177 | 2639 |
| 1882 | 1664 | 3393 | 93 | 14725 | 92 | 2055 | 213 | 1288 | 192 | 1024 | 218 | 2573 |
| 1895 | 1461 | 3159 | 77 | 14038 | 42 | 1104 | 203 | 2173 | 146 | 876 | 351 | 2070 |
| 1907 | 1433 | 3034 | | | 89 | 1459 | 182 | 2696 | 156 | 737 | 420 | 1969 |

*Anlage 18 wurde angefertigt nach:*

Für die Jahre 1846 bis 1895:

Zander, 1934: 209–214.

Für das Jahr 1907:

Statistik des Deutschen Reiches, 1919: 238ff.

# Anlage Nr. 19

*Tabelle VI*

*Die Struktur der Berufstätigen im Kreis Calbe nach den Erhebungen von 1849, 1864, 1867, 1882, 1895 und 1907*

| Berufsgruppen | 1849 Berufs-tätige | 1864 Berufs-tätige | 1867 Berufs-tätige | 1875 Berufs-tätige | 1882 Berufs-tätige | 1895 Berufs-tätige | 1907 Berufs-tätige |
|---|---|---|---|---|---|---|---|
| A. Bodennutzung und Tierzucht | 6995 | 7060 | 7965 | 9510 | 11411 | 12049 | 13313 |
| B. Industrie und Gewerbe | | | | | | | |
| 1. Bergbau, Verhüttung, Salz, Torf | 620 | — | 1234 | 2194 | 3264 | 3304 | 3062 |
| 2. Steine und Erden | 224 | — | — | 417 | 847 | 1112 | 1854 |
| 3. Metallverarbeitung, Apparatebau | 485 | — | — | 960 | 1355 | 1943 | 4035 |
| 4. Chemie, Leuchtstoffe, Harze | 242 | — | — | 1203 | 1493 | 2180 | 2702 |
| 5. Textil | 1486 | — | — | 698 | 601 | 802 | 858 |
| 6. Papier und Leder | 207 | — | — | 186 | 323 | 448 | 531 |
| 7. Nahrungs- und Genußmittel | 2989 | — | — | 3752 | 3014 | 3191 | 2979 |
| 8. Bekleidung und Reinigung | 1549 | — | — | 1858 | 2286 | 2215 | 1956 |
| 9. Bau und Holz | 1385 | — | — | 2625 | 3188 | 3636 | 4090 |
| 10. Kunstgewerbe, Polygraphie | 24 | — | — | 50 | 88 | 132 | 177 |
| 11. Sonstige Gewerbe | — | — | — | — | 373 | 3 | 54 |
| Summe | 9211 | 10995 | 11839 | 13943 | 16832 | 18966 | 22298 |
| C. Handel und Verkehr | | | | | | | |
| 1. Handel und Kredit | 926 | 1074 | 783 | 1153 | 1556 | 2297 | 2635 |
| 2. Versicherung | — | — | — | — | 8 | 16 | 51 |
| 3. Verkehr | 819 | 1392 | 1308 | 1528 | 1733 | 1324 | 1965 |
| 4. Beherbergung, Gaststätten | 218 | — | 272 | 302 | 505 | 769 | 905 |
| Summe | 1963 | 2466 | 2363 | 2983 | 3802 | 4406 | 5556 |
| D. Hausdienst, wechselnde Lohnarbeit | 520 | 592 | 562 | 672 | 882 | 735 | 742 |
| E. Heer, Verwaltung, freie Berufe | 966 | 1504 | 1023 | 1125 | 1245 | 1609 | 1725 |
| F. Ohne Beruf | 846 | 1749 | 1868 | 2188 | 2525 | 4491 | 6990 |
| Summe | 20501 | 24366 | 25620 | 30421 | 36697 | 42256 | 50624 |
| Personal im Haushalt | | | | | 1983 | | |
| Angehörige | 32915 | 46665 | 46240 | 48399 | 51277 | 60628 | 59105 |

*Anlage 19 wurde angefertigt nach:*

Für das Jahr 1849:

Tabellen und amtliche Nachrichten ..., 1851a: 161, 167; Tabellen und amtliche Nachrichten..., 1851b: 486—499, 597—598; Tabellen und amtliche Nachrichten ..., 1854: 442—485; Tabellen und amtliche Nachrichten, 1855a: 548—597 (Für die Landwirtschaft wurden einschließlich Frauen und Kinder 9899 Personen plus 20 Berufstätige des Gartenbaus angegeben. Diese Zahl wurde auf nur 6995 verringert, weil eine stärkere Verringerung im Widerspruch zur Zahl der Betriebe und der extra genannten Tagelöhner, Knechte und Mägde gestanden hätte. Die Spalte B 1 wurde proportional zu 1867 ergänzt, B 7 und B 8 um die anscheinend fehlenden Hilfsarbeiter ergänzt. Da bei C bis E die Hilfskräfte nicht erfaßt waren, wurden sie proportional zugeschlagen. Da 1849 noch nicht die Almosenempfänger erfaßt wurden, wurde die Spalte F proportional erhöht. Die angegebenen 6939 Tagelöhner, Holzhauer, Chaussee- und Eisenbahnarbeiter und die 2161 Knechte und Mägde wurden offensichtlich nur gesondert von der Statistik erfaßt, um ihre Anzahl zu wissen. Sie sind zum größeren Teil bereits bei den einzelnen Berufsgruppen erfaßt. Eine Hinzuzählung zu den unter A und B genannten Berufsgruppen hätte die Gesamtzahl der Berufstätigen unzulässig erhöht.).

Für das Jahr 1864:

Preußische Statistik, 1867: 160 (Die Anzahl der Berufstätigen in Industrie und Gewerbe, B 1—11, war mit 14995 eindeutig zu hoch angegeben. Sie wurde um 4000 gekürzt.) Für die Berufsabteilung B fehlt jede weitere Untergliederung.

Für das Jahr 1867:

Preußische Statistik, 1871: 70—73 (Unter D waren mit 4341 Berufstätige auch Handarbeiter, Tagelöhner und im Haushalt arbeitende Berufstätige erfaßt. Diese Zahl wurde auf 562 verringert und der Rest auf A und B verteilt, so daß der größere Teil zu B geschlagen wurde.) Für die Berufsabteilung B fehlt jede weitere Untergliederung.

Für das Jahr 1875:

Preußische Statistik, 1878: 446—447 (Die Spalten A und D bis F wurden proportional ergänzt. Für C 2 fehlten die Berufstätigen von Bahn und Post. Sie wurden mit 1000 den angegebenen 528 im Verkehrsgewerbe Tätigen zugeschlagen. Da die staatlichen Baubetriebe fehlten, wurde die Spalte B 9 um 900 Berufstätige erhöht.).

Für das Jahr 1882:

Preußische Statistik, 1884: 323—325; Preußische Statistik, 1886: 226, Angaben über die Berufstätigen in der Gruppe 7.

Für das Jahr 1895:

Statistik des Deutschen Reiches, 1897: 175—179; Statistik des Deutschen Reiches, 1898a: 182, Angaben über die Berufstätigen in der Gruppe 7.

Für das Jahr 1907:

Statistik des Deutschen Reiches, 1910: 195—200; Statistik des Deutschen Reiches, 1919: 245 Angaben über die Berufstätigen in der Gruppe 7. Rückgang der Gruppe 7 gegenüber 1895 nu bedingt durch den Wechsel in den Berechnungsmethoden.

## Anlage Nr. 20

*Tabelle VII*

*Die Struktur der Berufstätigen im Kreis Neuhaldensleben nach den Erhebungen von 1838, 1849, 1861, 1864, 1867, 1875, 1882, 1895 und 1907*

| Berufsgruppen | 1838 Berufstätige | 1849 Berufstätige | 1861 Berufstätige | 1864 Berufstätige | 1867 Berufstätige | 1875 Berufstätige | 1882 Berufstätige | 1895 Berufstätige | 1907 Berufstätige |
|---|---|---|---|---|---|---|---|---|---|
| A. Tierzucht und Bodennutzung | — | 9078 | 9409 | 9709 | 10051 | 11075 | 12103 | 13407 | 14449 |
| B. Industrie und Gewerbe | | | | | | | | | |
| 1. Bergbau, Verhüttung, Salz, Torf | — | 186 | 236 | — | 375 | 679 | 628 | 966 | 2019 |
| 2. Steine und Erden | — | 453 | 606 | — | — | 912 | 1405 | 2049 | 2593 |
| 3. Metallverarbeitung, Apparatebau | 166 | 378 | 535 | — | — | 605 | 705 | 881 | 966 |
| 4. Chemie, Leuchtstoffe, Harze | 3 | 11 | 5 | — | — | 15 | 20 | 35 | 114 |
| 5. Textil | 476 | 485 | 416 | — | — | 463 | 323 | 126 | 40 |
| 6. Papier und Leder | 40 | 97 | 91 | — | — | 91 | 143 | 187 | 169 |
| 7. Nahrungs- und Genußmittel | 126 | 984 | 1703 | — | — | 2035 | 2178 | 2546 | 2045 |
| 8. Bekleidung und Reinigung | 592 | 735 | 1043 | — | — | 1393 | 1741 | 1781 | 1647 |
| 9. Bau und Holz | 578 | 1124 | 1402 | — | — | 1727 | 2277 | 2304 | 2629 |
| 10. Kunstgewerbe, Polygraphie | 7 | 35 | 29 | — | — | 41 | 46 | 37 | 45 |
| 11. Sonstige Gewerbe | — | — | — | — | — | — | 139 | 11 | 45 |
| Summe | — | 4488 | 6066 | 5644 | 5881 | 7961 | 9605 | 10923 | 12312 |
| C. Handel und Verkehr | | | | | | | | | |
| 1. Handel und Kredit | — | 644 | 613 | 558 | 419 | 581 | 685 | 906 | 1152 |
| 2. Versicherung | — | — | — | — | — | — | 3 | 13 | 11 |
| 3. Verkehr | — | 89 | 159 | 198 | 210 | 256 | 307 | 482 | 653 |
| 4. Beherbergung und Gaststätten | — | 185 | 191 | 196 | 200 | 143 | 223 | 463 | 470 |
| Summe | — | 918 | 963 | 952 | 829 | 980 | 1218 | 1864 | 2286 |
| D. Hausdienst, wechselnde Lohnarbeit | — | 376 | 336 | 336 | 313 | 262 | 217 | 367 | 232 |
| E. Heer, Verwaltung, freie Berufe | — | 651 | 728 | 879 | 698 | 637 | 579 | 809 | 910 |
| F. Ohne Beruf | — | 587 | 1073 | 1073 | 732 | 812 | 905 | 2393 | 2974 |
| Summe | — | 16098 | 18575 | 18593 | 18504 | 21727 | 24627 | 29793 | 33163 |
| Personal im Haushalt | | | | | | | 1532 | | |
| Angehörige | | 25873 | 27943 | 29634 | 30497 | 29419 | 31123 | 33264 | 35413 |

*Anlage 20 wurde angefertigt nach:*

Für das Jahr 1838:

STAM, Rep. C 30 Neuhaldensleben, Nr. 229: 13–14.

Für das Jahr 1849:

Tabellen und amtliche Nachrichten ..., 1851a: 161, 167; Tabellen und amtliche Nachrichten ..., 1851b: 486–499, 557–558; Tabellen und amtliche Nachrichten ..., 1854: 442–485; Tabellen und amtliche Nachrichten, 1855a: 548–597 (Die Spalte A wurde um 30 Prozent gesenkt, da die Angehörigen in der Ausgangssumme enthalten waren. B 1 wurde proportional ergänzt, da der Bergbau 1849 noch nicht erfaßt wurde. Bei B 2 und B 8 fehlten offenbar die Hilfsarbeiter, die proportional ergänzt wurden. Das gleiche traf auf C bis E zu. Bei F fehlten die Almosenempfänger, die proportional ergänzt wurden.).

Für das Jahr 1861:

Übersicht über die statistischen Verhältnisse des Kreises Neuhaldensleben, 1864: 81–121 (Die Spalte A war offensichtlich überhöht. Es wurden 1000 Berufstätige subtrahiert. B 1 wurde proportional ergänzt. B 5 fehlten die Hilfsarbeiter, die mit 200 angenommen wurden. Bei C bis F fehlten das Personal im Haushalt und die Hilfskräfte, die proportional ergänzt wurden, bei C 3 die Berufstätigen von Bahn und Post. Unter D waren 4817 Tagelöhner, Hilfsarbeiter, Chaussee- und Eisenbahnarbeiter erfaßt, die offensichtlich zum größten Teil schon einmal bei A und B erfaßt worden waren, denn eine Zurechnung zu A oder B hätte einen unerklärlich hohen Anteil an Berufstätigen ergeben. Das gleiche traf auch auf 1849 zu. Es waren 4776 Tagelöhner usw. und 3201 Knechte und Mägde extra angegeben.).

Für das Jahr 1864:

Preußische Statistik, 1867: 160 (Die Spalte A wurde um 700 Berufstätige gemindert, weil das besser zu 1861 und 1867 paßte. Überdies waren 1861 und 1864 10409 Berufstätige angegeben, was offensichtlich nur eine Übernahme der für 1861 ermittelten Summe war. Als Berufstätige in Industrie und Gewerbe waren 10644 angegeben, was offensichtlich ganz erheblich überhöht war. Diese Zahl wurde um 5000 reduziert. Die Spalte C 4 wurde proportional ergänzt.). Für die Berufsabteilung B fehlt jede weitere Untergliederung.

Für das Jahr 1867:

Preußische Statistik, 1871: 70–73 (Unter D waren Tagelöhner, Hilfsarbeiter usw. erfaßt. Diese 1313 Berufstätigen wurden auf B und C 3 aufgeteilt. Zu B wurden 1000 zugeschlagen.) Für die Berufsabteilung B fehlt jede weitere Untergliederung.

Für das Jahr 1875:

Preußische Statistik, 1878: 446–447 (Spalte A und D bis F wurden proportional ergänzt. Bei C 3 wurden die Berufstätigen von Bahn und Post proportional ergänzt. Bei B 9 wurden die Berufstätigen der fehlenden staatlichen Baubetriebe mit 700 ergänzt.).

Für das Jahr 1882:

Preußische Statistik, 1884: 323–325; Preußische Statistik, 1886: 230, Angaben über die Berufstätigen der Gruppe 7.

Für das Jahr 1895:

Statistik des Deutschen Reiches, 1897: 175—179; Statistik des Deutschen Reiches, 1898a: 186, Angaben über die Berufstätigen der Gruppe 7.

Für das Jahr 1907:

Statistik des Deutschen Reiches, 1910: 195—200; Statistik des Deutschen Reiches, 1919: 249, Angaben über die Berufstätigen der Gruppe 7. Rückgang der Gruppe 7 gegenüber 1895 war bedingt durch den Wechsel in den Berechnungsmethoden.

# Anlage Nr. 21

*Tabelle VIII*

*Die Struktur der Berufstätigen im Kreis Wanzleben nach den Erhebungen von 1849, 1861, 1864, 1867, 1875, 1882, 1895 und 1907*

| Berufsgruppen | 1849 Berufs-tätige | 1861 Berufs-tätige | 1864 Berufs-tätige | 1867 Berufs-tätige | 1875 Berufs-tätige | 1882 Berufs-tätige | 1895 Berufs-tätige | 1907 Berufs-tätige |
|---|---|---|---|---|---|---|---|---|
| A. Bodennutzung und Tierzucht | 8526 | 10826 | 11365 | 12496 | 14996 | 17491 | 16719 | 17109 |
| B. Industrie und Gewerbe | | | | | | | | |
| 1. Bergbau, Verhüttung, Salz, Torf | 165 | 273 | — | 331 | 818 | 880 | 1112 | 1545 |
| 2. Steine und Erden | 243 | 383 | — | — | 369 | 660 | 503 | 672 |
| 3. Metallverarbeitung, Apparatebau | 839 | 535 | — | — | 647 | 1538 | 2474 | 5143 |
| 4. Chemie. Leuchtstoffe, Harze | 199 | 67 | — | — | 34 | 151 | 462 | 669 |
| 5. Textil | 552 | 216 | — | — | 217 | 169 | 73 | 144 |
| 6. Papier und Leder | 215 | 123 | — | — | 171 | 252 | 199 | 282 |
| 7. Nahrungs- und Genußmittel | 3077 | 5223 | — | — | 5675 | 5270 | 3873 | 2419 |
| 8. Bekleidung und Reinigung | 883 | 996 | — | — | 1444 | 1714 | 1551 | 1416 |
| 9. Bau und Holz | 1263 | 1680 | — | — | 2002 | 3416 | 3646 | 4025 |
| 10. Kunstgewerbe, Polygraphie | 11 | 5 | — | — | 9 | 15 | 72 | 142 |
| 11. Sonstige Gewerbe | — | — | — | — | — | 856 | 154 | — |
| Summe | 7447 | 9501 | 9393 | 9291 | 11386 | 14921 | 14119 | 16457 |
| C. Handel und Verkehr | | | | | | | | |
| 1. Handel und Kredit | 624 | 465 | 654 | 467 | 770 | 962 | 1237 | 1458 |
| 2. Versicherung | — | — | — | — | — | 6 | 13 | 45 |
| 3. Verkehr | 124 | 226 | 348 | 295 | 332 | 399 | 548 | 912 |
| 4. Beherbergung, Gaststätten | 179 | 176 | 200 | 213 | 233 | 320 | 542 | 324 |
| Summe | 927 | 867 | 1202 | 975 | 1335 | 1687 | 2340 | 2739 |
| D. Hausdienst, wechselnde Lohnarbeit | 414 | 602 | 685 | 576 | 581 | 587 | 273 | 301 |
| E. Heer, Verwaltung, freie Berufe | 489 | 463 | 1281 | 694 | 765 | 836 | 975 | 1054 |
| F. Ohne Beruf | 628 | 1129 | 1256 | 1255 | 1099 | 945 | 1971 | 3505 |
| Summe | 18431 | 23388 | 25182 | 25287 | 30162 | 36467 | 36397 | 41165 |
| Personal im Haushalt | | | | | | 1460 | | |
| Angehörige | 28814 | 35424 | 36471 | 38072 | 38871 | 37868 | 43735 | 48321 |

*Anlage 21 wurde angefertigt nach:*

Für das Jahr 1849:

Tabellen und amtliche Nachrichten ..., 1851a: 161, 167; Tabellen und amtliche Nachrichten ..., 1851b: 486—499, 597—598; Tabellen und amtliche Nachrichten ..., 1854: 442—485; Tabellen und amtliche Nachrichten ..., 1855a: 548—597 (Die Spalte A wurde um 30 Prozent gesenkt, da die Angehörigen in der Ausgangssumme enthalten waren. B 1 wurde proportional ergänzt. Bei C 3, D und E fehlten offenbar die Hilfskräfte, die proportional ergänzt wurden. Bei F fehlten die Almosenempfänger, die proportional ergänzt wurden. Die angegebenen 8686 Tagelöhner, Holzhauer, Chausseearbeiter, Näherinnen und Wäscherinnen sowie 2926 Knechte und Mägde waren offenbar eine nochmalige Aufrechnung der bereits bei einzelnen Berufsgruppen erfaßten Berufstätigen. Ihre gesonderte Hinzuzählung zu den Spalten A und B hätte das Gesamtergebnis unbrauchbar gemacht.).

Für das Jahr 1861:

Statistik des Kreises Wanzleben ..., 1867: 47—53, 57, 73, 77, 86, 97 (Die Spalten A und B 1 sowie F wurden proportional ergänzt. Da Bahn und Post nicht erfaßt sind, wurde C 3 um 100 Berufstätige erhöht.).

Für das Jahr 1864:

Preußische Statistik, 1867: 160 (Als Berufstätige in Industrie und Gewerbe wurden 19593 angegeben. In „Statistik des Kreises Wanzleben, 1864" waren 14018 genannt. Beide Zahlen waren viel zu hoch. Möglicherweise enthielten sie auch die Nebenerwerbstätigen. Es wurde deshalb eine proportional verringerte Zahl verwandt. Die Summe von C wurde neu aufgeschlüsselt auf C 1 bis 4.). Für die Berufsabteilung B fehlt jede weitere Untergliederung.

Für das Jahr 1867:

Preußische Statistik, 1871: 70—73 (Die Spalte A war offensichtlich zu niedrig angegeben. Sie wurde um 2000 Berufstätige erhöht. Da in der Spalte D auch die Handarbeiter usw. miterfaßt und die Summe von B mit 8291 offensichtlich zu niedrig angegeben ist, wurden von D 1000 auf B übertragen.). Für die Berufsabteilung B fehlt jede weitere Untergliederung.

Für das Jahr 1875:

Preußische Statistik, 1878: 446—447 (Die Spalten A und D bis F wurden proportional ergänzt. Bei Spalte C 3 fehlten die Berufstätigen von Bahn und Post, die proportional ergänzt wurden. Spalte B 9 wurde wegen der fehlenden staatlichen Baubetriebe um 1000 ergänzt. Die Spalte C 4 war offensichtlich zu niedrig erfaßt. Sie wurde um 100 erhöht.).

Für das Jahr 1882:

Preußische Statistik, 1884: 323—35; Preußische Statistik, 1886: 227, Angaben über die Berufstätigen der Gruppe 7.

Für das Jahr 1895:

Statistik des Deutschen Reiches, 1897: 175—179; Statistik des Deutschen Reiches, 1898a: 183, Angaben über die Berufstätigen der Gruppe 7.

Für das Jahr 1907:

Statistik des Deutschen Reiches, 1910: 195—200. Die Angaben über die Berufstätigen der Gruppe 7 schwankten zwischen der Berufs- und Gewerbezählung nur um 52 (2471 Gewerbezählung).

# Anlage Nr. 22

*Tabelle IX*

***Die Struktur der Berufstätigen im Kreis Wolmirstedt nach den Erhebungen von 1849, 1861, 1864, 1867, 1875, 1882, 1895 und 1907***

| Berufsgruppen | 1849 Berufs-tätige | 1861 Berufs-tätige | 1864 Berufs-tätige | 1867 Berufs-tätige | 1875 Berufs-tätige | 1882 Berufs-tätige | 1895 Berufs-tätige | 1907 Berufs-tätige |
|---|---|---|---|---|---|---|---|---|
| A. Bodennutzung und Tierzucht | 10506 | 10530 | 10534 | 9970 | 10450 | 11045 | 11836 | 14021 |
| B. Industrie und Gewerbe | | | | | | | | |
| 1. Bergbau, Verhüttung, Salz, Torf | 11 | 65 | | 81 | 1 | 27 | 28 | 116 |
| 2. Steine und Erden | 103 | 215 | | | 156 | 442 | 525 | 723 |
| 3. Metallverarbeitung und Apparatebau | 306 | 320 | | | 396 | 588 | 755 | 1195 |
| 4. Chemie, Leuchtstoffe, Harze | 5 | 3 | | | 30 | 16 | 27 | 53 |
| 5. Textil | 608 | 614 | | | 583 | 464 | 301 | 261 |
| 6. Papier und Leder | 75 | 67 | | | 106 | 174 | 292 | 335 |
| 7. Nahrungs- und Genußmittel | 2480 | 2270 | | | 2612 | 2289 | 2371 | 1835 |
| 8. Bekleidung und Reinigung | 704 | 630 | | | 948 | 1203 | 1096 | 914 |
| 9. Bau und Holz | 787 | 1041 | | | 1640 | 2112 | 2306 | 2984 |
| 10. Kunstgewerbe, Polygraphie | 4 | 7 | | | 8 | 10 | 14 | 16 |
| 11. Sonstige Gewerbe | — | — | | | — | 175 | 1 | 9 |
| Summe | 5083 | 5232 | 5290 | 5260 | 6480 | 7500 | 7716 | 8441 |
| C. Handel und Verkehr | | | | | | | | |
| 1. Handel und Kredit | 364 | 482 | 516 | 513 | 607 | 725 | 818 | 1053 |
| 2. Versicherung | — | — | — | — | — | 2 | 3 | 17 |
| 3. Verkehr | 61 | 111 | 326 | 359 | 459 | 575 | 429 | 503 |
| 4. Beherbergung, Gaststätten | 121 | 154 | 161 | 169 | 122 | 187 | 320 | 316 |
| Summe | 546 | 747 | 1003 | 1041 | 1188 | 1489 | 1570 | 1889 |
| D. Hausdienst, wechselnde Lohnarbeit | 232 | 251 | 256 | 248 | 238 | 228 | 133 | 155 |
| E. Heer, Verwaltung, freie Berufe | 490 | 646 | 692 | 393 | 398 | 404 | 548 | 608 |
| F. Ohne Beruf | 452 | 812 | 904 | 752 | 772 | 793 | 1388 | 2826 |
| Summe | 17309 | 18218 | 18679 | 17664 | 19526 | 21459 | 23191 | 27940 |
| Personal im Haushalt | | | | | | 1353 | | |
| Angehörige | 23053 | 28272 | 29260 | 30399 | 29741 | 29365 | 29224 | 25004 |

*Anlage 22 wurde angefertigt nach:*

Für das Jahr 1849:

Tabellen und amtliche Nachrichten ..., 1851a: 161, 167; Tabellen und amtliche Nachrichten ..., 1851b: 486—499, 597—598; Tabellen und amtliche Nachrichten ..., 1854; 442—485; Tabellen und amtliche Nachrichten ..., 1855a: 548—597 (Die Spalte A wurde um 30 Prozent gesenkt, da die Angehörigen in der Ausgangssumme enthalten waren. Die Spalte B 1 wurde proportional ergänzt. Für die Spalte B 7 wurden 2980 Berufstätige ermittelt. Das erschien im Hinblick auf die Gesamtzahl der Berufstätigen der Spalten B 1—11 zu hoch, weshalb die genannte Zahl um 500 gekürzt wurde. Die Spalte F enthielt nicht die Almosenempfänger. Sie wurde proportional ergänzt. Die angegebenen 6423 Tagelöhner, Holzhauer, Chaussee- und Eisenbahnarbeiter, Näherinnen und Wäscherinnen sowie die 3139 Knechte und Mägde wurden weggelassen. Das waren offensichtlich Doppelzählungen zu statistischen Zwecken, deren Berücksichtigung das Gesamtergebnis unbrauchbar gemacht hätte.).

Für das Jahr 1861:

AdW der DDR, IWG, Statistische Darstellung des Kreises Wolmirstedt pro 1862 bis 1864: 48—54. (Die Spalten A und B 1 wurden proportional ergänzt. Für die Spalte B 3 wurden nur 120 Berufstätige angegeben. Dieselben wuden auf 320 erhöht. Die Spalte C 1 war mit 882 Berufstätigen offensichtlich überhöht. Sie wurden um 400 reduziert. Die Spalten D bis F wurden proportional ergänzt.).

Für das Jahr 1864:

Preußische Statistik, 1867: 160 (Offensichtlich war bei 10440 angegebenen Berufstätigen für Industrie und Gewerbe die Zahl der Nebenberufstätigen mit erfaßt. Diese Zahl wurde um 5150 reduziert. Die Spalte C 4 wurde proportional ergänzt.). Für die Berufsabteilung B fehlt jede weitere Untergliederung.

Für das Jahr 1867:

Preußische Statistik, 1871: 70—73 (Die Spalte D enthielt Hilfsarbeiter, Knechte und Mägde. Sie wurde um 1200 Berufstätige reduziert, wovon 100 der Spalte A und 1100 der Summe von Spalte B zugeschlagen wurden.). Für die Berufsabteilung B fehlt jede weitere Untergliederung.

Für das Jahr 1875:

Preußische Statistik, 1878: 446—447 (Die Spalten A und D bis F wurden proportional ergänzt. Die Spalte C 3 wurde um die Berufstätigen von Bahn und Post proportional ergänzt. Die Spalte B 9 wurde um 1000 Arbeitskräfte ergänzt, da die staatlichen Baubetriebe fehlten.).

Für das Jahr 1882:

Preußische Statistik, 1884: 323—325; Preußische Statistik, 1886: 229, Angaben über die Berufstätigen der Gruppe 7.

Für das Jahr 1895:

Statistik des Deutschen Reiches, 1897: 175—179. Additionssumme aller Berufstätigen des Kreises und sämtliche Prozentwerte sind falsch; Statistik des Deutschen Reiches, 1898a: 185, Angaben über die Berufstätigen der Gruppe 7.

Für das Jahr 1907:

Statistik des Deutschen Reiches, 1910: 195—200; Statistik des Deutschen Reiches, 1919: 248. Durch den Wechsel der Berechnungsmethoden lagen die Berufstätigen der Gruppe 7 1907 niedriger als 1895.

# Anlage Nr. 23

*Tabelle X*

***Die Zahl und die Fläche der spannfähigen Bauernwirtschaften, nichtspannfähigen Kleinstellen und der Rittergüter nach den Erhebungen von 1816, 1859, 1865 und 1867 im Regierungsbezirk Magdeburg und in den vier Börde-Kreisen***

| Regierungsbezirk Kreise | Bauernwirtschaften | | | | Kleinstellen | | | Rittergüter | | | Summe aller Betriebe | | |
|---|---|---|---|---|---|---|---|---|---|---|---|---|---|
| | 1816 | 1859 | 1865 | 1867 | 1859 | 1865 | 1867 | 1860 | 1865 | 1867 | 1859 | 1865 | 1867 |
| a) Zahl | | | | | | | | | | | | | |
| Reg.bez. Magdeburg | 15272 | 14030 | 14560 | 14458 | 31198 | 38147 | 39241 | 351 | 356 | 356 | 45579 | 53063 | 54055 |
| Calbe | 497 | 454 | 782 | 774 | 1760 | 3745 | 3871 | 7 | 13 | 13 | 2221 | 4540 | 4658 |
| Neuhaldensleben | 1160 | 1037 | 1065 | 1056 | 2164 | 2497 | 2544 | 24 | 29 | 29 | 3225 | 3591 | 3629 |
| Wanzleben | 588 | 568 | 479 | 482 | 3015 | 4099 | 4282 | 21 | 18 | 19 | 3604 | 4596 | 4783 |
| Wolmirstedt | 1084 | 1053 | 1118 | 1115 | 2305 | 2985 | 3104 | 9 | 9 | 9 | 3367 | 4112 | 4228 |
| b) Fläche in ha | | | | | | | | | | | | | |
| Reg.bez. Magdeburg | 497337 | 502382 | — | — | 61943 | — | — | 177226 | — | — | 741551 | — | — |
| Calbe | 16369 | 14899 | — | — | 4574 | — | — | 2550 | — | — | 22023 | — | — |
| Neuhaldensleben | 22850 | 25569 | — | — | 1362 | — | — | 14688 | — | — | 41619 | — | — |
| Wanzleben | 22539 | 22663 | — | — | 6393 | — | — | 7943 | — | — | 36999 | — | — |
| Wolmirstedt | 28752 | 32500 | — | — | 3375 | — | — | 6084 | — | — | 41959 | — | — |

*Anlage 23 wurde angefertigt nach:*

Für 1816 und 1859:
Zeitschrift des Königlich ... Bureaus, 1865: 20—21 (Die Fläche der Kleinstellen weist Ungenauigkeiten durch die noch nicht durchgängig erfolgte Vermessung auf. Die Angaben zur Fläche der Kleinstellen in Wolmirstedt und Neuhaldensleben waren offensichtlich vertauscht, was berichtigt wurde); ZSTA, Rep. 87 B, Nr. 10822: 136, 139—248, 155; Jahrbuch für die amtliche Statistik ..., 1863: 128.

Für 1865 und 1867:
Zeitschrift des Königlich ... Bureaus, 1871: 134—137.

## Anlage Nr. 24

*Tabelle XI*

***Die Zahl und die Fläche der Rittergüter, Domänen, Land- und Bauerngüter, städtischen Kämmereigüter und der kleinen städtischen und ländlichen Besitzungen nach der Erhebung von 1855 im Regierungsbezirk Magdeburg und in den vier Börde-Kreisen in Hektar***

| Regierungsbezirk | Rittergüter | | Domänen | | Land- und Bauerngüter | | Städtische Kämmerei-güter | | Kleinere Be-sitzungen in der Stadtflur | | Kleinere ländliche Besitzungen | | Fläche/ Zahl aller Betriebe |
|---|---|---|---|---|---|---|---|---|---|---|---|---|---|
| | Betr.-fläche | davon Wald | Betr.-fläche | davon Wald | Betr.-fläche | davon Wald | Betr.-fläche | davon Wald | Betr.-fläche | davon Wald | Betr.-fläche | davon Wald | |
| a) Fläche in ha | | | | | | | | | | | | | |
| Reg.bez. Magdeburg | 174798 | 60402 | 99634 | 64509 | 559678 | 51595 | 12902 | 5455 | 86078 | 3206 | 66867 | 4077 | 999957 |
| Calbe | 2063 | 10 | 10296 | 3787 | 17681 | 58 | 1149 | 23 | 9216 | 196 | 5587 | 29 | 45992 |
| Neuhaldensleben | 15170 | 7618 | 7107 | 4608 | 24058 | 1084 | 20 | 7 | 2071 | 303 | 1630 | — | 50056 |
| Wanzleben | 7062 | 544 | 5227 | 672 | 30229 | 307 | 186 | — | 5003 | — | 7274 | — | 54981 |
| Wolmirstedt | 5777 | 2134 | 16372 | 13027 | 34850 | 2571 | 31 | — | 295 | — | 3812 | — | 61137 |
| b) Zahl | | | | | | | | | | | | | |
| Reg.bez. Magdeburg | 371 | | 65 | | 14819 | | 1 | | 24724 | | 30562 | | 70542 |
| Calbe | 6 | | 7 | | 475 | | — | | 3277 | | 2995 | | 6760 |
| Neuhaldensleben | 23 | | 3 | | 1348 | | — | | 669 | | 1875 | | 3918 |
| Wanzleben | 20 | | 6 | | 846 | | — | | 1044 | | 3226 | | 5142 |
| Wolmirstedt | 9 | | 6 | | 1110 | | — | | 274 | | 2348 | | 3747 |

*Anlage 24 wurde angefertigt nach:*

STAM, Rep. C 20 Ib, Nr. 4021 I: 19–21.

# Anlage Nr. 25

*Tabelle XII*

*Die Eigentums-, Erbpacht- und Erbzinsgüter der Bauern im Regierungsbezirk Magdeburg und in den vier Börde-Kreisen nach der Erhebung von 1816*

| Regierungsbezirk Kreise | bis 3,75 ha | 3,75 bis 75 ha | über 75 ha | Summe aller Betriebe |
|---|---|---|---|---|
| Reg.bez. Magdeburg | 19257 | 17494 | 584 | 37335 |
| Calbe | 1572 | 945 | 26 | 2543 |
| Neuhaldensleben | 830 | 1098 | 30 | 1958 |
| Wanzleben | 1336 | 1180 | 59 | 2575 |
| Wolmirstedt | 533 | 1053 | 23 | 1609 |

*Anlage 25 wurde angefertigt nach:*

Krug/Mützell, 1825: 126, 170, 192, 214, 280, 302, 324, 394.

## Anlage Nr. 26

*Tabelle XIII*

*Die Zahl der ländlichen Besitzungen und deren Fläche nach Größenklassen nach der Erhebung von 1849 im Regierungsbezirk Magdeburg und in den vier Börde-Kreisen*

| Regierungsbezirk Kreise | bis 1,25 ha | 1,25 bis 7,5 ha | 7,5 bis 75 ha | 75 bis 150 ha | über 150 ha | Summe aller Betriebe | Acker- und Gartenl. | Grünland | Wald | Gesamt-fläche |
|---|---|---|---|---|---|---|---|---|---|---|
| Reg.bez. Magdeburg | 25532 | 16016 | 14460 | 539 | 399 | 56946 | 523171 | 176032 | 186081 | 885284 |
| Calbe | 2498 | 1204 | 570 | 21 | 18 | 4311 | 33218 | 5571 | 3680 | 42469 |
| Neuhaldensleben | 1405 | 965 | 768 | 15 | 24 | 3177 | 42814 | 4560 | 14261 | 61635 |
| Wanzleben | 1499 | 1097 | 743 | 44 | 28 | 3411 | 41023 | 6341 | 1446 | 48810 |
| Wolmirstedt | 1213 | 694 | 955 | 13 | 17 | 2892 | 32510 | 8031 | 14981 | 55522 |

*Anlage 26 wurde angefertigt nach:*

Tabellen und amtliche Nachrichten ..., 1854: 462–463, 484–485.

# Anlage Nr. 28

*Tabelle XV*

***Die Zahl und die landwirtschaftliche Nutzfläche der Landwirtschaftsbetriebe nach Betriebsgrößenklassen in den Jahren 1882, 1895 und 1907 im Regierungsbezirk Magdeburg und in den vier Börde-Kreisen***

| Regierungsbezirk Kreise | bis 2 ha | | | 2—5 ha | | | 5—20 ha | | | 20—100 ha | | | über 100 ha | | |
|---|---|---|---|---|---|---|---|---|---|---|---|---|---|---|---|
| | 1882 | 1895 | 1907 | 1882 | 1895 | 1907 | 1882 | 1895 | 1907 | 1882 | 1895 | 1907 | 1882 | 1895 | 1907 |
| a) Zahl | | | | | | | | | | | | | | | |
| Reg.bez. Magdeburg | 83200 | 89350 | 95354 | 13012 | 12877 | 11868 | 13583 | 14879 | 16700 | 7804 | 7831 | 7232 | 661 | 684 | 692 |
| Calbe | 8045 | 8789 | 8579 | 793 | 724 | 523 | 784 | 847 | 879 | 239 | 260 | 239 | 32 | 28 | 36 |
| Neuhaldensleben | 7077 | 7736 | 8719 | 709 | 675 | 585 | 823 | 725 | 672 | 254 | 364 | 365 | 52 | 58 | 71 |
| Wanzleben | 9427 | 10361 | 11450 | 808 | 705 | 564 | 687 | 677 | 675 | 141 | 185 | 184 | 55 | 55 | 58 |
| Wolmirstedt | 6980 | 7109 | 7321 | 879 | 777 | 717 | 866 | 899 | 906 | 345 | 379 | 370 | 38 | 40 | 45 |
| b) Fläche in ha | | | | | | | | | | | | | | | |
| Reg.bez. Magdeburg | 44385 | 45146 | 43374 | 42932 | 41832 | 39760 | 140788 | 149386 | 173330 | 292236 | 299867 | 289727 | 240249 | 239850 | 223773 |
| Calbe | 3807 | 3990 | 3668 | 2487 | 2274 | 1676 | 7957 | 7962 | 8762 | 8567 | 9897 | 9405 | 19737 | 18226 | 18037 |
| Neuhaldensleben | 3341 | 3368 | 3376 | 2298 | 2212 | 1697 | 8647 | 7727 | 7060 | 13024 | 14368 | 18944 | 19075 | 19859 | 19577 |
| Wanzleben | 4539 | 4596 | 4274 | 2612 | 2250 | 1800 | 6529 | 6600 | 7784 | 5105 | 7556 | 8645 | 35025 | 29410 | 28044 |
| Wolmirstedt | 4055 | 4017 | 3928 | 3797 | 2444 | 2337 | 11421 | 9323 | 9327 | 11138 | 13603 | 13625 | 14221 | 13649 | 13049 |

*Anlage 28 wurde angefertigt nach:*

Für das Jahr 1882:

Preußische Statistik, 1885a: 137—142 (Die Betriebsgrößengruppen wurden nach der von den Betrieben bewirtschafteten landwirtschaftlichen Nutzfläche gebildet. Das traf auch auf die folgenden landwirtschaftlichen Betriebszählungen von 1895 und 1907 zu.); Meitzen, 1901; Mendelson, 1913.

Für das Jahr 1895:

Preußische Statistik, 1902: 39, 219—229; Meitzen, 1901; Mendelson, 1913.

Für das Jahr 1907:

Statistik des Deutschen Reiches, Teil 2a, 1912: 335—336; Statistik des Deutschen Reiches, Teil 2b, 1912: 176—177; Meitzen, 1901; Mendelson, 1913: Tabellenanhang.

# Anlage Nr. 29

*Tabelle XVI*

*Die Summe aller landwirtschaftlichen Betriebe und die gesamte landwirtschaftliche Nutzfläche derselben nach den Betriebszählungen von 1882, 1895 und 1907 im Regierungsbezirk Magdeburg und in den vier Börde-Kreisen*

| Regierungsbezirk Kreise | Summe aller Betriebe | | | landwirtschaftl. Nutzfläche aller Betriebe | | |
|---|---|---|---|---|---|---|
| | 1882 | 1895 | 1907 | 1882 | 1895 | 1907 |
| Reg.bez. Magdeburg | 118260 | 125621 | 131846 | 760590 | 776081 | 769964 |
| Calbe | 9893 | 10648 | 10256 | 42555 | 42349 | 41548 |
| Neuhaldensleben | 8915 | 9558 | 10412 | 46385 | 47534 | 50654 |
| Wanzleben | 11118 | 11983 | 12931 | 53810 | 50412 | 50547 |
| Wolmirstedt | 9108 | 9204 | 9359 | 44632 | 43036 | 42266 |

*Anlage 29 wurde angefertigt nach:*

Für das Jahr 1882:
Preußische Statistik, 1885a: 137–142.

Für das Jahr 1895:
Preußische Statistik, 1902: 39, 219–229.

Für das Jahr 1907:
Statistik des Deutschen Reiches, Teil 2a, 1912: 335–336; Statistik des Deutschen Reiches, Teil 2b, 1912: 176–177.

## Anlage Nr. 30

*Tabelle XVII*

*Die Betriebsfläche der Landwirtschaftsbetriebe nach Betriebsgrößenklassen nach der Betriebszählung von 1895*

| Regierungsbezirk Kreise | bis 2 ha | 2 bis 5 ha | 5 bis 20 ha | 20 bis 100 ha | über 100 ha | Betriebsfl. aller Betriebe |
|---|---|---|---|---|---|---|
| a) Zahl der Betriebe | | | | | | |
| Reg.bez. Magdeburg | 57328 | 49824 | 186507 | 389809 | 307946 | 991414 |
| Calbe | 4170 | 2344 | 8165 | 10003 | 19109 | 43791 |
| Neuhaldensleben | 6590 | 2980 | 13843 | 15413 | 24116 | 62942 |
| Wanzleben | 4773 | 2319 | 6807 | 7626 | 29951 | 51476 |
| Wolmirstedt | 4359 | 2718 | 10511 | 21731 | 16019 | 55338 |
| b) prozentualer Anteil | | | | | | |
| Reg.bez. Magdeburg | 5,8 | 5,0 | 18,8 | 39,3 | 31,1 | 100 |
| Calbe | 9,5 | 5,4 | 18,7 | 22,8 | 43,6 | 100 |
| Neuhaldensleben | 10,5 | 4,7 | 22,0 | 24,5 | 38,3 | 100 |
| Wanzleben | 9,3 | 4,5 | 13,2 | 14,8 | 58,2 | 100 |
| Wolmirstedt | 7,9 | 4,9 | 19,0 | 39,3 | 28,9 | 100 |

*Anlage 30 wurde angefertigt nach:*

Preußische Statistik, 1902: 39, 219–229.

Hainer Plaul

# Historische Maße — Gewichte — Münzen
# Zusammenstellung und Umrechnungen

## MASSE

### *Längenmaße*

1 Zoll = 0,02615 m
1 Elle = 25,5 Zoll = 0,66694 m
1 (Werk-)Fuß = 12 Zoll = 0,31385 m
1 (Feld-)Fuß = 14,4 Zoll = 0,3767 m[1]
1 preußische Meile = 7532,485 m
1 deutsche Meile = 7500 m[2]

### *Flächenmaße*

1 Quadratrute = 14,1846 $m^2$
1 Morgen = 180 Quadratruten = 2553,225 $m^2$ [3]
1 Hufe (Magdeburg) = 30 Morgen = 5400 Quadratruten = 76596,75 $m^2$

### *Raummaße*

1 Metze = 3,435 l
1 Scheffel = 16 Metzen = 54,9615 l
1 Wispel = 24 Scheffel = 384 Metzen = 1319,0 l [4]
1 Tonne (Kohle, Salz, Kalk usw.) = 4 Scheffel = 219,846 l
1 Fuder (Wein, Branntwein) = 824,422 l
1 Fuder (Holz) = 1/3 bis 1 Klafter [5]
1 Himten (Hannover) = 31,152 l (1 preußischer Scheffel = 1,76432 Himten)
1 Himten (Braunschweig) = 31,1447 l (1 preußischer Scheffel = 1,76741 Himten)
1 Himten (Öbisfelde) = 34,55 l
1 Wispel (Öbisfelde) = 40 Himten = 1382,0 l

[1] Proportion: 5 Feldfuß = 6 Werkfuß

[2] In Art. 4 der Maß- und Gewichtsordnung für den Norddeutschen Bund vom 17. 8. 1868 (Einführung des metrischen Systems) wurde 1 deutsche Meile zu 7500 m (7,5 km) festgelegt. Diese Ordnung trat mit dem 1. 1. 1872 in Kraft, doch war ihre Anwendung bereits vom 1. 1. 1870 an gestattet.

[3] Gemeint ist der Magdeburgische Morgen, der in Preußen als allgemeines Länder-Flächenmaß eingeführt wurde.

[4] Der (Berliner) Wispel (früher auch Winspel) zu 24 Scheffeln war vor allem im Großhandel und bei Eisenbahnfrachten gebräuchlich; bei Weizen, Roggen, Gerste, Erbsen und Ölsamen wurde er zu 25, bei Hafer jedoch zu 26 Scheffeln gerechnet. Vgl. hierzu J. C. Nelkenbrechers ... Taschenbuch, 1871: 75.

[5] In Berlin, dessen Maße damals in der Regel allgemein für Preußen Gültigkeit hatten, rechnete man um 1788 das Stadtfuder Holz zu 1 Klafter, das große Bauerfuder zu 2/3 Klafter und das kleine Bauerfuder zu 1/3 Klafter. Nach Gerhardt, 1788: 281. — Im Magdeburgischen war die Klafter „ein aufgesetzter Holzstoß von 5 bis 6 Fuß hoch und breit, und 4 bis 5 Fuß lang". Nach Gerhardt, 1788: 264.

*Zähl-Stückmaße*

1 Schock = 60 Stück
1 Stiege (Getreidestiege) = 20 Stück

## GEWICHTE

1 preußisches Pfund = 32 Loth = 128 Quentchen = 467,711 g
1 Pfund Zollgewicht = 30 Loth Zollgewicht = 300 Quentchen-Zollgewicht = 500 g[6]
1 kleiner Stein (Wolle) = 11 preußische Pfund = 5144,821 g
1 schwerer Stein (Wolle) = 22 preußische Pfund = 10289,642 g
1 preußischer Centner = 5 schwere Stein = 10 leichte Stein = 110 preußische Pfund = 51,448 kg
1 Zentner Zollgewicht = 100 Pfund Zollgewicht = 50 kg[7]
1 Doppelzentner (dz) = 200 Pfund = 100 kg (heute: Dezitonne [dt] = 0,1 Tonne)
1 Tonne = 20 Zentner = 2000 Pfund = 1000 kg
1 Magdeburger Scheffel Roggen (1788) = 75 bis 83 preußische Pfund
1 Fuder (Heu) = etwa 15 Zentner[8]

## MÜNZEN

1 guter Groschen (gGr.) = 12 Pfennig[9]
1 Taler (Reichstaler) = 24 gute Groschen = 288 Pfennig[10]
1 Silbergroschen (Sgr.) = 12 Pfennig[11]
1 Taler (Preußisch Courant) = 30 Silbergroschen = 360 Pfennig = 3 Mark[12]
1 Friedrichsd'or = 5 Taler (Gold) = 5 Taler 20 Silbergroschen Preußisch Courant[13]
1 Mark (M) = 100 Pfennig[14]

[6] Proportion: 100 Pfund Zollgewicht = 106,904 preußische Pfund bzw. 100 preußische Pfund = 93,5 Pfund Zollgewicht. — Das Zollgewicht war vom 1. 1. 1840 an in allen Mitgliedsstaaten des Deutschen Zollvereins eingeführt. Allerdings wurde es anfangs zumeist nur zwecks Zollerhebung angewandt. Erst seit dem 1. 7. 1858 wurde es nach und nach zum allgemeinen Landesgewicht für die damaligen Staaten des Deutschen Zollvereins erhoben.

[7] Vgl. dazu unter Anm. 6. Nach Inkrafttreten der Maß- und Gewichtsordnung vom 17. 8. 1868 — vgl. unter Anm. 2 — erlangte der Zollzentner als deutscher Zentner allgemeine Gültigkeit. Durch Gesetz vom 11. 7. 1884 wurden Zentner und Pfund als gesetzliche Größen abgeschafft.

[8] Vgl. 1. Halbband S. 183, Anm. 46.

[9] In Preußen hatte diese Münze offiziell bis 1821 Gültigkeit. Vgl. auch Anm. 11.

[10] Vom 16.—18. Jh. als Währungsmünze in Deutschland verbreitet; im Laufe des 19. Jh. durch den preußischen Taler ersetzt. Vgl. auch unter Anm. 12.

[11] Der Silbergroschen wurde in Preußen im Jahre 1821 anstelle des bisherigen „guten Groschen" eingeführt. Mit dem 1. 1. 1876 (Einführung der Markwährung) hörte im Deutschen Reich die Rechnung nach Groschen auf.

[12] Der preußische Taler, der im 19. Jh. den bisherigen Reichstaler als Währungseinheit verdrängte, wurde nach Einführung der Markwährung (1. 1. 1876) für 3 Mark (Gold) gehandelt und 1907 durch das 3-Mark-Stück ersetzt.

[13] Diese Münze war auch als doppelter Friedrichsd'or zu 11 Taler 10 Silbergroschen Preußisch Courant und halber Friedrichsd'or zu 2 Taler 25 Silbergroschen Preußisch Courant verbreitet.

[14] Mit Gesetz vom 4. 12. 1871 und 9. 7. 1873 wurde mit dem 1. 1. 1876 im Deutschen Reich die Markwährung eingeführt. Sie war eine Goldwährung (Reichsmünzgesetz vom 9. 7. 1873); die Silbermünzen (zu 1, 2 und 5 Mark, zu 50 Pfennig und bis Ende 1885 auch zu 20 Pfennig) hatten die Eigenschaft von Scheidemünzen. — Im Oktober 1923 (Ende der Inflation) wurde vorübergehend zur Sanierung der Währung die Rentenmark ausgegeben (1 Rentenmark = 1 Billion bisherige Reichsmark); durch Münzgesetz vom 30. 8. 1924 wurde die Reichsmark (RM) als deutsche Währungseinheit eingeführt (1 kg Feingold = 2790 RM); sie blieb gültig bis zur

Währungsreform im Juni 1948. In der DDR wurde zu diesem Zeitpunkt die Deutsche Mark (DM) als „DM der Deutschen Notenbank“ gesetzliches Zahlungsmittel (1964—1967 in Mark der Deutschen Notenbank [MDN] umbenannt); seit 1967 Mark (M) der Deutschen Demokratischen Republik.

Literatur: Gerhardt, 1788: 262—284; J. C. Nelkenbrechers ... Taschenbuch, 1815: 40—46, 196; Kudraß, (1840): 5—11; Rust, (1853): 1, 4—5, 16—17, 24—25, 38—39, 42—43, 48—49; J. C. Nelkenbrechers ... Taschenbuch, 1871: 57—60, 73—79, 327; Brockhaus, 1898: IV, 33—34; Brockhaus, 1898: VIII, 397; Brockhaus, 1898: XI, 606; Brockhaus, 1898: XV, 739—740.

# Worterläuterungen

*Ackermann; auch: Hüfner, Hufenbauer, Ackerleute, Vollspänner*

In der Magdeburger Börde im Spätfeudalismus übliche Bezeichnung für einen großen Bauern (Vollbauern) mit mindestens 4 Hufen Landbesitz und einem vollen Pferdegespann (4 Pferde). Der Begriff wurde noch bis ins letzte Drittel des 19. Jh. für einen Großbauern verwendet.

*Allodifikationen*

Durch vertragliche oder gesetzliche Maßnahmen erfolgte Umwandlungen ursprünglich an die Rechte der Lehnsherren gebundener Lehnsverhältnisse in freies, verfügbares Eigentum. Das Lehen wird zur Ware.

*Alluvionen*

Jüngste geologische Fluß-Ablagerungen (Schotter, Aulehm).

*Altenteil*

Zumeist schriftlich fixierter Umfang der Natural-, Dienst- und Geldleistungen, die der Eigentümer einer Bauernstelle seinen Eltern gegenüber zu erfüllen hat.

*Altsitzer*

In der Magdeburger Börde übliche Bezeichnung für den ehemaligen Eigentümer einer Bauernstelle, der seinen Hof bereits den Nachkommen vererbt oder verkauft hat, aber gewöhnlich noch im Hause mitwohnt und vom Nachfolger weitgehend versorgt werden muß.

*Anger*

Innerhalb oder am Rande des Dorfes gelegene, ursprünglich in Gemeinschafts-(Gemeinde-)Besitz befindliche Fläche (Platz), auf der mehrfach die Gemeindebauten errichtet wurden.

*Anspänner*

Im 18. und 19. Jh. in der Magdeburger Börde mehrfach verwendete Bezeichnung für einen Vollspänner, d. h. einen Bauern mit mindestens einem vollen Pferdegespann aus 4 Pferden. Vgl. Ackermann.

*Bauern*

Im Feudalismus Grundklasse der Gesellschaft. In der Magdeburger Börde sind im 18. Jh. den Besitz- und Rechtsverhältnissen entsprechend folgende Hauptgruppen zu unterscheiden:

- große Bauern mit mindestens 4 Hufen Landbesitz sowie Spanndienst-, Abgabe- und Grundsteuerverpflichtungen (Ackerleute, Vollspänner),
- mittlere Bauern mit gewöhnlich 2 Hufen Landbesitz sowie Spanndienst-, Abgabe- und Grundsteuerverpflichtungen (Halbspänner),

– kleine Bauern mit etwa einer Hufe Landbesitz sowie Handdienst-, Abgabe- und Grundsteuerverpflichtungen (Groß-Kossaten).

Im Laufe des kapitalistischen Differenzierungsprozesses spaltet sich die Bauernschaft auf. Wir unterscheiden seitdem:

– Großbauern mit etwa 20–100 ha Landbesitz (anfangs z. T. noch Ackermann, später allgemein Ökonom, Bauerngutsbesitzer genannt),
– Mittelbauern mit etwa 5–20 ha Landbesitz (anfangs z. T. noch Halbspänner, später auch Ökonom oder Landwirt genannt),
– Kleinbauern mit etwa 2–5 ha Landbesitz (anfangs z. T. noch Großkossat, später zumeist Landwirt genannt).

*Besömmerung*

Totale oder partielle Nutzung der Brache durch den Anbau von Feldfutterkräutern, Hackfrüchten und Handelsgewächsen; beginnt im 16. Jh., verstärkt im 18. Jh., Höhepunkt in der 1. Hälfte des 19. Jh.; bereitet den Übergang zur Fruchtwechselwirtschaft vor.

*Büdner*

Mindestens seit dem Spätfeudalismus übliche Bezeichnung für den Besitzer eines kleinen Hauses („Bude"), siehe auch Häusler.

*Darre*

Technische Anlage zum Trocknen (Darren) von Obst, Gemüse, Malz, Samen und anderem Erntegut, so besonders auch von Zichorie.

*Degradation*

Abwandlung charakteristischer Merkmale eines Bodentyps infolge von Änderungen des Klimas oder der Vegetation bzw. von menschlichen Eingriffen; oft mit Qualitätsminderungen verbunden.

*Denudation*

Flächenhafte Abtragung des Verwitterungsmaterials der Erdoberfläche (im Gegensatz zur linear wirkenden Erosion, etwa der Flüsse).

*Dismembration*

Im Gefolge der bürgerlichen Agrarreformen mögliche vollständige oder teilweise Aufteilung von Bauerngütern, wobei sowohl kapitalistische Gutsbesitzer als auch Groß- und Mittelbauern und selbst Kleinstellenbesitzer als Käufer des Landes auftreten können (Bestandteil des kapitalistischen Differenzierungsprozesses).

*Dränung*

System unterirdisch verlegter Hohlstrecken, der Dräne (z. B. Tonrohre), zur Bodenentwässerung und gleichzeitigen Regelung des Wasser- und Lufthaushaltes im Boden.

*Dreiviertelspänner (Spitzspänner)*

Im 18. und 19. Jh. üblicher behördlicher Begriff für einen Bauern mit einem Gespann aus 3 Pferden und entsprechendem Landbesitz (gewöhnlich etwa 3 Hufen).

*Eggendiener*

Im Spätfeudalismus regional auch in der Magdeburger Börde übliche Bezeichnung für mittlere Bauern (etwa 2 Hufen).

*Einlieger (Miethling, Mieter)*

Mindestens seit dem 18. Jahrhundert übliche behördliche Bezeichnung für jenen Teil der Dorfbevölkerung, der bei Hauseigentümern zur Miete wohnt (einliegt); zumeist landwirtschaftliche Lohnarbeiter, aber auch Handwerksgesellen u. a.

*Enke (auch: Encke)*

In der Magdeburger Börde im 18. und 19. Jahrhundert übliche Bezeichnung für einen Jungknecht, der sich im Anlernverhältnis befindet und gewöhnlich nicht den vollen Knechtslohn erhält; siehe auch Gesinde.

*Erntediener*

Im 18. und zum Teil noch im 19. Jahrhundert vereinzelt auch in der Magdeburger Börde verwendete Bezeichnung für land- und hausbesitzlose Lohnarbeiter; vgl. Einlieger.

*Esparsette (Onobrychis Viciifolia)*

Schmetterlingsblütler, mehrjährige Futterpflanze mit tiefgehender Pfahlwurzel, wichtig als Pferdefutter.

*Flurzwang*

Bis zur Durchsetzung des Kapitalismus in der Landwirtschaft allgemein übliche, sich aus der in Gemengelage (siehe dort) befindlichen Flurstücke der einzelnen Bauern einer Gemeinde ergebene Verpflichtung zur einheitlichen Bewirtschaftung des gesamten Ackerlandes, einschließlich der Weidenutzung.

*Freigut*

Aus der Feudalzeit stammende Bezeichnung zur Kennzeichnung jener, gewöhnlich mit vier und mehr Hufen ausgestatteten Bauernstellen, die durch ihre rechtlich bessere Stellung (zumeist ganz oder weitgehend frei von feudalen Abgaben und Dienstverpflichtungen) gekennzeichnet waren; auch Freihof, Sattelhof, Freisassenhof und anders bezeichnet.

*Gemeinheitsteilung*

Aufteilung der vordem von den Mitgliedern der Dorfgemeinde kollektiv oder wechselseitig genutzten Flächen und Überführung der Parzellen in Privateigentum unter Aufhebung der früher damit verbunden gewesenen Rechtsansprüche. Im Rahmen der Gemeinheitsteilungen wurden auch die Gerechtigkeiten (Hutungs-, Streu-, Holz-Sammelrechte u. a.) neu geregelt. Als entscheidender Bestandteil der Agrarreformen führten die Gemeinheitsteilungen zur Flurbereinigung und förderten den Proletarisierungsprozeß von Teilen der Dorfbevölkerung (siehe auch Separation).

*Gemengelage*

Zerstreute („im Gemenge" befindliche) Lage der einzelnen Flurstücke der Bauern innerhalb eines Gewannes; siehe dort.

*Geophyten*

Pflanzen mit unterirdischen Speicherorganen wie Knollen, Rhizomen oder Zwiebeln.

*Gesinde (Knechte, Mägde, Enken)*

Gruppe von landwirtschaftlichen Lohnarbeitern, die über einen längeren, fest bestimmten Zeitraum hinweg mehr oder weniger eng in die Wirtschaft desjenigen Unternehmers („Herrschaft") integriert waren, bei dem sie in „Dienst" standen. In soziologischer Hinsicht ist zwischen ledigen

Knechten und Mägden (ohne eigenen Haushalt) und verheiratetem Gesinde (in der Regel mit eigenem Haushalt) zu unterscheiden. Grad, Umfang und Charakter der Einbindung des Gesindes in den Betrieb seiner „Dienstherrschaft" war durch ein spezielles System von Rechtsvorschriften, die Gesindeordnung (1918 aufgehoben), geregelt. Im Feudalismus existierte sowohl Zwangsgesinde als auch — durch Kontrakt gebunden — freies Feudalgesinde, worunter jene Knechte und Mägde zu verstehen sind, die nach Ableistung des Gesindezwangsdienstes im Gesindedienst verblieben. Im Kapitalismus erfolgte der Eintritt in das Gesindeverhältnis dagegen ausschließlich auf der Grundlage eines im juristischen Sinne freiwillig eingegangenen Kontraktes. Während im Feudalismus die ledigen Gesindepersonen von ihrer „Dienstherrschaft" gewöhnlich Kost und Wohnraum, zumindest aber die Schlafstätte, außerdem — als Teil des Lohnes — Naturalien und etwas Geld, nicht selten auch eine Ackerparzelle (Kartoffelkabel, Flachskabel usw.) zur Nutzung erhielten, löste sich unter kapitalistischen Bedingungen diese Entlohnungsweise immer mehr zugunsten der reinen Geldlöhnung auf (Kostgeld anstelle der Beköstigung, Verminderung des Naturallohnanteils usw.).

### *Gewann*

Unter den Bedingungen der Mehrfelderwirtschaft (Zwei-, Drei- oder Vierfelderwirtschaft) war das Feld in Gewanne geteilt. Innerhalb jedes Gewannes hatte ursprünglich jeder Bauer eine oder mehrere Parzellen, die mit der Parzelle der Nachbarn im Gemenge lagen, um eine relative ökonomische Gleichheit zu wahren.

### *Glaukonit*

Grünes, körniges Mineral, Eisen-Aluminium-Silikat, mit wechselndem Kaliumoxidanteil.

### *Gleyböden*

Böden, deren Eigenschaften vom hoch anstehenden Grundwasser bestimmt werden; in Niederungen und Talauen vorkommend.

### *Gutsbesitzer*

Nicht immer eindeutig verwendeter Begriff für Inhaber größerer landwirtschaftlicher Betriebe. In der Regel für Inhaber landwirtschaftlicher Großbetriebe über 100 ha, für Besitzer von Rittergütern und z. T. auch von Großbauernstellen gebraucht.

### *Halbspänner*

In der Magdeburger Börde im Spätfeudalismus übliche Bezeichnung für einen mittelgroßen Bauern (Halbbauern) mit gewöhnlich 2 Hufen Landbesitz und einem halben Pferdegespann (2 Pferde). Der Begriff wird noch bis zum Ende des 19. Jh. auch für den Mittelbauern verwendet.

### *Halophyten*

Auf salzhaltigen Böden gedeihende, zumeist dickfleischige Pflanzen.

### *Häusler (Hausleute)*

Mindestens seit dem 18. Jahrhundert übliche, behördliche Bezeichnung für die Eigentümer eines kleinen dörflichen Anwesens, das normalerweise lediglich aus dem Haus bestand, zumeist aber zudem mit etwas Hof- und Gartenland ausgestattet war. Sie konnten sowohl in der Landwirtschaft als auch im gewerblichen und später im industriellen Bereich tätig sein.

### *Immediatstädte*

Verfassungsrechtlicher Begriff für spätfeudale Städte in Preußen, die ohne Einschaltung einer lokalen, feudalen Zwischeninstanz (Amt, Gutsherrschaft) der landesherrlichen Verwaltung direkt unterstanden (Steuerrat in Preußen).

*Isohyete*

Verbindungslinie zwischen Orten mit gleicher Niederschlagsmenge während eines bestimmten Zeitabschnitts.

*Kabel (Flachskabel, Kartoffelkabel)*

Regional gebräuchliche Bezeichnung für kleine Flurstücke (Parzellen).

*Kätner*

Regional, in der Magdeburger Börde aber relativ selten angewandter Begriff für den Eigentümer eines Hauses (einer Kate) mit geringem Landbesitz; vgl. auch Häusler, Büdner.

*Kossat (Kossäth)*

Auch in der Magdeburger Börde mindestens seit dem 18. Jahrhundert übliche Bezeichnung für einen zu Handdiensten verpflichteten kleinen Bauern (Kleinstellenbesitzer). Man unterschied zumeist zwei Gruppen: *Groß- oder Ganze Kossaten*, die bis zu einer Hufe Landbesitz haben und zumeist von ihrer Stelle existieren konnten; im Kapitalismus bildeten sie den Hauptteil der Kleinbauern. *Klein- oder Halbe Kossaten*, die neben ihrer geringen eigenlandwirtschaftlichen Tätigkeit stets auf zusätzliche Lohnarbeit sowohl in der Landwirtschaft als auch im gewerblichen Bereich bzw. in der Industrie angewiesen waren. Dem sozialen Status des Häuslers ähnlich (siehe dort).

*Leguminosen*

Hülsenfrüchtler, Ordnung der zweikammblättrigen Pflanzen mit der bekannten Familie der Schmetterlingsblütengewächse (Fabaceae), dazu gehören u. a.: Erbse, Bohne, Lupine und Wicke.

*Mediatstädte*

Verfassungsrechtlicher Begriff für spätfeudale Städte in Preußen, die der Landesherrschaft und ihren Institutionen nicht direkt, sondern nur mittelbar durch Vermittlung einer Zwischeninstanz (z. B. Amt, Domänenamt, Gutsherrschaft) unterstanden.

*Nahrung (Ackernahrung)*

Ursprünglich wurde mit Hilfe dieses Begriffs die Größe einer Bauernstelle bestimmt, die eine Familie ohne zusätzlichen Nebenerwerb ernähren konnte. Seit dem 19. Jh. wurde er zunehmend zu einer behördlichen Bezeichnung zur Unterscheidung der verschiedenen Bauernstellen; man unterschied spannfähige Nahrungen (Groß- und Mittelbauern) und nicht spannfähige Nahrungen (Kleinbauern).

*Nematoden*

Klasse der Rundwürmer mit wichtigen Pflanzenschädlingen, besonders bekannt das Rübenälchen (Rübennematode) als Parasit der Zuckerrübe.

*Ökonom (Oeconom)*

Seit dem letzten Drittel des 19. Jh. gebräuchliche Selbstbezeichnung für Inhaber landwirtschaftlicher Großbetriebe, die auch von wirtschaftsstarken Groß- und Mittelbauern zur Selbstaufwertung ihrer sozialen Stellung übernommen wurde.

*Patrimonialjustiz (Patrimonialgerichtsbarkeit)*

In der Feudalzeit von allen lokalen Feudalgewalten (Grund- und Gutswirtschaften sowie geistigen Korporationen) ausgeübte niedere Gerichtsbarkeit; in Preußen im Gefolge der Revolution von 1848/49 durch das Gesetz von 1850 aufgehoben.

*Phänologie*

Die Wissenschaft von den Entwicklungsstadien bei Pflanzen und Tieren in Abhängigkeit vom Witterungsverlauf des jeweiligen Jahres.

*Rendzina (Humuskarbonatboden)*

Flachgründiger, humoser Boden über kalkreichem Untergrund.

*Rotation (Feldrotation)*

Folge der Kulturen im Ackerbau.

*Separation (Flurbereinigung)*

Ende des 18. Jahrhunderts einsetzende, besonders durch die bürgerlichen Agrarreformen geförderte Aktion zur Flurbereinigung durch Zusammenlegung der vordem zerstreut und z. T. weit voneinander entfernt gelegenen einzelnen Grundstücke eines Besitzers. Vgl. Gewann, Gemeinheitsteilung.

*Spitzspänner*

Siehe Dreiviertelspänner.

*Stapelrecht*

Das Recht einiger Städte im Mittelalter, auswärtige Kaufleute beim Vorbei- bzw. Durchzug zum Verkauf ihrer Waren (in Magdeburg für drei Tage) zwingen zu dürfen. In Magdeburg im Jahre 1824 (?) aufgehoben.

*Subhastation*

Zwangsversteigerung.

*Trift*

Das Treiben von Vieh auf die Weide; oft auch als Synonym für Weide und Herde verwendet. Bis zu den bürgerlichen Agrarreformen des 19. Jh. durch feudale und genossenschaftliche Ordnungen geregelt (Hutungsrechte und Triftgerechtigkeiten).

*Turnips*

Wasserrübe (Brassica rapa rapifera), Kreuzblütengewächs, einjährige Futterplanze, wichtig als Beigabe für Schaf- und Rindviehfutter, existiert in zahlreichen, sehr verschiedenen Varietäten.

*Vergleyte Böden*

Siehe Gleyböden.

*Vollspänner*

Siehe Ackermann.

*Vorflut*

Möglichkeit, das Wasser mit natürlichem Gefälle in Vorflutern, z. B. Gräben, oder durch künstliche Hebung, z. B. mittels Schöpfwerken, abzuführen.

*Vorwerk*

In der Regel ein mit einem Hauptgut verbundener Filialbetrieb, der zur Bewirtschaftung entfernt liegender Ländereien errichtet wurde; konnte verpachtet werden. Im Feudalismus besaßen die Vorwerke keine Rittergutsqualität.

*Zichorie (Cichorium intybus, Var. sativium)*

Korbblütengewächs, aus der Wegwarte hervorgegangen. Seit der Mitte des 18. Jh. wurde, besonders im Magdeburger Raum, die Wurzel nach dem Trocknen und Rösten (vgl. Darre) zur Gewinnung von Kaffee-Ersatz bzw. -Zusatz genutzt; ansonsten Grünfutter.

## Verzeichnis der Tabellen des Textteiles

# Anlagenverzeichnis

# Abbildungsverzeichnis

# Quellen- und Literaturverzeichnis

## 1. *Quellen*

*Zentrales Staatsarchiv, Historische Abteilung II, Merseburg (ZSTA II)*

Generaldirektorium, Abteilung 5 (Generalfinanzkontrolle)
Generaldirektorium, Abteilung 15 (Magdeburg)
Generaldirektorium, Abteilung 16 (Halberstadt)
Rep. 77 (Ministerium des Innern)
Rep. 87 (Ministerium für Landwirtschaft, Domänen und Forsten)
Rep. 120 (Ministerium für Handel und Gewerbe)
Rep. 164a (Landesökonomie-Collegium)

*Staatsarchiv Magdeburg (STAM)*

Rep. A 3b (Domkapitel Magdeburg, Syndikat)
Rep. A 3c (Domkapitel Magdeburg, Lehnsregistratur)
Rep. A 4a (Stift St. Gangolphi in Magdeburg)
Rep. A 7 (Magdeburgische Kriegs- und Domänenkammer, Präsidialregistratur)
Rep. A 8 (Magdeburgische Kriegs- und Domänenkammer, Generalia I)
Rep. A 9c (Magdeburgische Kriegs- und Domänenkammer, Ämterarchiv) III (Amt Alvensleben), X (Amt Calbe), XXVII (Amt Wanzleben)
Rep. C 20I (Oberpräsidium der Provinz Sachsen, Allg. Abt.)
Rep. C 28I (Regierung Magdeburg, Präsidialabt.)
Rep. C 30 (Landratsämter und Kreiskommunalverwaltungen) Calbe, Neuhaldensleben, Wanzleben
Rep. C 48I (Regierung Merseburg, Präsidialabt.)
Rep. C 68I (alt) (Eisenbahngesellschaft Magdeburg)
Rep. C 110 (Industrie- und Handelskammern) Magdeburg
Rep Da (Altpreußische Ämter vor 1807) Alvensleben, Athensleben, Diesdorf, Wanzleben
Rep. Dc (Altpreußische Patrimonialgerichte) Falkenstein, Kleinottersleben, Wanzleben
Rep. H (Gutsarchive) Alvensleben, Barby, Bodendorf, Erxleben, Harbke, Hohenthurm, Hundisburg, Kalbe (Milde), Langenstein, Meyendorf, Neindorf, Ostrau, Rogätz, Wanzleben

*Staatsarchiv Potsdam (STAP)*

Pr. Br. Rep. 37 (Adlige Herrschaften und Güter) Plattenburg-Wilsnack
Pr. Br. Rep. 78 (Kurmärkische Lehnskanzlei)

*Staatsarchiv Schwerin (STAS)*

Altes Archiv

*Stadtarchiv Magdeburg*

Rep. A I (Altstadt, 1632—1806/07)
Rep. A II (Altstadt, 1806/07—1906/07)

*Betriebsarchiv der Zuckerfabrik Klein Wanzleben (BAKW)*

Bericht zur Feier des 25jährigen Bestehens der Zuckerfabrik Klein-Wanzleben, vorm. Rabbethge & Giesecke A.-G., 1910.
Geschäftsberichte 1885ff.
Lizenzverträge der Zuckerfabrik Klein-Wanzleben.
Ortsbesichtigung durch den Kreisarzt am 25. Oktober 1901.
Rübensamenverkäufe der Zuckerfabrik Klein-Wanzleben.
Sitzungen des Betriebsrates v. 9. Oktober 1923.
Werkwohnungsbenutzung durch nichtlandwirtschaftliche Arbeiter.

*Betriebsarchiv des VEB Schwermaschinenbau „Ernst Thälmann", Magdeburg*

Nr. E 203.

*Betriebsarchiv des VEB Schwermaschinenbau „Karl Liebknecht", Magdeburg*

Nr. 3418 und Nr. 3684.

*Kreisheimatmuseum Ummendorf (Kreismuseum des Kreises Wanzleben)*

Gründungsakte der Zuckerfabrik Klein Wanzleben.

*Akademie der Wissenschaften der DDR,*
*Institut für Wirtschaftsgeschichte*

Statistische Darstellung des Kreises Wolmirstedt pro 1862—1864 (handschriftlich)

*Zentralinstitut für Geschichte, Wissenschaftsbereich Kulturgeschichte/Volkskunde*

Fragebogenmaterial zum Forschungsvorhaben „Magdeburger Börde".

*Deutsche Staatsbibliothek Berlin*

Kartenabteilung: Topographische Karten 1:25000, Handzeichnungen zu den Meßtischblättern (sog. Urmeßtischblätter)

1. Meßtischblatt Nr. 2030, Erxleben, 1823, 1857/58,
2. Meßtischblatt Nr. 2031, Neuhaldensleben, 1823, 1858,
3. Meßtischblatt Nr. 2032, Wolmirstedt, 1823, 1858,
4. Meßtischblatt Nr. 2097, Hötensleben (Badeleben), 1823, 1857,
5. Meßtischblatt Nr. 2098, Seehausen (Eilsleben), 1823, 1857,
6. Meßtischblatt Nr. 2099, Groß Rodensleben (Eichenbarleben), 1823, 1857,
7. Meßtischblatt Nr. 2100, Magdeburg, 1822, 1858,
8. Meßtischblatt Nr. 2165, Oschersleben, 1822, 1857,
9. Meßtischblatt Nr. 2166, Wanzleben, 1822, 1857,
10. Meßtischblatt Nr. 2167, Groß Ottersleben (Dodendorf), 1822, 1858,
11. Meßtischblatt Nr. 2168, Schönebeck, 1842, 1858,
12. Meßtischblatt Nr. 2236, Egeln, 1822, 1852,
13. Meßtischblatt Nr. 2237, Atzendorf, 1822, 1852,
14. Meßtischblatt Nr. 2238, Calbe a. d. S., 1852,
15. Meßtischblatt Nr. 2239, Barby, 1852,
16. Meßtischblatt Nr. 2310, Staßfurt, 1852,
17. Meßtischblatt Nr. 2311, Nienburg, 1852.

Topographische Karten 1:25000, Druckfassungen der Meßtischblätter, etwa 1920 bis 1940.

## 2. *Literatur*

ABEL, WILHELM: Geschichte der deutschen Landwirtschaft vom frühen Mittelalter bis zum
1967 19. Jahrhundert, 2. Aufl. Stuttgart (= Deutsche Agrargeschichte, hg. von Günther Franz, Bd. 2).

ABEL, WILHELM: Landwirtschaft 1648 bis 1800. In: Handbuch der deutschen Wirtschafts- und Sozial-
1971 geschichte, hg. von Wolfgang Born und Hermann Aubin, Bd. 1. Stuttgart.

ACHARD, FRANZ CARL: Ausführliche Beschreibung der Methode, nach welcher bei der Kultur
1799 der Rübe verfahren werden muß, um ihren Zuckerstoff nach Möglichkeit zu vermehren und sie so zu erhalten, daß sie mit Vorteil zur Zuckerfabrikation angewandt werden kann. Berlin.

ACHARD, FRANZ CARL: Die europäische Zuckerfabrikation aus Runkelrüben, in Verbindung mit
1809 der Bereitung des Brandweins, des Rums, des Essigs und eines Coffee-Surrogats aus ihren Abfällen. Leipzig.

ACKERMANN, H.: Die Familie Andrae. In: Montagsblatt. Beilage zur Magdeburgischen Zeitung,
1934 Jg. 1934.

Adreßbuch für Magdeburg und Umgebung. Ausgabe 1910, Teil IV.
1910

ALTENBURG, O.: Pommersche Provinzial-Zuckersiederei, 1817—1917. Denkschrift zu ihrem hun-
(1917) dertjährigen Bestehen. (Stettin).

ALTERMANN, MANFRED: Quartärgeologische und bodenkundliche Untersuchungen an weichsel-
1968 zeitlichen äolischen Deckschichten im Gebiet Sachsen-Anhalt. (Diss., Fak. f. Forstwirtschaft, Technische Universität). Dresden.

AMMAN, R.: Harbke im Wandel der Zeiten. Bilder aus seiner Geschichte (Ms., vorh. im STAM).
1955

Amtliches Wanzleber Kreisblatt
1879 Jg. 1879, z. B. Nr. 58, 102.
1880 Jg. 1880, z. B. Nr. 66, 114.
1885 Jg. 1885, z. B. Nr. 110.

Annalen der preußischen Staatswirtschaft und Statistik, Bd. I, H. 1 und 2.
1804

Arbeiten der Deutschen Landwirtschafts-Gesellschaft, H. 168. In: Die Deutsche Landwirtschaft-
1910 liche Pflanzenzucht. Berlin.

Archiv für Landes- und Volkskunde der Provinz Sachsen und des Herzogtums Anhalt nebst
1891 ff. angrenzenden Landesteilen. I—XXIX. Halle.

ASMUS, HELMUT: Die ökonomischen Kämpfe der Magdeburger Arbeiter 1899—1906, Bd. II
1968 (Phil. Diss.). Berlin.

ASMUS, HELMUT (Hg.): Geschichte der Stadt Magdeburg. Berlin.
1975

ASSMANN, RICHARD: Das Klima von Magdeburg. In: Magdeburg, Festschrift für die Mitglieder
1884 und Teilnehmer der 57. Versammlung Deutscher Naturforscher und Ärzte. Magdeburg.

Atlas Deutsche Demokratische Republik.
1976 Hg.: Akademie der Wissenschaften der DDR, 1. Lieferung. Gotha/Leipzig.

AUGUST, OSKAR: Magdeburger Börde. In: Handbuch der naturräumlichen Gliederung Deutsch-
1959 lands, 6. Lieferung. Remagen.

BAENSCH, PAUL (Hg.): Heimatbuch des Kreises Wanzleben. Wanzleben.
1928

BALDAMUS, ALFRED: Chronik der Familie Baldamus. Köln (Manuskriptdruck).
1894

BANDOLY, SIEGLINDE: Bauern und andere dörfliche Schichten in der Magdeburger Börde vom
1970 Ausgang des 18. Jahrhunderts bis zum ersten Weltkrieg. Demographischer Aufriß der Bevölkerungsstruktur in einem Agrargebiet 1860 bis 1914 (Dipl.-Arbeit, Humboldt-Universität). Berlin.

BAUMGARTEN, KARL/RACH, HANS-JÜRGEN: Jahrestagungen des „Arbeitskreises für Haus- und
1973 Siedlungsforschung" in Magdeburg (6. bis 8. 6. 1971) und Rodewisch/Vogtland (4. bis 6. 6. 1972). In: JfVK, Bd. 16 (N. F., Bd. 1). Berlin, S. 211 bis 213.

BAXA, JACOB: Die Zuckererzeugung 1600—1850. Jena.
1937

BAXA, JACOB/BRUHNS, GUNTWIN: Zucker im Leben der Völker. Eine Kultur- und Wirtschafts-
1967 geschichte. (West-)Berlin.

BECKER, A.: Die geologischen Verhältnisse und die Vorgeschichte von Hohenerxleben. Sonder-
1924 abdruck aus „Staßfurter Zeitung", Nr. 103.

BEHRE, OTTO: Geschichte der Statistik in Brandenburg-Preußen bis zur Gründung des königlichen
1905 statistischen Bureaus. Berlin.

BEHREND, M.: Magdeburger Großkaufleute, Lebensbilder. Magdeburg.
1906

BEICHE, EDUARD: Heimatskunde der Provinz Sachsen für Lehrer und Lernende. Wittenberg.
1869

BEICHE, EDUARD: Die Grundsteuer-Beträge (pro Morgen) in den Gemeinde- und Gutsbezirken
1873 der Provinz Sachsen. In: Blätter für Handel, Gewerbe und sociales Leben, Jg. 25. Magdeburg.

BEICHE, EDUARD: Die Provinz Sachsen und ihr Boden in Hinsicht auf den jetzigen Zustand und
1874 die Entwicklung der landwirtschaftlichen Verhältnisse nebst einer weiteren Behandlung der landwirtschaftlichen Produkte aus dem Pflanzenbereich. Delitzsch.

BENSING, FRIEDRICH: Der Einfluß der landwirtschaftlichen Maschinen auf Volks- und Privat-
1897 wirtschaft (Nat.-math. Diss.). Heidelberg.

BERGHAUER, JOHANN CHRISTIAN FRIEDRICH: Magdeburg und die umliegende Gegend,
1800 Theil I. Magdeburg.
1801 Theil II. Magdeburg.

BERGNER, HEINRICH: Beschreibende Darstellung der älteren Bau- und Kunstdenkmäler des
1911 Kreises Wolmirstedt. Halle a. d. S.

Bericht der Zucker-Enquete-Kommission, Bundesrat, Session von 1883/84, zu Nr. 41, Anlagen,
1884 Bd. IV, Referate und Korreferate der Mitglieder der Kommission. (o. O.).

Bericht des Bauerngutsbesitzers Bähr in Kleingraupe über eine Reise nach der Provinz Sachsen.
1849 In: ZLCV, Bd. 6, Sp. 333—334.

Bericht „Die Rübenzucker-Industrie im Zollverein in den Campagnen 1848/49 u. 1849/50."
1851 In: ZVRI, Bd. 1. Berlin.

Bericht über den Geschäftsgang von Handel, Industrie und Schiffahrt. Sachverständigenberichte,
1895ff. hg. v. d. Handelskammer in Magdeburg, Jgg. 1895ff.

BERTHOLD, RUDOLF: Zur Entwicklung der deutschen Agrarproduktion und der Ernährungs-
1974a wirtschaft zwischen 1907 und 1925. In: JfWG, Teil 3. Berlin, S. 83—111.

BERTHOLD, RUDOLF: Zur sozialökonomischen Struktur des kapitalistischen Systems der deutschen
1974b Landwirtschaft zwischen 1907 und 1925. In: JfWG, Teil 4. Berlin, S. 105—125.

Beyträge zur Aufhebung der Gemeinheiten und Verbesserung der Landwirthschaft, von einer
1775 ökonomischen Gesellschaft im Magdeburgischen. Erste Sammlung. Brandenburg.
1780 desgl. Vierte Sammlung.

BIELEFELDT, KARL: Das Eindringen des Kapitalismus in die Landwirtschaft unter besonderer
1910 Berücksichtigung der Provinz Sachsen und der angrenzenden Gebiete (Phil. Diss.). Berlin.

BIRK, GERHARD: Der Groß Ottersleber „Fachverein" unter den Bedingungen des Sozialistengesetzes. In: JfVK, Bd. 19 (N. F., Bd. 4), Jg. 1976. Berlin, 135—152.
1976

BITTERMANN, KARL: Die landwirtschaftliche Produktion in Deutschland 1800—1950. In: Kühn-Archiv, Bd. 70.
1956

Blätter für Handel, Gewerbe und sociales Leben (= Beilage zur Magdeburgischen Zeitung),
1873 Jg. 25. Magdeburg
1890 Jg. 42. Magdeburg
1901 Jg. 53. Magdeburg.

BLUME, ERNST: Beiträge zur Siedelungskunde der Magdeburger Börde. In: Archiv für Landes-
1908 und Volkskunde der Provinz Sachsen nebst angrenzenden Landesteilen, Jg. 18. (Halle/S.), S. 1—109.

BLUME, ERNST: Beiträge zur Siedlungskunde der Magdeburger Börde. In: Mitteilungen des Säch-
1908a sisch-Thüringischen Vereins für Erdkunde zu Halle, Jg. 32.

BLUME, ERNST: Die Magdeburger Börde im Wandel der Zeit. In: Heimat-Kalender für die Börde,
1925 Jg. 2. (Burg b. M.), S. 33—39.

BLUME, ERNST: Magdeburg und der Magdeburger Raum. Magdeburg (= Magdeburger Kultur-
1939 und Wirtschaftsleben, H. 20).

BLUME, I.: Der Regierungsbezirk Magdeburg, hg. von Karl von Seydlitz, 1:200000. (STAM,
1823 Allgem. Kartensammlung).

BOCK, FRANZ: Heimatkunde des Kreises Neuhaldensleben. Neuhaldensleben.
1921

BOCK, FRANZ: Geschichte des Dorfes Emden im Kreise Neuhaldensleben. Neuhaldensleben.
1938

BÖER, WOLFGANG: Vorschlag einer Einteilung des Territoriums der Deutschen Demokratischen
1966 Republik in Gebiete mit einheitlichem Großklima. In: Zeitschrift für Meteorologie, Bd. 17. Berlin, S. 267—275.

BORCHARD, H.: Zur Lage der ländlichen Arbeiter im Magdeburgischen. In: Archiv für Landes-
1891 und Volkskunde der Provinz Sachsen nebst angrenzenden Landesteilen. Halle.

BRENNENSTUHL, GÜNTER: Zur gegenwärtigen Flora der Erdfälle beim Bahnhof Brumby-Emden.
1969 In: Jahresschrift des Kreismuseums Haldensleben, Bd. 10, S. 72—94.

Brockhaus' Konversations-Lexikon. 14. vollst. neubearb. Aufl. Leipzig—Berlin—Wien.
1898

BRÜNING, HERBERT: Periglazial-Erscheinungen und Landschaftsgenese im Bereich des mittleren
1959 Elbetales bei Magdeburg (= Göttinger Geographische Abhandlungen, H. 23).

BÜHLING, A.: Geographisch-statistisch-topographisches Handbuch des Regierungsbezirkes
1864 Magdeburg. Magdeburg.

BURCHARD, ALBRECHT: Magdeburg und die Börde. In: Geographische Zeitschrift, Jg. 35. Leipzig/
1929 Berlin, S. 198—210.

CARSTED, SAMUEL BENEDIKT: Atzendorfer Chronik. Hg.von der Historischen Kommission für
1928 die Provinz Sachsen und für Anhalt, bearb. von Eduard Stegmann. Magdeburg.

CRAMER, H.: Mittheilungen über den Bergbau im ehemaligen Erzbisthum Magdeburg. In: Blätter
1890 für Handel, Gewerbe und sociales Leben, Jg. 42. Magdeburg.

CRANZ, CARL: Bemerkungen auf einer vorzüglich in landwirtschaftlicher Hinsicht im Sommer 1801
1805 durch einen Theil von Schwaben, des Elsasses, der beiden rheinischen Kreise, dann Ober- und Niedersachsens angestellten Reise mit beigefügten Notizen über verschiedene Natur-Gegenstände, Kunstprodukte, polizeiliche Anstalten und Anlagen, Theil I. Leipzig.
1805 desgl. Theil II. Leipzig.

CROWELL, J. F.: The sugar situation in Europe. In: Political Science Quarterly.
1899

DAGOTT, ERICH: Die Entwicklung der Gemeinheitsteilung in Deutschland (Jur. Diss.). Königs-
1934 berg.

DAMMER, BR./BARSCH, O./DIENEMANN, W./WIEGERS, F.: Erläuterungen zur geologischen Karte
1924 von Preußen und benachbarten Bundesstatten. Blatt Atzendorf. Berlin.

DANNEIL, FRIEDRICH: Beitrag zur Geschichte des magdeburgischen Bauernstandes,
1895 Teil I: Der Kreis Wolmirstedt. Halle.
1898 Teil II: Die Geschichte des magdeburgischen Bauernstandes bis 1680. Halle.

Darstellung der Runkel-Rüben-Zucker-Industrie in der näheren Umgebung von Magdeburg.
1844 In: Annalen der Landwirtschaft in den Königlich Preußischen Staaten, Bd. 4.

DEMOS. Internationale ethnographische und folkloristische Informationen, hg. von R. Wein-
1960 ff. hold und B. Weißel. Berlin.

Denkschrift betreffend die statistischen Verhältnisse, die allseitige Entwicklung und die Verwal-
(1860) tung des Kreises Wanzleben. (Z. B. in: STAM, Rep. H Neindorf, Nr. 2303). o. O. (Wanzleben).

Denkschrift zum 75jährigen Bestehen des Vereins der Deutschen Zucker-Industrie. Berlin.
1925

DENNSTEDT, J. A.: Anweisung, wie der Landwirth Zucker-, Runkel- u. andere Rüben auf vortheil-
1836 hafteste Weise erbauen kann. Sangerhausen—Leipzig.

Deutsche Geschichte in Daten. Berlin.
1967

Deutsche Literaturzeitung, Bd. 86. Berlin.
1965

DIENEMANN, W./ASSMANN, P./WIEGERS, F.: Erläuterungen zur geologischen Karte von Preußen
1923 und benachbarten Bundesstaaten, Blatt Groß-Rodensleben. Berlin.

DOBERT, W.: Die Provinz Sachsen. Für den Unterricht in der Heimatskunde bearbeitet. Leipzig
1872 (5. Aufl. = 1882; 9. Aufl. = 1893).

DÖLLING, I.: Kulturtheorie als angewandter historischer Materialismus. In: Deutsche Zeitschrift
1975 für Philosophie, H. 3, S. 440—451.

Dorfchronik Klein-Wanzleben (Handschrift). (o. O.).
o. J.

EBELING, MAX: Stadt Egeln und Umgebung in Bildern aus der Vergangenheit und Gegenwart.
1903 Egeln.

EICHHOLTZ, DIETRICH: Junker und Bourgeoisie vor 1848 in der preußischen Eisenbahngeschichte.
1962 Berlin.

Einhundert Jahre Buckau-Wolf. Die Geschichte unseres Hauses von 1838 bis 1938. Magdeburg.
o. J.

Einige Nachrichten von dem gegenwärtigen Zustande der Landwirtschaft und insbesondere den
1850 landwirtschaftlich-technischen Gewerben in der Königlich Preußischen Provinz Sachsen. Magdeburg (Zur 13. Versammlung der Forst- und Landwirte Deutschlands).

Elbstrom, Der, sein Stromgebiet und seine wichtigsten Nebenflüsse. Hg.: Königliche Elbstrom-
1898 bauverwaltung zu Magdeburg, 3 Textbände, 1 Karten- und Tabellenband. Berlin.

ELSNER, J. G.: Die deutsche Landwirthschaft nach ihrem jetzigen Stande dargestellt. Bd. I und II.
1830/31 Tübingen.

ENGEL, ERNST: Die Sterblichkeit und die Lebenserwartung im preußischen Staate und besonders
1861a in Berlin. In: Zeitschrift des königlich preußischen statistischen Bureaus, Bd. 1.

ENGEL, ERNST: Die Viehhaltung im preußischen Staate. In: Zeitschrift des Königlich preußischen
1861 b statistischen Bureaus, Bd. 1, S. 215–231.

ENGELS, FRIEDRICH: Der Status quo in Deutschland. Berlin (= MEW, Bd. 4, 1. Auflage).
1959 (1847)

ENGELS, FRIEDRICH: Revolution und Konterrevolution in Deutschland. Berlin (= MEW, Bd. 8,
1960 (1851) 1. Auflage).

ENGELS, FRIEDRICH: Über den Verfall des Feudalismus und das Aufkommen der Bourgeoisie.
1962 (1894) Berlin (= MEW, Bd. 21, 1. Auflage).

ENGELS, FRIEDRICH: Die Rolle der Gewalt in der Geschichte. Berlin (= MEW, Bd. 21, 1. Auf-
1962 (1895/96) lage).

ENGELS, FRIEDRICH: Ergänzung und Nachtrag zum III. Band des ‚Kapital'. Berlin (= MEW,
1964 (1895/96) Band 25, 1. Auflage).

EYTH, MAX: Die Entwicklung des landwirtschaftlichen Maschinenwesens in Deutschland, Eng-
1893 land und Amerika. Berlin.

FABER, KURT: Die Salzstellen und die Salzflora von Osterweddingen und Sülldorf. Ummendorf
1960 (= Veröffentlichungen des Kreisheimatmuseums des Kreises Wanzleben zur Geschichte von Natur und Gesellschaft des Kreises Wanzleben, Bd. 2).

Fabrikordnung für das Friedrich-Krupp-Gruson-Werk in Magdeburg-Buckau vom 24. Februar
o. J. 1894. Magdeburg.

FACH: Neulandgewinnung in Gr. Ammensleben. Ein geschichtlicher Rückblick. In: Heimat-
1937 blatt für das Land um obere Aller und Ohre, Nr. 13, Jg. 1937. Neuhaldensleben.

Familien-Zeitung: Praktischer Ratgeber für Haus und Familie. Unterhaltungsblatt des Central-
1901 ff. Anzeigers. I–X. Magdeburg.

Festschrift anläßlich des 50jährigen Bestehens des Statistischen Amtes der Stadt Magdeburg.
1935 Magdeburg.

Festschrift des Königlich Preußischen statistischen Bureaus, Teil II, Tabellen und Übersichten.
1905 Berlin.

FEUCHT, WERNER/FISCHER, HANS EBERHARD/FÜRSTE, WOLFGANG/KRAFT, MANFRED/WINTER,
1968 PAUL: Die Zuckerrübe. Wittenberg-Lutherstadt. (= Die Neue Brehm-Bücherei, H. 387).

FIEDLER, GERHARD: Altes aus der Börde. Nach familiengeschichtlichen Aufzeichnungen zusam-
1939 mengestellt. Magdeburg.

FIEDLER, WALTER: Über die Reichstagswahlen im Kreis Wanzleben von 1871 bis 1907 (Manu-
1963 skript, 61 S., im Kreisheimatmuseum Ummendorf). (o. O.).

FIEDLER, WALTER: Über die Reichstagswahlen im Kreis Wanzleben von 1871 bis 1907. In: Wissen-
1964 schaftliche Zeitschrift des Pädagogischen Instituts Magdeburg, H. 2/3, S. 6–9. Magdeburg.

FISCHER, EKKEHARD: Magdeburg zwischen Spätabsolutismus und bürgerlicher Revolution
1966 Untersuchungen zur Wirtschafts-, Bevölkerungs- und Sozialstruktur einer preußischen Festungs- und Provinzstadt in der zweiten Hälfte des 18. und zu Beginn des 19. Jahrhunderts (Phil. Diss.). Halle.

FISCHER, G.: Die Entwicklungsbedingungen des landwirtschaftlichen Maschinenwesens und seine
1910 Bedeutung für die Landwirtschaft. In: Die Entwicklung des landwirtschaftlichen Maschinenwesens in Deutschland. Festschrift zum 25jährigen Bestehen der Deutschen Landwirtschafts-Gesellschaft. Berlin (= Arbeiten der Deutschen Landwirtschafts-Gesellschaft, H. 177).

FLEGEL, RUDOLF: Die Verbreitung der Bodenerosion in der Deutschen Demokratischen Repu-
1958 blik, mit mehrfarbiger Übersichtskarte 1:500000. Leipzig (= Bodenkunde und Bodenkultur 6).

FUHLROTT, J.: Die wirtschaftliche Entwicklung der Maschinenindustrie in Magdeburg unter
1923 besonderer Berücksichtigung der Herkunft der Arbeiterschaft (Phil. Diss.). Leipzig.

FÜLLNER, K.: Festschrift zum 50jährigen Bestehen der Zuckerfabrik Eilsleben 1879–1929.
1929 Eilsleben.

Fünfundsiebzig Jahre Zuckerfabrik Erdeborn, 1865–1940 (Festschrift). (o. O.).
o. J. (1940)

Fünfzig Jahre Aktiengesellschaft Consolidierte Alkaliwerke Westeregeln. 1881–1931. Magde-
1931 burg.

Fünfzig Jahre Magdeburger Statistik, 1885–1935. Magdeburg.
1935

Geologische Karte der DDR 1:500000, Karte der quartären Bildungen, 2. Andruck.
1972

Geologische Übersichtskarte von Deutschland 1:200000,
1928 87 Braunschweig,
1928 88 Magdeburg,
1936 101 Dessau.

GERHARDT, M. R. B. (Bearb.): Handbuch der Deutschen Münz-, Maaß- und Gewichtskunde,
1788 für Kaufleute und andere, welche von der ehemaligen und gegenwärtigen Deutschen Münzverfassung, von Wechselcoursen und ihrem Pari in Silber, desgleichen von Maaßen, Gewichten, nebst andern dazu gehörigen Dingen, Nachricht haben wollen. Berlin.

Gesamtübersicht über die Bestände des Landeshauptarchivs Magdeburg,
1954 Bd. I. Halle.
1955 Bd. II. Halle.
1961 Bd. III, 1. Halle.
1960 Bd. IV. Halle.

Gesamtübersicht über die Bestände des Staatsarchivs Magdeburg (Landeshauptarchiv Magdeburg),
1972 Bd. III, 2: Behörden und Institutionen in der Provinz Sachsen 1815/16 bis 1944/45. Halle.

Geschichte der deutschen Arbeiterbewegung,
1966 Bd. I. Berlin.
1966 Bd. II. Berlin.

Geschichte, Die, unseres Hauses. Maschinenfabrik Buckau R. Wolf AG. Magdeburg.
(1936)

Geschichtliche und erläuternde Notizen über die Eisengießerei und Maschinenfabrik von H. Gru-
o. J. son in Magdeburg-Buckau. (o. O.).

Geschichtsblätter für Stadt und Land Magdeburg. Mitteilungen des Vereins für Geschichte und
1866ff. Altertumskunde des Herzogtums und Erzstifts Magdeburg. I–LXXIV. Magdeburg.

Geschichtsquellen der Provinz Sachsen und angrenzender Gebiete, hg. von der historischen Commission der Provinz Sachsen.
1892 Bd. 26.
1899 Bd. 38.

Geschichtsquellen der Provinz Sachsen und des Freistaates Anhalt, neue Reihe, Bd. 6.
1928

Gewässerkundliches Jahrbuch der Deutschen Demokratischen Republik, Abflußjahr 1965 (1. Nov.
1969 1964 bis 31. Okt. 1965). Bearb. und hg. vom Institut für Wasserwirtschaft. Berlin.

GIECK, GÜNTER: Die Grundwasseranreicherung in der Letzlinger Heide. In: Wasserwirtschaft –
1961 Wassertechnik, Jg. 11. Berlin, S. 397–403.

GIESAU, H.: Geschichte des Provinzialverbandes von Sachsen 1825—1925. Merseburg.
1926

GLADE, H.: Elbschiffahrt in 12 Jahrhunderten. In: Natur und Heimat, Jg. 1961, H. 8.
1961

GLESERMAN, G.: Lebensweise und ideologischer Kampf. In: Einheit, H. 6, S. 572—582. Berlin.
1975

GOEBEL/FRICKE/SCHULTE: Das Königliche Solbad zu Elmen. Festschrift zur Hundertjahrfeier
1902 seines Bestehens, 1802—1902. Leipzig.

GÖTZE, OTTO: E. W. Arnoldi, ein Förderer des deutschen Rübenzuckers. Gotha.
1928

GOLDSCHMIDT, S.: Die Landarbeiter in der Provinz Sachsen, sowie den Herzogtümern Braun-
1899 schweig und Anhalt. Tübingen.

GOLTZ, THEODOR, Freiherr v. d.: Die Lage der ländlichen Arbeiter im Deutschen Reich. Berlin.
1875

GOLTZ, THEODOR, Freiherr v. d.: Geschichte der deutschen Landwirtschaft, Bd. II. Berlin.
1903

GRINGMUTH, H.: Die Behördenorganisation im Herzogtum Magdeburg. Halle.
1934

GRINGMUTH-DALLMER, HANNS (Bearb.): Gesamtübersicht über die Bestände des Landeshaupt-
1961 archivs Magdeburg, Bd. III/1. Halle.

GROHSE, BERNHARD: Bodenerosionskartierung eines typischen Bereichs im mitteldeutschen Löß-
1950 gebiet. In: Zeitschrift für Acker- und Pflanzenbau, Jg. 92. Hamburg, S. 238—260.

GROSSMANN, FRIEDRICH: Die ländlichen Arbeiterverhältnisse in der Provinz Schleswig-Holstein
1892 (exkl. Kreis Herzogtum Lauenburg), den Provinzen Sachsen (exkl. der Kreise Schleusingen und Ziegenrück) und Hannover (südl. Teil), sowie den Herzogtümern Braunschweig und Anhalt. In: Die Verhältnisse der Landarbeiter. Leipzig (= Schriften des Vereins für Socialpolitik, LIV, Bd. 2.).

GROTKASS, RUDOLF E.: Die Rübenzuckerfabrikation im Magdeburgischen. Ihre Geschichte
1925 während der Kontinentalsperre unter der französisch-westfälischen Herrschaft und weiter bis zum Jahre 1820. In: Zeitschrift des Vereins der Deutschen Zuckerindustrie, Jg. 62.

GROTKASS, RUDOLF E.: Die Zuckerfabrikation im Magdeburgischen, ihre Geschichte vor und
(1927) während der Kontinentalsperre sowie weiter bis zum Jahre 1827, dem Beginn der neuen Periode. In: Magdeburgs Wirtschaftsleben in der Vergangenheit, Bd. 2. Magdeburg.

GROUVEN, HUBERT: Salzmünde. Berlin.
1866

GRÜTZMACHER, A. W.: Das Klima von Magdeburg. In: Festschrift zur Feier des 25jährigen Stif-
1894 tungstages des Naturwissenschaftlichen Vereins zu Magdeburg, Teil 2, S. 41—72.

GUMPERT, LOTHAR: Physische Geographie von Magdeburg und Umgebung. Ummendorf (= Die
1973 Magdeburger Börde, Bd. 7).

GUTKNECHT, PAUL: Studien über die technische Organisation der Landwirtschaft in der Börde
1907 und in den angrenzenden Gebieten unter dem Einfluß des intensiven Hackfruchtbaus (Phil. Diss. Gießen, 1906). Berlin.

GUTZMANN, ERWIN/SZEWCZYK, WERNER: Erfahrungen und Probleme der Leitung der gesell-
1975 schaftswissenschaftlichen Arbeit. In: Einheit, H. 2. Berlin.

Haack-Kreiskarten 1:100000, Stadtkreis Magdeburg und Kreis Wolmirstedt, Kreis Haldens-
(um 1965) leben, Kreise Wanzleben und Staßfurt, Kreis Schönebeck.

HAGELBERG, GERHARD B.: Zur Rolle der Rübenzuckerindustrie bei der Intensivierung der Land-
1972 wirtschaft in Deutschland im 19. Jahrhundert. In: JfWG, Teil 4. Berlin.

HAGELBERG, GERHARD B./MÜLLER, HANS-HEINRICH: Kapitalgesellschaften für Anbau und Ver-
1974 arbeitung von Zuckerrüben in Deutschland im 19. Jahrhundert. In: JfWG, Teil 4. Berlin.

HAGER, KURT: Aufgaben der Gesellschaftswissenschaften. In: Einheit, H. 2. Berlin.
1975

HAHN, HANS: Matthias Christian Rabbethge. In: Mitteldeutsche Lebensbilder, Bd. 4. Magdeburg.
1929

Handbuch der Naturschutzgebiete der Deutschen Demokratischen Republik, Bd. III: Bezirke Mag-
o. J. (1973) deburg und Halle (Saale). Leipzig—Jena—Berlin.

Handbuch der Provinz Sachsen,
1844 1843. Magdeburg.
1854 1854. Magdeburg.
o. J. (1865) 1865. Magdeburg.
o. J. (1877) 1877. Magdeburg.
1889 1889. Magdeburg.

Handbuch des Grundbesitzes im Deutschen Reiche. Nach amtlichen und authentischen Quellen
1885 bearb. v. P. Ellerholz. I. Das Königreich Preußen. V. Lieferung: Provinz Sachsen, 2. verb. Aufl. Berlin.

Handbuch des Grundbesitzes im Deutschen Reiche. Bearb. von Kirstein. Provinz Sachsen. V.
1899 Lieferung, 3. verb. Aufl. Berlin.

Handbuch des Grundbesitzes im Deutschen Reiche. Unter Mitw. d. Kgl. Behörden u. d. Land-
1913 wirtschaftskammern nach amtl. Quellen bearb. v. R. Reichert u. Adolf Frhr. Maltzan. Provinz Sachsen, 5. gänzl. umgearb. Aufl.

Handbuch für angehende Landwirthe, oder Zusammenstellung der Grundsätze, Ansichten und
1843 Angaben verschiedener Schriftsteller in Betreff der wichtigsten Gegenstände der Landwirthschaft. 2. Aufl. Leipzig.

HANSEN, ALBERT: Die Berechtigung des Namens Holzkreis, bewiesen an der früheren Bewaldung
1927 des Höhenzuges links der oberen Aller. In: GSLM, Jg. 62, S. 24—67.

HANSEN, ALBERT: Die Namenlandschaft zwischen Ober-Aller und Sarre (Bode), bearb. und hg.
1965 von Max Bathe. Ummendorf (= Die Magdeburger Börde, Bd. 5, 1. Halbbd.).

HANSEN, ALBERT: Die Namenlandschaft zwischen Ober-Aller und Sarre (Bode), bearb. und hg.
1969 von Max Bathe, 2. Halbbd. Ummendorf (unveröff. Andruck).

HARNISCH, HARTMUT: Die Herrschaft Boitzenburg. Weimar.
1968

HARNISCH, HARTMUT: Zur Herausbildung und Funktionsweise von Gutswirtschaft und Guts-
1972 herrschaft. In: Jahrbuch für Regionalgeschichte, Bd. 4. Weimar.

HARNISCH, HARTMUT: Sozialökonomische Struktur und Marktbeziehungen der Herrschaft Erx-
1974 leben in den ersten Jahrzehnten des 17. Jahrhunderts. In: Jahresschrift des Kreismuseums Haldensleben, Bd. 15.

HARNISCH, HARTMUT: Bevölkerung und Wirtschaft. Über die Zusammenhänge zwischen sozial-
1975 ökonomischer und demographischer Entwicklung im Spätfeudalismus. In: JfWG, Teil 2.

Heimatglocken des Kreises Calbe, hg. von Albert Mennung. Calbe.
1925—1932

HEIN, ERNA: Zur Verteilung der Gesamthärte des Grundwassers im Bezirk Magdeburg und
1954 einem Teil des Bezirkes Halle. In: Wasserwirtschaft — Wassertechnik, Jg. 4. Berlin, S. 324—326.

HEINE: Der Anbau der Zuckerrübe auf Bauerngütern und deren Verarbeitung in kleinern Fa-
1849 briken. In: ZLCV, Bd. 6.

HEINECCIUS, JOHANN LUDWIG v.: Ausführliche topographische Beschreibung des Herzogthums
1785 Magdeburg und der Grafschaft Mansfeld Magdeburgischen Antheils. Berlin (anonym erschienen).

HEINISCH, OTTOKAR: Die Zuckerrübe. Ihre Bedeutung im Verlaufe der Entwicklung zur neuen
1960 Kulturpflanze und Rohstoffpflanze für die Zuckererzeugung. Berlin.

HEINRICH, CHRISTEL: Die Widerspiegelung der sozialökonomischen und kulturellen Entwicklung
1969 in der Magdeburger Börde in den Dorfchroniken von Altenweddingen, Domersleben, Hohenwarsleben, Remkersleben und Welsleben (Jahresarbeit, Humboldt-Universität). Berlin.

HEINRICH, CHRISTEL: Zur Lebensweise der Dorfbevölkerung in der Magdeburger Börde von 1900
1970 bis 1945. Ergebnisse einer Fragebogenaktion (Diplom-Arbeit, Humboldt-Universität). Berlin (Ms.).

HEITZ, GERHARD: Ländliche Leinenproduktion in Sachsen. Berlin.
1971

HEITZ, GERHARD: Zum Charakter der „zweiten Leibeigenschaft". In: ZfG, Jg. 20, H. 1,
1972 S. 24–39.

HEITZER, HEINZ: Insurrectionen zwischen Weser und Elbe. Volksbewegungen gegen die franzö-
1959 sische Fremdherrschaft im Königreich Westfalen (1806–1813). Berlin.

HEMPEL, LUDWIG: Über die Meßbarkeit von Bodenerosion. In: Zeitschrift für Pflanzenernährung,
1951 Düngung und Bodenkunde, Bd. 55, Berlin, S. 106–110.

HEMPEL, LUDWIG: Zur Entwicklung der Kulturlandschaft in Bruchländereien. Ein Beitrag zur
1952 Frage der Oberflächenaustrocknung durch Flußregulierung. In: Berichte zur deutschen Landeskunde, Jg. 11. Stuttgart, S. 71–80.

HENZE, LEONHARD: Über die Organisationsformen und Finanzierungsmethoden der deutschen
1920 Rohzuckerfabriken (Jur. Diss.). Göttingen.

HERMES, J. A. F./WEIGELT, M. J. (Hg.): Historisch-geographisch-statistisch-topographisches Handbuch vom Regierungsbezirke Magdeburg.
1842 Teil II. Magdeburg.
1843 Teil I. Magdeburg.

HERTEL, GUSTAV (Bearb.): Urkundenbuch der Stadt Magdeburg, Bd. I. Halle (= Geschichts-
1892 quellen der Provinz Sachsen und angrenzender Gebiete, hg. von der historischen Commission der Provinz Sachsen, Bd. 26).

HERTEL, GUSTAV (Bearb.): Die Wüstungen in Nordthüringen. Halle (= Geschichtsquellen der
1899 Provinz Sachsen und angrenzender Gebiete, Bd. 38).

HILDEBRANDT, ALFRED: Die Entwicklung des deutschen Zuckerrübenbaues mit besonderer
1928 Berücksichtigung der Ackerbautechnik (Landwirtschaftl. Diss.). Berlin.

HOFFMANN, FRIEDRICH: Geschichte des Königl. Domänen-Amts und der Kreisstadt Groß Wanz-
1863 leben. Berlin.

HOFFMANN, H.: Die gewerbliche Produktion Preußens im Jahre 1769 auf Grund des statistischen
1956 Taschenbuches des Dodo Heinrich Frhr. von Knyphausen „Listen derer in sämtlichen königlichen Provinzen befindlichen Fabriken und Manufakturen nach Ordnung derer Provinzien pro anno 1769" (Wirtschaftswiss. Diss.). Berlin.

HOFFMANN, JOHANN GOTTFRIED: Neueste Übersicht der Bodenfläche, der Bevölkerung und des
1833 Viehstandes in den Kreisen des preußischen Staates, 1831. Berlin.

HOFFMANN, JOHANN GOTTFRIED: Die Bevölkerung des preußischen Staates, 1837. Berlin.
1839

HOHORST, GERD/KOCKA, JÜRGEN/RITTER, GERHARD A. (Hg.): Sozialgeschichtliches Arbeitsbuch.
1974 Materialien zur Statistik des Kaiserreiches 1870–1914. München.

HOLZAPFEL, RUDOLPH: Das Königreich Westfalen. Mit besonderer Berücksichtigung der Stadt
1895 Magdeburg. Auf Grund archivalischer Forschungen im Geheimen Staats-

archiv zu Berlin, sowie im Königl. Staats- und in dem Stadtarchiv zu Magdeburg bearbeitet. Magdeburg.

HÜBNER, HELMUT: Die Grundwasseranreicherung in der Letzlinger Heide als Maßnahme zur
1954 Sicherung der Wasserversorgung Mitteldeutschlands. In: Wasserwirtschaft – Wassertechnik, Jg. 4, Berlin, S. 406–417.

Hülfstafeln zur Umrechnung der auf einem preußischen von irgendeinem Bodenproduct geernte-
1878 ten Scheffel oder Pfunde in Kilogramm auf einem Hectar. Hg. vom königlichen statistischen Bureau in Berlin. Berlin.

HUMBERT, GUSTAV: Agrarstatistische Untersuchungen über den Einfluß des Zuckerrübenanbaus auf
1877 die Land- und Volkswirtschaft. Unter besonderer Berücksichtigung der Provinz Sachsen. Jena (= Sammlung nationalökonomischer und statistischer Abhandlungen des staatswissenschaftlichen Seminars zu Halle a. S., hg. von Joh. Conrad).

HUSCHENBETT, FRANZ: Geschichte der Landgemeinde Diesdorf. Magdeburg.
1934

Hydrographisches Kartenwerk der Deutschen Demokratischen Republik. Hg.: Meteorologischer
1966 Dienst der Deutschen Demokratischen Republik, Forschungsinstitut für Hydrometeorologie, Bd. 1. Berlin.

JACOBEIT, WOLFGANG: Bäuerliche Arbeit und Wirtschaft. Ein Beitrag zur Wissenschaftsgeschichte
1965 der deutschen Volkskunde. Berlin (= Veröffentlichungen des Instituts für deutsche Volkskunde, Bd. 39).

JACOBEIT, WOLFGANG: Zur Geschichte der deutschen Volkskunde 1890–1945. In: Acta Ethno-
1966 graphica Academiae Scientiarum Hungaricae, XV, S. 75–92. Budapest.

JACOBEIT, WOLFGANG/PLAUL, HAINER: Untersuchungen zur Entwicklung der Volkskultur in
1969 der Magdeburger Börde. Aufgabenstellung, Forschungsstand und Forschungsmethoden. In: Probleme und Methoden volkskundlicher Gegenwartsforschung. Berlin (= Veröffentlichungen des Instituts für deutsche Volkskunde, Bd. 51), S. 23 bis 32.

Jahrbuch des Vereins für niederdeutsche Sprachforschung. Neumünster.
1875 ff.

Jahrbuch für die amtliche Statistik des Preußischen Staats. Hg. vom Königlichen Statistischen Bureau,
1863 Jg. 1. Berlin.
1867 Jg. 2. Berlin.
1868 Jg. 3. Berlin.
1883 Jg. 5. Berlin.

Jahrbuch für Regionalgeschichte, Bd. 4. Weimar.
1972

Jahrbuch für Volkskunde und Kulturgeschichte, Neue Folge, hg. vom WB Kulturgeschichte/
1973 ff. Volkskunde des Zentralinstituts für Geschichte der AdW der DDR. Berlin.

Jahrbuch für Wirtschaftsgeschichte, hg. vom Institut für Wirtschaftsgeschichte der AdW der DDR.
1960 ff. Berlin.

Jahrbücher für Nationalökonomie und Statistik,
1892 III. Folge, Bd. 3.
1893 III. Folge, Bd. 5.

Jahresbericht der Handelskammer zu Halberstadt,
1890 Jg. 1890.
1898 Jg. 1898.

Jahresbericht des Landwirthschaftlichen Central-Vereins der Provinz Sachsen, Jg. 1893.
1893

JONAS, GERTRUD: Charlotte Louise Bennecke und ihr Kreis. Familienbild für Verwandte und
1910 Freunde. 2. unveränd. Aufl., Bd. I und II. Berlin.

JÜNGST, HANS: Rät, Psilonoten — Schlotheimienschichten im nördlichen Harzvorlande. In:
1928 Geologische und Paläontologische Abhandlungen, N. F., Bd. 16, H. 1. Jena.

KAERGER, KARL: Die Sachsengängerei. Auf Grund persönlicher Ermittelungen und statistischer
1890 Erhebungen. Berlin.

Karte der natürlichen Vegetation der Deutschen Demokratischen Republik 1:500000, hg. von
1964 A. Scamoni. Feddes Repertorium, Beiheft 141: Beiträge zur Vegetationskunde, Bd. VI. Berlin.

KATZENSTEIN, WILLY: Die deutsche Zuckerindustrie und Zuckerbesteuerung. Berlin.
1897

KAUFHOLD, F.: Chronik der katholischen Diasporagemeinde Wolmirsleben. Paderborn.
1931

KAUFHOLD, KARL-HEINRICH: Umfang und Gliederung des deutschen Handwerks um 1800.
1970 In: Wilhelm Abel, u. a.: Handwerksgeschichte in neuer Sicht. Göttingen.

KEBER, A.: Der Regierungsbezirk Magdeburg. Historisch, geographisch, statistisch und topo-
1843 graphisch. Halberstadt.

KEYSER, ERICH (Hg.): Deutsches Städtebuch. Handbuch städtischer Geschichte. Im Auftr. d.
1941 Konferenz d. landesgeschichtl. Kommissionen Deutschlands mit Unterstützung d. Deutschen Gemeindetages, Bd. II, Mitteldeutschland. Stuttgart, Berlin.

KIEHL, A. F.: Sechzigjährige Erlebnisse und Erfahrungen eines alten Rübenanbauers. Berlin.
1918

KIESEWETTER, BRUNO: Die wirtschaftliche Entwicklung des Braunkohlenbergbaus im Halleschen
1924 Revier (Staatswiss. Diss.). Halle.

KLAFS, GERHARD: Flußterrassen im Mittelelbe-Gebiet. In: Archiv für Naturschutz und Land-
1965 schaftsforschung, Bd. 5, S. 141—158. Berlin.

KLAUS, DIETER: Zur Geschichte des Erzbergbaus im Kreis Haldensleben. In: Jahresschrift des
1967 Kreismuseums Haldensleben, Bd. 8, S. 66—78.

KLEWIZ, W. v.: Das Provinzialrecht des Herzogthums Magdeburg und der Grafschaft Mansfeld
1837 altpreußischen Antheils. Magdeburg.

Klima-Atlas für das Gebiet der Deutschen Demokratischen Republik. Hg. vom Meteorologischen
1953 und Hydrologischen Dienst der DDR. Mit 2 Ergänzungen 1958 und 1962. Berlin.

Klimakunde des Deutschen Reiches, Bd. II, Tabellen. Bearb. vom Reichsamt für Wetterdienst.
1939 Berlin.

Klimatologische Normalwerte für das Gebiet der Deutschen Demokratischen Republik (1901—1950),
1955 hg. vom Meteorologischen und Hydrologischen Dienst der DDR, 1. Lieferung. Berlin.
1961 desgl. 2. Lieferung. Berlin.

KLINKMÜLLER, HUGO: Die amtliche Statistik Preußens im vorigen Jahrhundert. Jena (= Samm-
1880 lung nationalökonomischer und statistischer Abhandlungen des staatswissenschaftlichen Seminars zu Halle a. S., hg. von Joh. Conrad).

KLÖTZSCHER, REINHOLD: Chronik von Gutenswegen. (o. O.) (2. Aufl. = 1900).
1887

KOERT, W.: Erläuterungen zur geologischen Karte von Preußen und benachbarten deutschen
1927 Ländern, Blatt Seehausen. Berlin.

KOERT, W./DIENEMANN, W.: Erläuterungen zur geologischen Karte von Preußen und benach-
1927 barten deutschen Ländern, Blatt Hötensleben. Berlin.

KOHL, W.: Die Verwaltung der östlichen Departements des Königreichs Westfalen 1807—1814.
1937 Berlin (= Eberings Hist. Studien, H. 323).

KOPPE, J. G.: Über die Erzeugung des Rübenzuckers in ihren staatswirtschaftlichen und gewerb-
1841 lichen Beziehungen. Berlin.

KORN, DAGMAR: Widerspiegelung der sozialökonomischen und kulturellen Entwicklung in den
1969 Chroniken der im heutigen Stadtgebiet Magdeburgs liegenden ehemaligen Dörfer (Rothensee, Olvenstedt, Diesdorf, Ottersleben, Neustadt, Buckau, Fermersleben, Westerhüsen), (Jahresarbeit, Humboldt-Universität). Berlin.

KORN, DAGMAR: Das Vereinswesen in der Magdeburger Börde im 19. Jahrhundert (Diplom-
1970 Arbeit, Humboldt-Universität). Berlin (Ms.).

KRATZENSTEIN, HERMANN: Chronik des Dorfes Altenweddingen (Manuskript). (o. O.).
(1924)

KRETZSCHMAR, HELLMUT: Historisch-statistisches Handbuch für den Regierungsbezirk Magde-
1926 burg, Teil I: Geschichte. Magdeburg.

KRIEG, HEINRICH: Dreileber Chronik. Wolmirstedt.
1936

KRÜGER, HORST: Zur Geschichte der Manufakturen und der Manufakturarbeiter in Preußen.
1958 Berlin.

KRUG, LEOPOLD: Ueber das Nationaleinkommen des preußischen Staates. In: Annalen der preu-
1804a ßischen Staatswirtschaft und Statistik, Bd. 1, H. 1 und 2.

KRUG, LEOPOLD: Betrachtungen über den National-Reichthum des preußischen Staates, Bd. I.
1804b Berlin.

KRUG, LEOPOLD: Betrachtungen über den National-Reichthum des preußischen Staates und den
1805 Wohlstand seiner Bewohner, Bd. II. Berlin.

KRUG, LEOPOLD/MÜTZELL, ALEXANDER AUGUST: Neues topographisch-statistisch-geographisches
o. J. (1825) Wörterbuch des preußischen Staates, Bd. VI. Halle/Sa.

KRUPJANSKAJA, V. JU.: Ėtnografičeskie izučenie byta rabočich. Po materialam otdel'nych pro-
1968 myslennych rajonov SSSR. Moskau.

KUCZYNSKI, JÜRGEN: Die Bewegung der deutschen Wirtschaft von 1800 bis 1946, 16 Vorlesungen,
1947 2. Aufl. Berlin—Leipzig.

KUCZYNSKI, JÜRGEN: Darstellung der Lage der Arbeiter in Deutschland von 1789 bis 1849. Berlin
1961 (= Die Geschichte der Lage der Arbeiter unter dem Kapitalismus, Bd. 1).

KUCZYNSKI, JÜRGEN: Darstellung der Lage der Arbeiter in Deutschland von 1849 bis 1870.
1962 Berlin (= Die Geschichte der Lage der Arbeiter unter dem Kapitalismus, Bd. 2).

KUCZYNSKI, JÜRGEN: Rezension zu Pach, ZS. P.: Die ungarische Agrarentwicklung im 16.—17.
1965 Jahrhundert. Abbiegung vom westeuropäischen Entwicklungsgang. Budapest, 1964. In: Deutsche Literaturzeitung, Jg. 86, H. 11. Berlin, Sp. 1011 bis 1013.

KUDRASS, ALBERT: Verhältnisse des Preußischen Gewichts zu dem Zollvereins-Gewicht und des
(1840) Letzteren zu dem Ersteren, so wie die Verhältnisse des Amsterdamer, des Belgischen und Französischen, des Hamburger, des Kopenhagener, des Leipziger, des Londoner, des Petersburger und des Wiener Gewichts zu dem Zollvereins-Gewicht. In zehn Vergleichungs-Tafeln berechnet. 2. unveränderte Aufl. Breslau.

KÜHN, ERNST: Die historische Entwicklung des Deutschen und Deutsch-Oesterreichischen
1883 Eisenbahn-Netzes vom Jahre 1838 bis 1881, hg. v. Königl. Preuss. Statist. Bureau. I. Th.: Die tabellarische Darstellung ... XII. Ergänzungsheft zur Zeitschrift des Kgl. Preuss. Statist. Bureaus. Berlin.

KURON, H.: Bodenerosion auf der Schwarzerde der Magdeburger Börde. In: Zeitschrift für
1947 Pflanzenernährung, Düngung und Bodenkunde, Bd. 37. Heidelberg und Berlin, S. 144—151.

Landwirthschaftliche Betriebsstatistik nach der allgemeinen Berufszählung vom 5. Juni 1882. Hg.
1885 v. Kaiserlichen Statistischen Amt. Berlin (= Statistik des Deutschen Reiches, N. F., Bd. 5).

Landwirthschaftliche Jahrbücher. Zeitschrift für wissenschaftliche Landwirthschaft und Archiv
1883 des Königlich Preussischen Landes-Oekonomie-Kollogiums, hg. v. H. Thiel, Bd. 12, Supplement I. Berlin.

Lebensweise — Kultur — Persönlichkeit. Dietz-Verlag. Berlin (= Schriftenreihe „Soziologie").
1975

LEHMANN, F. W.: Kurzgefaßte Beschreibung der Stadt Magdeburg und Umgebung. Magdeburg,
1839

LEHRMANN, C./MÜLLER, L.: Heimatskunde der Kreise Aschersleben, Calbe, Oschersleben und
1895 Wanzleben. Ein Führer durch die Heimat und ihre Geschichte und Sage. Staßfurt.

LENGERKE, ALEXANDER v.: Beobachtungen auf landwirthschaftlichen Reisen in den Königl. Preuß.
1846 Staaten. Die Provinzen Sachsen und Schlesien. Berlin.

LENGERKE, ALEXANDER v. (Hg.): Annalen der Landwirthschaft in den Königlich Preußischen Staa-
1848 ten, Jg. 6, Bd. XII. Berlin.

LENIN, W. I.: Eine unkritische Kritik (Zu dem Aufsatz von Herrn P. Skworzow „Warenfeti-
1956 (1900) schismus" im „Nautschnoje Obosrenije" Nr. 12, Jg. 1899). Berlin (= W. I. Lenin, Werke, Bd. 3, 1. Aufl.).

LENIN, W. I.: Der Imperialismus als höchstes Stadium des Kapitalismus. Gemeinverständlicher
1960 (1917) Abriß. Berlin (= W. I. LENIN, Werke, Bd. 22, 1. Aufl.).

LENIN, W. I.: Das Agrarprogramm der Sozialdemokratie in der ersten russischen Revolution von
1963 (1908) 1905 bis 1907. Berlin (= W. I. LENIN, Werke, Bd. 13, 1. Aufl.).

LENSCH, PAUL: Die Wandlung in der Verfassung der Zuckerindustrie (Staatswiss. Diss.). Straß-
1900 burg.

LIPPMANN, EDMUND O. v.: Die Entwicklung der Deutschen Zuckerindustrie von 1850 bis 1900.
1900 Leipzig.

LÖFFLER, JOACHIM: Die Kali- und Steinsalzlagerstätten des Zechsteins in der Deutschen Demo-
1962 kratischen Republik, Teil III, Sachsen-Anhalt. Berlin (= Freiberger Forschungsheft C 97/III).

LOENING, EDGAR: Landgemeinden und Gutsbezirke in den östlichen Provinzen Preußens. In:
1892 Jahrbücher für Nationalökonomie und Statistik, III. Folge, Bd. 3.

LOOSE, FRIEDRICH: Aus Großmühlingens Vergangenheit. Dessau.
1903

LORENZ, E.: Produktion, Produktivkräfte und Kapitalkonzentration der Magdeburger Industrie
1966 von 1871 bis 1914 (Diss., Hochschule für Ökonomie). Berlin.

LÜTGE, FRIEDRICH: Die Ablösung der grundherrlichen Lasten in Mitteldeutschland. In: Jahrbücher
1935 für Nationalökonomie und Statistik, Bd. 142.

LÜTGE, FRIEDRICH: Die mitteldeutsche Grundherrschaft und ihre Auflösung, 2. Aufl. Stuttgart
1957 (= Quellen und Forschungen zur Agrargeschichte, hg. von Friedrich Lütge, Günther Franz und Wilhelm Abel).

MÄNSS, JOHANNES: Geschichte des Magdeburgischen Stapelrechts. In: GSLM, Jg. 38.
1903

Magdeburg und seine Umgebung. Ergebnisse der heimatkundlichen Bestandsaufnahme im Gebiet
1972 von Magdeburg und Biederitz. Berlin (= Werte unserer Heimat, Bd. 19).

Magdeburger Familien-Kalender. Verlag des General-Anzeigers, I—XXVI. Magdeburg.
1908 ff.

Magdeburger Zeitung vom 18. Mai 1894.
1894

Magdeburgische Intelligenz-Zettel vom 19. 5. 1795 und 22. April 1797. Magdeburg.
1795/1797

Magdeburgs Wirtschaftsleben in der Vergangenheit, Bd. III. Magdeburg.
1928

MAHN, ERNST-GERHARD/SCHUBERT, RUDOLF: Vegetationskundliche Untersuchungen in der mitteldeutschen Ackerlandschaft. VI. Die Pflanzengesellschaften nördlich von Wanzleben (Magdeburger Börde). In: Wiss. Zeitschrift der Universität Halle, Math.-Nat. Reihe, Jg. 11, S. 765—816.
1962

MARGGRAF, ANDREAS SIGISMUND: Expériences chimiques, faites dans le dessin de tirer un véritable sucre de diverses plantes, qui croissent dans nos contrées. In: Histoire de l'Académie Royale des Sciences et Belles Lettres. Berlin.
1747

MARGGRAF, ANDREAS SIGISMUND: Chymische Schriften, Bd. II. Berlin.
1767

MARKGRAF, GÜNTER: Untersuchungen an einigen Bodenprofilen im Lößgebiet der Magdeburger Börde (Landw. Diss.). Berlin.
1964

MARTIN, PAUL C.: Frühindustrielles Gewerbe in der Rechtsform der AG. In: Beiträge zu Wirtschaftswachstum und Wirtschaftsstruktur im 16. und 19. Jahrhundert. (West-)Berlin (= Schriften des Vereins für Socialpolitik, N. F., Bd. 63).
1971

MARX, KARL: Das Kapital. Kritik der politischen Ökonomie, Bd. I. Berlin (= MEW, Bd. 23, 1. Aufl.).
1962 (1867)

MARX, KARL: Das Kapital. Kritik der politischen Ökonomie, Bd. III. Berlin (= MEW, Bd. 25, 1. Aufl.).
1964 (1894)

MASCHER, H. A.: Handbuch zum praktischen Gebrauch der Kreis- und Amtsordnung sowie der Landgemeinde- und Polizeiordnung für die preußischen Provinzen Preußen, Brandenburg, Pommern, Posen, Schlesien und Sachsen. Eisenach.
1874

MATSCHOSS, C.: Die Maschinenfabrik R. Wolf Magdeburg-Buckau 1862—1912. Die Lebensgeschichte des Begründers der Entwicklung der Werke und ihr heutiger Stand. Magdeburg.
(1912)

MATZ, RUDOLF: Agrar-Atlas über das Gebiet der Deutschen Demokratischen Republik. Gotha.
1956

MEHRING, FRANZ: Deutsche Geschichte vom Ausgange des Mittelalters. In: Franz Mehring, Gesammelte Schriften, Bd. 5. Berlin.
1964

MEITZEN, AUGUST: Der Boden und die landwirthschaftlichen Verhältnisse des Preussischen Staates nach dem Gebietsumfange vor 1866,
1868 Bd. I. Berlin.
1869 Bd. IV. Berlin.
1901 Bd. VI. Berlin.

MENDELSON, FRANZ: Die Landflucht in der Provinz Sachsen im Lichte der Grundbesitzverteilung. Halle (= Arbeiten der Landwirtschaftskammer für die Provinz Sachsen, H. 29).
1913

MERTIN, HANS: Geologische Studien im Buntsandstein und Muschelkalk in der Umgebung von Staßfurt. In: Zeitschrift für Naturwissenschaften, Organ des Naturwissenschaftlichen Vereins für Sachsen und Thüringen zu Halle a. S., Bd. 92, S. 185—194.
1938

MEUSEL, HERMANN: Entwurf zu einer Gliederung Mitteldeutschlands und seiner Umgebung in pflanzengeographische Bezirke. In: Wissensch. Zeitschrift der Universität Halle, Math.-Nat. Reihe, Jg. 4, S. 637—641.
1954/55

MEYNE, HANS: Die Zichorienindustrie Magdeburgs. In: Magdeburgs Wirtschaftsleben in der Vergangenheit, Bd. 3. Magdeburg.
(1928)

MICHELSEN, ED./NEDDERICH, F.: Geschichte der deutschen Landwirtschaft. Berlin.
1911

Mitteilungen des Vereins für anhaltinische Geschichte und Altertumskunde. I–XIV. Dessau. 1877 ff.

MOLL, GEORG: Zum Verlauf des „preußischen Weges“ der Entwicklung des Kapitalismus in
1964 der Landwirtschaft Mecklenburgs. In: Wissenschaftliche Zeitschrift der Universität Rostock, Gesellschafts- und Sprachwissenschaftliche Reihe, Jg. 13, H. 4.

Montagsblatt, Wissenschaftliche Wochenbeilage der Magdeburgischen Zeitung, Organ für
1905 ff. Heimatkunde. LVII–LXXXIV. Magdeburg.

MOOK, PAUL: Die Zuckerindustrie in der Provinz Sachsen mit einem kurzen Rückblick auf ihre
1920 ersten Anfänge in Deutschland (Phil. Diss.). Leipzig.

MOSEL, HERTWIG: Die Entwicklung der Zuckerfabrik Klein Wanzleben vorm. Rabbethge &
1925 Giesecke A.-G. (Rechts- und staatswiss. Diss.). Würzburg.

MOTTEK, HANS: Wirtschaftsgeschichte Deutschlands. Ein Grundriß, Bd. II. Von der Zeit der Fran-
1964 zösischen Revolution bis zur Zeit der Bismarckschen Reichsgründung. Berlin.

MÜHLBERG, DIETRICH: Bemerkungen zur Erforschung künstlerischer Bedürfnisse. In: Weimarer
1972 Beiträge, H. 2, S. 117–127.

MÜLLER, EDUARD: Der Großgrundbesitz in der Provinz Sachsen. Eine agrarstatistische Unter-
1912 suchung. Jena (= Sammlung nationalökonomischer und statistischer Abhandlungen des staatswissenschaftlichen Seminars zu Halle, Bd. 67).

MÜLLER, HANS-HEINRICH: Die Bodennutzungssysteme und die Separationen in Brandenburg
1965 vor den Agrarreformen von 1807. In: JfWG, Teil III.

MÜLLER, HANS-HEINRICH: Märkische Landwirtschaft vor den Agrarreformen von 1807 (= Veröff.
1967 des Bezirksheimatmuseums Potsdam, H. 13). Potsdam.

MÜLLER, THEODOR: Die naturräumlichen Einheiten auf Blatt 87 Braunschweig. Geographische
1962 Landesaufnahme 1:200000, Naturräumliche Gliederung Deutschlands, hg. vom Institut für Landeskunde. Bad Godesberg.

Nachweisung von der in der zur Magdeburgischen Direction gehörigen Städten vorhandenen
1801 Seelenzahl und deren Consumtion pro 1799 und 1800. In: Magdeburg-Halberstädtische Blätter, hg. von H. L. Barkhausen und L. H. Jacob, Bd. 1.

NATHUSIUS, v.: Die landwirthschaftlichen Verhältnisse der Umgegend von Magdeburg.
1884 In: Magdeburg. Festschrift für die Mitglieder und Theilnehmer der 57. Versammlung Deutscher Naturforscher und Aerzte, hg. im Auftrage des geschäftsführenden Ausschusses von ... Rosenthal. Magdeburg.

NATHUSIUS, ELSBETH v.: Johann Gottlob Nathusius, ein Pionier deutscher Industie, 3. Aufl.
1915 Stuttgart.

NELKENBRECHER, J. C.: Allgemeines Taschenbuch der Münz-, Maaß- und Gewichtskunde für
1815 Banquiers und Kaufleute. 11. Aufl., umgearbeitet und verbessert von J. S. Otto. Berlin.

NELKENBRECHER, J. C.: Allgemeines Taschenbuch der Münz-, Maaß- und Gewichtskunde, der
1871 Wechsel-, Geld- und Fonds-Curse u. s. w., bearbeitet von Dr. H. Schwabe, 19. Aufl. Berlin.

NEUMANN, ANNA: Die Bewegung der Löhne der ländlichen freien Arbeiter im Zusammenhang
1911 mit der gesamtwirtschaftlichen Entwicklung im Königreich Preußen gegenwärtigen Umfangs vom Ausgang des 18. Jahrhunderts bis 1850. In: Thiels landwirtschaftliche Jahrbücher, Bd. 40, Ergänzungsband 1.

NEUSS, ERICH: Ludwig Wucherer. Sein Leben und sein Wirken. Halle.
1926

NEUSS, ERICH: Carl August Jacob. Halle.
1929

NICHTWEISS, JOHANNES: Die ausländischen Saisonarbeiter in der Landwirtschaft der östlichen
1959 und mittleren Gebiete des Deutschen Reiches. — Ein Beitrag zur Geschichte der preußisch-deutschen Politik von 1890 bis 1914. Berlin.

NIEKAMMER: Landwirtschaftliches Güter-Adreßbuch, Provinz Sachsen,
1906 Jg. 1906.
1922 Jg. 1922.

NIEMANN, G.: Die Halophytenvegetation des Magdeburger Florenbezirkes. In: Abhandlungen
1938 und Berichte aus dem Museum für Naturkunde und Vorgeschichte in Magdeburg, Bd. 6, H. 5, S. 351—367.

NOWAK, HEINZ: Bördeana. Regesten zum geographischen Bezug des Begriffs „Börde" im Magde-
1970a burgischen. Manuskript Kreismuseum Ummendorf.

NOWAK, HEINZ: Bauern und andere dörfliche Schichten in der Magdeburger Börde vom Ausgang
1970b des 18. Jh. bis zum ersten Weltkrieg. Demografischer Aufriß. Teil I: 1785 bis 1860 (Dipl.-Arbeit, Humboldt-Universität). Berlin (Ms.).

NOWAK, HEINZ: Die Zuckerfabrik Kl. Wanzleben, vormals Rabbethge & Giesecke, Aktiengesell-
1957 schaft — Beitrag zur Kenntnis monopolistischer Wirtschaftsformen im Landkreis Wanzleben, Bezirk Magdeburg. Ummendorf. (Ms.).

NOWAK, HEINZ: Der sogenannte Wanzleber Pflug als kennzeichnende Erscheinung in der agra-
1969 rischen Gesamtentwicklung der Magdeburger Börde (Jahresarbeit, Humboldt-Universität). Berlin.

NOWOTNY, PAUL: Stand und Aufgaben der Erforschung des Sorbentums in der Gegenwart. In:
1969 Probleme und Methoden volkskundlicher Gegenwartsforschung. Berlin (= Veröffentlichungen des Instituts für deutsche Volkskunde, Bd. 51), S. 125—132.

OCHSENFARTH, ALBERT: Die Rübenlieferungspflicht der Gesellschafter von deutschen Zucker-
1931 fabriken. Jena.

OESFELD, CARL LUDEWIG: Topographische Beschreibung des Herzogthums Magdeburg und der
1786 Grafschaft Mansfeld Magdeburgischer Hoheit. Berlin.

PAASCHE, HERMANN: Zuckerindustrie und Zuckerhandel der Welt. Jena.
1891

PAASCHE, HERMANN: Die Zuckerproduktion der Welt. Ihre wirtschaftliche Bedeutung und staat-
1905 liche Belastung. Leipzig—Berlin.

PAHNCKE, M.: Johann Gottlob Nathusius (1760—1835). In: Mitteldeutsche Lebensbilder, Bd. 2.
1927 Magdeburg.

PAPENDIECK, H.: Das Landratsamt in den westelbischen Gebieten des Regierungsbezirks Magde-
1960 burg vom Zusammenbruch des westfälischen Staates bis zur Kreisordnung von 1872 (Dipl.-Arbeit). Potsdam.

PARISIUS, LUDOLF: Deutsche Volkslieder mit ihren Singweisen in der Altmark und im Magde-
1879 burgischen gesammelt. Magdeburg.

PEICKE, C(HRISTIAN): Zur Geschichte der Dörfer Groß-Ottersleben, Klein-Ottersleben und
1902 Benneckenbeck. Groß-Ottersleben.

PFAHL, ROBERT: Landarbeiterlöhne und ihre Bewegung vom Anfang des 19. Jahrhunderts bis
1973 zum Beginn des ersten Weltkrieges. Eine Studie zur Lage kontraktgebundener Landarbeiter auf den domanialen Pachthöfen des Herzogtums Mecklenburg-Schwerin. In: JfWG, Teil 4.

PIEPER, WILHELM: Der Magdeburger Braunkohlenbergbau. In: 50 Jahre mitteldeutscher Braun-
1935 kohlenbergbau, Festschrift zum 50jährigen Bestehen des Deutschen Braunkohlen-Industrie-Vereins e. V. Halle (Saale) 1885—1935. Halle (Saale), S. 387—432.

PIETSCHMANN, D.: Die Säkularisation des Domkapitels in Magdeburg und seiner Nebenstifter,
1969 Stiftische Herrschaften im späten Feudalismus. In: Beiträge zur Geschichte des Erzbistums Magdeburg, hg. von F. Schrader. Leipzig (= Studien zur kath. Bistums- und Klostergeschichte, Bd. 11).

PILTZ, GEORG: Magdeburg — Stadt am Strom. Dresden.
1954

PLACHY, E.: 100 Jahre Zuckerrübenzüchtung. Berlin.
1959

PLATT, ALBRECHT: Der Regierungsbezirk Magdeburg 1:200000. (STAM, Allgem. Kartensamm-
1842 lung).

PLAUL, HAINER: Probleme und Methoden volkskundlicher Regionalforschung in der DDR. In:
1971 Wissensch. Zeitschrift der Humboldt-Universität zu Berlin, Gesellschafts- und Sprachwissenschaftliche Reihe, Jg. 20, H. 1, S. 23 bis 28. (Heft u. d. T.: Ethnographische Studien zur Lebensweise — Ausgewählte Beiträge zur marxistischen Volkskunde). Berlin.

PLAUL, HAINER: Landarbeiterleben im 19. Jahrhundert. Eine volkskundliche Untersuchung über
(1974) Veränderungen in der Lebensweise der einheimischen Landarbeiterschaft in den Dörfern der Magdeburger Börde unter den Bedingungen der Herausbildung und Konsolidierung des Kapitalismus in der Landwirtschaft. Tendenzen und Triebkräfte (Diss.-Ms.). (Berlin).

Preußische Statistik,
1864 Bd. 5. Berlin.
1867 Bd. 10. Berlin.
1869 Bd. 16, Teil 1. Berlin.
1871 Bd. 16, Teil 2. Berlin.
1875 Bd. 30. Berlin.
1877 Bd. 39, Teil 1. Berlin.
1878 Bd. 40, Teil 1. Berlin.
1879 Bd. 48a. Berlin.
1880 Bd. 57. Berlin.
1883 Bd. 66. Berlin.
1884 Bd. 76, Teil 1. Berlin.
1885a Bd. 76, Teil 3. Berlin.
1885b Bd. 83, Teil 1. Berlin.
1886 Bd. 83, Teil 2. Berlin.
1888 Bd. 96. Berlin.
1893 Bd. 121, Teil 1. Berlin.
1897 Bd. 148, Teil 1. Berlin.
1898 Bd. 142, Teil 1. Berlin.
1902 Bd. 142, Teil 2. Berlin.
1903 Bd. 177, Teil 1. Berlin.
1908 Bd. 206, Teil 1. Berlin.
1913 Bd. 234, Teil 1. Berlin.

Protocolle über die gehaltenen 10 Plenar-Sitzungen des XIII. Sächsischen Provinzial-Landtages
o. J. (1858) im Jahre 1858. Merseburg.

Provinz Sachsen, Die, in Wort und Bild. Hg. vom Pestalozziverein der Provinz Sachsen, Bd. I—II.
1900/1902 Berlin.

QUANTE, PETER: Die Flucht aus der Landwirtschaft. Berlin-Grunewald.
1933

RACH, HANS-JÜRGEN: Die Wohnbauten der werktätigen Dorfbevölkerung in der Magdeburger
1971 Börde vom Ausgang des 18. Jahrhunderts bis zum Ende des ersten Weltkrie-

ges. Ein Beitrag zum Bauen und Wohnen der ländlichen Agrarproduzenten (Phil. Diss., Humboldt-Universität). Berlin.

RACH, HANS-JÜRGEN: Bauernhaus, Landarbeiterkaten, Schnitterkasernen. Berlin.
1974

RACH, HANS-JÜRGEN: Schnitterkasernen in der Magdeburger Börde. Die Unterkünfte der land-
1975 wirtschaftlichen Saisonarbeiter in der zweiten Hälfte des 19. und zu Beginn des 20. Jahrhunderts. In: JfVK, Bd. 17 (N. F., Bd. 2). Berlin, S. 171–192.

RACH, HANS-JÜRGEN: Gedanken zur Ausgestaltung eines Programms volkskundlicher Erfor-
1976 schung des Proletariats, dargestellt an Ergebnissen und Erfahrungen einer Untersuchung in der Magdeburger Börde. In: Abhandlungen und Berichte des Staatlichen Museums für Völkerkunde Dresden. Bd. 35. Berlin, S. 43–54.

RAUSCH, FRITZ: Die Entwicklung der Elbe zum modernen Großschiffahrtsweg. In: Die Elbe,
1924a Jg. 1924.

RAUSCH, FRITZ: Die Stellung der Stadt Magdeburg im deutschen Verkehr (Phil. Diss., Humboldt-
1924b Universität). Berlin.

REDEN, FRIEDRICH WILHELM von: Erwerbs- und Verkehrs-Statistik des Königsstaats Preußen.
1854 In vergleichender Darstellung, Bd. III. Darmstadt.

REGENAUER, K.: Die Maschinenfabrik Buckau Aktiengesellschaft in Magdeburg 1838. Ihre Ent-
1924 stehung und Entwicklung bis 1888. (o. O.).

RELSSIEG, W. A.: Sagen und Legenden der Stadt Magdeburg und Umgebung. I–II. Magdeburg.
1847

REUTER, BERND: Die Landschaftsentwicklung in der Magdeburger Börde. In: Naturschutz und
1970a naturkundliche Heimatforschung in den Bezirken Halle und Magdeburg, Jg. 7, S. 58–65.

REUTER, BERND: Sediment und Boden im Lößhügelland unter besonderer Berücksichtigung der
1970b Schwarzerde-Gebiete (Diss., Universität Halle). Halle.

RIEGER/BAUMECKER: Chronik der Städte Staßfurt und Leopoldshall.
1927

RIEMER, MORITZ: Die Generalvisitation vom Jahre 1650/51 im Holzkreise, Teil III. In: GSLM,
1906 Bd. 41.

RISSMANN: Über die Regulirung der Klinke. In: Verhandlungen und Mittheilungen des Vereins
1875 für öffentliche Gesundheitspflege in Magdeburg, H. 4, S. 39–43.

RITTER, K.: Agrarwirtschaft und Agrarpolitik im Kapitalismus, 1. Halbband. Berlin.
1956

ROHRSCHEIDT, KURT von: Unter dem Zunftzwange in Preußen während des 18. Jahrhunderts.
1893 In: Jahrbücher für Nationalökonomie und Statistik, III. Folge, Bd. 5.

ROSENKRANZ, K.: Von Magdeburg bis Königsberg. Berlin.
1873

ROSENTHAL (Hg.): Magdeburg. Festschrift für die Mitglieder der 57. Versammlung Deutscher
1884 Naturforscher und Aerzte. Magdeburg.

ROTHE, M.: Adalingerstorp – Kleine Chronik und Heimatkunde der Gemeinde Eggersdorf,
1910 Kreis Calbe.

ROUBITSCHEK, WALTER: Profile und Gebiete der pflanzlichen Bruttoproduktion im Gebiet der
1963 Deutschen Demokratischen Republik. In: Wissensch. Zeitschrift der Universität Halle, Math.-Nat. Reihe, Jg. 12, S. 289–310.

Rübenzuckerfabrikation, Die, auf ihrem gegenwärtigen Standpunkte in landwirtschaftlicher,
1858 technischer und statistischer Hinsicht. In: Unsere Zeit. Jahrbuch zum Conversations-Lexikon, Bd. 2. Leipzig.

RUNGWERTH, E.: Heimatkunde des Kreises Wolmirstedt. Wolmirstedt (2. Aufl. = 1906).
1892

RUST: Zusammenstellung der verschiedenen Münzen, Gewichte, Gemäße für trockene und flüssige
(1853) Sachen, des Fußmaßes, Ellenmaßes und Flächenmaßes bei Grundstücken, im Vergleich mit den Preußischen Münzen, Gewichten für Geschäftsleute und zum Privatgebrauche. Neuhaldensleben.

SAALFELD, DIEDRICH: Die Produktion und Intensität der Landwirtschaft in Deutschland und
1967 angrenzenden Gebieten um 1800. In: Zeitschrift für Agrargeschichte und Agrarsoziologie, Bd. 15.

SCHAEFER, H.: Der Bau der Eisenbahn Magdeburg—Wittenberge. In: Montagsblatt. Beilage zur
1926 Magdeburgischen Zeitung, Jg. 1926.

SCHERNIKAU, WILHELM: Chronik der Stadt Schönebeck an der Elbe. Berlin.
1880

SCHILLING, D./BANNORTH, H./SCHLICHT, H.: Natürliche Standorteinheiten der landwirtschaftlichen
1965 Produktion in der DDR. Hg. Landwirtschaftsrat der DDR.

SCHIPPEL, MAX: Zuckerproduktion und Zuckerprämien bis zur Brüsseler Konvention 1902.
1903 Stuttgart.

SCHLAG, BÄRBEL: Die Halophytenvegetation der Salzstellen bei Hecklingen, Sülldorf und Artern
1963 (Dipl.-Arbeit, Institut für Systematische Botanik und Pflanzengeographie der Martin-Luther-Universität). Halle—Wittenberg.

SCHLÜTER, OTTO/AUGUST, OSKAR: Atlas des Saale- und mittleren Elbegebietes. Leipzig.
1959/61

SCHMIDT, K.: Ein Bahnbrecher der deutschen Industrie. Zum 150. Geburtstag Ernst Wilhelm
1928 Arnoldis. In: Montagsblatt. Beilage zur Magdeburgischen Zeitung, Jg. 1928.

SCHMIDT, HANNELORE: Verbreitung und Standortansprüche einiger Ackerunkräuter im Südwesten
1972 des Kreises Haldensleben. In: Jahresschrift des Kreismuseums Haldensleben, Bd. 13, S. 69—85.

SCHNEER, ALEXANDER: Die Dismembrationsfrage. In: Archiv der politischen Ökonomie und
1845 Polizeiwissenschaft, N. F., Bd. 3. Heidelberg.

SCHOLZE, G.: Die volkswirtschaftliche Bedeutung des Refuge für die Stadt Magdeburg. In:
1925 Magdeburgs Wirtschaftsleben in der Vergangenheit, Bd. 1, S. 373—414. Magdeburg.

SCHOTTE, FRIEDRICH: Die Produktionsgrundlagen der Provinz Sachsen 1907—1927. Halle.
1932

SCHRECKENBACH, H.-J.: Der Amtsvorsteher, Staatliche Ortspolizeibehörden im 19. und 20. Jh.
1960 und deren Schriftgut. In: Archivmitteilungen, 10.

Schriftenreihe des Instituts für sorbische Volksforschung Bautzen, Bd. 36. Bautzen.
1968

SCHRÖDER, EDWARD: Börde. In: Jahrbuch des Vereins für niederdeutsche Sprachforschung
1941 (= Niederdeutsches Jahrbuch), Jg. 1939/40, Bd. 65/66, S. 33—34. Hamburg.

SCHUBERT, FRIEDRICH WILHELM: Der Preußische Staat. In: Handbuch der Allgemeinen Staats-
1848 kunde, Bd. 7, 1. Hälfte. Königsberg.

SCHUCHART, THEODOR: Die volkswirtschaftliche Bedeutung der technischen Entwicklung der
1908 deutschen Zuckerindustrie. Leipzig.

SCHULENBURG, v. d., FRIEDRICH WILHELM: Karte von Preußen (sog. Schulenburgsche Karte)
um 1780 1:100000. (Deutsche Staatsbibliothek Berlin, Kartenabteilung).

SCHULTZE, H.: Heimatskunde der Provinz Sachsen. Für Volks- und Bürgerschulen. Halle (2. Aufl.
1869 = 1871, 3. Aufl. = 1881).

SCHULTZE, JOACHIM HEINRICH (Hg.): Die Naturbedingten Landschaften der Deutschen Demokra-
1955 tischen Republik. Erg.-H. Nr. 257 zu „Petermanns Geographischen Mitteilungen". Gotha.

SCHULZE, W.: Aus der Provinz Sachsen. In: Allgemeine Kirchen-Zeitung, Jg. 23, Nr. 24, vom
1844 11. 2. 1844. Darmstadt.

SCHWARZE, A.: Denkschrift zur 75jährigen Jubiläumsfeier der Zuckerfabrik Brandes & Co.
o. J. (1926) Offleben, 1851–1926 (Festschrift). (o. O.).

SCHWINEKÖPER, B. (Bearb.): Gesamtübersicht über die Bestände des Landeshauptarchivs Magde-
1954 burg, Bd. I. Halle.

SEGLER, G.: Der erste Provinzialtag der Provinz Sachsen 1825. In: Thüringisch-sächsische Zeit-
1931 schrift für Geschichte und Kunst, 20.

SEIDL, ERICH: Die permische Salzlagerstätte im Graf-Moltke-Schacht und in der Umgebung von
1914 Schönebeck an der Elbe. In: Archiv für Lagerstättenforschung, H. 10. Berlin.

SEYDLITZ, CARL v.: Der Regierungsbezirk Magdeburg. Geographisches, statistisches und topo-
1820 graphisches Handbuch. Magdeburg.

SEYFERT, FRANZ: Phänologische Gebietsmittelwerte der Jahre 1957–1966 und des Gesamtzeit-
1972 raumes 1947–1966 aus dem Höhenbereich 0–300 m NN in der Deutschen Demokratischen Republik auf der Grundlage naturbedingter Landschaften. Berlin (= Abhandlungen des Meteorologischen Dienstes der DDR, Nr. 102) (Bd. 13).

SILBERGLEIT, H.: Magdeburgs Industrie, Handwerk und Handel und deren gewerbliche Steuer-
1901 kraft. Magdeburg.

SILBERGLEIT, H.: Magdeburgs Wohnungen und Haushaltungen 1890–1900. Magdeburg.
1903

ŠOŁTA, JAN: Die Bauern der Lausitz. Eine Untersuchung des Differenzierungsprozesses der Bauern-
1968 schaft im Kapitalismus. Bautzen (= Schriftenreihe des Instituts für sorbische Volksforschung, Bautzen, Bd. 36).

STADELMANN, RUDOLPH (Bearb.): Preußens Könige in ihrer Tätigkeit für die Landeskultur,
1882 Theil II, Friedrich der Große. Leipzig (= Publicationen aus den preußischen Staatsarchiven, Bd. 11).

Statistik des Deutschen Reiches, N. F.,
1897 Bd. 109. Berlin.
1899 Bd. 111. Berlin.
1898a Bd. 117. Berlin.
1898b Bd. 118. Berlin.

Statistik des Deutschen Reiches,
1909 Bd. 204. Berlin.
1910 Bd. 209. Berlin.
1912 Bd. 212, Teil 2a und Teil 2b. Berlin.
1919 Bd. 218. Berlin.

Statistik des Kreises Wanzleben, im Allgemeinen auf den statistischen Ermittelungen des Jahres
1867 1864 beruhend. Oschersleben.

Statistische Darstellung des landräthlichen Kreises Calbe. Calbe.
o. J. (1880)

Statistische Mitteilungen aus dem Königreich Sachsen, Zweite Abteilung. Bewegung der Bevöl-
1852 kerung. Dresden (anonym).

Statistisches Handbuch für den preußischen Staat, Bd. 4. Berlin.
1903

Statistisches Jahrbuch des Bezirkes Magdeburg, Jg. 16, hg. von der Staatlichen Zentralverwaltung
1974 für Statistik, Bezirksstelle Magdeburg.

Statistisches Jahrbuch deutscher Städte, Jgg. 7–13. Breslau.
1900–1906

Statistisches Jahrbuch deutscher Städte, Jg. 20. Breslau.
1913

Statistisches Jahrbuch für den preußischen Staat, Jg. 13. Berlin.
1916

STAUFENBIEL, FRED: Zur Entwicklung kultureller Bedürfnisse in der Arbeiterklasse. In: Deutsche
1974 Zeitschrift für Philosophie, H. 2, S. 204–212. Berlin.

STEGMANN, EDUARD: Aus dem Volks- und Brauchtum Magdeburgs und der Börde. Magdeburg
(1936) (= Magdeburger Kultur- und Wirtschaftsleben, H. 4).

STEINBRÜCK, K.: Die Landwirtschaft und ihr Betrieb in der Provinz Sachsen im letzten Viertel-
1913 jahrhundert. In: Kaiser-Nummer der Magdeburgischen Zeitung vom 15. 6. 1913.

STEINITZ, WOLFGANG: Deutsche Volkslieder demokratischen Charakters aus sechs Jahrhunderten,
1954/1962 Bd. I/II. Berlin (= Veröffentlichungen des Instituts für deutsche Volkskunde, Bd. 4 I/II).

STEINSDORFF, FRITZ HELMUT v.: Das Eindringen des auswärtigen Kapitals in den hallischen
1931 Wirtschaftsbezirk und seine Beteiligung bei den einheimischen Kapitalgesellschaften. Halberstadt (= Beiträge zur mitteldeutschen Wirtschaftsgeschichte und Wirtschaftskunde, H. 13).

STROBACH, HERMANN: Positionen und Grenzen der kritischen Volkskunde in der BRD. In: JfVK,
1973 Bd. 16 (N. F., Bd. 1), Jg. 1973, S. 45–91.

STROBACH, HERMANN (Hg.): Der arm man 1525. Volkskundliche Studien. Berlin (= Veröffent-
1975 lichungen zur Volkskunde und Kulturgeschichte, Bd. 59).

STROBACH, HERMANN/WEINHOLD, RUDOLF/WEISSEL, BERNHARD: Volkskundliche Forschungen
1975 in der DDR – Bilanz und Ausblick. In: JfVK, Bd. 17 (N. F., Bd. 2), S. 9–39.

SÜSSMILCH, JOHANN PETER: Die göttliche Ordnung in den Veränderungen des menschlichen
1775 Geschlechts aus der Geburt, dem Tode und der Fortpflanzung derselben verwiesen. 4. Aufl., hg. von Christian Jacob Baumann. Berlin.

Tabellen und amtliche Nachrichten über den preußischen Staat,
1851a für das Jahr 1849, Bd. 1. Berlin,
1851b für das Jahr 1849, Bd. 2. Berlin,
1854 für das Jahr 1849, Bd. 5. Berlin,
1855a für das Jahr 1849, Bd. 6. Berlin,
1855b für das Jahr 1852. Berlin,
1858 für das Jahr 1855. Berlin,
1860 für das Jahr 1858. Berlin.

TANGERMANN, F.: Die Landgemeinde Belsdorf am Anfang des 20. Jh. Borna–Leipzig.
1905

TANNENBERG, GERHARD: Der Kampf um den Zucker. Leipzig.
1942

THIEL, H. (Hg.): Landwirthschaftliche Jahrbücher. Zeitschrift für wissenschaftliche Landwirth-
1883 schaft und Archiv des Königlich Preussischen Landes-Oekonomie-Kollegiums, Bd. XII, Supplement I. Berlin.

THIELE, A.: Die Geschichte des Dorfes Eilsleben. Mit einem Anhang, enthaltend die Geschichte
1903 der Dörfer Ummendorf, Wormsdorf, Ovelgünne, Hakenstedt. Eilsleben.

THIEME, HORST: Statistische Materialien zur Konzessionierung von Aktiengesellschaften in
1960 Preußen bis 1867. In: JfWG, Teil 2.

THOMAS, J.: Die Kettenschiffahrt auf der Elbe. In: Montagsblatt. Beilage zur Magdeburgischen
1930 Zeitung, Jg. 1930.

TILGER, FRIEDRICH: Der Rothenseer Busch. In: GSLM, Jg. 63, S. 6–30.
1928

TODTENHOF, G.: Die Wohnplätze der Provinz Sachsen. Nach den Materialien des Königl. preuss.
1882 statistischen Bureaus bearb. Halle a. S.

TORQUATUS, GEORGIUS (1574): In: Boysen, Fridericus Everhardus: Monumenta inedita rerum
(1761) Germanicarum Präcique Magdeburgicarum et Halberstadiensium, Tomus I: Georgii Torquatii Annales. Leipzig und Quedlinburg.

Über den Techniker Sebastian Carl Schützenbach (1793—1869) siehe seinen Nekrolog in: Zeit-
o. J. (1869) schrift des Vereins für die Rübenzucker-Industrie im Zollverein 1869, Bd. 19, N. F., Jg. 6. Berlin.

Übersicht über die statistischen Verhältnisse des Kreises Neuhaldensleben. Magdeburg.
1864

ULRICH, K: Die Zuckerfabriken im Kreise Neuhaldensleben. In: Die Elbe. Zeitschrift des Wirt-
1926 schaftsverbandes für den Regierungsbezirk Magdeburg, Jg. 5, Sonderheft.

ULRICH-NORDGERMERSLEBEN: Die Anfänge der Rübenzuckerindustrie in der Provinz Sachsen. In:
1925 Deutsche Zuckerindustrie.

ULRICH-NORDGERMERSLEBEN: Die Anfänge der Rübenzuckerindustrie im Freistaat Sachsen. In:
1929 Deutsche Zuckerindustrie.

Unterhaltende topographische und statistische Beschreibung einer Sommerreise durch die Pro-
1791 vinzen Magdeburg, Braunschweig, Halberstadt, Quedlinburg und Barby (v. Chr. K. Plato), 3 Teile. Halle.

Verzeichniß sämmtlicher Zucker-Fabriken, welche dem Vereine für Rübenzucker-Industrie in den
1857 Zollvereinslanden angehören, und: Verzeichniß derjenigen Zucker-Fabriken im Zollverein, welche dem Vereine für Rübenzucker-Industrie nicht angehören. In: ZVRI, Bd. 7, S. 442—445 bzw. 449—450. Berlin.

VOGLER, G./VETTER, K.: Preußen. Von den Anfängen bis zur Reichsgründung. Berlin.
1970

VOIGT, GUSTAV: Flächenmasstabelle für das Königreich Preussen. Merseburg.
o. J. (1899)

Volksstimme. Organ für das werktätige Volk von Magdeburg und Umgebung. (Tageszeitung der
1890ff. Magdeburger Sozialdemokratie). Magdeburg.

WÄCHTER, KARL: Geologische Exkursionen in der Umgebung von Magdeburg. Ummendorf
1965 (= Die Magdeburger Börde, Bd. 3).

WAHNSCHAFFE, FELIX: Die Quartärbildungen der Umgegend von Magdeburg mit besonderer
1885 Berücksichtigung der Börde. Berlin (= Abhandlungen der Preußischen Geologischen Landesanstalt, Bd. 7, H. 1).

WALTHER, SAMUEL: Singularia Magdeburgica oder Merckwürdigkeiten aus der Magdeburgischen
1735 Historie, Theil V. Magdeburg und Leipzig.

WALTHER, WILHELM LUDWIG: Die politisch-geographischen Grundlagen der Agrarverfassung
1906 des Herzogtums Magdeburg in der zweiten Hälfte des achtzehnten Jahrhunderts und ihre allgemeine Entwicklung (Phil. Diss., Leipzig 1906). Magdeburg.
Auch in: GSLM, Jg. 41, S. 137—289.

Wanderblätter für die Umgebung Magdeburgs, hg. von O. Gerlach, H. XX. Magdeburg (= Neu-
o. J. (1924) haldensleben II, bearb. von O. Held). Magdeburg.

Wann ist der rechte Zeitpunkt, persönliche Dienste der Bauern in Geldabgaben zu verwandeln?
1801 In: Magdeburg-Halberstädtische Blätter.

W(ASSERZIEHER), ERNST: Die Börde. In: Montagsblatt, Wiss. Wochenbeilage der Magdeburgischen
1925 Zeitung, Nr. 18.

WEGENER, PHILIPP: Idiotische Beiträge zum Sprachschatz des Magdeburger Landes. In: GSLM,
1878 Jg. 13, S. 416—443.

WEGENER PHILIPP: Hochzeitsgebräuche des Magdeburger Landes. In: GSLM, Jg. 13, S. 225—255;
1878/1879/1883 Jg. 14, S. 184—222; Jg. 18, S. 371—380.

WEGENER, PHILIPP: Volkstümliche Lieder aus Norddeutschland, besonders dem Magdeburger
1879/1880 Lande und Holstein. Nach eigenen Sammlungen und nach Beiträgen von Carstens und Pröhle, H. 1–3. Leipzig.

WEGENER, PHILIPP: Festgebräuche des Magdeburger Landes. In: GSLM, Jg. 15, S. 245–274
1880a und 374–389.

WEGENER, PHILIPP: Märchen und Sagen des Magdeburger Landes. In: GSLM, Jg. 15, S. 50–75.
1880b

WEGENER, PHILIPP: Spiele aus dem Magdeburger Lande mit Beiträgen aus anderen Gegenden
1882/1883 Norddeutschlands. In: GSLM, Jg. 17, S. 410–437; Jg. 18, S. 1–16 und 146–184.

WEGENER, PHILIPP: Zur Kunde der Mundarten und des Volkstums im Gebiet der Ohre. In:
1897 GSLM, Jg. 32, S. 326–364.

WEISSEL, BERNHARD: Zum Gegenstand und zu den Aufgaben volkskundlicher Wissenschaft in
1973 der DDR. In: JfVK, Bd. 16 (N. F., Bd. 1), S. 9–44. Berlin.

WEISSEL, BERNHARD: Volkskunde zwischen Kulturanthropologie und empirischer Kulturanalyse.
1976 Zur Diskussion um ihre Standortbestimmung in der BRD mit ihren Konsequenzen für die Erforschung der Kultur und Lebensweise der Arbeiterklasse. In: Evolution und Revolution in der Weltgeschichte. Ernst Engelberg zum 65. Geburtstag. Bd. 1, S. 379–414. Berlin.

WEISSEL, BERNHARD/STROBACH, HERMANN/JACOBEIT, WOLFGANG: Zur Geschichte der Kultur
1972 und Lebensweise der werktätigen Klassen und Schichten des deutschen Volkes vom 11. Jahrhundert bis 1945. Ein Abriß. In: Wissenschaftliche Mitteilungen der Historikergesellschaft der DDR, H. 1–3. Berlin.

WICKEL, WERNER/THINIUS, OTTO (Hg.): Der Kreis Calbe. Ein Heimatbuch. Leipzig.
(1937)

WIEGERS, FRITZ: Erläuterungen zur geologischen Karte von Preußen und benachbarten Bundes-
1919 staaten, Blatt Neuhaldensleben. Berlin.

WIEGERS, FRITZ: Erläuterungen zur geologischen Karte von Preußen und benachbarten Bundes
1920 staaten, Blatt Erxleben. Berlin.

WIEGERS, FRITZ: Geologisches Wanderbuch für den Regierungsbezirk Magdeburg. Stuttgart.
1924

WIEGERS, FRITZ: Erläuterungen zur Geologischen Karte von Preußen und benachbarten deutschen
1932 Ländern, Blatt Oschersleben/Bode. Berlin.

WIEGERS, FRITZ/GÖRZ, G.: Erläuterungen zur Geologischen Karte von Preußen und benachbarten
1925 deutschen Ländern, Blatt Wanzleben. Berlin.

WIEPRECHT, HANS: Botanische Studien im Gebiet des Bever- und Olvetales und aus dem Flechtin-
1961 ger Höhenzug. In: Jahresschrift des Kreismuseums Haldensleben, Jg. 2, S. 70–80.

WINKLER, WALTHER: Vom vielbegehrten Zucker. (o. O.).
o. J.

WINTER, AUGUST FRANZ: Die Volkssprache in der Landschaft am Zusammenfluß von Bode,
1874a Saale und Elbe. In: GSLM, Jg. 9, S. 97–121.

WINTER, AUGUST FRANZ: Volksreime und Kinderlieder aus dem Magdeburger Lande. In: GSLM,
1875/1877 Jg. 10, S. 303–335; Jg. 12, S. 381–394.

WINTER, FRANZ: Die Börde. In: GSLM, Jg. 9, S. 432–433.
1874b

WINTER, FRANZ: Wanderungen durch das Sülzetal. In: GSLM,
1876 Jg. 11, S. 424–447,
1877 Jg. 12, S. 155–176.

Wissenschaftliche Zeitschrift der Universität Rostock, Gesellschafts- und Sprachwissenschaftliche
1964 Reihe, Jg. 13, H. 4.

Wochenblatt für die Kreise Neuhaldensleben, Gardelegen und Wolmirstedt, Jg. 1877.
1877

WOESNER, KARL: Die Geschichte der Arbeiterbewegung in Magdeburg und Umgebung zur Zeit
1957 des Sozialistengesetzes (= Magdeburger Schriftensammlung, hg. v. Rat der Stadt Magdeburg, Abt. Kultur).

WOGE, RICHARD: Über den Einfluß des Zuckerrübenbaues auf die Höhe der landwirtschaftlichen
1892 Kapitalien (Phil. Diss.). Leipzig.

WOLFROM, ERICH: Das Bauernhaus im Magdeburger Land. Magdeburg (= Magdeburger Kultur-
(1937) und Wirtschaftsleben, H. 13).

WUNDERLING, GERHARD: Chronik des Bördedorfes Welsleben, Teil II.
1935

Zabel's Jahr- und Adressbuch der Zuckerfabriken Europas für die Campagne 1896/97, Jg. 27.
(1898) Magdeburg.

ZANDER, ALFRED: Die wirtschaftliche Entwicklung der Provinz Sachsen im 19. Jahrhundert
1934 (Rechts- u. staatswiss. Diss., Martin-Luther-Universität Halle—Wittenberg). Halle/Sa.

ZEDLITZ, Frhr. von: Die Staatskräfte der preußischen Monarchie unter Friedrich Wilhelm III.,
1828 Bd. II, Teil II. Berlin.

ZEDLITZ-NEUKIRCH, L. v.: Der preußische Staat in allen seinen Beziehungen, Bd. I. Berlin.
1835

Zeitschrift des Harzvereins für Geschichte und Altertumskunde. I—LXXV. Wernigerode.
1868ff.

Zeitschrift des Königlich preußischen statistischen Bureaus,
1861 Jg. 1,
1865 Jg. 5, Nr. 1/2,
1871 Jg. 11, Nr. 1/2.

Zeitschrift des landwirthschaftlichen Central-Vereins der Provinz Sachsen, Bd. 1—50. Magdeburg
1845—1893 u. a.

Zeitschrift des Vereins für die Rübenzucker-Industrie im Zollverein. Berlin,
1851—1862 Bd. 1—Bd. 12,
1863—1879 Bd. 13—Bd. 29 = N. F., Bd. 1ff.

Zeitschrift für Geschichtswissenschaft. Berlin.
1952ff.

ZIEGENHAGEN, NORBERT: Die Entwicklung der Produktion und der Eigentumsverhältnisse in
1965 der Landwirtschaft der Provinz Sachsen von 1875 bis 1895 (Wirtschaftswiss. Diss.). Leipzig.

ZIMMERMANN, B.: Die Familie Zimmermann in Drackenstedt 1480—1912. Seehausen (Altmark).
1912

ZIMMERMANN, RICHARD: Der Zucker im Welthandel. Berlin.
1895

Zuckerfabrik Zörbig m.b.H. von 1852/53 bis 1932/33. Denkschrift zum 80jährigen Bestehen
o. J. (1933) (Festschrift). (o. O.).

ZWANZIGER, WALTHER: Geschichte des Steinkohlenbergbaues im Saalkreis (Diss.). Halle.
1925

# Abkürzungsverzeichnis

| | |
|---|---|
| AdW | Akademie der Wissenschaften der DDR |
| BAKW | Betriebsarchiv der Zuckerfabrik Klein Wanzleben |
| Ctr. | Zentner |
| °dH | deutscher Härtegrad |
| gGr. | guter Groschen |
| Gr. | Groschen |
| GSLM | Geschichtsblätter für Stadt und Land Magdeburg |
| HWD | Handwerkerdichte |
| IWG | Institut für Wirtschaftsgeschichte |
| JfVK | Jahrbuch für Volkskunde und Kulturgeschichte |
| JfWG | Jahrbuch für Wirtschaftsgeschichte |
| Krs. | Kreis |
| Ldw | Landwirtschaft |
| M. | Morgen (im Zitat) |
| MEW | Karl Marx-Friedrich Engels, Werke |
| Mk | Mark |
| $m^3/d$ | Kubikmeter pro Tag |
| $m^3/s$ | Kubikmeter je Sekunde |
| Mtz. | Metze |
| Pfg. | Pfennige |
| Reg.-Bez. | Regierungsbezirk |
| RM | Reichsmark |
| Rt | Reichstaler |
| Schff. | Scheffel |
| Sgr. | Silbergroschen (auch: sgr.) |
| STAM | Staatsarchiv Magdeburg |
| STAP | Staatsarchiv Potsdam |
| STAS | Staatsarchiv Schwerin |
| Stck | Stück |
| Thlr. preuß. cour. | Taler preuß. Courant |
| ü. NN | über Normalnull |
| ZfG | Zeitschrift für Geschichtswissenschaft |
| ZLCV | Zeitschrift des landwirthschaftlichen Central-Vereins der Provinz Sachsen |
| ZVRI | Zeitschrift des Vereins für die Rübenzucker-Industrie im Zollverein |
| ZSTA II | Zentrales Staatsarchiv, Historische Abteilung II, Merseburg |

# Ortsregister

Das Register erschließt den Text sowie die Anlagen.
Nicht aufgenommen wurden Ortsnamen, die bei betrieblichen, geographischen, administrativen, institutionellen, technischen u. ä. Bezeichnungen oder Namen Verwendung fanden.
Die Suchangaben hinter den Bördeorten beziehen sich auf die dem 1. Halbband beigelegte Karte „Die Magdeburger Börde" (Abb. 33).

Taf. 1 Ansicht der Zuckerfabrik Klein Wanzleben, um 1850

Taf. 2 Andreas Sigismund Marggraf (1709—1782), der Entdecker des Zuckers in der europäischen Rübe

Taf. 3 Franz Carl Achard (1753–1821), der Pionier der Zuckergewinnung in Deutschland

Taf. 4 Matthias Christian Rabbethge (1804–1902), der führende Kopf und Teilhaber der Zuckerfabrik Klein Wanzleben im 19. Jh.

Taf. 5a Teilansicht der Zuckerfabrik Klein Wanzleben, um 1925

Taf. 5b Gesamtansicht der Zuckerfabrik Klein Wanzleben, einschließlich der Nebengebäude (Laboratorien zur Rübensamenzucht, Speicher, Verwaltungsgebäude u. a.)

Taf. 6a Zur Zuckerfabrik Klein Wanzleben gehörender Wirtschaftshof in Altbrandsleben

Taf. 6b Zur Zuckerfabrik Klein Wanzleben gehörender Wirtschaftshof in Meyendorf

Taf. 7a Sogenannte Schnitterkaserne für Saisonarbeiter in Eggenstedt

Taf. 7b Wohnhaus zur Unterbringung der bei der Aktiengesellschaft Rabbethge & Giesecke beschäftigten Arbeiter und ihrer Familien, sog. Familienkaserne „Belfast“

Taf. 8a Saisonarbeiterinnen auf einem Feld bei Groß Germersleben

Taf. 8b Landarbeiterinnen auf dem Feld eines Großbauern in Meitzendorf

A

*Die Bevölkerung im Regierungsbezirk Magdeburg und in den Städten und auf dem*

| Territorium | 1816 | 1819 | 1822 | 1825 | 1828 | 1831 | 1834 | 1837 | 1840 | 1843 | 1846 | 18 |
|---|---|---|---|---|---|---|---|---|---|---|---|---|
| Regierungsbezirk Magdeburg | 467219 | 486000 | 507575 | 527545 | 549132 | 562932 | 577178 | 598981 | 628695 | 647326 | 674149 | 691 |
| Kreis Calbe | | | | | | | | | | | | |
| Aken | 2996 | 3007 | 3184 | 3361 | 3538 | 3716 | 3796 | 3877 | 4105 | 4228 | 4313 | 4 |
| Barby | 2541 | 2707 | 2841 | 2975 | 3109 | 3242 | 3228 | 3214 | 3334 | 3342 | 3412 | 3 |
| Calbe | 3712 | 3884 | 4100 | 4316 | 4532 | 4747 | 4878 | 5010 | 5391 | 5441 | 5566 | 5 |
| Groß Salze | 1613 | 1622 | 1710 | 1798 | 1886 | 1973 | 2151 | 2329 | 2291 | 2491 | 2495 | 2 |
| Schönebeck | 4450 | 4677 | 5129 | 5581 | 6033 | 6484 | 6914 | 7344 | 7602 | 7602 | 8051 | 8 |
| Staßfurt | 1644 | 1644 | 1689 | 1734 | 1779 | 1823 | 1849 | 1875 | 2019 | 2019 | 2148 | 2 |
| Summe der Städte | 16956 | 17541 | 18653 | 19765 | 20877 | 21985 | 22816 | 23649 | 24742 | 25123 | 25985 | 27 |
| plattes Land | 17130 | 18330 | 19714 | 20952 | 21318 | 21293 | 21907 | 22834 | 23509 | 23659 | 25425 | 26 |
| Stadt und Land | 34086 | 35871 | 38367 | 40717 | 42195 | 43278 | 44723 | 46483 | 48251 | 48782 | 51410 | 53 |
| Kreis Neuhaldensleben | | | | | | | | | | | | |
| Neuhaldensleben | 3634 | 3652 | 3912 | 4158 | 4307 | 4275 | 4439 | 4562 | 4491 | 4620 | 4645 | 4 |
| plattes Land | 27659 | 28440 | 28504 | 29594 | 30305 | 31252 | 32095 | 33440 | 35212 | 35875 | 36591 | 37 |
| Stadt und Land | 31293 | 32092 | 32416 | 33752 | 34612 | 35527 | 36534 | 38002 | 39703 | 40495 | 41236 | 41 |
| Kreis Wanzleben | | | | | | | | | | | | |
| Egeln | 2253 | 2338 | 2413 | 2586 | 2714 | 2714 | 2819 | 2818 | 2888 | 3033 | 3220 | 3 |
| Hadmersleben | 962 | 959 | 801 | 860 | 892 | 976 | 795 | 806 | 804 | 798 | 882 | |
| Seehausen | 1674 | 1705 | 1923 | 1858 | 2004 | 2058 | 2148 | 2164 | 2223 | 2332 | 2412 | 2 |
| Wanzleben | 2454 | 2686 | 2639 | 2668 | 2703 | 2797 | 2850 | 2926 | 3000 | 3002 | 3030 | 2 |
| Summe der Städte | 7343 | 7688 | 7776 | 7972 | 8313 | 8545 | 8612 | 8714 | 8915 | 9165 | 9544 | 9 |
| plattes Land | 22763 | 24333 | 25305 | 25765 | 26221 | 27470 | 28611 | 29925 | 32070 | 33733 | 35671 | 37 |
| Stadt und Land | 30106 | 32021 | 33081 | 33737 | 34534 | 36015 | 37223 | 38639 | 40985 | 42898 | 45215 | 47 |
| Kreis Wolmirstedt | | | | | | | | | | | | |
| Wolmirstedt | 2328 | 2328 | 2503 | 2678 | 2853 | 3029 | 3034 | 3039 | 3163 | 3408 | 3508 | 3 |
| plattes Land | 24849 | 25480 | 27286 | 27795 | 28782 | 29442 | 30427 | 31595 | 32920 | 32598 | 34676 | 36 |
| Stadt und Land | 27177 | 27808 | 29789 | 30473 | 31635 | 32471 | 33461 | 34634 | 36083 | 36006 | 38184 | 40 |

*…er Kreise Calbe, Neuhaldensleben, Wanzleben und Wolmirstedt von 1816 bis 1910*

| 1855 | 1858 | 1861 | 1864 | 1867 | 1871 | 1875 | 1880 | 1885 | 1890 | 1895 | 1900 | 1905 | 1910 |
|---|---|---|---|---|---|---|---|---|---|---|---|---|---|
| 727052 | 749808 | 779754 | 813348 | 832141 | 854591 | 879558 | 937305 | 989760 | 1071421 | 1122635 | 1176372 | 1225877 | 1248990 |
| 4947 | 5199 | 5329 | 5538 | 5256 | 5270 | 5092 | 5284 | 5571 | 6109 | 6811 | 7358 | 8224 | 8448 |
| 4043 | 4373 | 4696 | 5221 | 5018 | 5212 | 5073 | 5540 | 5522 | 5471 | 5677 | 5136 | 5301 | 5292 |
| 6858 | 7376 | 7671 | 8228 | 8078 | 7940 | 7951 | 8521 | 8850 | 9609 | 9610 | 12281 | 12264 | 12088 |
| 2729 | 2605 | 2608 | 2620 | 2717 | 2597 | 2932 | 3219 | 3476 | 3731 | 5903 | 6948 | 8056 | 8968 |
| 8401 | 8795 | 9049 | 9161 | 9115 | 9877 | 10966 | 12333 | 13319 | 14189 | 14811 | 16261 | 17786 | 18310 |
| 2760 | 3398 | 3602 | 4779 | 4951 | 10327 | 11263 | 12194 | 16459 | 19104 | 18981 | 20011 | 18310 | 16794 |
| 29738 | 31746 | 32955 | 35547 | 35135 | 41223 | 43277 | 47091 | 53197 | 58213 | 61793 | 67995 | 69941 | 69900 |
| 28391 | 30027 | 32111 | 35484 | 36725 | 34228 | 35543 | 37563 | 39761 | 41644 | 40943 | 39537 | 40576 | 38898 |
| 58129 | 61773 | 65066 | 71031 | 71860 | 75451 | 78820 | 84654 | 92958 | 99857 | 102736 | 107532 | 110517 | 108798 |
| 4730 | 4870 | 5022 | 5235 | 5279 | 5332 | 5847 | 6288 | 7415 | 8657 | 9609 | 10130 | 10421 | 10774 |
| 39155 | 40217 | 41496 | 42992 | 43592 | 44676 | 45299 | 48000 | 50529 | 52300 | 53448 | 55421 | 58017 | 57313 |
| 43885 | 45087 | 46518 | 48227 | 48871 | 50008 | 51146 | 54288 | 57944 | 60957 | 63057 | 65551 | 68438 | 68087 |
| 3605 | 3925 | 4095 | 4231 | 4110 | 4553 | 4352 | 5058 | 5295 | 5497 | 5613 | 5678 | 5472 | 5309 |
| 942 | 949 | 989 | 988 | 1055 | 1032 | 1075 | 1197 | 1206 | 1233 | 1148 | 1104 | 1161 | 1056 |
| 2726 | 2876 | 2943 | 3048 | 3078 | 3044 | 3083 | 3223 | 3172 | 3162 | 3016 | 3050 | 2850 | 2840 |
| 2904 | 3323 | 3458 | 3750 | 3976 | 4446 | 3977 | 4142 | 4254 | 4117 | 4005 | 4063 | 4004 | 3753 |
| 10177 | 11073 | 11485 | 12017 | 12219 | 13075 | 12487 | 13620 | 13927 | 14009 | 13782 | 13895 | 13487 | 12958 |
| 41439 | 44551 | 47327 | 49636 | 51140 | 53693 | 56546 | 60653 | 60408 | 63875 | 66350 | 70481 | 75939 | 56505 |
| 51616 | 55624 | 58812 | 61653 | 63359 | 66768 | 69033 | 74273 | 74335 | 77884 | 80132 | 84376 | 89426 | 69463 |
| 3499 | 3759 | 3947 | 3966 | 3832 | 3742 | 3598 | 3757 | 3757 | 3868 | 4170 | 4307 | 4314 | 4333 |
| 40013 | 41043 | 42543 | 43973 | 44231 | 44999 | 45669 | 46965 | 47221 | 48108 | 48245 | 49338 | 49669 | 47064 |
| 43512 | 44802 | 46490 | 47939 | 48063 | 48741 | 49267 | 50722 | 50978 | 51976 | 52415 | 53645 | 53983 | 51397 |

Anlage Nr. 15

*Tabelle II*

*Die Struktur der Berufstätigen im Regierungsbezirk Magdeburg nach den Erhebungen von 1849, 1852, 1855, 1858, 1861, 1867, 1871, 1875, 1882, 1895 und 1907*

| Berufsgruppen | 1849 Berufstätige | 1852 Berufstätige | 1855 Berufstätige | 1858 Berufstätige | 1861 Berufstätige | 1867 Berufstätige | 1871 Berufstätige | 1875 Berufstätige | 1882 Berufstätige | 1895 Berufstätige | 1907 Berufstätige |
|---|---|---|---|---|---|---|---|---|---|---|---|
| A. Bodennutzung und Tierzucht | 97580 | 97546 | 98635 | 101729 | 115119 | 128301 | 137610 | 148832 | 160119 | 174694 | 211207 |
| B. Industrie und Gewerbe | | | | | | | | | | | |
| 1. Bergbau, Verhüttung, Salz, Torf | 1818 | 2852 | 3240 | 3692 | 3482 | 3940 | | 5757 | 6826 | 9820 | 14834 |
| 2. Steine und Erden | 3398 | 3746 | 4088 | 4561 | 5499 | | | 5805 | 9402 | 11796 | 15055 |
| 3. Metallverarbeitung und Apparatebau | 7771 | 8594 | 9104 | 10070 | 10667 | | | 17617 | 19526 | 30296 | 45373 |
| 4. Chemie, Leuchtstoffe, Harze | 1534 | 1554 | 1844 | 1415 | 2094 | | | 2770 | 2827 | 4900 | 6464 |
| 5. Textil | 12113 | 10724 | 9605 | 8747 | 6642 | | 116004 | 7794 | 5551 | 3647 | 4102 |
| 6. Papier und Leder | 2600 | 2634 | 2789 | 2838 | 2824 | | | 3329 | 3977 | 5578 | 7449 |
| 7. Nahrungs- und Genußmittel | 21999 | 24080 | 24797 | 23989 | 30971 | 108812 | | 33260 | 33503 | 37414 | 36626 |
| 8. Bekleidung und Reinigung | 15420 | 15939 | 15592 | 15491 | 18141 | | | 25418 | 31033 | 33727 | 34790 |
| 9. Bau und Holz | 16818 | 18751 | 18858 | 20506 | 20795 | | | 31041 | 38054 | 45984 | 51106 |
| 10. Kunstgewerbe und Polygraphie | 403 | 293 | 387 | 438 | 800 | | | 1127 | 1442 | 2488 | 4196 |
| 11. Sonstige Gewerbe | — | — | — | 356 | 97 | | 2105 | — | 3396 | 294 | 371 |
| Summe | 83874 | 89167 | 90304 | 92103 | 102012 | 112752 | 118109 | 133918 | 155537 | 185944 | 220366 |
| C. Handel und Verkehr | | | | | | | | | | | |
| 1. Handel und Kredit | 9786 | 11222 | 11702 | 11965 | 11560 | 14451 | — | 15897 | 19887 | 28473 | 37046 |
| 2. Versicherung | — | — | — | — | — | — | — | — | 630 | 1122 | 1983 |
| 3. Verkehr | 3866 | 3079 | 2800 | 3887 | 3887 | 9526 | — | 10260 | 12352 | 14859 | 22255 |
| 4. Beherbergung und Gaststätten | 3151 | 3115 | 3319 | 3350 | 3358 | 3997 | — | 3815 | 5713 | 11126 | 11614 |
| Summe | 16803 | 17416 | 17821 | 19202 | 18805 | 27974 | 32980 | 29972 | 38582 | 55580 | 72898 |
| D. Hausdienst, wechselnde Lohnarbeit | 8084 | 8858 | 8679 | 9021 | 9321 | 10121 | 9214 | 10121 | 10102 | 9661 | 8746 |
| E. Heer, Verwaltung, freie Berufe | 18387 | 15320 | 17484 | 18464 | 21415 | 20980 | 20062 | 20980 | 22358 | 29735 | 35592 |
| F. Ohne Beruf | 11470 | 11861 | 13399 | 18853 | 22000 | 21942 | 25329 | 23042 | 24216 | 44408 | 67962 |
| Summe | 236198 | 240168 | 246322 | 259372 | 288672 | 322070 | 343304 | 366865 | 410914 | 500022 | 616771 |
| Personal im Haushalt | | | | | | | 19118 | | 29468 | | 25715 |
| Angehörige | 455176 | 474100 | 480730 | 490436 | 491082 | 510102 | 511287 | 512693 | 547373 | 622613 | 618352 |

*Die Struktur der Selbständigen und der Arbeitskräfte in Landwirtschaft, Gewerbe und Industrie de*

| Berufsgruppen | 1861 | | 1867 | | |
|---|---|---|---|---|---|
| | Selb- ständige | Arbeits- kräfte | Selb- ständige | Arbeits- kräfte | Selb- ständige |
| A. Bodennutzung und Tierzucht | 23392 | 91727 | 30701 | 97600 | 30272 |
| B. Industrie und Gewerbe | | | | | |
| 1. Bergbau, Verhüttung, Salz, Torf | 57 | 3425 | 220 | 3720 | |
| 2. Steine und Erden | 981 | 4518 | 32093 | 76719 | 32584 |
| 3. Metallverarbeitung, Apparatebau | 3894 | 6773 | | | |
| 4. Chemie, Leuchtstoffe, Harze | 347 | 1747 | | | |
| 5. Textil | 3131 | 3511 | | | |
| 6. Papier und Leder | 1091 | 1733 | | | |
| 7. Nahrungs- und Genußmittel | 5588 | 25383 | | | |
| 8. Bekleidung und Reinigung | 11336 | 6805 | | | |
| 9. Bau und Holz | 5063 | 15732 | | | |
| 10. Kunstgewerbe, Polygraphie | 186 | 614 | | | |
| 11. Sonstige Gewerbe | 76 | 21 | | | |
| Summe | 31750 | 70262 | 32313 | 80439 | 32584 |
| Summe A und B | 55142 | 161989 | 63014 | 178039 | 62856 |

. 16

*I*

*·bezirkes Magdeburg nach den Erhebungen von 1861, 1867, 1871, 1875, 1882, 1895 und 1907*

| | 1875 | | 1882 | | 1895 | | 1907 | |
|---|---|---|---|---|---|---|---|---|
| :s- e | Selb-ständige | Arbeits-kräfte | Selb-ständige | Arbeits-kräfte | Selb-ständige | Arbeits-kräfte | Selb-ständige | Arbeits-kräfte |
| 38 | 30504 | 118328 | 30466 | 129653 | 33795 | 140899 | 33948 | 177259 |
| | | | | | | | | |
| | 60 | 5697 | 68 | 6758 | 49 | 9771 | 84 | 14750 |
| | 1052 | 4753 | 807 | 8595 | 677 | 11119 | 696 | 14359 |
| | 4578 | 13039 | 4674 | 14852 | 4616 | 25680 | 4135 | 41238 |
| | 364 | 2406 | 333 | 2537 | 310 | 4590 | 339 | 6125 |
| | 3341 | 4453 | 2633 | 2918 | 988 | 2659 | 527 | 3575 |
| 70 | 1183 | 2146 | 1262 | 2715 | 1071 | 4507 | 1519 | 5930 |
| | 6047 | 27213 | 5395 | 13215 | 5926 | 18852 | 6701 | 23560 |
| | 19536 | 5852 | 20782 | 10251 | 19644 | 14083 | 16291 | 18502 |
| | 9776 | 21265 | 7264 | 30790 | 7850 | 38134 | 7355 | 43751 |
| | 208 | 919 | 244 | 1198 | 307 | 2181 | 461 | 3732 |
| | | | 28 | 3368 | 15 | 279 | 34 | 337 |
| 70 | 46145 | 87743 | 43490 | 97197 | 41453 | 131855 | 38142 | 175859 |
| 08 | 76649 | 206071 | 73956 | 226850 | 75248 | 272754 | 72090 | 353118 |

A

*Die Zahl der ländlichen Besitzungen nach Größenklassen nach der E*

| Regierungsbezirk Kreise | unter 1,25 ha | | | 1,25—7,5 ha | | | |
|---|---|---|---|---|---|---|---|
| | Gemeinden | Stadt-bezirke | Summe | Gemeinden | Stadt-bezirke | Summe | Gem |
| Reg.bez. Magdeburg | 18375 | 16677 | 35052 | 13089 | 6768 | 19857 | 13 |
| Calbe | 1118 | 1898 | 3016 | 790 | 652 | 1442 | |
| Neuhaldensleben | 1445 | 378 | 1823 | 850 | 227 | 1077 | |
| Wanzleben | 1584 | 523 | 2107 | 1095 | 370 | 1465 | |
| Wolmirstedt | 1726 | 182 | 1908 | 1083 | 32 | 1115 | 1 |

*Anlage 27 wurde angefertigt nach:*

Meitzen, 1869: 490 (Anhang, Tabelle L).

27

V

*1858 im Regierungsbezirk Magdeburg und in den vier Börde-Kreisen*

| 75 ha | | 75–150 ha | | | über 150 ha | | | Summe aller Betriebe |
|---|---|---|---|---|---|---|---|---|
| Stadtbezirke | Summe | Gemeinden | Stadtbezirke | Summe | Gemeinden | Stadtbezirke | Summe | |
| 2179 | 16047 | 742 | 58 | 800 | 477 | 71 | 548 | 72304 |
| 155 | 675 | 20 | 8 | 28 | 17 | 9 | 26 | 5187 |
| 51 | 969 | 23 | 1 | 24 | 34 | 1 | 35 | 3928 |
| 136 | 847 | 56 | 5 | 61 | 24 | 3 | 27 | 4507 |
| 9 | 1103 | 34 | — | 34 | 22 | — | 22 | 4182 |

# Anlage Nr. 31

*Tabelle XVIII*

*Die Struktur der landwirtschaftlichen Betriebe und Haushaltungen im Kreise Calbe 1840*

| Orte | Rittergüter | Domänen | Vorwerke | Freigüter | Ackerhöfe | Halbspänner | Kossäten | Häusler | Einlieger |
|---|---|---|---|---|---|---|---|---|---|
| A) Städte | | | | | | | | | |
| Aken | | 1 | | | | | | | |
| Barby | 1 | 1 | 5 | | | | | | |
| Calbe | | 1 | 1 | | Keine Angaben vorhanden | | | | |
| Groß Salze | | | | | | | | | |
| Schönebeck | | | | | | | | | |
| Staßfurt | | | | | | | | | |
| Summe | 1 | 3 | 6 | | | | | | |
| B) Gemeinden | | | | | | | | | |
| Alt Salze | | | | | 2 | 1 | 5 | 88 | 66 |
| Alt Staßfurt | | 1 | | | 2 | 2 | 6 | 68 | 83 |
| Athensleben | | 1 | 1 | | | | | 15 | 30 |
| Atzendorf | | | | | 17 | 9 | 35 | 53 | 126 |
| Bernburger Vorstadt | | | | | | | | | |
| Calbe | | | | | | | | 178 | 161 |
| Biere | | | | | 2 | 24 | 72 | 113 | 116 |
| Bisdorf | | | | | 7 | 2 | 15 | 36 | 26 |
| Borne | | | | | 4 | 10 | 28 | 56 | 41 |
| Breitenhagen (mit Saalhorn) | | | 1 | | | 12 | 34 | 35 | 80 |
| Brumby | 2 | | | 1 | 1 | 10 | 35 | 47 | 73 |
| Chörau | | | | | | 4 | 7 | 20 | 3 |
| Doeben (zu Gnadau) | | | 1 | | | | | 3 | |
| Dornbock | | | | | 3 | 7 | 17 | 28 | 20 |
| Eggersdorf | | | | | | 7 | 16 | 49 | 22 |
| Eickendorf | | | | | 6 | 11 | 32 | 40 | 60 |
| Felgeleben | | | | | 9 | 1 | 10 | 21 | 12 |
| Förderstedt | | | | | 24 | | 21 | 93 | 135 |

| | | | | | | | | | |
|---|---|---|---|---|---|---|---|---|---|
| Gottesgnaden | | 1 | 1 | | | | | 28 | 12 |
| Gramsdorf | | | | | | 3 | 9 | 21 | 3 |
| Groß-Rosenburg | | | 1 | | 6 | 20 | 28 | 81 | 109 |
| Hohendorf | | | | | 4 | 2 | 3 | 15 | 20 |
| Klein-Rosenburg | | 1 | | | | 1 | 39 | 15 | 30 |
| Klietzen | | 1 | | | | | | | |
| Kühren | | | | | | | 35 | 2 | 1 |
| Loebnitz | | | | | 3 | 3 | | 20 | 10 |
| Lödderitz | | OF | 1 | | | | | 39 | 21 |
| Löderburg | | | 1 | | 6 | | 30 | 87 | 49 |
| Maxdorf | 1 | | | | | | 12 | 7 | 6 |
| Mennewitz | | | | 1 | | | 11 | | 6 |
| Micheln | | | | | 6 | 2 | 28 | 29 | 8 |
| Neugattersleben | 1 | | | 1 | | | | 32 | 41 |
| Patzetz | 1 | | | | | | | 18 | 10 |
| Pömmelte | | | | | | 7 | 24 | 45 | 17 |
| Rajoch | 1 | | | | | | | 10 | 7 |
| Sachsendorf | | | | | | | 14 | 5 | 4 |
| Schloß-Vorstadt Calbe | | | | | | | | 55 | 66 |
| Schwarz | | | | | 6 | 15 | 12 | 29 | 25 |
| Susigke | | F | | | | | 29 | 7 | 3 |
| Tornitz | | | | | 2 | 9 | 27 | 41 | 23 |
| Trabitz | | | | | | 6 | 12 | 7 | 8 |
| Üllnitz | | | | | 2 | 7 | 8 | 24 | 8 |
| Werkleitz | | | | | 2 | 3 | 23 | 25 | 12 |
| Wespen | | | | | | 5 | 10 | 32 | 3 |
| Zackmünde | | | | 1 | | | | | |
| Zens | | | | | 2 | 6 | 8 | 18 | 26 |
| Zuchau | | | | | | 16 | 25 | 33 | 20 |
| Summe | 7 | 5 | 7 | 4 | 127 | 224 | 764 | 1825 | 1749 |
| Gesamt-Summe | 8 | 8 | 13 | 4 | 127 | 224 | 764 | 1825 | 1749 |

F = Försterei OF = Oberförsterei

*Anlage 31 wurde angefertigt nach:*

Hermes/Weigelt, 1842: 43–65.

## Anlage Nr. 32

*Tabelle XIX*

*Die Struktur der landwirtschaftlichen Betriebe und Haushaltungen im Kreise Neuhaldensleben 1822*

| Orte | Ackerhöfe | Halbspänner | Kossäten | Häusler | Einlieger |
|---|---|---|---|---|---|
| Ackendorf | 8 | | 14 | 8 | 32 |
| Alleringersleben | | 15 | 11 | 25 | 16 |
| Altenhausen | 3 | 7 | 15 | 24 | 40 |
| Althaldensleben | 2 | | 31 | 135 | 162 |
| Altona | — | — | — | — | — |
| Alvensleben, Dorf | | 1 | 21 | 70 | 96 |
| Alvensleben, Markt | | | 2 | 104 | 73 |
| Ausleben | 8 | 2 | 11 | 24 | 43 |
| Badeleben | | 12 | 24 | 39 | 36 |
| Barneberg | 5 | 15 | 11 | 28 | 43 |
| Behndorf | 3 | 4 | 7 | 16 | 26 |
| Belsdorf | 1 | 5 | 13 | 27 | 41 |
| Bischofswalde | — | — | — | — | — |
| Bodendorf | — | — | — | 20 | 21 |
| Bornstedt (mit Tundersleben) | | 13 | 29 | 32 | 37 |
| Bregenstedt | 11 | | 28 | 21 | 40 |
| Bülstringen | — | 11 | 22 | 12 | 29 |
| Detzel | — | — | — | — | — |
| Dönstedt | 2 | 2 | 10 | 12 | 18 |
| Eilsleben (mit Ovelgünne) | 5 | 12 | 29 | 91 | 53 |
| Eimersleben | 2 | 14 | 17 | 48 | 46 |
| Emden | — | 15 | 15 | 49 | 62 |
| Erxleben | | 1 | 36 | 69 | 167 |
| Groppendorf (mit Brumby) | 4 | 3 | 13 | 11 | 36 |
| Groß-Bartensleben | — | — | — | 5 | 23 |
| Groß-Rottmersleben | 1 | 15 | 29 | 28 | 63 |
| Groß-Santersleben | 3 | 9 | 16 | 25 | 30 |

| | | | | | |
|---|---|---|---|---|---|
| Hötensleben | 8 | 7 | 21 | 73 | 111 |
| Hundisburg | 6 | 2 | 30 | 48 | 60 |
| Ivenrode (mit Bischofswalde) | | | 26 | 35 | 27 |
| Klein Bartensleben | | 11 | 6 | 15 | 14 |
| Klein Santersleben | 2 | 4 | 6 | 10 | 34 |
| Marienborn | | | | 32 | 22 |
| Morsleben | 2 | 1 | 19 | 22 | 21 |
| Neuenhofe | 13 | | 3 | 22 | 31 |
| Nord-Germersleben | 3 | 20 | 27 | 34 | 61 |
| Ohrsleben | 7 | 9 | 28 | 33 | 53 |
| Ostingersleben | | 18 | 16 | 32 | 16 |
| Satuelle (mit Detzel) | | 23 | 9 | 12 | 51 |
| Schakensleben | 7 | 5 | 23 | 32 | 38 |
| Schwanefeldt | 3 | | 11 | 21 | 21 |
| Siegersleben | 1 | 2 | 12 | 8 | 20 |
| Sommersdorf | 5 | 9 | 24 | 30 | 46 |
| Sommerschendorf | | | | 80 | 59 |
| Süplingen | | 15 | 2 | 23 | 44 |
| Ueplingen | | | | 19 | 17 |
| Uhrsleben | 1 | 14 | 31 | 25 | 33 |
| Ummendorf | 5 | 1 | 30 | 37 | 95 |
| Vahldorf | 5 | 4 | 17 | 10 | 20 |
| Völpke | 3 | 8 | 4 | 16 | 16 |
| Wackersleben | 10 | 6 | 24 | 53 | 87 |
| Warsleben | 3 | 6 | 30 | 46 | 98 |
| Wedringen | 1 | 16 | 24 | 19 | 37 |
| Wefensleben | 2 | 9 | 23 | 38 | 36 |
| Wormsdorf | 3 | 7 | 28 | 42 | 28 |
| Wulfersdorf | 4 | 1 | | 7 | 8 |
| Summe | 157 | 370 | 959 | 1980 | 2736 |

*Anlage 32 wurde angefertigt nach:*

STAM, Rep. C 30 Neuhaldensleben, Nr. 227: Statistische Nachrichten.

# Anlage Nr. 33

*Tabelle XX*

*Die Struktur der landwirtschaftlichen Betriebe und Haushaltungen im Kreise Neuhaldensleben 1840*

| Orte | Rittergüter | Domänen | Vorwerke | Freigüter | Ackerhöfe | Halbspänner | Kossäten | Häusler | Einlieger |
|---|---|---|---|---|---|---|---|---|---|
| Ackendorf | | | | | 8 | | 14 | 9 | 24 |
| Alleringersleben | 1 | | | | | 15 | 11 | 25 | 24 |
| Altenhausen | 1 | | | | 3 | 7 | 17 | 22 | 92 |
| Althaldensleben | 1 | | | 1 | 2 | | 30 | 140 | 230 |
| Altona | | | | 1 | | 2 | 11 | 12 | 25 |
| Alvensleben, Dorf | | | | | 1 | | 17 | 86 | 115 |
| Alvensleben, Markt | 1 | 1 | | | 1 | | 20 | 58 | 80 |
| Ausleben | | | | | 8 | 6 | 7 | 31 | 62 |
| Badeleben | | | 1 | | | 12 | 24 | 38 | 65 |
| Barneberg | | | | | 6 | 15 | 11 | 40 | 46 |
| Behndorf | | | | | 3 | 4 | 8 | 22 | 22 |
| Belsdorf | | | | 1 | | 5 | 14 | 29 | 56 |
| Bischofswalde | | OF | | | | | | 2 | 1 |
| Bodendorf | 1 | | | | | | | 16 | 18 |
| Bornstedt | | | | | 6 | 7 | 28 | 22 | 38 |
| Bregenstedt | | | | | 10 | | 29 | 29 | 34 |
| Brumby | 1 | | | | | | | | |
| Bülstringen | | | | | 11 | | 21 | 24 | 53 |
| Detzel | 1 | | | | | | | | 9 |
| Dönstedt | 1 | | | | 1 | 2 | 10 | 15 | 30 |
| Eilsleben | | | | | 6 | 12 | 28 | 69 | 98 |
| Eimersleben | 1 | | | | 2 | 14 | 17 | 50 | 38 |
| Emden | 1 | | | | 6 | 9 | 14 | 23 | 59 |
| Erxleben | 2 | | | | | | 22 | 105 | 221 |
| Glüsig (zu Althaldensleben) | | | 1 | | | | | | |
| Groppendorf | 1 | | | | 4 | 3 | 13 | 11 | 28 |
| Groß Bartensleben | 1 | | | | | | | | 30 |
| Groß Rottmersleben | | | | | | 17 | 27 | 25 | 57 |
| Groß Santersleben | | | | | 3 | 9 | 16 | 30 | 24 |
| Hakenstedt | | | | 1 | 4 | 5 | 18 | 41 | 60 |
| Harbke | 1 | | 2 | | | 5 | 8 | 55 | 146 |

| | | | | | | | | | |
|---|---|---|---|---|---|---|---|---|---|
| Hundisburg | 1 | | | | 6 | 2 | 29 | 62 | 103 |
| Ivenrode | | | | | | 12 | 15 | 35 | 53 |
| Klein Bartensleben | | | | | | 11 | 6 | 22 | 40 |
| Klein Rottmersleben | | | 1 | | | | | | |
| Klein Santersleben | 1 | | | | 2 | 4 | 7 | 1 | 31 |
| Lübberitz | | | 1 | | | | | | |
| Marienborn | | | | 1 | | | | 28 | 45 |
| Morsleben | | | | 1 | 2 | 2 | 18 | 14 | 53 |
| Neuenhofe (mit Hütten) | | | | | | 13 | 3 | 31 | 42 |
| Nord-Germersleben | 1 | | | | | 21 | 21 | 73 | 181 |
| Ohrsleben | | | | | 7 | 9 | 27 | 32 | 54 |
| Ostingersleben | | | | | | 16 | 18 | 32 | 31 |
| Ovelgrünne | | | 1 | | | | | 20 | 22 |
| Planken | | OF | | | | | | 2 | 2 |
| Satuelle | | | | | | 22 | 9 | 17 | 38 |
| Schakensleben | | | | | 7 | 5 | 25 | 35 | 59 |
| Schwanefeldt | | | | | 3 | | 11 | 25 | 30 |
| Siegersleben | | | | 1 | 1 | 2 | 11 | 20 | 22 |
| Sommersdorf | | | | | 5 | 6 | 22 | 36 | 45 |
| Sommerschendorf | 1 | | | | | | | 96 | 134 |
| Süplingen | | | | | | 15 | 2 | 33 | 57 |
| Tundersleben | | | 1 | | | | | | |
| Ueplingen | 1 | | | | | | | | 49 |
| Uhrsleben | 1 | | | | 1 | 15 | 23 | 26 | 32 |
| Ummendorf | | 1 | | | 5 | 1 | 29 | 83 | 94 |
| Vahldorf | | | | | 4 | 4 | 17 | 18 | 35 |
| Völpke | | | | | 3 | 8 | 14 | 17 | 24 |
| Wackersleben | | | | | 10 | 6 | 21 | 52 | 71 |
| Warsleben | | 1 | | | 3 | 4 | 15 | 18 | 30 |
| Wedringen | | | | | 15 | | 24 | 25 | 36 |
| Wefensleben | | | | | 3 | 8 | 21 | 38 | 52 |
| Wormsdorf | | | | | 3 | 7 | 28 | 47 | 44 |
| Wulfersdorf | | | | | 4 | 1 | | 6 | 18 |
| Summe | 22 | 4 | 10 | 7 | 182 | 352 | 909 | 2147 | 3547 |

OF = Oberförsterei

*Anlage 33 wurde angefertigt nach:*

Hermes/Weigelt, 1842: 108–127.

Anlage Nr. 34

*Tabelle XXI*

*Die Struktur der landwirtschaftlichen Betriebe und Haushaltungen im Kreise Wanzleben 1840*

| Orte | Rittergüter | Domänen | Vorwerke | Freigüter | Ackerhöfe | Halbspänner | Kossäten | Häusler | Einlieger |
|---|---|---|---|---|---|---|---|---|---|
| A) Städte | | | | | | | | | |
| Egeln (mit Altona) | 1 | 1 | 1 | | | | | | |
| Hadmersleben | | | | | keine Angaben vorhanden | | | | |
| Seehausen | | | | | | | | | |
| Wanzleben | 2 | 1 | 2 | | | | | | |
| Summe | 3 | 2 | 3 | | | | | | |
| B) Gemeinden | | | | | | | | | |
| Altbrandsleben | | | 1 | | | 7 | 17 | 11 | 27 |
| Altenweddingen | | | | | 14 | 12 | 46 | 110 | 194 |
| Ampfurth | | 1 | 1 | | | 3 | 14 | 46 | 48 |
| Bahrendorf | 1 | | | | | 9 | 16 | 32 | 55 |
| Benneckenbeck | | | | 3 | | | 1 | | 13 |
| Bergen | 1 | | | | | | | 1 | 13 |
| Beyendorf | | | | | 4 | 4 | 8 | 16 | 36 |
| Bleckendorf | | | | 2 | 1 | 1 | 25 | 35 | 24 |
| Bottmersdorf | | | | | 14 | 8 | 22 | 11 | 4 |
| Diesdorf | | | | | 7 | 6 | 30 | 80 | 101 |
| Dodendorf | | | | | 8 | 2 | 14 | 16 | 54 |
| Domersleben | 1 | | | | 8 | 13 | 49 | 45 | 91 |
| Eggenstedt | 1 | | | | | | 18 | 30 | 35 |
| Etgersleben | | 1 | | | 9 | 2 | 35 | 33 | 85 |
| Fermersleben | | | | | 7 | 2 | 14 | 14 | 47 |
| Gehringsdorf | | | 1 | | | | | 13 | |
| Groß Germersleben | 1 | | | | 4 | 4 | 29 | 43 | 57 |
| Groß Ottersleben | | | | | 20 | 3 | 25 | 69 | 320 |
| Dorf Hadmersleben | 2 | | | | 4 | | 76 | 20 | 107 |
| Hackeborn | 1 | | | | 7 | 5 | 37 | 37 | 76 |
| Hohendodeleben | | | | | 5 | 15 | 44 | 52 | 118 |
| Klein Germersleben | | | | | 6 | 8 | 13 | 1 | 25 |
| Klein Oschersleben | 1 | | | | 3 | 7 | 31 | 26 | 26 |
| Klein Ottersleben | 1 | | | | 1 | 6 | 3 | 51 | 66 |
| Klein Rodensleben | | | | | 2 | 13 | 23 | 23 | 23 |
| Klein Wanzleben | | | | | 4 | 12 | 14 | 41 | 45 |
| Langenweddingen | | | | | 15 | 15 | 48 | 80 | 131 |
| Lemsdorf | | | | | 2 | | 12 | 10 | 38 |
| Meyendorf | | | | 1 | | | | | |
| Osterweddingen | | | | | 10 | 7 | 43 | 38 | 150 |
| Peseckendorf | 1 | | | | | | | | |
| Remkersleben | | | | | 5 | 8 | 26 | 31 | 55 |
| Salbke | 1 | | | | 5 | 3 | 26 | 42 | 79 |
| Schermcke | | 1 | | | 1 | 6 | 12 | 60 | 44 |
| Schleibnitz | | | | | 6 | 6 | 8 | 25 | 34 |
| Schwaneberg | | | | | 4 | 9 | 17 | 28 | 50 |
| Sohlen | | | | | 2 | | | 25 | 17 |
| Stemmern | | | | | 2 | 6 | 14 | 25 | 46 |
| Sülldorf | 2 | | | 1 | 2 | | 20 | 40 | 63 |
| Tarthun | | | 1 | | 2 | 4 | 32 | 20 | 25 |
| Unseburg | | | | 1 | 9 | 6 | 72 | 47 | 81 |
| Welsleben | | | | | 7 | 32 | 55 | 62 | 25 |
| Westeregeln | | 1 | | | 5 | 5 | 60 | 54 | 118 |
| Westerhüsen | | | | | 8 | 6 | 19 | 40 | 90 |
| Wolmirsleben | 2 | | | | 5 | 6 | 37 | 45 | 133 |
| Summe | 16 | 4 | 4 | 8 | 218 | 261 | 1105 | 1528 | 2873 |
| Gesamtsumme | 19 | 6 | 7 | 8 | 218 | 261 | 1105 | 1528 | 2873 |

*Anlage 34 wurde angefertigt nach:*

Hermes/Weigelt, 1842: 71–86.

## Anlage Nr. 35

*Tabelle XXII*

*Die Struktur der landwirtschaftlichen Betriebe und Haushaltungen im Kreise Wolmirstedt 1840*

| Orte | Rittergüter | Domänen | Vorwerke | Freigüter | Ackerhöfe | Halbspänner | Kossäten | Häusler | Einlieger |
|---|---|---|---|---|---|---|---|---|---|
| A) Städte | | | | | | | | | |
| Wolmirstedt (mit Mose) | 1 | 2 | 1 | | keine Angaben vorhanden | | | | |
| B) Gemeinden | | | | | | | | | |
| Angern | 1 | | | | 1 | 1 | 15 | 47 | 86 |
| Barleben | | | | | 14 | 12 | 44 | 138 | 326 |
| Bertingen | | | | | 5 | 3 | 5 | 18 | 20 |
| Blaetz | | | | | | 13 | | | 14 |
| Burgstall | | 1 | | | 2 | 2 | 32 | 83 | 93 |
| Cobbel | | | | | 5 | 5 | 14 | 13 | 25 |
| Colbitz | | OF | | | 14 | 2 | 22 | 147 | 143 |
| Cröchern | | | | | 11 | 6 | 4 | 27 | 32 |
| Dolle | | F | 1 | | | | | 51 | 44 |
| Dahlenwarsleben | | | | | 11 | 4 | 26 | 35 | 106 |
| Drackenstedt | | | | | 4 | 9 | 14 | 27 | 39 |
| Dreileben | 1 | 1 | | | 2 | 5 | 28 | 62 | 122 |
| Druxberge | | | | | 3 | 11 | 25 | 36 | 23 |
| Ebendorf | | | | | 5 | 5 | 6 | 30 | 57 |
| Eichenbarleben | 1 | | | | 6 | | 18 | 35 | 43 |
| Elbeu | | | | | 2 | 5 | 14 | 21 | 59 |
| Farsleben | | | | | 9 | 2 | 12 | 20 | 22 |
| Gersdorf | | | | | 4 | 4 | 2 | 7 | 24 |
| Glindenberg | | | 1 | | | | 26 | 27 | 40 |
| Groß Ammensleben | | 1 | 1 | | 4 | 8 | 26 | 48 | 111 |
| Groß Rodensleben | | | | | 5 | 17 | 48 | 54 | 85 |
| Gutenswegen | | | | | 6 | 12 | 32 | 33 | 66 |
| Heinrichsberg | | 1 | | | | | 16 | 25 | 54 |
| Hemsdorf | | | | | | 14 | | 9 | 15 |

| | | | | | | | | | |
|---|---|---|---|---|---|---|---|---|---|
| Lehnert | 1 | | | | | | | 115 | 78 |
| Klein-Ammensleben | | | | | 9 | | 16 | 25 | 40 |
| Lindhorst | | | | | 3 | 4 | 9 | 18 | 27 |
| Loitsche | | | | | | | | | |
| (mit Bamstedt) | 1 | | | | 12 | | 22 | 41 | 67 |
| Mahlpfuhl | | OF | | | 7 | 2 | 3 | 10 | 11 |
| Mahlwinkel | | | | | 12 | 3 | 4 | 13 | 30 |
| Mammendorf | | | | | 3 | 2 | 8 | 9 | 26 |
| Meitzendorf | | | | | 8 | 6 | 4 | 38 | 58 |
| Meseberg | | | | | 9 | 6 | 14 | 30 | 47 |
| Niederndodeleben | | | | | 8 | 9 | 39 | 48 | 160 |
| Ochtmersleben | | | | | 3 | 13 | 11 | 46 | 66 |
| Olvenstedt | | | | | 12 | 8 | 26 | 94 | 338 |
| Ringfurth | 1 | | | | | | 1 | 20 | 26 |
| Rogätz | 1 | | | | 6 | 5 | 10 | 71 | 135 |
| Rothensee | | | | | 17 | | 24 | 17 | 50 |
| Samswegen | | | | | 12 | 7 | 19 | 48 | 56 |
| Sandbeiendorf | | | | | 1 | 2 | 24 | 10 | 20 |
| Sandfurt | Kolonistendorf | | | | | | | | |
| Schnarsleben | | | | | 9 | 7 | 24 | 25 | 69 |
| Uchtdorf | | | | | 11 | | 19 | 19 | 24 |
| Uetz | | | | 1 | | | | | |
| Wellen | | | | | 4 | 11 | 22 | 40 | 96 |
| Wenddorf | | | | | 2 | 6 | 11 | 10 | 16 |
| Zielitz | | | | | | | | | |
| (mit Schricke) | 1 | | | | 7 | | 9 | 20 | 20 |
| Zibberick | | | | | | 2 | 9 | 5 | 8 |
| Summe | 8 | 4 | 3 | 1 | 286 | 252 | 832 | 1882 | 3327 |
| Gesamtsumme | 9 | 6 | 4 | 1 | 286 | 252 | 832 | 1882 | 3327 |

F = Försterei OF = Oberförsterei

*Anlage 35 wurde angefertigt nach:*

Hermes/Weigelt, 1842: 92—103.

*Zahl und Fläche der Rittergüter, Domänen, Bauerngüter und k*

| Orte | Rittergüter | | Domänen | | R |
|---|---|---|---|---|---|
| | Zahl | Fläche in ha | Zahl | Fläche in ha | Zah |
| A) Städte | | | | | |
| Egeln | 1 | 417 | 1 | 573 | 2 |
| Hadmersleben | — | — | — | — | — |
| Seehausen | — | — | — | — | — |
| Wanzleben | 2 | 156 | 1 | 1317 | 3 |
| B) Gemeinden | | | | | |
| Altbrandsleben | — | — | 1 | 148 | 1 |
| Altenweddingen | — | — | — | — | — |
| Ampfurth | — | — | 1 | 782 | 1 |
| Bahrendorf | 1 | 253 | — | — | 1 |
| Benneckenbeck | — | — | — | — | — |
| Bergen | 1 | 316 | — | — | 1 |
| Beyendorf | — | — | — | — | — |
| Bleckendorf | — | — | — | — | — |
| Bottmersdorf | — | — | — | — | — |
| Diesdorf | — | — | — | — | — |
| Dodendorf | — | — | — | — | — |
| Domersleben | 1 | 237 | — | — | 1 |
| Eggenstedt | — | — | — | — | — |
| Etgersleben | — | — | 1 | 297 | 1 |
| Fermersleben | — | — | — | — | — |
| Gehringsdorf | — | — | — | — | — |
| Groß Germersleben | 1 | 639 | — | — | 1 |
| Groß Ottersleben | — | — | — | — | — |
| Dorf Hadmersleben | 2 | 1122 | — | — | 2 |
| Hackeborn | 1 | 425 | — | — | 1 |
| Hohendodeleben | — | — | — | — | — |
| Klein Germersleben | — | — | — | — | — |
| Klein Oschersleben | 1 | 421 | — | — | 1 |
| Klein Ottersleben | 1 | 187 | — | — | 1 |
| Klein Rodensleben | — | — | — | — | — |
| Klein Wanzleben | — | — | — | — | — |
| Langenweddingen | — | — | — | — | — |
| Lemsdorf | — | — | — | — | — |
| Meyendorf | — | — | — | — | — |
| Osterweddingen | — | — | — | — | — |
| Peseckendorf | 1 | 360 | — | — | 1 |
| Remkersleben | — | — | — | — | — |
| Salbke | 1 | 570 | — | — | 1 |
| Schermcke | — | — | 1 | 874 | 1 |
| Schleibnitz | — | — | — | — | — |
| Schwaneberg | — | — | — | — | — |
| Sohlen | — | — | — | — | — |
| Stemmern | — | — | — | — | — |
| Sülldorf | 2 | 585 | — | — | 2 |
| Tarthun | — | — | — | — | — |
| Unseburg | 1 | 642 | — | — | 1 |
| Welsleben | — | — | — | — | — |
| Westeregeln | — | — | 1 | 562 | 1 |
| Westerhüsen | — | — | — | — | — |
| Wolmirsleben | 2 | 153 | 1 | 454 | 3 |
| Gesamtsumme | 19 | 6483 | 8 | 5007 | 27 |

*Anlage 36 wurde angefertigt nach:*

STAM, Rep. C 28 If, Nr. 1956 I: 107–112.

II

*…en Besitzungen in den Orten des Kreises Wanzleben im Jahre 1853*

| …omänen | | Bauern- und Landgüter | | | Kleine ländl. Besitzungen | | |
|---|---|---|---|---|---|---|---|
| | in % | Zahl | Fläche in ha | in % | Zahl | Fläche in ha | in % |
| | 48,9 | 14 | 769 | 38,0 | 200 | 267 | 13,1 |
| | — | 13 | 420 | 68,7 | 101 | 191 | 31,3 |
| | — | 39 | 1256 | 68,6 | 167 | 575 | 31,4 |
| | 44,9 | 43 | 1331 | 40,5 | 295 | 479 | 14,6 |
| | | | | | | | |
| | 42,9 | 9 | 103 | 29,9 | 31 | 94 | 27,2 |
| | — | 45 | 1632 | 82,3 | 51 | 351 | 17,7 |
| | 76,3 | 9 | 177 | 17,3 | 58 | 66 | 6,4 |
| | 21,4 | 13 | 738 | 62,4 | 22 | 192 | 16,2 |
| | — | 3 | 427 | 98,2 | 1 | 8 | 1,8 |
| | 100 | — | — | — | — | — | — |
| | — | 11 | 359 | 87,1 | 28 | 53 | 12,9 |
| | — | 19 | 539 | 89,8 | 31 | 61 | 10,2 |
| | — | 25 | 617 | 88,6 | 35 | 79 | 11,4 |
| | — | 22 | 653 | 91,8 | 108 | 58 | 8,2 |
| | — | 11 | 554 | 93,3 | 22 | 40 | 6,7 |
| | 15,5 | 27 | 1021 | 66,7 | 81 | 273 | 17,8 |
| | — | — | — | — | 51 | 29 | 100 |
| | 31,0 | 21 | 549 | 57,4 | 50 | 111 | 11,6 |
| | — | 10 | 400 | 91,3 | 12 | 38 | 8,7 |
| | — | 1 | 303 | 100 | — | — | — |
| | 54,5 | 13 | 405 | 34,6 | 81 | 128 | 10,9 |
| | — | 31 | 1126 | 83,7 | 125 | 219 | 16,3 |
| | 81,6 | 7 | 130 | 9,5 | 96 | 123 | 8,9 |
| | 34,9 | 12 | 596 | 48,9 | 96 | 198 | 16,2 |
| | — | 36 | 1258 | 81,7 | 153 | 281 | 18,3 |
| | — | 16 | 436 | 81,3 | 53 | 100 | 18,7 |
| | 48,9 | 18 | 306 | 35,5 | 50 | 134 | 15,6 |
| | 41,7 | 7 | 232 | 51,8 | 19 | 29 | 6,5 |
| | — | 24 | 631 | 89,9 | 42 | 74 | 10,1 |
| | — | 23 | 672 | 87,8 | 34 | 93 | 12,2 |
| | — | 42 | 1417 | 71,3 | 178 | 570 | 28,7 |
| | — | 7 | 153 | 58,2 | 44 | 110 | 41,8 |
| | — | 1 | 794 | 100 | — | — | — |
| | — | 25 | 1138 | 88,2 | 100 | 153 | 11,8 |
| ) | 100 | — | — | — | — | — | — |
| | — | 20 | 555 | 79,1 | 54 | 147 | 20,9 |
| | 53,1 | 10 | 385 | 35,8 | 46 | 119 | 11,1 |
| 4 | 72,3 | 10 | 275 | 22,8 | 41 | 59 | 4,9 |
| | — | 15 | 506 | 87,1 | 28 | 75 | 12,9 |
| | — | 13 | 699 | 89,6 | 30 | 81 | 10,4 |
| | — | 3 | 349 | 97,5 | 25 | 9 | 2,5 |
| | — | 22 | 671 | 87,4 | 36 | 97 | 12,6 |
| 5 | 59,9 | 7 | 329 | 33,7 | 35 | 62 | 6,4 |
| | — | 17 | 699 | 87,5 | 18 | 100 | 12,5 |
| 2 | 28,5 | 25 | 1359 | 60,3 | 87 | 251 | 11,2 |
| | — | 46 | 1751 | 81,1 | 110 | 408 | 18,9 |
| 2 | 44,5 | 21 | 472 | 37,4 | 98 | 228 | 18,1 |
| | — | 14 | 501 | 75,2 | 61 | 165 | 24,8 |
| 7 | 30,4 | 26 | 1176 | 58,8 | 101 | 217 | 10,8 |
| 0 | 23,2 | 846 | 30869 | 62,3 | 3185 | 7195 | 14,5 |

FSC
www.fsc.org
MIX
Papier | Fördert
gute Waldnutzung
FSC® C083411

Kolibri 360 GmbH
Ferdinand-Jühlke-Straße 7
99095 Erfurt, Deutschland
produktsicherheit@kolibri360.de